# 금형설계 프레스 사출

이상민 정태성 이영주 공저

MOLD DESIGN

기전연구사

 우리 주변에서는 일반 금속 철판물에서부터 정밀 프레스 부품, 반도체, 범용 플라스틱, 엔지니어링 플라스틱, 금속 인젝션 몰드 등 사출 제품이 널리 사용되고 있다. 다양한 시장의 요구는 제품의 life cycle을 더욱 짧게 하고 있어 금형설계, 제작시간 단축에 의한 상품화 기간 단축효과는 상당한 것이다. 그 중 프레스금형과 사출금형의 수요는 다종소량 생산 추세에 맞추어 증대되고 있다.
 본 서는 지금까지의 현장경험과 다년간의 강의 경험을 바탕으로 하여 얻은 산지식을 바탕으로 금형설계에 관심있는 공학도와 수험생은 물론, 현장에서 금형설계를 하고 있는 실무자에게도 도움이 될 수 있도록 하였다. 금형을 처음 대하는 사람일지라도 쉽게 이해, 응용할 수 있도록 하였다.

 이 책의 특징은 다음과 같다.

1. 프레스 · 사출 금형설계의 이론은 사출 금형의 전반적인 이론을 토대로 하여 상세하게 설명하였다.
2. 프레스 · 사출 금형설계시 단계별 필요한 이론 및 설계기준과 부품 설계기준을 수록하여 실제 프레스 · 사출 금형설계시 필요한 자료이다.
3. 프레스 금형설계의 이론과 strip layout(17개)과 설계 도면(3개)은 프레스 금형의 이론과 실제 설계에 도움이 되도록 하였다.
4. 사출 금형설계의 이론과 설계 도면(3개)은 사출 금형의 이론과 실제 설계에 도움이 되도록 하였다.
5. 본 교재의 프레스 금형설계는 제1장 프레스 가공의 개요, 제2장 전단금형, 제3장 굽힘 금형, 제4장 드로잉 금형, 제5장 순차 이송 금형, 제6장 프레스 기계와 부속 장치로 구성되어 있으며, 사출 금형설계는 제1장 성형 가공, 제2장 성형품의 설계, 제3장 성형 재료, 제4장 금형 설계, 제5장 사출 성형기, 제6장 사출금형의 분류와 구성요소, 제7장 러너 및 게이트 시스템, 제8장 이젝터 방식과 기구, 제9장 언더컷 처리, 제10장 금형의 강도 계산, 제11장 금형 설계와 성형품의 치수정밀도, 제12장 성형 불량 원인과 대책, 제13장 사출 성형 CAE로 구성되어 있다.

이 책으로 공부한 내용을 통해서 프레스·사출 금형의 이론 및 실제 설계에 도움이 된다면 그보다 더 큰 보람이 없으리라 생각한다. 향후 계속 보완해 나갈 것이며, 또한 사출 금형을 처음 접하는 초보자나 현장에서 실무에 접하는 분들에게 도움이 되었으면 하는 바람이다.

끝으로 본 교재가 나오기까지 협조하여 주신 기전연구사 사장님과 편집부 여러분과 폴리텍대학 교수님과 인력개발원 여러 교수님께 깊은 감사를 드립니다.

저　　자

E-mail : lsm8287@hanmail.net

# Contents | 차례

# PART *1*

## 프레스 금형설계

# 제 1 장

● ● ● ● ● ●

# 프레스 가공의 개요

## ① 소성가공 이론

재료에 외력을 가하면 재료는 변형한다. 이때 외력을 제거하면 재료는 원형으로 복귀하거나 영구변형으로 남는다. 원형으로 복귀하는 성질을 탄성(elasticity)이라 하며, 그 변형을 탄성변형, 그 물체를 탄성체라 한다. 그 중에서도 완전히 원형으로 복귀하는 물체를 완전탄성체라 한다.

재료를 파괴시키지 않고 영구히 변형시킬 수 있는 성질을 소성(plasticity)이라 하며, 그 변형을 소성변형(plastic deformation)이라 한다. 이 소성의 성질을 이용하여 재료를 가공하는 것을 소성가공이라 한다.

소성변형의 특징은 다음과 같다.

① 주물에 비하여 성형되는 치수가 정확하다.

② 기계가공에 비하여 금속의 조직을 개량하여 강한 성질을 만들 수 있다.

③ 다량 생산으로 균일한 제품을 얻을 수 있다.

④ 재료를 경제적으로 얻을 수 있다.

⑤ 제품의 치수 정밀도, 표면 상태에서는 다소 떨어지나 가공법의 개선으로 차차 좋아지고 있다.

### ▧ 1.1 응력(stress)

재료에 외력을 가하면 외력에 대응하여 재료 내부에 생기는 저항력(resistivity)을 응력이라 한다.

① 작용하는 외력의 종류에 따라 인장응력, 압축응력, 굽힘응력, 전단응력 및 비틀림응력 등으로 분류한다.

② 응력의 크기는 단위면적당 작용하는 외력의 크기로 나타낸다.

③ 재료가 외력에 대하여 견딜 수 있는 힘을 강도(strength)라고 하며, 작용하는 외력에 따라 인장강도(tensile strength), 압축강도(compressive strength) 및 비틀림강도(torsional strength) 등으로 분류한다. 이 강도의 크기는 단위면적당 가할 수 있는 외력의 세기로 나타낸다.

④ 재료의 단위면적당 가할 수 있는 최대의 외력의 세기를 최대강도 또는 파괴강도라 하고, 재료에 외력을 가하여 사용할 수 있는 한계의 강도를 허용강도라 하며, 프레스 금형에서는 재료의 파괴강도를 이용하여 소재를 소성가공한다.

⑤ 그림은 하중-연신량 선도로서 항복점(yield-point : Ps), 최대강도(Pb), 파단강도(P) 등을 나타낸다. 소성가공에서는 재료가 영구적으로 변형해야 하기 때문에 재료의 탄성한계(elastic limit : Ts) 이상의 힘을 가하여 변형시켜야 하며, 일반적으로 최대강도를 많이 이용한다.

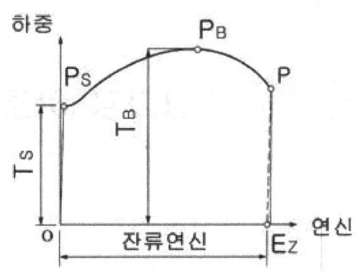

그림 1.1 하중-연신량 선도

⑥ 재료에 가한 응력을 제거한 후에도 남아 있는 응력을 잔류응력(residual stress)이라 하고, 잔류응력이 원인이 되어 소성가공에 의하여 완성된 제품이 변형하는 것을 막기 위해 잔류응력을 제거하여야 한다.

## ※ 1.2  변형(deformation)

소성가공이 가능한 재료에 힘을 가하면 재료에 응력이 발생하며 외력이 증가하면 재료는 변형하나, 외력의 크기가 재료의 탄성한계보다 약하면 외력 제거와 동시에 원래의 모양으로 돌아간다. 그러나 외력의 크기가 탄성한계를 넘어서면 외력을 제거하여도 변형이 남아 있게 되는데 이것을 영구변형(permanent set)이라고 하며, 소성가공은 재료를 영구변형시킨 것이다.

## ※ 1.3  가공경화(work hardening)

소성가공이 가능한 재료를 상온에서 소성가공하면 재질이 단단해지고 항복점이 높아지는 현상을 가공경화 또는 변형경화라 한다.

가공경화의 정도는 가공내용 및 재질에 따라 다르며, 가공도가 높을수록 경화도가 크고, 재질에 대해서는 알루미늄과 그 합금, 동과 그 합금, 스테인리스강 등이 심하고, 저탄소강은 거의 가공경화가 되지 않으며, 상온보다 낮은 재결정온도를 가진 금속은 가공경화가 되지 않는다. 이러한 재료를 완전 소성체(perfectly plastic exponent)라 한다.

가공경화성이 큰 재료를 여러 공정으로 소성가공할 때는 중간에 풀림(annealing) 공정을 한 다음 가공을 계속 하는 등의 특별한 가공법을 이용해야 한다.

## 1.4 시효경화(age hardening)

시간이 경과함에 따라 금속재료의 특성이 변하는 것을 시효(age)라 하며, 재료가 시간이 경과함에 따라서 경화되는 성질을 시효경화라 한다.

시효경화가 빠른 재료는 작업 공정이 많고, 시간이 많이 걸리는 소성가공에서는 시효경화에 의한 강도의 증가로 가공력이 많이 소요되고 가공성이 나빠지므로 시효경화를 방지하면서 가공을 하여야 한다.

## 1.5 금형의 용도

금형은 운송용기계, 가정용 전기 전자제품, 산업기계, 사무용기계, 전자기기, 광학기계, 유리 용기, 완구류, 건축 재료 등 일상생활에 필요한 대부분의 제품에 다양하게 이용된다.

## 1.6 금형의 장점

① 최소의 공정으로 제품을 가공할 수 있다.
② 제품의 정도가 균일하고 호환성이 좋다.
③ 대량생산이 가능하다.
④ 제품의 가공시 자동화가 용이하다.

## 1.7 소성가공의 종류

금속의 소성가공에 있어서 온도의 높고 낮음에 따라 열간, 온간, 냉간가공으로 분류한다.

〈장점〉

① 재료 이용률이 높다.(90% 정도도 가능)

② 제품 한 개당 가공시간(Cycle time)이 짧아 가공비가 절감

③ 숙련공이 필요치 않다.

④ 작업의 성력화, 무인화가 비교적 용이하다.

〈단점〉

① 가공 정밀도 향상이 어렵다.

② 가공 준비시간이 길다.(다종 소량 생산에 부적합)

③ 위험을 수반하는 장소나 기회가 매우 많다.

## (1) 열간가공

금속을 재결정온도 이상에서 가공하는 것을 말한다. 즉, 온도의 영향에 의해 금속의 결정입자가 변형하고, 미세화하지만 새로운 결정이 생겨 유연해진다. 따라서 쉽게 큰 변형을 줄 수 있는 가공이다.

① 가공도와 가공속도를 크게 할 수 있어 큰 잉곳(ingot)에 적당하다.

② 주조 조직의 불균일을 제거하여 미세하고 균일한 결정조직을 얻을 수 있다.

③ 변형 저항을 작게 하여 가공력을 낮게 할 수 있다.

④ 산화막이 발생하여 표면상태 및 두께치수의 정밀도가 좋지 않다.

## (2) 냉간가공

재결정온도 이하(상온)에서의 가공을 말한다.

① 제품의 경도와 강도를 높일 수 있다.

② 제품의 치수정밀도가 높은 제품을 얻을 수 있다.

③ 열간가공에 비해 가공력 및 변형저항이 크다.

④ 제품의 강도가 커 표면 및 두께 정밀도가 양호하다.

⑤ 가공경화에 의해 강도는 증가하지만 신장은 감소한다.

⑥ 항복점 및 내구력이 급증한다.

⑦ 결정입자는 미세화, 전위 밀도와 결정격자 변형은 증대한다. 따라서 Press 가공의 대부분이 냉간가공의 범위에 있다.

### (3) 온간가공

열간가공과 냉간가공 사이의 온도에서 가공하는 것을 말한다. 즉, 철강에서의 청열취성(Blue shortness) 범위의 전위 밀도가 가공에 의해 급증, 파괴를 초래하기 때문에 청열취성을 방지하거나 이 영역을 피한 온도에서의 가공, 다시 말해서 변태점 이하에서의 가공이라 할 수 있다. 따라서 열간에서 냉간까지 동일한 오스테나이트(Austenite)상의 스테인리스강 등에서 크게 이용되고 있다.

각종 금속의 재결정 온도

| 금속 | 재결정 온도 | 금속 | 재결정 온도 | 금속 | 재결정 온도 | 금속 | 재결정 온도 |
|------|------------|------|------------|------|------------|------|------------|
| Fe | 500℃ | Ni | 550~650℃ | Mo | 900℃ | W | 1,200℃ |
| Cu | 200℃ | Pt | 450℃ | Au | 200℃ | Ag | 200℃ |
| Al | 150℃ | Mg | 150℃ | Zn | 15~50℃ | Cd | 50℃ |
| Pb | 0℃ | Sn | 0℃ | | | | |

※ 일반적으로 금속은 온도가 상승함에 따라 변형 저항이 저하하기 때문에 가공이 쉬워진다.

### 1) 단조(forging)

보통은 열간가공에 속하며, 단조프레스로 소재에 힘을 가하여 필요한 모양으로 변형시키는 가공이다.

### 2) 압연(rolling)

상온 또는 고온에서, 회전하는 롤러(roller)사이에 재료를 연속적으로 통과시켜 그 소성을 이용하여 판재 또는 형재 등으로 성형하는 가공이다.

### 3) 인발(drawing)

테이퍼 구멍을 가진 다이를 통과시켜 재료를 잡아당겨서, 재료에 다이 구멍과 같은 형상치수를 가진 봉재나 관재를 뽑아내는 가공이다.

### 4) 압출(extrusion)

실린더에 소재를 넣고 램(ram)으로 압축력을 가하여 다이 구멍의 모양과 치수와 같은 단면 모양의 봉재를 밀어내는 가공이다.

### 5) 전조(form rolling)

소재를 회전시키면서 형을 눌러대고, 형의 요철에 대응하는 요철을 소재에 생기게 하는 것으로, 나사나 기어 등을 제조하는 경우에 쓰이는 가공이다.

### 6) 판금가공(sheet metal working)

판재를 자른다든지, 굽힌다든지 오므려서 뽑아낸다든지 하는 가공으로서, 냉간가공으로 주로 많이 가공한다.

## 2 프레스 가공

### ※ 2.1 프레스 가공의 특징

프레스(press) 가공이란 프레스라는 공작기계와 금형이라는 특수공구를 사용하여 재료를 절단 혹은 성형하는 작업을 말한다. 대체로 냉간가공을 주로 하는 소성가공법의 일종으로써, 재료의 소성을 이용하는 가공법이다.

### 1) 프레스 가공의 장점
① 제품의 강도가 높고 경량이다.
② 재료의 이용률이 좋다.
③ 생산성이 높은 가공법이다.
④ 정도가 높고 균일성 있는 제품을 생산할 수 있다.

### 2) 프레스 가공의 단점
① 고가의 프레스 금형이 필요하다.
② 금형 제작에 장시간이 소요된다.
③ 다품종 소량생산에서는 생산원가가 높다.
④ 광범위한 지식과 경험이 필요하다.
⑤ 위험한 작업이므로 안전대책이 필요하다.

## ※ 2.2 프레스 금형

① 금형이란 재료의 소성(plasticty), 전연성, 유동성 등의 성질을 이용하여, 가공 또는 성형하여 제품을 생산하는 금속재료를 주로 사용해서 만든 틀(型)을 말한다.
② 프레스 금형이란 프레스라는 공작기계를 사용하여 재료의 소성 및 전연성을 이용, 통일규격의 제품을 다량으로 생산하기 위하여 금속재료를 주재료로 하여 만든 틀(型)이라 정의할 수 있다.
③ 프레스 금형은 자동차, 전자제품, 산업기계, 전기기기, 사무용기기, 완구, 건축재 등 그 외 여러 분야에서 제품생산에 널리 사용되고 있다.

## ※ 2.3 프레스 가공 분류

프레스 가공이란 프레스라는 기계를 사용해서 판재를 여러 가지 형태로 변형 가공하는 작업으로서, 냉간가공을 주로 하는 소성가공이다.

프레스 가공의 종류는 대단히 많고 또 그 가공방법과 함께 내용이 복잡하다. 프레스 가공을 크게 분류하면, 가공방법 또는 성형방법이 유사한 것을 하나의 그룹으로 정리해서 전단가공, 굽힘가공, 드로잉 가공, 압축가공, 기타 특수가공 등으로 분류한다.

### 1) 전단가공(shearing)

판재를 전단기(shearing machine)나 프레스에 넣고 금형을 사용하여 재료의 파단강도 이상의 외력(外力)을 가해 재료의 일부 또는 전주(全周)를 전단하여 필요한 형상 또는 다음 공정을 위한 소재를 얻는 가공법이다.

(예) 전단, 절단, 분단, 블랭킹, 피어싱, 슬리팅, 노칭, 트리밍, 셰이빙, 정밀 블랭킹, 마무리블랭킹, 루버링, 하프블랭킹

### 2) 굽힘가공(bending)

프레스 금형, 프레스 브레이크 또는 롤(roll)기 등을 사용하여 판재, 봉재, 관재 등에 필요한 굽힘 변형을 주는 작업이며, 보통 가공 재료를 굽힐 때에 중립면을 기준으로 굽힘선이 직선으로 굽힘가공과 판두께의 변화는 주지 않고 굽힘변형을 주는 경우를 말하고 굽혀진 안쪽은 압축을 받고 바깥쪽은 인장을 받는다.

(예) V 굽힘, U 굽힘, L 굽힘, Z 굽힘, 복합굽힘, 복동굽힘, 캠식 굽힘, 프레스 브레이크 굽힘,

롤 굽힘, 헤밍

### 3) 성형가공(forming)

판두께의 변화를 의식적으로 행하지 않고 필요한 형상과 치수로 변화시키는 여러 가지 가공법이다.

(예) 반구형 드로잉, 장출가공, 인장프레스 가공, 벌징 가공, 플랜징, 비딩, 버링, 컬링, 엠보싱

### 4) 드로잉 가공(drawing)

펀치로 재료 또는 반 완성품을 형에 밀어넣어 이음매가 없는 중공 용기를 주름살이나 균열이 생기지 않게 만드는 가공법으로 일명 교축가공이라고도 한다.

(예) 원통드로잉, 각통드로잉, 원추드로잉, 재드로잉, 역드로잉, 네킹, 이형대물드로잉

### 5) 압축가공(compression)

금형을 사용하여 소재에 강한 압력을 가하여 두께, 폭, 직경 등을 변화시켜 필요한 형상 및 치수를 얻는 가공법이다.

(예) 냉간압출, 충격압출, 헤딩, 압인, 사이징, 스웨징, 냉간단조, 업셋팅

### 6) 기타 특수가공

하이드로포빙, 폭발성형, 스피닝 등과 같이 일반적인 가공법으로 가공하지 않는 프레스 가공의 종류를 말한다.

(예) 하이드로포밍, 고속해머, 폭발성형, 액중 방전성형, 전자성형, 스피닝

## 3 프레스 가공의 분류

### ※ 3.1 전단가공(剪斷加工) 그룹

전단가공은 재료에 전단응력이 발생하게 힘을 가하여 재료의 필요없는 부분을 전단하여 제품으로 가공하는 것을 말한다.

## (1) 전단(剪斷, shearing)

각종 전단기를 이용하여 재료를 직선 또는 곡선으로 전단하는 가공을 말하며, 소재의 표면과 직각인 전단면을 가진 것을 일반적으로 전단가공이라 한다.

## (2) 절단(切斷, cutting)

펀치(punch)와 다이(die)를 절삭날로 한 금형을 사용하여 스크랩(scrap)을 발생시키지 않고 절단하는 가공을 말하며, 절단선은 직선이든 곡선이든 관계 없다. 특징은 절단된 판의 전후의 버(burr)의 방향이 반대로 된다.

## (3) 분단(分斷, partting)

1회의 스텝 가공으로 2개 또는 그 이상 개수의 부품을 만들기 위한 가공으로, 여러 개의 프레스 제품을 스크랩을 발생시키면서 2개 이상의 제품으로 가공한다. 특징은 버 방향이 같은 방향으로 된다.

전단가공          절단가공          분단가공

## (4) 블랭킹(blanking)

블랭킹 가공은 프레스작업 중에서도 가장 기본적인 것이며, 또 가장 많이 사용되는 가공법이다. 판금에서 제품(블랭크)을 타발하는 작업이며, 일반적으로 대상의 판금재료에서 일정한 간격을 두고 차례차례 타발이 된다. 일반적으로 타발가공에 있어서는 타발된 것이 제품이며, 나머지 부분은 스크랩이 된다.

## (5) 피어싱(piercing)

이것은 블랭킹과는 반대로 타발된 쪽이 스크랩이며 나머지 쪽이 제품이다. 즉, 필요한 치수형상의 구멍을 재료에 내는 작업이다. 이 경우에는 펀치 쪽을 소요의 치수로 한다.

## (6) 슬리팅(slitting)

둥근 칼날을 한 슬리팅 롤러를 회전시켜 넓은 폭의 코일 판재 등을 일정한 폭의 코일재로 잘라내는 가공을 말한다. 또한 금형을 사용해서 재료의 일부에 절단선을 내는 것도 슬리팅이라고 한다.

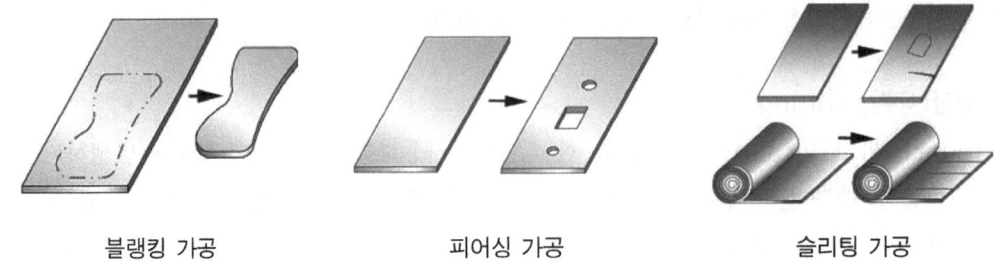

블랭킹 가공　　　　　　　피어싱 가공　　　　　　　슬리팅 가공

### (7) 노칭(notching)
스트립판, 블랭크재 또는 용기의 가장자리에 여러 가지 형상으로 따내기를 하는 가공을 말한다.

### (8) 트리밍(trimming)
드로잉이나 성형가공을 하여 불규칙한 형상이 된 제품의 가장자리 및 플랜지 등의 윤곽을 전단하는 가공을 말한다.

### (9) 셰이빙(shaving)
전단가공된 제품을 정확한 치수로 다듬질하거나 전단면을 깨끗하게 가공하기 위하여 시행하는 미소량의 전단(또는 깎아내는)가공을 셰이빙 가공이라 한다.

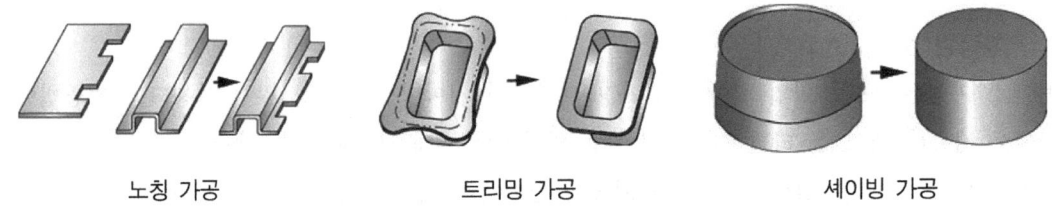

노칭 가공　　　　　　　트리밍 가공　　　　　　　셰이빙 가공

### (10) 정밀 블랭킹(fine blanking)
펀치의 바로 바깥쪽의 누름면에 삼각형의 돌기(bead)를 가진 강력한 누름판을 설치하고 이것에 의하여 전단면에 높은 압축응력을 발생시킴으로써 고운 전단면을 얻도록 함과 동시에, 블랭킹할 때의 쿠션(스프링의 힘)에 의해 펀치의 반대쪽은 제품을 강하게 눌러 휨과 거스러미가 없는 제품을 얻기 위한 가공을 말한다.

## (11) 마무리 블랭킹(finish blanking)

편치(punch)와 다이(die)의 클리어런스를 극히 적게 함과 동시에 다이의 모서리에 작은 R을 줌으로써 파단면이 없는 매끄럽고 치수정도가 높은 전단면을 얻을 수 있는 블랭킹 가공을 말한다.

## (12) 루버링 가공(louvering)

편치와 다이에서 한쪽만 전단이 되고 다른 쪽은 굽힘과 드로잉의 혼합작용으로 바늘창 모양으로 가공되는 것을 말한다. 자동차, 식품 저장고의 통풍구 또는 방열창에 이용한다.

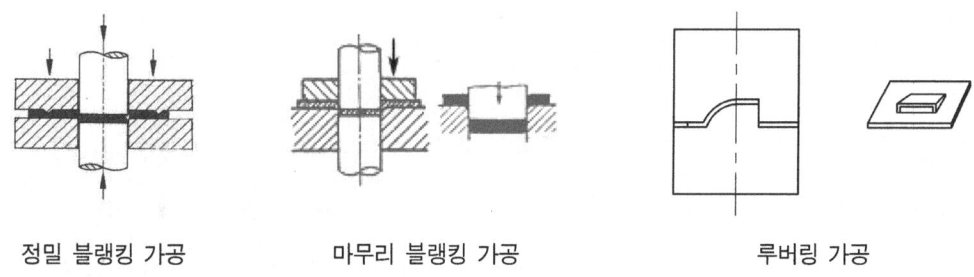

정밀 블랭킹 가공　　　　　마무리 블랭킹 가공　　　　　　　루버링 가공

## (13) 일평면 커팅 가공(dinking)

편치의 절삭날은 보통 20° 이하의 예각을 지녔고 다이 쪽은 날모양을 갖지 않았으며, 반대로 다이는 절삭날을 지녔고 편치는 날모양을 갖지 않은 금형으로, 경질고무, 종이, 가죽, 연질금속의 박판에 블랭킹 또는 피어싱 가공을 하는 것을 일평면 커팅 가공이라 한다.

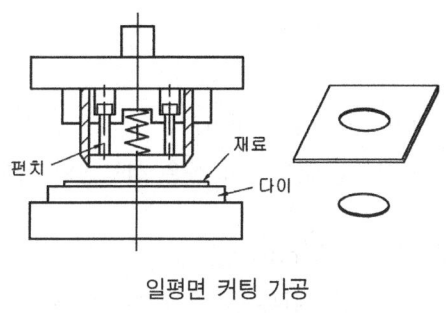

일평면 커팅 가공

## ※ 3.2  굽힘 성형가공 그룹

재료에 힘을 가하여 굽힘응력을 발생시켜 판·막대·관 등의 재료를 여러 가지 모양으로 굽히거나 성형하는 가공을 말한다.

## (1) 굽힘가공(bending)

평평한 판이나 소재를 그 중립면에 있는 굽힘축 주위로 움직임으로써 재료에 굽힘변형을 주는 가공을 말하며, 특히 가공에 있어서 굽혀진 안쪽은 압축을 받고 바깥쪽은 인장을 받는다.

## (2) 성형가공(forming)
판두께의 감소를 의식적으로 행하지 않고 금속 재료의 모양을 여러 가지로 변형시키는 가공을 말한다.

## (3) 버링 가공(burring)
미리 뚫려 있는 구멍에 그 안지름보다 큰 지름의 펀치를 이용하여 구멍의 가장자리를 판면과 직각으로 하여 구멍 둘레에 테를 만드는 가공을 말한다.

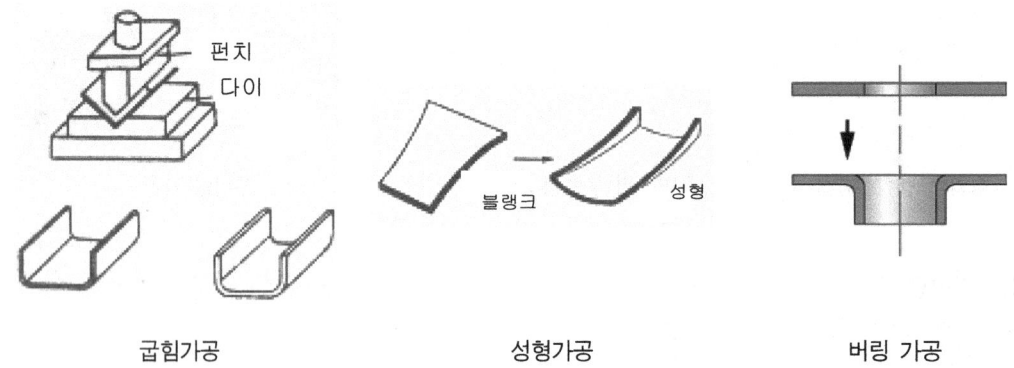

| 굽힘가공 | 성형가공 | 버링 가공 |

## (4) 비딩 가공(beading)
용기 또는 판재에 폭이 좁은 선모양의 비드(bead)를 만드는 가공을 말한다.

## (5) 컬링 가공(curling)
판, 원통 또는 원통용기의 끝부분에 원형단면의 테두리를 만드는 가공을 말한다. 이 가공은 제품의 강도를 높여주고, 끝부분의 예리함을 없애 제품에 안정성을 주기 위해 행해지는 가공이다.

## (6) 시밍 가공(seaming)
여러 겹으로 구부려 두 장의 판을 연결시키는 가공을 말한다.
한 번 구부려 결합시키는 것을 싱글 시밍(single seaming)이라 하고, 두 번 구부려 결합시키는 것을 더블 시밍(double seaming)이라 한다.

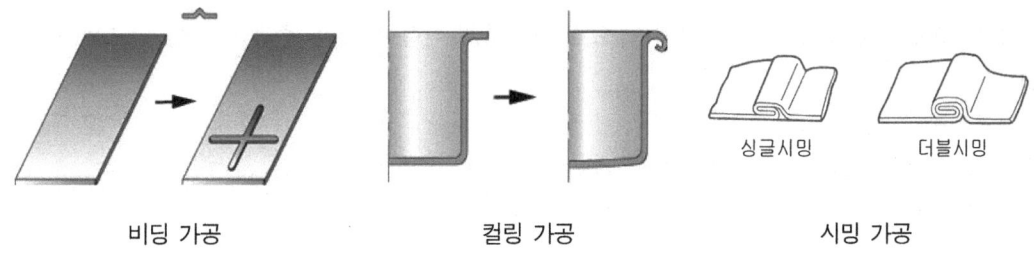

비딩 가공            컬링 가공               싱글시밍     더블시밍<br>시밍 가공

### (7) 네킹 가공(necking)

원통 또는 원통용기 끝 부근의 지름을 감소시키는 가공을 말하며, 이를 목조르기 가공이라고 한다.

### (8) 엠보싱 가공(embossing)

금속판에 이론적으로는 두께의 변화를 일으키지 않고 상하 반대로 여러 가지 모양의 요철을 만드는 가공을 말한다.

### (9) 플랜지 가공(flanging)

용기 또는 관 모양의 부품 끝부분에 금형으로 가장자리를 만드는 가공을 말하며, 원통의 바깥쪽으로 플랜지를 만드는 가공을 신장 플랜지 가공 또는 외향 플랜지(outward rangea) 가공이라 하고, 원통의 안쪽으로 플랜지를 만드는 가공을 수축 플랜지 가공 또는 내향 플랜지(inward hangeb) 가공이라 한다.

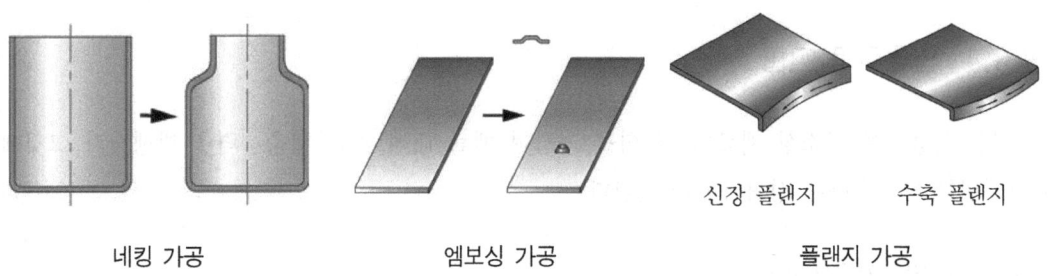

네킹 가공            엠보싱 가공         신장 플랜지     수축 플랜지<br>플랜지 가공

## ※ 3.3 드로잉 가공 그룹

금속판 또는 소성이 큰 판재를 사용하여 컵모양 또는 바닥이 있는 중공 용기를 만드는 가공이다.

### (1) 드로잉 가공(drawing)

평평한 판재를 펀치에 의하여 다이 속으로 이동시켜 이음매 없는 중공 용기를 만드는 가공을 말한다.

### (2) 재 드로잉 가공(redrawing)

드로잉 가공된 제품을 다시 작은 지름으로 조이는 가공을 말한다.

### (3) 역 드로잉 가공(reverse drawing)

드로잉 가공된 제품의 외측이 내측으로 되도록 뒤집어서 작은 지름으로 조이는 가공을 말한다.

### (4) 아이어닝 가공(ironing)

가공 용기의 바깥 지름보다 조금 작은 안지름을 가진 다이 속에 펀치로 가공품을 밀어넣어서 밑바닥이 달린 원통용기의 벽 두께를 얇고 고르게 하여 원통도를 향상시키고 그 표면을 매끄럽게 하는 가공을 말하며, 즉 전단가공의 셰이빙 가공과 같이 드로잉 제품의 정도를 높이는 가공이다 .

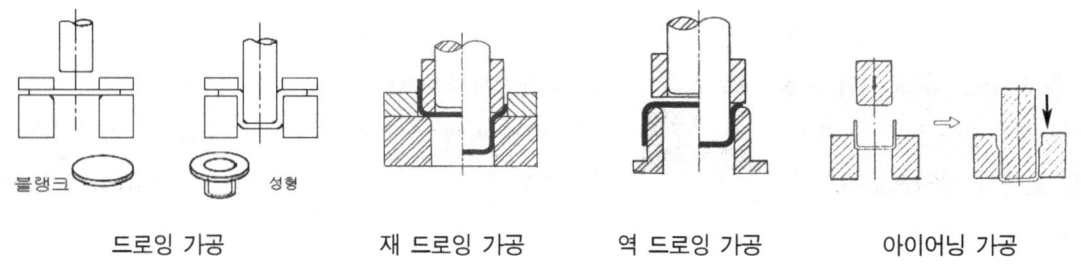

블랭크　　　　　성형

드로잉 가공　　　　재 드로잉 가공　　　　역 드로잉 가공　　　　아이어닝 가공

## ※ 3.4 압축가공 그룹

금형을 사용하여 가소성 재료에 큰 힘을 가하여 재료 내에 높은 압축응력을 발생시켜 그것에 의한 소형변형을 이용하는 성형가공을 말한다.

### (1) 전방 압출가공(forward extrusion)

다이 속에 놓여진 금속재에 펀치로 강한 압력을 가하여 다이의 개구부로부터 펀치의 진행방향으로 재료를 유출시켜 제품을 만드는 가공을 말한다.

(2) 후방 압출가공(backward extrusion)

다이 속에 놓여진 가소성 재료에 펀치로 힘을 가할 때 펀치와 다이의 틈새로부터 펀치의 진행방향과 반대방향으로 제품을 유출시켜 제품의 형상으로 만드는 압출가공을 말한다.

(3) 복합 압출가공

전방과 후방 압출가공을 한 공정에 동시로 행하는 압축가공을 말한다.

전방 압출가공          후방 압출가공          복합 압출가공

(4) 충격 압출가공(impact extrusion)

벽 두께가 매우 얇은(지름의 1/20~1/50) 압출가공으로서, 충격 압출가공은 일반적으로 후방 압출가공을 말하고 가공재료는 납(Pb), 주석(Sn), 알루미늄(Al) 및 아연(Zn) 등의 연질금속에 한하여 가공이 가능하다.

(5) 업세팅 가공(upsetting)

재료를 길이 방향으로 압축하며 길이를 감소시킴으로써 길이 방향과 직각방향으로 재료를 유통시켜서 큰 단면(길이 방향과 직각인)을 만드는 가공을 말한다.

(6) 헤딩 가공(heading)

환봉 재료의 끝을 업세팅하여 리벳, 볼트 등과 같은 부품의 머리를 만드는 가공을 말하며, 일종의 업세팅 가공이다.

충격 압출가공          업세팅 가공          헤딩 가공

### (7) 압인가공(coining)

금속판이나 블랭크의 전 표면을 규제하는 밀폐형에서 그 표면을 압축하여 형과 똑같은 모양의 요철을 만드는 압축가공을 압인 또는 코이닝 가공이라 한다.

### (8) 사이징 가공(sizing)

금형에 의하여 가공 부품의 전체 또는 일부에 강한 압력을 가하여 그것에 의해 재료의 흐름을 일으켜 가공품 치수정도를 향상시키는 압축가공을 말하며, 압축가공한 제품의 정도를 향상시키는 용도로 사용한다.

### (9) 스웨이징 가공(swaging)

압축소성변형을 금속재료 일부에 줌으로써 금형의 윤곽(모양)대로 유통시키는 가공이다. 가공력을 받지 않는 부분은 변형되지 않고 원형대로 남으며, 유동은 가해진 압력방향에 대해서 어떤 특정한 각도의 방향으로 흐르는 것이 일반적이다.

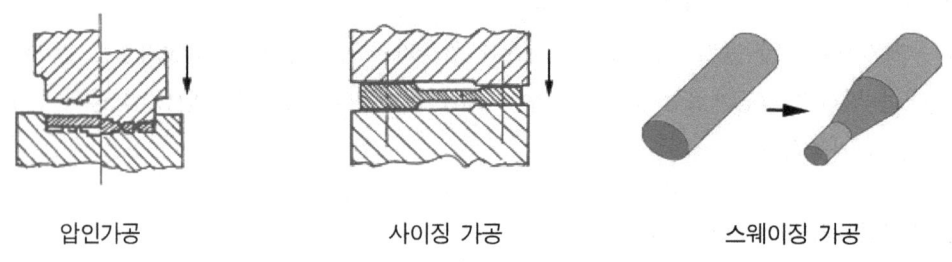

| 압인가공 | 사이징 가공 | 스웨이징 가공 |

## ※ 3.5  그밖의 가공 및 특수가공법

### (1) 벌징 가공(bulging)

통 모양의 용기, 관 등의 측벽을 내부로부터 압력을 가해서 배를 부르게 하는 가공을 말한다. 내부로부터 압력을 가하는 수단으로는 방사상으로 분할된 펀치 유체, 준 유체 및 고무와 같은 탄성체 등이 사용된다.

### (2) 스트레치 드로 포밍 가공(stretch draw forming)

프레스 또는 금형의 양쪽에 설치된 스트레치 장치에 의해 강판을 항복점 이상으로 늘리고 그 상태에서 드로잉 또는 성형가공을 행하는 것을 말하며, 다음과 같은 장점이 있다.

① 제품에 주름이 잡히지 않는다.

② 변형 부분의 응력을 최소로 줄일 수 있다.

③ 작업(가공) 공정수를 줄일 수 있다.

④ 제품의 두께가 균일하다.

## (3) 하이드로포밍 가공(hydroforming)

펀치만 금형을 사용하고 다이는 유압(액압)으로 지지된 고무 막을 사용하여 제품을 가공하는 것을 말하며, 성형이 어려운 모양을 가공할 수 있는 것이 특징이다.

① 장점

㉮ 성형이 어려운 모양의 제품을 쉽게 가공할 수 있다.

㉯ 금형의 제작이 용이하다.(펀치만 제작하기 때문)

㉰ 제품에 주름이 생기지 않는다.

② 단점

㉮ 드로잉 깊이에 한계가 있다.

## (4) 허프 가공(HERF forming)

여러 가지 허프 장치를 사용하여 초고속으로 행하는 가공을 허프 가공(High Energy Rate Forming)이라 한다. 초고속으로 가공하면 재료의 성형성이 좋게 되며 종래의 방법으로 할 수 없던 가공을 할 수 있는 장점이 있다.

허프 가공으로는 4가지 방법이 실용화되고 있다.

① 폭발성형법

② 액중 방전성형법

③ 전자성형법

④ 뉴매틱 메커니컬 성형법

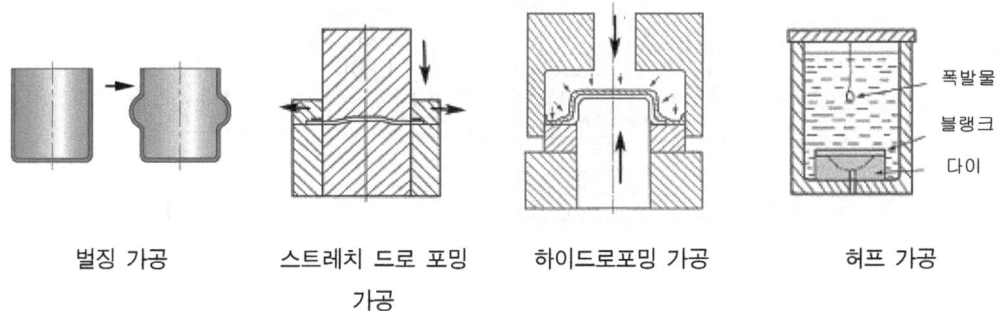

| 벌징 가공 | 스트레치 드로 포밍 가공 | 하이드로포밍 가공 | 허프 가공 |

# 제 2 장
● ● ● ● ● ● ●
# 전단금형

## 1 전단가공 기초이론

### ※ 1.1 전단 과정과 절단면 형상

#### 1) 전단 과정

펀치(punch)와 다이(die) 사이에 소재(strip)를 넣고 펀치에 힘을 가하면 펀치가 소재를 눌러 날 끝부분에 집중적으로 응력이 발생하게 되고 재료의 표면은 압축력을 받게 된다.

① 소성변형기 : 소재의 표면에 발생하는 압축응력은 가공이 진행됨에 따라서 재료의 탄성한도를 넘어서게 되고 소성변형을 일으키게 된다. 이 시기를 전단 과정에서 소성변형기라 한다.(그림 2.1의 (a))

② 전단기 : 가공이 좀더 진행되면 전단 날끝 부근의 압축응력이 전단 한계를 넘어 이 부분의 소재가 절단되기 시작한다. 이 시기를 전단 과정에서 전단기라 한다.(그림 2.1의 (b))

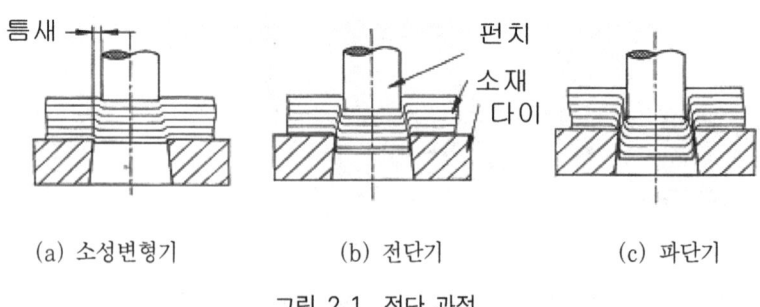

(a) 소성변형기       (b) 전단기       (c) 파단기

그림 2.1 전단 과정

③ 파단기 : 전단기에서 가공이 더 진행되면 소재의 전단강도 이상의 전단응력이 발생하여 소재
　　는 견디지 못하고 파단하게 된다. 이 시기를 전단 과정에서 파단기라 한다.(그림 2.1의 (c))

　이상에서 설명한 것과 같이 전단금형으로 소재를 가공할 때는 소성변형기, 전단기 및 파단기로
분류한다. 소재가 마지막 끊어져 나갈 때 버(burr)가 발생한다. 제품의 거스러미 방향은 가공법에
따라 다르다.


## 2) 전단면 형상
　전단 과정을 거쳐 절단 분리된 블랭크의 전단면은 처
짐, 전단면, 파단면 및 버로 분류한다.

### (1) 처짐(shear droop)
　펀치가 가공재의 표면을 침입할 때 나타나는 처짐으로,
가공재료가 완전 강재가 아닌 이상 처짐이 발생한다.
　클리어런스를 작게 하면 그 양은 줄일 수 있으나, 일반
적으로 10~20% 정도이다.

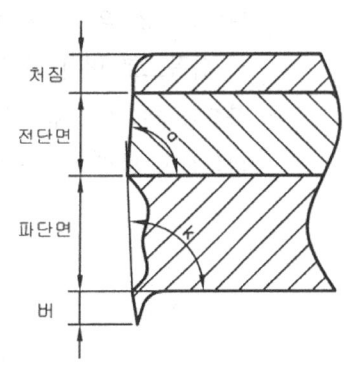

그림 2.2　전단면의 형상

### (2) 전단면(shearing surface)
　전단면의 크기는 적당한 클리어런스일 때가 가장 크고, 전단면의 각도 a는 90°이어야 하나 블랭
크 홀더(blank holder)가 없으면 스프링 백(spring back)에 의하여 90° 이하가 되고 일반적인
전단면의 크기는 판두께의 25~50% 정도이다.

### (3) 파단면(surface)
　인장 파단된 부분으로 미소한 요철이 심하다. 파단면의 각도 k는 일반적으로 둔각이 된다. 파단
면의 크기는 클리어런스가 크면 커지고, 연한 재료보다 경한 재료가 더 크다.

### (4) 버(burr : 거스러미)
　가공제품의 버(burr)를 없애는 것은 거의 불가능하며, 전단가공의 특징으로 매우 양호한 상태에
서 가공을 하더라도 두께의 1~2%는 피할 수 없다.
　① 버의 방향
　　버의 방향은 가공법에 따라서 다르게 나타나므로 다음과 같은 가공법에 따른 버의 방향에 대
　　하여 숙지하여야 한다.

㉮ 이송잔폭(feed bridge)이 없는 전단가공에서 버의 한쪽은 윗방향으로, 한쪽은 아랫방향으로 발생한다.(그림 2.3의 (a))

㉯ 이송잔폭이 있을 때는 같은 방향으로 버가 발생한다.(그림 2.3의 (b))

㉰ 피어싱 가공에서는 버가 제품의 아래쪽(다이 쪽)에 생긴다.(그림 2.3의 (c))

㉱ 블랭킹 가공에서는 제품의 위쪽(펀치 쪽)에 발생한다.(그림 2.3의 (d))

㉲ 피어싱 펀치와 블랭킹 펀치가 동시에 가공을 하는 순차이송금형(progressive die)에서 가공된 제품에는 피어싱된 구멍과 블랭킹된 외곽선에 발생하는 버의 방향은 서로 반대이다(그림 2.3의 (e)). 피어싱 구멍은 제품의 아래쪽으로 나타나고 블랭킹된 외곽선은 제품의 위쪽으로 버가 나타난다.

㉳ 복합금형에서 블랭킹펀치는 반대쪽에 설치된 피어싱다이의 역할을 동시에 하므로 구멍과 외곽선에 발생하는 버는 같은 방향이다.(그림 2.3의 (f))

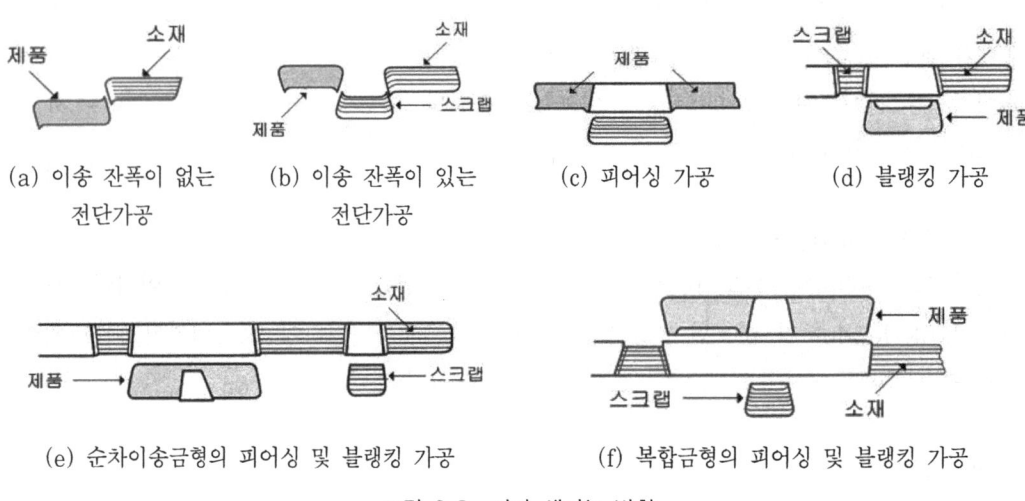

(a) 이송 잔폭이 없는 전단가공  (b) 이송 잔폭이 있는 전단가공  (c) 피어싱 가공  (d) 블랭킹 가공

(e) 순차이송금형의 피어싱 및 블랭킹 가공  (f) 복합금형의 피어싱 및 블랭킹 가공

그림 2.3  버가 생기는 방향

## ※ 1.2  클리어런스(clearance)

전단가공에 있어서 펀치와 다이의 한쪽 틈새(clearance)는 전단하중, 전단작업량, 단면의 형상에 큰 영향을 준다.

### 1) 클리어런스의 결정
클리어런스를 어디에 줄 것인가, 클리어런스를 얼마로 줄 것인가를 결정할 필요가 있다.

① 블랭킹된 제품은 다이의 치수와 외형이 동일하게 되므로 클리어런스를 펀치에 주고, 블랭킹 가공은 다이치수가 제품치수가 되며, 펀치치수는 제품치수에서 클리어런스만큼 **빼어준다.**

② 피어싱의 경우는 펀치 치수와 동일하므로 클리어런스를 다이에 준다.

피어싱 가공은 펀치치수가 제품치수가 되며, 다이치수는 제품치수에다 클리어런스만큼 더하여 준다.

클리어런스의 량은 가공소재의 재질이나 두께에 따라 결정하게 되며, 적정량의 클리어런스는 표 2.1과 같다.

클리어런스의 크기는 다음 식에 의하여 구해진다.

$$C = \frac{D-d}{2t} \times 100$$

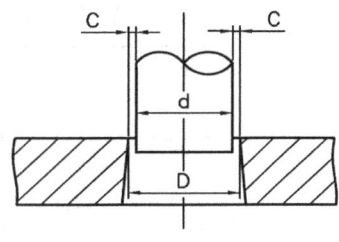

D : 다이의 직경(mm)
d : 펀칭의 직경(mm)
t : 가공소재의 두께(mm)
C : 클리어런스(%)

그림 2.4 클리어런스

**예제** 다이의 직경이 40(mm)이고 펀치의 직경은 39.94(mm)이며, 소재의 두께가 0.5(mm)라 하면 편측 클리어런스는 얼마인가?

**풀이**
$$C = \frac{D-d}{2t} \times 100 = \frac{40-39.94}{2 \times 0.5} \times 100 = 6$$

∴ 클리어런스는 소재 두께의 6(%)


## 2) 클리어런스의 영향

(1) 클리어런스가 작을 경우

① 제품의 정도가 향상되며 뒤틀림(camber) 현상이 적어진다.

② 제품의 전단면이 커지며 깨끗한 가공이 된다.

③ 전단날에 큰 하중이 작용하므로 마모가 심하다.

④ 제품 또는 소재가 펀치에 부착되어 상승하므로 이를 빼는 힘(stripping force)이 커진다.

⑤ 2차 전단 현상이 일어나게 되어 펀치가 두 번 전단을 하므로 전단력이 커지고 따라서 프레스에 부담을 주게 되어 프레스가 파손될 우려가 있다.


(2) 클리어런스가 클 경우

① 전단력이 작아지므로 금형의 파손이 적다.

② 전단날에 작용하는 하중이 작으므로 마모가 적다.

③ 제품의 뒤틀림 현상이 커지며, 정도가 높은 제품이 요구될 경우는 불량품이 된다.

④ 제품의 뒤틀림 현상이 제자리로 돌아가지 못한다.

⑤ 파단면의 각도는 클리어런스가 클수록 커진다.

뒤틀림은 가공 소재의 재질에 따라서도 다르므로 이를 최소화시키기 위하여서는 클리어런스를 작게 하고 스트리퍼의 압력을 높여주어야 한다.

표 2.1 클리어런스 실용치 단위 〔c/t(%) 편측 클리어런스〕

| 재 질 | 정밀 블랭킹 또는 극박판 | 일반 블랭킹 또는 박판, 중후판 |
|---|---|---|
| 순철 | 2~4 | 4~8 |
| 연강 | 2~5 | 5~10 |
| 고탄소강 | 4~8 | 8~13 |
| 규소강판 T급 | 5 ~ 6 | 7 ~ 12 |
| 규소강판 B급 | 4~5 | 6~10 |
| 스테인리스강 | 3~6 | 7~11 |
| 구리 | 1~3 | 3~7 |
| 황동 | 1~4 | 4~9 |
| 인청동 | 2~5 | 5~10 |
| 양은 | 2~5 | 5~10 |
| 알루미늄(연질) | 1~3 | 4~8 |
| 알루미늄 · Al 합금(경질) | 2~5 | 6~10 |
| 아연 · 납 | 1~3 | 4~6 |
| 퍼멀로이 | 2~4 | 5~8 |

## ※ 1.3 전단각(shear angle)

펀치 또는 다이의 절삭날에 그림 2.5와 같이 5° 이하의 각도를 준 것을 전단각이라 하고, 전단각을 주면 전단각을 주지 않은 것에 비해 전단력이 20~30% 정도 감소된다.

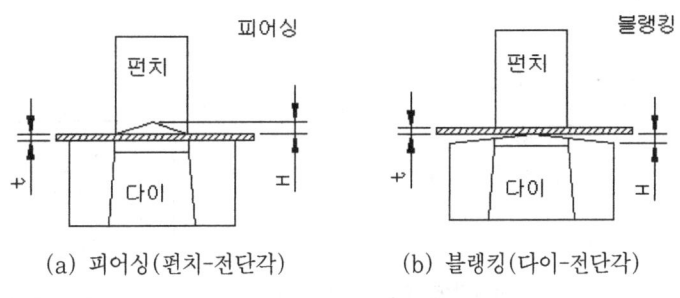

피어싱                      블랭킹

(a) 피어싱(펀치-전단각)      (b) 블랭킹(다이-전단각)

그림 2.5  다이 및 펀치의 전단각

### 1) 전단각을 주는 목적
① 전단력의 감소
② 충격 완화

### 2) 전단각을 주는 방법
① 블랭킹 가공은 다이에 전단각을 준다.
② 피어싱 가공은 펀치에 전단각을 준다.

전단각의 크기는 제품 및 재질에 따라서 각각 다르나 일반적으로 12° 이하로 하는 것이 좋으며, 지나치게 크게 하면 재료가 다이를 따라 비틀림 또는 굽힘을 일으킨다.

### 3) 전단각의 높이(H)
두꺼운 소재일 때 :     H=t
얇은 소재일 때 :       H=2t

그림 2.5에서의 H가 클수록 전단하중은 감소하고 클리어런스의 13~14°에서 전단하중이 최소로 되며, 순차이송금형에서 전단각을 크게 하면 변형이 커지므로 보통 블랭크 두께의 1/2~1/3 정도로 하는 것이 보통이다.

## ※ 1.4  전단력과 일량

### 1) 전단력
어떤 제품의 전단작업에 필요한 힘은 전단면의 면적과 재료의 전단강도에 따라 결정된다. 전단력을 구하는 공식은 다음과 같다.

## (1) 시어각이 있을 경우

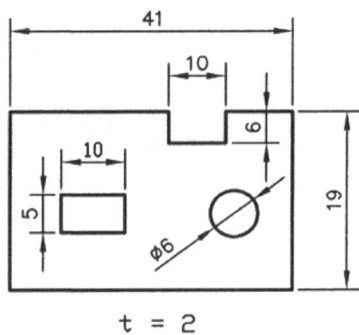

그림 2.6  제품 도면

$$P = K \cdot l \cdot t \cdot \tau \ (\mathrm{kgf})$$

P   : 전단력(kgf)

$l$   : 전단선의 길이(mm)

t   : 소재의 두께(mm)

$\tau$   : 재료의 전단강도(kgf/㎟)

K   : 보정계수(시어각에 따른 보정계수)

    H=t일 때 K=0.4~0.6,

    H=2t일 때 K′=0.2~0.4

$$P = K \cdot l \cdot t \cdot \frac{4}{5} \cdot \sigma$$

**예제**  인장강도가 40(kgf/mm$^2$)이고 두께가 2(mm)인 강판으로 그림 2.6과 같은 제품을 가공하는 데에 필요한 전단력을 계산하라.

**풀이**  외곽 전단선의 길이 : $l_1 = 2 \times 41 + 2 \times 6 + 2 \times 19 = 132 \ (\mathrm{mm})$

구멍 전단선의 길이 : $l_2 = 2 \times 10 + 2 \times 5 + \pi \times 6 = 48.84 \ (\mathrm{mm})$

전단선의 길이　　　: $l = l_1 + l_2 = 132 + 48.\ 84 = 180.84 \ (\mathrm{mm})$

전단강도　　　　　: 인장강도의 70~80%를 취할 수 있다.

$$P = K \cdot l \cdot t \cdot \frac{4}{5} \ \cdot \sigma = 1 \times 180.84 \times 2 \times \frac{4}{5} \times 40 = 11,573.76 \ (\mathrm{kgf})$$

## (2) 시어각이 없는 경우

$$P = Ks \cdot l \cdot t \ (\mathrm{kgf})$$

P   : 블랭킹에 필요한 힘(kgf)

$l$   : 전단 윤곽의 전장(mm)

t   : 소재의 두께(mm)

Ks  : 전단강도(kgf/mm$^2$)

    Ks=35kgf/mm$^2$라 하면

    P= 35 · $l$ · t(kgf) 연강판용

    연강판의 피어싱 가공

    구멍지름을 ∅dmm라 하고, $l$ =πd를 대입하면

    P≒110 · d · t(kgf) 연강판용

전단력을 계산하여 사용 프레스를 지정할 때는 최저 20~30%의 여유를 두어야 하며, 전단력의 크기가 프레스 능력의 50%를 초과할 때는 금형의 전단각을 검토하여야 한다. 표 2.2는 각종 재료의 전단강도와 인장강도를 나타낸 것으로, 이 전단강도를 식에 대입하면 재료를 절단하여 제품으로 가공할 수 있어야 하나 실제로는 더 많은 전단력을 필요로 한다.

표 2.2 각종 재료의 전단강도 및 인장강도

| 재 료 | | 전단강도($kgf/mm^2$) | | 인장강도($kgf/mm^2$) | |
|---|---|---|---|---|---|
| | | 연질 | 경질 | 연질 | 경질 |
| 납 | | 2~3 | - | 2.5~4 | - |
| 주석 | | 3~4 | - | 4~5 | - |
| 알루미늄 | | 7~11 | 13~16 | 8~12 | 17~22 |
| 듀랄루민 | | 22 | 38 | 26 | 48 |
| 아연 | | 12 | 20 | 15 | 25 |
| 구리 | | 18~22 | 25~30 | 22~28 | 30~40 |
| 황동 | | 22~30 | 35~40 | 28~35 | 40~60 |
| 청동 | | 32~40 | 40~60 | 40~50 | 50~75 |
| 양은 | | 28~36 | 45~56 | 35~45 | 55~70 |
| 철판 | | 32 | 40 | - | 45 |
| 딥 드로잉용 강판(철판) | | 30~35 | - | 32~38 | - |
| 강철판 | | 45~50 | 55~60 | - | 60~70 |
| 강철 | 0.1%C | 25 | 32 | 33 | 40 |
| | 0.2%C | 32 | 40 | 40 | 50 |
| | 0.3%C | 36 | 48 | 45 | 60 |
| | 0.4%C | 45 | 56 | 56 | 72 |
| | 0.6%C | 56 | 72 | 72 | 90 |
| | 0.8%C | 72 | 90 | 90 | 110 |
| | 1.0%C | 80 | 105 | 100 | 130 |
| 규소강판 | | 45 | 56 | 55 | 65 |
| 스테인리스강판 | | 52 | 56 | 65~70 | - |
| 니켈 | | 25 | - | 44~50 | 57~63 |

## 2) 일량

프레스의 알맞은 크기를 선택하기 위해서는 먼저 전단력 (P)를 알아야 하고, 일량 (E)를 계산하여 필요한 프레스의 크기 및 종류를 선택해야 한다.

전단가공을 위한 일량은 아래의 공식에 의한다.

$$E = \frac{k \cdot p \cdot t}{1000} \ (\text{kgf} \cdot \text{m})$$

E : 일량(kgf · m)
p : 전단력(kgf)
t : 판 두께(mm)
k : 일량의 보정계수

보정계수 k는 전단과정이 끝나는 전단 길이에 대한 비율이나 마찰에 의하여 발생되는 압력의 비율 등을 더한 상수이다.

**예제** 두께가 4(mm)인 어떤 제품을 가공하기 위한 전단력이 7.5(ton)일 때 프레스가 한 일량은 얼마인가?(단, 일량보정계수 k는 0.45이다.)

**풀이** $E = \dfrac{k \cdot p \cdot t}{1000} = \dfrac{0.45 \times 7{,}500 \times 4}{1{,}000} = 13.5 \ (\text{kgf} \cdot \text{m})$

### 3) 스트리핑력(stripping force)

블랭킹이나 피어싱 가공 종료 직후 피가공재료에 박혀 있는 펀치를 떼어내는 장치에 의해 피가공 재료로부터 빼내어야 한다. 이것에 필요한 힘이 스크랩 제거력이며, 스트리핑력이라고도 한다. 이것은 재료의 종류, 전단공구의 클리어런스, 날끝의 예리한 정도와 그 다듬질정도, 윤활제 사용 여부와 그 종류에 의해 영향을 받는다.

① 스트리핑력의 크기 : 전단력의 2.5~20% 정도 범위에서 변화한다.
② 스트리핑력 Ps(kgf)의 계산

$$Ps = c \times l \times t$$

여기서, $l$ 은 전단윤곽이며, t는 피가공재 두께로 단위는 (mm)이다. c는 계수로서 1.6(mm) 이하의 판에 대해서는 $c = 1.6(\text{kgf/mm}^2)$이며, 1.6(mm)를 넘는 판에 대해서는 $c = 2.3(\text{kgf/mm}^2)$이다.

**예제** 0.1% 탄소가 함유된 두께 0.8(mm)의 철판에 25(mm) 정사각 구멍을 연속 타발하는 경우 스트리핑력은?(단, C=1.2를 적용한다.)

**풀이** Ps=c× $l$ × t=1.2×25×4×0.8 = 96(kgf)

스프링의 선정은 스크랩 제거력을 참고하여 스프링 표에서 96(kgf)의 하중을 내는 스프링 종류와 필요한 수량을 결정할 수가 있다.

## ※ 1.5 펀치와 다이의 날 맞춤

프레스 금형을 조립할 때 다이 날끝의 센터가 일치하지 않으면 적정 클리어런스라고 말할 수 없으며, 클리어런스가 적은 부분은 수명이 짧게 된다.

① 시그네스 테이프를 이용한 방법

펀치와 다이를 조여 고정하고 시그네스 테이프를 끼운 후 잡아당겨 같은 저항인가를 조사하며, 일반적으로 많이 사용한다.

② 광선을 이용하는 방법

광선을 이용하여 틈새를 보고 클리어런스를 등분하는 방법으로 고도의 기술이 필요하다.

③ 끼워 맞추기를 쓰는 방법

다이 구멍에 딱 들어맞는 부시를 펀치지름에 끼워서 같은 중심이 되도록 하는 방법이다.

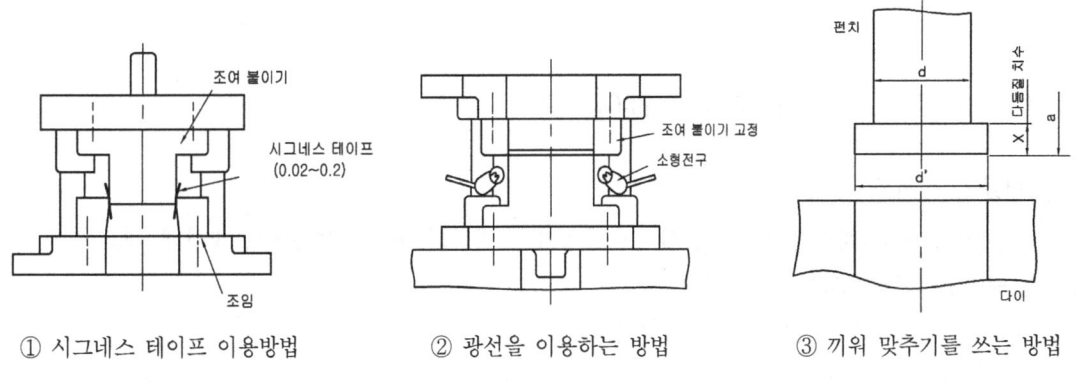

① 시그네스 테이프 이용방법　　② 광선을 이용하는 방법　　③ 끼워 맞추기를 쓰는 방법

그림 2.7　펀치와 다이의 날 맞춤

## ※ 1.6  샹크의 위치

### 1) 샹크

금형의 상형을 프레스 램에 고정시키기 위하여 금형의 펀치홀더(상홀더)에 고정시킨 봉상의 자루이며, 재질은 기계구조용강(SM20C)을 사용한다.

### 2) 샹크(shank) 위치의 결정

전단 금형이나 성형 금형으로 제품을 가공하려면 많은 힘이 필요하며, 프레스 가공에 소요되는 힘은 프레스의 램과 샹크가 일직선 상으로 연결된 상태에서 전달된다. 순차이송금형에서는 샹크의 위치결정에 세심한 주의를 하여야 한다.

샹크의 위치를 결정하는 방법에는 다음의 5가지가 있다.

① 전단력을 이용한 위치 계산
② 펀치와 외곽선 중심(重心)을 이용한 위치 계산
③ 선중심(線重心)을 이용한 위치 계산
④ 면중심(面重心)을 이용한 위치 계산
⑤ 작도에 의한 방법

위의 계산방식은 모두 지레의 원리를 이용한 것이며 펀치 고정판을 지레라고 가정하며, 양쪽 중 한쪽을 회전점으로 잡은 다음 회전 모멘트를 계산하여 필요한 x와 y를 구한다.

## ※ 1.7  재료의 이용률과 블랭크 레이아웃

### 1) 재료의 이용률

재료를 어느 정도 효과적으로 이용할 수 있는가는 제품의 외곽형상과 이송방향에 재료를 어떠한 위치로 배열하는가에 따라 결정된다.

① 이송거리 : 한 행정마다 이송되는 거리
② 피치(pitch) : 접근해 있는 제품의 임의의 한 지점에서 다음 제품의 같은 지점까지의 거리
③ 잔폭 : 띠 강판이나 코일로 된 재료를 블랭킹 가공할 때 이송잔폭(feed bridge)과 앞뒤 잔폭(sidebridge)을 주는데, 이것에 의해 스크랩의 형상이 이루어진다. 잔폭은 제품의 길이, 전단조건, 제품의 재질, 두께에 따라 결정하며 재료 이용률을 높이기 위하여 가능한 작은 값을 선택한다. 그러나 너무 작으면 제품의 정밀도와 전단면이 나빠지고, 너무 크면 재료의 손실이

크다.

재료 이용률에 관한 식은 다음과 같다 .

$$\eta = \frac{g_2}{g_1} \times 100\%$$

$g_1$ : 재료의 중량(kgf)      $g_2$ : 제품의 중량(kgf)

$\eta$ : 재료 이용률(%)

$$\eta = \frac{Z \cdot A}{L \cdot B} \times 100\%$$

A : 제품의 면적($\text{mm}^2$)      Z : 제품의 수량

L : 재료 전체 길이(mm)      B : 재료의 폭(mm)

$$\eta = \frac{A}{B \cdot P} \times 100\%$$

A : 제품의 면적($\text{mm}^2$)      B : 재료의 폭(mm)

P : 이송 피치(mm)

재료의 이용률은 레이아웃, 다열 트리밍 등에 따라 크게 변한다. 그러므로 다량 생산품에 있어서는 부품의 단가 중에서 재료비가 차지하는 비율이 많기 때문에 재료 이용률을 충분히 고려한 설계가 필요하다.

**예제** 두께가 2(mm)인 철판으로 직경 20(mm)인 제품을 일렬 판뜨기로 블랭킹 가공하고자 한다. 잔폭이 2(mm)일 때의 재료 이용률을 구하라.

**풀이** $B = d + 2b = 20 + 2 \times 2 = 24(\text{mm})$

$A = \dfrac{\pi d^2}{4} = \dfrac{\pi 20^2}{4} = 314(\text{mm}^2)$

$V = d + be = 20 + 2 = 22(\text{mm})$

$\eta = \dfrac{A}{V \cdot B} \times 100 = \dfrac{314}{24 \times 22} \times 100$

$\quad = 59.5(\%)$

재료 이용률 = 59.5(%)

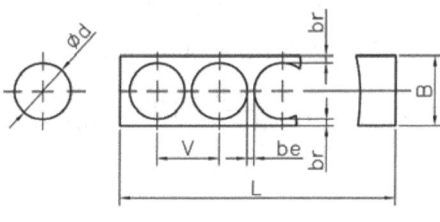

그림 2.8 일렬 판뜨기

**예제** 두께가 2(mm)인 철판으로 직경 20(mm)인 제품을 2열로 블랭킹 가공한다면 그 재료의 이용률은 얼마인가?

**풀이**
$$a = V \cdot \cos 30° = 22 \times 0.866$$
$$= 19.05(mm)$$
$$B = 2br + d + a = 2 \cdot 2 \cdot 20 + 19.05$$
$$= 43(mm)$$
$$\eta = \frac{AR}{BV} \times 100 = \frac{314 \times 2}{43 \times 22} \times 100$$
$$= 66.4(\%)$$
재료 이용률 = 66.4(%)

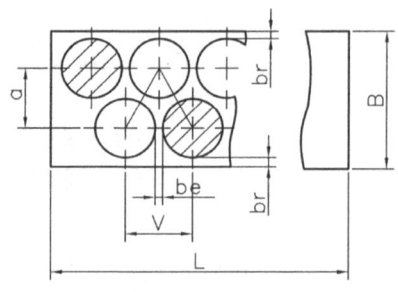

그림 2.9 경사 2열 판뜨기

**예제** 그림 2.10과 같이 제품을 조합 블랭킹할 경우 재료의 이용률을 구하라.(단, 이송 및 측면 잔폭은 3mm로 한다.)

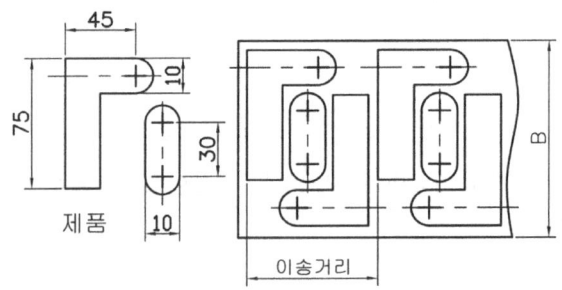

그림 2.10 제품 블랭크 배열 예

**풀이**
$$B = 75 + 20 + (3 \times 3) = 104(mm)$$
$$P = (3 \times 20) + (3 \times 3) = 69(mm)$$
$$A = 2A_1 + A_2 = 5228(mm^2)$$
$$\eta = \frac{A \cdot R}{B \cdot P} \times 100 = \frac{5228 \times 1}{104 \times 69} \times 100 = 72.85(\%)$$

## 2) 블랭크 레이아웃

### (1) 제품의 판뜨기

제품의 판뜨기 결정시 검토할 사항은 다음과 같다.

① 재료의 이용률이 좋은가를 판단한다.

② 제품의 가격이 차지하는 재료비를 고려한다.

③ 금형제작 및 보수의 문제점 등을 검토한다.

| 구 분 | 제품의 판뜨기법 1 | 제품의 판뜨기법 2 |
|---|---|---|
| 단열 판뜨기 | 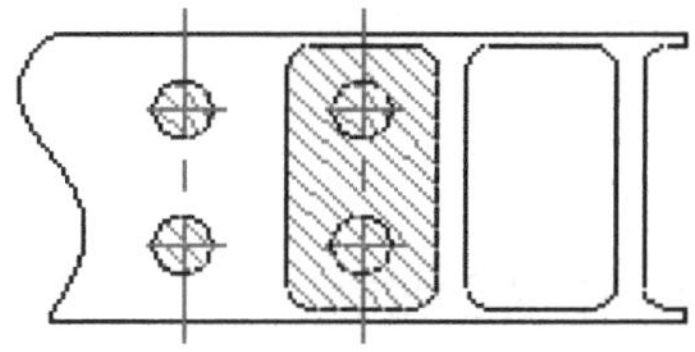 | 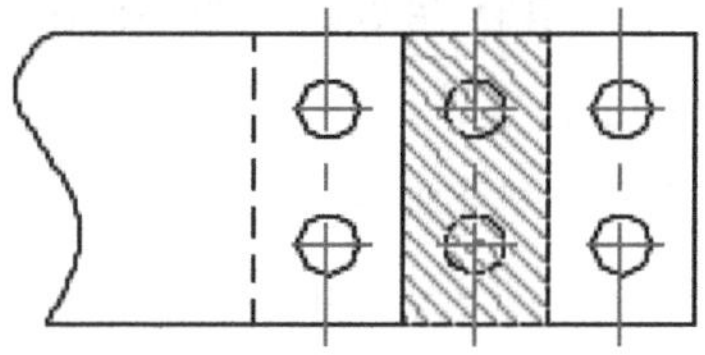 |
| 경사단열 판뜨기 | 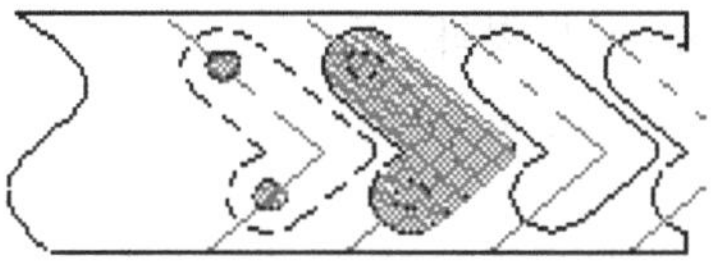 | 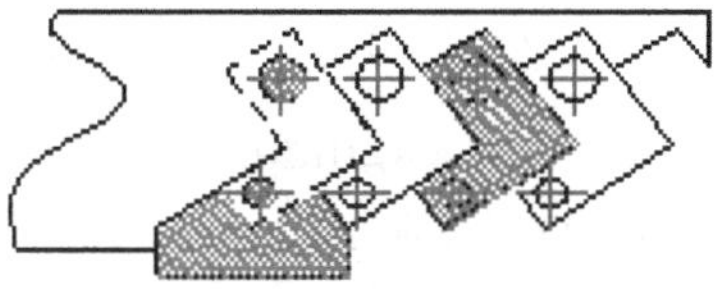 |
| 도치 판뜨기 | 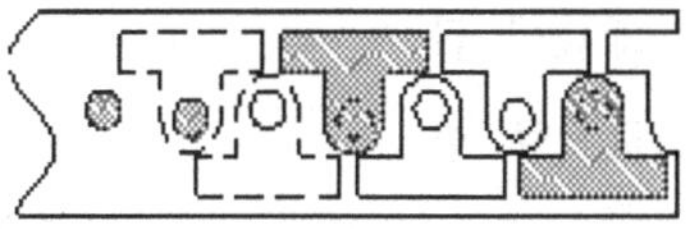 | 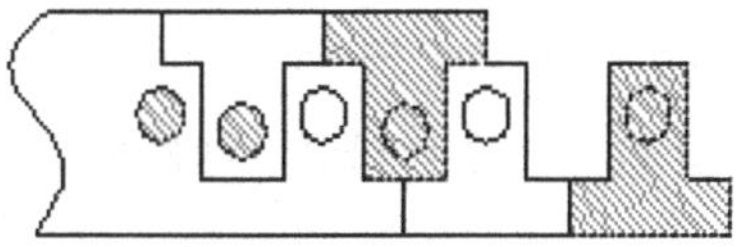 |
| 조합 판뜨기 | 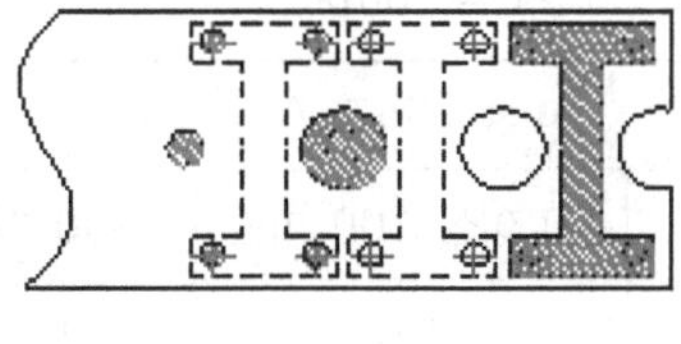 | 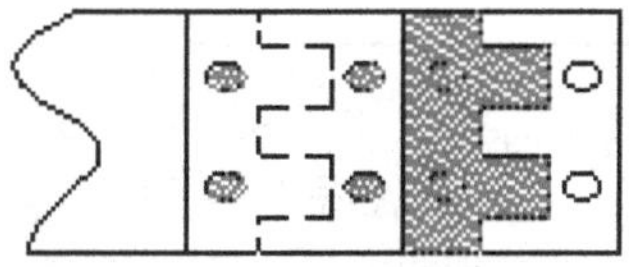 |
| 다열판뜨기 | 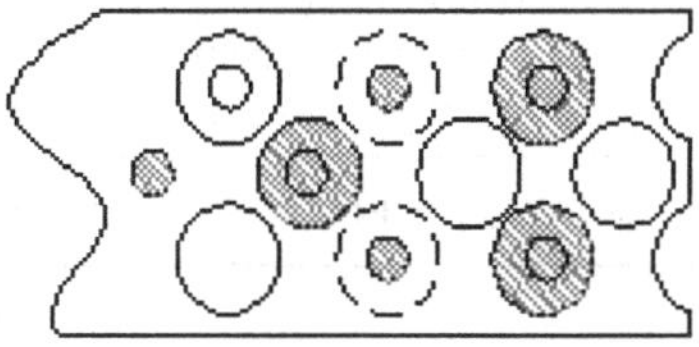 | 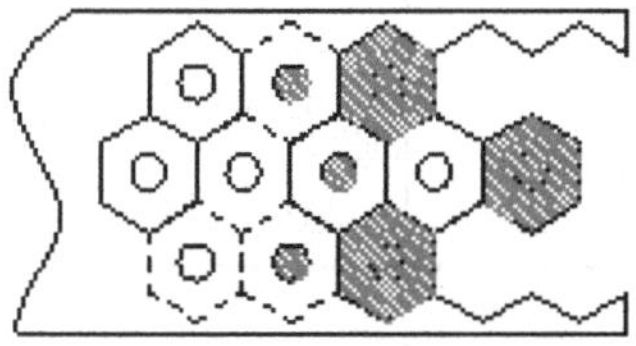 |

그림 2.11  제품 판뜨기의 실례

블랭크 배열(제품 판뜨기)의 좋고 나쁨은 재료의 이용률에 관계되어 제품의 제조원가에 크게 영향을 미친다. 따라서 재료에서 될 수 있는 한 많은 제품을 가공할 수 있도록 블랭크 배열을 치밀하게 하여 재료의 스크랩이 되는 부분이 최소가 되도록 하여야 한다.

### (2) 잔폭의 결정
블랭크 배열시 고려할 사항은 다음과 같다.
① 재료의 압연 방향(이방성)과 굽힘선
② 버(burr)방향
　- 굽힘 : 제품의 안쪽
　- 노칭, 피어싱 : 지정하지 않은 경우 블랭크와 같은 방향
③ 재료의 이용률 향상

일반적으로 앞뒤 잔폭은 절단폭의 불균형 또는 변형과 스토크 가이드(stockguide)의 진동을 고려하여 이송잔폭보다 20% 정도 크게 한다.

브리지(bridge)는 블랭크와 블랭크 사이의 이송 브리지(feed bridge), 블랭크와 재료 단면 사이에 주는 에지 브리지(edge bridge) 여유로, 이들 값이 작으면 재료의 굽힘, 균열 등이 발생하므로 안전을 고려한 최소값으로 한다.

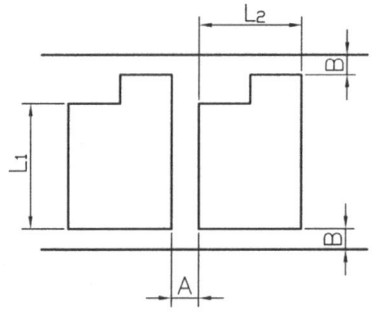

그림 2.12 브리지 여유

표 2.3 최소 브리지 폭(mm)

| 재 질 | L₁ 또는 L₂ / 판두께 | 이송 브리지 A | | | 에지 브리지 폭 B |
|---|---|---|---|---|---|
| | | 50 미만 | 50 이상 100 미만 | 100 이상 | |
| 일반금속 | 0.5 미만 | 0.7 | 1.0 | 1.2 | 1.2A |
| | 0.5 이상 | 0.4+0.6t | 0.65+0.7t | 0.8+0.8t | |
| 규소강판 | 0.3 미만 | 1.2 | 1.4 | 1.6 | 1.2A |
| | 0.3 이상 | 0.9+t | 1.1+t | 1.3+t | |

| 재 질 | L₁ 또는 L₂ 판두께 | 이송 브리지 A | | | 에지 브리지 폭 B |
|---|---|---|---|---|---|
| | | 50 미만 | 50 이상 100 미만 | 100 이상 | |
| 페놀플라스틱 마이카 | 0.5 미만 | 1.2 | 1.4 | 1.6 | 1.5A |
| | 0.5 이상 | 0.8+0.8t | 0.9+t | 1+1.2t | |
| 새이버 셀롤로이드 | 0.5 미만 | 1.0 | 1.2 | 1.4 | 1.5A |
| | 0.5 이상 | 0.65+0.7t | 0.8+0.8t | 0.9+t | |

## ※ 1.8 블랭킹 금형과 피어싱 금형의 차이점

### 1) 블랭킹 금형

블랭킹 가공은 프레스작업 중에서도 가장 기본적인 것이며, 또 가장 많이 사용되는 가공법이다. 이것은 판금재료에서 제품을 타발하는 작업이며, 타발된 것이 제품이며 나머지는 스크랩이 된다.

다이의 치수가 제품의 치수가 되며, 펀치측에는 재료 두께에 따른 양측 클리어런스를 뺀 치수로 한다. burr의 방향은 윗면, 즉 펀치측에 발생된다.

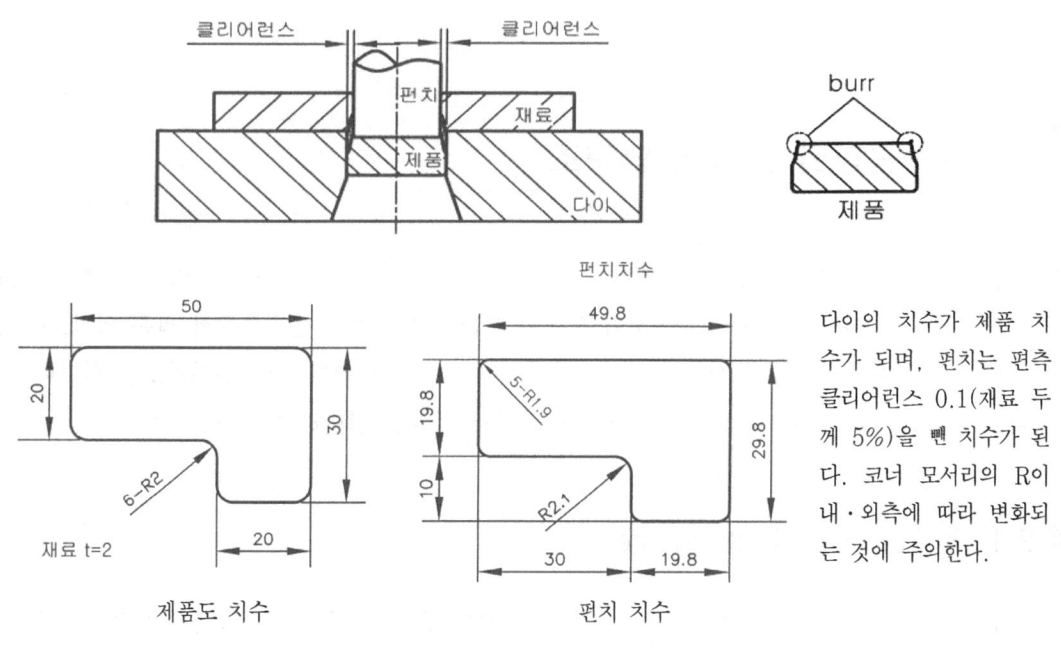

다이의 치수가 제품 치수가 되며, 펀치는 편측 클리어런스 0.1(재료 두께 5%)을 뺀 치수가 된다. 코너 모서리의 R이 내·외측에 따라 변화되는 것에 주의한다.

그림 2.13 블랭킹 금형

## 2) 피어싱 금형

블랭킹과는 반대의 개념으로 타발된 쪽이 스크랩이 되며, 나머지가 제품이 된다. 펀치를 소요의
치수로 하고 다이에는 클리어런스를 더한 치수로 한다.

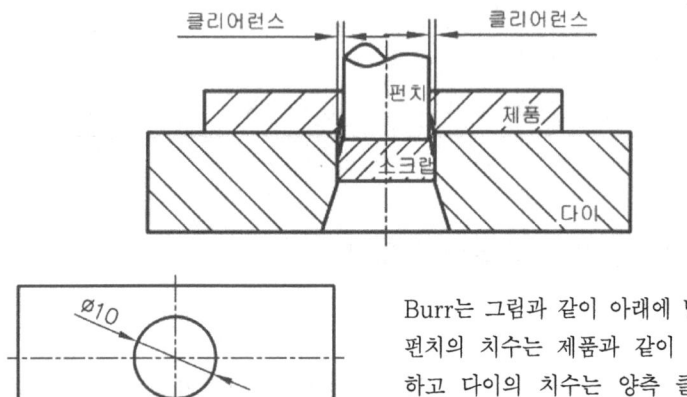

Burr는 그림과 같이 아래에 발생한다.
펀치의 치수는 제품과 같이 Ø10으로
하고 다이의 치수는 양측 클리어런스
0.2(재료두께의 10%)을 더한 치수 Ø
10.2가 된다.

그림 2.14  피어싱 금형

## 2  전단금형의 분류와 형구조

전단가공은 재료를 2개 이상으로 분류하는 작업 중에서 가장 많이 이용되고 있다. 재료에 전단
하중이 작용하든가, 재료 일부에 전단응력이 생겨서 분리하는 경우의 총칭으로서 넓은 의미로는 전
단기에 의한 가공프레스 기계에 설치된 전단금형에 의한 가공, 트리밍, 셰이빙까지도 포함되며, 좁
은 의미로는 양단이 열려 있는 직선 또는 곡선에 따라서 재료를 절단하는 작업을 말한다.

### ※ 2.1  블랭킹 금형(blanking die)

전단가공 중 가장 대표적인 것으로 소재에서 폐곡선의 윤곽을 절단하는 금형을 말한다. 블랭킹
금형에서는 절단하여 분리된 폐곡선 윤곽의 제품이 블랭크이며, 나머지 부분을 스크랩이라 한다.

일반적으로 제품의 윤곽치수로 가공된 다이 위에 재료를 놓고 제품의 윤곽치수에서 클리어런스
만큼 뺀 치수로 가공된 펀치로 가압하여 다이 구멍 속으로 블랭크를 낙하시킨다.

## 1) 고정 스트리퍼 방식

그림 2.15는 하형에 스트리퍼를 고정한 블랭킹 금형이다. 펀치가 하강해서 고정 스트리퍼의 구
멍을 통해 재료를 블랭킹하고 재료는 다이 안으로 떨어진다. 펀치가 상승하면 재료는 펀치와 같이
상승하고 스트리퍼는 재료를 펀치로부터 이탈하여 1 행정을 완료한다.

## 2) 상형에 가동 스트리퍼를 가진 방식

그림 2.16은 상형에 스프링으로 가동하는 스트리퍼를 가지고 있는 구조로서, 상형이 하강하면
우선 스트리퍼가 재료와 접촉해서 스프링에 의해 재료를 누르면서 블랭킹한 후 상승할 때 스프링
의 힘에 의해 펀치로부터 재료를 이탈시키며 상형은 상승한다.

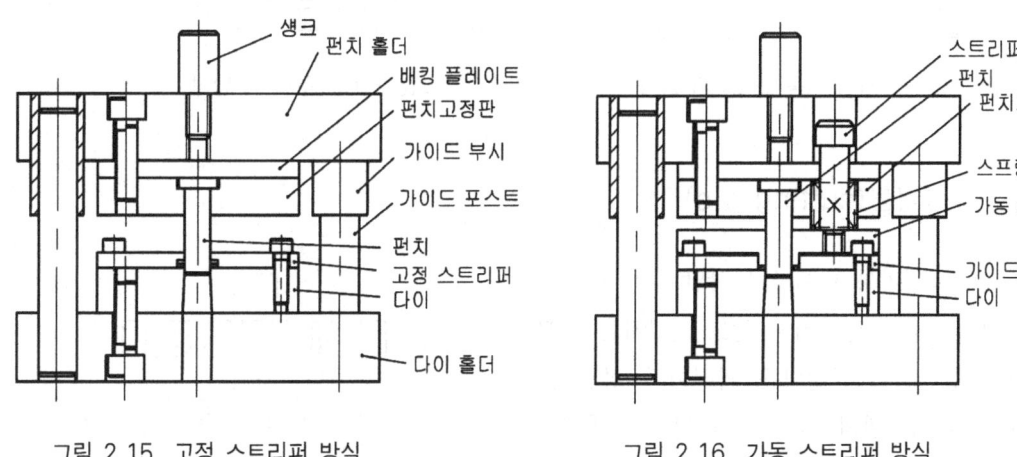

그림 2.15  고정 스트리퍼 방식                    그림 2.16  가동 스트리퍼 방식

## 3) 하형에 가동 스트리퍼를 가진 방식

그림 2.17은 가동 스트리퍼가 하형에 있는 구조로서 역블랭킹 방식이라고도 한다. 재료를 가동
스트리퍼로 누르고 블랭킹하며 블랭킹된 재료는 상형의 다이 내에 놓이게 된다. 계속해서 상승하게
되면 펀치 측벽에 붙어 있는 재료는 가동 스트리퍼로 밀어 올려진다. 이 방식의 장점은 제품의 버
가 적다.

### 4) 푸시 백(push back) 방식

그림 2.18은 상형에 펀치와 가동 스트리퍼를 가지고 하형에는 다이와 쿠션이 붙은 녹아웃 패드를 갖고 있다. 이 방식은 내·외형을 강하게 밀면서 타발하기 때문에 면정밀도가 높은 제품을 얻을 수가 있다. 재료는 타발되기 직전에 내·외형을 동시에 강한 힘으로 밀어넣기 때문에 블랭킹된다. 상형이 상승을 시작하면 다이 내의 재료는 패드로 밀어올려주고 블랭킹된 구멍에 밀어넣게 된다.

주로 소형용에 채용되고 특히 순차이송의 트리밍형으로 채용되는 경우가 있다. 이 방식은 평탄도가 중요한 와셔 등에 적용한다.

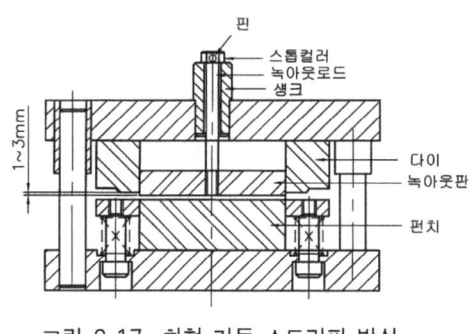

그림 2.17  하형 가동 스트리퍼 방식

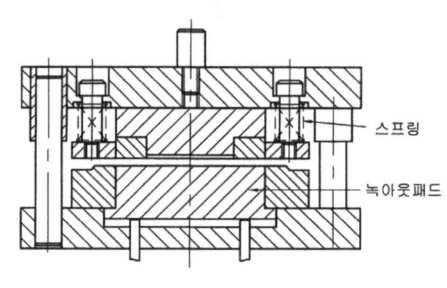

그림 2.18  푸시 백 방식

## ※ 2.2  절단금형(cutting die)

그림 2.19는 펀치와 다이를 절삭날로 한 금형을 사용하여 스크랩을 발생시키지 않고 절단하는 금형을 말하며, 절단선은 직선이든 곡선이든 상관 없다. 특징은 절단된 판의 전후의 버 방향이 반대로 되며, 재료를 한편측으로 절단하므로 펀치에 수평 압력이 걸린다는 결점이 있다.

그림 2.19  절단금형

## ※ 2.3  일평면 커팅 금형(dinking die)

그림 2.20은 펀치나 다이 중 한 쪽만 날을 가지고 있으며 다른 한쪽은 평판을 사용하여 종이, 가죽, 고무 등을 필요한 형상으로 절단하는 곳에 사용한다. 날끝각은 일반적으로 20° 이하로 하여 1~수십 장씩 1번에 가공한다. 공구의 날끝각은 블랭킹일 때는 바깥쪽에 각도를, 피어싱일 때는 안쪽에 각도를, 경질 고무를 가공시에는 내·외부에 같은 각을 준다.

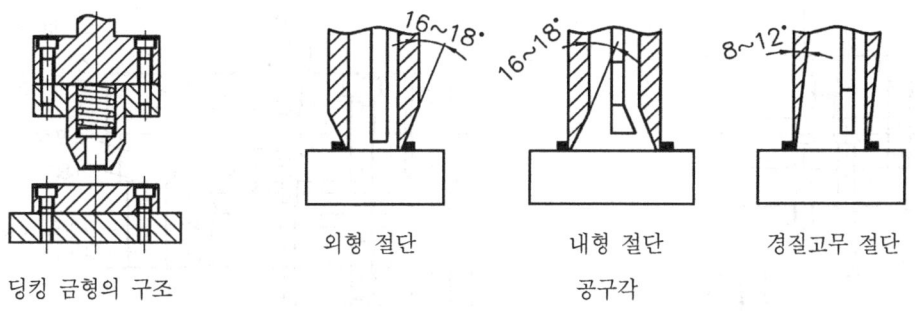

외형 절단
내형 절단
공구각
경질고무 절단

딩킹 금형의 구조

그림 2.20  딩킹 금형과 공구각

## ※ 2.4  노칭 금형(notching die)

그림 2.21은 재료의 일부를 전단하여 같은 방향으로 개방되는 윤곽절단이다. 전단저항이 펀치의 일부에만 집중되어 펀치가 한쪽으로 쏠리므로 펀치를 안내하는 장치가 필요하다. 노칭 금형은 재료의 일부를 노칭하려고 할 때는 단독으로 사용하는 경우도 있지만, 순차이송금형의 소재 안내 장치 및 소재 이송 제한 장치로도 이용된다.

노칭펀치 ← ← 노칭펀치

그림 2.21  노칭 금형

## ※ 2.5  피어싱 금형(piercing die)

폐곡선인 윤곽으로 전단하는 점에서는 블랭킹 금형과 같으나, 내측은 스크랩(scrap)이 되고 외측은 제품이 된다. 클리어런스는 다이 쪽에 주고, 펀치의 전단하중을 적게 하기 위해서는 전단각을 펀치측에 준다.

그림 2.22는 고정스트리퍼가 있는 피어싱형이며, 이 형은 피어싱할 때 재료를 누를 수 없으므로 재료가 변형되는 경향이 있다. 그림 2.23은 상형에 가동 스트리퍼가 있는 방식으로 피어싱형으로서는 가장 많이 이용되고 있는 구조이다.

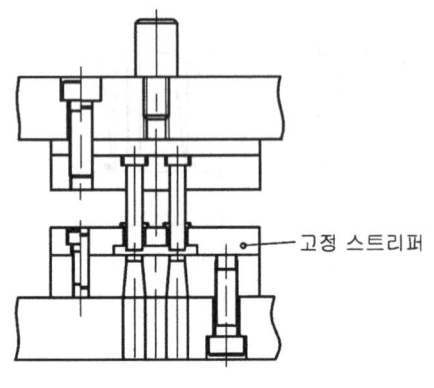

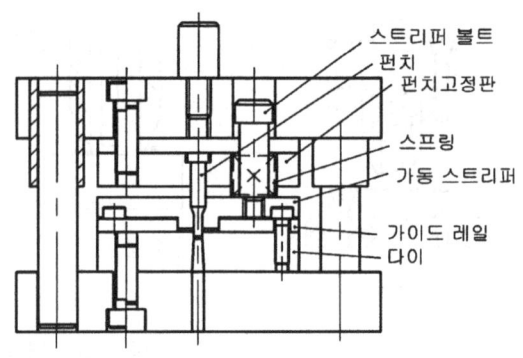

스트리퍼 볼트
펀치
펀치고정판
스프링
가동 스트리퍼
가이드 레일
다이

고정 스트리퍼

그림 2.22  고정 스트리퍼 피어싱 금형          그림 2.23  가동 스트리퍼 피어싱 금형

## ※ 2.6  셰이빙 금형(shaving die)

그림 2.24는 블랭킹이나 피어싱 금형 등으로 가공한 구멍이나 외곽은 클리어런스 때문에 전단면이 직각이 되지 않으므로, 이 면을 기계절삭의 다듬질면과 같은 직각 단면으로 하고 치수 정도가 정확하도록 다듬질하기 위하여 사용되는 금형이다. 셰이빙 금형은 매우 정밀하므로 클리어런스는 0.02(mm) 정도로 극히 작다.

## ※ 2.7  분단금형(parting die)

그림 2.25는 1차 가공된 제품을 분할하여 잘려진 양쪽이 제품이 되게 하는 가공법으로 스크랩이 나오기도 한다.

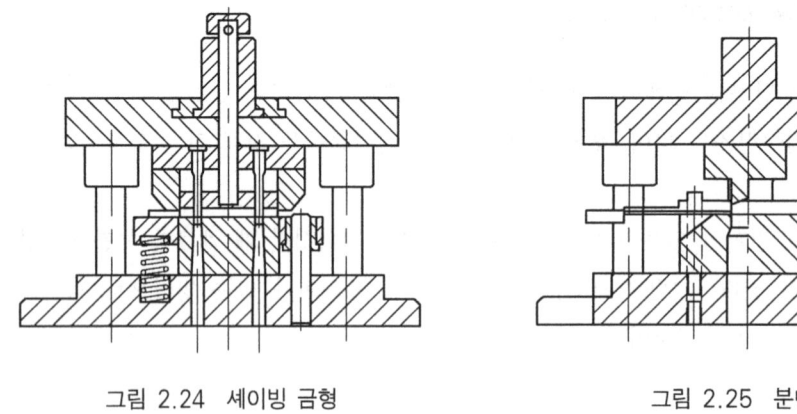

그림 2.24  셰이빙 금형          그림 2.25  분단금형

## ⁑ 2.8 트리밍 금형(trimming die)

그림 2.26은 드로잉 성형가공을 한 제품의 가장자리를 소요의 형상으로 절단하여 완성제품을 가공하는 경우 사용하는 금형이다. 트리밍 금형은 재연삭을 하기 위하여 연삭 여유를 주어서 제작하며 재연삭시 분해조립에 의한 정밀도가 보장되도록 한다.

트리밍 금형에서 스크랩 처리는 매우 중요하므로 작업성을 높이기 위하여 스크랩을 작게 전단하여 주는 스크랩 커터 장치를 추가해 주는 것이 좋다.

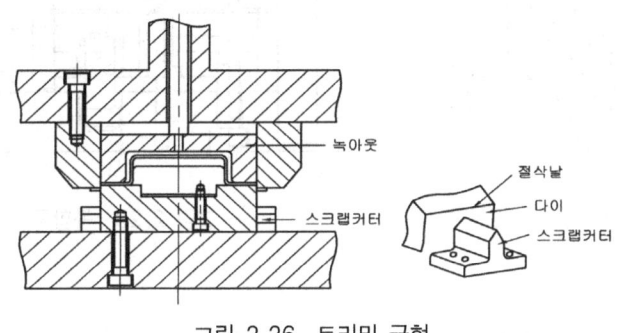

그림 2.26  트리밍 금형

## ⁑ 2.9 정밀 블랭킹 금형(fine blanking die)

그림 2.27과 같이 금형의 구조는 보통 블랭킹 금형과 같으며 다만 블랭킹 홀더에 V형 모양의 링(ring)을 만들고 이것이 블랭크(blank) 외주를 강하게 눌러 펀치 방향의 재료 유동을 억제하므로써 제품의 치수가 정밀하고, 전단면이 깨끗하며 각이 정확한 전단면을 한 공정에서 얻기 위하여 사용되는 금형이다.

이 금형은 상형에 펀치와 블랭크 홀더 및 녹아웃 장치가 있고, 하형에는 다이 및 녹아웃 장치가 있다. 제품의 두께가 얇은 경우 클리어런스는 판두께의 0.5%를 주며, 볼들이 부시형 다이세트를 주로 사용한다. 사용 프레스는 기계식이나 유압식으로 된 정밀복동 프레스를 사용한다. 전단속도는 10(mm/s)를 초과하지 않도록 하며, 전단력은 보통 전단금형의 2배 정도가 필요하다.

## ⁑ 2.10 복합금형(compound die)

그림 2.28은 피어싱 금형 및 블랭킹 금형을 복합시켜 1 행정으로 구멍이 있는 블랭크(blank)를 가공하는 복합금형이라 한다. 이 금형은 순차이송금형에 비하여 제품의 정도가 높고, 평탄도가 양

호하며, 내외 윤곽의 버(burr)가 동일 방향에 있고, 재료 사용면에서 우수하나 금형의 구조가 복잡하여 가공이 곤란하며, 제품 및 스크랩 제거에 문제점이 있다.

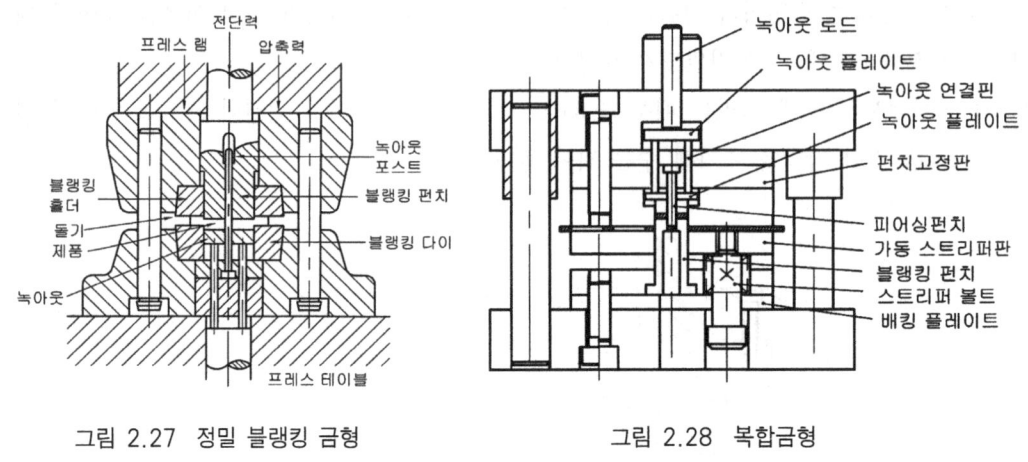

그림 2.27 정밀 블랭킹 금형    그림 2.28 복합금형

## ※ 2.11 프로그레시브 금형(progressive die)

연속 대량생산 방식의 금형이라는 것은 트랜스퍼 금형과 비슷하지만 금형의 구성, 소재 이송방식 등에서는 아주 다른 특성이 있다. 이것은 복잡한 형상의 제품을 단순한 다수 공정으로 분할하여 순차적으로 가공을 완료하는 것으로, 금형 강도와 수명 향상을 목적으로 하고 있으며 다음의 특징이 있다.

① 스트립 소재로부터 점진적으로 전단, 드로잉 등을 한 단계씩 가공하면서 최종의 완성품을 만드는 금형이다. 그림 2.29와 같이 여러 경우의 작업 방식이 있을 수 있으며, 이 중 세번째 방식의 공정에 대한 금형조립도가 그림 2.30에 주어져 있다.

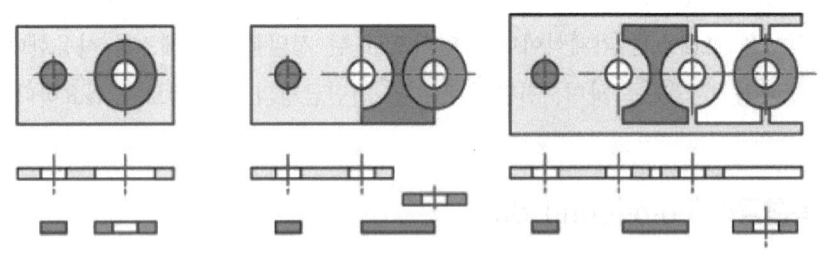

링 와셔 제품의 가공 방식 사례

그림 2.29 프로그레시브 작업

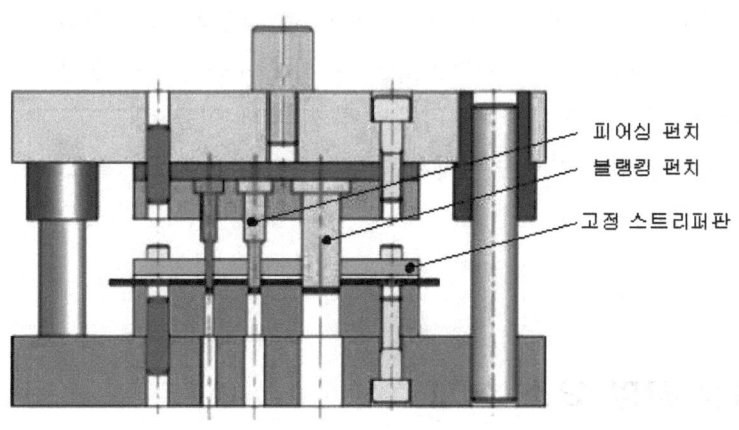

그림 2.30  프로그레시브 금형

② 중소형 제품 가공에 적합하며 일반 프레스에서 작업이 가능하다.

③ 고속 가공이 가능한 것으로, 국내에서는 최대 1000spm까지도 가능하다.

④ 각 공정 간의 위치 정밀도가 상호 의존적인 것으로, 금형 가공시에 누적 공차가 발생할 수 있기 때문에 정밀 가공을 필요로 한다.

## 2.12  트랜스퍼 금형(transfer die)

① 연속 대량 생산 작업에 많이 사용되는 금형으로 각 공정 간의 금형 설계가 독립적이다.

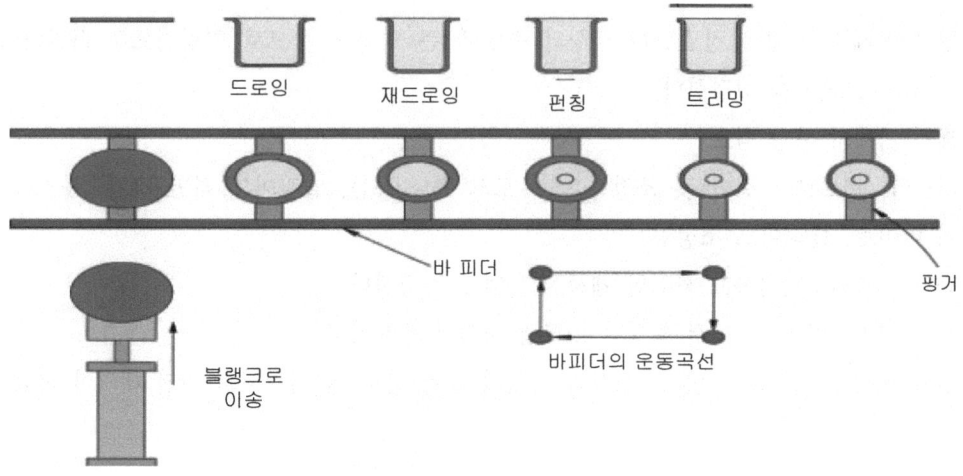

그림 2.31  트랜스퍼 작업

즉, 단공정 금형의 조합으로 생각할 수 있으며, 이 작업은 그림 2.31에서와 같이 바 피더 (bar feeder)에 장착되어 있는 핑거(finger)에 의해 부품이 다음 공정으로 이동되면서 단계 적으로 성형되는 것으로 주로 중대형 부품의 성형작업에 이용된다.

② 이 작업은 전용의 트랜스퍼 이송 장치가 부착되어 있는 프레스가 필요하며, 보통 작업속도는 30~60spm의 범위에 있다.

# 3 블랭킹 금형 요소 설계

## ※ 3.1 형 설계상 고려할 사항

① 제품 정밀도의 보증
  ㉮ 무리한 요구는 없는가?
  ㉯ 치수 정밀도는 보증되는가?
  ㉰ 공차가 엄한 제품의 경우는 고급 금형재를 사용하고 마모에 의한 치수변화 대책으로서 면 조도를 향상시키고, 버에 의한 치수변화 대책도 필요하다.
  ㉱ 금형의 보수관리는 버 높이로 관리하는 것보다 타발수에 의한 관리가 제품치수 관리에 쉽 다.

② 경제적인 블랭크 레이아웃 결정 재료 이용률을 높이기 위한 대책을 검토한다.

③ 프레스 기계의 선정
  타발시 프레스 기계의 정밀도는 금형의 수명에 큰 영향을 주므로 일방적으로 타발력의 1.7 배 이상의 프레스를 선정한다.

④ 프레스 기계의 사양 검토
  가압능력, 스트로크 길이 및 조정량, 스트로크 수(SPM), 슬라이드 하면 크기, 볼스타 크기, 다이 하이트, 슬라이드 조정량

⑤ 제품의 반출법 : 안전하고 확실한 제품 취출법을 결정한다.

⑥ 스크랩 처리 : 연속가공에서 확실한 스크랩 처리가 필요하다.

⑦ 안전의 배려 : 안전하게 제품을 생산하기 위해 금형 안전 및 작업자의 안전 대책이 필요하다.

## ※ 3.2  생크(shank)

소형 금형의 상형을 프레스 램에 고정시키기 위하여 금형의 펀치홀더(상홀더)에 고정시킨 봉상의 자루부분을 생크라 하며, 중·대형 금형에서는 사용치 않고 직접 볼트나 치공구를 사용하여 상형을 고정한다.

### (1) 재료

생크 재료는 일반적으로 기계 구조용 강(SM20C)을 사용하고 펀치와 일체로 된 생크와 같이 특수한 경우는 특수강을 사용한다.

### (2) 종류

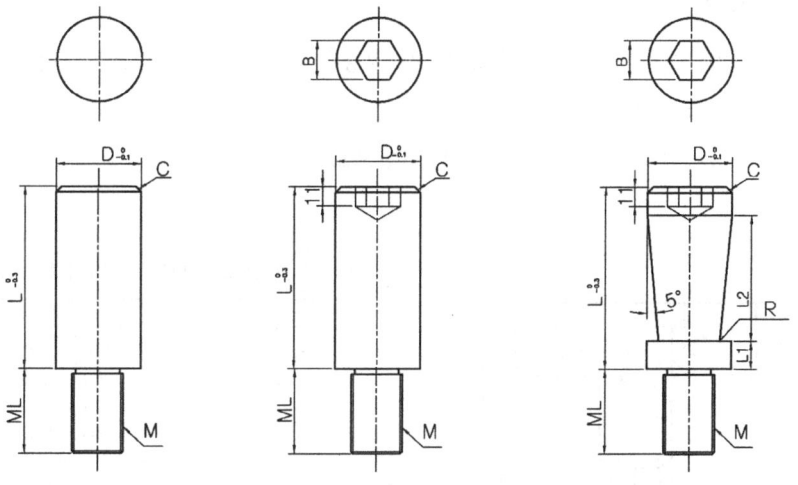

(단위 : mm)

| 호칭 치수<br>D | L | ML | M | C | B | L1 | L2 |
|---|---|---|---|---|---|---|---|
| 25~18 | 50 | 40 | M18 × P1.5 | 2 | 12 | 10 | 28 |
| 25 | | | M22 × P1.5 | | | | |
| 32 | 55 | | | | 17 | 12 | 30 |
| 38 | 60 | 60 | M30 × P2.0 | 3 | | 13 | 32 |
| 50 | 65 | | | | | 15 | |

그림 2.32  생크의 종류 및 고정법

생크의 종류는 모양과 펀치 홀더에 고정하는 방법에 따라서 분류하고, 생크의 종류는 한국 공업 규격 KS B 4111에 규정하고 있다.(그림 2.32)

가장 많이 사용되는 생크의 고정방법은 나사에 의한 고정방법이며, 금형으로 제품을 가공할 때에 회전을 방지하기 위하여 나사부에 멈춤핀으로 고정한다.

## ※ 3.3 펀치 고정판(punch plate)

### (1) 기능
펀치 플레이트(punch plate)는 각종 펀치를 다이구멍에 수직으로 작동 유지될 수 있도록 고정하여 주는 기능을 한다.

### (2) 설계시 고려사항
① 펀치 플레이트의 두께(T)는 금형의 크기 및 작용하중에 영향을 받지만 일반적으로 펀치 길이의 30~40% 정도로 한다.(표 2.4 참고)
② 펀치 가이드 부는 펀치 직경(d)의 1.5배 이상으로 한다.

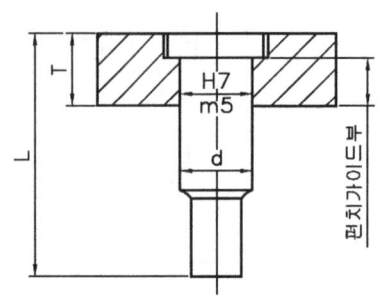

그림 2.33 펀치 고정판 사용 예

표 2.4 펀치 고정판의 두께

| 펀치 길이 | T |
|---|---|
| 40mm | 13~16mm |
| 50mm | 16~20mm |
| 60mm | 20~25mm |
| 70mm | 22~28mm |

③ 펀치직경과 펀치 고정판 구멍의 끼워 맞춤 공차는 보통 H7m5 끼워 맞춤으로 하고, 정밀도가 높을 경우엔 H6m5 공차를 사용하기도 한다.
④ 다이블록 두께의 60~80% 정도로 한다.

## (3) 호환성 있는 펀치 고정판

① 펀치 지름이 비교적 작고 생산량이 많은 경우
는 호환성을 높이기 위하여 사용한다.

② 펀치 고정판에 담금질하여 연삭 가공한 부시
를 박아서 사용하면 펀치를 교환하기 쉽다.

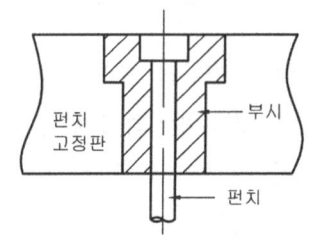

그림 2.34 호환성 있는 펀치 고정판

## (4) 펀치 고정방법

① 플랜지 고정방식

일반시판 펀치의 표준 고정법으로 펀치 파손시 교환하기 쉽다.

② 나사 고정방식

플랜지 고정방식의 특징과 정밀도 및 신뢰성이 높고 금형 수명이 짧은 펀치 등을 사용하는
경우 손쉽게 교환 가능하다.

③ 데브콘 고정방식

데브콘 접착제를 사용한 소량 생산용 금형의 펀치 고정에 적합하며 값이 저렴하다.

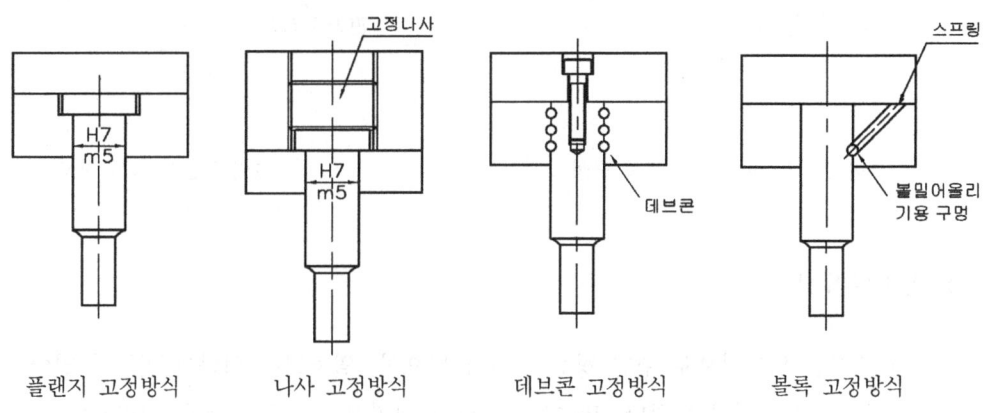

| 플랜지 고정방식 | 나사 고정방식 | 데브콘 고정방식 | 볼록 고정방식 |

그림 2.35 펀치 고정방법

④ 볼록 고정방식

볼에 의해 고정되는 형식으로 펀치 교환빈도가 높은 금형에 사용되나, 고정밀도 금형에는 적
합하지 않다.

## ※ 3.4  받침판(backing plate)

받침판은 전단시 압력에 의해 펀치 홀더(punch holder) 또는 다이 홀더(die holder)에 파고 들어가는 것을 방지하기 위한 것으로, 펀치의 절삭날 면적에 대하여 전단압력이 큰 경우에 사용한다. 받침판의 재질은 STC, STS를 사용하며, 경도는 HRC58 이상이며, 두께는 5~15(mm)이다.
  ① 펀치받침판 : 펀치 홀더 속에 파고 들어가는 것을 방지하기 위하여 사용한다.
    프레스 작업중 펀치에 하중이 걸리게 되면 펀치 머리부에 압력이 전달되는데, 이 압력이 과대하여 펀치받침판에 싱킹(sinking) 현상이 발생하는 것을 방지한다.(그림 2.36)
  ② 다이 받침판 : 다이 홀더 속에 파고 들어가는 것을 방지하기 위하여 사용한다.

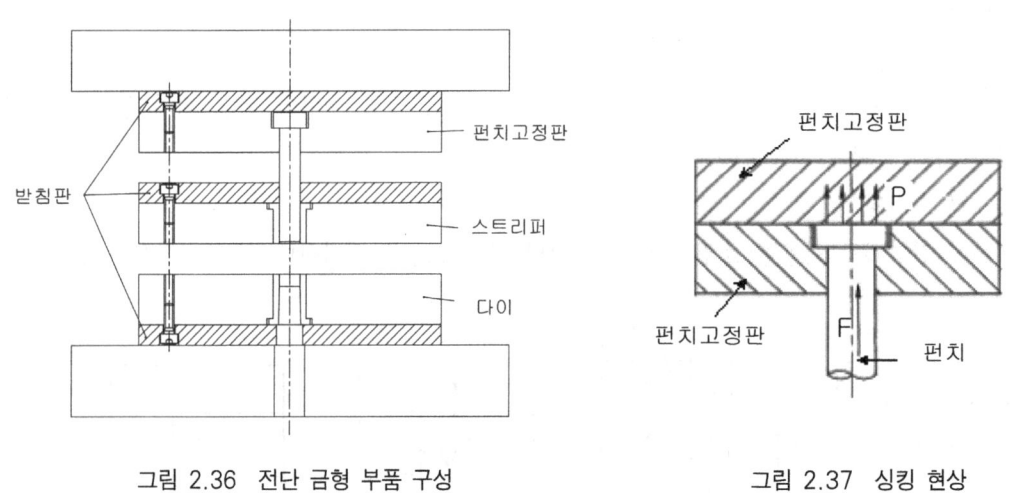

그림 2.36  전단 금형 부품 구성                          그림 2.37  싱킹 현상

## ※ 3.5  다이(die)

다이(die)의 형상은 일반적으로 평면 형상의 것이 많으며, 열처리에 의하여 변형이 일어나기 쉽기 때문에 충분한 두께가 있어야 한다. 또 가공 압력이 전면에 작용하는 것을 고려하여 충분한 강도를 갖도록 설계해야 한다.

### 1) 다이의 종류
다이는 형상에 따라서 일체 다이, 부싱 다이(bushing die), 분할 다이 등으로 분류하며 일체 다이의 일부분이 돌출된 것은 그 부분만 부싱으로 제작하여 끼운 것도 있다.

## (1) 일체 다이

일체 다이는 다이 홀더 윗면에 그대로 설치한 것으로 원형일 때는 두께의 균일성과 경제성을 고려하여 링(ring) 모양으로 하지만, 다각형이나 복잡한 형상의 제품을 가공할 때의 다이는 각형으로 하는 것을 사용한다.

두께의 균일성과 경제성을 고려하여 링(ring) 모양으로 하지만, 다각형이나 복잡한 형상의 제품을 가공할 때의 다이는 각형으로 하는 것을 사용한다.

다이와 다이 홀더는 나사(육각 홈붙이 볼트)와 맞춤핀으로 고정하고, 큰 전단력을 받을 경우는 표준 맞춤핀(dowel pin)보다 직경이 큰 핀을 사용한다.

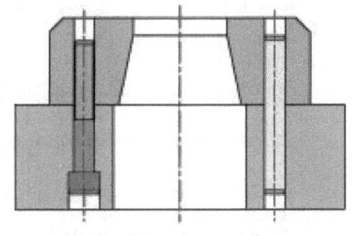

그림 2.38  일체 다이

## (2) 부시 다이(bush die)

부시 다이는 대형 소재의 일부를 가공할 때, 호환성 기능, 빈번한 수리를 요할 때 등 공구재료를 절약할 수 있는 것 외에 여러 가지 장점이 있다.

① 부시 다이의 장점

㉮ 2개 이상의 블랭킹이나 피어싱 작업을 동시에 하는 경우 열처리변형으로 중심거리가 어긋날 경우 부시만 수정하면 된다.

㉯ 다이 날끝의 파손시 부시를 수정하면 된다.

㉰ 일체 다이보다 펀치고정판의 중심거리가 정확해서 조합이 용이하다.

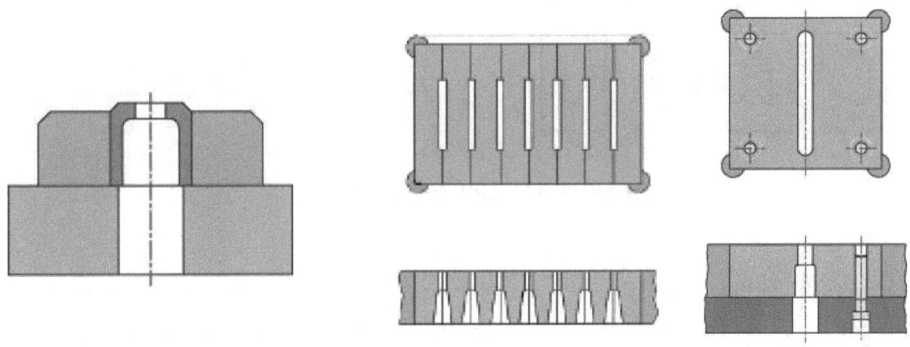

그림 2.39  부시 다이                    그림 2.40  분할 다이

(3) 분할 다이

분할 다이는 대형 다이 및 복잡한 형상의 다이 또는 가공정밀도가 높은 경우와 일체 다이로는 제작하기 곤란한 경우에 채용한다.

① 분할 다이의 특징

㉮ 열처리에 의한 변형은 연삭에 의해 용이하게 수정되거나 조정이 가능하다.

㉯ 기계가공의 이용이 용이하다.(특히 연삭가공이 용이하다.)

㉰ 대형 다이일지라도 큰 다이 재료를 필요로 하지 않는다.

㉱ 다이 파손시 수리가 용이하다.

㉲ 균일한 클리어런스(Clearance)를 얻을 수 있고, 조정도 가능하다.

㉳ 고정방법이 나쁘면 다이 구멍이 벌어지든가, 분할부분이 모서리의 응력집중으로 파손되므로 다이 설계시 주의가 필요하다.

그림 2.41은 다이 분할의 기본원칙을 나타낸 것이다.

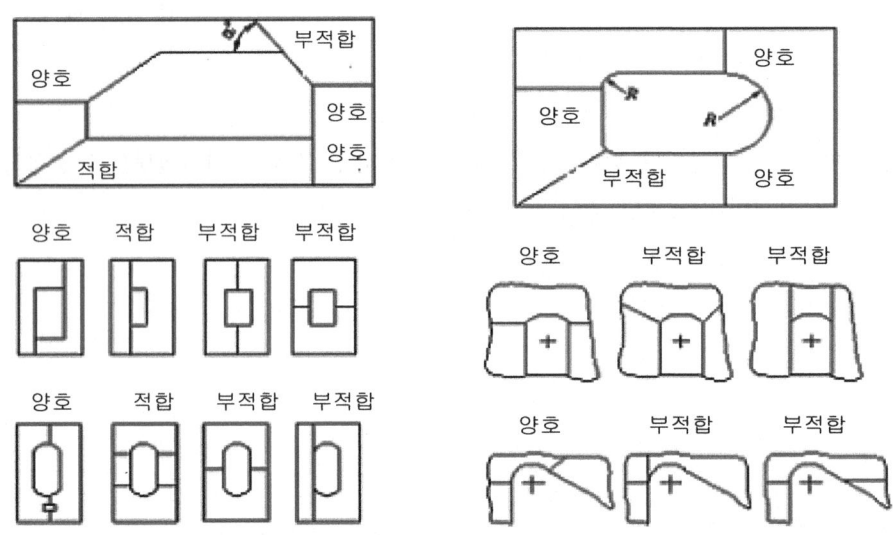

그림 2.41 다이 분할의 기본원칙

② 다이를 분할할 때의 기본원칙

㉮ 다이의 각 분할 부분은 확실하게 위치를 결정할 수 있고 고정할 수 있을 것.

㉯ 분할점은 모서리 또는 곡선과 직선의 접점으로 할 것.

ⓗ 분할된 다이블럭에는 국부적으로 요철이 없어야 할 것.

ⓡ 연삭가공이 용이할 것.

ⓜ 다이블럭은 각형, 원형, 직선에 가까운 형상으로 할 것.

ⓑ 치수 청밀도의 측정을 확실히 할 수 있을 것.

ⓢ 국부적으로 이상한 요철이 있을 때는 다이 인서트(die insert)로 할 것.

ⓐ 분할점에서 분할선의 방향은 원칙적으로 절단윤곽에 직선으로 하고, 날카로운 부분을 만들지 말 것.

③ 분할다이의 조립시 고정방법

ⓖ 쐐기 방식은 쐐기의 조임 방향에 따라 다이의 클리어런스가 변화하므로 사용에 있어서 주의할 것.

ⓝ 다이를 여러 개로 분할할 때는 도중에 크로스 키(cross-key)를 넣어 다이의 상호간섭을 방지한다.

ⓓ 크로스 볼트 고정방식을 사용할 경우, 후판(두꺼운 판) 전단에서는 테조임 등으로 보강을 한다.

ⓡ 맞춤핀, 볼트 고정방식은 박판(얇은 판) 전단에 적합하다.

## 2) 다이의 설계

다이에 가해지는 힘은 주로 전단력에 의한 압축력을 받는다. 경우에 따라서는 다이의 구멍을 넓히려는 힘이 작용하고 내부응력, 열처리에 의한 변형 및 축압력에 의하여 치수를 설계한다는 것은 매우 어려운 일이므로 경험에 의한 경험식을 활용한다.

### (1) 다이의 두께

$$t = k \sqrt[3]{P}$$

P   : 전단력(kgf)
t   : 다이의 두께(mm)
k   : 전단선 길이에 따른 보정계수

위의 공식으로 구한 다이의 두께도 다음 조건을 벗어나면 이 조건에 따라야 한다.

표 2.5  다이의 보정계수

| 전단선의 길이 (mm) | 보정계수(K) |
|---|---|
| 50 ~ 75 | 1.11 |
| 75 ~ 150 | 1.25 |
| 150 ~ 300 | 1.37 |
| 300 ~ 500 | 1.50 |
| 500 이상 | 1.60 |

① 다이 두께의 최소치는 7.5(mm) 이상이어야 하며, 면적이 3,200(mm$^2$) 이상일 때는 다이 두께 최소치를 10.5(mm)로 한다.

② 전단선의 길이가 50(mm)를 초과할 때는 보정계수(k)를 계산된 다이의 두께에 곱하여 주어야 한다.

③ 다이는 공구강으로 제작하여 열처리하고 평면상에 설치할 수 있는 것으로 한다.

④ 이상에서 결정한 다이의 두께에 연삭여유를 더하여 다이의 두께로 한다.

**예제** 어떤 제품의 두께가 2(mm)이고, 전단선의 길이가 180(mm)일 경우 소재의 전단강도가 $\tau=40$(kgf/mm$^2$)일 때 다이의 두께를 구하라.(단, 연삭여유는 1.5(mm)로 한다.)

**풀이** 전단력을 구하면 $P = l \cdot t \cdot T = 180 \times 2 \times 40 = 14,400$(kgf)

다이의 두께 $t = k\sqrt[3]{P} = 1.37 \times \sqrt[3]{14,400} = 33.3$(mm)

$t = 33.3 + 1.5 = 34.8 ≒ 35$(mm)

## (2) 다이 표면의 크기

다이 구멍에서 측면까지의 거리를 L이라 하고, 다이의 두께를 t라 하면 경험에 의한 다음 식을 구할 수 있다 .

소형다이일 때는 $L \geqq (1.5 \sim 2.0) \times t$

대형다이일 때는 $L \geqq (2.0 \sim 3.0) \times t$

## (3) 다이의 여유각(relief angle)

다이의 여유각은 펀칭이 끝났을 때 블랭크나 스크랩이 잘 떨어지게 하기 위하여 블랭킹 또는 피어싱 등의 다이 구멍에 붙이는 경사각이며, 그림 2.43과 같이 2종류가 있다.

① 평행부가 없을 때

정밀형 또는 박판용에 주로 사용하며 두꺼운 판 또는 그다지 정밀도를 요구하지 않는 경우에 사용

② 평행부가 있을 때

평행부 두께가 h는 3~5mm 정도이고, 대량생산일 경우는 5~7mm 정도이다.

이 평행부의 두께는 재연마를 위한 여유이므로 커지면 스크랩이나 블랭크가 떨어지지 않고 막히므로 펀치가 부러지는 원인이 된다.

위의 식을 적용하는 방법은 다이의 구멍 형상이 단순하면 적은 값을 택하고, 복잡한 형상일 경우는 큰 값을 택하여 설계한다.

그림 2.42는 여러 가지 형상의 다이 구멍과 외곽선까지의 거리

> 매끄러운 곡선일 때 $L_1 \geqq 1.2t$
>
> 직선일 때는 $L_2 \geqq 1.5t$
>
> 모서리가 있을 때는 $L_3 \geqq 2.0t$

2개의 원이 접근할 경우는 작은 원의 지름만큼 거리를 두어야 한다.

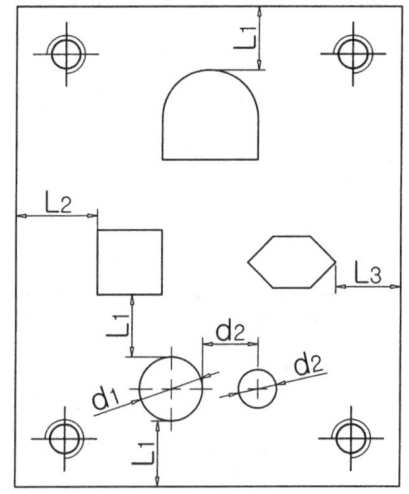

그림 2.42 일체 다이

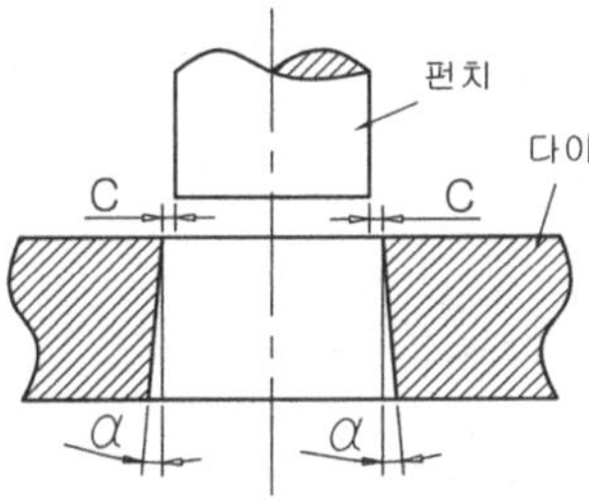

| | 판두께 t=0.1~0.5mm 범위 | $\alpha$=10~15′ |
|---|---|---|
| | =0.5~1mm | =15~20′ |
| | =1~2mm | =20~30′ |
| | =2~4mm | =30~45′ |
| | =4~6mm | =45′~1° |
| (a) 평행부가 없을 때 | 경질재, 생산량이 적을 때는 $\alpha$를 적게 함 | |
| | 판두께 t ≦ 0.5mm의 범위 평행부의 두께 h=3~5mm | |
| | =0.5~5 mm | =5~10mm |
| | =5~10mm | =10~15mm |
| (b) 평행부가 있을 때 | $\alpha$=30′~1° (ASTME), =3~5° (Romanowski) 정도 | |

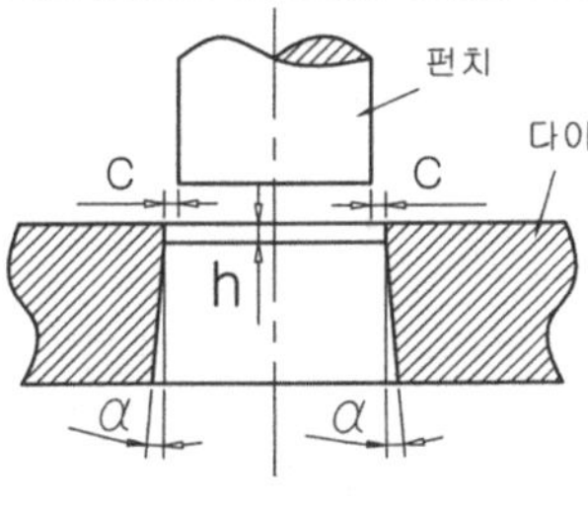

※ $\alpha$는 여유각, h는 평행부의 두께, t는 판두께, C는 클리어런스

그림 2.43 다이의 여유각

## (4) 다이의 조립용 구멍의 위치

### ① 다이 외주에서 조립용 구멍까지의 치수

그림 2.44와 같이 다이 외주에서 나사구멍의 중심까지의 치수는 외주에서 가로, 세로의 길이가 통일한 경우가 있으며, 일반적인 표준치수는 S=(1.7~2.0d)이다.

최소 허용 치수

| 현재 상태 | $S_1$ | $S_2$ | $S_3$ |
|---|---|---|---|
| 미열처리 | 1.13d | 1.5d | 1d |
| 담금질 경화 | 1.25d | 1.5d | 1.13d |

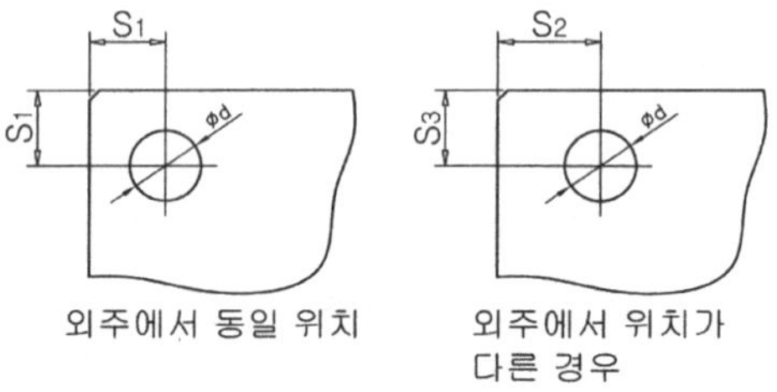

외주에서 동일 위치     외주에서 위치가 다른 경우

그림 2.44 다이 외주에서 조립용 구멍까지의 치수

### ② 다이의 각 구멍간 거리

그림 2.45와 같이 다이 구멍의 윤곽선 형상에 따라 차이가 있지만 일반적인 표준치수는 S>2d로 한다.

최소 허용 치수

| 현재 상태 | 최소치수(S min) |
|---|---|
| 미열처리 | 1d |
| 담금질 경화 | 1.3d |

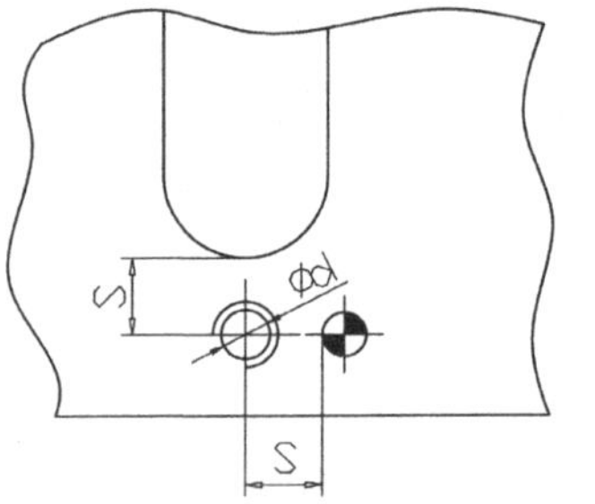

그림 2.45 다이의 각 구멍간 거리

## ※ 3.6 펀치(punch)

펀치는 다이(die)와 함께 제품의 형상을 만드는 부분이고, 제품은 펀치와 다이에서 가공이 되기 때문에 치수 정밀도가 높고 표면조도가 좋은 것을 만들 필요가 있다. 펀치의 재질은 수량과 금형의 구조에 따라 결정하며, 주로 사용되는 재료는 STC5, STS3, STD1, STD11, SKH9가 많이 사용되고 초경합금의 사용도 증대되고 있다. 경도는 HRC 60 이상으로 한다.

## 1) 펀치의 종류

### (1) 원형 펀치(round punch)

주로 피어싱 가공에 사용하며 구조상 강도적으로 불충분한 경우가 많기 때문에 좌굴(buckling)에 의한 파손에 대하여 충분한 검토가 필요하며 보수에 대해서도 고려하여야 한다. 그림 2.46은 펀치의 형식을 나타낸 것이며, (a)는 스트레이트 펀치, (b)는 숄더 펀치로 가장 많이 사용되는 펀치를 나타낸 것이다.

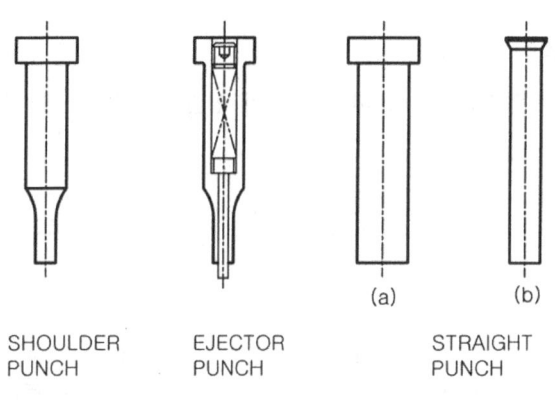

SHOULDER PUNCH  EJECTOR PUNCH  STRAIGHT PUNCH

그림 2.46  원형 펀치

### (2) 머리가 없는 펀치(headless punch)

일반적으로 머리가 없는 펀치는 펀치에 직접 암나사를 만들거나, 핀(pin), 키(key) 등을 이용하여 고정하기도 한다.

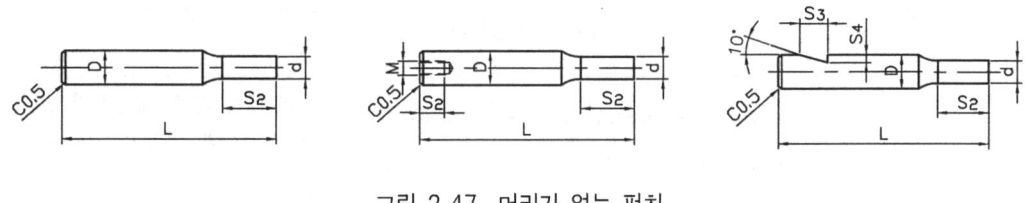

그림 2.47  머리가 없는 펀치

### (3) 이형 펀치(異形 punch)

날끝의 단면 형상이 원형이 아닌 것으로 그림 2.48와 같이 분류되며, (a)는 각형 펀치, (b)는 Round 있는 각형 펀치, (c)는 타원 펀치, (d)는 1평면 원형 펀치, (e)는 2평면 원형 펀치이다.

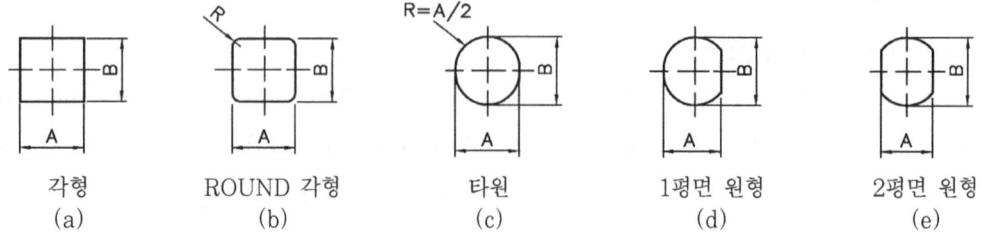

| 각형 | ROUND 각형 | 타원 | 1평면 원형 | 2평면 원형 |
| (a) | (b) | (c) | (d) | (e) |

그림 2.48  이형 펀치의 종류

## 2) 펀치 고정방법과 특징

펀치의 고정방법은 그림 2.49와 같이 여러 가지가 있으며, 각각의 특징은 표 2.6과 같다.

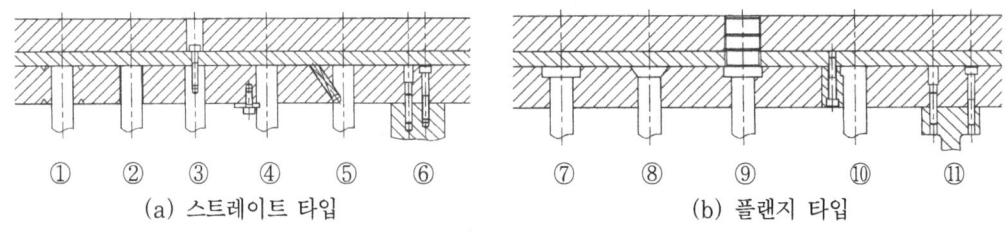

| ① ② ③ ④ ⑤ ⑥ | ⑦ ⑧ ⑨ ⑩ ⑪ |
| (a) 스트레이트 타입 | (b) 플랜지 타입 |

그림 2.49  펀치 고정법의 종류

표 2.6  펀치 고정법의 특징

| 고정법의 종류 | | 고정 방법 | 특징 |
|---|---|---|---|
| ① | 코킹법 | 펀치 플레이트의 구멍을 랩 다듬질하고, 펀치 플레이트를 코킹하여 고정한다. | 펀치 플레이트의 가공정밀도는 낮아도 좋다. 수직으로 고정하기 어렵고 재현성도 나쁘다. |
| ② | 접착제 고정 | 펀치와 펀치 플레이트의 틈에 접착제를 붙여서 고정한다. | 펀치 플레이트는 가공·고정하기 쉽다. 보지력의 신뢰성과 펀치의 교환에 문제가 있다. |
| ③ | 나사 고정 | 펀치 플레이트에서 위치와 수직도를 보증하여 나사뽑기 고정으로 한다. | 정밀도 뽑기 고정의 신뢰성이 높다. 가는 펀치, 초경합금의 펀치는 곤란하다. |
| ④ | 클램프로 고정 | 정밀도를 좋게 다듬질한 펀치 플레이트에 펀치를 삽입하여 홈부를 클램프로 고정한다. | 가는 펀치·초경펀치의 제거가 용이하다. 인선측에서의 펀치의 제거가 가능하다. |

| 고정법의 종류 | | 고정 방법 | 특징 |
|---|---|---|---|
| ⑤ | 볼트 고정 | 펀치 플레이트 안에 스프링으로 유지하는 강구를 조립하여 펀치의 홈에 꽂아 넣는다. | 볼을 핀으로 밀어올려 원터치로 펀치의 착탈이 가능. 가공하기 어려우나 전용의 것을 구입하여 사용한다. |
| ⑥ | 다웰핀과 나사로 고정 | 펀치 플레이트에 꽂아넣지 않고 다웰핀으로 위치 결정하고 나사로 고정한다. | 펀치 플레이트의 가공이 간단하며 펀치가 짧아도 좋다. 단면이 큰 펀치에 한정한다. |
| ⑦ | 머리부로 뽑기 고정 | 스터드부에서 위치와 수직을 유지하고, 머리부 뽑기로 고정한다. | 둥근펀치의 표준타입이고, 뽑기고정의 신뢰성이 높다. 머리부는 높지만 가이드부는 짧다. |
| ⑧ | 테이퍼 머리부로 뽑기 고정 | 머리부가 테이퍼 외에는 ⑦과 같다. | 머리부를 헤딩(Heading)으로 만들기 쉽고, 뽑기고정의 신뢰성도 높다. 보통 작은 펀치에 사용한다. |
| ⑨ | 누르기 나사로 고정 | 펀치 플레이트와 펀치의 형상은 ⑦과 같고 후방을 나사로서 받는다. | 펀치 플레이트를 분해하지 않고 펀치를 제거할 수 있다. |
| ⑩ | 키 고정 | 펀치 플레이트와 일부를 나사로 고정하고 펀치의 머리부를 받는다. | 펀치 플레이트와 스트리퍼의 틈이 작은 경우에 사용한다. |
| ⑪ | 다웰핀과 나사로 고정 | 펀치에 큰 플레이트를 붙여서 이 부분을 다웰핀과 나사로서 고정한다. | 펀치 플레이트의 가공이 용이하고 비교적 큰 펀치에 사용한다. |

## 3) 원형 펀치의 회전방지

그림 2.50은 펀치 플레이트 내에서 펀치 플랜지를 이용하여 펀치의 회전을 방지한 것으로 핀 (pin), 키(key), 면과 면 등의 방법이 있다.

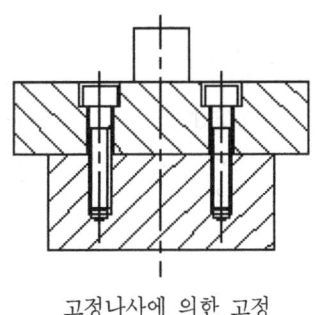

고정나사에 의한 고정

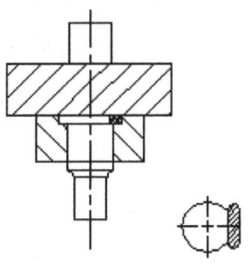

키에 의한 고정

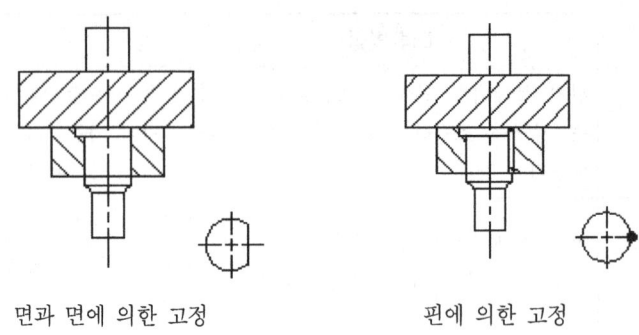

면과 면에 의한 고정    핀에 의한 고정

그림 2.50  원형 펀치의 회전방지

### 4) 펀치의 설계

펀치의 길이는 길수록 재연마 횟수가 많아지므로 수명이 길어지지만 파손 또는 좌굴을 일으키기 쉽다. 그러므로 펀치(punch)의 길이는 충분한 강도를 검토하여 가능한 짧고 호환성이 있도록 설계하여야 한다 .

### (1) 펀치의 최대 허용길이 계산

① 원형 펀치인 경우

$$L = \pi \sqrt{\frac{nEI}{P}} = \sqrt{\frac{nEI}{\ell t \tau}} = \sqrt{\frac{n\pi^2 E \cdot 0.05\,d^4}{\pi d t \tau}} = \sqrt{\frac{n\pi^2 E \cdot 0.05\,d^4}{\pi d t \tau}}$$

$$= \sqrt{\frac{n\pi E \cdot 0.05\,d^3}{t\tau}}$$

L  : 좌굴을 일으키지 않은 펀치의 최대 길이(mm)
E  : 종탄성계수(kgf/mm$^2$), 연강의 경우 $2.1 \times 10^4$(kgf)
P  : 블랭킹력(kgf)
I  : 펀치의 단면 2차 모멘트

단면의 직경이 d인 펀치의 경우 $I = \frac{\pi}{64}d^4$

$= 0.05d^4$

단면이 b×h인 사각형인 경우    $I = \frac{bd^3}{12}$

n  : 펀치 선단조건에 따른 계수로서
    스트리퍼가 있는 경우 n=2
    스트리퍼가 없는 경우 n=1
t  : 소재의 두께(mm)

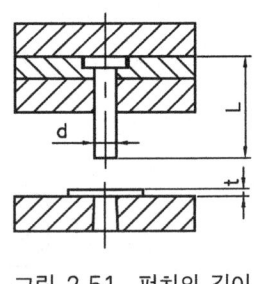

그림 2.51  펀치의 길이

$\tau$　: 소재의 전단강도$(kgf/mm^2)$

d　: 펀치의 직경(mm)

② 각형 펀치의 경우

$$L = \pi \sqrt{\frac{nEI}{P}} = \sqrt{\frac{nEI}{lt\tau}} = \sqrt{\frac{n\pi^2 E\, bh^3}{12lt\tau}} = \sqrt{\frac{n\pi^2 E\, bh^3}{24(b+h)t\tau}}$$

(2) 원형 펀치의 최소 직경 계산

$$d = \frac{4t\tau}{\sigma_p}$$

P　: 전단력(kgf)

t　: 소재의 두께(mm)

$\tau$　: 소재의 전단응력$(kgf/mm^2)$

d　: 펀치의 직경(mm)

$\sigma_p$: 펀치의 압축응력$(kgf/mm^2)$

## ※ 3.7  스트리퍼(stripper)

스트리퍼의 가장 중요한 기능은 재료를 펀치로부터 빼주는 것이며, 그 외에 펀치 강도의 보강, 전단 가공시 재료의 변형 방지 및 펀치의 안내를 하여 준다. 스트리퍼는 충분한 강성과 내마모성이 요구되며, 가동 스트리퍼의 경우는 고속 작업을 하기 위하여 스프링의 배치에 유의해야 한다.

스트리퍼의 종류는 고정 스트리퍼와 가동 스트리퍼로 대분류한다.

### 1) 고정 스트리퍼

고정 스트리퍼는 펀치의 안내보다는 소재를 펀치로부터 빼주는 역할을 주로 하며, 종류는 3면 개방 스트리퍼, 문형 스트리퍼 및 펀치 안내 스트리퍼 등으로 분류한다.

### (1) 3면 개방 스트리퍼

그림 2.52의 (a)는 3면이 개방되어 있으므로 재료가 들어가기 쉽기 때문에 수동 이송 전단 작업에 많이 이용된다. 그러나 보는 바와 같이 재료와 스트리퍼 사이에 틈새가 있기 때문에 재료의 상하 이동, 회전, 변형으로 인하여 제품으로 이용할 수 없는 경우가 있다.

## (2) 문형 스트리퍼

고정 스트리퍼의 대표적인 것으로 스트리퍼에 소재 안내홈을 판 것으로서, 안내홈의 깊이는 소재의 두께에 여유를 준 깊이로 하고, 폭은 소재가 잘 움직이게 가공한다.

가공소재와 마찰에 의하여 안내홈이 마모되어 금형의 정도가 저하되므로 열처리한 후 연삭가공으로 완성하여 사용하는 경우가 많다.(그림 2.52의 (b))

이 스트리퍼는 다이, 다이 홀더와 핀과 볼트로 고정하므로 가공 공수가 많다. 문형 스트리퍼는 안내홈을 파지 않고 별도의 판재를 사용하여 안내홈을 만드는 경우도 있다.

표 2.7  스트리퍼의 홈 깊이

(단위 : mm)

| 소재의 두께 | 핀스토퍼식 수동 이송의 홈 길이 | 자동 스토퍼의 홈 깊이 |
|---|---|---|
| ~0.5 | 3 | 1. 5~2 |
| 0.5~1.0 | 3- 5~4 | 2.5 |
| 1.0~2.0 | 5~6 | 4 |
| 2.0~3.0 | 8 | 5 |
| 3.0 이상 | (2t) + 2 | t + 2 |

## (3) 펀치 안내 스트리퍼

문형 스트리퍼와 비슷하며 펀치의 안내를 위해서 스트리퍼에 부시를 박은 것으로서 펀치를 안내하여 준다는 것이 이 스트리퍼의 특징이다.

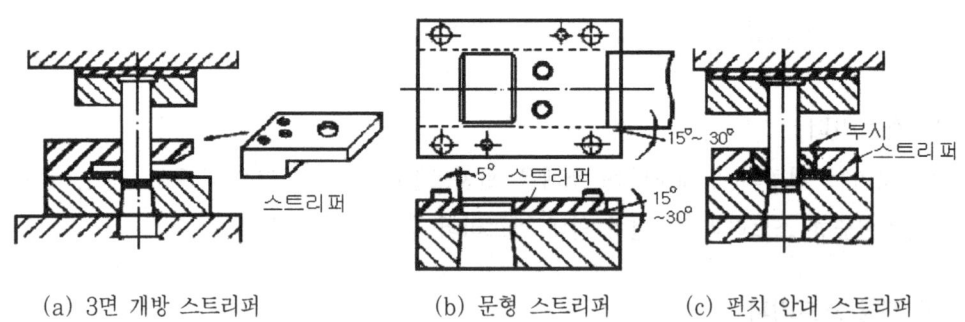

(a) 3면 개방 스트리퍼          (b) 문형 스트리퍼          (c) 펀치 안내 스트리퍼

그림 2.52  고정 스트리퍼

## 2) 가동 스트리퍼

가동 스트리퍼는 펀치를 가장 정확히 안내하며, 펀치를 보강시켜 주고 소재를 지지하여 주므로 정밀도가 높은 제품을 가공할 수 있다. 가동 스트리퍼에 사용되는 스프링은 코일, 접시, 인벌류트 스프링 및 고무 스프링과 같이 탄성이 큰 재료를 사용한다.

스프링 지지방법은 여러 가지가 있으나 볼트가 스프링의 중심이 되어 있는 방식을 많이 사용한다. 이 방식은 긴 스프링일 경우에도 굽혀지지 않으며 압력의 감소가 없기 때문에 가장 많이 이용되며, 스프링이 짧을 경우는 양쪽에 핀을 이용하여 지지하는 방법을 이용한다.

### (1) 가동 스트리퍼 특징
① 펀치가 소재에 박힐 때까지 안내한다.
② 스트립을 지지하면서 가공하기 때문에 제품이 휘지 않는다.
③ 가공한 제품에 거스러미가 적다.

### (2) 가동 스트리퍼가 사용되는 경우
① 프레스 작업 전 다이 표면이 노출되어 있어 작업능률을 올릴 경우
② 소재의 두께가 얇은 경우
③ 소재의 미스피드나 제품의 변형이 생기기 쉬울 경우
④ 작은 구멍의 가공이나 절단 펀치가 있을 경우
⑤ 평탄하고 정밀한 제품을 가공할 경우
⑥ 제품의 거스러미를 적게 할 경우

### (3) 가동 스트리퍼 설계시 고려사항
① 일반적으로 스트리퍼 압력은 전단하중의 5~20%를 적용한다.(보통 10%를 설계 기준으로 사용)
② 전단하중에 변형이 생기지 않도록 충분한 강도와 내마모성이 요구된다.(담금질연마)
③ 스프링 압력이 균일하게 작용되도록 배치하여야 한다.
④ 정밀도가 높은 제품 가공이나 고속 블랭킹, 피어싱을 할 때에는 부시 형식으로 하여 서브 가이드 포스트에 안내시킨다.

### (4) 가동 스트리퍼에서의 스프링 장착법
① 그림 2.53 (a)에서는 스트리퍼 볼트 고정방식으로 스프링과 스트리퍼 볼트를 사용하는 방법으로 일반적으로 많이 사용한다.

② 그림 2.53 (b)는 슬리브 고정방식으로 스프링을 펀치홀더에 장착시키는 방법으로 각각의 스
  프링 압력을 조절할 수 있어서 결합성이 좋으나, 펀치홀더의 두께가 두꺼워지는 단점이 있다.

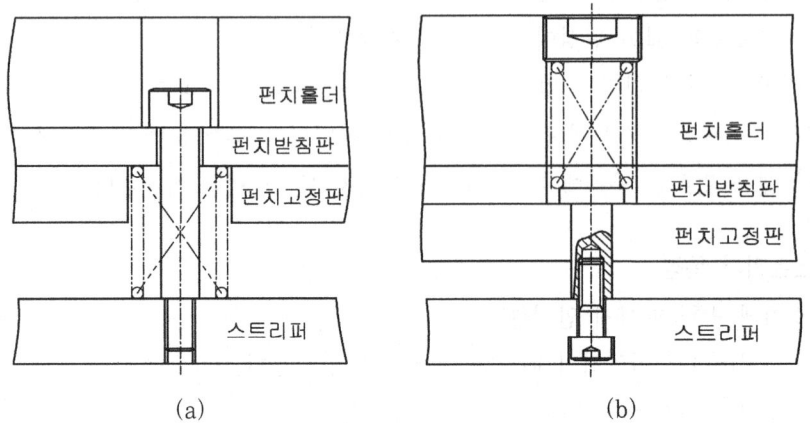

(a)                         (b)

그림 2.53  가동식 스트리퍼판용 스프링 장착법

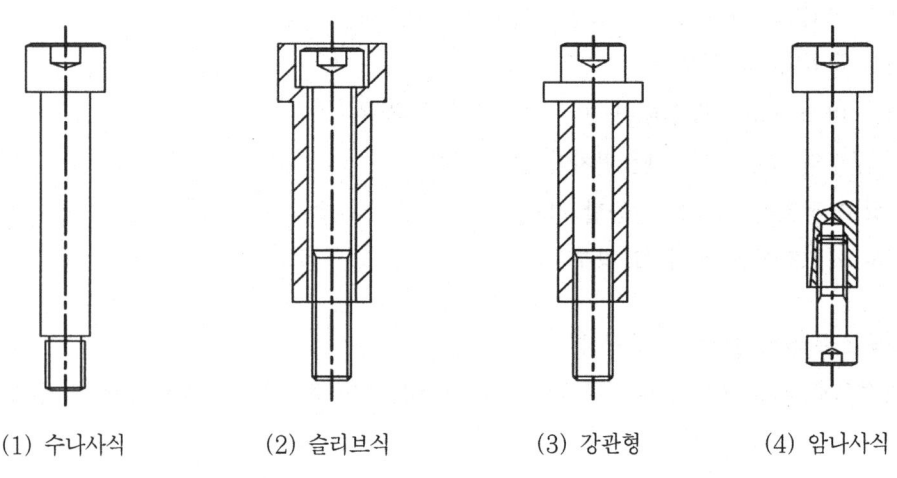

(1) 수나사식        (2) 슬리브식        (3) 강관형        (4) 암나사식

그림 2.54  스트리퍼 볼트의 종류

그림 2.54는 스트리퍼 볼트 종류 4가지를 나타내고, 그림 2.55는 소재 안내판용 가동식 스트리
퍼이며, 그림 2.56은 가이드리프터핀용 가동식 스트리퍼이다.

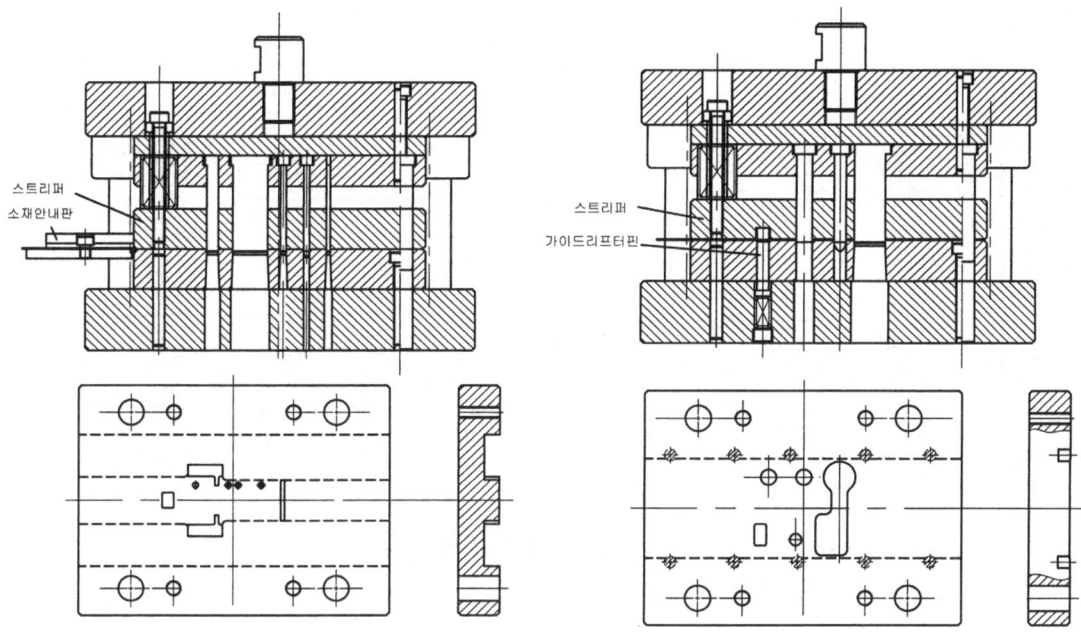

스트리퍼
소재안내판

스트리퍼
가이드리프터핀

그림 2.55  가동식 스트리퍼(소재안내판용)          그림 2.56  가동식 스트리퍼(가이드 리프터 핀용)

## ※ 3.8  재료 가이드(strip guide)

재료가 금형을 통과할 때 정확하게 설치하여 안전하고 능률 좋게 작업하기 위하여 가이드는 준비시간의 단축, 제품 정밀도 및 생산수량 등에 따라 그 방법을 선택한다.

### 1) 소재안내판

프레스 작업을 할때, 재료를 정확히 위치시키는 것과 또 반복 작업을 하여도 재료의 위치가 변하지 않고 안전하고 능률적으로 작업하기 위하여 다이에 소재안내판을 설치한다. 고정식 스트리퍼을 사용할 경우에는 고정식 스트리퍼가 소재안내판의 역할을 겸하고 있으며, 가동식 스트리퍼를 사용할 경우에는 별도로 소재안내판을 설치한다.

### 2) 가이드 리프터 핀(guide lifter pin)

가이드 리프터 핀은 소재를 들어올려주는 기능과 폭 방향의 재료의 위치를 결정하고 안내하는 기능을 한다. Side cutter가 없는 구역 설치하며, 재료를 들어올려주는 높이는 일반적으로 5mm 정도로 사용한다.

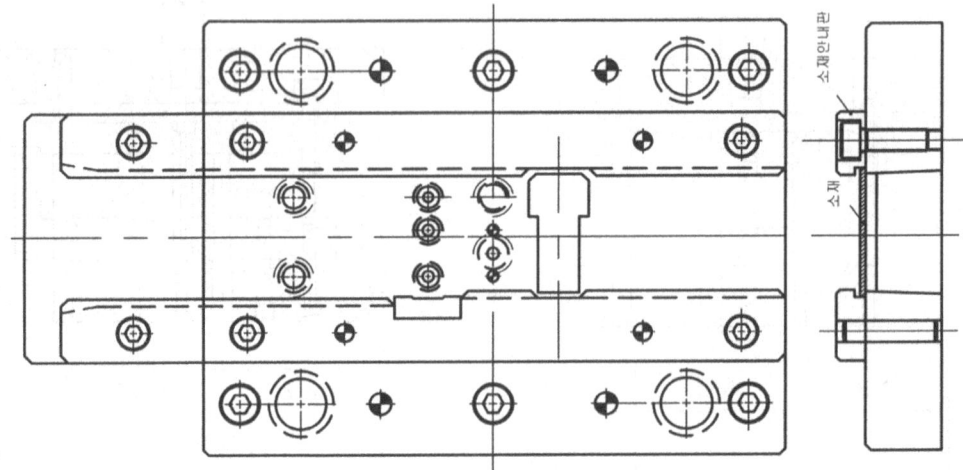

그림 2.57  소재안내판

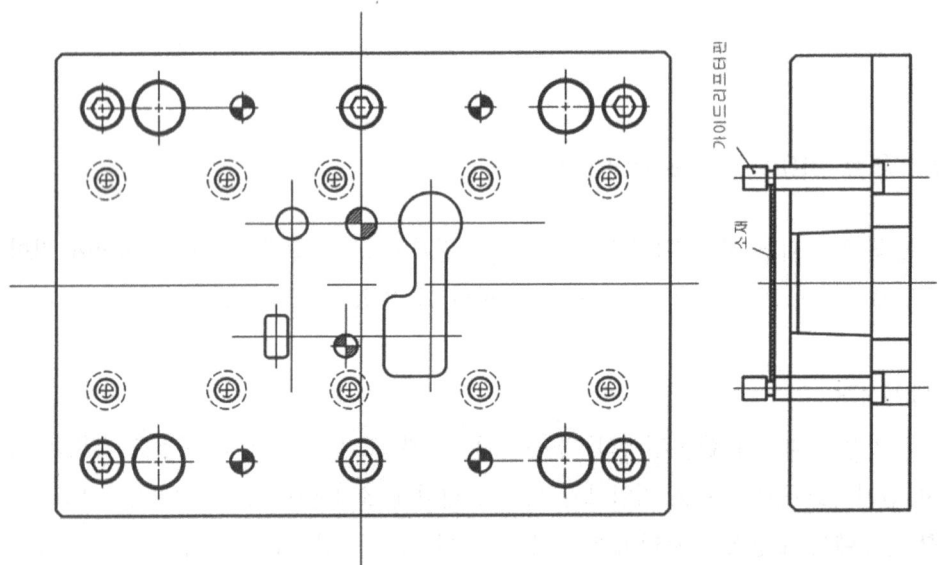

그림 2.58  가이드 리프터 핀 사용

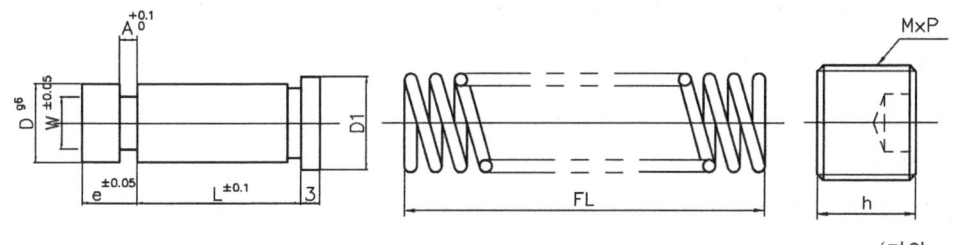

(단위 : mm)

| 호칭치수 (D) | W | D1 | e | A | L | FL | M | h |
|---|---|---|---|---|---|---|---|---|
| 4 | 2.0 | 6 | 5 | 0.5  0.8  1.0 | 10, 15, 20, 22, 25, 28, 30, 33, 36, 40, 45, 50 | | M8×P1.25 | 8 |
| 6 | 3.6 | 8 | | 0.5  0.8 1.0 1.6 | 20, 22, 25, 28, 30, 33, 36, 40 | | 10×1.5 | |
| 8 | 5.0 | 10 | 7 | 1.0  1.6  2.0 | 22, 25, 28, 30, 33, 36, 40, 45, 50 | 20 ~ 100 | 12×1.5 | 10 |
| 10 | 6.0 | 13 | | 1.6  2.0  2.5 | 25, 28, 30, 33, 36, 40, 45, 50, 55 | | 16×1.5 | |
| 13 | 7.0 | 16 | | 2.0  2.5  3.6 | 25, 30, 33, 36, 40, 45, 50, 55 | | 20×1.5 | |
| 16 | 8.0 | 19 | 12 | 2.0  2.5  4.0 | 30, 33, 36, 40, 45, 50, 55, 60, 65 | | 22×1.5 | 12 |
| 20 | 10 | 23 | | 3.6  5.0 | 30, 33, 36, 40, 45, 50, 55, 60, 65, | | 27×1.5 | |

그림 2.59  가이드 리프터 핀

## ▓ 3.9  다이 세트

### 1) 개요

다이 세트는 그림 2.60과 같이 상부에는 상홀더(punch holder), 하부에는 하홀더(die holder) 및 가이드 포스트(guide post)와 가이드 부시(guide bush)로 구성된다.

가이드 포스트는 하홀더 구멍속에 억지 끼워맞춤이 되고 가이드 부시는 상홀더에 억지 끼워맞춤 되어 부시는 가이드 포스트와 결합하여 작동시 미끄럼운동을 하게 된다.

상홀더와 하홀더의 재질은 GC20 또는 SM45C로 제작된다.

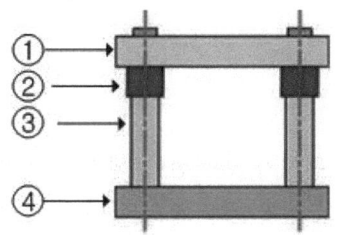

① 펀치 홀더(Punch Holder)
② 가이드 부시(Guide Bush)
③ 가이드 포스트(Guide Post)
④ 다이홀더(Die Holder)

그림 2.60  Die Set의 구조

다이 세트는 펀치 및 다이의 관계위치를 늘 바르게 유지하고 정도의 균일성을 유지하며 작업을 신속화, 간략화하는 구실을 한다.

다이 세트의 사용목적은 다음과 같다.

① 금형의 장착 및 장탈이 용이하다.

② 펀치와 다이 사이의 클리어런스가 일정하게 유지되므로 정도 높은 제품이 얻어진다.

③ 금형의 설치 및 작업이 능률적이다.

④ 가공 중 분력에 의한 파손, 운반 및 보관 중 파손이 적다.

⑤ 금형이 다소 얇아도 된다.

⑥ 금형의 수명이 연장된다.

## 2) 다이 세트의 종류

① A형 : 가이드 포스트 없음.

② B형 : 뒷면에 가이드 포스트 2개를 설치한 것.(back post type)

③ C형 : 펀치 및 다이를 장치하는 위치와 가이드 포스트의 위치가 일직선이 된 것.(center post type)

④ D형 : 홀더의 대각 위치에 가이드 포스트를 설치한 것.(diagonal post type)

⑤ F형 : 4개의 모서리에 가이드 포스트를 설치한 것.(four post type)

B, C, D, F형은 가이드 부시가 없는 것이다. BB, CB, DB, FB형에서 뒤의 B자는 상홀더에 가이드 부시가 붙어 있는 것을 표시한다. 또, 가이드 부시 속에 볼리테이너를 넣고 강구에 의하여 안내를 받는 볼 슬라이드 다이 세트로는 BR, CR, DR, FR형이 있다.

다이 세트의 특징 및 용도는 다음과 같다.

### (1) BB형(back post bush type)

뒷면에 가이드 포스트 2개를 설치한 것이며, 재료를 전후좌우로 이송할 수 있고 재연삭과 작업성에서 가장 편리하다. 프레스 작업시 전후 방향의 편심하중으로 정도 유지가 저하된다. 주로 단일전단형, 복합형, 순차이송형에 사용된다.

### (2) CB형(center post bush type)

펀치 및 다이를 장치하는 위치와 가이드 포스트의 위치가 일직선이 되며 홀더의 형상은 타원형이므로 재료를 전후 이송할 때에 편리하다. BB형보다 고정도의 제품을 얻을 수 있다. 주로 단일형, 복합형에 사용된다.

### (3) DB형(diagonal post bush type)

홀더의 대각 위치에 가이드 포스트를 설치한 것이며 BB형과 CB형의 결점을 보완한 것으로 강성, 정도, 작업성에서 우수하다. 제품의 정도는 CB형과 비슷하며 주로 단일형, 복합형, 순차이송형에 사용한다.

### (4) FB형(four post bush type)

4개의 모서리에 가이드 포스트를 설치한 것이며 평행정도가 우수하며, 높은 강성과 펀치, 다이의 정밀한 안내가 되므로 클리어런스가 적거나, 대량생산의 경우, 초경합금재로 만든 형에 이용된다. 주로 복합형, 순차이송형에 사용하며, 소재 이송시 자동 이송으로 한다.

### (5) 볼 슬라이드 다이 세트(ball slide die set)

미끄럼 마찰 대신에 구름 마찰이 있어 틈새를 0으로 할 수 있어 더욱 정밀한 제품을 생산할 수 있고, 적은 힘으로도 움직일 수 있다. 주로 복합형, 순차이송형에 사용된다.

그 외 특징으로는

① 대형 다이 세트의 경우 취급이 용이하다.
② 펀치와 다이 세트의 경우 취급이 용이하다.
③ 고속운전에도 발열이 적어 눌러붙지 않는다.
④ 부시와 포스트 사이는 볼 직경보다 약간 작으므로 흔들림이 없고 정도가 요구되는 뽑기형에 사용된다.
⑤ 마모가 적고 초기의 정도를 장시간 유지할 수 있다.

### (6) 멀티 포스트형(multi post type)

가이드 포스트 6개 또는 8개가 있는 것으로 대형 금형에 사용된다.

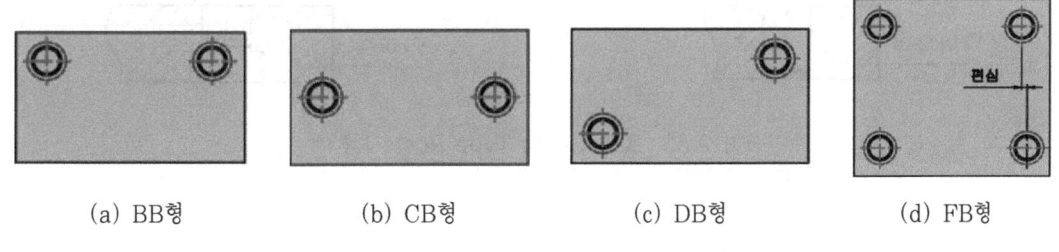

(a) BB형          (b) CB형          (c) DB형          (d) FB형

그림 2.61  Die Set의 종류

## 3) 가이드 포스트의 종류

### (1) Plain Guide Type Post 사용 예

① 압입형(소형)                              ② 탈착형(대형)

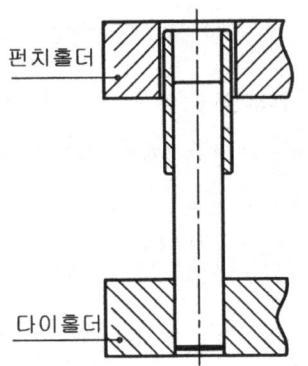
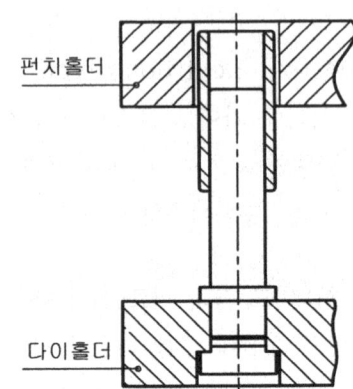

그림 2.62  Plain Guide Type Post 사용 예

### (2) Ball Guide Type Post 사용 예

① 압입형(소형)                              ② 탈착형(대형)

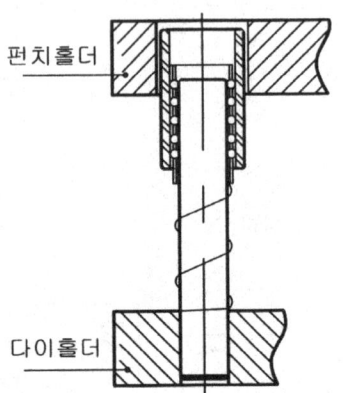
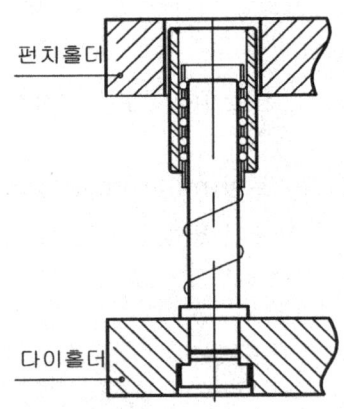

그림 2.63  Ball Guide Type Post 사용 예

## ✵ 3.10 가이드 포스트 및 가이드 부시

### 1) Guide Post
① A-Type(압입형)

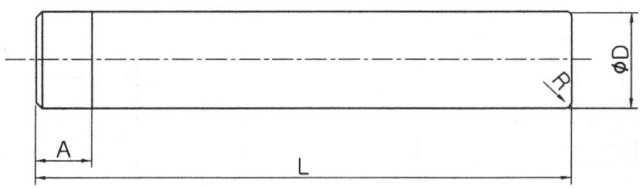

② B-Type(탈착형)

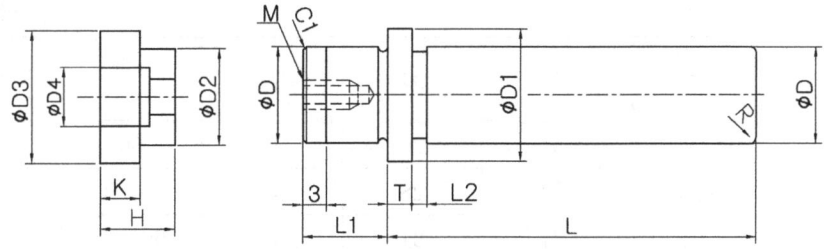

(단위 : mm)

| D 호칭치수 | D1 | T | L1 | L2 | M×P | D2 | D3 | K | A | H | M1 | R | L (10mm단위) |
|---|---|---|---|---|---|---|---|---|---|---|---|---|---|
| 20 | 29 | 5 | 15 | | | 19.5 | 28 | | | | | 2 | 80~120 |
| 22 | 31 | 8 | 16 | 10 | M8×18 | 21.5 | 30 | 7 | 4 | 14 | 13 | 3.0 | 80~120 |
| 25 | 36 | | 18 | | | 24.5 | 35 | | | | | | 80~180 |
| 28 | 39 | 10 | 20 | 12 | M10×22 | 27.5 | 36 | 8 | 5 | 16 | 16 | 3.5 | 100~200 |
| 32 | 44 | | 23 | | | 31.5 | 40 | | | | | | 120~240 |
| 38 | 53 | 12 | 27 | 15 | M12×22 | 37.5 | 49 | 10 | 6 | 18 | 18 | 4.0 | 140~260 |
| 45 | 59 | | 32 | | | 44.5 | 55 | | | | | | 140~260 |

## 2) Guide Bush

### ① Plain Guide Type

### ② Ball Guide Type

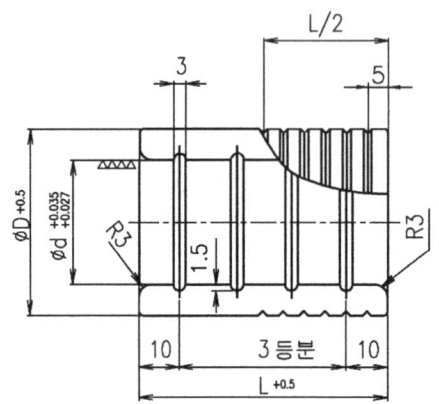

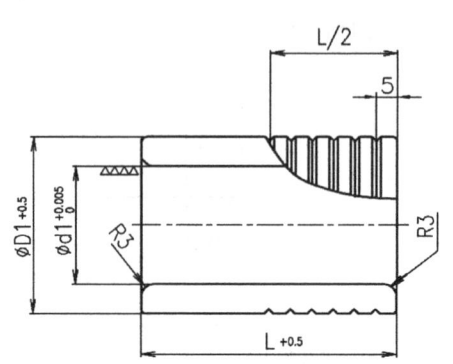

(단위 : mm)

| 포스트 ∅<br>호칭치수 | d | D | d1 | D1 | L | Ball 외경 |
|---|---|---|---|---|---|---|
| 20 | 20 | 31 | 26 | 37 | 50 | 3 |
| 22 | 22 | 34 | 28 | 40 | 50, 60 | 3 |
| 25 | 25 | 37 | 31 | 45 | 60, 80 | 3 |
| 28 | 28 | 42 | 36 | 50 | 60, 80 | 4 |
| 32 | 32 | 46 | 40 | 55 | 80, 100 | 4 |
| 38 | 38 | 54 | 48 | 64 | 80, 100 | 5 |
| 45 | 45 | 64 | 55 | 74 | 100, 120 | 5 |

## ※ 3.11  스토퍼(stopper)

가공소재(strip)의 이송은 전단금형에서 새로운 재료를 공급할 경우, 수작업만으로 할 때는 소재의 이송이 일정하지 않기 때문에 재료의 낭비로 인한 제품의 단가가 높아지고 작업자의 피로가 심하여 작업능률이 저하되므로 전단가공에서는 소재 이송 제한 장치가 필요하다.

소재의 이송을 제한하는 스토퍼에는 스톱핀(stop pin), 자동 스토퍼, 핑거 스토퍼(finger stopper), 사이드 커터(side cutter) 및 파일럿 핀으로 분류된다.

## 1) 핀 스토퍼(pin stopper)

그림 2.64와 같은 핀 스토퍼장치는 제작이 쉽기 때문에 많이 이용하지만 이송 잔폭에 따라서 또는 핀 구멍의 위치에 따라 열처리할 때 균열(crack)이 발생하기 쉬우며, 하형에 고정 스트리퍼를 사용할 때는 소재의 이송 높이를 높게 하여야 하기 때문에 작업중 핀이 움직여 작업성이 좋지 않기 때문에 비교적 간단한 금형에 사용한다.

## 2) 자동 스토퍼

그림 2.65는 자동 스토퍼의 예로서, 소재를 밀면 스토퍼가 움직일 수 있는 거리 $\alpha$만큼 움직여 소재를 밀어준다.

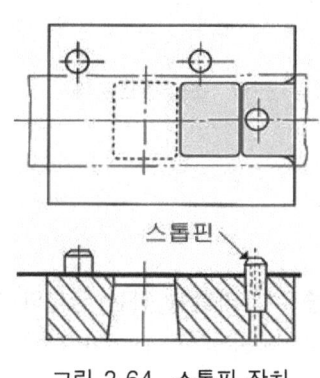

그림 2.64 스톱핀 장치

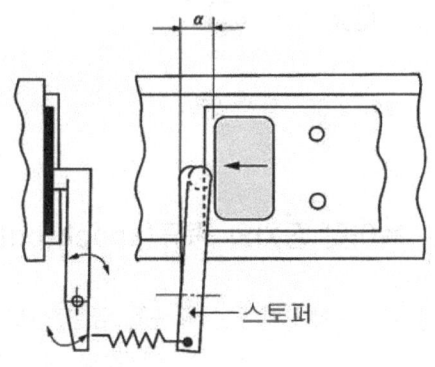

그림 2.65 자동 스토퍼 장치

## 3) 핑거 스톱(finger stop)

핑거 스톱 장치는 주로 순차이송금형(progressive die)을 사용하며 작업할 때 재료의 손실을 방지하고, 반 노치(notch)를 방지하기 위하여서는 반드시 필요한 장치이며 최초 공정에서 소재의 위치를 결정한다.

최초에는 손으로 밀어 소재의 위치결정을 하고 가공중에는 접촉되지 않도록 외부로 돌려 놓고 필요할 때는 손으로 밀어 재료에 접촉시키는 구조로 되어 있다.

그림 2.66은 볼트를 이용한 경우이다.

## 4) 조절식 스토퍼

조절식 스토퍼는 소재의 이송량을 조절할 수 있기 때문에 하나의 금형에서 여러 가지의 제품을 가공할 수 있다. 이 스토퍼는 구조가 간단한 전단 금형에서 주로 사용한다.

그림 2.67은 이송 잔폭이 있는 분할 절단 금형에 조절식 스토퍼를 장치한 예로서 제품의 길이를 자유로 조절할 수 있다.

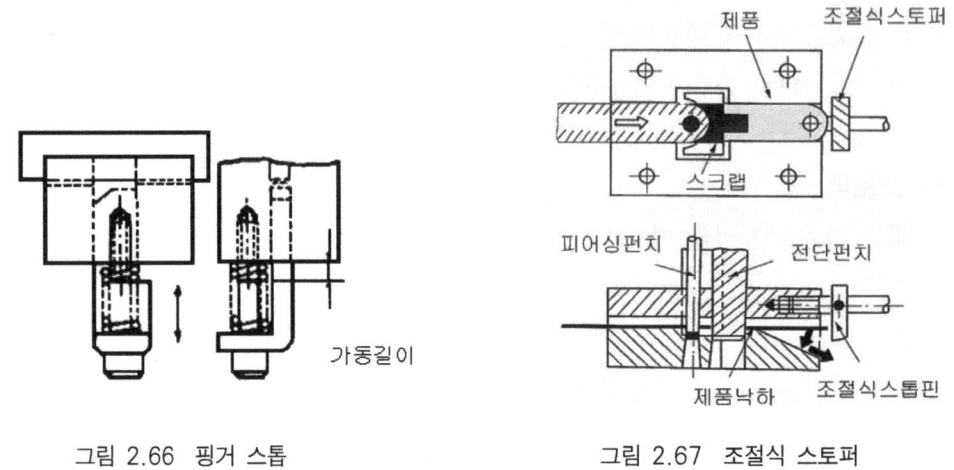

| 그림 2.66  핑거 스톱 | 그림 2.67  조절식 스토퍼 |
|---|---|

## ※ 3.12  녹아웃 장치의 종류(knock out ejector)

녹아웃 장치는 프레스가공된 제품을 금형으로부터 빼주는 중요한 역할을 하는 금형의 부품으로, 프레스의 램 또는 하형에 조립된 스프링에 의하여 작동한다. 이 녹아웃 장치는 전단금형, 굽힘 금형, 드로잉 금형 등에 이용된다.

### 1) 녹아웃 장치의 종류

녹아웃 장치의 종류는 사용하는 탄성체의 종류에 따라서 스프링형과 고무형 및 공압을 이용한 형의 종류가 있고 형식에 따라서 녹아웃 판(knock out plate), 녹아웃 핀(knock out pin), 녹아웃 링(knock out ring) 등으로 나눈다.

녹아웃 장치에 사용하는 스프링은 코일, 접시, 인벌류트 등이 사용되고, 고무는 탄력성이 우수한 폴리우레탄(polyurethane) 계가 많이 사용된다.

녹아웃 방법에 의한 종류는 밀어내기 녹아웃, 스프링 녹아웃, 공기 쿠션 녹아웃으로 분류한다.

### (1) 밀어내기 녹아웃

이 녹아웃 장치는 역 블랭킹 금형(펀치가 하형에 설치된 블랭킹 금형), 복합금형에서 많이 볼 수 있는 것으로 녹아웃 로드가 프레스의 녹아웃 봉에 닿으면 제품을 배출시키는 형을 말한다.

### (2) 스프링 녹아웃

밀어내기 녹아웃을 사용하기는 너무 큰 금형이나 정밀 블랭킹 금형에서는 스프링식 녹아웃을 이용하는 것이 좋다. 이 녹아웃은 압축 스프링의 힘에 의하여 녹아웃 판이나 링을 작동시킨다.

### (3) 공기 쿠션 녹아웃

이 녹아웃은 압축되는 공기의 힘에 의하여 녹아웃 장치가 작동하는 것으로서, 소형제품이나 프레스의 행정 길이가 긴 성형금형에 주로 사용한다.

### 2) 녹아웃 장치의 구조

녹아웃 장치는 상형에 설치한 구조와 하형에 설치한 구조 및 상·하형에 설치한 구조가 있다.

### (1) 상형에 설치한 구조

그림 2.68의 (a)는 블랭킹 금형에 설치한 가장 간단한 녹아웃 장치의 구조로서 ①은 정지 고리판(stop collar), ②는 녹아웃 봉(knock out rod), ③은 녹아웃 판(knock out plate)으로 구성되어 있으며, 녹아웃장치에 스프링이 없으므로 프레스 램이 상승 또는 상사점에 도달하면 프레스에 설치된 봉(bar)에 의하여 작동하며 굽힘, 드로잉 금형에도 사용한다.

(b)는 자체 스프링을 내장하고 있으므로 스프링의 힘에 의하여 제품을 빼 주도록 되어 있는 구조이다.

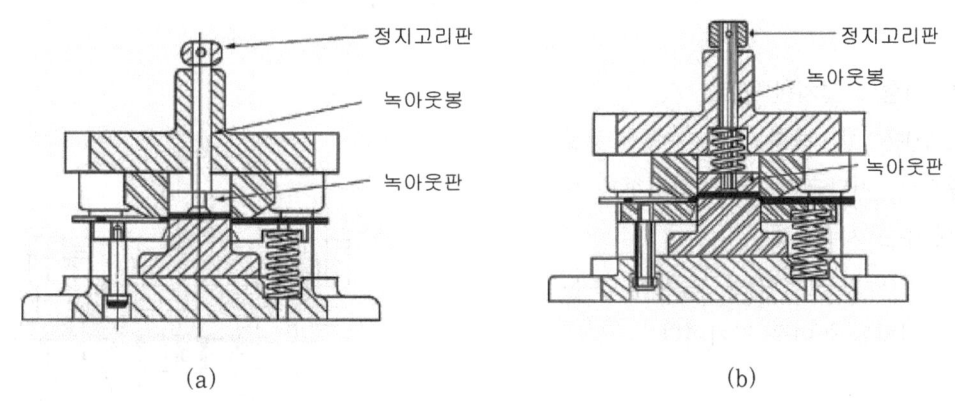

정지고리판
녹아웃봉
녹아웃판

(a)

정지고리판
녹아웃봉
녹아웃판

(b)

그림 2.68  상형에 설치된 녹아웃 장치의 구조

## (2) 하형에 설치한 구조

하형에 설치한 녹아웃 장치는 어느 것이나 스프링 또는 고무 등을 내장하고 있기 때문에 제품을 금형에서 **빼낼** 때 제품의 변형을 방지하여 주고 굽힘, 드로잉 금형에서는 제품에 생기는 만곡현상을 방지하여 준다. 스프링의 힘을 조절할 경우는 (d)의 방법을 사용한다.

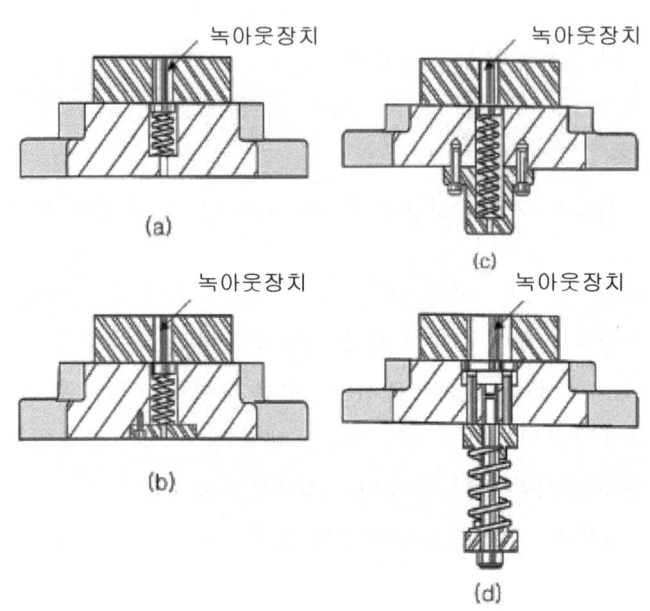

그림 2.69  하형에 설치된 녹아웃 장치의 구조

## (3) 상·하형에 설치한 구조

그림 2.70은 상·하형의 녹아웃 장치를 설치한 형으로, 전단금형보다 굽힘성형과 드로잉금형에 주고 사용한다.

전단과 드로잉가공(성형)을 동시에 하는 복합금형에 설치된 녹아웃 장치이다.

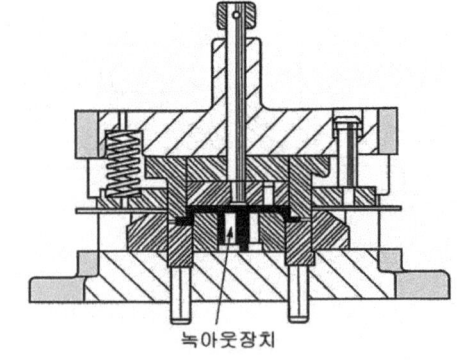

그림 2.70  상·하형 녹아웃 장치

## ❊ 3.13 맞춤핀(Dowel pin)

### 1) 기능

맞춤핀은 위치결정 부품으로서 일명 열처리 핀이라고도 하며, 규격품을 주로 사용하고 다음과 같은 기능을 한다.

① 펀치 플레이트와 배킹 플레이트, 펀치 홀더의 정확한 위치를 결정하여 준다.
② 다이 및 다이 홀더의 정확한 위치를 결정하여 준다.
③ 측면압력 및 펀치측 방향의 충격을 흡수하여 준다.
④ 신속한 분해가 가능하고 재조립 시에도 정확한 위치를 결정하여 준다.

### 2) 사용 재료

맞춤핀의 사용 재질은 탄소강 또는 합금강(STC3, STC5)을 열처리하여 내부는 로크웰경도 (HRC 50~54)로 질긴 성질을, 외부는 (HRC 60~64)로 경하게 하여 변형 및 파손을 방지하도록 한다.

### 3) 맞춤핀의 종류

### (1) 직선형

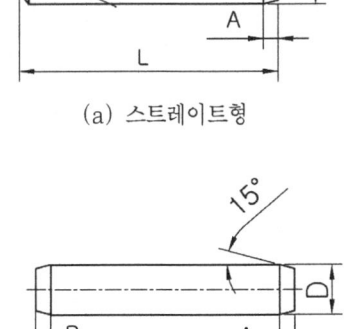

(a) 스트레이트형

(b) 고정밀도형

| D 호칭치수 | A | B | L |
|---|---|---|---|
| 1.0 | 1.0 | 0.2 | 6,8,10 |
| 1.5 | | | 6,8,10 |
| 2.0 | | | 6,8,10,15,20 |
| 2.5 | 1.5 | 0.5 | 6,8,10,15,20,25,30 |
| 3.0 | | | 6,8,10,15,20,25,30,35,40 |
| 4.0 | | | 6,8,10,15,20,25,30,35,40,45,50 |
| 5.0 | 2 | | 8,10,15,20,25,30,35,40,45,50 |
| 6.0 | | | 8,10,15,20,25,30,35,40,45,50,55,60 |
| 8.0 | 2.5 | 1.0 | 10,15,20,25,30,35,40,45,50,55,60,65,70,80 |
| 10.0 | | | 15,20,25,30,35,40,45,50,55,60,65,70,80 |
| 12.0 | | | 20,25,30,35,40,45,50,55,60,65,70,80 |
| 13.0 | 3.0 | | 30,40,50,60,70,80 |

그림 2.71 직선형 맞춤핀

일반적으로 가장 많이 사용하는 형상으로 그림 (a)는 보통급, (b)는 고정밀도급에 사용한다.

## (2) 계단형

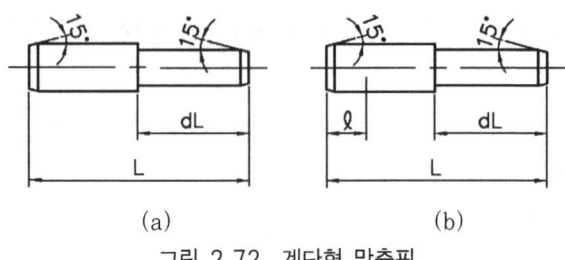

그림 2.72  계단형 맞춤핀

낙하방지 및 수정이 편리할 때 사용되는 형상으로 그림 (a)는 보통급, (b)는 고정밀도급에 사용한다. 또한 분해가 쉽도록 한쪽에 나사를 가공하였다.

### 4) 맞춤핀의 사용방법

금형에 사용되는 맞춤핀의 직경은 같은 판에 사용되는 나사의 직경과 같게 한다.

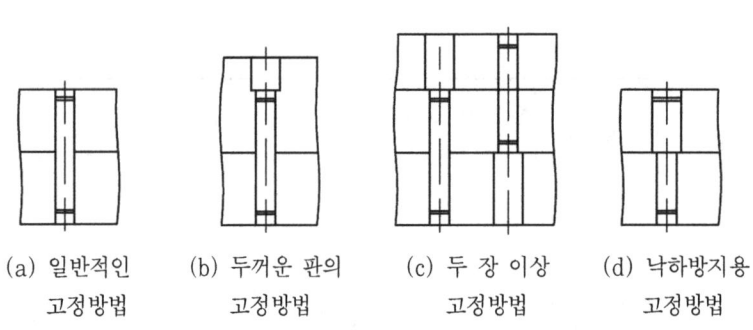

| 맞춤핀과 사용 볼트 | |
|---|---|
| 사용 볼트 | 맞춤핀 |
| M4 | ∅4 |
| M5 | ∅5 |
| M6 | ∅6 |
| M8 | ∅8 |
| M10 | ∅10 |

(a) 일반적인 고정방법　(b) 두꺼운 판의 고정방법　(c) 두 장 이상 고정방법　(d) 낙하방지용 고정방법

그림 2.73  맞춤핀 사용방법

## ④ 전단가공제품의 불량원인과 대책

전단금형에서 가공한 제품의 불량원인은 금형에 의한 것과 기타 조건에 의한 것으로 크게 나누어 생각할 수 있으며, 전자의 경우는 금형을 보강, 수리하므로 이를 해결할 수 있으나 후자의 경우

는 복합적이므로 원인의 규명이 어렵고 대책도 까다롭다.

## ※ 4.1 금형에 의한 제품의 불량과 대책

금형에 의한 제품의 불량은 일반적으로 시험 작업에서 이를 찾아서 수리 보강하고 있으나, 금형을 장기간 사용하다 발견할 수도 있다. 그 원인은 금형 파손과 마모 및 변형에 의한 것이며, 이는 사용자의 취급상 잘못도 원인이 된다.

### 1) 가는 피어싱 펀치의 변형과 마모 및 파손

전단가공된 제품 피어싱 구멍의 정도가 나빠지고, 펀치가 원인이 되어서 제품의 가공이 불가능해진다. 원인에 의한 전단가공 제품 불량의 대책은 원인을 해결하여야 하는데, 일반적으로 펀치의 강도 계산에 의하여 결정한 것에 안전율을 높여 줌으로써 막을 수 있다.

### 2) 펀치의 쏠림

펀치의 고정 상태가 펀치 고정판에 수직을 유지하지 못하고 한쪽으로 기울어져 펀치와 다이의 클리어런스가 양쪽이 서로 다르게 되어 가공시 제품의 전단면 상태가 다르게 되는 현상으로서, 심하게 되면 제품으로써의 가치를 상실하게 된다.

펀치가 한쪽으로 쏠리는 현상은 다이 세트 안내식 전단금형에 비하여 판 안내식 전단금형에서 심하게 나타난다. 펀치의 쏠림 원인과 대책은 다음과 같다.

### (1) 프레스 정도 불량

프레스 램이 상하 운동을 할 때 프레스 테이블에 수직으로 움직이지 못하므로 금형에 편심력이 작용하여 펀치가 한쪽으로 쏠리는 현상으로, 이를 방지하기 위하여서는 프레스의 정도를 보강시켜야 하지만, 불가능할 때는 금형의 안내 장치를 보완시켜야 한다.

금형의 안내 장치 보강법은 판 안내식 금형을 다이 세트 안내식 금형으로 보강시킨다.

### (2) 펀치의 고정 불량

펀치가 한쪽으로 쏠리기까지는 상당한 시간이 요한다. 즉, 처음에는 별 이상없이 작업이 가능하다가 가공 횟수가 많으면 이상이 발견된다.

결함이 발견되는 것은 프레스의 정도 불량의 원인과 같게 나타나므로 먼저 펀치의 고정 상태를 점검한 후 이상이 없으면 프레스의 상태를 점검하여야 한다.

금형의 이상이 발견되면 금형을 수정 보완하고 다음에 반드시 프레스의 정도를 점검하여야 한다. 사용중 금형의 펀치고정상태 불량은 일반적으로 프레스의 정도 불량이 원인이 되고, 금형의 제작시 펀치 고정의 잘못으로 인한 것은 극히 적다.

### (3) 금형의 안내 불량

금형의 안내가 불량하여 펀치가 한쪽으로 쏠리는 것도 근본적인 원인은 프레스의 정도 불량이라고 할 수 있으나, 프레스의 정도는 한계가 있으므로 금형의 안내 장치를 보강시키는 것이 바람직하다. 판 안내식 전단금형은 안내판(Stripper)의 두께를 두껍게 하고, 다이 세트 안내식 금형에서는 다이 세트의 정도를 높여 주어야 한다.

### (4) 금형의 취급 부주의

금형을 프레스에 잘못 설치하여 펀치가 쏠리는 경우가 가장 많으므로 금형의 설치에 세심한 주의를 요한다.

## 3) 다이의 손상에 의한 제품의 불량

제품의 불량 원인 중 가장 심각한 문제가 다이의 손상이며, 다이가 손상되면 금형을 사용할 수 없게 되므로 조금 이상이 생겨도 즉시 금형을 수리하여 정상적인 작업이 되도록 하여야 한다.

### (1) 다이 날끝의 미세한 치핑

다이의 날끝이 미세한 치핑이 일어나는 이유로는 다이의 날끝 강도가 높을 경우와 다이 재료의 선택 잘못에 의한 경우를 들 수 있다.

경도가 너무 높아서 치핑이 생기는 것은 다이를 뜨임하여 경도를 낮춘 후 연삭가공을 함으로써 정상 작업을 할 수 있고, 다이 재료의 선택 잘못은 금형을 다시 제작하여야 한다.

다이 날끝의 미세한 치핑은 재료와 다이의 마찰에 의하여 일어날 수 있으므로 재료를 깨끗이 하고 작업시 윤활유를 사용하고, 프레스의 가공 속도를 줄여야 한다.

### (2) 다이의 전단날 직선부에 늘어붙음

다이의 전단날 직선부에 늘어붙음이 생기는 경우는 프레스의 가공 속도를 낮추고 윤활유를 사용하면서 작업을 한다. 가공 소재에 묻은 이물질에 의하여 다이의 전단날 직선부에 늘어붙음이 생기는 경우는 소재를 깨끗이 닦은 후 가공을 하여야 한다.

### (3) 다이의 날끝 마모

다이의 날끝 마모로 인하여 가공된 제품에 생기는 거스러미가 거칠 경우 다이를 재연삭하여 이를 막아준다.

### 4) 제품의 찌그러짐

제품이 찌그러지는 것은 여러 가지 이유에 의하여 일어나지만 설계의 잘못에 의하여 일어난 제품의 찌그러짐은 설계를 고쳐야 하고, 사용중 일어나는 현상과 제작시 잘못으로 인하여 제품이 찌그러짐은 막을 수 있다.

### (1) 녹아웃 장치의 스프링력

녹아웃 장치가 있는 금형에서 제품을 가공할 때 스프링력이 너무 세면 제품이 찌그러지는 경우가 있으므로 스프링력을 적절히 조절하여 준다.

### (2) 과대한 전단각

전단력을 감소시키기 위하여 펀치 및 다이에 주는 전단각이 너무 커서 제품이 찌그러질 경우는 프레스의 용량을 고려하여 이를 작게 한다.

## ※ 4.2 기타 이유에 의한 제품의 불량원인과 대책

### 1) 프레스의 불량

기타 이유에 대한 제품의 불량 원인은 프레스의 불량이 가장 큰 이유이며, 이에 대한 대책으로는 프레스의 정도를 높이는 것이다.

프레스는 제품의 가공 작업을 하기 전에는 꼭 프레스의 정도를 검사하여 미비점은 미리 보완하는 것이 제품의 불량을 막는 최선의 방법이다.

### 2) 소재의 불량

소재의 불량으로 인하여 제품의 불량이 일어날 경우는 소재를 바꾸어 가공하면 쉽게 해결이 되지만, 불량 재료를 사용하여 제품을 가공해야 할 경우는 프레스의 상태, 금형의 상태 등을 파악하여 세심한 주의를 하면서 작업을 한다.

# 제 3 장
・・・・・・
# 굽힘 금형

## 1 굽힘 가공 기초이론

### ※ 1.1 굽힘 금형

금형의 펀치와 다이 사이에 소재를 넣고 펀치에 힘을 가하여 펀치를 화살표 방향으로 이동시키면 펀치를 기준으로 하여 내측은 압축력을 받고 외측은 인장력을 받는데, 일반적으로 금속재는 탄성이 있기 때문에 이 탄성한계 이하로 힘을 가한 후 그 힘을 제거하면 소재는 처음 상태로 돌아간다.

소재에 굽힘변형을 주기 위하여서는 그 이상의 힘을 가하여 영구변형을 일으키도록 해야 한다. 이때 소재에 발생하는 인장 및 압축은 소재의 표면에서 가장 크고 중심에 접근할수록 작아지며, 인장의 수축이 생기지 않는 면이 있으며 이 면을 굽힘 가공에서 중립면(中立面)이라 한다.

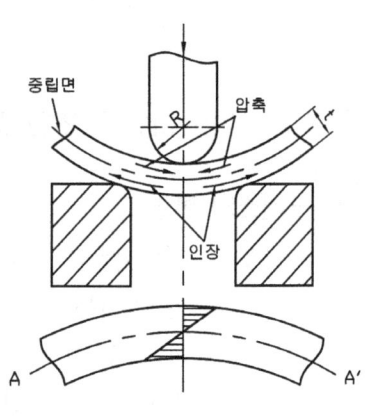

그림 3.1 굽힘 상태

### ※ 1.2 최소 굽힘 반경

재료를 파손하지 않고 굽힐 수 있는 최소의 굽힘 반경을 최소 굽힘 반경이라고 한다. 즉, 극히 작은 굽힘 반경으로 가공할 경우에는 흔히 굽힘 부분에 균열이 생기거나 또한 가혹한 굽힘으로 인하여 제품의 사용 중에 끊어지는 경우가 일어날 수 있다. 굽힘 가공에서 최소 굽힘 반경과 스프링백은 제품의 정도에 큰 영향을 주므로 금형의 설계시 가공할 소재의 재질과 방향성에 대하여 세심한 주의를 요한다.

최소 굽힘 반경은 그림 3.2와 같이 R로 표시하며, R의 크기는 가공 소재의 재질, 판 두께, 가공 방법 등에 따라서 각각 다르나 일반적으로 다음 식을 사용하여 구한다.

$$R = R_b \cdot t$$

    $R$   : 최소 굽힘 반경(mm)

    $t$   : 가공 소재의 판 두께(mm)

    $R_b$ : 굽힘 시험의 최소 굽힘 반경비($R_b = R/t$)

$R_b$의 크기는 신장이 좋은 재료일수록, 판 두께가 얇을수록 작아지며 L-굽힘보다 V-굽힘에서 작다.

최소 굽힘 반경 R은 굽힘 부의 길이, 전단 조건, 플랜지부의 폭, 소재의 기계적 성질, 방향성에 따라 소재가 받는 변형이 다르므로 계산에 의하여 구한 값보다 크게 사용한다.

표 3.1은 경험에 의하여 구하여진 최소 굽힘 반경비이다.

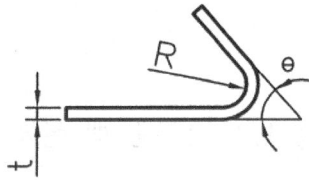

그림 3.2 최소 굽힘 반경

표 3.1 최소 굽힘 반경비

| 재료 | 상태 | $R_b (R_b = \frac{R}{t})$ | 재료 | 상태 | $R_b (R_b = \frac{R}{t})$ |
|---|---|---|---|---|---|
| 극 연 강 | 압연 | 0.5 이하 | 마그네슘 합금 | 풀 림 | 4~5 |
| 반 경 강 | 압연 | 1.0~1.5 | 마그네슘 합금 | 경질(상온) | 8~9 |
| 스테인리스강 | 연질 | 0.5 | 마그네슘 합금 | 경질(400℉) | 6~7 |
| 스테인리스강 | 1/4경질 | 0.5~1.5 | 알루미늄 합금 | 연 질 | 1 이하 |
| 동 | | 1.0~2.0 | 알루미늄 합금 | 경 질 | 2~3 |
| 황 동 | 연질 | 0.5 이하 | 두랄루민 | 연 질 | 1 이하 |
| 베릴륨 청동 | 연질 | 0.5 이하 | 두랄루민 | 경 질 | 3~4 |
| 베릴륨 청동 | 경질 | 2.0~5.0 | 인 코 넬 | | 0 |

### 1) 최소 굽힘 반경을 작게 하기 위한 고려 사항

① 재질 : 신장이 좋은 재료일수록 작은 반경으로 할 수 있다.

② 경도 : 풀림한 재료는 굽힘 반경을 작게 할 수 있다.

③ 방향성 : 굽힘선이 압연했을 때의 섬유 방향에 직각으로 했을 때 최소로 된다.

④ 가공법 : 단 굽힘보다 V굽힘이 약간 작게 된다.

⑤ 굽힘 폭

　• 굽힘 폭이 길 때 : 폭의 중앙부로부터 균열 발생

　• 굽힘 폭이 짧을 때 : 외곽의 단 부분이 균열

⑥ 절단면 형상

　• 버를 외측으로 하면 균열의 발생이 쉽다.

　• 블랭크의 굽히는 곳의 단면을 부드럽게 다듬질한다.

⑦ 두꺼운 판 : 굽힘 부분을 사전에 1/3~1/2 정도 홈을 내고 굽힘한다.


## ※ 1.3  스프링 백 현상

굽힘 가공에서 탄성 한계 이하의 힘을 가하거나 그 이상의 힘을 가하여도 그림 3.3과 같이 소재가 원상태로 돌아가는 일이 있다. 즉, 굽힘 금형으로 제품을 가공할 때 편치와 다이 사이에서 굽힘 가공된 제품의 각도는 금형의 각도와 약간의 차이가 생기는 현상을 스프링 백이라 한다.

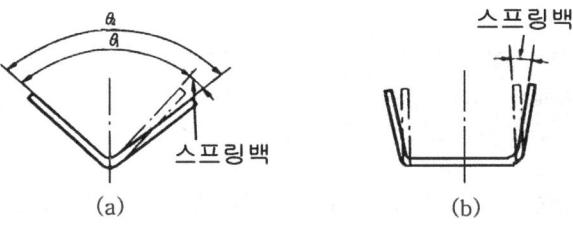

그림 3.3  스프링 백

스프링 백의 방향은 굽힘 가공의 종류에 따라서 다르나 V-굽힘에서는 그림 3.3의 (a)와 같이 반드시 각도가 열리는 방향이지만, 그림 3.3의 (b)와 같은 U-굽힘에서는 가공 소재의 판 두께, 굽힘 반경, 가공 조건에 따라서 각도가 열리는 방향과 닫히는 방향을 나타난다.

소재의 판 두께와 스프링 백의 특성을 보면 다음과 같다.

① 재질 : 경질재료일수록 크며, 동일 재질일 경우 판 두께가 얇을수록 크고 풀림하면 현저히 줄어든다.
② 굽힘 반경 : 클수록 증가한다.
③ 굽힘 각도 : 클수록 증가한다.
④ 클리어런스 : 클수록 증가한다.
⑤ 가압력 : 굽힘부에 큰 압력을 가하면 감소할 수 있다.
⑥ 가압속도 : 고속일수록 감소한다.
⑦ 압연방향 : 압연방향과 직각방향으로 굽힐 때 감소한다.

### 1) 금형의 형상에 의한 스프링 백

V-굽힘금형에서 펀치의 폭이 다이의 폭에 비하여 크고 작을 경우와 굽힘각의 크기가 지나치게 클 경우의 스프링 백을 그림 3.4로 나타내었다.

그림 3.4의 (a)와 같이 펀치의 폭이 다이의 폭에 비하여 클 때는 열리는 방향으로 스프링 백이 생기는 반면, (b)와 같이 펀치의 폭이 작을 때는 닫히는 방향으로 스프링 백이 생긴다.

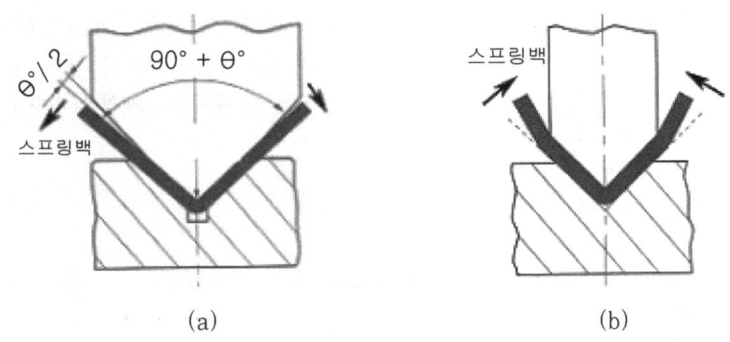

(a)                              (b)

그림 3.4  금형의 형상에 의한 스프링 백

### 2) 금형의 수정과 스프링 백의 방지법

스프링 백의 방지법으로 V-굽힘, L-굽힘은 금형을 제작한 후 시험작업을 하면서 펀치의 각도를 수정하면서 방지할 수 있으나, U-굽힘에서는 특별한 방법을 강구하여야 한다.

일반적인 스프링 백 방지법은 기계 프레스에서 짧은 시간에 가공하는 것보다 액압 프레스를 사용하며 변형되는 시간을 길게 하고, 굽힘 반지름을 작게 하면 스프링 백을 최소로 할 수 있다.

（1） V-굽힘에서 스프링 백의 방지법

① 스프링 백량을 예측하여 굽힘의 각도를 여분 있게 취하는 방법(2~3°를 빼줌)

   Over bend법……가장 많이 사용한다.

   V-굽힘 : 펀치의 각도를 스프링 백만큼 작게 한다.

② 굽힘 부분의 재료를 강하게 강압한다.(Coner setting법)

   V-굽힘 : 펀치 끝에 리세스를 만들고 국부적으로 강압하는 방법

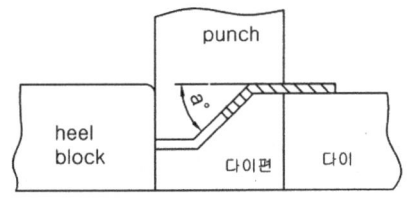

스프링 백이 발생될 것을 고려하여 a의 각도를 제품의 각도보다 30° 정도를 크게 한다.

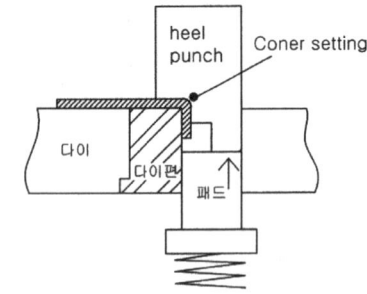

• 펀치에 제품도면의 R보다 약간 작은 R로 하여 코너를 강하게 가압한다.

• 벤딩 펀치에 Heel을 설치하는 이유는 다이에 먼저 내려가서 자리를 잡고 굽힘에 의한 측압력을 흡수시킴과 패드를 먼저 밀어내어 굽힘 가공을 할 때에 스트레칭을 피하게 한다.

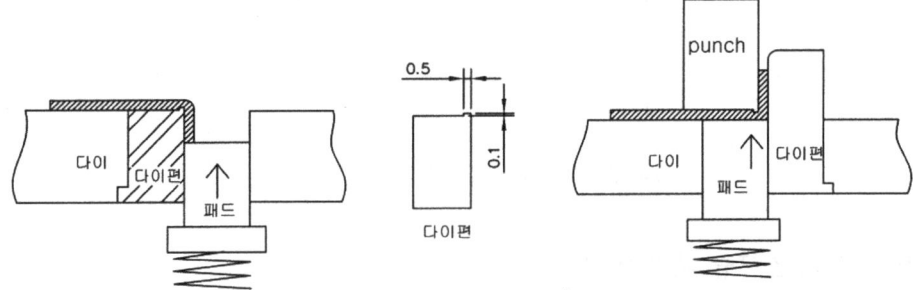

다이 편에 리세스를 만들어 벤딩기 스프링 백을 방지하고 90°를 유지하도록 설계한다. 상 방향 벤딩의 경우에는 벤딩 펀치에 리세스를 준다.

그림 3.5  V-굽힘의 스프링 백 방지법

(2) U-굽힘에서 스프링 백의 방지법

① 그림 3.6의 (a)와 같이 펀치의 내측에 구배 클리어런스를 만든다.

② (b)와 같이 펀치의 밑면에 릴리프(relief)를 만든다.

③ (c)와 같이 스프링 백을 고려하여 펀치 밑면을 $\delta$만큼 반대로 한다.

④ (d)와 같이 다이 측면에 구배 클리어런스를 만든다.

⑤ (e)와 같이 패드 장치(die cushion)를 하여 패드 압력을 적당히 조절한다.

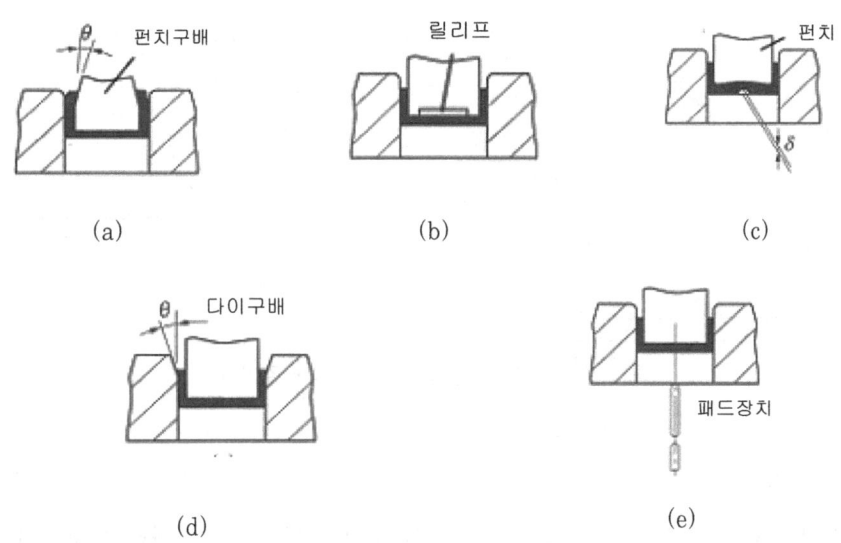

그림 3.6  U-굽힘의 스프링 백 방지법

## ※ 1.4  굽힘 제품의 전개 길이 계산

굽힘 가공에서 전개 길이란 제품을 원하는 모양과 치수로 굽히는데 필요한 굽히기 전의 길이를 말하고, 이 전개 길이는 굽힘 부분에서 중립면의 길이가 굽힘 가공 전의 전개 길이와 같다는 조건에서 구할 수 있다.

중립면의 위치는 판두께(t)에 대해서 굽힘 반지름(R)이 클 때는 판두께의 중앙에 있으나, 굽힘 반지름이 작아짐에 따라서 중립면은 굽힘 중심 쪽으로 기울어진다.

## 1) 중립면 기준법에 의한 방법

밴딩계수 λ에 의한 계산

직변부분과 굽힘부분으로 구분하여 중립면 길이의 합으로 구하는 방법

$$L = A + B + \frac{2\pi\alpha^\circ}{360}(R + \lambda t)$$

| 굽힘형식 | R/t | λ |
|---|---|---|
| V 굽힘 | 0.5 이하 | 0.2 |
| | 0.5~1.5 | 0.3 |
| | 1.5~3.0 | 0.33 |
| | 3~5 | 0.4 |
| | 5 이상 | 0.5 |
| U 굽힘 | 0.5 이하 | 0.25~0.3 |
| | 0.5~1.5 | 0.33 |
| | 1.5~5.0 | 0.4 |
| | 5 이상 | 0.5 |

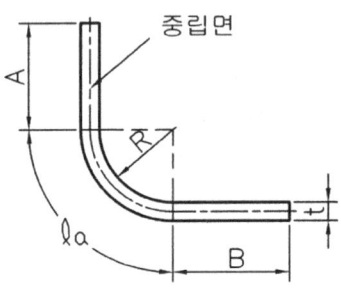

그림 3.7  중립면 기준법에 의한  전개 길이 계산

## 2) 내측 치수 가산법

변두리의 길이의 내측 치수 가산법 합에 세트백치(보정 길이의 값)를 가하는 방법이다.

$$L = A + B + \alpha \,(\text{mm})$$

L   : 블랭크 길이

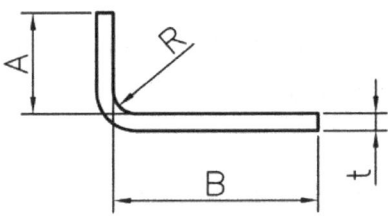

그림 3.8  내측 치수 가산법에 의한 전개 길이 계산

표 3.2  보정 길이 $\alpha$의 값 (mm)

(Romanowski)

| t (mm) | 굽힘반지름 R(mm) | | | | | | | | | | | | | | | | |
|---|---|---|---|---|---|---|---|---|---|---|---|---|---|---|---|---|---|
| | 0.1 | 0.2 | 0.3 | 0.4 | 0.5 | 0.8 | 1.0 | 1.2 | 1.5 | 2.0 | 2.5 | 3.0 | 4.0 | 5.0 | 6.0 | 8.0 | 10 |
| 0.3 | 0.125 | 0.10 | 0.07 | 0.035 | 0 | -0.125 | -0.21 | -0.3 | -0.42 | -0.64 | -0.85 | -1.05 | -1.50 | -1.90 | -2.34 | -3.20 | -4.07 |
| 0.4 | 0.18 | 0.15 | 0.12 | 0.09 | 0.05 | -0.06 | -0.14 | -0.22 | -0.35 | -0.56 | -0.78 | -1.00 | -1.40 | -1.84 | -2.25 | -3.10 | -4.00 |
| 0.5 | 0.22 | 0.20 | 0.18 | 0.15 | 0.12 | 0 | -0.07 | -0.16 | -0.28 | -0.48 | -0.70 | -0.90 | -1.34 | -1.75 | -2.20 | -3.00 | -3.90 |
| 0.8 | 0.37 | 0.35 | 0.33 | 0.31 | 0.28 | 0.18 | 0.11 | 0.04 | -0.07 | -0.30 | -0.50 | -0.70 | -1.12 | -1.57 | -1.96 | -2.80 | -3.66 |
| 1.0 | 0.46 | 0.45 | 0.43 | 0.41 | 0.38 | 0.30 | 0.23 | 0.15 | 0.05 | -0.14 | -0.35 | -0.57 | -0.96 | -1.38 | -1.82 | -2.66 | -3.50 |
| 1.2 | 0.56 | 0.55 | 0.53 | 0.51 | 0.48 | 0.40 | 0.35 | 0.25 | 0.15 | -0.01 | -0.23 | -0.45 | -0.82 | -1.25 | -1.67 | -2.52 | -3.38 |
| 1.5 | - | 0.68 | 0.67 | 0.66 | 0.63 | 0.56 | 0.50 | 0.45 | 0.35 | 0.15 | -0.02 | -0.21 | -0.62 | -1.02 | -1.47 | -2.30 | -3.12 |
| 2.0 | - | 0.92 | 0.91 | 0.89 | 0.88 | 0.81 | 0.76 | 0.70 | 0.63 | 0.46 | 0.28 | 0.09 | -0.27 | -0.68 | -1.10 | -1.93 | -2.78 |
| 2.5 | - | - | 1.16 | 1.15 | 1.13 | 1.07 | 1.01 | 0.96 | 0.88 | 0.75 | 0.57 | 0.39 | 0.05 | -0.35 | -0.75 | -1.60 | -2.45 |
| 3.0 | - | - | 1.39 | 1.38 | 1.36 | 1.32 | 1.26 | 1.20 | 1.13 | 1.00 | 0.87 | 0.60 | 0.35 | -0.02 | -0.40 | -1.25 | -1.20 |
| 4.0 | - | - | - | 1.85 | 1.83 | 1.79 | 1.77 | 1.71 | 1.64 | 1.51 | 1.39 | 1.25 | 0.92 | 0.57 | 0.22 | -0.54 | -1.36 |
| 5.0 | - | - | - | 2.34 | 2.30 | 2.26 | 2.24 | 2.22 | 2.18 | 2.07 | 1.91 | 1.77 | 1.55 | 1.16 | 0.80 | 1.10 | -0.70 |

## 3) 외측 치수 가산법

굽힘할 곳이 많이 있을 때의 계산법으로서, 먼저 외측 치수를 전부 가산하여 그 합이 판두께와 굽힘 반지름의 2가지 요소에 의하여 결정되는 늘림분을 빼는 방법이다.

| 전개 길이(mm) | 굽힘의 종류 |
|---|---|
| V-굽힘 (굽힘각 : 1)<br><br>$L = L1 + L2 + \dfrac{2\pi a^\circ}{360}(R + \lambda t)$ | |
| U-굽힘 (굽힘각 : 2)<br>$L = L1 + L2 + L3 + \pi(R + \lambda t)$ | |

| 전개 길이(mm) | 굽힘의 종류 |
|---|---|
| 일반적인 굽힘 (굽힘각 : 다수)<br><br>$L = L1 + L2.......Ln$<br>$\quad + \dfrac{\pi}{2}(R1 + \lambda 1t)$<br>$\quad + \dfrac{\pi}{2}(R2 + \lambda 2t).........$<br>$\quad + \dfrac{\pi}{2}(Rn + \lambda nt)$ | 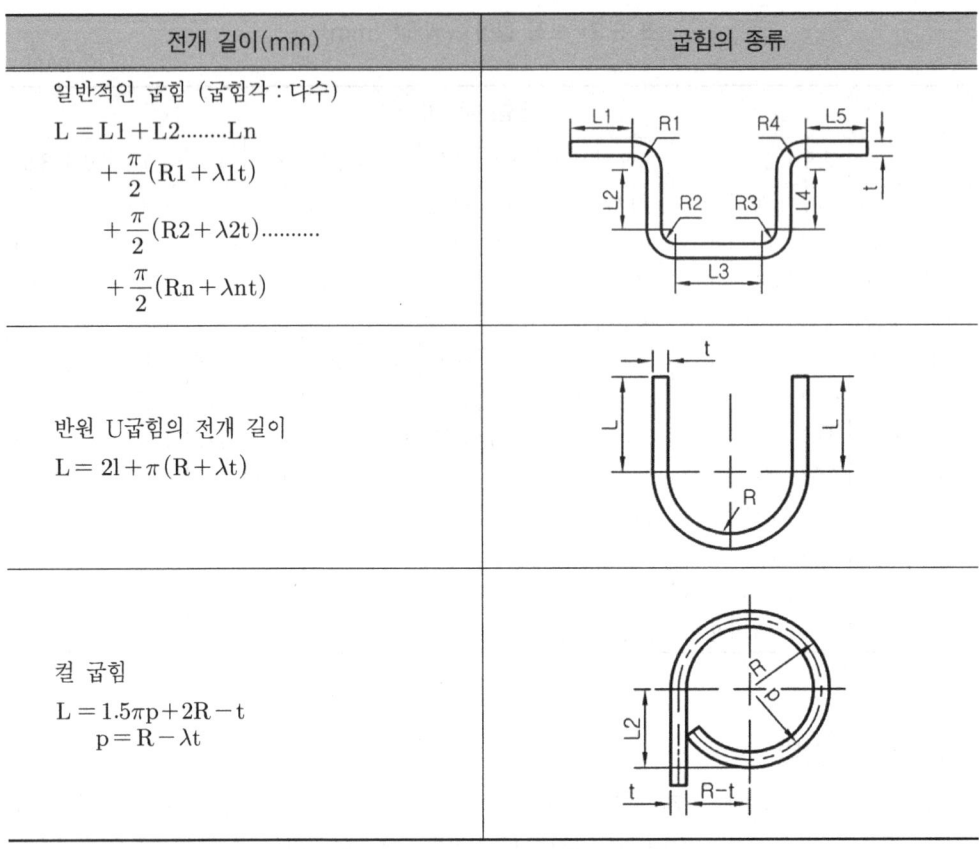 |
| 반원 U굽힘의 전개 길이<br><br>$L = 2l + \pi(R + \lambda t)$ | |
| 컬 굽힘<br><br>$L = 1.5\pi p + 2R - t$<br>$\quad p = R - \lambda t$ | |

그림 3.9  전개 길이 계산법

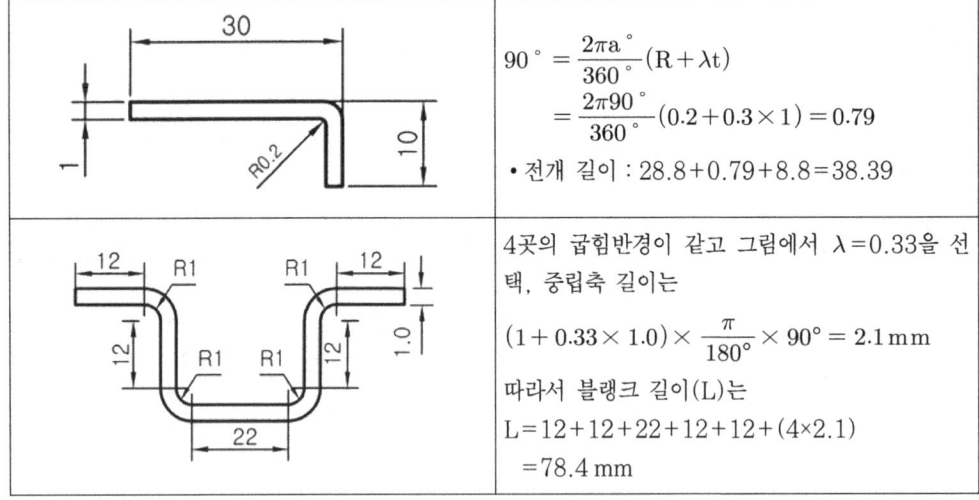

| | |
|---|---|
| (그림) 30, 10, 1, R0.2 | $90° = \dfrac{2\pi a°}{360°}(R + \lambda t)$<br>$\qquad = \dfrac{2\pi 90°}{360°}(0.2 + 0.3 \times 1) = 0.79$<br>• 전개 길이 : $28.8 + 0.79 + 8.8 = 38.39$ |
| (그림) 12, R1, 12, 12, R1, 1.0, 22 | 4곳의 굽힘반경이 같고 그림에서 $\lambda = 0.33$을 선택, 중립축 길이는<br>$(1 + 0.33 \times 1.0) \times \dfrac{\pi}{180°} \times 90° = 2.1\,mm$<br>따라서 블랭크 길이(L)는<br>$L = 12 + 12 + 22 + 12 + 12 + (4 \times 2.1)$<br>$\quad = 78.4\,mm$ |

그림 3.10  전개 길이 계산의 예

## ※ 1.5 굽힘 가공력 및 일량산출

### 1) V-굽힘 가공력

#### (1) 자유굽힘

가공력의 급격한 증가를 일으키는 한계 굽힘 반지름은 재질, 굽힘강도, 판 두께 및 다이의 견폭에 따라 달라진다. 그러나 가공력이 급격히 증가하지 않는 범위 내에서 행하여지는 V-굽힘 가공력은 다음 공식에서 계산한다.

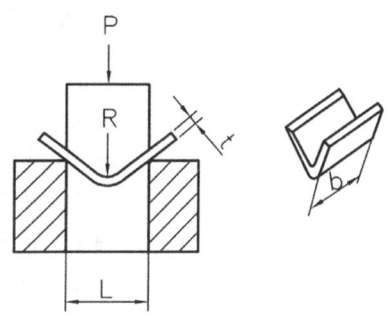

$$P_V = \frac{K_1 \cdot b \cdot t^2 \cdot \sigma_b}{L} \ (kgf)$$

$$= \frac{K_1 \cdot b \cdot t^2 \cdot \sigma_b}{1000L} \ (ton)$$

그림 3.11  V-굽힘 가공(자유굽힘)

$P_V$ : V-굽힘 가공력 (kgf or ton)

t    : 재료의 두께 (mm)

b    : 굽힘부의 길이 (mm)

L    : 다이의 견폭 (mm)

$\sigma_b$ : 재료의 인장응력 (kgf/mm$^2$)

$K_1$ : 다이 견폭과 재료 두께에 대한 보정계수 $K_1$은 L/t에 따른 계수

다이의 견폭이 소재 두께의 8배일 때 $K_1$값은 1.32, 12배일 때는 1.24, 16배일 때는 1.20으로 계산한다.

**예제** 두께가 6(mm)이고 굽힘 길이가 4,000(mm)이며 인장강도가 40(kgf/mm$^2$)인 재료를 90°로 V-굽힘 가공을 할 때의 굽힘 가공력은 얼마인가?(단, 다이 견폭은 판 두께의 8배이고 굽힘 반지름이 판 두께의 1.2배로 계산한다.)($K_1$=1.32로 한다.)

**풀이** $P_V = \dfrac{K_1 \cdot b \cdot t^2 \cdot \sigma_b}{1000L} = \dfrac{1.32 \times 4000 \times 6^2 \times 40}{1000 \times 48} = 158.4 \ (ton)$

(2) 형굽힘(코이닝 포함)

$$P_{V2} = \frac{K_2 \cdot b \cdot t^2 \cdot \sigma_b}{L} \ (\text{kgf})$$

$$= \frac{K_2 \cdot b \cdot t^2 \cdot \sigma_b}{1000L} \ (\text{ton})$$

$P_{V2}$ : V-굽힘 가공력 (kgf or ton)

t : 재료의 두께 (mm)

b : 굽힘부의 길이 (mm)

L : 다이의 견폭 (mm)

$\sigma_b$ : 재료의 인장응력 (kgf/mm²)

$K_2$ : 다이 견폭과 재료 두께에 대한 보정

계수

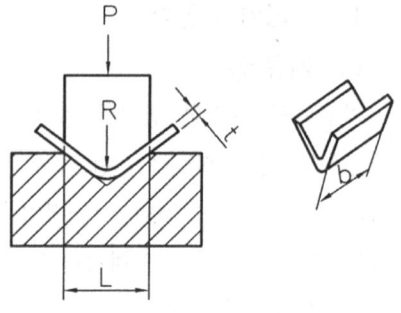

그림 3.12  V-굽힘 가공

## 2) U 굽힘의 가공력

(1) 자유굽힘

$$Pu_1 = \frac{K_3}{3} bt\sigma_b \ (\text{kgf})$$

$Pu_1$ : 자유굽힘할 때 굽힘하중 (kgf)

$K_3$ : 보정계수(1.0~2.0)

b : 굽힘선 길이 (mm)

t : 판두께 (mm)

$\sigma_b$ : 재료의 인장강도 (kgf/mm²)

L : 다이어깨 폭길이 (mm)

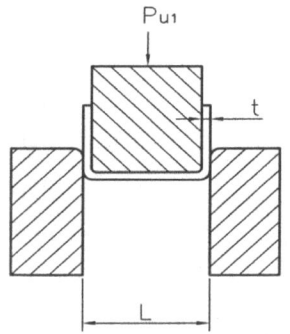

그림 3.13  U형 굽힘(자유굽힘)

(2) 패드(pad)를 이용한 굽힘

$$Pu_2 = Pu_1 + Pp \ (\text{kgf})$$

$$Pp = \frac{C_3}{3} \times \frac{bt^2\,\sigma_b}{L} \ (\text{kgf})$$

$Pu_2$ : 패드를 이용한 굽힘하중 (kgf)

$Pu_1$ : 자유굽힘할 때 굽힘하중 (kgf)

$Pp$ : 패드에 작용하는 하중 (kgf)

$C_3$ : 보정계수(1.0~2.0)

b : 굽힘선 길이 (mm)

t : 판두께 (mm)

$\sigma_b$ : 재료의 인장강도 (kgf/mm²)

L : 다이어깨 폭길이 (mm)

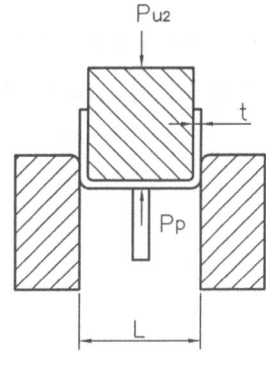

그림 3.14  U형 굽힘(패드)

## 2 굽힘 제품 설계시 주의할 점

### ※ 2.1  재료의 방향성

굽힘 가공시 굽힘선의 방향과 판재의 압연방향과의 관계를 주의하여 굽히는 방향을 정하지 않으면 안 된다. 따라서 굽힘 반지름이 작을 때는 그림 3.14의 (a)와 같이 압연 방향과 굽힘선의 방향을 직각으로 해야 하며, 그림 (b)와 같이 압연방향으로 하면 균열이 발생하기 쉽다. 또한 부득이한 경우는 그림 (c)와 같이 압연방향과 각각의 굽힘선의 방향을 45°로 해야 한다.

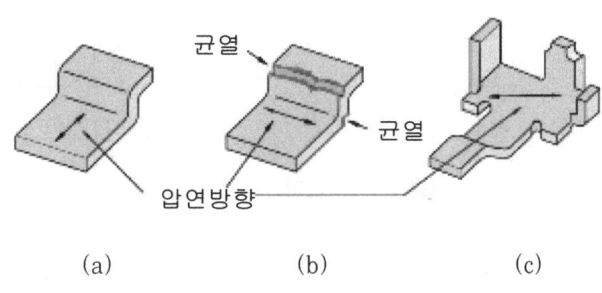

(a)                    (b)                    (c)

그림 3.15  압연방향과 굽힘선

## ❄ 2.2 굽힘 플랜지의 높이

플랜지부가 짧으면 굽힘선의 영향으로 플랜지끝의 단면이 휘어진다. 이와같이 변형을 일으키지 않기 위해서 그림 3.16과 같이 플랜지의 높이는 H ≧ 1.3t로 하지만, 될 수 있는 한 피하는 것이 좋다.

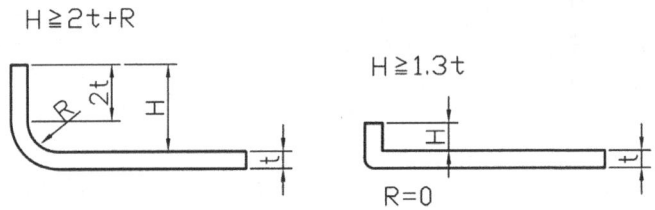

그림 3.16  굽힘 플랜지의 최소 높이

## ❄ 2.3 굽힘 모서리의 절기현상

그림 3.17의 (a)와 같이 굽힘선에 대해 윤곽이 60° 이하의 경사일 때는 휨이 생기고 형이 손상된다. 이 경우는 (b)와 같이 직각으로 잘라내고 높이 H를 고려하여야 한다.

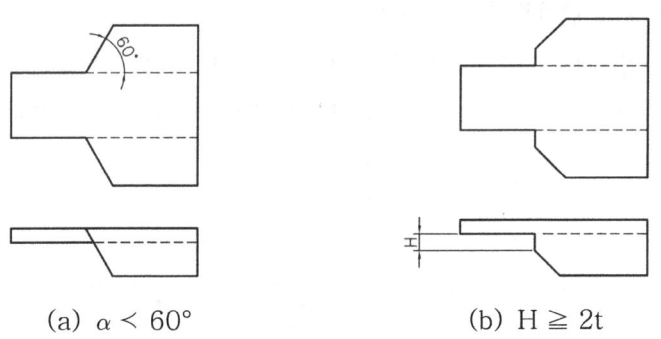

(a) α < 60°          (b) H ≧ 2t

그림 3.17  굽힘선과 전단선

그림 3.18의 (a)와 같이 굽힘선을 윤곽과 일치시키면 변형이 생기기도 하고 무리한 변형 때문에 모서리 부분에 균열이 발생하기도 한다. 그림 (b), (c)와 같이 잘라낸다. 그림 (c)에서 a≧R 또는 0.8(mm), b≧2a 또는 2.5(mm)로 한다.

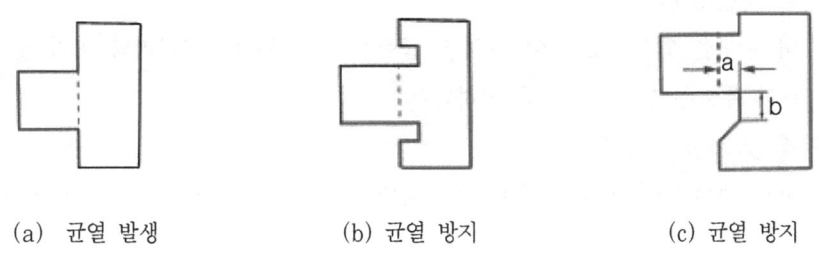

(a) 균열 발생　　　　　(b) 균열 방지　　　　　(c) 균열 방지

그림 3.18  굽힘 모서리 부근의 윤곽

　판의 일부를 남기고 전단해서 그림 3.19의 (a)처럼 굽히는 경우 모서리 부근에 균열이 일어난다. 이 때문에 균열을 방지하기 위하여 그림 (b)와 같이 균열 방지 구멍을 만들어 준다.

(a) 균열 발생　　　　　　　　　　　(b) 균열 방지

그림 3.19  전단 후 굽힘

## ※ 2.4  굽힘 가공의 문제점과 대책

① 두께의 변화(그림 (a))
　굽혀진 부분에서는 판재가 얇아지며, 각이 예리할수록 얇아지는 정도가 커진다. 이것은 굽힘에 따르는 현상으로 보통 피할 수는 없다.
② 파단 현상(그림 (b))
　판의 압연방향과 평행하게 굽힘을 하든가, 블랭크의 버 방향을 외측으로 하여 굽히면 이러한 현상이 자주 일어난다.
③ 스프링 백(그림 (c))
　굽힘에는 스프링 백이 동반되므로 이에 대한 대책이 필요하다.
④ 워프(warp)(그림 (d))
　V 굽힘형에서 긴 앵글모양의 제품을 굽힘 가공할 경우에 말안장 모양으로 젖혀진다.

⑤ 판의 표면과 뒷면(그림 (e))

블랭크의 버 방향을 외측으로 하여 굽히면 굽힘제품의 양끝에 테이퍼와 버가 보여 외관이 좋지 않다. 판이 두꺼우면 두꺼울수록 심하다.

⑥ 판의 표면과 뒷면(그림 (f))

버를 외측으로 하여 판을 굽힌 경우에 일어나며, 판의 양측에서 살이 빠져나와 폭이 큰 치수가 된다.

⑦ 판의 표면과 뒷면(그림 (g))

두꺼운 판에서 버를 외측으로 한 굽힘 상태로, 파단하기 쉬울 뿐 아니라 제품의 모서리가 거칠어져 외관상 나쁘고 작업자의 손에 상처를 입히기 쉽다.

⑧ 평면부분의 굽힘(그림 (h))

U 굽힘에서 펀치와 다이의 간격이 너무 큰 경우, 또는 측벽이 자유롭게 서지 않고 프레스 패드로 누르면서 굽힘을 하였을 경우 양측부의 평면도가 나빠진다.

⑨ 바닥의 굽힘(그림 (i))

U 굽힘에서 바닥이 휘어지는 경우가 있다. 녹아웃 플레이트로 밀면서 굽히면 방지할 수 있다.

⑩ 평면부분의 굽힘(그림 (j))

V 굽힘에서 다이 어깨 폭이 넓으면 굽힘의 중도에서 영구변형이 발생하는 범위가 넓어지고 굽힘 행정의 끝에서 펀치와 다이를 평면으로 찍어도 본래의 평면으로는 되지 않는다.

⑪ 니프 굽힘(그림 (k))

완전한 반지름이 되지 않는 끝굽힘을 나타낸다. 이러한 끝굽힘은 대개 실패하는 일이 많다. 다이는 항상 반지름 끝까지 판을 밀어넣도록 설계해야 한다.

⑫ U굽힘에서 끝의 불일치(그림 (l))

굽힘 도중에서 블랭크가 다이 안에서 미끄러지거나 블랭크의 재질이 균일하지 못하거나, 치수가 정확하지 않으면, 양측이 동일하지 않게 된다. 블랭크의 정밀도를 높게 하고, 가공중 블랭크가 이동하지 않도록 단단히 눌러주는 구조로 한다.

⑬ 구멍센터의 처짐(그림 (m))

블랭크에 구멍을 뚫어두고 굽히면 구멍의 센터가 일치되기 어렵다. 원인은 ⑫와 같지만 판 두께의 불균일이나, 다이 또는 기계의 결함이 원인으로 되는 경우가 많다.

⑭ 굽힘선의 직각도(그림 (n))

굽힘선이 가장자리에 대하여 직각으로 되어 있지 않을 경우로서, 블랭크의 위치 결정과 가공 중의 유지에 주의하여야 한다.

⑮ 돌출부의 비틀림(그림 (o))

폭이 좁은 돌출부분을 굽히면 나타나는 형상으로 한쪽으로 비틀어지는 경우이며, 폭에 비하여 높이가 큰 좁은 돌출부분을 굽힐 때는 반드시 홈을 붙여 안내하여 줄 필요가 있다. 홈의 깊이는 판두께의 1/2∼1/3로 한다.

⑯ 굽힘 부분에 가까운 구멍의 변형(그림 (p))

구멍의 위치가 굽힘가공을 받는 구역에 가까우면 구멍의 형상이 변형되는 경우로서 굽힘 원호의 기점과 구멍의 가장자리와의 거리는 적어도 1.5t 이상으로 한다.

⑰ 측면의 버니시(burnish)(그림 (q))

U 굽힘의 측면이 버니시되어 반짝반짝 빛이 나는 면이 되는 경우로서, 다이나 프레스에 무리가 생겨 제품도 시저(seizure)가 생기게 된다. 펀치와 다이의 간격을 0.05∼0.1(mm) 크게 하면 해결된다.

⑱ 제품 측면의 긁힌 상처(그림 (r))

제품에 긁힌 상처가 많은 것은 금형 설계에 무리가 있기 때문이다. 이런 금형으로 하나의 제품을 가공하면, 잘 가공해도 재료가 다이의 표면과 마찰해서 미립자가 발생하여 다이 표면에 달라붙어 시저 현상(눌어붙음)으로 제품의 표면이 긁히거나 뜯기는 상처가 난다.

⑲ 구멍의 마크(그림 (s))

제품에 마크가 남아 있는 상태로서 다이에 볼트, 평행핀, 그밖의 구멍이 뚫어져 있기 때문에 생기는 것이며, 판이 그 부분에 어느 정도 강하게 밀어붙이는가에 따라 희미한 상태에서 분명하게 홈이 되기까지 무엇인가의 흔적을 남긴다.

⑳ 채널(channel) 형상의 굽힘(그림 (t))

채널 형상으로 바닥을 외측으로 하고 굽힐 때는 측면의 내측에 주름살이 생긴다. 굽힘가공중 측벽을 그 길이보다 0.1(mm) 정도 넓은 간격으로 양면에서 유지하도록 금형을 설계하면 해소할 수 있다.

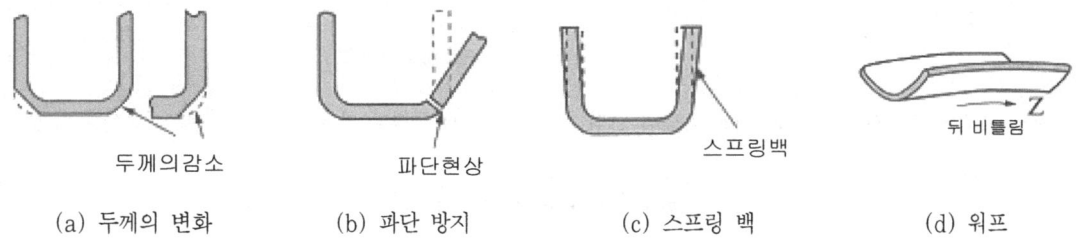

(a) 두께의 변화     (b) 파단 방지     (c) 스프링 백     (d) 워프

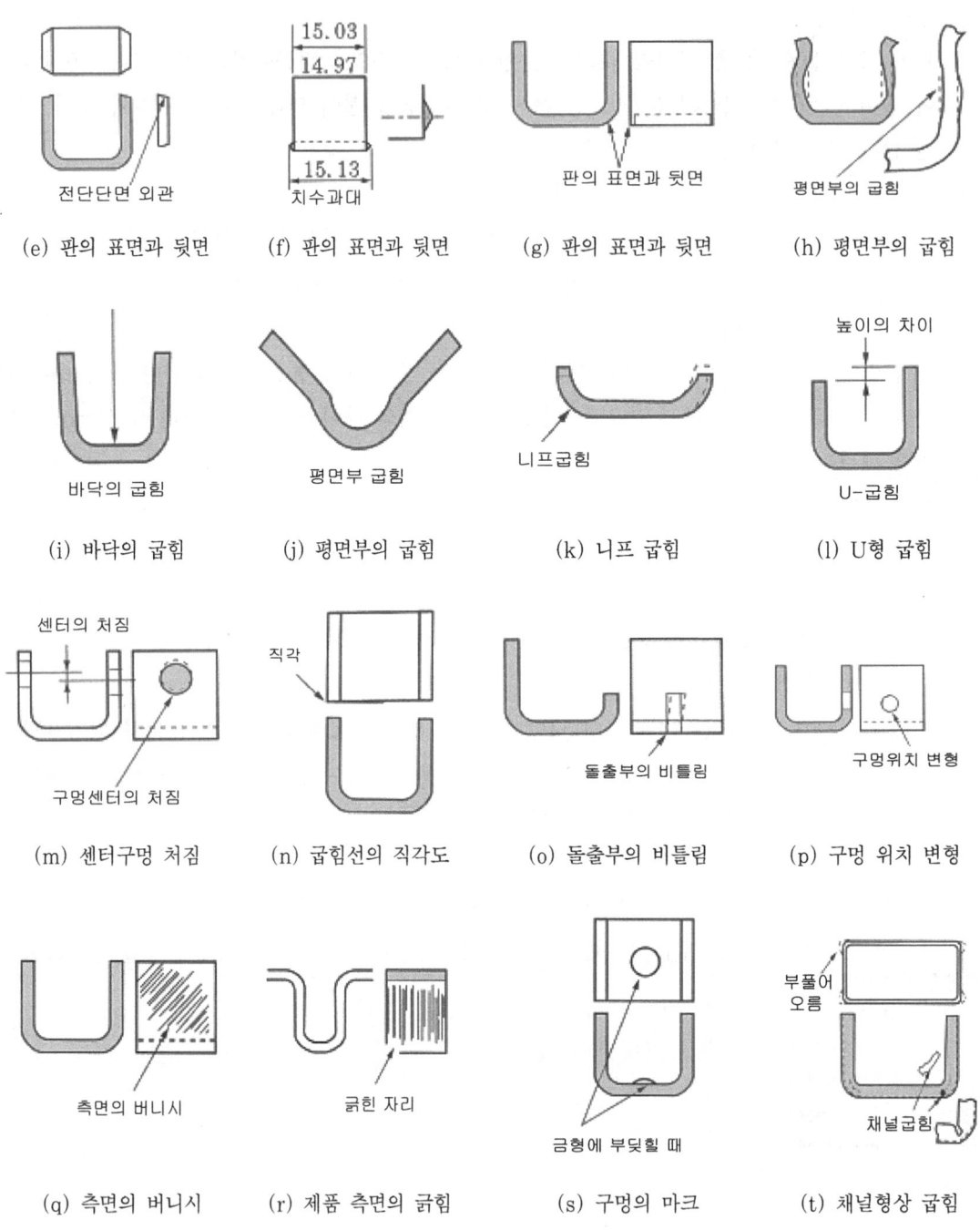

(e) 판의 표면과 뒷면　(f) 판의 표면과 뒷면　(g) 판의 표면과 뒷면　(h) 평면부의 굽힘

(i) 바닥의 굽힘　(j) 평면부의 굽힘　(k) 니프 굽힘　(l) U형 굽힘

(m) 센터구멍 처짐　(n) 굽힘선의 직각도　(o) 돌출부의 비틀림　(p) 구멍 위치 변형

(q) 측면의 버니시　(r) 제품 측면의 긁힘　(s) 구멍의 마크　(t) 채널형상 굽힘

그림 3.20　굽힘 가공의 문제점

## 3 굽힘 금형의 요소 및 설계

### ※ 3.1 굽힘 금형의 종류와 굽힘 구조

#### 1) 단순 V 굽힘 금형

단순굽힘이라는 것은 가공소재를 누르는 기구나 캠(cam) 기구 없이 단지 굽힘 가공만을 하는 것으로 형구조가 간단한 형식인데, V 굽힘형의 대부분은 이 형식에 의해 제작된다. 그러나 이 단순한 굽힘 성형은 판이 자유로운 상태에서 굽힘 가공되므로 정도를 요하는 가공이나 비대칭 형상의 굽힘 가공에는 바람직하지 않다.

#### 2) 표준 V 굽힘 금형

표준 V 굽힘 금형은 그림 3.21에서 W=8t 표준이 되고 각도는 상하의 각도를 동일하게 만들고, 어느 정도 펀치와 다이를 충돌시켜 재료에 항복점 응력 이상의 면압을 주어 이것에 의해 판의 안정된 굽힘 형상을 얻는 금형 구조이다.

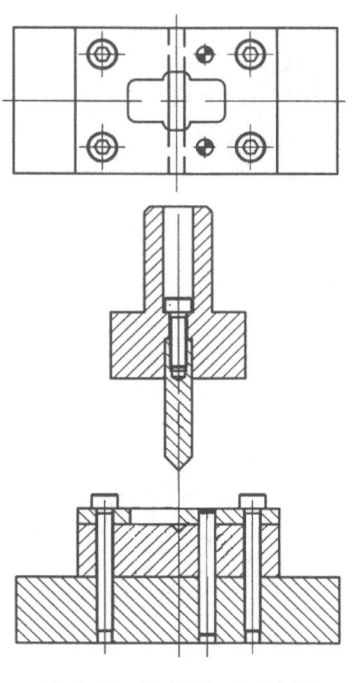

그림 3.21  V 굽힘 다이의 구조

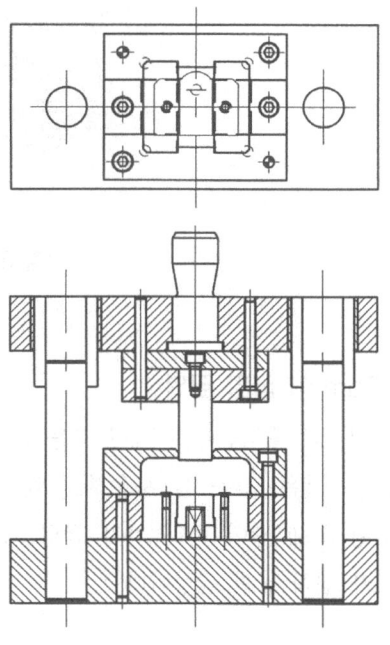

그림 3.22  U 굽힘 다이의 구조

각도는 시험작업 결과에 의해 다소 수정하는 것이 보통이며, 일반적으로 제품의 각도보다 약간 작은 각도이지만 상하의 각도가 동일해야 하는 것이 조건으로, 이것에 의해 제품의 경사면과 정도가 좋은 V 굽힘 가공이 가능한 것이 특색이다.

### 3) U 굽힘 금형

굽힘은 채널(channel) 형상으로 굽힘하는 것으로 제품의 밑바닥이 둥근 경우를 U 굽힘, 평탄한 경우를 채널 굽힘이라고 한다 .

그림 3.22는 표준 U 굽힘 금형이다. U 굽힘 가공은 V 굽힘 금형으로 2회에 하는 가공을 1회의 가공으로 끝내는 형식의 금형이다.

### 4) 복동 굽힘 금형

제품의 형상에 따라 금형의 상하 작동만으로는 가공이 안 되는 경우에 금형의 일부분을 다시 복동시켜 요구하는 형상으로 가공할 수 있는 구조를 갖춘 금형으로 여러 가지 구조가 있으며, 새로운 방법이 계속 고안되고 있다.

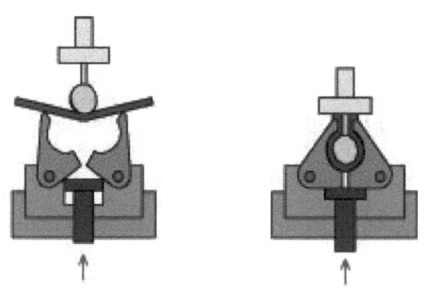

그림 3.23  복동 굽힘 금형

### 5) 캠(Cam)식 굽힘 금형

프레스 기계의 수직운동에 의해 작동시키는 것은 그림 3.24와 같은 캠기구를 사용하고 있다. 그 캠기구를 금형 중에 넣어 여러 가지 굽힘 가공을 행하는 구조가 캠식 굽힘 금형이다.

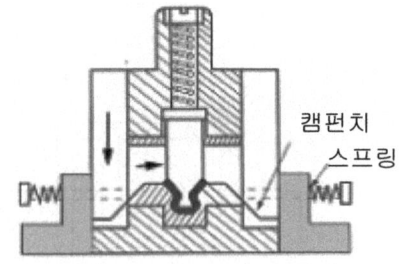

캠펀치
스프링

그림 3.24  캠식 굽힘 금형

# 4 인장 성형 금형

## ※ 4.1 버링 가공

버링 가공이란 평판에 기초 구멍($d_1$)을 내고 직경이 큰 펀치($d_4$)로 훑어 내려서 원통상으로 높이($h$)의 플랜지를 가공하는 것이다. 즉, 미리 뚫려 있는 구멍에 그 안지름보다 큰 지름의 펀치를 이용하여 구멍의 가장자리를 판면과 직각으로 하여 구멍 둘레에 테를 만드는 가공이다.

### 1) 나사용 버링 가공 치수

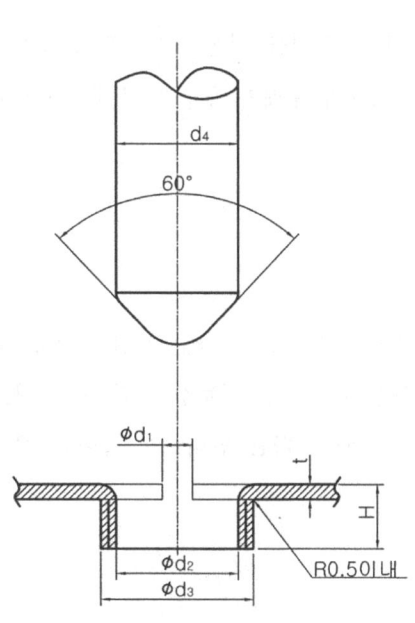

d₁의 ( )내 치수는 황동일 경우

| 나사치수 | 소재t | $d_1$ | $d_2$ | $d_3$ | H±0.1 | $d_4\ ^{+0.3}_{-0.2}$ |
|---|---|---|---|---|---|---|
| M 2.6 p=0.45 | 0.6 | 1.1 | 2.22 (＋0.01 −0.08) | 3.0 | 1.4 | 2.23 (±0.005) |
|  | 0.8 | 1.2 |  | 3.0 | 1.6 |  |
|  | 1.0 | 1.4 |  | 3.2 | 1.7 |  |
|  | 1.2 | 1.4 |  | 3.4 | 2.0 |  |
| M 3.0 p=0.5 | 0.6 | 0.9 | 2.59 (＋0.01 −0.05) | 3.4 | 1.6 | 2.60 (±0.005) |
|  | 0.8 | 1.2 |  | 3.6 | 1.8 |  |
|  | 1.0 | 1.6 |  | 3.6 | 2.0 |  |
|  | 1.2 | 1.6 |  | 3.6 | 2.0 |  |
|  | 1.6(1.5) | 2.0(1.8) |  | 3.8 | 2.2 |  |
| M 3.5 p=0.6 | 0.8 | 1.5 | 2.88 ($^{0}_{-0.03}$) | 4.0 | 1.9 | 2.88 (±0.005) |
|  | 1.0 | 1.5 |  | 4.0 | 2.1 |  |
|  | 1.2 | 1.8 |  | 4.2 | 2.1 |  |
|  | 1.6(1.5) | 2.2(2.0) |  | 4.2 | 2.4 |  |
| M 4.0 p=0.7 | 0.8 | 1.5 | 3.43 (＋0.01 −0.09) | 4.5 | 2.1 | 3.45 (±0.005) |
|  | 1.0 | 1.5 |  | 4.5 | 2.2 |  |
|  | 1.2 | 1.8 |  | 4.5 | 2.3 |  |
|  | 1.6(1.5) | 2.2(2.0) |  | 4.8 | 2.7 |  |
|  | 2.0 | 2.6 |  | 5.2 | 2.8 |  |
| M 5.0 p=0.8 | 1.0 | 1.6(1.5) | 4.30 (＋0.01 −0.1) | 5.7 | 2.6 | 4.33 (±0.005) |
|  | 1.2 | 1.0 |  | 5.7 | 2.8 |  |
|  | 1.6(1.5) | 1.0 |  | 6.0 | 3.2 |  |
|  | 2.0 | 1.0 |  | 6.5 | 3.4 |  |
| M 6.0 p=1.0 | 1.2 | 2.0(2.2) | 5.2 (＋0.01 −0.1) | 6.8 | 3.3 | 5.24 (±0.005) |
|  | 1.6(1.5) | 2.7(2.5) |  | 7.2 | 3.4 |  |
|  | 2.0 | 3.1(3.0) |  | 7.5 | 3.8 |  |
|  | 2.3(2.6) | 3.3(3.4) |  | 8.0 | 4.1 |  |
|  | 3.2(2.9) | 3.5(3.6) |  | 8.0 | 4.4 |  |

## 2) 버링 가공 설계 예

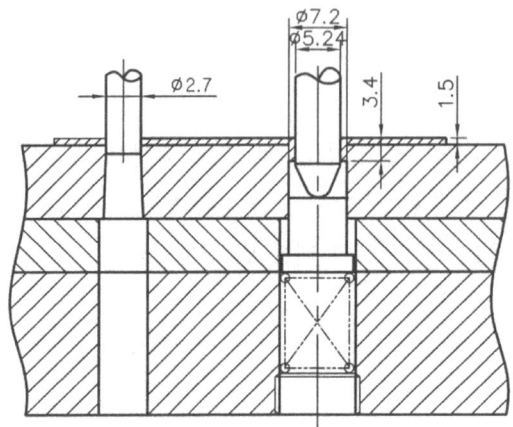

M6 TAP(P=1.0)을 가공하기 위한 버링
가공용 치수의 선정

위 표에서 M6 TAP용 버링을 하기 위해 애벌
구멍 ∅2.7을 선택하고, 버링 펀치는 ∅5.24
를, 다이 구멍은 ∅7.2를 선택한다. 이때에 버
링 가공을 시행하면 높이(h)는 3.4mm가 된다.

다이 홀($d_3$)은 ∅$d_2$+(1.3~1.4)t로 하며 높이(h)를 높게, 플랜지를 직선으로 90°로 유지하려
할 때는 1.3t를 선택하고, 일반적인 경우에는 1.4t로 한다. 재료의 두께가 두껍고 플랜지를 90°로
하지 않아도 무방한 경우에는 1.5t 이상으로 하기도 한다.

## ※ 4.2  엠보싱 가공

엠보싱(embossing)이란 금속판에 이론적으로는 두께의 변화를 일으키지 않고 상하 반대로 여러
가지 모양의 요철을 만드는 가공이다. 엠보싱은 크게 분류하면 아래 방향 엠보싱과 위 방향 엠보싱
이 있다. 엠보싱의 원리는 먼저 안으로 들어간 만큼 밖으로 튀어나온다는 원리로서 들어간 체적과
돌출된 체적의 합이 같다.

$$원통형\ 체적\ =\ \frac{\pi D^2}{4} \times L$$

### 1) 아래 방향 엠보싱

$$\frac{\pi \times 3.2^2}{4} \times 0.8 = \frac{\pi \times 2.9^2}{4} \times 1.0$$

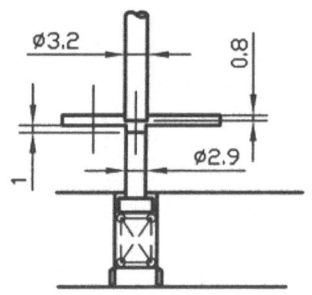

이때 다이에 밀핀을 설치하여 엠보싱의 밑면 형태가 둥글게 되는 것을 방지하고 다이에서 빼내는 역할을 한다.

### 2) 위 방향 엠보싱

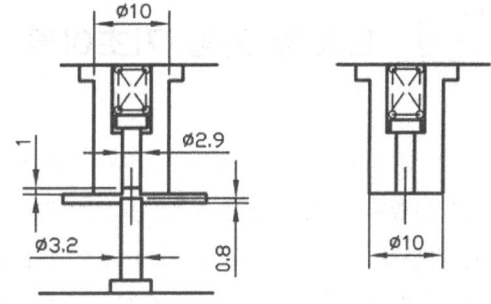

아래 다이에 다이편을 설치하고, 가공 전에는 펀치 높이만큼 올라오도록 설정한다. 이 다이편에 의해 펀치에 박힌 제품을 빼내고, 스트리퍼에도 인서트 처리를 하고 그 내부에는 밀핀을 설치하여 엠보싱 바닥면의 형태를 평행하도록 하며, 완료 후 엠보싱을 밑으로 떨어주는 역할을 겸하고 있다.

# 제 4 장
● ● ● ● ● ●
# 드로잉 금형

## 1 드로잉 가공 기초이론

드로잉(drawing) 가공이란 블랭크(소재)면 내에서 재료의 변형 이동에 의해 평판으로 바닥이 있고 이음매가 없는 용기 모양으로 만드는 것을 말하며, 드로잉 가공에 의해 제작되는 형상은 원통형, 각통형, 이형 세 가지로 크게 구분한다.

이러한 세 가지 드로잉 가공에는 각각 특징 있는 가공조건을 가지고 있는데 이상적인 설계 및 제작, 적합한 가공소재 선택, 프레스기계 등의 선택이 잘 되어야 한다.

### ※ 1.1  드로잉 과정과 재료 변형상태

#### 1) 드로잉 과정
드로잉 성형의 기본은 원통드로잉이며, 가공방법 중에서 일반적인 하향드로잉 과정을 보면 그림 4.1과 같다.

프레스 램이 하강하여 펀치가 내려오면 그림 4.1의 (a)와 같이 펀치가 블랭크에 닿기 직전에 블랭크 홀더가 블랭크를 눌러 주므로 가공중 제품에 주름이 생기는 것을 방지하여 준다.

펀치가 아래로 이동하면 블랭크에 높은 힘을 가하여 다이 속으로 밀어 넣으면 블랭크가 오므라지면서 그림 4.1의 (b)와 같이 다이 속으로 빨려 들어가게 된다.

이때 블랭크 홀더의 힘에 의하여 블랭크에 주름이 생기는 것을 방지하여 준다. 펀치가 다이 속으로 계속 들어가면 그림 4.1의 (c)와 같이 제품으로 성형된다.

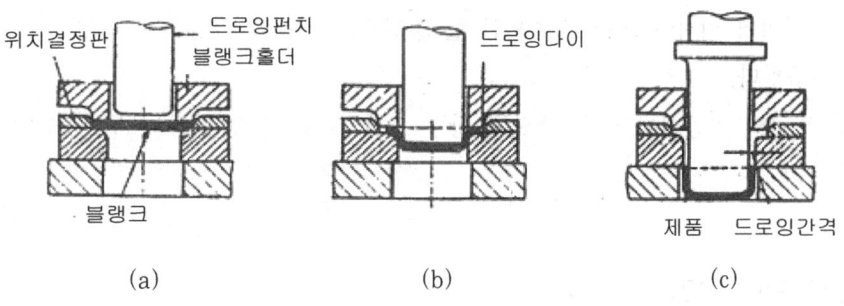

위치결정판

위치결정판　　드로잉펀치
블랭크홀더　　드로잉다이

블랭크

제품　드로잉간격

(a)　　　　　　　　(b)　　　　　　　　(c)

그림 4.1　드로잉 과정

소재가 다이를 완전히 통과하여 드로잉 가공이 끝나면 펀치가 위로 올라가고, 가공된 제품은 다이 아래 부분의 날카로운 모서리에 걸려 펀치로부터 빠져나온다.

## 2) 드로잉 가공시 재료의 변형

드로잉 가공시 재료의 변형은 원통 용기를 가지고 생각하면 쉽게 알 수 있다.

그림 4.2의 (a)와 같이 블랭크에 작은 사각형이 생기게 측벽의 사각형을 금긋한 후 드로잉 가공을 해보면, 그림 (b)와 같이 제품의 밑면은 사각형의 변화가 없으나 측벽의 사각형을 관찰하여 보면 밑면에 가까운 사각형의 면적변화는 적으나 위쪽의 사각형은 원둘레 방향의 길이는 줄고 높이쪽은 늘어나 있는 것을 알 수 있다. 그러므로 드로잉 가공된 용기의 높이는 삼각형 면적만큼 높이가 증가한다.

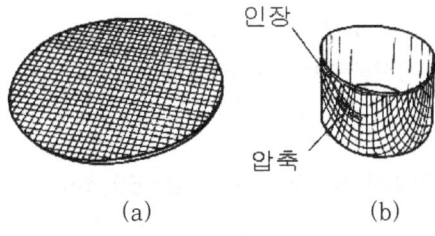

인장

압축

(a)　　　　　　　　(b)

그림 4.2　드로잉 가공시 재료의 변형

재료의 연성과 전성이 좋아 드로잉 가공이 잘되는 재료를 선택하여 가공을 하여도 드로잉 가공되는 제품의 밑넓이에 비하여 높이가 높으면 한 공정으로 제품을 성형할 수 없으므로, 2공정 이상으로 나누어 가공한다.

　일반적으로 드로잉 가공성이 좋은 재료는 딥 드로잉 강판, 연질 황동 알루미늄과 그 합금 등이 좋다.

## ※ 1.2 블랭크의 크기

### 1) 원통용기의 블랭크 직경

　블랭크의 직경은 드로잉 전후의 블랭크 두께 및 표면적이 일정하다는 가정하에 용기를 전개하고 그 표면적에서 블랭크 직경을 구한다.

　그림 4.3과 같은 플랜지가 없는 원통용기에 대한 관계식은 다음과 같다.

$$\text{용기의 바닥 표면적} = \frac{\pi}{4}d^2\,(\text{mm}^2)$$

$$\text{용기의 측벽 표면적} = \pi dh\,(\text{mm}^2)$$

$$\text{블랭크의 표면적} = \frac{\pi}{4}D_0^{\,2}\,(\text{mm}^2)$$

$$\frac{\pi}{4}D_0^{\,2} = \frac{\pi}{4}d^2 + \pi d h$$

$$D_0 = \sqrt{d^2 + 4dh}$$

여기서　$D_0$ : 블랭크 직경(mm)

　　　　$d$ : 용기의 직경(mm)

　　　　$h$ : 용기의 측벽 높이(mm)

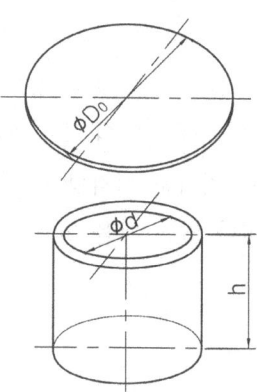

그림 4.3　블랭크의 직경

---

**예제**　그림 4.3의 제품 치수가 h=30(mm), d=50(mm), t=3(mm)일 때 블랭크의 직경 $D_0$은 얼마인가?(단 모서리 반지름도 5t 이하일 때는 무시)

**풀이**　$D_0 = \sqrt{d^2 + 4dh} = \sqrt{50^2 + 4 \times 50 \times 30} = 92\,(\text{mm})$

표 4.1 회전체 드로잉제품의 표면적과 블랭크 지름

| 드로잉제품의 형상 | A : 제품의 표면적<br>D : 블랭크의 지름 |
|---|---|
| 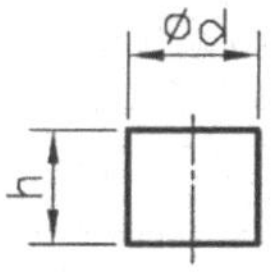 ød<br>h | $A = \frac{\pi d^2}{4} + \pi dh$<br>$D = \sqrt{d^2 + 4dh}$ |
| 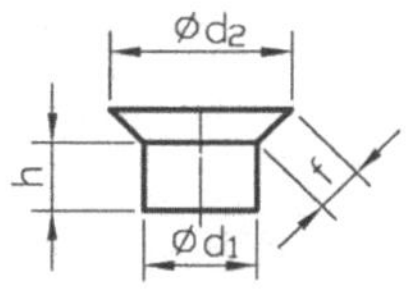 ød2<br>h<br>f<br>ød1 | $A = \pi d_1{}^2 + \pi d_1 h + \pi f \frac{d_1 + d_2}{2}$<br>$D = \sqrt{d_1{}^2 + 4d_1 h + 2f(d_1 + d_2)}$ |
| 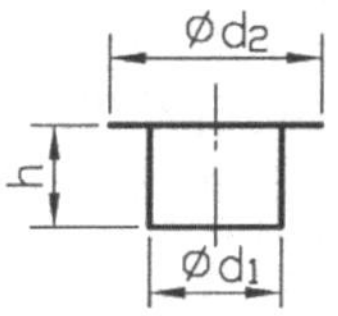 ød2<br>h<br>ød1 | $A = \frac{\pi d_1{}^2}{4} + \pi d_1 h + \frac{\pi}{4}(d_2{}^2 - d_1{}^2)$<br>$D = \sqrt{d_2{}^2 + 4d_1 h}$ |
| 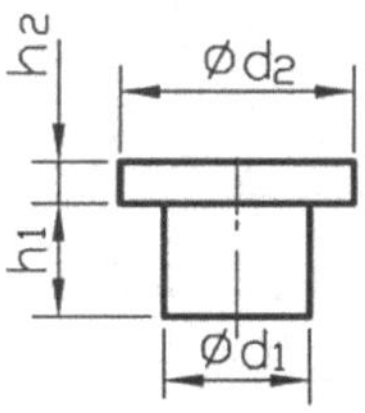 h2<br>ød2<br>h1<br>ød1 | $A = \frac{\pi d_1{}^2}{d_1} + \pi d_1 h_1 + \frac{\pi}{4}$ $(d_2{}^2 - d_1{}^2) + \pi d_2 h_2$<br>$D = \sqrt{d_2{}^2 + 4(d_1 h_1 + d_1 h_2)}$ |
| 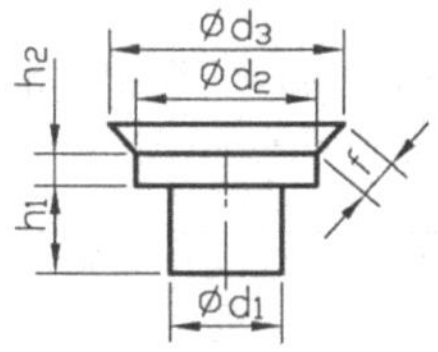 ød3<br>h2<br>ød2<br>f<br>h1<br>ød1 | $A = \pi d_1{}^2 + \pi d_1 h_1 + \frac{\pi}{4}(d_2{}^2 - d_1{}^2)$ $+ \pi d_2 h_2 + \pi f \frac{d_2 + d_3}{2}$<br>D = $\sqrt{d^2 + 4(d_1 h_1 + d_2 h_2 + 2f(d_2 + d_3)}$ |
| 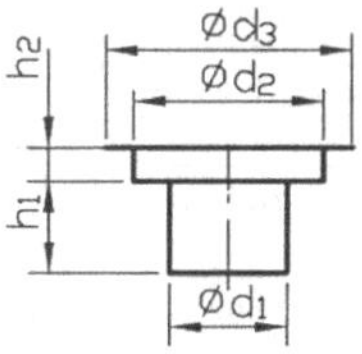 ød3<br>h2<br>ød2<br>h1<br>ød1 | $A = \pi d_1{}^2 + \pi d_1 h_1 + \frac{\pi}{4}(d_2{}^2 - d_1{}^2)$ $+ \pi d_2 h_2 + \frac{\pi}{4}(d_3{}^2 - d_2{}^2)$<br>$D = \sqrt{d_3^2 + 4(d_1 h_1 + d_2 d_2)}$ |
| 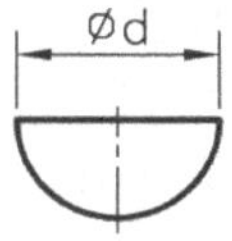 ød | $A = \frac{\pi d^2}{2}$<br>$D = \sqrt{2d^2} = 1.414d$ |
| 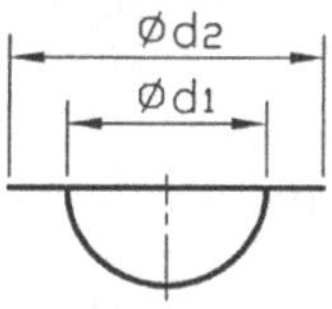 ød2<br>ød1 | $A = \frac{\pi d_1{}^2}{2} + \frac{\pi}{4}(d_2{}^2 - d_1{}^2)$<br>$D = \sqrt{d_1{}^2 + d_2{}^2}$ |
| 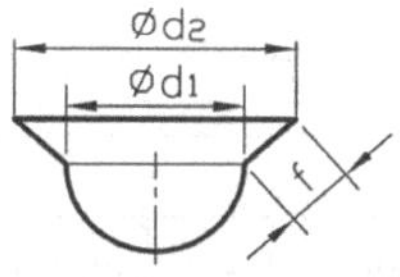 ød2<br>ød1<br>f | $A = \frac{\pi d_1{}^2}{2} + \pi f \frac{d_2 + d_1}{2}$<br>$D = 1.414\sqrt{d_1{}^2 + f(d_2 + d_1)}$ |
| 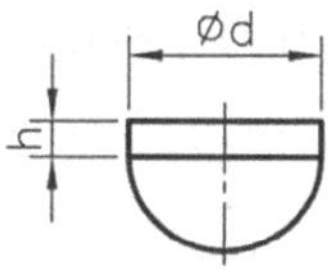 ød<br>h | $A = \frac{\pi d^2}{2} + \pi dh$<br>$D = 1.414\sqrt{d^2 + 2dh}$ |
| 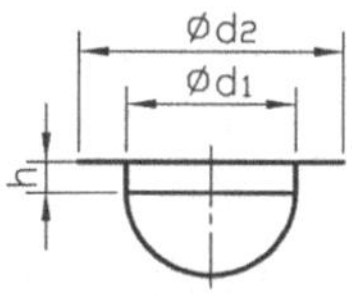 ød2<br>ød1<br>h | $A = \frac{\pi d_1{}^2}{2} + \pi d_1 h + \frac{\pi}{4}(d_2{}^2 - d_1{}^2)$<br>$D = \sqrt{d_1{}^2 + d_2{}^2 + 4d_1}$ |
| 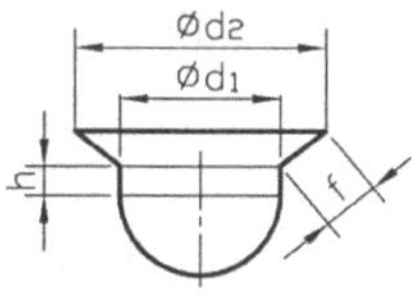 ød2<br>ød1<br>h<br>f | $A = \frac{\pi d^2}{2} + \pi d_1 h + \pi f \frac{d_1 + d_2}{2}$<br>D = $1.414\sqrt{d_1{}^2 + 2d_1 h + f(d_1 + d_2)}$ |
| 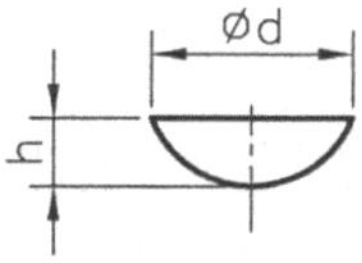 ød<br>h | $A = \frac{\pi}{4}(d^2 + 4h^2)$<br>$D = \sqrt{d_2 + 4h^2}$ |
| 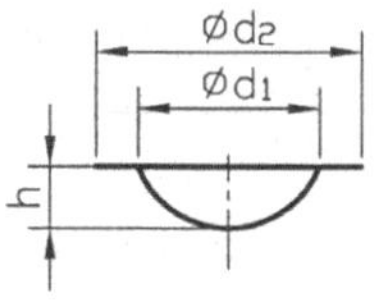 ød2<br>ød1<br>h | $A = \frac{\pi}{4}(d_1{}^2 + 4h^2) + \frac{\pi}{4}(d_2{}^2 - d_1{}^2)$<br>$D = \sqrt{d_2{}^2 + 4h^2}$ |
| 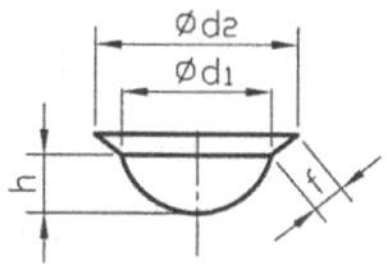 ød2<br>ød1<br>h<br>f | $A = \frac{\pi}{4}(d_1{}^2 + 4h^2) + \pi f \frac{d_1 + d_2}{2}$<br>$D = \sqrt{d_1{}^2 + 4h^2 + 2f(d_1 + d_2)}$ |

| 드로잉제품의 형상 | $A$ : 제품의 표면적<br>$D$ : 블랭크의 지름 | 드로잉제품의 형상 | $A$ : 제품의 표면적<br>$D$ : 블랭크의 지름 |
|---|---|---|---|
| | $A = \dfrac{\pi}{4}(d^2 + 4h_1^{\,2}) + \pi d h_2$<br><br>$D = \sqrt{d^2 + 4(h_1^{\,2} + dh_2)}$ | | $A = \dfrac{\pi d_1^{\,2}}{4} + \pi^2 \dfrac{h}{2}(d_1 + 1.274r)$<br>$\quad = \dfrac{\pi}{4}(d_2 - 2h)^2 + \dfrac{\pi^2 r}{2}(d_2 - 0.726r)$<br><br>$D = \sqrt{d_2^{\,2} + 2.28rd_2 - 0.56r^2}$ |
| | $A = \dfrac{\pi}{4}(d_1^{\,2} + 4h_1^{\,2}) + \pi d_1 h_2$<br>$\qquad + \pi f \dfrac{d_1 + d_2}{2}$<br><br>$D =$<br>$\sqrt{d_1^{\,2} + 4\left\{h_1^{\,2} + d_1 h_2 + \dfrac{f}{2}(d_1 + d_2)\right\}}$ | | $A = \dfrac{\pi}{4}(d_2 - 2r)^2 + \dfrac{\pi^2 r}{2}$<br>$\qquad (d_2 - 0.726r) + \pi h d_2$<br><br>$D =$<br>$\sqrt{d_2^{\,2} + 4d_2(h + 0.57r) - 0.56r^2}$ |
| | $A = \dfrac{\pi}{4}(d_1^{\,2} + 4h_1^{\,2}) + \pi d_1 h_2$<br>$\qquad + \dfrac{\pi}{4}(d_2^{\,2} - d_1^{\,2})$<br><br>$D = \sqrt{d_2^{\,2} + 4(h_1^{\,2} + d_1 h_2)}$ | | $A = \dfrac{\pi}{4}(d_2 - 2r)^2 + \dfrac{\pi^2 r}{2}$<br>$\qquad (d_2 - 0.726r) + \pi f \dfrac{d_2 + d_3}{2}$<br><br>$D = \sqrt{d_2^{\,2} + 2.28rd_2}$<br>$\qquad \overline{+\, 2f(d_2 + d_3) - 0.56r}$ |
| | $A = \dfrac{\pi d_1^{\,2}}{4} + \pi S \dfrac{d_1 + d_2}{2}$<br><br>$D = \sqrt{d_1^{\,2} + 2S(d_1 + d_2)}$ | | $A = \dfrac{\pi}{4}(d_2 - 2r)^2 + \dfrac{\pi^2 r}{2}$<br>$\qquad (d_2 - 0.726r) + \dfrac{\pi}{4}(d_3^{\,2} - d_2^{\,2})$<br><br>$D = \sqrt{d_3^{\,2} + 2.28rd_2 - 0.56r^2}$ |
| | $A =$<br>$\dfrac{\pi d_1^{\,2}}{4} + \pi S \dfrac{d_1 + d_2}{2} + \pi f \dfrac{d_2 + d_3}{2}$<br><br>$D =$<br>$\sqrt{d_1^{\,2} + 2\{(d_1 + d_2) + f(d_2 + d_3)\}}$ | | $A = \dfrac{\pi}{4}(d_2 - 2r)^2 + \dfrac{\pi^2 r}{2}$<br>$\qquad (d_2 - 0.726r) + \pi d_2 h + \dfrac{\pi}{4}(d_3^{\,2} - d_2^{\,2})$<br><br>$D =$<br>$\sqrt{d_3^{\,2} + 4d_2(0.57r + h) - 0.56r^2}$ |
| | $A =$<br>$\dfrac{\pi d_1^{\,2}}{4} + \pi S \dfrac{d_1 + d_2}{2} + \dfrac{\pi}{4}(d_3^{\,2} - d_2^{\,2})$<br><br>$D =$<br>$\sqrt{d_1^{\,2} + 2S(d_1 + d_2) + d_3^{\,2} - d_2^{\,2}}$ | | $A = \dfrac{\pi}{4}(d_2 - 2r)^2 + \dfrac{\pi^2 r}{2}(d_2 -$<br>$\qquad 0.726r) + \pi d_2 h + \pi f \dfrac{d_3 + d_2}{2}$<br><br>$D = \sqrt{d_2^{\,2} + 4d_2(0.57r + h + \dfrac{f}{2})}$<br>$\qquad \overline{+\, 2d_3 f - 0.56r^2}$ |
| | $A = \dfrac{\pi d_1^{\,2}}{4} + \pi S \dfrac{d_1 + d_2}{2} + \pi d_2 h$<br><br>$D = \sqrt{d_1^{\,2} + 2\{S(d_1 + d_2) + 2d_2 h\}}$ | | $A = \dfrac{\pi}{4} d_2^{\,2} + \pi d_1 \{h - 0.43(r_1 + r_2)\}$<br>$\qquad + 0.44(r_2^{\,2} - r_1^{\,2})$<br><br>$D = \sqrt{d_2^{\,2} + 4d_1\{h - 0.43(r_1 + r_2)\}}$<br>$\qquad \overline{+\, 0.57(r_2^{\,2} - r_1^{\,2})}$ |

## ❋ 1.3 곡률 반경과 클리어런스

### 1) 펀치의 곡률 반경(punch-radius ; $r_p$ )

$r_p$ 가 작으면 극단적인 굽힘이 되어 용기 모서리 부분의 인장변율이 커지고, 또 블랭크 두께가 감소되어 파단하기 쉽다.

$r_p$ 가 크면 주름이 발생하며 변형중 블랭크의 원주 직경이 펀치 직경보다 작아지므로, 최대 드로잉력은 적어도 단위 면적당 작용하는 힘이 커지므로 블랭크가 파단되기 쉽다.

드로잉 한계를 좋게 하는 펀치의 곡률 반경 $r_p$ 는 다음 식에 따른다.(t는 소재 두께)

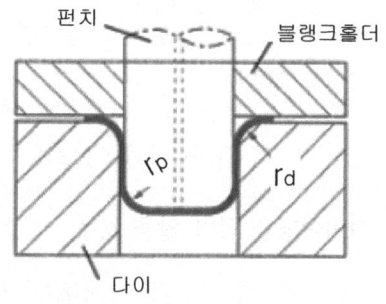

그림 4.4  펀치와 다이의 곡률 반경

$$(4\text{\textasciitilde}6)t \leqq r_p \leqq (10\text{\textasciitilde}20)t$$

최소 곡률 반경은 $(2\text{\textasciitilde}3)t$가 필요하고 펀치의 직경보다 1/3 정도 작게 한다. 위의 식에서 재료가 경질일수록 큰 값을, 연질일수록 작은 값을 택한다.

2회 이상의 공정으로 가공할 때의 $r_p$는 제 1공정의 중심이 제 2공정의 측벽보다 약간 안쪽에 있도록 하여야 한다.

### 2) 다이의 곡률 반경 (die-radius ; $r_d$ )

$r_d$가 클수록 드로잉 한계는 좋아지지만 복동식에서는 블랭크 홀더의 압력이 작용하지 못하므로 주름이 발생할 위험이 있다. 반대로 $r_d$ 가 너무 작으면 블랭크는 급격한 굽힘과 수축을 동시에 받게 되어 드로잉력이 상당히 커진다.

드로잉 한계를 좋게 하는 다이의 곡률 반경은, 블랭크의 두께를 t라 하면 다음과 같다.

$$(4\text{\textasciitilde}6)t \leqq r_d \leqq (10\text{\textasciitilde}20)t$$

블랭크 홀더가 없는 금형에서는 다이에 $r_d$를 만드는 대신 다이의 선단에 30°의 테이퍼를 주어 같은 효과를 얻는다.

### 3) 클리어런스

클리어런스가 크면 제품에 생기는 주름과 귀의 원인이 되고, 작으면 드로잉력이 증가하며 파단된다. 클리어런스의 값은 다음과 같다.

① 용기의 형상이 원통이고 일정한 두께로 아이어닝할 경우

$$C_P = (1.1 \sim 1.2)t$$

② 아이어닝을 하지 않을 경우

$$C_P = (1.4 \sim 2.0)t$$

③ 용기의 측벽이 비교적 균일할 경우

$$C_P = (0.9 \sim 1.0)t$$

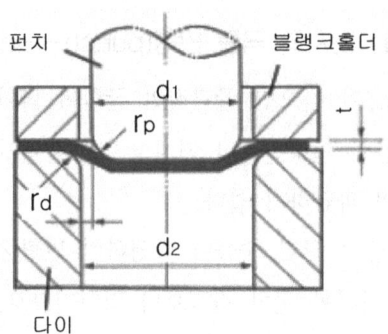

그림 4.5 클리어런스

## ※ 1.4 드로잉력과 일량

### 1) 드로잉력

블랭크를 드로잉 가공하기 위한 드로잉력

$$P = \pi \cdot d \cdot t \cdot \sigma_b (kg)$$

P : 드로잉력(kgf)
d : 제품의 중립면 지름(mm)
t : 소재의 두께(mm)
$\sigma_b$ : 소재의 최대 인장강도(kgf/mm$^2$)

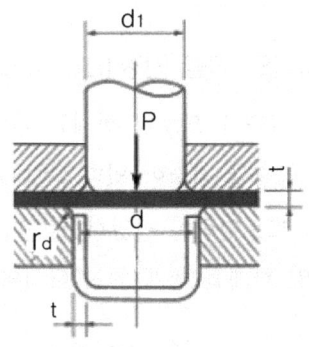

그림 4.6 드로잉력

**예제** 제품의 외경이 40(mm)이고 높이가 30(mm)인 제품을 두께 2(mm)의 강판으로 드로잉
한다면 드로잉력은 얼마인가?(단, 소재의 최대 인장강도는 38(kgf/mm²)로 계산한다.)

**풀이** $d = 40 - 2 = 38(mm)$

$p = \pi \cdot d \cdot t \cdot \sigma_b$

$= \pi \times 38 \times 2 \times 38 = 9,073(kgf)$

용기가 파단되지 않고 성형되었다면 최대 인장강도에 도달하지 않으므로 다음의 식을 이용한다.

$$P = \pi \cdot d \cdot t \times \sigma_s + \sigma_b / 2$$

$$P = \pi \cdot d \cdot t \cdot K \cdot \sigma_b$$

$\quad K \quad$ : 드로잉력의 보정계수

〈플랜지가 없는 원통 용기일 경우〉

• 제1공정의 드로잉일 때

$$P = \pi \cdot d_1 \cdot t \cdot \sigma_b \cdot K_1$$

• 재 드로잉일 때

$$P = \pi \cdot d_2 \cdot t \cdot \sigma_b \cdot K_2$$

$\quad d_1, d_2$ : 제1공정 및 드로잉 펀치 지름

**예제** 제품의 두께가 1(mm), 내경이 85(mm)이고 드로잉률이 65(%)이며 $t/D_0$가 1.2일 때
드로잉력은 얼마인가?(단, $\sigma_b$는 40(kgf/mm²)으로 계산하라.)

**풀이** $P = \pi \cdot d_1 \cdot t \cdot \sigma_b \cdot K_1 \, (kgf)$

$= \pi \times 85 \times 1 \times 40 \times 0.56 ≒ 5,982(kgf)$

표 4.2  강판의 계수 $K_1$의 값

| t/D % | 초드로잉의 드로잉률 $d_1 / D$ | | | | | | | | | |
|---|---|---|---|---|---|---|---|---|---|---|
| | 0.45 | 0.85 | 0.50 | 0.52 | 0.55 | 0.60 | 0.65 | 0.70 | 0.75 | 0.80 |
| 5.0 | 0.95 | 0.85 | 0.75 | 0.65 | 0.60 | 0.50 | 0.42 | 0.35 | 0.28 | 0.20 |
| 2.0 | 1.10 | 1.00 | 0.90 | 0.80 | 0.75 | 0.60 | 0.50 | 0.42 | 0.35 | 0.25 |

| t/D | 초드로잉의 드로잉률 $d_1/D$ | | | | | | | | | |
| % | 0.45 | 0.85 | 0.50 | 0.52 | 0.55 | 0.60 | 0.65 | 0.70 | 0.75 | 0.80 |
|---|---|---|---|---|---|---|---|---|---|---|
| 1.2 | | 1.10 | 1.00 | 0.90 | 0.80 | 0.68 | 0.56 | 0.47 | 0.37 | 0.30 |
| 0.8 | | | 1.10 | 1.00 | 0.90 | 0.75 | 0.60 | 0.50 | 0.40 | 0.33 |
| 0.5 | | | | 1.10 | 1.00 | 0.82 | 0.67 | 0.55 | 0.45 | 0.36 |
| 0.2 | | | | | 1.10 | 0.90 | 0.75 | 0.60 | 0.50 | 0.40 |
| 0.1 | | | | | | 1.10 | 0.90 | 0.75 | 0.60 | 0.50 |

표 4.3 강판의 계수 $K_2$의 값

| t/D | 재드로잉의 드로잉률 $d_2/d_1$ | | | | | | | | | |
| % | 0.7 | 0.72 | 0.75 | 0.78 | 0.80 | 0.82 | 0.85 | 0.88 | 0.90 | 0.92 |
|---|---|---|---|---|---|---|---|---|---|---|
| 5.0 | 0.85 | 0.70 | 0.60 | 0.50 | 0.42 | 0.32 | 0.28 | 0.20 | 0.15 | 0.12 |
| 2.0 | 1.10 | 0.90 | 0.75 | 0.60 | 0.52 | 0.42 | 0.32 | 0.25 | 0.20 | 0.14 |
| 1.2 | | 1.10 | 0.90 | 0.75 | 0.62 | 0.52 | 0.42 | 0.30 | 0.25 | 0.16 |
| 0.8 | | | 1.00 | 0.82 | 0.70 | 0.57 | 0.46 | 0.35 | 0.27 | 0.18 |
| 0.5 | | | 1.10 | 0.90 | 0.76 | 0.63 | 0.50 | 0.40 | 0.30 | 0.20 |
| 0.2 | | | | 1.00 | 0.85 | 0.70 | 0.56 | 0.44 | 0.33 | 0.23 |
| 0.1 | | | | 1.10 | 1.00 | 0.82 | 0.68 | 0.55 | 0.40 | 0.30 |

## ※ 1.5  드로잉률과 드로잉비

### 1) 드로잉률

가능하면 한 공정에 완성하는 것이 좋으나, 드로잉할 제품의 깊이가 너무 깊거나, 블랭크의 지름에 비하여 제품의 지름이 너무 작으면 드로잉 가공 도중에 블랭크가 파단되어 한 공정에 완성가공을 할 수 없게 된다.

그러므로 여러 공정으로 나누어 드로잉 가공을 해야 한다. 이러한 경우에 각 공정마다 지름을 정하는 기준이 되는 값을 드로잉률이라고 한다.

$$m = \frac{d}{D} \times (\%)$$

m  : 드로잉률(%)

D  : 블랭크의 지름(mm)

d  : 드로잉 가공된 제품의 지름(mm)

한 공정으로 드로잉 가공하여 제품을 성형할 수 없어 여러 공정으로 드로잉 가공을 할 때 드로잉률을 $m_1$, $m_2$, $m_3$ … $m_n$ 이라고 하면, 각 공정에서 가공된 제품의 직경은

$$d_1 = m_1 \cdot D_0 \qquad m_1 : \text{제1공정 드로잉}$$

$$d_2 = m_2 \cdot D_1 \qquad m_2 : \text{제2공정 드로잉}$$

$$d_3 = m_3 \cdot D_2 \qquad m_3 : \text{제3공정 드로잉}$$

$$d_n = m_n \cdot D_{n-1} \qquad m_n : \text{제n공정 드로잉}$$

**예제** 그림과 같은 원통용기를 드로잉 가공하는데 필요한 블랭크 직경과 공정수를 계산하고 드로잉률과 드로잉비을 구하라.(단, d=40mm, h=60mm, 제 1드로잉률은 60%, 재드로잉률은 80%로 계산하라.)

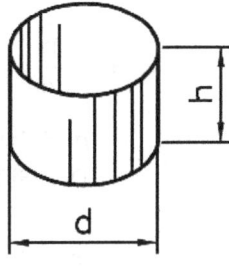

그림 4.7  원통용기

**풀이** 블랭크의 직경 $D_0 = \sqrt{d^2 + 4dh}$

$$= \sqrt{40^2 + 4 \times 40 \times 60} = 106 (\text{mm})$$

$d_1 = m_1 \cdot D_0 = 0.6 \times 106 = 64 (\text{mm})$

$d_2 = m_2 \cdot d_1 = 0.8 \times 64 = 52 (\text{mm})$

$d_3 = m_3 \cdot d_2 = 0.8 \times 52 = 42 (\text{mm})$

$d_4 = m_4 \cdot d_3 = 0.8 \times 42 = 34 (\text{mm})$

∴ 공정수 : 4공정

∴ 드로잉률 $m = \dfrac{d}{D} \times 100 = \dfrac{40}{106} \times 100 = 38(\%)$

드로잉비 $\beta = \dfrac{D}{d} = \dfrac{1}{m} = \dfrac{106}{40} = 2.65$

드로잉률은 공정수 계산뿐만 아니라 드로잉에 필요한 힘과 일의 양을 계산하는데도 필요하며, 각 재료의 드로잉률은 다음과 같다.

표 4.4 각종 재질의 평균 드로잉률

| 재질 | 드로잉률 $m_1$ | 재드로잉률 $m_2$ | 재 질 | 드로잉률 $m_1$ | 재드로잉률 $m_2$ |
|---|---|---|---|---|---|
| 드로잉 강판 | 0.55~0.60 | 0.75~0.80 | 아 연 판 | 0.65~ | 0.85~ |
| 딥드로잉용강판 | 0.48~0.55 | 0.75~0.80 | 코 발 트 | 0.52~0.62 | 0.70~ |
| 스테인리스강판 | 0.50~0.55 | 0.80~0.85 | 함 석 판 | 0.58~0.60 | 0.88~0.92 |
| 동 | 0.53~0.60 | 0.70~ | 순 철 | 0.55~0.60 | 0.75~ |
| 황동(63%) | 0.50~0.55 | 0.75~0.80 | 니 켈 판 | 0.50~ | 0.75~ |
| 알 루 미 늄 | 0.53~0.60 | 0.75~0.85 | 몰 리 브 덴 | 0.70~ | 0.82~ |
| 두 랄 루 민 | 0.55~0.60 | 0.85~0.90 | | | |

## 2) 드로잉비

드로잉비(比)는 드로잉률과는 반대의 값으로 드로잉 변형의 크기에 비례한다. 즉, 드로잉 변형의 드로잉비가 크다는 것은 변형이 크다는 것을 의미한다.

$$\beta = \frac{D}{d} = \frac{1}{m}$$

$\beta$ : 드로잉비
D : 블랭크의 지름(mm)
d : 드로잉 가공된 제품의 지름(mm)
m : 드로잉률(%)

# ② 드로잉 금형의 종류

## ※ 2.1 드로잉 금형 (Drawing die)

드로잉 금형에서는 가장 간단한 형식으로, 블랭크는 펀치 및 다이 모서리 반지름에 따라 성형 가공된 다음 다이 구멍을 통하여 금형 밖으로 빠져나온다. 이 형식의 특징은 블랭크 홀더가 없으므로 깊은 드로잉에서는 부적합하다.(그림 4.8)

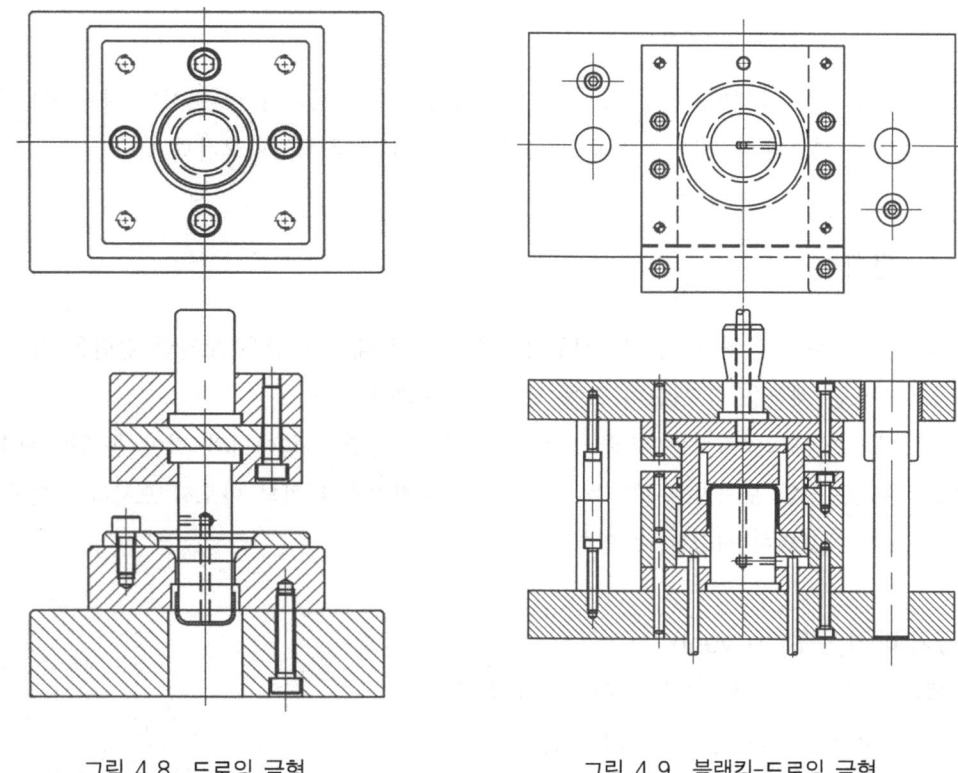

그림 4.8  드로잉 금형

그림 4.9  블랭킹-드로잉 금형

## ▓ 2.2  블랭킹-드로잉 금형(Blanking-Drawing die)

이 금형은 드로잉 금형과 블랭킹 금형을 조합한 것으로, 소재에서 필요한 치수로 블랭킹 가공하여 얻은 블랭크를 드로잉 가공하는 것을 말하며 일종의 복합금형이다. 이 금형은 비교적 높이가 낮은 용기를 대량 생산할 경우에 주로 사용한다.

블랭킹펀치에 의하여 블랭크를 가공한 다음 드로잉 다이 위에서 이 펀치가 블랭크 홀더 작용을 하여 블랭크를 누르고 드로잉 펀치가 드로잉 가공하여 용기를 성형한다. 성형 후 녹아웃판에 의하여 아래로 밀어 내린다.(그림 4.9)

# 3 드로잉 금형의 요소 및 설계

드로잉 금형을 설계할 때는 블랭크를 제품으로 완성시키기 위하여 몇 공정이 필요하고, 또한 드로잉률은 얼마로 하여야 하는지 등 드로잉 금형의 특성에 대해서 알아보기로 한다.

## ※ 3.1 펀치

드로잉 가공을 위한 금형의 펀치는 성형가공된 제품의 내면과 같은 모양의 단면을 가지고 있으며, 펀치의 강도는 계산을 할 필요가 없을 정도로 충분하다.

대형 제품을 가공하는 펀치는 일체로 제작하지 않고 굽힘 금형에서와 같이 몸체는 탄소강으로 제작하고, 마모가 심한 모서리 부분만을 공구강으로 제작하면 펀치의 마모시 모서리 부분만을 교체할 수 있으므로 재료비를 절감할 수 있다.

### 1) 공기 빼기 구멍(air vent)

펀치에는 제품을 성형 후 펀치와 분리될 때 용기의 바닥과 펀치끝 사이는 진공으로 되어 분리가 어렵게 되고, 심할 경우는 용기가 변형되는 경우가 있다. 이를 방지하기 위하여 그림 4.10과 같이 펀치 중심에 구멍을 만들어 드로잉 가공시 공기를 배출시킨다.

공기 구멍의 크기는 평면부에서 관계없지만 구면부에서는 너무 크지 않도록 하며, 보통 5~8(mm) 정도로 한다.

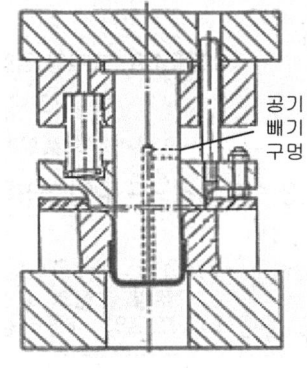

그림 4.10 공기 빼기 구멍

### 2) 펀치의 녹 아웃 핀

블랭크 홀더가 없는 금형에 제품을 펀치에서 분리시킬 때 스트리퍼를 이용하는 법과 녹 아웃 핀에 의한 방법이 있다. 이 녹 아웃 핀은 프레스의 녹 아웃 봉에 의하여 작동시키는 법과 압축 스프링의 힘에 의하여 작동시킨다. 핀의 길이가 균일하지 않으면 힘의 균형으로 주름 발생과 긁힘이 일어난다.

## ▓ 3.2  다이(die)

드로잉 금형의 다이는 용기의 외형과 같은 단면의 형상으로 되어 있으며, 펀치와 다이 사이에는 적당한 클리어런스가 있다. 드로잉 금형의 대부분의 다이는 일체로 제작하며, 특수한 경우는 부시형, 분할형이 사용되고 있다.

다이의 내면은 표면조도가 좋게 가공되지 못하면 제품의 표면에 상처를 줄 염려가 있으므로 가공시 특히 주의한다. 다이도 펀치와 같이 블랭크와의 마찰에 의한 마모가 적도록 하여야 한다.

## ▓ 3.3  블랭크 홀더

블랭크 홀더의 사용 목적은 드로잉하는 동안 용기 측벽에 발생하는 주름을 억제하는 것이 주목적이며 단면 감소를 증가시킨다. 일반적으로 블랭크 두께가 두껍거나 직경이 작은 용기를 드로잉 가공할 경우는 간단한 금형에서 성형하여도 주름 발생이 적지만, 얇은 블랭크 또는 직경이 큰 용기를 성형할 때는 많은 주름이 발생하여, 이 주름은 프레스 작동을 방해하고 불량 용기의 원인이 된다.

블랭크 홀더는 여러 가지 형이 있으나 크게 나누면 고정식과 가동식 블랭크 홀더가 있으며, 이것으로 블랭크를 가압하면서 그 힘에 비례하여 펀치를 하강시키면 주름 발생을 완전히 억제할 수 있다. 이 표면과 블랭크 홀더 사이의 적정 클리어런스를 유지하는 것이며, 이 클리어런스가 너무 작거나 크면 드로잉력은 증가되고 반면에 가공성은 감소한다. 적정 클리어런스는 보통 최종 가공 용기 두께의 50~70(%) 정도로 한다.

## ▓ 3.4  비드(돌기, bead)

비드의 사용 목적은 드로잉 가공시 마찰저항을 부분적으로 증가시켜 미끄럼저항의 균형을 이루게 하여 주름 발생 등 불량요인을 없애고, 작게 하고 드로잉률을 향상시키는 데에 있다.

그림 4.11은 직사각형 용기를 드로잉 가공할 때의 비드를 나타낸 것이다. 사각형 용기를 드로잉할 때 독선 부분과 직선부분의 재료유입 및 변형정도가 다르기 때문에 제품에 주름이 발생할 경우가 많다. 직사각형 용기에 모서리 부분(곡선)과 직선부분의 성형저항을 같게 하기 위하여 4곳에 비드를 설치한다.

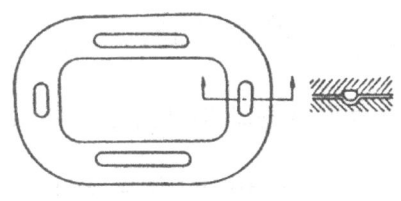

그림 4.11  드로잉 비드

## ※ 3.5   드로잉 금형의 공정 설계

드로잉 금형의 공정 설계는 제품의 형상과 가공할 소재의 재질에 따라서 각각 다르게 설계하며, 특히 제품의 직경에 비하여 깊이가 깊을 때는 소재의 드로잉률을 계산하여 공정수를 결정해야 한다.

공정 설계 전에 드로잉 금형에서 설계시 필요사항을 보면 다음과 같다.

① 블랭크 치수의 결정
② 드로잉률의 결정
③ 펀치 어깨의 반지름 결정
④ 다이 어깨의 반지름 결정
⑤ 펀치, 다이의 클리어런스 결정
⑥ 각 공정의 높이의 계산
⑦ 드로잉력의 계산
⑧ 블랭크 홀더력의 계산
⑨ 프레스의 결정 등

이상의 것은 형설계상 반드시 하지 않으면 안 될 사항인데, 그밖에 자동차 부품처럼 이형(異形) 드로잉에서는 프로파일(profile : 드로잉이 되는 윤곽선) 설정이 가장 선행되어야 할 중요한 요소이며, 드로잉면이 평면이 아닌 3차원 형상일 때는 파팅(parting) 라인 설정, 비드 설치여부 등이 중요하다.

그밖에 제품원가를 검토할 필요가 있다. 형구조와 형식에 따라 금형 제작의 공수가 큰 영향을 받기 때문이다. 물론 제품정밀도나 재료 등에 따라서는 설사 생산수량이 적어도 고급의 형을 필요로 하는 것도 있을 수 있으나, 이것도 사전에 검토해 두어야 할 사항이다.

 **4   드로잉 가공 제품의 불량원인과 대책**

## ※ 4.1   용기의 파단

### 1) 바닥 부분의 파단(그림 4.12의 (a))

(1) 바닥 부분이 파단되는 원인
① 펀치 또는 다이의 모서리 반지름이 너무 작다.

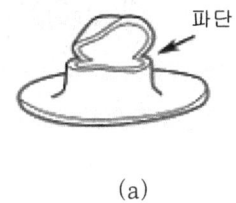
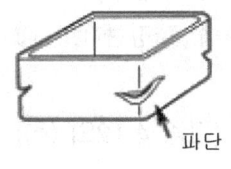

(a)　　　　　　　　　(b)　　　　　　　　　(c)

그림 4.12  용기의 파단

② 블랭크 홀더의 압력이 너무 크다.

③ 블랭크의 치수가 너무 크다.

④ 드로잉 및 재드로잉비가 너무 크다.

⑤ 클리어런스가 너무 작다.

⑥ 윤활유가 부적당하다.

⑦ 드로잉 가공 속도가 너무 빠르다.

⑧ 블랭크 홀더의 표면 가공 상태가 불량하다.

(2) 불량을 방지하는 대책

① 펀치 및 다이의 모서리 반지름을 크게 한다.

② 블랭크 홀더의 압력을 조정하여 적당히 한다.

③ 블랭크 치수를 적당하게 하고 클리어런스를 크게 한다.

④ 드로잉비를 적당히 하고, 가공 속도를 늦추며 적당한 윤활유를 선택한다.

## 2) 각통 용기의 모서리 부분 파단(그림 4.12의 (b))

(1) 각통 용기의 모서리 부분이 파단되는 원인

① 펀치 및 다이의 각 모서리 부분의 반지름이 너무 작다.

② 블랭크 형상의 부적당과 블랭크 홀더의 압력이 너무 크다.

③ 밑 바닥에 요곡이 있든가 또 펀치 반경이 너무 작은 것에 의하여 펀치 반경의 가까운 곳에 균열이 발생하여 드로잉되면서 생긴다.

(2) 불량을 방지하는 대책

① 각 모서리 반경을 크게 하거나 공정을 늘린다.

② 블랭크 홀더의 압력을 적당히 조정하고, 돌기의 높이 및 형상을 조정한다.

③ 블랭크의 형상을 적당히 판뜨기하고, 클리어런스를 적당히 한다. 즉, 용기의 모서리 부분의 클리어런스와 다이의 모서리 반지름을 조정한다.

### 3) 용기의 끝에 가까운 부분의 균열 (그림 4.12의 (c))

(1) 용기의 톱(top) 부분에 가까운 곳에서 발생하는 균열의 원인
① 다이의 모서리 반경이 적고, 펀치와 다이 사이의 클리어런스가 충분하지 못하다.
② 다이의 모서리 반경의 형상이 나쁠 때(가공 상태)
③ 블랭크의 크기가 적다.

(2) 불량을 방지하는 대책
① 다이의 모서리 반경을 적당히 크게 한다.(시험작업에 의하여 크기 결정)
② 펀치와 다이의 클리어런스를 적당히 크게 한다.(허용하는 범위에서 최대)
③ 블랭크의 크기를 크게 한다.

이 외의 원인에 의하여 드로잉 성형한 제품이 파단되는 수가 많으나 이의 대책은 일반적으로 모서리 반지름을 허용하는 한계 내에서 최대로 하고, 가공 속도를 낮추며 블랭크 홀더의 압력을 적절히 조절하면 용기의 파단을 막을 수 있다.

## ▓ 4.2 용기의 주름

### 1) 용기의 측벽에 수직으로 생기는 주름 (그림 4.13의 (a))
드로잉 가공한 용기의 측벽에 수직으로 발생되는 주름이다. 용기의 측벽에 수직으로 주름이 생기는 원인은 다음과 같다.

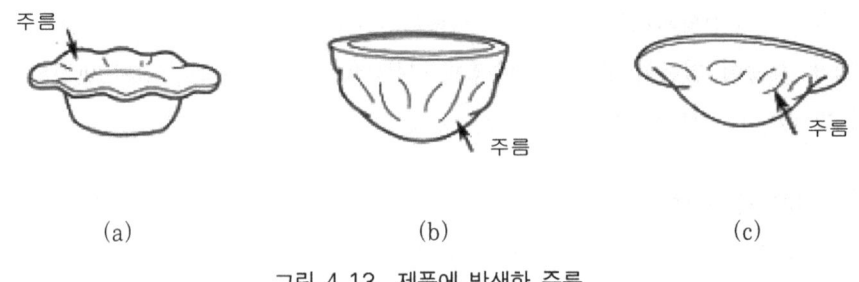

(a)          (b)          (c)

그림 4.13  제품에 발생한 주름

① 펀치와 다이의 모서리 반지름이 너무 크다.

② 펀치와 다이 사이의 클리어런스가 너무 크다.

③ 펀치와 다이의 맞물림 상태가 불완전하여 한쪽으로 쏠려 있을 때

④ 플랜지 부분에 발생한 주름이 다이의 모서리 반경을 넘어 발생할 때

### 2) 용기의 측벽에 생기는 불균일한 주름 (그림 4.13의 (b))

드로잉 가공시 블랭크가 드로잉될 때 국부적으로 여분의 재료가 드로잉 진행에 있어서 엇갈려 다이 속으로 들어가서 균형이 잡히지 않기 때문에 발생한다.

① 펀치와 다이의 모서리 반지름이 너무 크다.

② 펀치와 다이의 클리어런스가 너무 크다.

### 3) 몸체의 주름 (그림 4.13의 (c))

돔(반구)형 또는 테이퍼형을 한 제품의 측벽에 발생하는 주름으로 몸체(body) 주름 또는 피크 (peak)라 부르며, 그 원인은 다음과 같다.

① 블랭크 홀더의 압력이 부족하고 돌기의 형상, 위치 등이 부적합하다.

② 드로잉 공정 수를 절약하였을 때 발생한다.

### 4) 제품의 끝부분에 발생하는 주름

제품의 용기 끝부분에 발생한 미세한 주름을 말하며, 그 원인은 용기에 수직으로 생기는 주름원인과 같다. 드로잉 가공 제품의 주름은 위에서 설명한 원인이 복합적으로 발생하며, 이를 최소로 하기 위하여서는 펀치 및 다이의 모서리 반지름을 작게 하고 클리어런스를 허용범위 안에서 최소로 하며 블랭크 홀더의 압력을 적절히 조절하여야 한다.

## ※ 4.3  용기의 선단에 생기는 귀

용기의 선단에 생기는 귀는 재료의 방향성과 블랭크 홀더의 압력의 불균일 및 펀치와 다이의 편심 등에 의하여 발생한다.

### 1) 재료의 방향성에 의한 귀 (그림 4.14의 (a))

재료의 방향성에 의하여 용기의 선단에 생기는 귀는 용기의 선단 원주에 일정한 높이 부분과 낮은 부분이 규칙적으로 생기는 현상을 말하고, 원인은 재료의 재질에 따라서 차이는 있으나 소재의

앞면 방향에 따라서 재료의 변형량이 다르기 때문에 발생한다. 이 귀를 완전히 없애기는 어려우며, 재료의 방향성을 없게 하면(풀림처리) 최소로 할 수 있으나 완전히 없는 제품을 가공하지는 못한다.

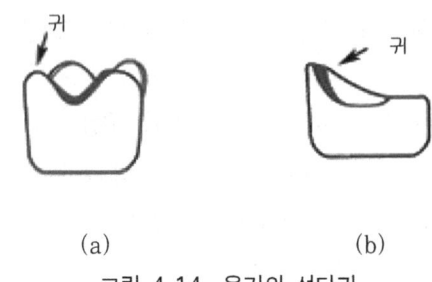

(a)                              (b)

그림 4.14  용기의 선단귀

### 2) 금형에 의한 귀 (그림 4.14의 (b))

이 귀는 재료의 방향성에 의하여 발생한 귀와는 다르다. 즉, 귀의 높이가 불규칙하고 그 부분이 광택이 나는 점이 다르다. 이 귀는 펀치와 다이의 편심과 블랭크 홀더의 압력이 서로 다르기 때문에 발생하며, 이를 수정하면 최소로 할 수 있다.

## ※ 4.4  용기 벽의 흠

용기에 생기는 측벽의 흠은 여러 가지 원인에 의하여 생기며 전혀 없게 하기는 어렵고, 최소로 하는 방법은 아이어닝에 의한 방법과 금형을 정밀하게 제작하면 방지된다.

### 1) 형이 닿아서 생기는 흠 (그림 4.15의 (a))

드로잉 가공 제품의 측벽 중간 부분에 1개소 또는 수개소에 광택이 있는 부분이 발생하는 것을 말하며, 용기의 윗부분은 단계적으로 두께가 두껍게 되어 전둘레에 걸쳐 광택이 있다. 흠이 생기는 원인은 다음과 같다.
 ① 펀치와 다이 사이의 클리어런스가 불충분한 경우에 편심이 져 있다.
 ② 국부적으로 클리어런스가 좁은 곳이 있을 경우에 발생한다. 흠의 원인을 제거하면 이를 해결할 수 있다.

### 2) 드로잉 가공 흠

드로잉 가공 제품의 외측 또는 내측에 생기는 가공 흠을 말하며, 원인은 다음과 같다.

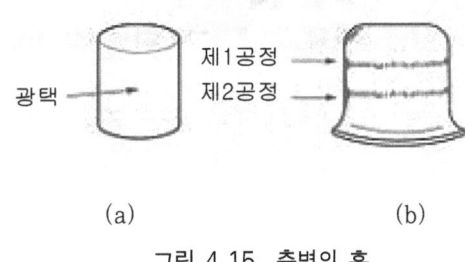

그림 4.15  측벽의 홈

(1) 제품의 외측에 드로잉 가공 홈이 생기는 원인

① 가공할 블랭크의 표면에 분진이나 이물질 등이 붙어 있을 때 생긴다.

② 다이의 모서리 반경 부분의 표면 가공이 나쁠 때 생긴다.

③ 금형의 표면에 홈이 있을 때 생긴다.

④ 드로잉 가공 속도가 빠를 때 생긴다.

⑤ 부적당한 윤활유 또는 윤활유에 불순물을 함유하고 있을 때 생긴다.

⑥ 금형의 재료와 가공 소재의 재질이 동일계로서 경도가 작을 때 생긴다.

(2) 제품의 내측에 드로잉 가공 홈이 생기는 원인

① 펀치 표면의 평행도가 나쁠 때 생긴다.

② 펀치의 표면 가공 정도가 나쁠 때 생긴다.

드로잉 가공 홈은 위의 원인을 제거하면 최소로 된다.

## 3) 쇼크 마크 (그림 4.15의 (b))

드로잉 가공된 제품을 재드로잉가공 하였을 때 용기의 측벽에 생기는 작은 홈모양의 고리가 생기는 것을 말하며, 이것을 쇼크 마크(Shock Mark) 또는 스텝링(Step-Ring)이라고 한다.

쇼크 마크가 생기는 원인은 다음과 같다.

① 펀치 또는 다이의 모서리 반경이 작을 때 생긴다.

② 재 드로잉용 펀치의 모서리 반경이 작을 때 생긴다.

용기 벽의 홈을 방지하기 위하여서는 다이의 모서리 원호 부분을 매끄럽게 가공하고, 블랭크 홀더의 압력을 적절히 조정하며 비드의 높이를 조정하여 준다.

# 제 5 장
• • • • • • •
# 순차 이송 금형

## ① 프로그레시브 금형

### ※ 1.1 개요

순차 이송 금형이라 함은 프레스 기계에서 가공할 소재를 연속적으로 이송시키면서 여러 공정을 거쳐 하나의 제품으로 가공하는 금형을 말한다. 이것은 일반적으로 프로그레시브 금형(progressive die)을 말하나, 넓은 의미로는 트랜스퍼 금형(transfer die)을 포함하여 순차 이송 금형이라 한다.

지금까지 고도의 금형가공기술을 필요로 하고 금형 가격이 비싼 이유 때문에 대량생산용 금형으로 강하게 인식되었지만, 최근에는 종래 단발가공에서 생산되었던 소량생산에 대해서도 순차 이송 금형을 활용하고자 하는 연구가 강하게 나타나고 있다.

그 이유로는 ① 부품 코스트 절감 요구의 증대, ② 부품 가공의 단납기화, ③ 일손 부족, ④ 프레스 가공의 중간제작품의 절감 등이 주된 원인이라고 할 수 있다.

소량생산부품에 대한 순차 이송 금형의 활용이 가능하게 된 요인으로는 ① 와이어 방전가공기, 머시닝센터(MC) 등이 보급되어 가공이 편리하고 쉬워졌으며, ② 표준부품이 다양해지고 입수도 용이하게 된 점 등이다. 이것은 비교적 부품 점수가 많은 순차 이송 금형의 부품가공 경감에 도움이 되며 금형제작이 용이하게 되었다.

순차 이송 금형 중에서 프로그레시브 금형은 스트립(strip)이 최종공정에서만 절단되어지지만, 트랜스퍼 금형에서는 보통 처음부터 이송장치에 의해 다음 스테이지로 이동되어져 가공되는 점 등, 두 가지의 금형의 차이점이 많다.

## ※ 1.2  프로그레시브 금형의 장·단점

**(1) 프로그레시브 금형의 장점**

① 복잡한 형상의 제품도 몇 개의 스테이지(stage)로 나누어서 간단하고 견고한 금형구조로 가공할 수 있다.

② 드로잉 또는 굽힘, 성형 가공을 포함하는 가공에도 무리없는 형상으로 할 수 있다.

③ 가공속도가 우수하다.

④ 대량생산에 적합하고 작업능률이 좋다.

**(2) 프로그레시브 금형의 단점**

① 제품의 정밀도가 높은 것에 제작에 어려움이 있다.

② 제품의 형상에 따라서는 변형이 남는 것도 있다.

③ 제품의 형상에 따라서는 금형 구조상 제작이 불가능한 경우도 있다.

④ 버(burr) 방향이 지정된 제품은 구조가 복잡해진다.

⑤ 사용 재료 및 프레스 기계의 제약이 있다.

## ※ 1.3  프로그레시브 금형의 종류

**(1) 프로그레시브 블랭킹·피어싱 금형 (progressive blanking and piercing die)**

이 작업은 피어싱과 블랭킹에 의해 구성되는 것으로 와셔, 모터 코어, 리드 프레임 등의 제품이 가공된다. 그림 5.1은 단순 형태의 2공정 제품의 스트립 레이아웃을 나타내고 그림의 해칭 부분은 해당 공정에서 가공되고 있는 부분을 표시한다.

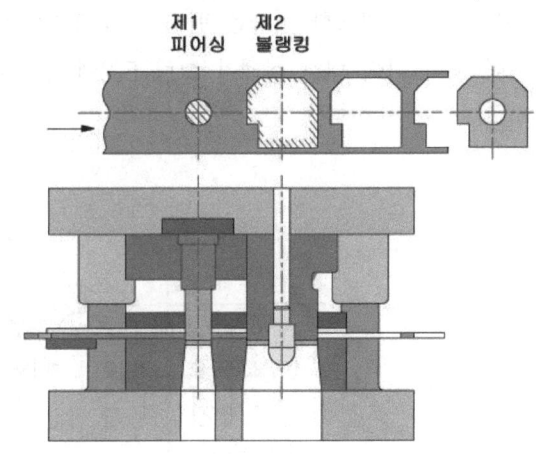

그림 5.1  프로그레시브 블랭킹·피어싱 금형

## (2) 프로그레시브 노칭·분단 금형

제품은 프로그레시브 금형의 노칭, 분단에 의한 연속 작업으로도 똑같이 가공이 가능하나 치수 정밀도, 동심도 등에서 떨어질 우려가 있다. 제품의 외곽형상이 복잡하여 하나의 펀치를 가공하기 힘든 경우엔 노칭, 피어싱 등의 방법으로 여러 공정으로 분할하여 금형 설계하는 것이 금형 수명과 제품 안정성에 우수하다.

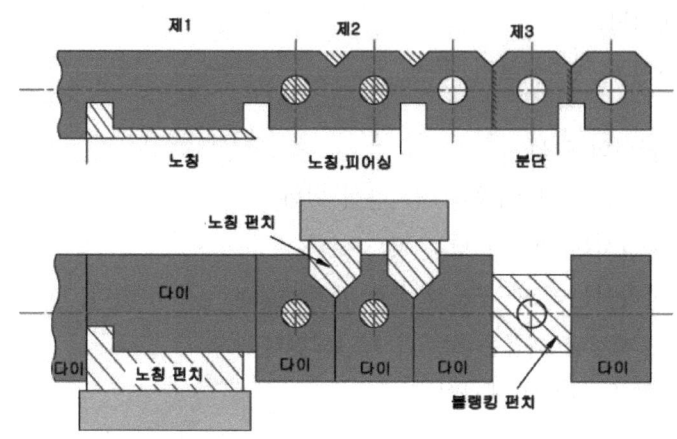

그림 5.2 프로그레시브 노칭·분단 금형

## (3) 프로그레시브 노칭·벤딩 금형(progressive notching and bending die)

벤딩 가공이 필요한 제품은 벤딩 작업 전에 미리 피어싱, 노칭가공이 되어 있어 벤딩시 간섭이 없어야 되며 이에 대한 실례가 그림 5.3에 주어져 있다. 그림은 제품 가공을 위한 스트립 레이아웃이다.

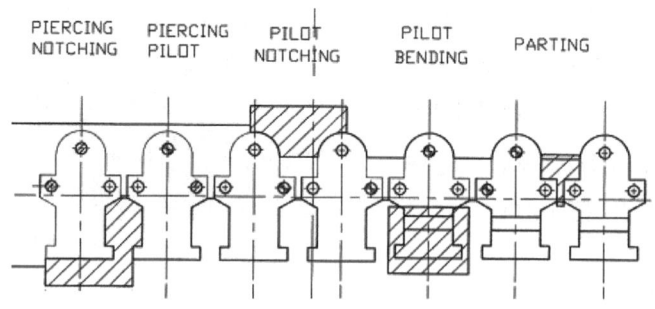

그림 5.3 프로그레시브 노칭·벤딩 금형

### (4) 프로그레시브 드로잉 금형

드로잉 공정은 소재가 다이 속으로 끌려 들어가면서 성형되는 것이기 때문에 연속 작업시에는 소재의 유입이 쉽도록 드로잉 전에 피어싱(Hourglass 형상)할 필요가 있다. 그림 5.4에서 보는 바와 같이 드로잉 후에는 소재폭이 작아지는 것을 알 수 있고, 스트립 레이아웃 상에 표기되어 있는 아이들(idle) 공정은 그 스테이지(stage)에서 가공하지 않고 쉬는 단계로 금형의 강도 보강, 열확산 및 시간 여유, 프레스 하중 중심의 조정 등을 위해 프로그레시브 금형설계시에 필요한 사항이다.

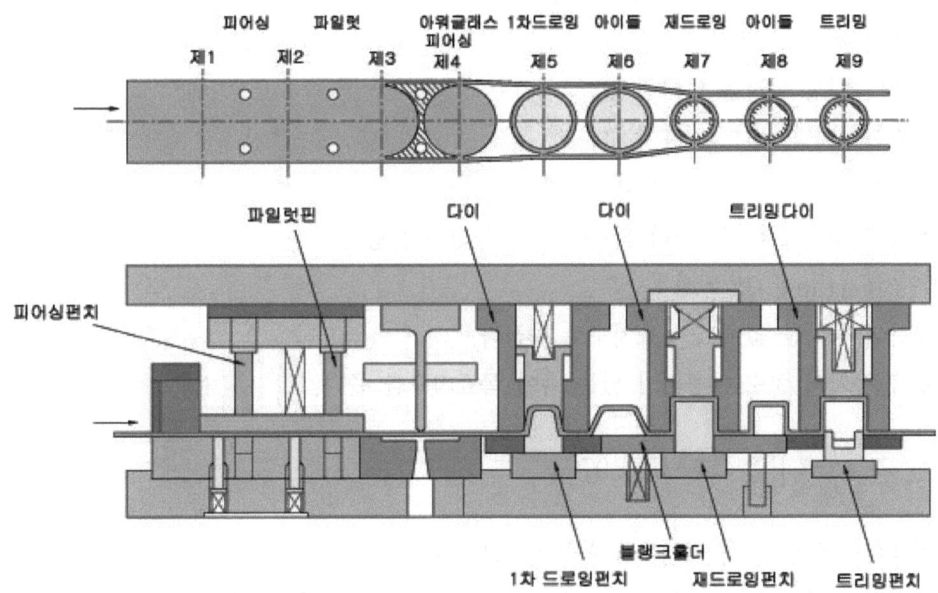

그림 5.4  프로그레시브 드로잉 금형

## ▓ 1.4  프로그레시브 금형설계

### 1) 설계순서 및 스트립 레이아웃 설계

#### (1) 설계순서
#### ① 제품도의 검토
제품도의 검토는 프로그레시브 금형설계의 처음 단계로, 제품도를 잘 검토하여 금형설계상 다음 사항의 요점을 잘 파악하여야 한다.

㉮ 프로그레시브 금형으로 제작 가능 여부

㉯ 버(burr)의 방향 지정 여부

㉰ 형상 정도 및 성형의 유무

㉱ 재질 및 치수 정밀도

㉲ 제품의 용도 등

② 생산조건의 검토

㉮ 생산량에 의한 금형 등급 결정

㉯ 프레스 기계의 규격 등

③ 더미 레이아웃(dummy layout) 작성

㉮ 완성된 제품도 작성

㉯ 제품의 성형 과정을 나타낸다.

㉰ 중요한 부분은 별도로 표기한다.

㉱ 필요시 캐리어(carrier)를 표시한다.

㉲ 설계 보조재료를 이용한다(왁스, 고무, 플라스틱 등).

④ 어레인지(arrange)도 작성

각 부분의 공차를 없애고 목표치수로 바꾼다.

㉮ 편측 공차의 치수는 공차가 있는 측에 목표치수를 준다.

$$22^{+0.1}_{\quad 0} \quad \rightarrow 22.07$$

㉯ 블랭킹 가공인 경우 - 치수를 목표치수로 한다.

㉰ 피어싱 가공인 경우 펀치의 마모를 감안하여 +쪽으로 표시한다.

㉱ 굽힘의 경우는 스프링 백을 고려한 치수로 결정한다.

㉲ 각 부분에는 허용하는 한 라운딩(rounding)을 준다.

㉳ 금형 부품의 강도 및 가공 특성을 고려한다.

⑤ 전개도 작성

㉮ 굽힘이 있는 부품에 대한 전개

㉯ 드로잉 성형을 포함한 부품의 전개

㉰ 정밀도나 형상적으로 보아 컷(cut)하는 것이 좋으며 컷량을 표시한다.

⑥ 블랭크 레이아웃(blank layout) 작성

블랭크를 적당한 피치(pitch)와 각도로 배열하고 재료 이용률을 검토하고 잔폭 및 재료의 폭을 결정한다.

⑦ 도구 분할

㉮ 블랭킹 부분의 외측 형상을 포함한 도구 형상을 공정별로 작성한다.

㉯ 가공법에 따라 공정순서, 공구의 강도 등을 고려한다.

㉰ 가능한 한 단일 형상으로 한다.

㉱ 슬러그(slug)나 스트립의 부상을 방지하도록 한다.

⑧ 스트립 레이아웃(strip layout) 작성

㉮ 제품에 따른 각 스테이지(stage)에 적절한 공정을 결정한다.

㉯ 굽힘변형, 슬러그의 부상 등을 주의하여 배치한다.

㉰ 정밀도상 중요한 부분은 동일 스테이지에서 가공한다.

㉱ 미스 피드(miss feed) 검출장치를 설치할 경우, 변형이 일어나지 않는 곳에 배치한다.

㉲ 제품의 회수방법, 스크랩 처리 등을 고려한다.

㉳ 하중의 밸런스(balance)를 검토한다.

㉴ 펀치와 다이의 고정 및 수명 등을 고려하여 아이들 스테이지(idle stage)를 둔다.

⑨ 다이 레이아웃 작성

스트립 레이아웃을 기초로 하여 각 스테이지에 다이 도구 형상을 표시한다.

㉮ 다이 인서트(die insert)의 인선 형상

㉯ 외곽 형상 및 분할 검토

㉰ 고정 볼트 및 로크 핀(lock pin) 위치 결정

㉱ 펀치 플레이트 및 스트리퍼 플레이트 도면 작성

⑩ 조립도 작성

다이 레이아웃 도면을 기초로 하여 하형 평면도, 상형 평면도 및 조립 단면도를 작성한다.

㉮ 각 부품의 두께, 펀치길이 등 치수를 기입한다.

㉯ 각 부품 번호를 표시한다.

㉰ 하사점에서의 상형, 하형의 관계(펀치와 다이의 물림량, 스트리퍼의 가공량, 피가공재의 리프트량)를 표시한다.

㉱ 각 부품의 고정방법을 표시한다.

⑪ 부품도 작성

금형부품도를 설계한다. 즉, 다이, 펀치, 스트리퍼, 녹아웃 장치, 재료 가이드, 파일럿핀, 스트로크 앤드 블록(stroke and block) 등을 설계한다.

㉮ 가공법 등을 고려한 치수기입을 한다.

㉯ 가능한 한 시판 표준부품 사용.

㉰ 다듬질 정도가 필요한 경우 기계를 지정한다.

⑫ 부품표 작성

제품명, 금형명, 금형부품번호, 부품명, 재질, 수량, 처리내용, 부품치수, 표준부품기호 등을
알기 쉽게 작성하여 기록한다.

(2) 스트립 레이아웃의 설계

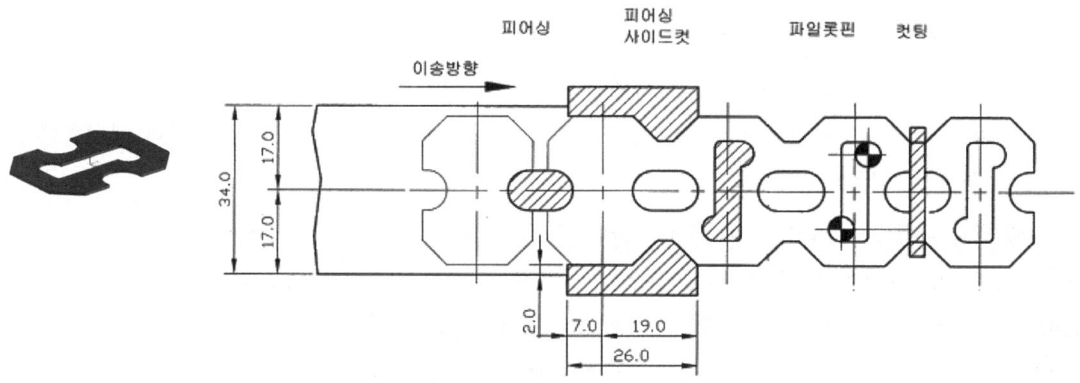

그림 5.5  스트립 레이아웃의 설계 실례 1

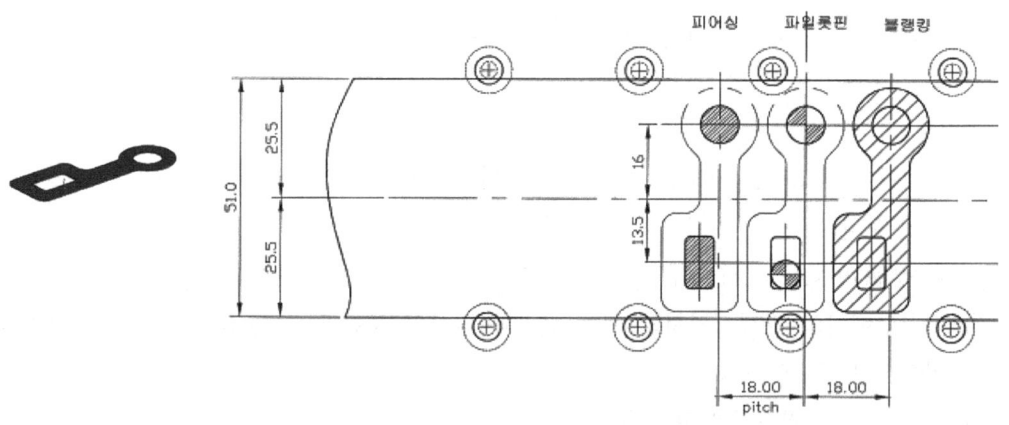

그림 5.6  스트립 레이아웃의 설계 실례 2

## ❈ 1.5 구성 요소 설계

### 1) 파일럿 핀

파일럿 펀치(pilot punch) 및 핀은 프레스 가공에서 위치결정의 중요한 역할을 하며, 특히 순차 이송 금형에서 정확한 가공 소재의 위치를 결정하며 제품의 형상에 따라 트랜스퍼 금형에도 응용된다.

#### (1) 파일럿 핀 설치 시 유의사항
① 가공될 부품의 가장 안전한 위치에 설치할 것
② 프레스 작업 시 인근 펀치의 영향을 받지 않은 위치에서 할 것
③ 파일럿 핀은 순차적으로 작동되므로 충격력이 가해져 파손이나 굽힘이 없도록 충분한 강도가 있을 것
④ 파일럿 핀의 설치 간격은 등간격으로 한다.
⑤ 중요한 가공 공정 부근엔 반드시 파일럿 핀을 설치한다.
⑥ 파일럿 핀용 피어싱 작업을 할 경우엔 반드시 다음 공정에 파일럿 핀을 설치한다.
⑦ 파일럿 핀은 여러 스테이지마다 설치한다.
⑧ 편측 사이드 캐리어 방식에서는 반드시 최종 스테이지에 파일럿 핀을 설치한다.

#### (2) 재질
파일럿 핀은 일반적으로 합금 공구강, 탄소 공구강 등을 담금질한 후 뜨임하여 표면경도는 HRC58 이상으로 하고 내부는 충분한 인성과 강도를 갖도록 한다.

#### (3) 파일럿 핀의 종류
① 직접 파일럿 방식

제품가공 시 타발 펀치에 체결하는 것을 직접 파일럿 방식이라 하며, 다이에는 파일럿 핀 구멍을 가공할 필요가 없다. 파일럿 핀 지름은 피어싱 펀치보다 0.02mm 작게 한다.
② 직접 파일럿 방식의 종류
    ㉮ 리벳형(rivet type) 파일럿 핀
    ㉯ 지름이 작은 파일럿 핀
    ㉰ 지름이 큰 파일럿 핀
    ㉱ 압입식 파일럿 핀
    ㉲ 스프링식 파일럿 핀

③ 간접식 파일럿 방식

일반적으로 간접 파일럿 방식은 가공소재의 스크랩이 되는 부분에서 제1공정에서 독립하여 가공된 구멍을 제2공정 및 그 후의 공정이나 제품이 되는 구멍을 이용하여 위치결정할 경우에도 사용한다. 파일럿 핀은 상형 하강시 펀치보다 먼저 가공 소재의 위치결정이 되어야 하므로 피어싱 펀치와 파일럿 핀의 거리를 정확하게 유지시켜야 한다. 그리고 파일럿 핀의 지름은 직접식 파일럿 방식과 같은 치수로 하며, 다이의 치수는 파일럿 핀의 치수보다 0.005 ~0.013mm 크게 한다.

④ 간접 파일럿 방식 채택 기준

㉮ 제품의 치수공차나 구멍치수가 정밀한 경우

㉯ 구멍의 치수가 지나치게 작은 경우

㉰ 구멍이 제품 가장자리에 접근되어 있을 경우

㉱ 약한 부분에 구멍이 있는 경우

㉲ 구멍 위치와 제품의 윤곽의 관계 위치가 현저하게 한쪽으로 치우친 경우

㉳ 파일럿 하는 구멍 형상이 복잡한 경우

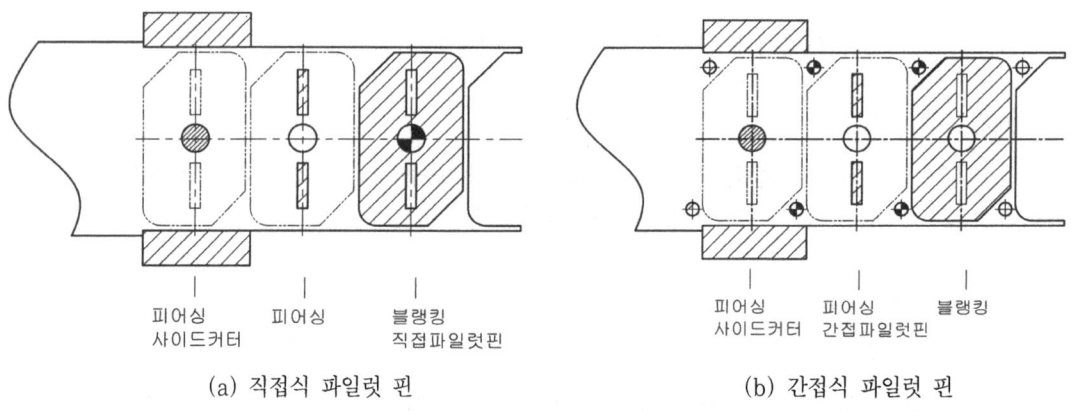

(a) 직접식 파일럿 핀                    (b) 간접식 파일럿 핀

그림 5.7  파일럿 핀의 위치

⑤ 파일럿 핀의 직경 결정

파일럿 핀은 파일럿 구멍의 직경이 3~12mm의 범위에서 주로 사용되며, 정확한 위치를 유지할 수 있는 변위량은 0.1mm 정도이다. 즉, 파일럿 핀에 의하여 가공 소재의 위치 변동을 0.1mm 정도 시킬 수 있다. 파일럿 핀 직경은 피어싱 펀치의 직격보다 3~5% 정도 작은 치수로 설계한다.

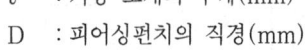

$$d = D - (0.03 \sim 0.05 \times t)$$

　　d 　: 파일럿 핀의 직경(mm)
　　t 　: 가공 소재의 두께(mm)
　　D 　: 피어싱펀치의 직경(mm)

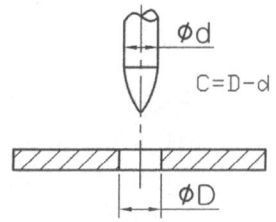

$C = D - d$

| t | | 0.2 | 0.3 | 0.5 | 0.8 | 1.0 | 1.2 | 1.5 | 2.0 | 3.0 |
|---|---|---|---|---|---|---|---|---|---|---|
| C | 정밀급 | 0.01 | | 0.02 | | 0.02 | | 0.03 | 0.04 | 0.05 |
| | 일반급 | 0.02 | | 0.03 | | 0.04 | | 0.05 | 0.06 | 0.07 |

그림 5.8 파일럿 핀과 파일럿 구멍과의 관계

**예제** 6mm의 피어싱펀치로 두께 1.8(mm)의 소재를 가공한다면 파일럿 핀의 직경을 구하라. (단, 직경 감소 계수를 0.04로 결정한다.)

**풀이** $A = d - (0.03 \sim 0.05) \times t$
$A = 6 - (0.04 \times 1.8) = 5.928(\mathrm{mm})$

파일럿 핀 안내부의 길이는 직경의 약 2~3배 정도로 하며, 파일럿 핀의 선단부를 원추형으로 하는 이유는 파일럿 구멍으로 파일럿 핀을 잘 안내하여 소재의 위치를 결정하기 위함이다.

### 2) 사이드 커터(side cutter)

사이드 커터(side cutter)는 가장 정확한 소재의 이송 제한 장치인 동시에 가장 정확한 소재의 안내 장치로서 노치 스톱 장치(notch stopper)라고도 한다.

사이드커터는 4~12(mm) 정도의 두께를 가진 펀치로, 가공 소재의 가장 자리에 1.5~4(mm) 정도 깊이로 노칭 가공을 하는 것이다. 가공 소재의 이송은 사이드 커터가 노칭 가공한 거리만큼 정확히 이송된다. 즉, 노칭 가공된 모서리를 안내판에 조립된 스토퍼까지 정확하게 이송된다.

사이드 커터는 한쪽만 가공하는 노칭펀치이기 때문에 두꺼운 재료를 가공할 때 옆으로 밀리게 된다. 이러한 현상을 방지하기 위하여 그림 5.11의 사이드 커터 안내 장치에서 부분적인 안내부를 장치하기도 하고, 사이드 커터의 뒷부분(heel 부분)을 길게 하여 가공시 밀리는 것을 막아준다.

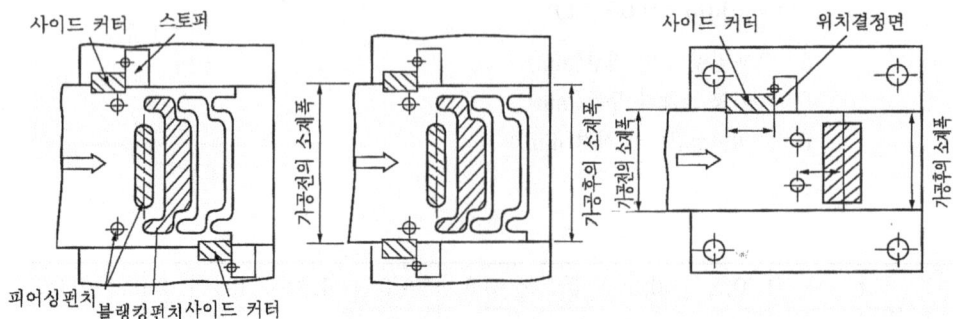

그림 5.9  사이드 커터 배치

　순차 이송 금형에서 사이드 커터에 의한 가공 소재의 이송을 제한할 때에 소재와 소재 안내판의
스토퍼 부분과 마찰에 의하여 마모가 되므로 소재의 이송 제한이 불확실해지는 것을 방지하기 위
하여, 그림 5.10의 사이드 커터와 스토퍼에서 보는 바와 같이 공구강으로 제작한 스토퍼를 열처리
하여 설치한다.

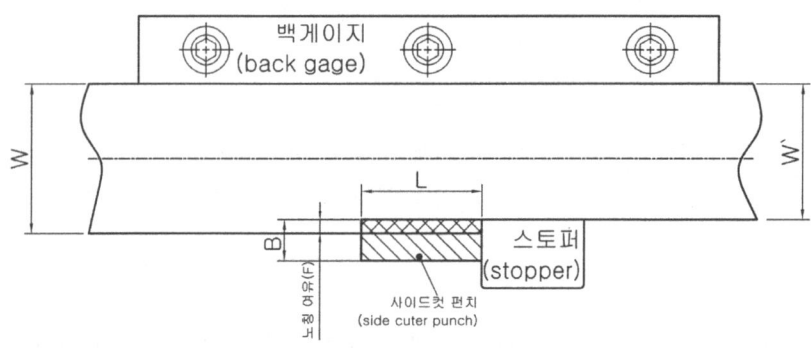

| 사이드 컷 길이<br>(이송 피치) L | 폭(B) | 펀치 높이(H) |
|---|---|---|
| ~ 10 | 6 | 50 ~70 |
| 10 ~ 20 | 8 | 60 ~ 80 |
| 20 ~ 50 | 10 | "     " |
| 50 이상 | 12 | "     " |

그림 5.10  사이드 커터 설계 기준

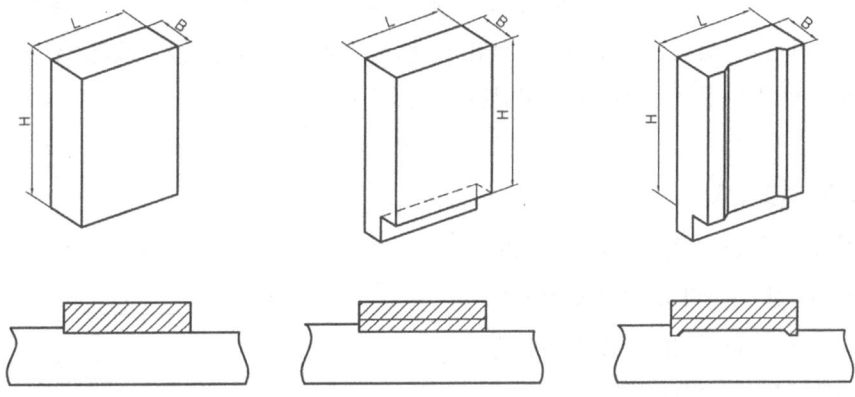

그림 5.11  사이드 커터 펀치

### 3) 키커핀(kicker pin : 밀핀)

프레스 가공된 제품 또는 스크랩은 다이 밑으로 낙하하는 것이 일반적이지만 때로는 펀치의 밑면에 붙어 펀치의 상승과 더불어 올라오는 때가 있는데, 이것은 프레스 작업의 능률을 저하시킬 뿐만 아니라 연속 자동 가공을 할 때는 블랭크에 의하여 가공소재의 이송을 혼란시켜 금형을 손상시키는 일이 있다.

이 원인은 펀치의 밑면과 블랭크 사이가 대기압 이하로 되기 때문에 일어나며, 펀치와 다이 사이의 클리어런스가 거의 없을 때, 또는 블랭크에 기름이 있을 때 많이 일어난다. 이것을 방지하기 위하여 키커핀을 설치한다.

비교적 작은 펀치(블랭킹 또는 피어싱 펀치)에서는 그림 5.12의 (a)와 같이 펀치의 중앙에 설치하지만, 이 방법으로 분리가 어려울 경우는 (b)와 같이 펀치의 중심을 벗어난 위치에 설치한다.

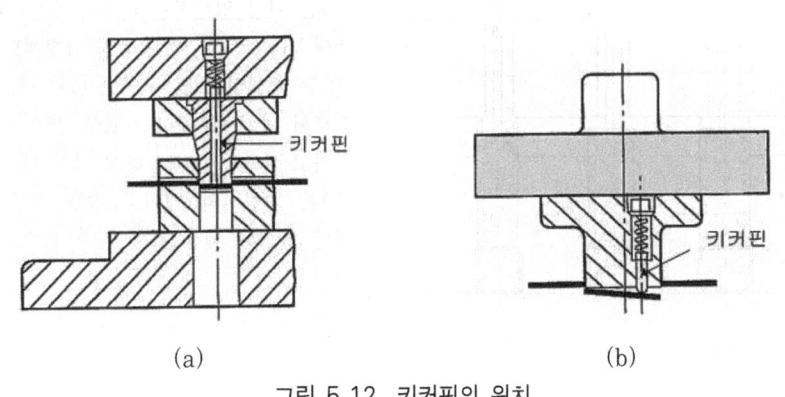

(a)                                    (b)

그림 5.12  키커핀의 위치

펀치의 크기가 큰 경우는 한 개의 밀핀으로, 제품 또는 스크랩의 분리가 되지 않을 경우는 2~3 개의 밀핀을 설치한다. 밀핀은 전단가공에서만 사용하는 것이 아니라 모든 프레스금형에 사용할 수 있으며, 밀핀의 위치는 상형 또는 하형 어디든지 사용한다.

### 4) 미스피드 검출장치

프로그레시브 금형을 이용한 작업에서 여러 가지 요인 중 한 가지라도 이상요인이 발생시 금형의 파손 또는 부품의 손상이나 정밀도가 저하되는 경우가 있다.

이 중에서 이송작동이 잘못되어 금형의 손상을 입는 것을 방지하기 위해 설치하는 것이 미스피드 검출장치다.

미스피드 검출장치의 원리는 스트립의 이송이 정확하지 않을 때 미스피드 검출펀치가 밀핀을 스위치에 접촉되게 하여 전기회로가 작동, 프레스 기계를 급정지시키게 된다.

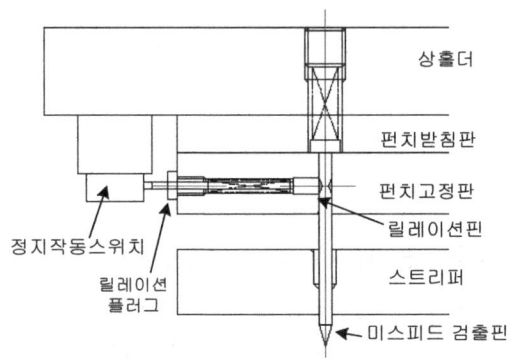

그림 5.13 미스피드 장치의 조합 예

### 5) 리프터 유닛 (Lifter unit)

하형에 부착한 소재를 보내기 쉽게 하기 위해 그림 5.14와 같이 리프터 유닛이 사용되고 소재의 가이드 기능까지 겸비한 가이드 리프터 핀을 사용하는 경우도 많다.

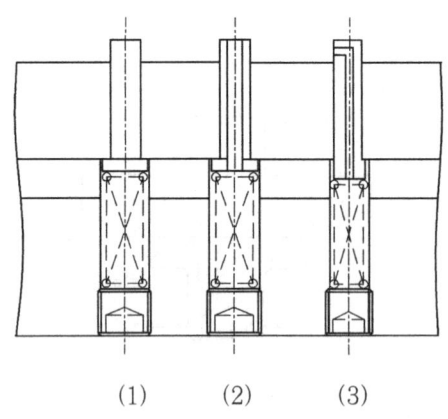

(1)은 가장 일반적인 리프터 유닛이며, 트랜스퍼 가공, 로봇 이송 등의 금형에도 사용
(2)는 파일럿 초벌 구멍이 있는 리프터 유닛으로서 파일럿부에서 재료를 받아 변형을 방지하고 파일럿을 확실하게 하기 위함.
(3)은 가동식의 에어 노즐을 겸한 형태로, 전단 완성된 제품 등을 금형 밖으로 불어낸다.

그림 5.14 리프터 유닛

## ※ 1.6 프로그레시브 공정 설정

### 1) 금형 설계의 순서

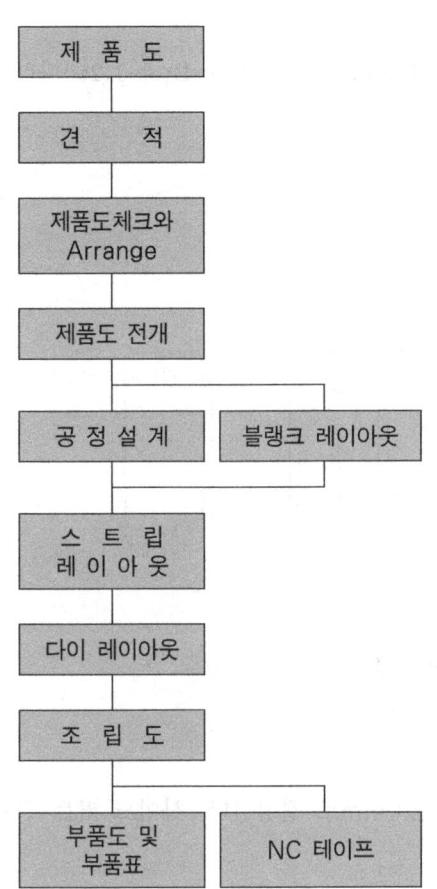

| 필요 DATA | |
|---|---|
| 1. 금형구조 | 2. 제품 타발시간 |
| 3. 과거의 사례 | 4. 프레스 가공법의 선택기준 |
| 5. 가공공수기준 | 6. 금형형식의 선택기준 |
| 1. 보통 치수차 | 2. 특별 공차 |
| 3. 형상표준(코너 R) | |
| 1. 밴딩 관련식 | 2. 드로잉 관련식 |
| 3. 성형 관련식 | 4. Burring 규격 |
| 1. 블랭크 배열 및 재료이용률 | |
| 2. 드로잉률 | 3. 사이드커터의 유무와 치수 |
| 4. 파일럿의 형식과 치수 | 5. 재료폭 및 이송피치 |
| 1. 프레스 기계사양 | 2. 아이들스테이지의 필요성 |
| 3. 금형강도계산 | 4. 가공방향(상, 하측) |
| 5. 금형구조 | 6. 펀치라인의 형과 치수 |
| 1. 부분 Unit | 2. 가공의 표준화 |
| 3. 표준부품 | 4. 표준가공형상 |
| 1. 금형구조 | 2. 스트리퍼 형식 |
| 3. 전체 및 부분 Unit | 4. 스트리핑력 |
| 5. 프레스 기계 사양 | |
| 1. 부분 Unit | 2. 금형재질의 선택 |
| 3. 가공공정 및 공구경로 | 4. 표준부품 |
| 5. 가공기준 | 6. 표준가공형상 |
| 7. 치수 | 8. 다듬질 |
| 9. 절삭조건(재질별, 가공별) 및 공구의 선택 | |
| 10. 가공기계의 능력과 사양 | |

### 2) 프로그레시브 피어싱·블랭킹 다이의 설계의 해석
그림 5.15에 나타낸 제품을 제작하기 위한 프로그레시브 블랭킹·피어싱 다이를 설계 해석

### (1) 블랭크 배열
이송 잔폭을 적게 하여 재료의 이용률을 향상시키도록 블랭크를 배열하여야 한다. 블랭크의 형상으로 보아 평행하게 블랭크를 배열하도록 하며, 생산 수량이 많지 않을 것으로 판단하여 1열 1개 뽑기로 한다.

## (2) 이송 잔폭 결정

제품의 긴 길이가 42mm이고, 블랭크의 가장자리가 유선형이므로 이송잔폭은 $A_1$이 적용되며 $A_1 = 1t$이므로 $t = 2.0$이니 $A_1 = 2mm$이다.(표 2.3 참조)

## (3) 앞·뒤 잔폭(여유폭)

앞 잔폭과 뒤 잔폭은 블랭크 윤곽에 의하여 $B_1$이 적용된다.(표 2.3 참조) $B_1 = 1.2t$ 따라서 $B_1 = 2.4mm$로 적용한다.

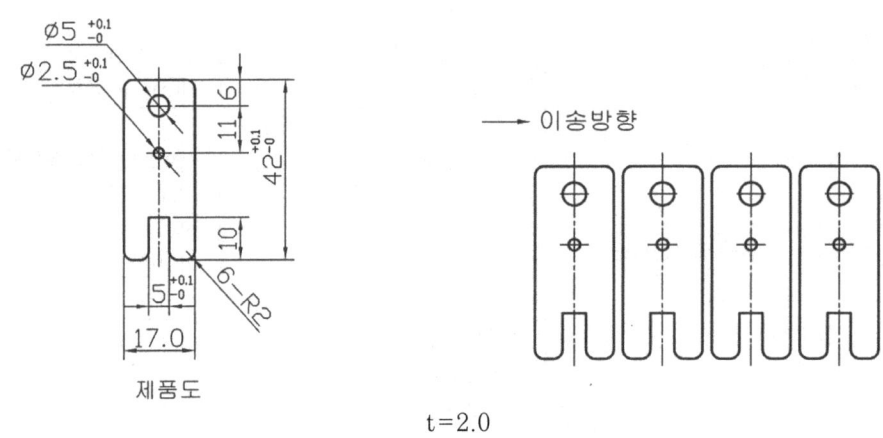

그림 5.15  제품도 및 블랭크 배열

## (4) 노칭폭 결정

사이드 커트 펀치를 사용하는 것으로 설계하여 노칭폭을 2.0mm로 결정한다. 사이드 커트 펀치는 한쪽에만 설치하도록 한다.

## (5) 소재폭 결정

소재폭 = 노칭폭(2.0mm) + 뒤 잔폭(2.4mm) + 제품의 세로 길이(42mm) + 앞 잔폭(2.4mm) = 48.8mm, 그러나 재료 수급상 49.0mm로 결정하기로 한다.

## (6) 이송 피치

이송잔폭은 제품폭 17mm이고 마지막 Parting을 2.0mm로 하여 블랭크를 배열하였으므로 이송피치를 19.0mm로 한다.

## (7) 클리어런스(Clearance) 결정(C)

자료집에서 $C = 5\% \cdot t$ 를 찾게 되어 $t = 2.0\text{mm}$ 이므로

$$C = \frac{5}{100} \times 2 = 0.10\,\text{mm (편측)}$$

## (8) 스트립 레이아웃 작도

스트립 레이아웃을 작성하기 전에 가공 순서를 검토한다.

1공정 : 노칭과 피어싱 가공

2공정 : 작은 원형 피어싱 가공과 파일럿

3공정 : 다이의 수명을 고려하여 아이들 스테이지 설치

4공정 : 최종 스테이지에서 블랭킹 가공

이상의 공정을 참고하여 스트립 레이아웃을 작도하면 그림 5.16과 같다.

## (9) 전단 하중력(P) 계산

$$P = l \cdot t \cdot \tau$$

    P    : 전단하중력($\text{kg}$ 또는 $\text{ton}$)

    $l$    : 블랭크 윤곽의 총길이+피어싱 둘레 길이+노칭 부위 길이($\text{mm}$)

    t    : 소재 두께($\text{mm}$)

    $\tau$    : 전단강도($\text{kg/mm}^2$) (연강판일 때는 $\tau = 35 \sim 40\text{kg/mm}^2$)

    $l$    : 130.26(블랭크 윤곽길이) + $\varnothing 5 \times 3.14$(큰 피어싱 구멍둘레) + $\varnothing 2.5 \times 3.14$(작은 피어싱 구멍 둘레) + 21.0(노칭 부위 길이) = 174.81($\text{mm}$)

    t    : 2.0($\text{mm}$)

    $\tau$    : 35($\text{kg/mm}^2$)

    $\therefore$ P=174.81 × 2 × 35 = 12236.7($\text{kg}$)

스트리핑력과 다이 블록의 안전도를 고려하여 P값에 50%를 가산한다. 즉,

$$\text{토탈 전단하중 } P' = 12236.7 + (12236.7 \times 0.5) ≒ 18355(\text{kg})$$

## (10) 다이 블록의 두께(H) 계산

다이 블록의 두께는 그래프를 이용하여도 좋고 수식 $H = \sqrt[3]{P'}$ 를 이용하여도 좋다. 따라서

$$H = \sqrt[3]{P'} = \sqrt[3]{18355} = 26.6(\text{mm})$$

그런데 블랭크 윤곽의 전체 길이가 130mm이므로 1.25를 보정해야 한다.

$$H = 26.6 \times 1.25 = 33.3 \, (\text{mm})$$

다이 블록의 두께 33.3(mm) 그대로 적용할 때는 다이 블록의 재료가 SKS, SKD일 때이며 SK일 경우에는 1.3을 더 보정하여야 한다. 즉,

$$H = 33.3 \times 1.3 = 43.3 \, (\text{mm})$$

본 예제에서는 SKD로 하기로 하자.

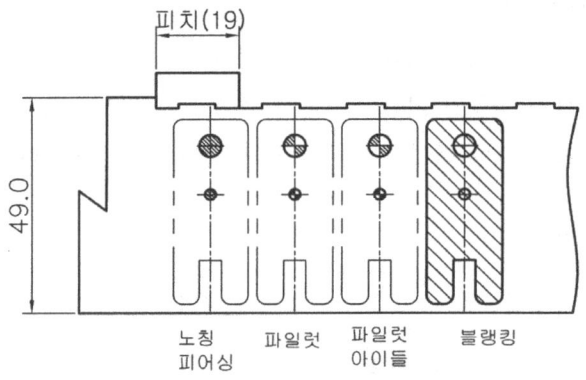

그림 5.16  스트립 레이아웃

## (11) 다이 블록의 크기(가로×세로) 결정

다이 블록 내의 구멍에서 가장자리까지의 거리를 W라 하면, 구멍의 윤곽에 따라 원형 및 타원형이면 $W_1 \geqq 1.2H$(일반적으로 $\varnothing$형상은 $1.5 \sim 2D$ 정도를 기준으로 잡는다.)

$$\text{직선형이면} \qquad W_2 \geqq 1.5H$$
$$\text{예리형이면} \qquad W_3 \geqq 2.0H$$

따라서

$$W_1 \geqq 1.2 \times 33.3 = 40.0 \, (\text{mm})$$
$$W_2 \geqq 1.5 \times 33.3 = 50.0 \, (\text{mm})$$
$$W_3 \geqq 2.0 \times 33.3 = 66.0 \, (\text{mm})$$

위와 같이 하여 계산하면 다이 블록의 가로와 세로 길이를 구할 수 있다.

(12) 코일 스프링 계산

가동 스트리퍼 타입으로 하여 코일 스프링을 사용한다.

① 조립할 때 항상 탄력이 작용하도록 가압시키기 위한 길이 : 2.0~5.0mm, 본 설계에서는 3.0mm로 한다.

② 작업시 작용하는 가압력의 길이 2~4mm(3mm 채용)

③ 스프링 하중력 계산

⑦ 스트리핑 력 = 전단하중력 × (2.5~20% = 보통 15%를 선택)
$$= 12.5 \text{톤} \times 0.15 = 1.875 \text{톤}$$

⑭ 스프링 하중력을 사용할 스프링 수로 나누어 스프링 하중에 따른 종류를 선택한 후 ∅의 크기를 카다로그를 이용하여 적정 규격품을 결정한다.
$$= 1.875 \,\text{kg} \div 4 (\text{플레이트의 밸런스 고려})$$
$$= 469 \,\text{kg} (\text{스프링 1개당의 스트리핑력})$$

(13) 기타 사항

① 백 게이지와 프론트 게이지 플레이트를 사용하지 않고 고정 가이드 리프터를 사용한다.

② 가이드 리프터를 사용하므로 핀 리프터를 설치한다.

③ 가공 소재가 두꺼우므로 핀을 4개 정도 설치한다.

④ 펀치의 길이를 최대한 짧게 하기 위하여 스프링 포켓을 설치하여 준다.

⑤ 사이드 커트 펀치 크기가 19.0mm이므로 폭은 8.0mm로 결정한다.(그림 5.10 참조)

## ❷ 트랜스퍼 금형

### ⁑ 2.1 개요

많은 공정을 요하는 제품을 생산하는 경우 각 공정을 연속해서 능률적으로 가공하는 방법은 2가지 방법이 있다.

그 하나는 소요 공정수에 상당하는 대수의 프레스 기계를 병렬로 배치한 프레스 라인을 통해 가공제품을 이송하여(반자동, 전자동) 각 기계간에 흐르게 하는 방법이고, 다른 하나는 한 대의 트랜스퍼 프레스에서 가공공정에 상당하는 금형을 세팅해 자동 이송장치로 재료를 이송하여 자동가공을 행하는 것이다. 이와 같은 가공방법을 트랜스퍼 가공이라고 한다.

## ※ 2.2 트랜스퍼 금형의 특징

### (1) 장점

① 작업 안정성을 높인다.

② 생산성이 높고 작업능률이 좋다.

③ 무인화 또는 작업 인원 감소가 가능하다.

④ 재료비를 절약할 수 있다.

⑤ 설치공간을 절약할 수 있다.

⑥ 프레스 작업에 숙련을 필요로 하지 않는다.

⑦ 생산기술이 축적된다.

### (2) 단점

① 기계설비의 초기 투자비가 높다.

② 금형 제작비가 높다.

③ 트랜스퍼 장치의 예측 못한 현상의 발생 소지가 높다.

④ 위치결정 · 분리 · 스크랩 처리 등에 세심한 주의를 요한다.

⑤ 제품설계에서부터 가공성 검토가 필요하다.

⑥ 금형의 내구성과 보수 및 정비에 주의를 요한다.

프로그레시브 가공과 트랜스퍼 가공의 비교

| | 프로그레시브 가공 | 트랜스퍼 가공 |
|---|---|---|
| 가공이 가능한 공정수 | 일반적으로 6~8공정으로 가공 | 10공정 이상도 쉽게 가공 |
| 가공이 가능한 형상 범위 | 블랭킹, 굽힘, 성형, 단순한 드로잉 등이며 트랜스퍼 가공에 비하여 상당히 좁다. | 대단히 넓고 거의 모든 가공이 가능하다. |
| 재료이용률 | 일반적으로 좋지 않다.<br>(다열 판뜨기를 하면 개선됨.) | 프로그레시브보다 좋다. |
| 가공속도 | 트랜스퍼보다 빠르다. | 프로그레시브보다 느리다. |
| 설 비 비 | 싸다. | 비싸다. |
| 형설계의 난이 | 일반적인 비교는 곤란하나 같은 가공이면 트랜스퍼 가공 쪽이 쉽다. | |
| 종 합 | 재료 이용률 문제를 고려치 않고 프로그레시브 가공에서 안정된 작업이 행해지면 프로그레시브 가공 쪽이 유리하다. | |

## ※ 2.3 반송 장치

트랜스퍼 가공은 재료공급에서 완성품의 회수까지 손으로 이송하지 않는 전자동 프레스 작업이므로 각 공정간의 가공품의 반송이 확실하고 정확한 것이 중요하다. 따라서 프레스 기계의 성능에 맞춰서 반송관계 및 금형과의 결합을 충분히 이해하여 반송의 핑거 및 그 외의 것들을 설계할 필요가 있다. 반송 핑거의 조건은 다음과 같다.

① 가공품을 확실하게 파지하고 다음 공정의 금형에 정확한 위치에 보내고 가공품을 놓았을 때 위치의 어긋남이 없도록 한다.
② 이송레벨 위를 유연하게 보내고 금형외의 간섭이 없도록 한다.
③ 연속운전하고 있는 프레스에 동조하여 상형의 작동에 간섭이 없도록 한다.
④ 연속운전 도중에 만일 오동작이 있을 때는 확실하게 오류를 검출해 자동적으로 정지한다.
⑤ 핑거는 가볍고 강성이 있게 하며, 미조정을 용이하도록 한다.
⑥ 핑거는 착탈교환하기 쉽고, 변형하지 않고 보관하기 쉽도록 한다.
⑦ 핑거는 현장 작업의 상황에 따라 변형하기 쉬운 구조로 한다.

### 1) 트랜스퍼 바

트랜스퍼 바는 반송장치의 주축을 이루는 것으로 프레스 기계의 성능에 따라서 ① 전후, 좌우의 2차원 운동 ② 전후, 상하, 좌우의 3차원 ③ 상하, 좌우의 2차원 운동으로 구분하며 그 트랜스퍼 바에 요구되는 핑거 운동 또는 척을 부착하여 트랜스퍼의 반송을 한다.

## ※ 2.4 트랜스퍼 프레스의 주기

트랜스퍼 가공에서, 금형, 스트리퍼, 녹아웃, 핑거 등 각 요소간에 적정한 타이밍과 부드러운 운동곡선이 고속·고정밀도 트랜스퍼 가공의 필수 요건이라 하겠다.

프레스의 1행정시 트랜스퍼 장치의 작동순서는 다음과 같다.

① 정지, ② 핑거의 인입, ③ 트랜스퍼 몸체의 후진, ④ 정지, ⑤ 핑거의 진출, ⑥ 트랜스퍼 몸체의 전진의 순서로 행정마다 반복운동을 한다.

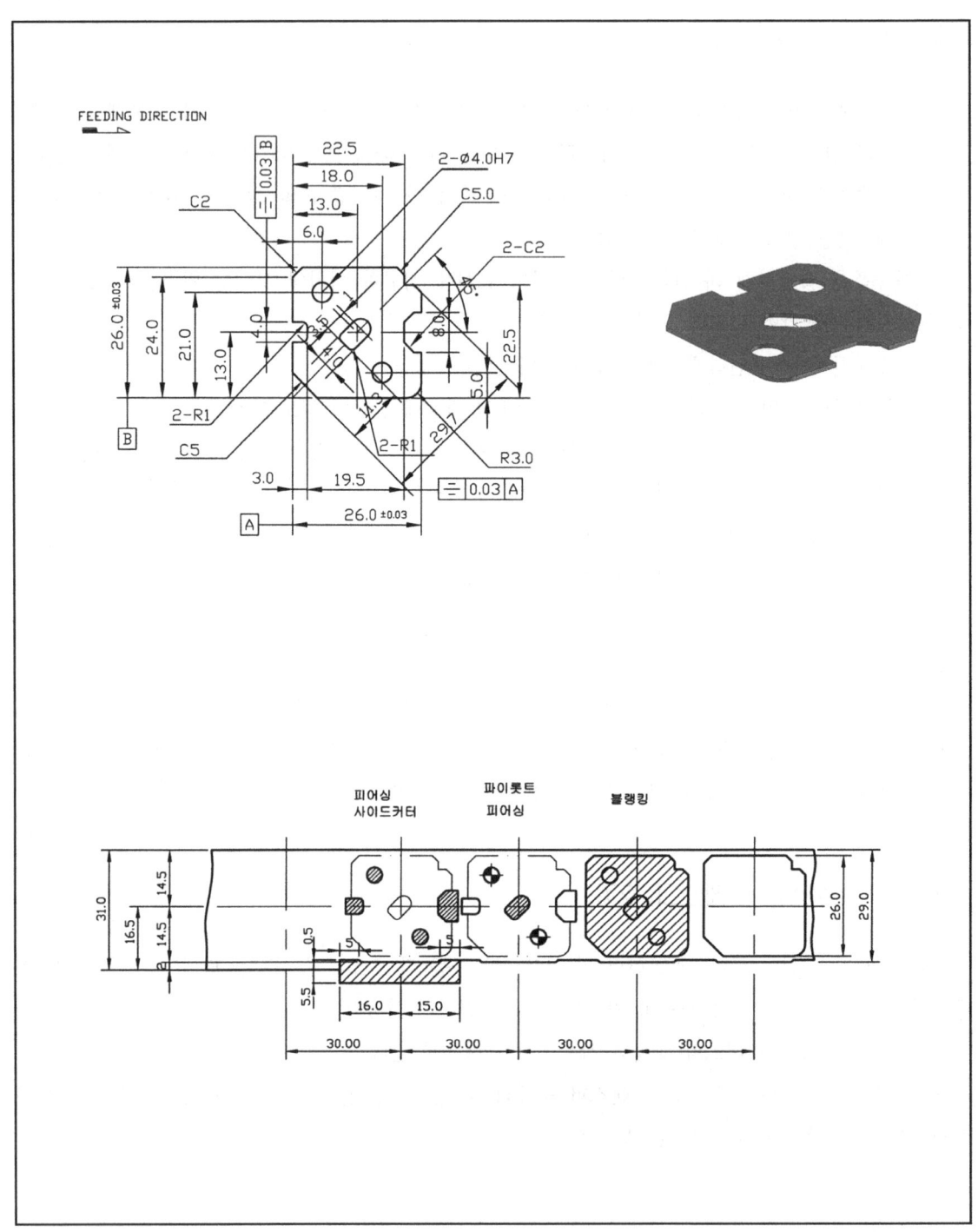

스트립 레이아웃의 설계 실례 1 - 노칭, 블랭킹 완성

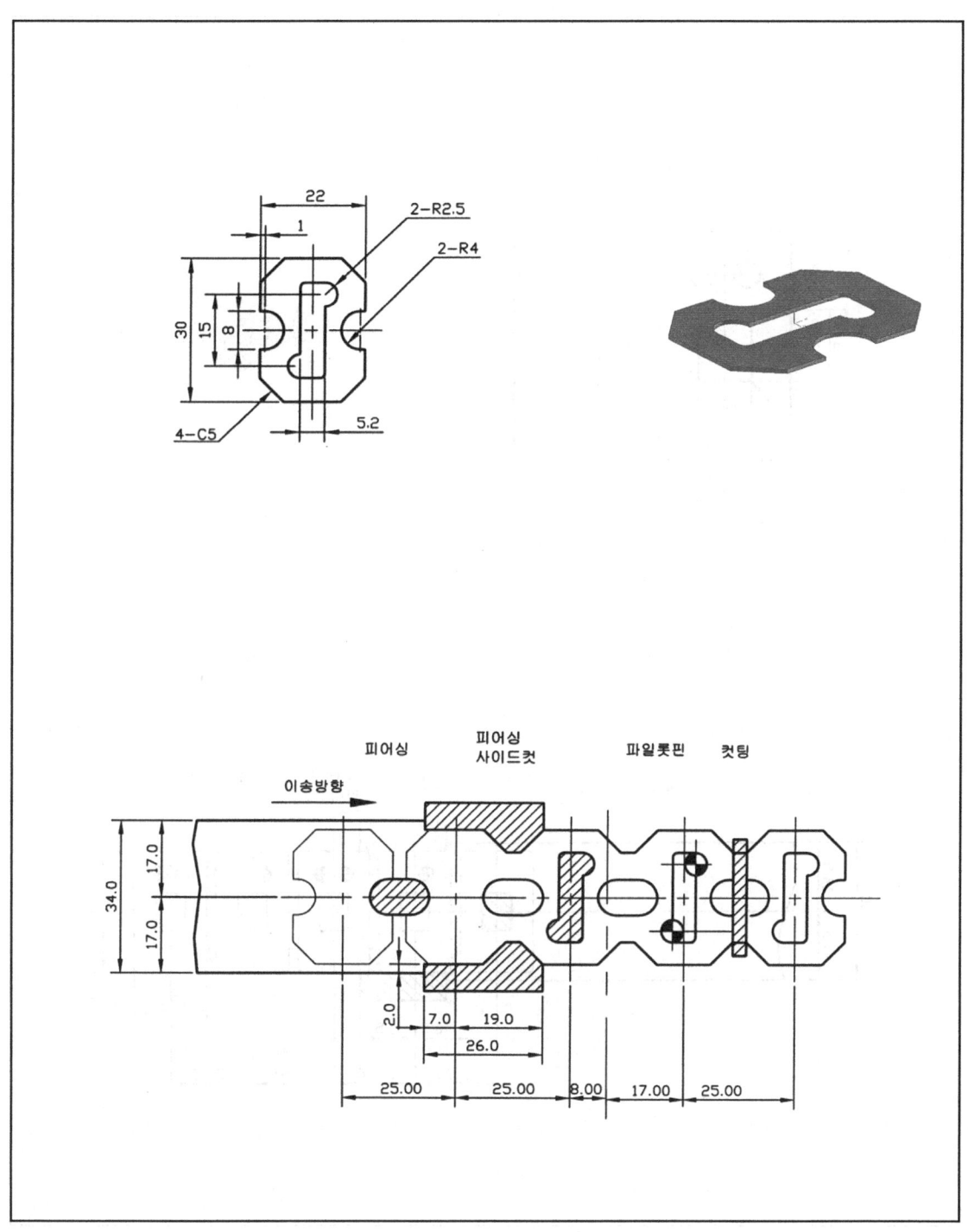

스트립 레이아웃의 설계 실례 2 - 노칭, 파팅 완성

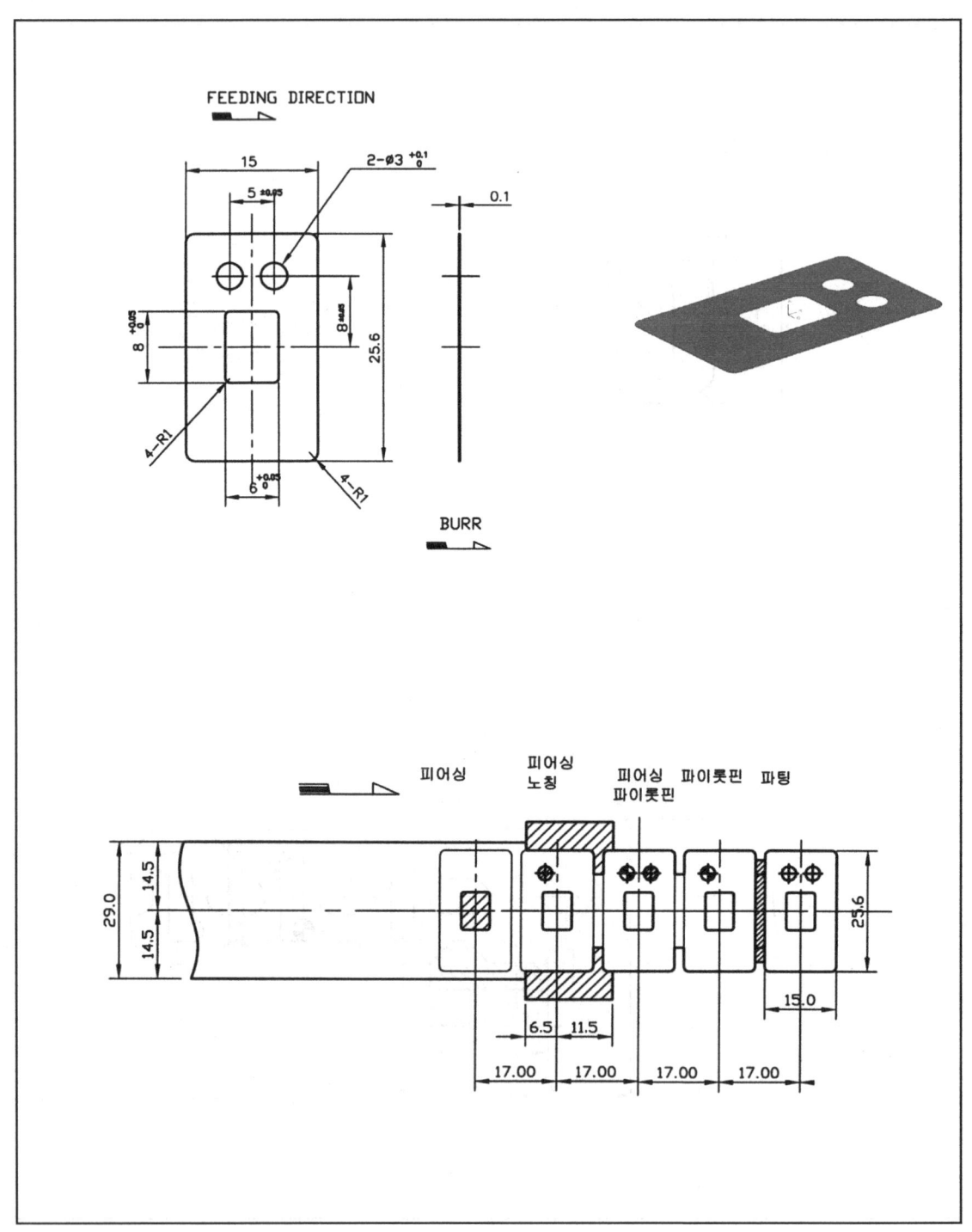

스트립 레이아웃의 설계 실례 3 - 노칭, 파팅 완성

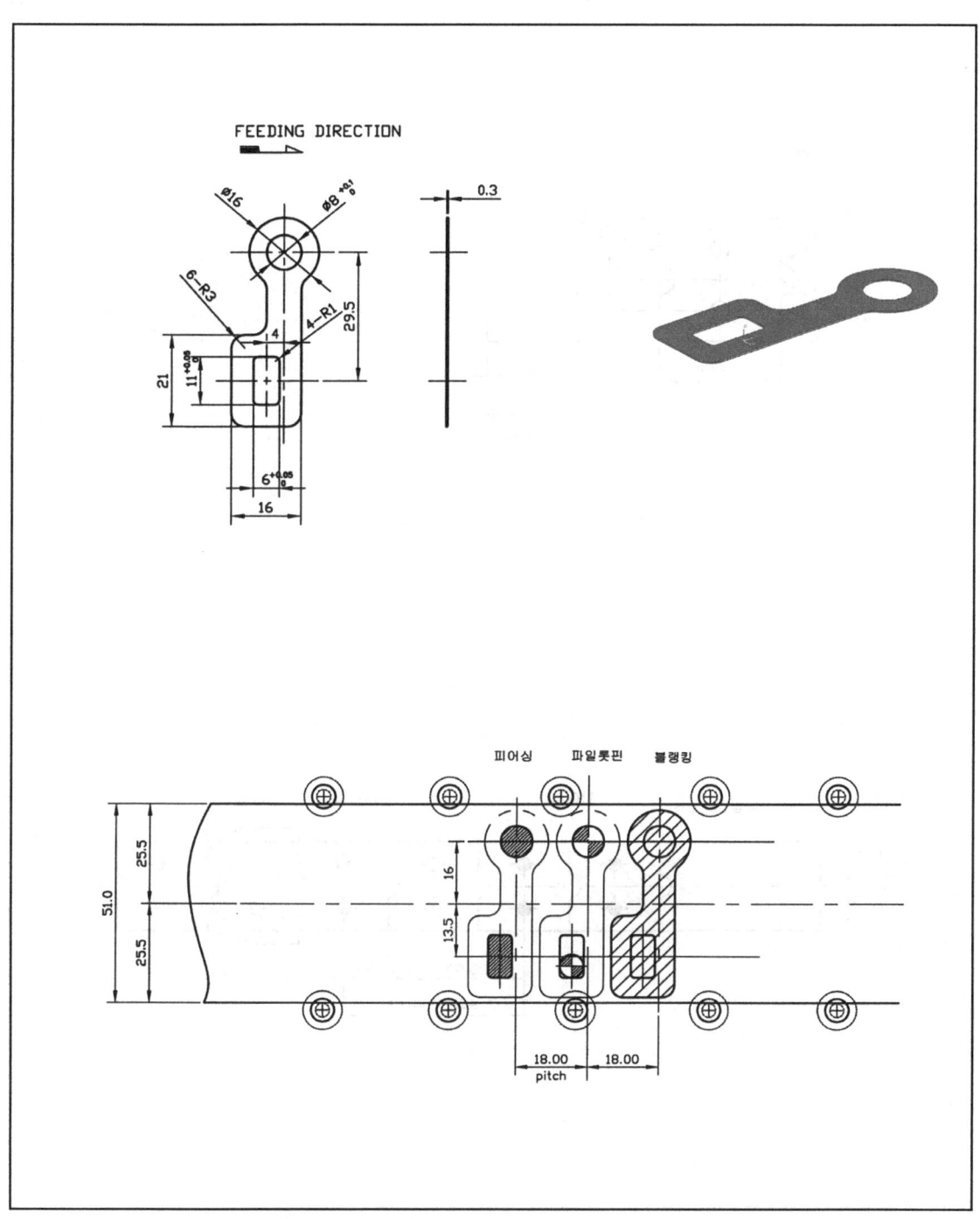

스트립 레이아웃의 설계 실례 4 - 가이드리프터핀, 블랭킹 완성

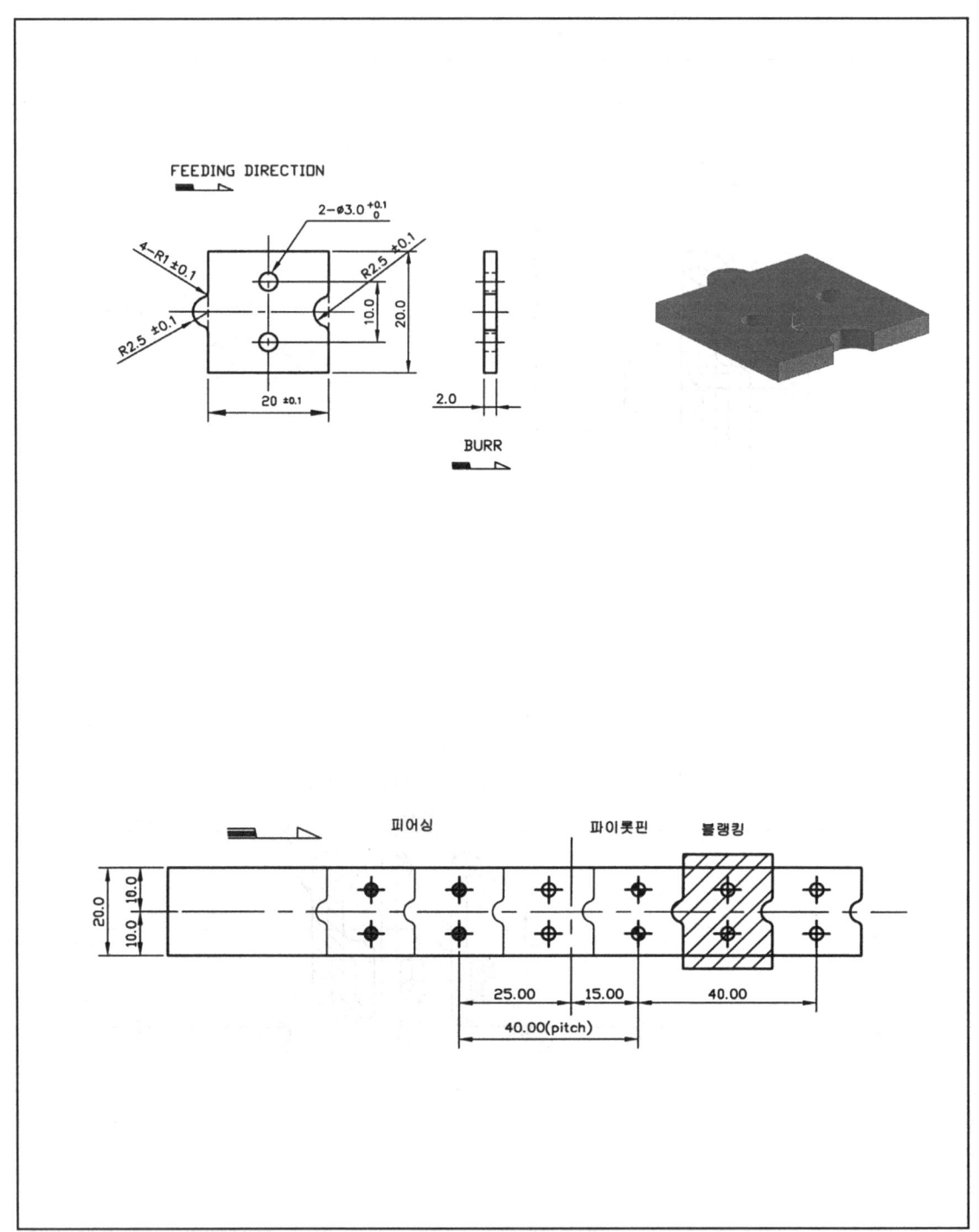

스트립 레이아웃의 설계 실례 5 - 1공정시 제품 2개식 취출(NO SCRAP)

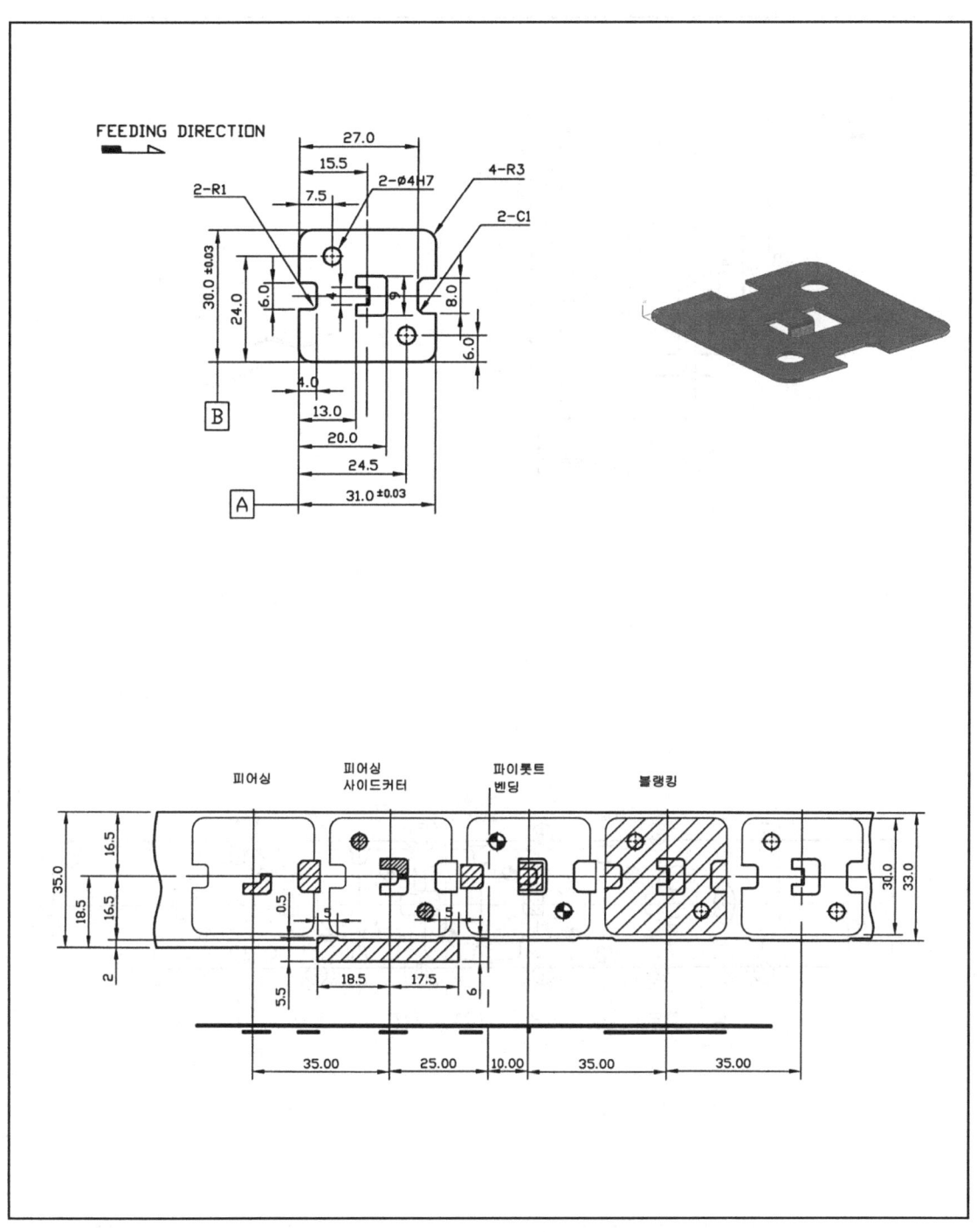

스트립 레이아웃의 설계 실례 6 - 노칭, 블랭킹 완성

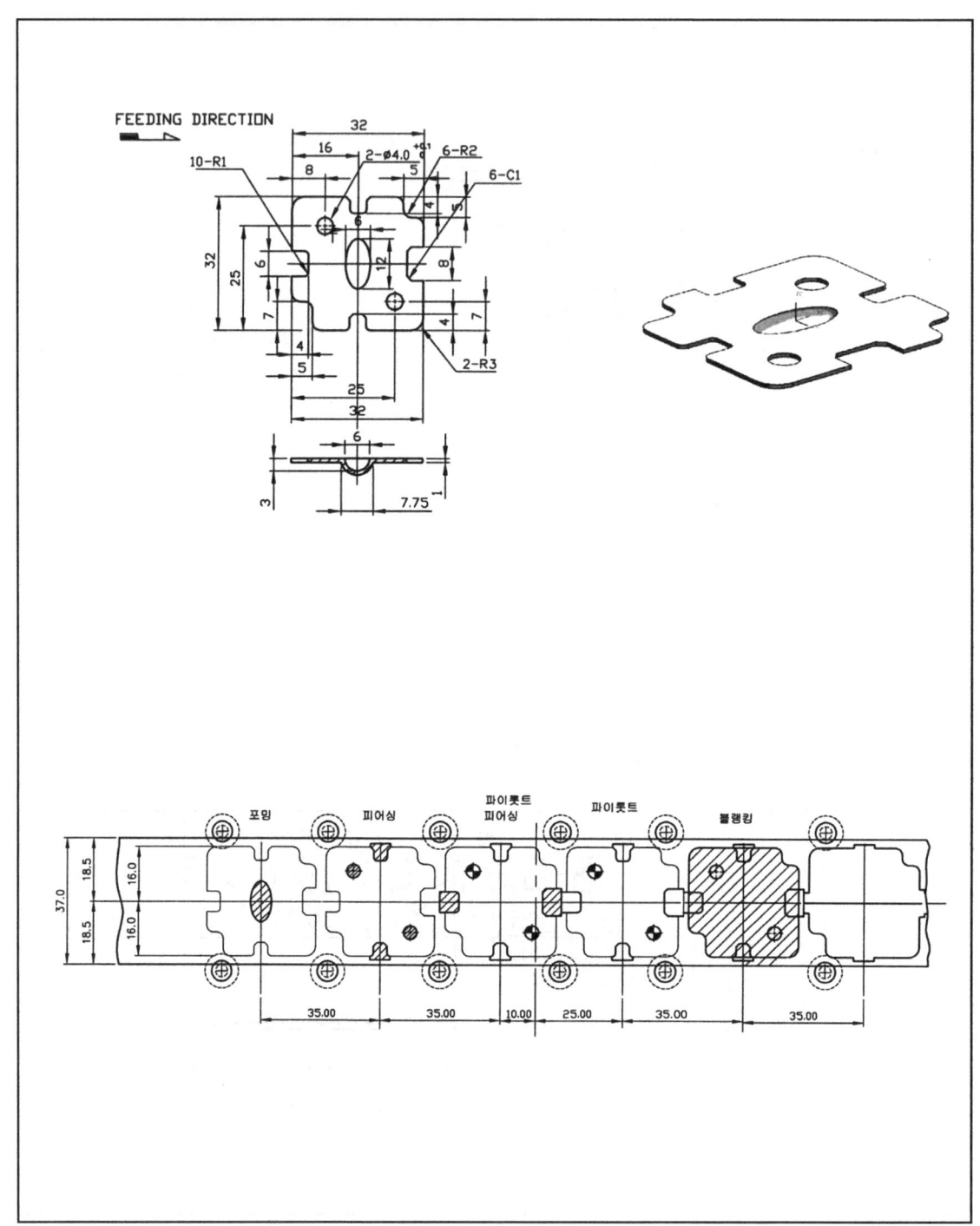

스트립 레이아웃의 설계 실례 7 - 가이드리프터핀, 포밍, 블랭킹 완성

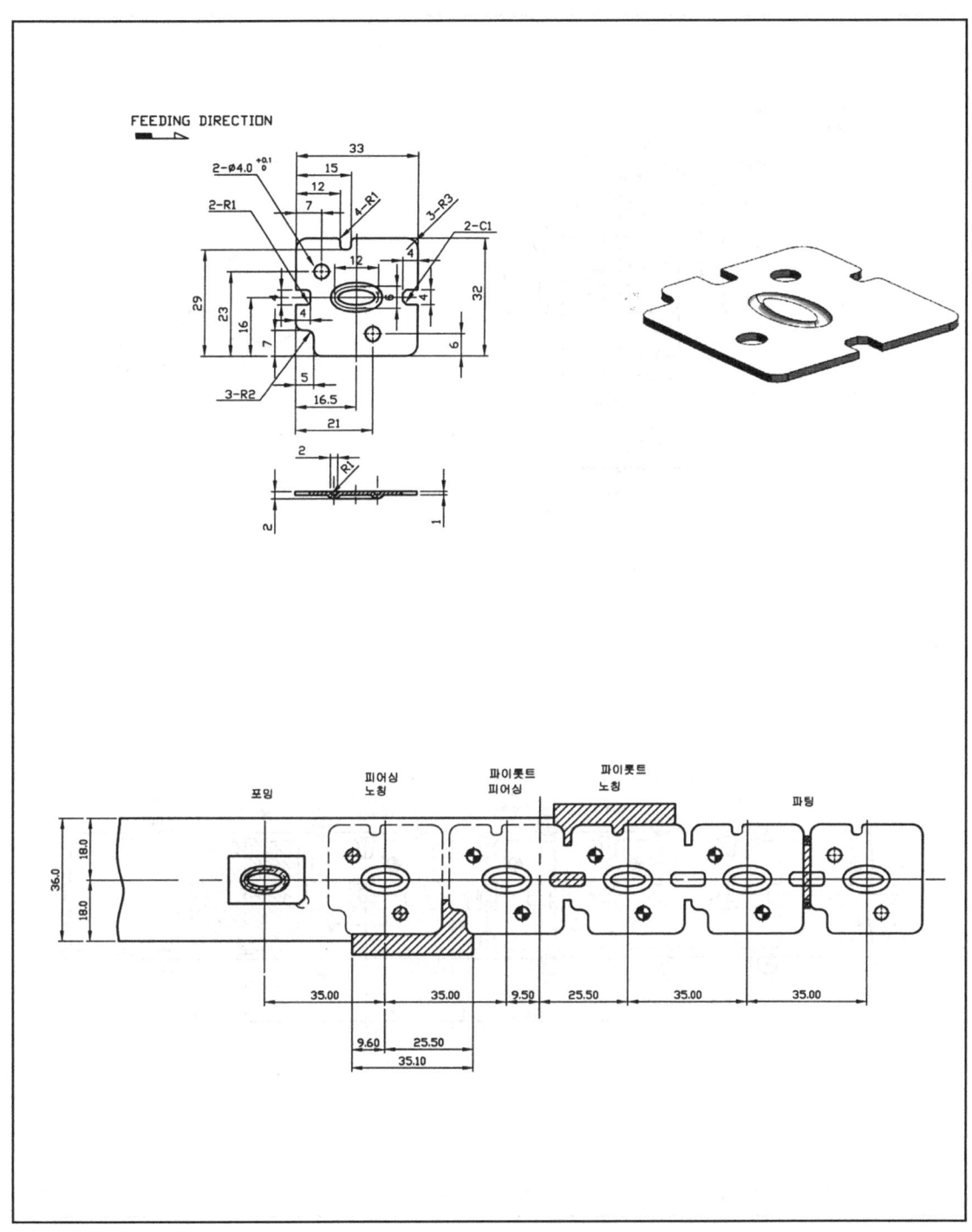

스트립 레이아웃의 설계 실례 8 – 포밍, 노칭, 파팅 완성

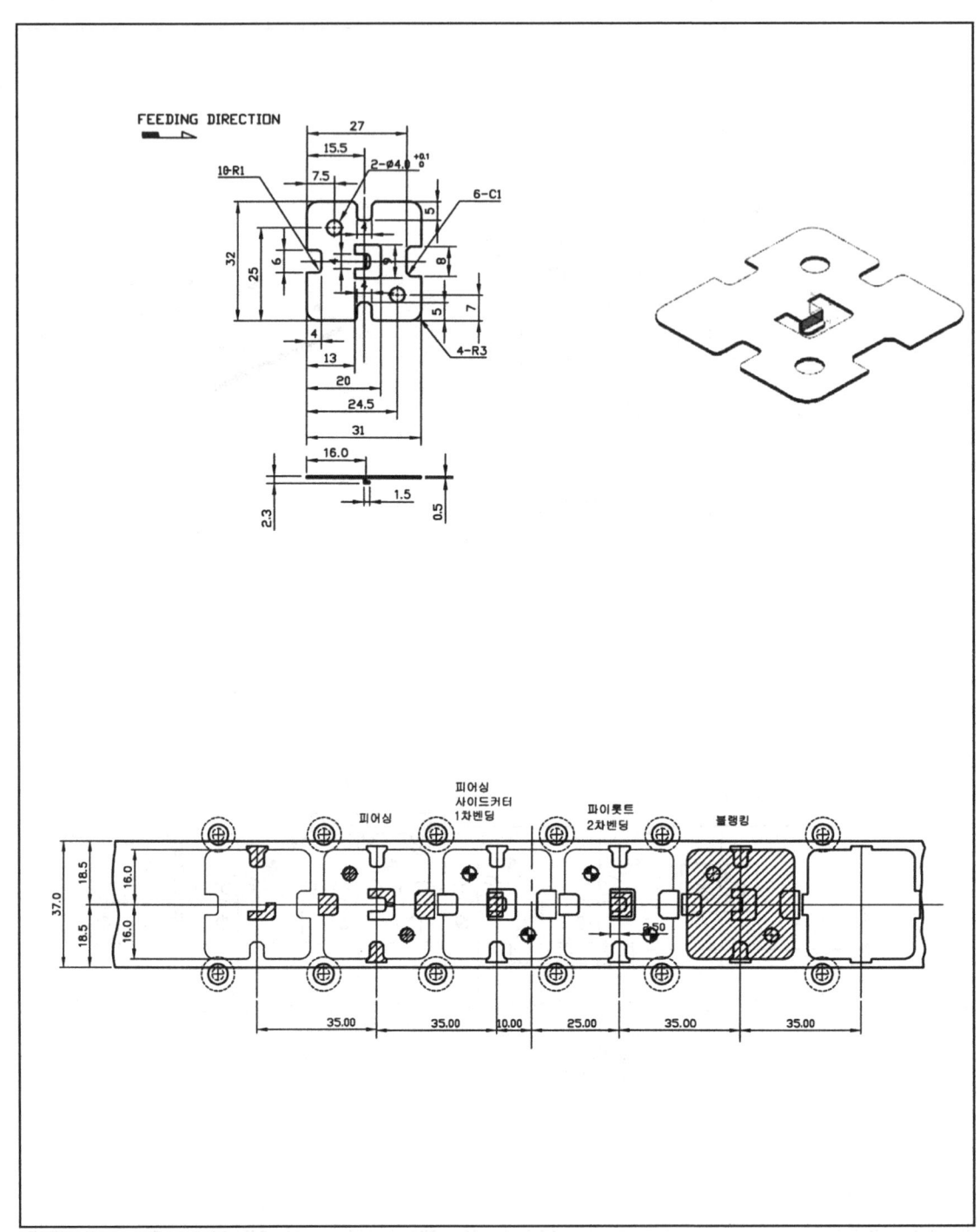

스트립 레이아웃의 설계 실례 9 - 가이드리프터핀, 벤딩, 블랭킹 완성

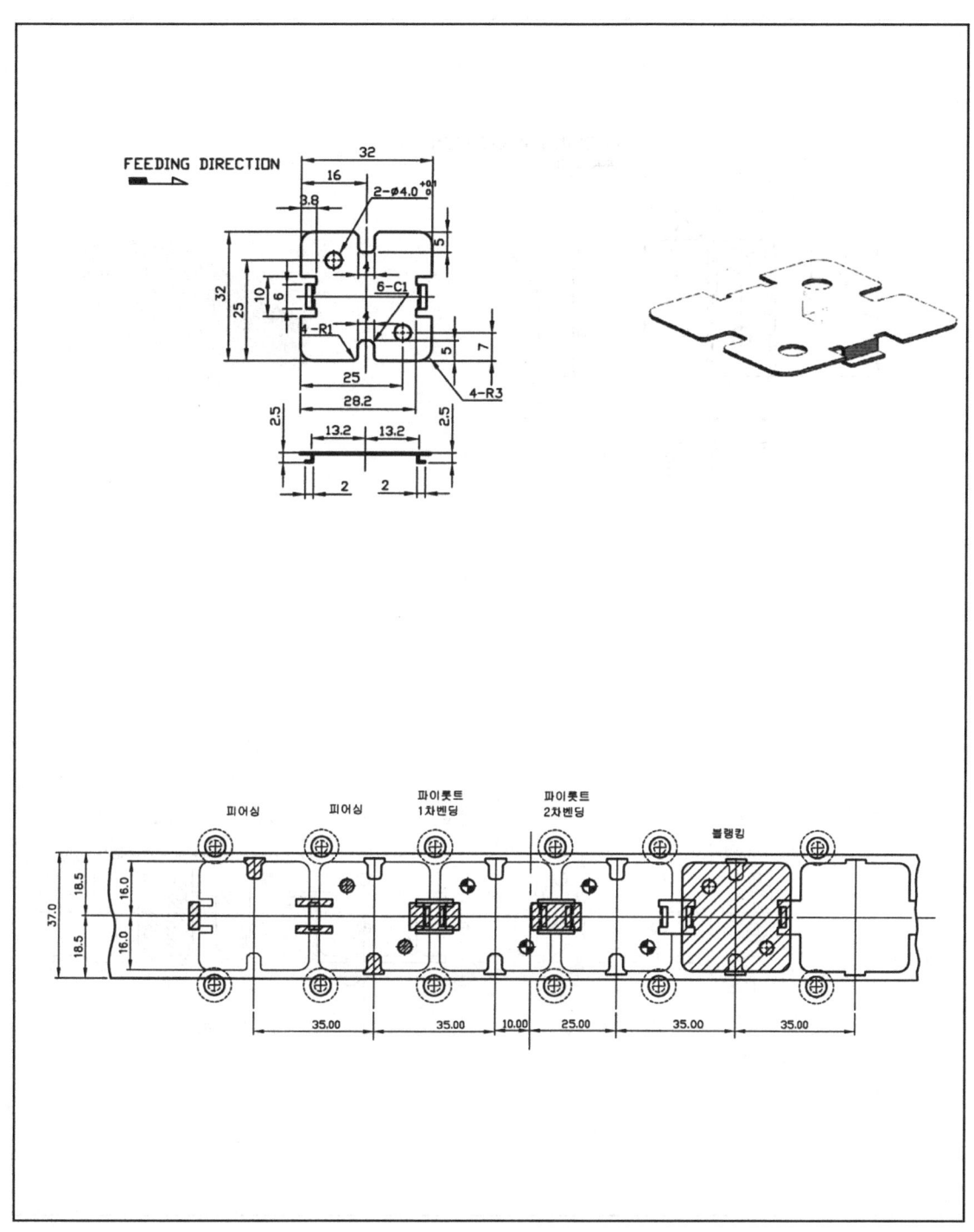

스트립 레이아웃의 설계 실례 10 - 가이드리프터핀, 벤딩, 블랭킹 완성

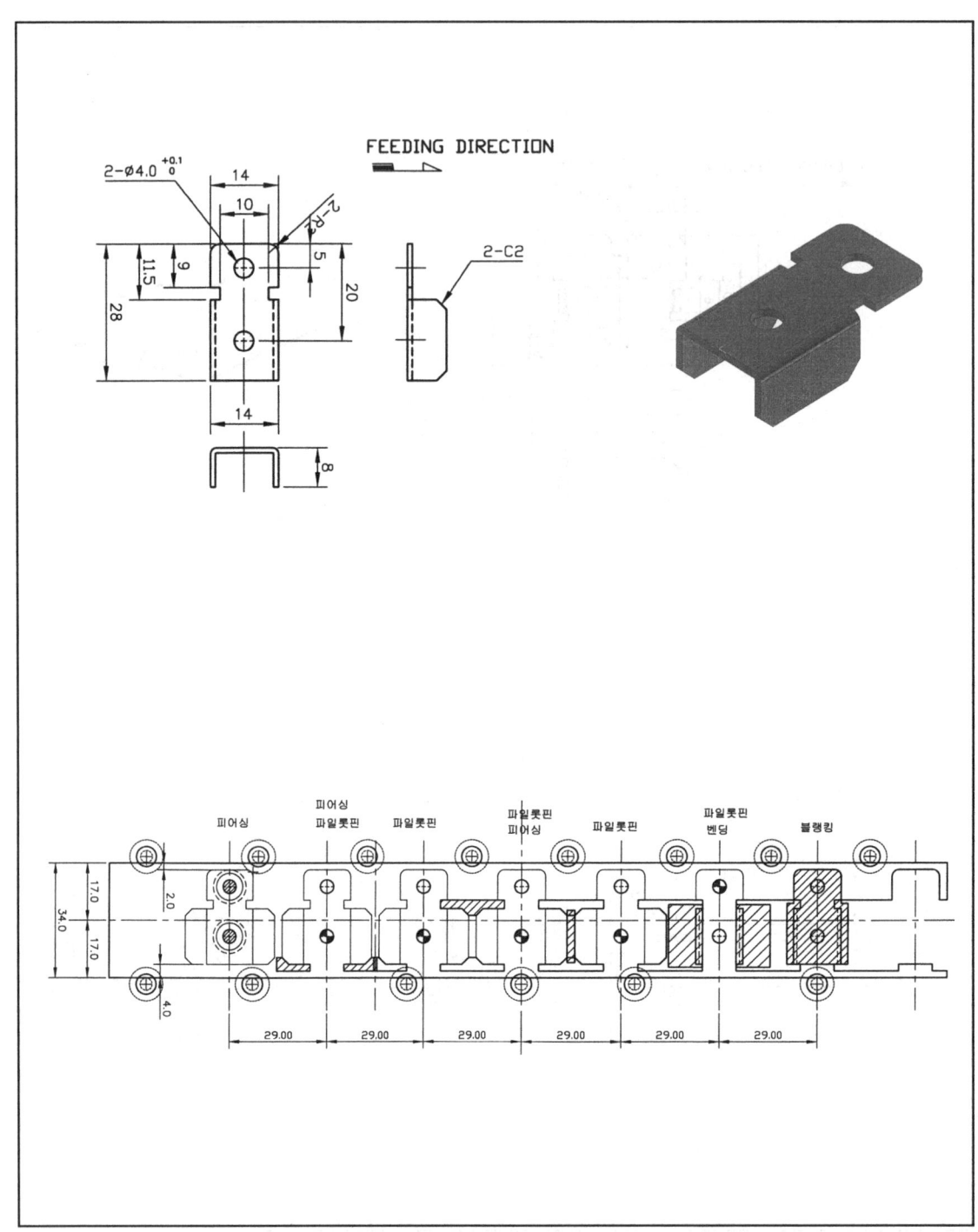

스트립 레이아웃의 설계 실례 11 - 가이드리프터핀, 벤딩, 블랭킹 완성

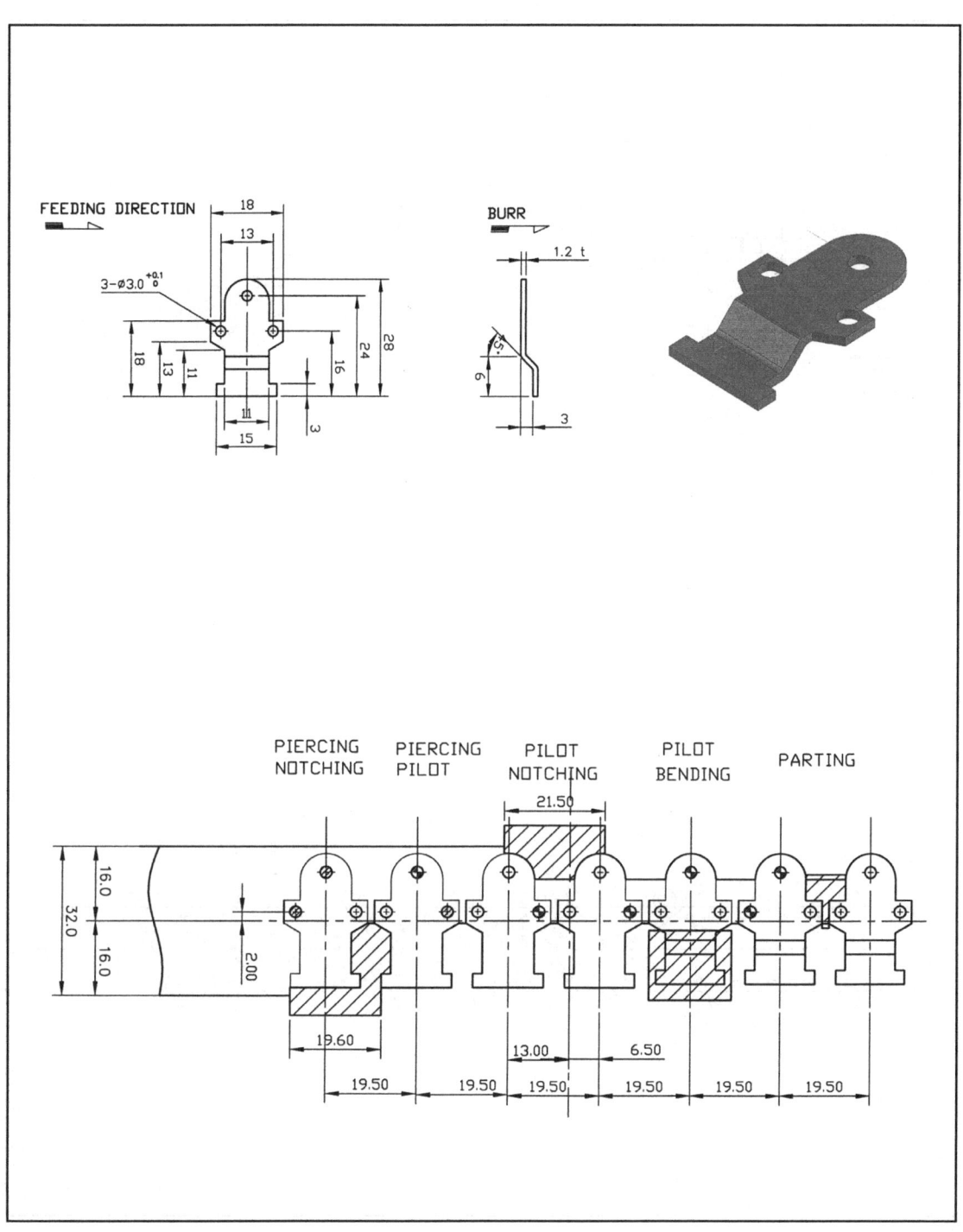

FEEDING DIRECTION

18
13
3-ø3.0 $^{+0.1}_{0}$
18
13
11
11
15
24
28
16
3

BURR

1.2 t
5°
6
3

PIERCING
NOTCHING

PIERCING
PILOT

PILOT
NOTCHING

PILOT
BENDING

PARTING

21.50
16.0
32.0
16.0
2.00
19.60
13.00
6.50
19.50
19.50
19.50
19.50
19.50
19.50

스트립 레이아웃의 설계 실례 12 – 노칭, 벤딩, 파팅 완성

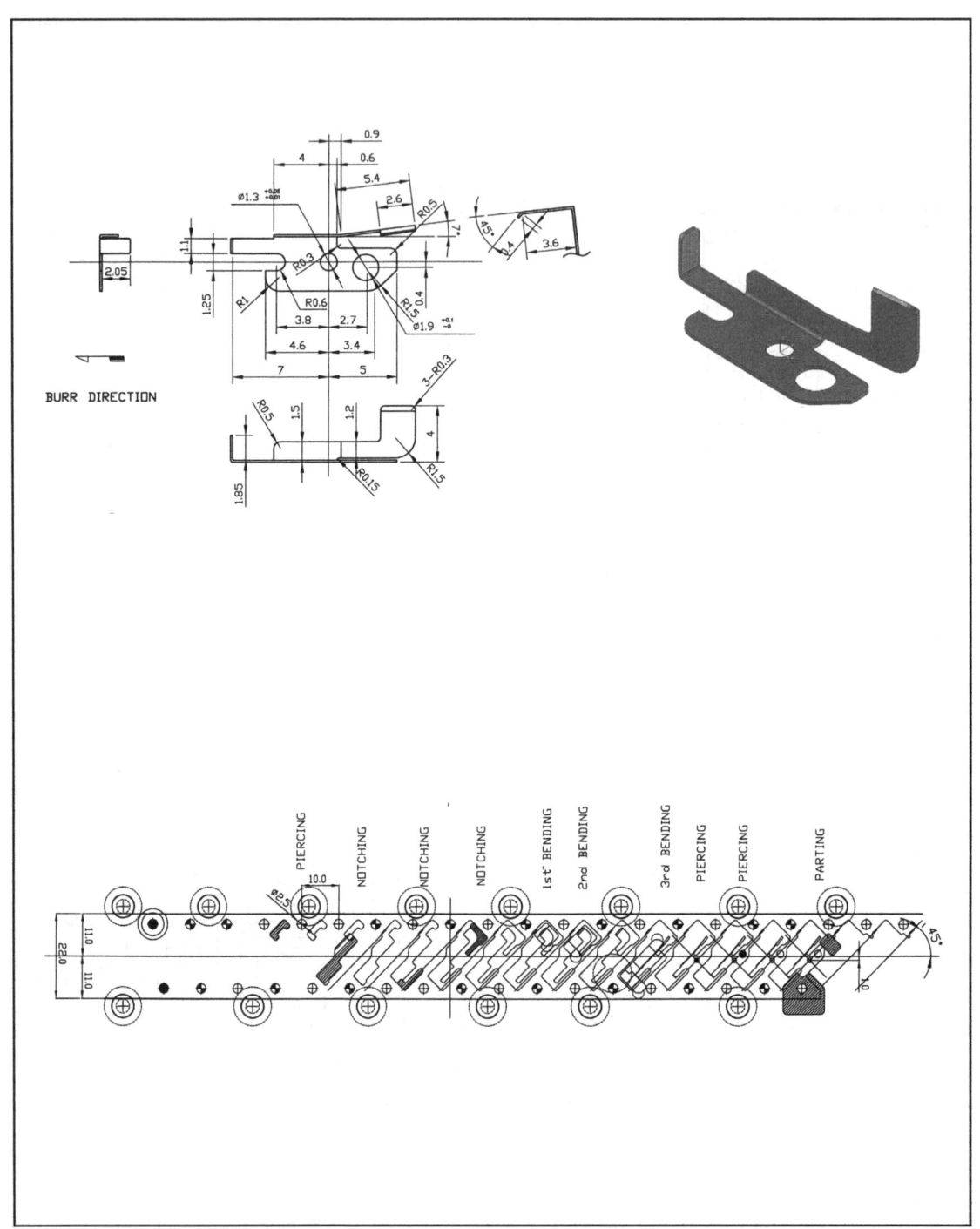

BURR DIRECTION

스트립 레이아웃의 설계 실례 13 - 가이드리프터핀, 노칭, 벤딩, 파팅 완성

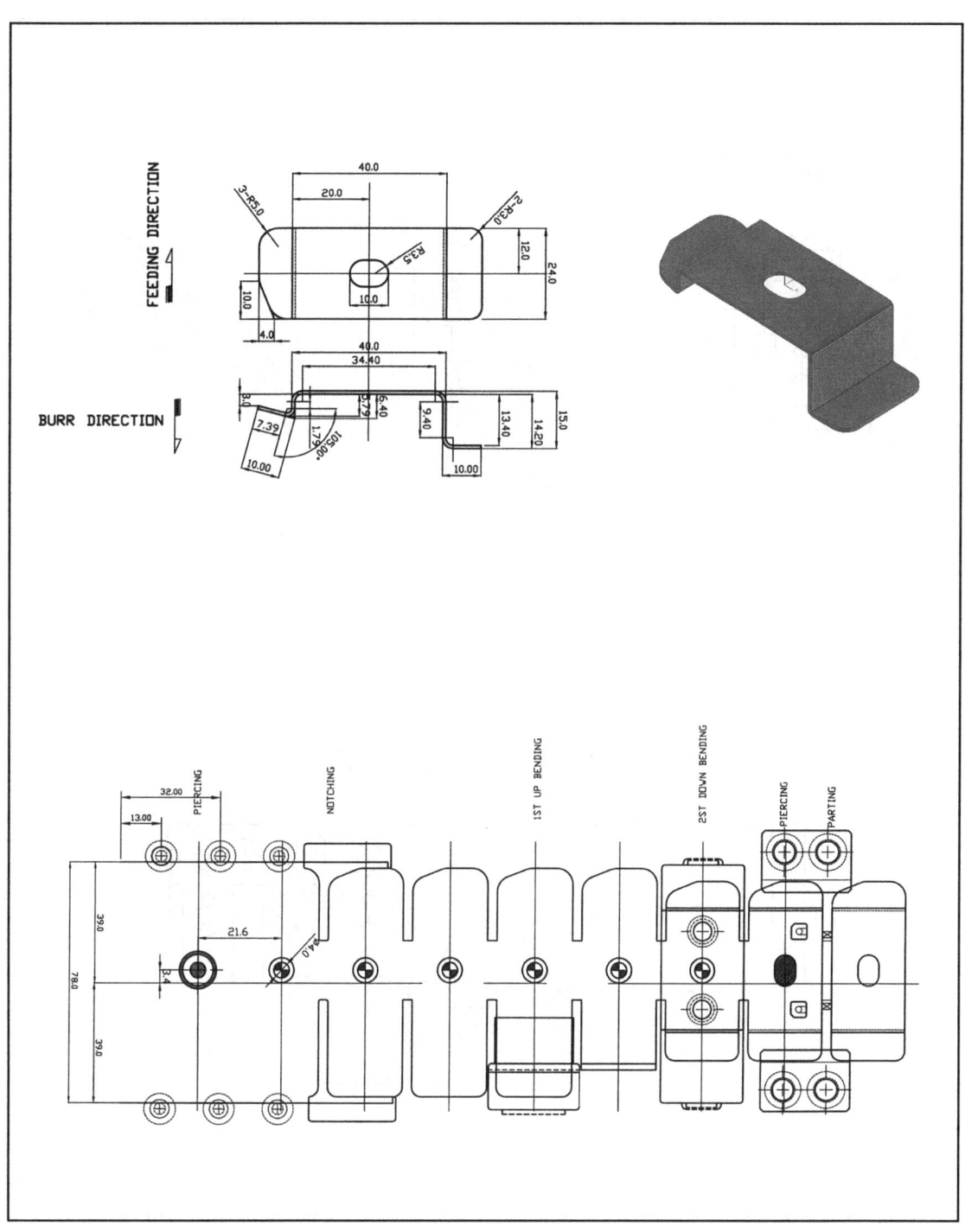

스트립 레이아웃의 설계 실례 14 – 가이드리프터핀, 노칭, 벤딩, 파팅 완성

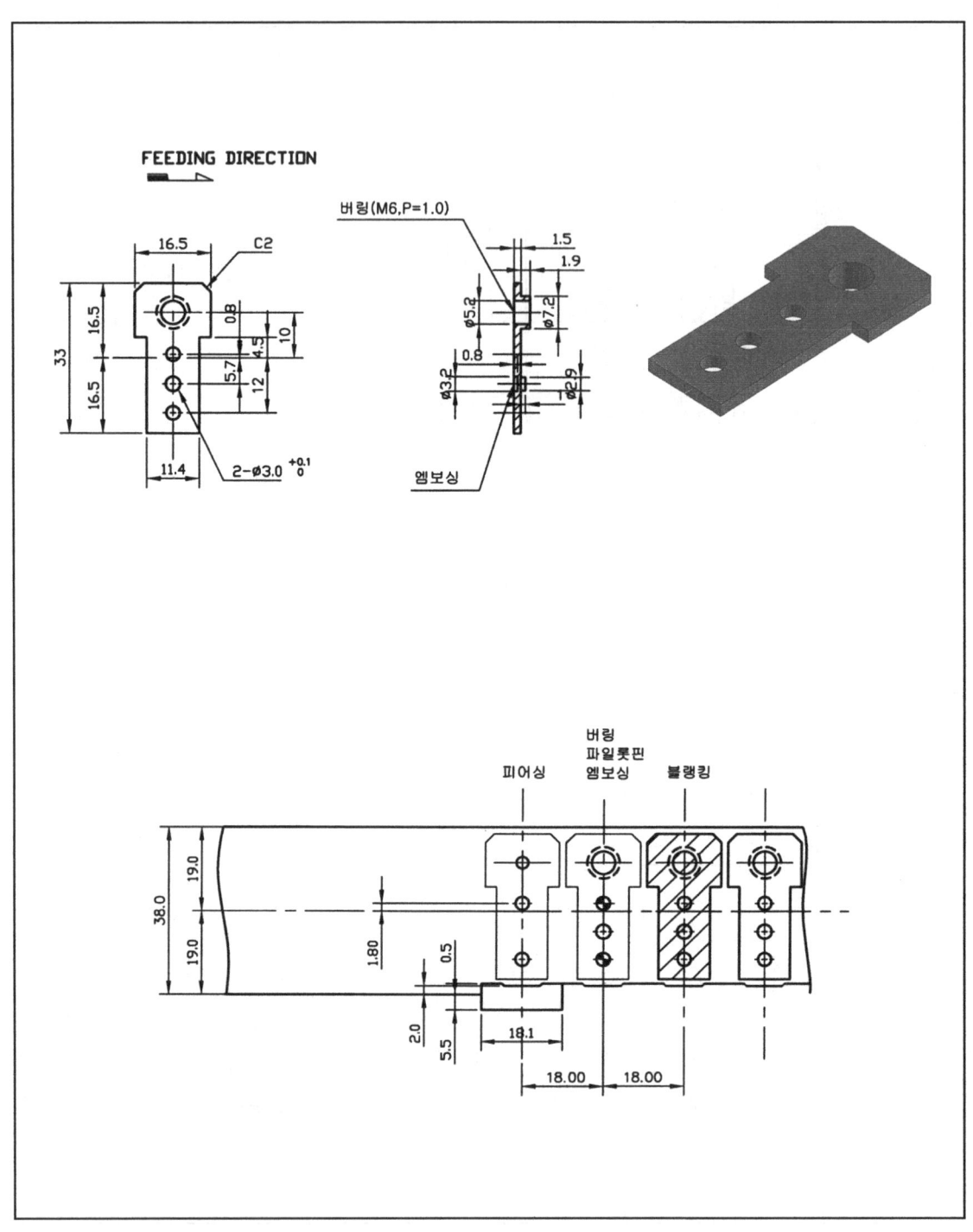

FEEDING DIRECTION

버링(M6,P=1.0)

엠보싱

피어싱　버링 파일롯핀 엠보싱　블랭킹

스트립 레이아웃의 설계 실례 15 - 노칭, 버링, 엠보싱, 블랭킹 완성

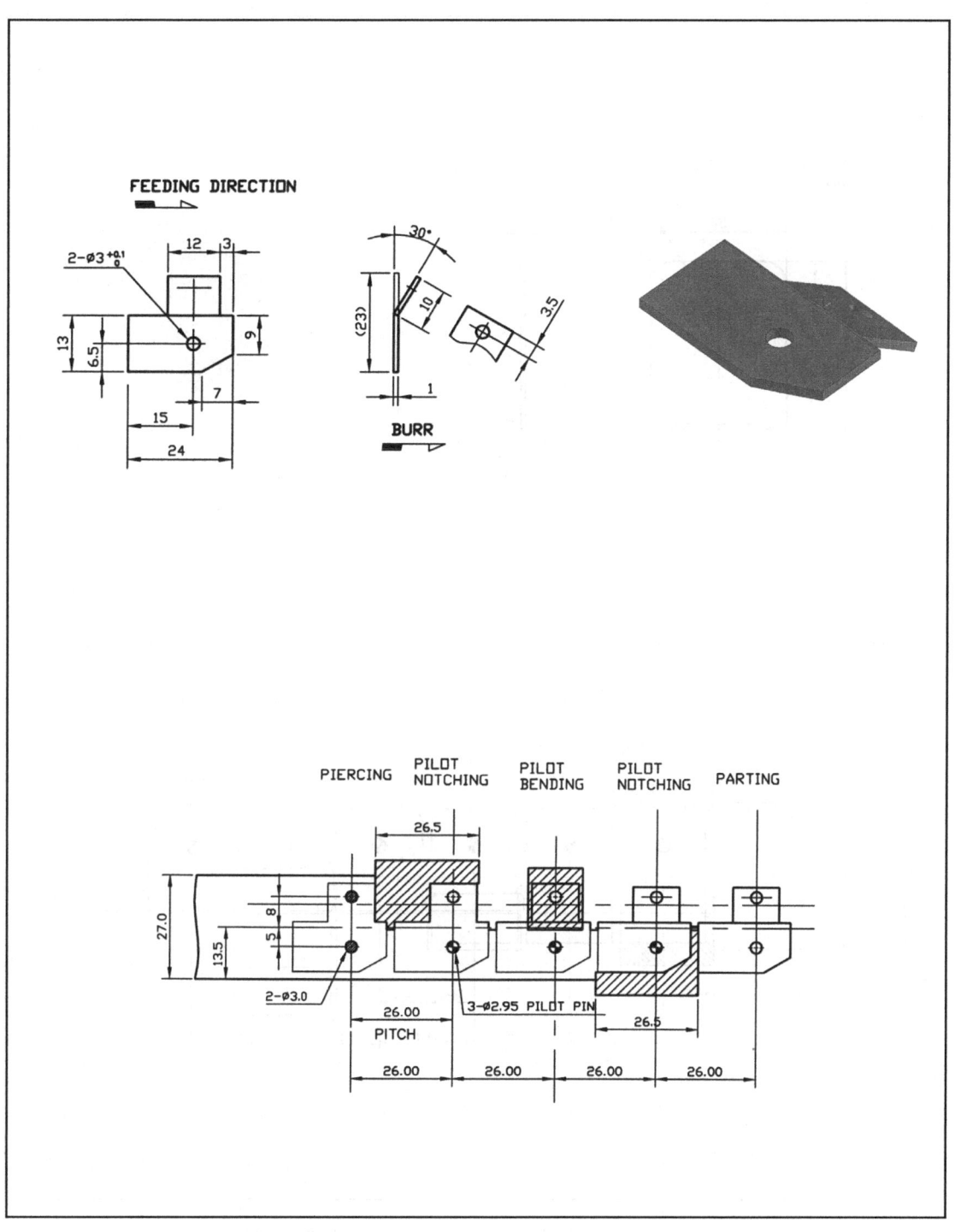

스트립 레이아웃의 설계 실례 16 - 노칭, 벤딩, 파팅 완성

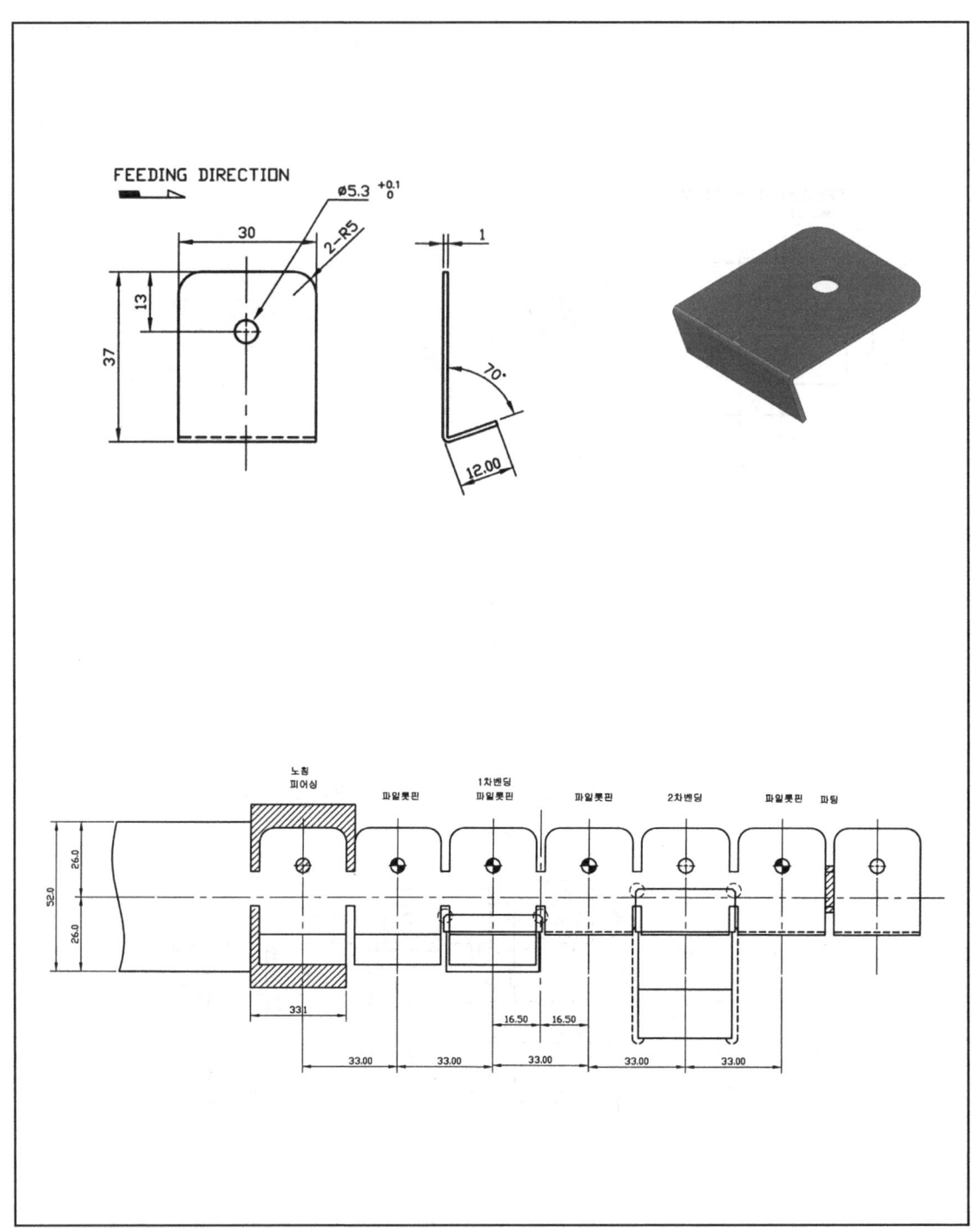

스트립 레이아웃의 설계 실례 17 - 노칭, 벤딩, 파팅 완성

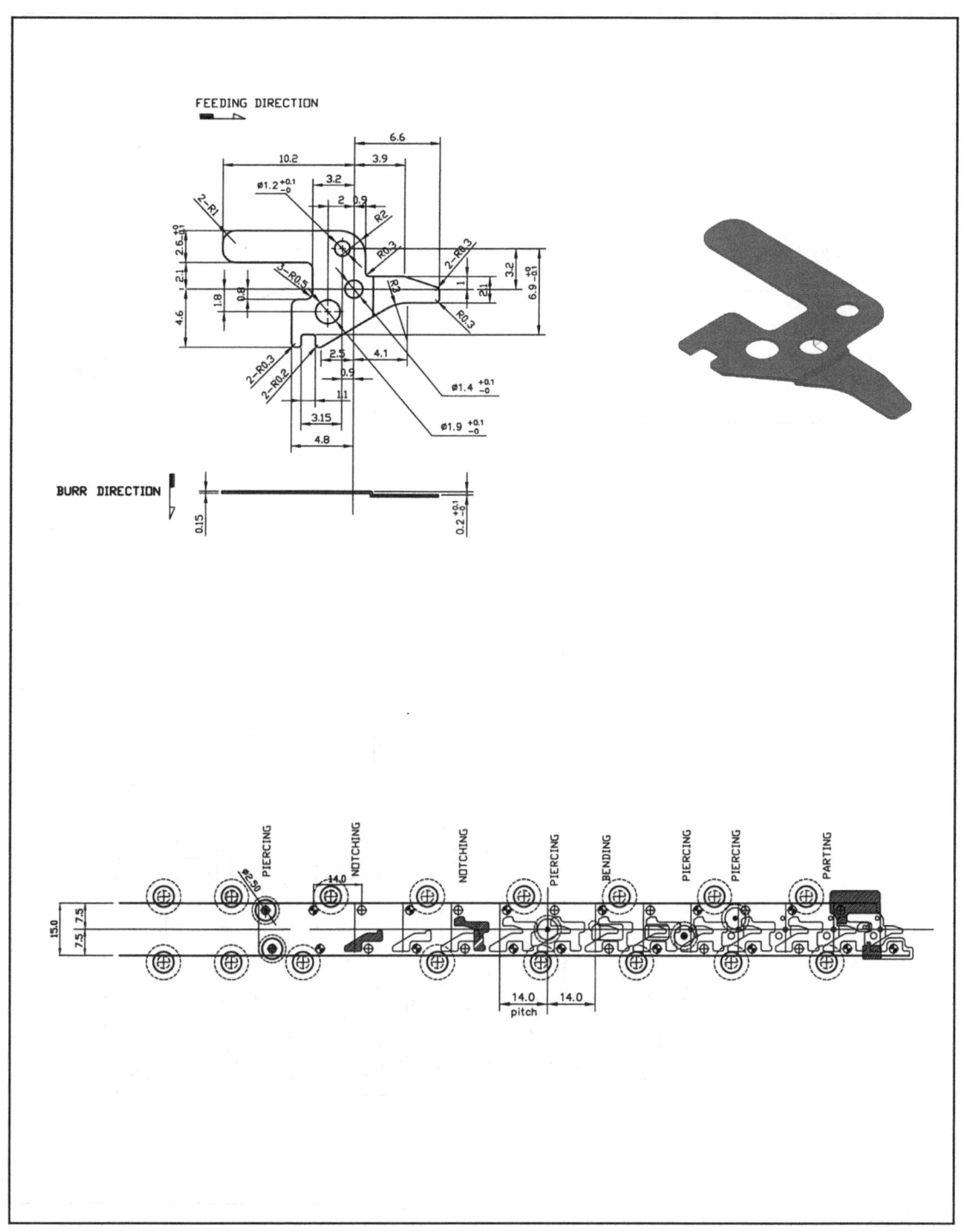

스트립 레이아웃의 설계 실례 18 - 가이드리프터핀, 노칭, 벤딩, 파팅 완성

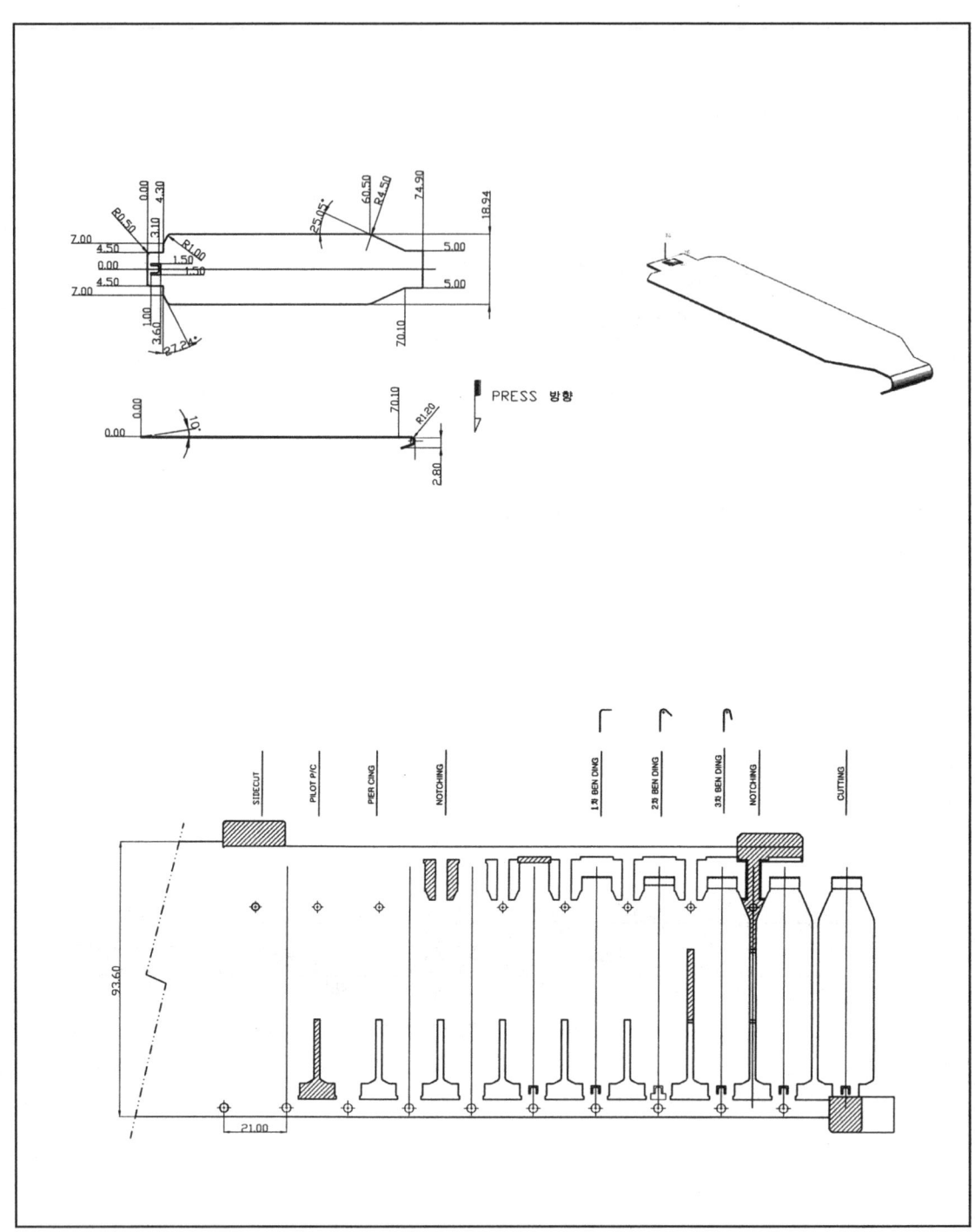

스트립 레이아웃의 설계 실례 19 - 노칭, 벤딩, 파팅 완성

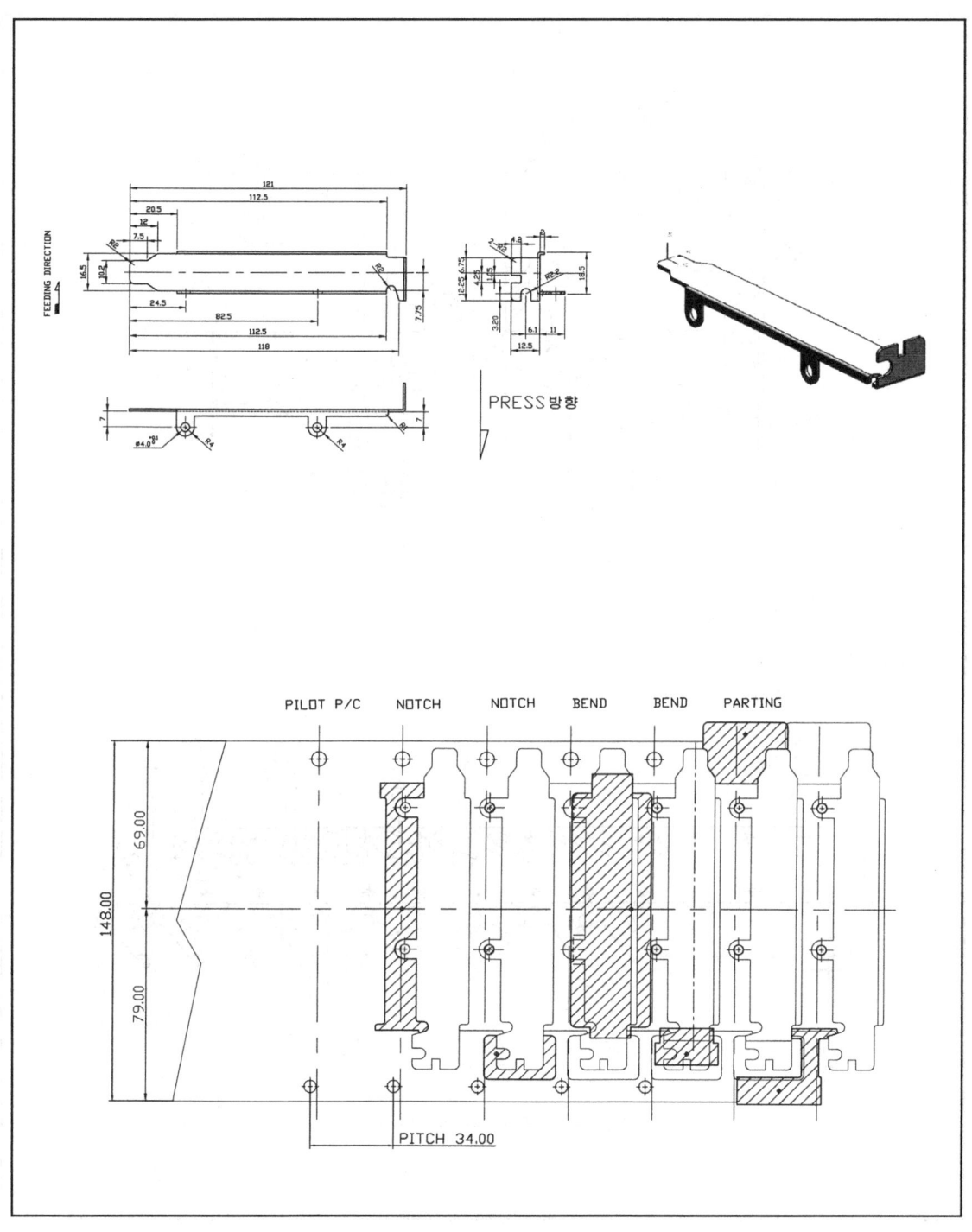

PRESS방향

PILOT P/C    NOTCH    NOTCH    BEND    BEND    PARTING

148.00
69.00
79.00

PITCH 34.00

스트립 레이아웃의 설계 실례 20 - 노칭, 벤딩, 파팅 완성

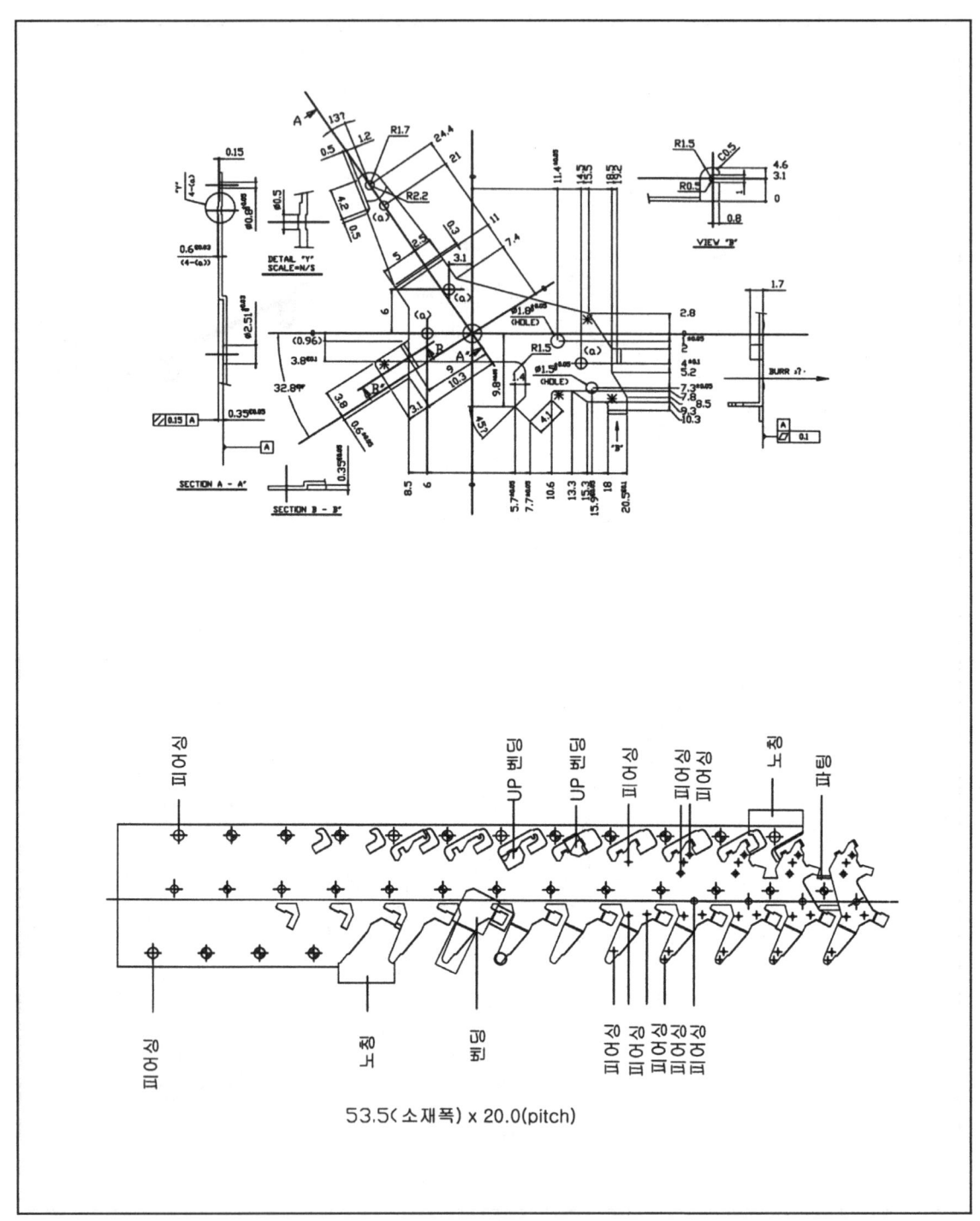

스트립 레이아웃의 설계 실례 21 - 노칭, 벤딩, 파팅 완성

53.5(소재폭) x 20.0(pitch)

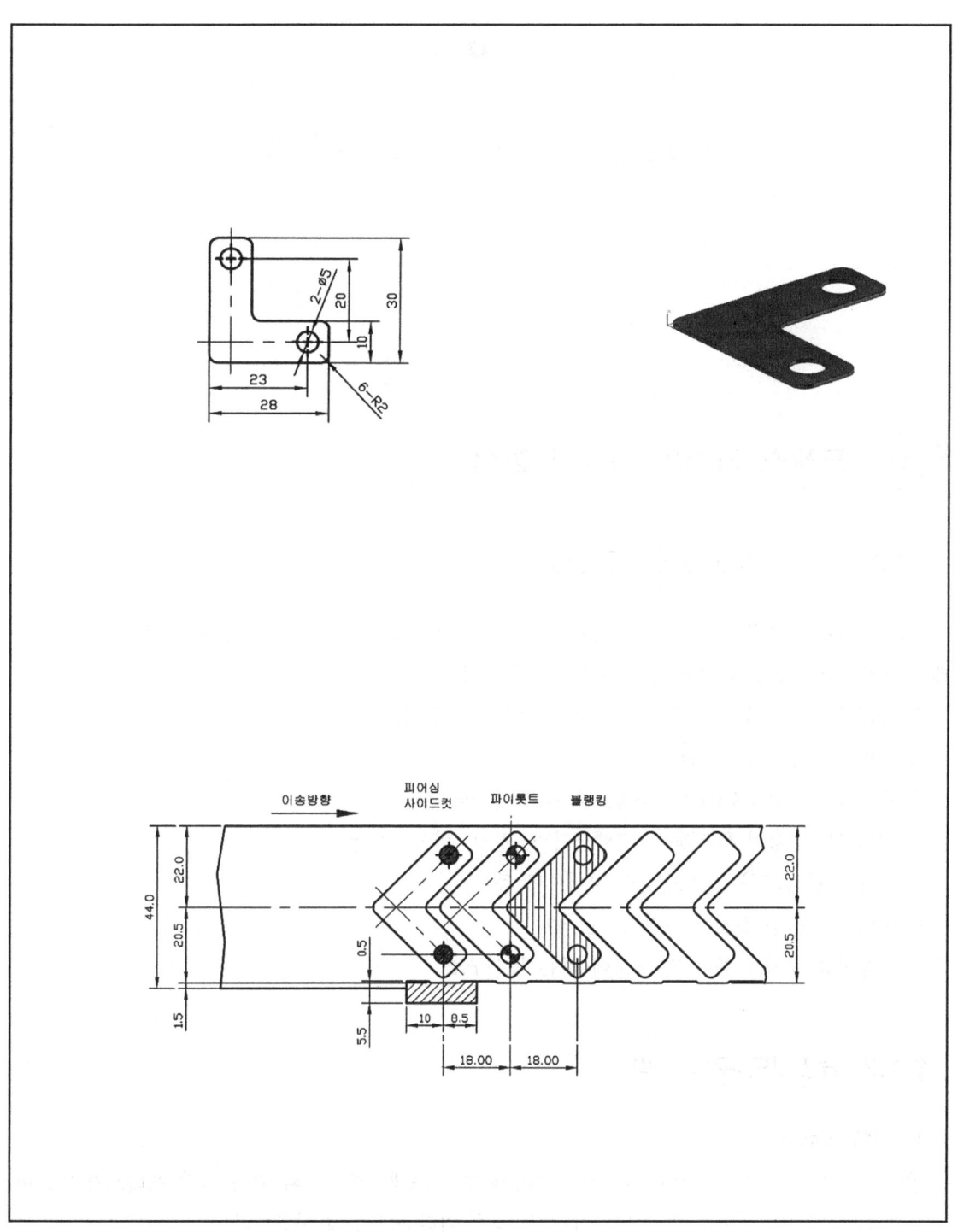

스트립 레이아웃의 설계 실례 22 – 노칭, 블랭킹 완성

# 제 6 장
• • • • • • •
# 프레스 기계와 부속장치

## 1 프레스 기계의 분류와 형식

### ※ 1.1 프레스 기계 형식의 다양성

프레스 기계는 형식 및 종류가 상당히 많은데, 그것은 프레스 기계의 기능에 큰 영향을 갖는 프레스 구성요소의 종류가 다음과 같이 많기 때문이다.

① 슬라이드 구동 동력(수동식, 기계식, 유압식, 공압식)
② 슬라이드 수량(1~3개)
③ 슬라이드 운동방향(수직, 수평, 경사 및 이들의 조합)
④ 슬라이드 구동기구(크랭크, 크랭클리스, 링크, 너클, 마찰 등)
⑤ 프레임 형식(C형, 스트레이트 사이드형 등)
⑥ 슬라이드 구동 유닛의 수량(1, 2, 4)
⑦ 자동이송 장치의 종류 및 용도에 따른 특수구조

### ※ 1.2 슬라이드 구동 동력

#### 1) 인력 프레스

인력 프레스에는 그림 6.1의 (a), (b), (c)의 수동 프레스와 (d)와 같은 족답 프레스가 있으며, 얇은 판의 펀칭이나 간이형 및 전단력이 작을 경우 기타용도 등에 사용한다.

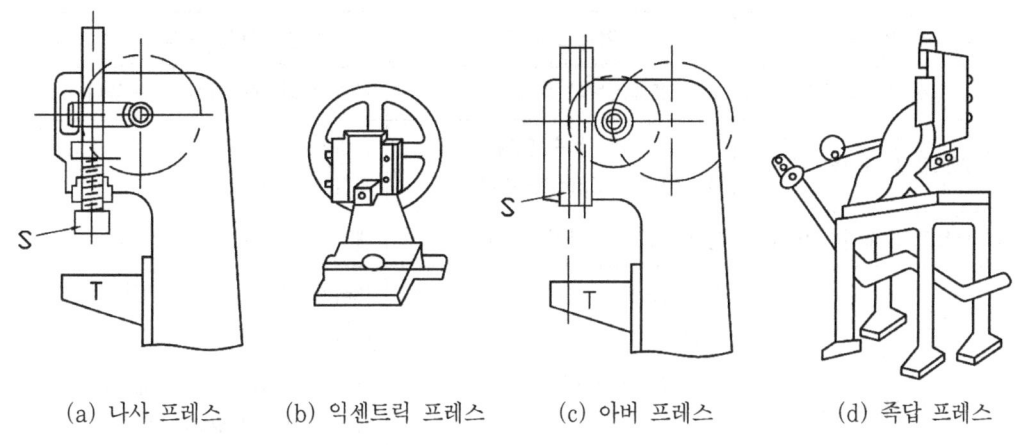

| (a) 나사 프레스 | (b) 익센트릭 프레스 | (c) 아버 프레스 | (d) 족답 프레스 |

그림 6.1  인력 프레스

## 2) 동력 프레스

동력 프레스는 기계 프레스(mechanical press)와 유압 프레스(hydraulic press)로 크게 나눈
다. 위 두 가지의 프레스는 사용용도와 기능 면에서 많은 차이점이 있으며, 이에 따라 분야가 크게
나누어진다.

표 6.1  프레스의 형식과 종류

| 구 분 | 분류 | 종류 | 구동기구 |
|---|---|---|---|
| 인력 프레스 | | 나사 프레스<br>익센트릭 프레스<br>아버 프레스<br>족답 프레스 | 나사<br><br>랙<br>레버 |
| 동력 프레스 | 기계식 프레스 | 크랭크 프레스<br>너클 프레스<br>마찰 프레스<br>편심 프레스 | 크랭크<br>클랭크와 너클<br>마찰차와 나사<br>편심축 |
| | 액압식 프레스 | 유압 프레스<br>수압 프레스 | 유압<br>수압 |

표 6.2 기계 프레스와 유압 프레스의 기능 비교

| 기 능 | 기계 프레스 | 유압 프레스 |
|---|---|---|
| 생산(가공) 속도 | 유압 프레스보다 훨씬 빠르다. | 기계 프레스에 비해 매우 늦다. |
| 스트로크 길이의 한계 | 그다지 길게 할 수 없다.<br>(600~1,000mm가 한계) | 1,000mm 이상의 길이의 것이 비교적 쉽게 만들어진다. |
| 스트로크 길이의 변화 | 일반적으로 행하기 어렵다. | 매우 용이하게 행할 수 있다. |
| 스트로크의 끝 위치 | 일반적으로 끝위치는 정확히 정해진다. | 프레스 자체에서는 정확히 정해지지 않는다. |
| 스트로크 위치와 발생압력 | 하사점에서 멀어질수록 발생압력은 작아진다. | 스트로크 위치에 관계없이 일정한 압력 발생을 행할 수 있다. |
| 가압속도의 조절 | 할 수 없다. | 용이하게 행할 수 있다. |
| 가압력의 조절 | 일반적으로 행하기 어렵다. | 용이하게 행할 수 있다. |
| 일정한 가압력의 지속 | 불가능하다. | 가능하다. |
| 해머 작용 | 다소 기대할 수 있다. | 전혀 없다. |
| 과부하의 발생 | 발생하기 쉽다. | 절대로 발생하지 않는다. |
| 보수의 난이 | 유압 프레스보다 용이하다. | 기계 프레스보다 일손이 든다. |
| 최대능력(압력) | 6,000t(판금용)<br>11,000t(단조용) | 50,000t |

## ※ 1.3 슬라이드 수

대부분의 프레스금형은 고정된 형 1개, 운동하는 형 1개로 되어 있는데, 운동하는 형을 2개 이상 사용하는 경우가 있다. 움직이는 슬라이더의 수에 따라 단동 및 복동식으로 구분하지만 대다수 프레스는 단동식을 많이 사용한다.

## ※ 1.4 슬라이드 구동기구

기계 프레스의 성능에 가장 큰 영향을 주는 구조 요소는 슬라이드 구동기구이다. 원래 기계 프레스라는 것은 전동기를 회전시켜 출력을 플라이 휠(fly wheel)에 축적해 놓고 그 에너지를 수시로 방출하여 가공을 행하는 것이지만, 가공은 슬라이드에 취부된 금형의 직선운동에 의해 행해지므로 플라이휠의 회전운동을 변화할 필요가 있다. 그 때문에 회전운동을 최종 단계에서 직선운동으로 변환하는 각종 기구가 사용되고, 그 기구를 슬라이드 구동기구라고 한다.

중소형 기계에서는 크랭크 기구가 가장 많고, 대형기계에서는 크랭클리스(crankless) 기구가 주로 사용되고 있다. 그 다음으로 많은 것이 너클(knuckle) 기구이다.

# 2 단동식 크랭크 프레스

## ※ 2.1 파워 프레스(power press)

파워 프레스는 현재 가장 많이 사용하고 있으며, 그 대표적인 파워 프레스는 그림 6.2에 나타낸 C형 단동 크랭크 프레스를 말한다. 현재 C형 단동식 싱글 크랭크 프레스는 120 ton 정도까지 제작되지만 80 ton 이상의 대형 프레스로 갈수록 프레임 형상도 가경사식 주조 프레임에서 고정식 상자형 프레임 식을 사용하고 있다.

① 장점

㉮ 전후좌우가 개방되어 있어 작업하기 편리하다.

㉯ 제작이 용이해 다른 형식에 비해 가격이 싸다.

㉰ 블랭킹, 굽힘, 드로잉 등의 다양한 용도를 갖고 있다.

㉱ 소형인 경우 가경사식으로 제품의 중력을 이용한 취출이 자동으로 행해진다.

② 단점

C형 프레임은 과하중을 받으면 수직방향의 변형과 함께 제품의 정밀도가 저하되고, 동시에 금형의 긁힘이나 마모현상이 일어나 금형 수명을 단축시킨다. 따라서 높은 정밀도의 보증이 어렵다는 점이다.

그림 6.2 파워 프레스

## ※ 2.2 익센트릭 프레스(eccentric press : 편심 프레스)

① 구조

크랭크 프레스의 변형으로 그림 6.3에 표시한 것과 같이 크랭크 축이 전후방향으로 되어 있고 크랭크가 한 쪽만 지지하고 있다.

② 특징

프레임의 전후가 폐쇄된 솔리드 형식으로 되어 있다.

③ 장점

프레임의 강도 및 강성을 크게 하고 테이블의 면적도 크게 할 수 있으며, 좌우의 폭을 좁힐 수 있는 특징이 있어 압력이 큰 작업에 적합하며 두꺼운 재료의 블랭킹에 사용된다.

④ 단점

전후방향에의 이송이 되지 않으며, 파워 프레스에 비해 작업성이나 범용성이 열세이며 한정된 작업밖에 사용할 수가 없고, 프레임의 경사가 불가능하며 행정(stroke)을 길게 할 수 없는 것 등이 결점이다.

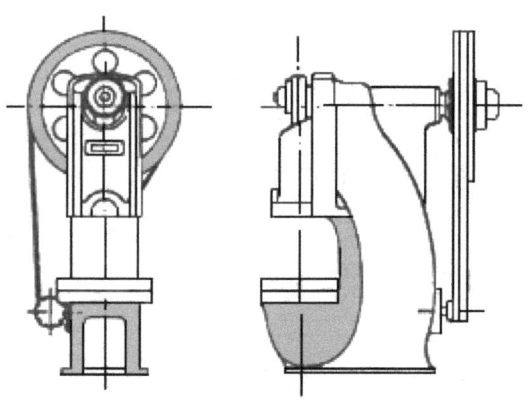

그림 6.3  익센트릭 프레스

## ※ 2.3 크랭클리스 프레스(crankless press)

크랭클리스 프레스는 최저 150 ton 정도부터 1000 ton 정도까지의 대형 프레스의 대부분을 차지하고 있다. 그 현상 및 기구는 그림 6.4에 표시한 것과 같이 플라이휠의 회전을 여러 개의 기어로 감속하여 큰 직경의 메인기어에 전달시켜, 그 메인기어와 일체로 되어 있는 편심부를 회전시켜 커넥팅 로드를 상하로 작동시키는 구조이다.

크랭클리스 형식은 편심부의 굽힘강성이 높고 비틀림강성도 높다. 따라서 압력이 크고 행정이 긴 프레스를 만드는데 유리하여 많이 사용하고 있다.

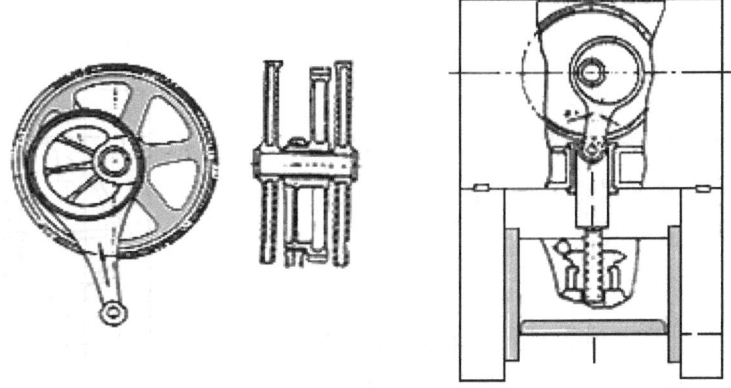

그림 6.4  크랭클리스 프레스

## ⁂ 2.4  마찰 프레스(friction press)

그림 6.5와 같이 슬라이드 구동에 마찰전동 장치와 나사기구를 사용한 프레스이다. 이 프레스는 해머와 같이 충격력과 행정의 길이 등을 자유롭게 할 수 있는 융통성을 가지고 있다.

다종 소량용으로 범용성을 갖고 있으며 단조, 코이닝, 굽힘, 엠보싱 등의 가공에 있어서는 다른 프레스가 따를 수 없으나, 연속운전을 할 수 없는 결점과 하사점의 위치가 불안정하여 작업 정도가 나쁘다. 작업은 숙련을 요하며 작업자의 피로도가 크며, 프레임 파손의 위험 등의 결점을 갖고 있다.

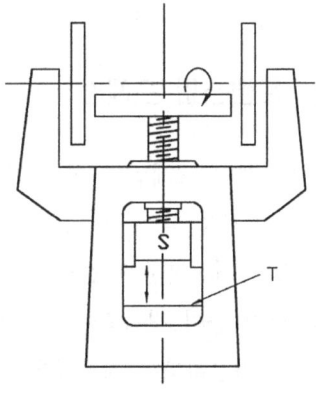

그림 6.5  마찰 프레스

## ※ 2.5  너클 프레스(Knukle Press)

① 원리

슬라이드 구동장치에 너클 기구를 사용한 것을 너클 프레스라 한다.

② 특징

슬라이드의 속도가 하사점 부근에서 매우 느려진다. 그러나 속도에 반비례로 하사점 부근에서 매우 높은 압력이 작용한다.

③ 용도

행정의 하사점 위치가 매우 정확하여 코이닝이나 사이징 등의 압축가공에 적합하여 냉간단조에 가장 많이 사용한다.

④ 적용

너클 프레스로 정밀 블랭킹 가공할 때 비교적 낮은 전단 속도로 가공을 하기 위해서는 복동식 너클 프레스를 사용한다.

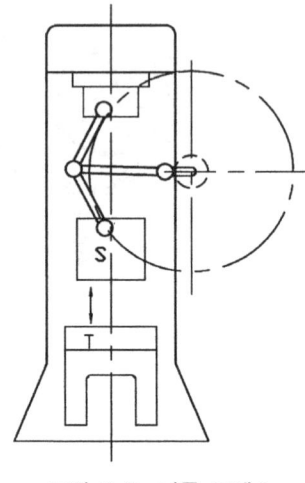

그림 6.6  너클 프레스

## ※ 2.6  트랜스퍼 프레스

프레스는 1개의 프레임에 여러 개의 가공 스테이션을 갖고 연속가공을 할 수 있도록 만든 프레스이다.

이 프레스는 편심하중에 견딜 수 있도록 높은 강성과 원통 리브캠 등이 장착되어 트랜스퍼 모션 및 클램프 모션 등이 가능하도록 제작되어 있다.

그림 6.7  트랜스퍼 프레스

### 3  복동식 기계 프레스

① 램이 두 개인 복동 프레스는 대부분 드로잉 가공에 많이 사용된다.
② 가장자리에 위치한 램에는 블랭크 홀더가 부착되어 안내부를 따라 움직이면 가운데 있는 펀치용 램과는 구동 장치가 분리되어 있다.
③ 중형과 대형 프레스에서는 램이 하사점에 이동되어 있는 상태에서 아래에서 위로 이동하는 램이 하나를 더 장치할 수 있다.
④ 이 운동은 다른 램에 의해 드로잉 가공된 제품에 피어싱 가공을 하는 데에 이용된다.

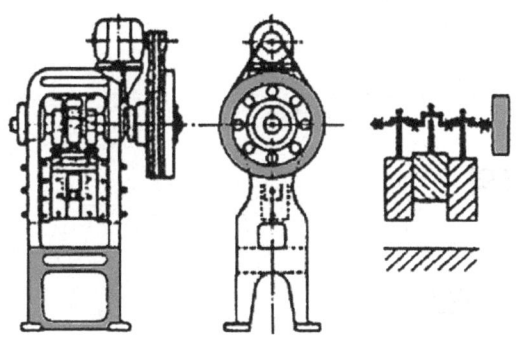

그림 6.8  복동식 크랭크 프레스 구조

### 4  액압 프레스

  액압 프레스는 슬라이드의 구동에너지를 유압이나 수압으로 이용하여 작동되도록 제작된 프레스이다. 수압식에 비하여 유압식은 기름을 사용하여, 전체의 기구가 수압식에 비하여 수명이 길고, 수압 프레스보다 소용량의 것도 만들어지고 있다. 구조는 수압식과 거의 같으며 고압유 펌프의 발달과 함께 대형 프레스도 제작되어 많이 사용되고 있다.

① 액압 프레스의 장점
  ㉮ 행정을 임의로 조정할 수 있다.
  ㉯ 행정에 관계없이 큰 힘을 낼 수 있다.

㉱ 하사점의 위치결정이 용이하다.

㉲ 과부하를 일으키지 않는다.

② 단점

가공속도가 매우 느리고, 누유 등으로 인해 손질을 자주 해야 하는 결점이 있다.

## ※ 4.1  유압 프레스

강판재의 정밀전단을 주로 하기 위해 3개의 램 구동을 갖는 3동(triple action) 유압 프레스가 대표적이다. 유압 프레스는 유압 실린더의 피스톤에 연결된 프레스 램(또는 슬라이드)에 힘을 전달한다. 3동 유압 프레스는 유압 실린더가 프레스 램, 블랭크 홀더, 다이 쿠션의 3곳에 설치되어 작동하고 있다.

# 5  프레스의 사양

## ※ 5.1  프레스 기계의 3요소

프레스의 능력은 다음 3가지로 정의된다.

### 1) 압력능력 (공칭능력)

프레스 기계가 기능적 손상을 입지 않고 가공을 행하기 위해 발생시킬 수 있는 최대 압력을 압력능력 또는 호칭압력이라고 하며 톤(ton) 단위로 표시한다.

일반적으로 프레스 기계는 설계상 압력능력에 대하여 여유를 가지고 있지만, 프레스 가공에서는 피가공 재료의 재질, 재료두께의 산포, 이송 오류 등의 이유로 인한 프레스 가공으로 인하여 과부하를 발생시킬 여지가 많으므로 반드시 허용 최대압력을 준수하여 프레스를 선정하여야 하며 보통 설계시 30% 이상의 여유를 주어야 한다.

공칭압력에 관계되는 프레스의 구조부분은 프레임, 볼스터, 슬라이드, 커넥팅 로드, 크랭크 축(또는 크랭크 핀) 등이며, 공칭압력에 대한 과부하가 생기면 이들 부품이 파손 또는 휨이 발생된다. 프레스 작업을 하기 위한 프레스의 선정은 공칭압력의 60~70% 정도의 압력을 사용한다.

## 2) 토크능력

크랭크 기구의 관계로부터 슬라이드의 각 위치마다 발생되는 압력은 변화한다. 공칭압력을 발생할 수 있는 최고 스트로크 위치의 하사점에서 거리를 토크(torque)능력이라 한다. 토크능력에 관계되는 프레스의 구조 부분은 클러치로부터 크랭크축까지의 회전력을 전달하는 부품으로 전동축, 기어바퀴 등이 포함된다.

그림 6.9는 발생 압력과 행정과의 관계를 나타낸 것이다.

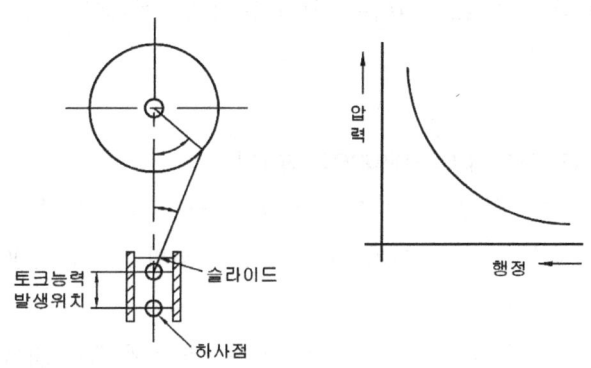

그림 6.9  발생 압력과 행정과의 관계

국내의 프레스는 크랭크의 각도에서 하사점 전 26°의 위치에서 공칭압력을 낼 수 있는 한도로 채용하고 있으며, 300 ton 이하의 프레스에서는 이 점을 행정길이로 환산하면 하사점 전 약 6% 위치가 된다.

## 3) 작업능력 (일능력)

이 능력은 유효작업 에너지(energy)에 관계하는 것으로 1회의 작업에 사용할 수 있는 작업량의 크기를 말하며, 이 능력은 ton-mm로 표시한다.

공칭압력을 P로, 공칭압력의 위치(토크능력의 거리)를 S라 할 때, 작업능력 W는

$$W = P \times S$$

이다.

## ※ 5.2 프레스 기계의 사양

금형설계 및 제작에 있어서 고려해야 할 프레스 사양에는 다음과 같은 것이 있다.

### 1) 스트로크 (stroke) 길이

프레스의 능력에 대해 표준으로 생각하고 있는 스트로크로 프레스의 토크능력이나 작업 능력이 나오도록 설계한다. 이 스트로크를 보다 길게 변경하는 경우 공칭압력 발생위치(토크 능력)가 낮아지는 것에 유의하여야 한다. 스트로크 길이를 선택하는 경우, 박판의 타발 전용의 경우, 물건이 큰 경우는 길게 선정한다.

### 2) 매분 스트로크 수 (strokes per mirunes : spm)

연속운전을 행하는 경우의 1분간 슬라이드가 왕복운동하는 횟수로 즉, 가공횟수를 말하며 매분 스트로크 수가 빠르면 빠를수록 생산속도가 빠르다. 손 작업의 경우는 100SPM 이상으로 올려도 생산능률에는 거의 영향이 없다.

자동이송장치(롤 피더)를 사용하는 경우는 무단변속기를 사용해서 SPM을 무단계로 변환시켜 이송길이에 적합한 생산속도를 얻을 수가 있으며, 최근에는 1000SPM 이상의 고속 프레스도 제작되고 있다.

### 3) 다이 하이트 (die height)와 셧 하이트 (shut height)

그림 6.10에서 다이 하이트와 셧 하이트를 각각 $H_D$와 $H_S$로 표시한다.

- 다이 하이트
  슬라이드 조절을 상한값으로 한 상태에서 스트로크를 하사점까지 내렸을 때 슬라이드 하면과 볼스터(bolster) 상면과의 직선거리
- 셧 하이트
  다이 하이트에 볼스터 두께를 더한 것, 즉 슬라이드의 스트로크가 하사점에 있을 때 슬라이드 하면과 베드(bed) 상면까지의 거리

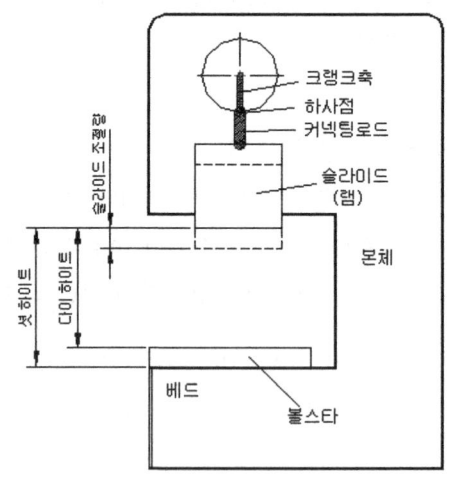

그림 6.10 다이 하이트와 셧 하이트

금형의 높이는 일반적으로 아래와 같이 결정한다.

① Press의 Die Height - 슬라이드 조절량 + 15mm(여유량)

② Press의 Die Height - 5mm(여유량)

예) Die Height가 200mm이고 슬라이드 조절량이 50mm일 때 금형 높이는 얼마인가?

　　① 200 - 50 + 15 = 165(mm)　　② 200 - 5 = 195(mm)

　　따라서 금형의 높이는 165~195(mm) 사이에서 결정한다.

### 4) 슬라이드 조절량

커넥팅 로드와 슬라이드간에 나사조절장치를 설계하여 슬라이드 거리를 변화시켜 금형의 상면에 슬라이드 아랫면을 닿게 하여 금형세팅이 가능하도록 되어 있으며, 이 조절량은 통상 톤수에 따라 정해져 있으나 특수한 경우에는 이를 변경해야 할 필요가 있다.

### 5) 슬라이드 면적과 볼스터(bolster) 면적

금형의 상하형을 프레스에 매달기 위해 필요한 면적이며, 프레스 작업시 금형에서 발생하는 힘이 1차적으로 전달되는 곳이기도 하다.

표 6.3 프레스 기계의 사양

| 사 양 | 내 용 | 100톤의 보기 |
|---|---|---|
| 능력(ton) | 가공중 안전하게 발생할 수 있는 최대압력, 호칭압력 | 100톤 |
| 스트로크 길이(mm) | 슬라이드의 최대운동거리 | 170mm |
| 스트로크 수(spm) | 연속운전할 경우의 1분간의 스트로크(행정)수 | 50spm |
| 다이 하이트(mm) | 슬라이드 조절을 상한값 상태에서 스트로크를 하사점에서의 슬라이드 하면과 볼스터(bolster) 상면과의 직선거리 | 350mm |
| 슬라이드어저스트 (mm) | 나사로서 다이하이트를 사용하는 금형에 합쳐서 조절할 수 있는 양 | 75mm |
| 슬라이드 하면적 (mm²) | 슬라이드 하면에 금형의 접하는 부분의 면적, 횡폭×내측 길이 | 600×450 |
| 볼스터 면적(mm²) | 볼스터의 표면적, 횡폭×내측 길이 | 1060×560 |
| 볼스터 두께(mm) | 볼스터의 두께, 셧 하이트는 다이 하이트에서 이것을 뺀다. | 105mm |
| 메인모터(Kw×P) | 플라이휠 회전용 메인모터의 출력과 극수 | 5.5×4 |

## ※ 5.3  프레스 기계의 용어 설명

그림 6.11은 대표적 크랭크 프레스의 부품명이 주어져 있으며, 이에 대한 내용을 간단히 설명하면 다음과 같다.

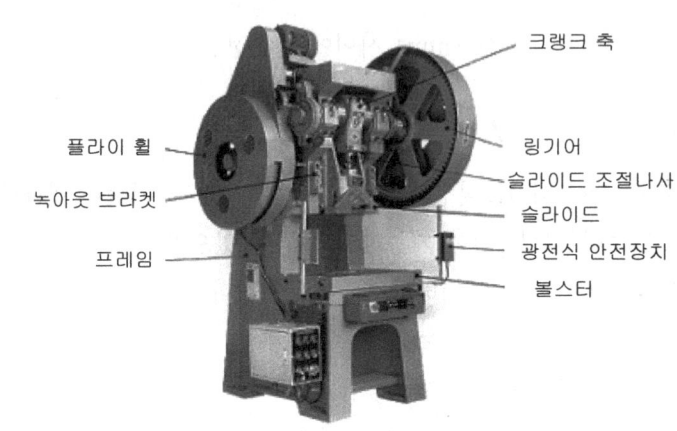

플라이 휠
녹아웃 브라켓
프레임

크랭크 축
링기어
슬라이드 조절나사
슬라이드
광전식 안전장치
볼스터

그림 6.11  크랭크 프레스

① 크랭크 축(Crank shaft)

플라이 휠로부터 회전력이 링기어로 전달된 상태에서 클러치 작동에 의해 크랭크 축을 회전시키는 것으로, 프레스의 회전 운동을 슬라이드(램)에 직선운동으로 바꾸어 전달한다.

② 슬라이드 조절나사(Slide adjustment)

금형을 프레스 볼스터에 올려 놓고, 슬라이드의 하사점 위치를 조정하기 위해 상하로 슬라이드 위치를 조절할 수 있도록 되어 있는 나사 조절 장치

③ 볼스터(Bolster)

프레스 베드 위에 설치되는 보조 플레이트로 다이 세트를 장착하기 위한 T홈이 가공되고 있어, 이것이 마모, 손상이 된 경우엔 쉽게 탈착하여 수정, 가공할 수 있다.

④ 슬라이드(Slide, Ram)

금형의 상형을 장착하는 부위로 프레스의 직선운동을 하면서 하중을 전달하는 주요 부품

⑤ 프레임(Frame)

프레스의 본체를 구성하는 몸체이다.

# 6 주변장치

프레스 본체에는 용도, 작업방법, 조작성, 안정성 및 자동화 등 여러 가지 부속장치가 부착되어 있어, 생산성 향상과 프레스 기능의 확대를 도모하고 있다.

## 6.1 자동화장치

급송장치, 1차가공 이송장치, 2차가공 이송장치, 꺼내기(인출)장치, 미스 피드 검출장치

(1) 프레스 자동화 장점
① 생산량의 증가(10~20%)
② 인건비의 절약(50%)
③ 숙련공의 불필요
④ 제품의 정밀도 향상(동일 조건 작업)
⑤ 재료의 절감
⑥ 작업 공간 절약(설비 면적)
⑦ 안전성의 향상
⑧ 반가공품의 재고가 없어진다.
⑨ 생산 관리 용이
⑩ 동업자에 대한 경쟁력 강화

(2) 프레스 자동화 단점
① 설비가 많다.
② 재료의 치수 공차가 정확해야 한다.
③ 금형의 가격이 비싸진다.
④ 금형의 설계가 어렵다.
⑤ 생산량이 적다.(주문에 의한 경우)
⑥ 자동화장치 기술이 필요하다.
⑦ 제품의 변화에 의한 고가 자동화장치의 사용이 용이하지 못한 불안감
⑧ 고성능의 자동화 설비가 고장 났을 때 보수의 어려움 등.

(3) 자동화장치의 구성

① 적재장치 : 릴 스탠드, 언코일러, 크레이들, 턴테이블

② 교정장치 : 레벨러

③ 이송장치 : 롤피더, 호퍼 등

④ 가공 작업 기구 : 프레스, 금형

⑤ 운반 이동 기구 : 트랜스퍼 피더, 셔틀, 콘베이어, 레일

⑥ 작동 제어 기구 : 각 동작 작동 타이밍의 콘트롤

⑦ 검사 및 이상 검출 기구 : 센서(근접센서, 광센서, 이미지 센서, 레이저 등)에 의한 작동

## 1) 급송장치

급송장치는 소재를 유지하고 공급하는 작용을 한다.

① 릴 스탠드(reel stand)

경량 코일재의 내경을 지탱하는 방식의 언코일러(uncoiler)로서 구조가 간단하고 재료 표면에 상처가 잘 발생하지 않는 장점이 있다.

② 코일 크레이들(coil cradle)

후프재, 코일재 등 코일상으로 감은 재료를 회전하는 스탠드로서, 구조는 롤 위에 코일재를 얹어 놓고 코일재를 바닥면에서 송입할 수가 있다. 중량이 무거운 것을 얹어 놓을 수 있으나 밸런스를 취할 수 없는 등의 특징이 있다.

| 릴 스탠드 | 언코일러 | 크레이들+레벨러 | 레벨러 |

그림 6.12 급송장치

③ 레벨러(leveler)

코일재에는 재료 자신의 변형 등이 있어 그대로 사용하면 보내기 정밀도나 금형의 수명, 제품의 정밀도에 나쁜 영향을 미친다. 이 때문에 그들을 제거하여 응력분포가 고르고 평판한 재료로 하는 기계이다.

## 2) 자동기계 이송장치

① 롤 피더(roll feeder)

그림 6.13과 같은 롤 피더는 기계이송 중 가장 일반적인 방식이며, 코일재와 프로그레시브 금형을 사용하여 고능률로 자동가공할 때 사용한다.

크랭크 축의 한쪽에서 동력을 공급받아 이송장치용 2개 롤의 하단롤을 래칫(ratchet) 기구로 간헐적으로 움직여 재료를 상롤과 마찰로서 이송하는 기구이다. 고속으로 이송작용을 하기 위해서는 금형에 파일럿 등의 정밀안내를 병용해야만 정밀도가 보장된다.

 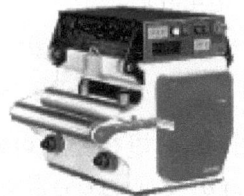

롤 피더        NC 롤 피더

그림 6.13 롤 피더

② 다이얼 피더(dial feeder)

다이얼 피더는 블랭크 또는 반 가공품을 넣을 스테이션을 6~12개 설치한 원판을 할출 회전에 의해 간헐적으로 행정마다 래칫 또는 마찰기구로서 다이얼을 정확히 회전시켜 순차적으로 각 펀치 위에서 가공되도록 하는 이송기구이다.(그림 6.14)

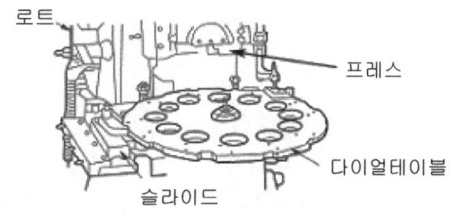

그림 6.14 스테이션다이얼 피더

③ 그리퍼 피더(gripper feeder)

그리퍼 피더는 슬라이드 부분을 왕복운동시켜 재료를 잡고서 이송하는 기구로서, 롤 피더와 같이 많이 사용되고 있다. 구조는 왕복운동하는 이동 그리퍼와 재료를 고정하는 고정 그리퍼 한 쌍으로 구성하고, 양측에 설치하는 방식과 한쪽에만 설치하는 경우로 구분한다.

특징으로는 이송 정밀도가 좋고, 이송길이의 변화가 없다는 점이다. 이송의 미세조정도 가능하며 코일재를 끌어당기는 힘이 강하고 가격도 적정하다.

④ 트랜스퍼 이송(transfer feed)

트랜스퍼 이송은 여러 공정을 요하는 한 개의 부품을 가공하기 위하여 제작 설치된 여러 조의 독립된 금형과 금형 사이를 연결해주며, 각 공정에서 가공된 부품을 잡아서 다음 공정 금형으로 일제히 동시에 이송시켜 주는 이송 장치를 말한다. 그 동작은 클램프(clamp, 취부), 어드밴스(advance, 전진), 언클램프(unclamp, 이탈), 리턴(return, 후퇴)의 4개 동작이 일반적이지만, 전진과 후퇴만 하는 간단한 것도 있고 클램프, 상승(lift), 전진, 하강(lower), 이탈(unclamp), 후퇴(return)와 같은 입체적인 것도 있다.

⑤ 호퍼 피더(hopper feeder)

호퍼 볼의 안에 부품을 떨어뜨려 넣고 기계적 선택으로서 자동적으로 일정방향으로 갖추어서 다이 안에 직접 또는 간접으로 이송하여 넣는 방법이다. 동력은 호퍼 단독모터를 사용할 때와 프레스 동력을 이용하는 경우가 있다. 직선, 선회, 진동 등의 운동을 조합하여 정확한 위치로 규정하여 슈트에 이송한다.

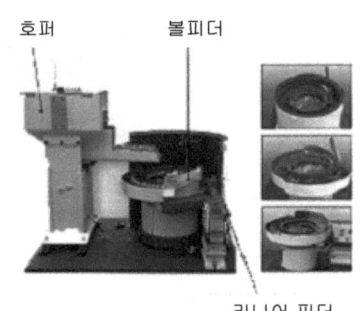

그림 6.15 호퍼 피더

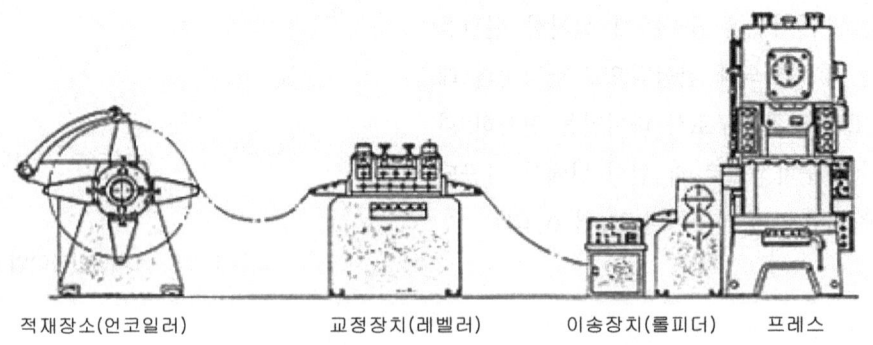

적재장소(언코일러)    교정장치(레벨러)    이송장치(롤피더)    프레스

그림 6.16 코일재 작업용 프레스 자동화 라인 예

## ※ 6.2 프레스 기계에 설치하는 장치

### 1) 다이쿠션(die cushion)

다이쿠션이란 드로잉용 블랭크 홀더나 녹아웃 등을 작동시키는 베드 아래에 장치된 배압장치로서, 형식을 대별하면 공기식과 공유압식이 있다. 대형 프레스에는 공유압식이 사용되고, 100ton 이하의 프레스에는 가격이 싸고 취급이 용이한 공기식이 주로 사용된다.

### 2) 마이크로 인칭 장치

완속 운전 장치라고 하며 인칭 조작을 매우 늦은 속도로 행함에 따라, 형 맞춤 작업을 용이하게 하기 위한 장치이다. 보통의 인칭조작은 클러치의 연결과 끊음으로 행하기 때문에 슬라이드는 전진 인칭밖에 행할 수 없지만, 전·후진 인칭을 자유롭게 행할 수 있는 특별한 편리함도 있다.

### 3) 신속금형 교환장치(Q.D.C)와 기능

보통의 프레스 작업에서는 금형 교환에 상당히 긴 시간이 걸리는 것이 일반적이며, 이것이 다품종 소량생산을 행하는 경우, 더욱 생산원가 상승의 원인이 되고 있다. 최근에는 생산의 다품종 다양화가 급속히 진전되고 있기 때문에 그 해결책으로서 신속 금형 교환 시스템(quick die change system : Q.D.C 시스템)이 실용화되어 커다란 발전을 보이고 있다.

Q.D.C 시스템 중 가장 대표적인 것은 무빙 볼스터 방식으로 대형기계의 경우에 사용한다. 이 방식이 채용되고 있는 것은 주로 자동차 차체 판넬 가공용의 대형 프레스에 이용되지만, 소형 프레스에 장착한 것도 일부 있다. 대형 프레스의 경우 대중량의 볼스터 이동은 모터에 의한 형식이 많고, 소형 프레스에는 롤러 등을 사용하여 사람 손으로 가볍게 움직일 수 있도록 한 것이 많다.

## ※ 6.3 안전장치

양손 조작식 안전장치, 광선식 안전장치, 손으로 당기기식 안전장치 등이 있다.

# 7 프레스의 선정

프레스 기계를 선정할 경우 사용 목적을 분명히 해야 한다. 사용 목적을 분명히 하려면 가공법, 작업 방법, 프레스의 기능, 기술 동향 등을 정확히 알고 동시에 시장의 정세, 경향 등을 올바르게 파악할 필요가 있다. 따라서 가공법, 프레스의 기능 등이 복잡하기 때문에 사용 목적을 정확히 하지 않는 채로 프레스를 선정(구입)하는 것은 문제가 있다. 특히 합리화를 위해서 프레스를 선정할 경우에는 신중을 기해야 한다. 프레스 선정의 착오는 프레스의 가동률을 저하시키는 주요한 원인이 되며, 나아가서는 생산성 향상과 원가절감 등을 저해하여 설비 투자를 헛되게 하는 결과가 된다.

프레스 선정을 할 때 유의 사항은 다음과 같다.

① 가공 방법 및 작업 방법을 명확히 한다.
　㉠ 가공 방법 및 공정의 올바른 결정을 한다.
　㉡ 생산량을 정확히 파악한다.
　㉢ 소재의 모양, 품질 및 치수의 정밀도를 파악한다.
　㉣ 소재의 공급, 제품의 이형 스크랩의 처리를 결정한다.
　㉤ 다이 쿠션 이용의 유무를 결정한다.
② 가공에 적합한 프레스의 선택
　㉠ 가공 압력 및 행정의 크기를 결정한다.
　㉡ 편심 하중과 집중 하중의 크기를 결정한다.
　㉢ 다이 쿠션에 의한 가공력의 압축을 고려하여 압력의 크기를 결정한다.
③ 가공 제품의 치수 정도를 결정한다.


# 8 금형의 설치 및 작업

## ※ 8.1 금형의 설치(Die Setting)

금형의 설치는 금형의 제작 못지 않게 매우 중요하며, 잘못 설치하면 금형의 수명을 단축시키고 심하면 파손되므로 특별히 주의하여 설치하여야 한다.

설치 순서는 첫째 금형과 프레스의 이상유무를 점검한다. 둘째, 금형의 설치를 위하여 프레스에 예비 작업을 한다. 셋째, 하형을 설치한다. 네째, 상형을 설치한다. 다섯째, 작동 시험을 하는 순서로 금형을 설치한다.

## (1) 금형의 점검

① 금형의 고정 볼트는 충분히 죄었는가?(고정 상태가 불량하면 금형 파손의 원인)

② 생크의 고정은 좋은가?(불량한 고정이면 금형 파손의 원인)

③ 녹 아웃 핀은 전부 조립되어 있는가?(금형 파손의 원인)

④ 안내 판과 부시는 헐겁지 않는가?(금형 안내의 불량)

⑤ 이젝터의 작동은 잘 되는가?(약하면 이송불량의 원인)

⑥ 소재 안내판은 잘 맞추어져 있는가?(이송 불량의 원인)

⑦ 자동 스톱(Auto Stop)의 기능이 잘 되는가?(소재의 낭비, 제품의 불량 원인)

## (2) 프레스의 점검

① 클러치는 완전 작동이 되는가?(재해의 근본 원인)

② 안전 장치는 확실히 작동하는가?(재해의 근본 원인)

③ 클러치 안전장치 기구의 부품은 이상이 없는가?(재해의 근본 원인)

④ 램의 생크 고정 볼트는 안전한가?(금형 고정 불량으로 파손의 원인)

⑤ 램과 슬라이드는 헐겁지 않는가?(금형 마모의 원인)

⑥ Bed의 T 홈에 홈이 없는가?(금형의 고정 불량으로 파손의 원인)

⑦ 얇은 판재의 가공에 적합한가?(정도 있는 프레스 사용)

⑧ 금형과 프레스의 능력이 맞는가?(능력이 적으면 기계 및 금형의 수명 단축이 원인)

## (3) 금형의 설치

① 녹 아웃 봉을 푼다.

녹 아웃 바를 풀지 않으면 녹 아웃 장치가 있는 콤파운드금형 또는 피어싱 금형의 경우에는 부딪쳐서 금형을 파손케 한다든가, 펀치 홀더(생크 고정판) 상면이 프레스의 램 하면에 밀착되지 않아서(안전하게 고정되지 않아) 금형의 손상 원인이 된다.

② 램의 하사점 위치 확인

금형의 높이와 프레스의 행정 길이를 확인하는 것은 대단히 중요하며 금형의 설치시 확인하지 않으면 금형을 설치 할 수가 없다. 즉, 램의 하사점과 상사점을 확인하여야만 금형의 설치를 위한 높이가 적당한가를 판단할 수 있다. 즉, 하사점이 너무 높으면 금형을 파손시킬 수 있고 낮으면 가공이 되지 않는다.

③ 프레스의 램 하면과 테이블을 청소한다.

④ 램의 조절나사를 풀어준다.

⑤ 금형이 들어가게 램을 올린다.

⑥ 베드(테이블)에 평행 블록을 설치한다.

⑦ 프레스 램에 상형의 섕크를 고정한다.

⑧ 하형을 고정한다.

⑨ 프레스 램을 상하로 작동하여 금형의 작동 상태를 확인한다.

  시험 작업은 몇 개의 제품을 가공하여 스크랩과 제품을 관찰하여 이상이 없으면 마지막 가공된 제품과 금형을 인계한다.

## 9 프레스의 정도

  프레스의 정도가 나쁘면 제품의 정도가 저하되고 금형의 수명이 짧아지며, 금형의 설치가 어려워지고 진동이나 소음이 심하게 발생하므로 프레스의 정도에 주의를 해야 한다.

  프레스의 정밀도 ┌ 정적 정도 : 프레스가 부하를 받지 않고 있는 상태의 정도
  └ 동적 정도 : 프레스가 부하를 받고 있을 때의 정도

  프레스의 선정 시 유의사항은 다음과 같다.

① 가공 방법 및 작업 방법 결정

  ㉮ 작업공정이나 가공 방법의 올바른 결정

  ㉯ 생산수량의 파악

  ㉰ 소재의 모양, 품질, 치수정밀도 파악

  ㉱ 소재의 공급, 스크랩의 처리 방법 결정

  ㉲ 다이 쿠션 이용의 유무

② 가공에 관계되는 프레스의 능력 선택

  ㉮ 가공압력, 행정의 크기 결정

  ㉯ 편심하중, 집중하중의 크기 결정

  ㉰ 다이 쿠션에 의한 압축력에 의해 결정

# PART 2

## 사출 금형설계

# 제 1 장

## 성형 가공

플라스틱(plastics)은 우리의 일상생활과 많은 관련을 가지고 있으며, 범용 잡화에서부터 정밀 기계 부품에 이르기까지 매우 광범위하게 사용되고 있다. 플라스틱 재료가 성형품이 될 때까지의 과정을 보면 플라스틱 재료 → 사출성형기 → 사출금형 → 성형품 → 후가공과 같다.

성형 가공은 구조와 사용 목적에 따라 여러 가지 분류 방법이 있으나 일반적으로 다음과 같다.

① 압축금형(compression mold) : 평압형 금형(flash mold), 압입형 금형(semi-positive mold), 반압입형 금형

② 이송금형(transfer mold) : 포트 트랜스퍼 금형(pot transfer mold), 플런저 트랜스퍼 금형(plunger transfer mold)

③ 압출금형(extruding mold)

④ 취입성형금형(blow mold)

⑤ 진공성형금형(drape mold)

⑥ 사출성형금형(injection mold)

    ㉮ 보통 금형

        • 2매 구성 금형(two plate mold)

        • 3매 구성 금형(three plate mold)

    ㉯ 특수 금형

        • 슬라이드 코어 금형(slide core mold)

        • 분할금형

        • 나사금형

⑦ 적층성형금형

⑧ 캘린더 성형금형

# ① 압축성형금형(Compression mold)

압축성형 가공방법은 열경화성 플라스틱의 분말상 재료를 금형의 캐비티에 넣고, 위로부터 누를 수 있는 형을 닫은 다음, 가열 가압하면 용융상태에 수지 유동성에 의해 캐비티의 구석까지 충전된다. 이를 냉각 후 형을 열고 성형품을 꺼낸다. 종류는 플래시 금형, 포지티브 금형, 세미포지티브 금형으로 분류한다.

### 1) 플래시 금형 (Flash mold) – 평압형 금형

그림 1.1(a)와 같이 금형을 가열 가압하면 용융수지 재료가 캐비티를 충분히 채우고 여분의 재료가 파팅라인(Parting line)으로 넘쳐 밀려나게 되는 형식의 금형을 플래시 금형 또는 평압형 금형이라 한다. 이 금형은 접시와 같이 깊이가 얕은 제품에 적용된다.

### 2) 포지티브 금형 (Positive mold) – 압입형 금형

그림 1.1(b)와 같이 플런저와 캐비티벽 사이의 틈이 매우 적기 때문에 플런저에 작용하는 압력이 용융 수지재료에 그대로 전달되는 형식으로 일명 압입형 금형이라고 한다. 이 금형은 재료의 계량이 정확하지 않으면 균일한 성형품을 얻을 수 없다. 플런저와 캐비티의 간격은 금형 크기와 정형 재료에 따라 0.004mm~0.2mm까지 준다.

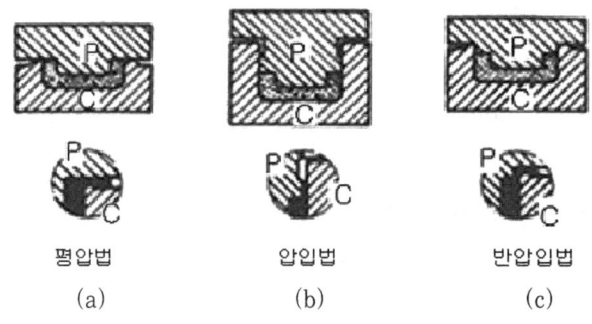

| 평압법 | 압입법 | 반압입법 |
|:---:|:---:|:---:|
| (a) | (b) | (c) |

그림 1.1  압축성형금형의 형식

### 3) 세미 포지티브 금형 (Semi–positive mold) – 반압입형 금형

그림 1.1(c)와 같이 금형이 형합되기 시작하므로 용융수지 재료의 여분량이 넘쳐흐르다가 플런저가 캐비티 안에 들어가게 되면서 플런저와 캐비티의 틈이 매우 적어 용융수지가 넘쳐흐르지 못

하고 충분한 압력이 작용되므로 고농도 제품이 성형 가공된다. 이는 플래시 금형과 포지티브 금형의 장점을 살린 형식으로 일명 반압입형 금형이라고 한다.

### 4) 압축성형의 특징
① 금형의 구조 및 성형기가 간단하여 제작 비용이 저렴하다.
② 사용하는 성형 수지에 제약이 없다.
③ 경화 시간이 오래 걸리고, 성형 조작이 전 자동이 안 되기 때문에 성형 능률이 떨어진다.
④ 금형의 구조상 플래시(Flash)가 발생되어 후 가공 시간이 필요하다.

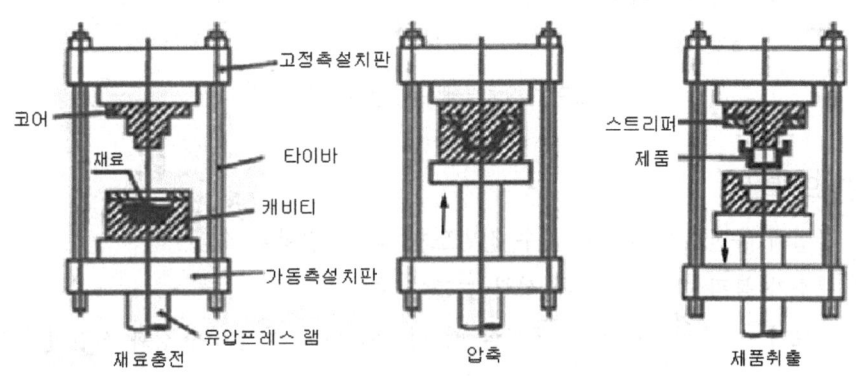

그림 1.2 압축성형 원리(압입형 금형의 예)

## 2 이송성형금형(Transfer mold)

트랜스퍼 성형이라고도 하며, 열경화성 플라스틱의 품질과 성형능률 향상을 위한 성형방법으로 압축성형 방법과 다른 것은 수지재료를 캐비티에 넣은 상태에서 가열 가압하는 것이 아니고, 별도로 마련된 실린더에서 수지를 용융시켜 플런저나 유압실린더의 작용압력에 의해 밀폐된 금형 내에 다음과 같은 유로를 통하여 압입 성형가공된다.

### 1) 용융수지 유입과정
실린더(플런저) → 스프루(Sprue) → 러너(Runner) → 게이트(gate) → 캐비티(Cavity)에 유입 충전되는 형식으로 포트식과 플런저식이 있다. 포트식은 금형만을 이송금형으로 하여 일반적으로 압축 성형 프레스를 사용하여 행하는 방식이며, 플런저식은 보조램(플런저)을 갖춘 트랜스퍼 성형기를 사용하여 성형하는 방식이다.

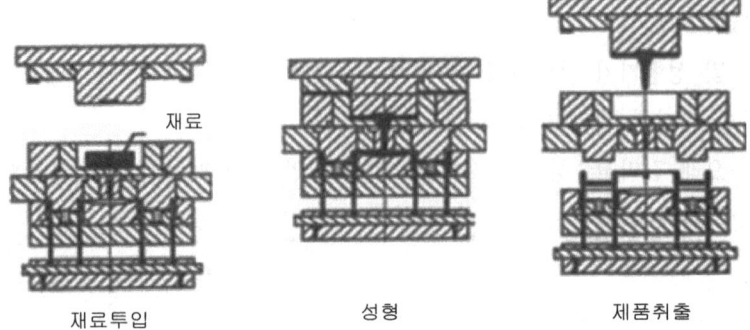

재료

재료투입　　　　　　성형　　　　　　제품취출

그림 1.3 트랜스퍼 성형의 원리

### 2) 이송성형의 특성

① 닫혀진 금형에 충진하기 때문에 치수 정밀도가 좋고, 변형이 작다.
② 금형의 청소가 불필요하기 때문에 성형 능률이 좋다.
③ 충진된 재료가 런너 및 게이트를 통과할 때 마찰에 의해 발열되어 경화 시간이 짧다.
④ 다 캐비티(Multi-Cavity) 생산이 가능하다.
⑤ 압축성형에 비해 금형 및 성형기의 비용이 비싸다.

 ### 압출성형금형(Extrusion mold)

압출성형금형은 열가소성 플라스틱을 가열 실린더에서 가열하여 가소화시켜 스크류에 의하여 소요 형상을 한 단면(다이스(Dies))으로 연속적으로 압출시키며 냉각시켜 성형 가공한다.

　예 : T 모양, I 모양, L 모양, ㄷ 모양, 파이프 모양 등 일정한 단면 형상으로 응용범위는 좁으
　　　나 성형은 연속적이며, 능률적이다.

그림 1.4는 압출성형의 원리도를 나타낸 것이다.

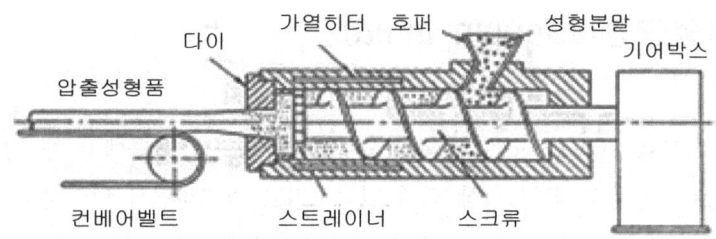

그림 1.4 압출성형법의 원리

## 4 취입성형금형(Blow mold)

블로 성형금형이라고도 하며, 사출성형 방법에 따라 파라손을 성형한 다음 블로 금형으로 둘러 싸서 성형하는 방법이다. 즉, 먼저 네크 금형을 닫고 이어서 코어와 캐비티 금형을 형합하고 수지 를 사출해서 파라손을 성형한 다음, 파라손을 블로 금형에 옮겨 공기를 불어넣으면서 가열하므로 용융화되는 재료가 팽창되면서 성형 가공된다.

종류로는 다음과 같다.

- 압출 블로 성형 : 압출 성형과 블로 성형의 조합
- 사출 블로 성형 : 사출 성형과 블로 성형을 조합

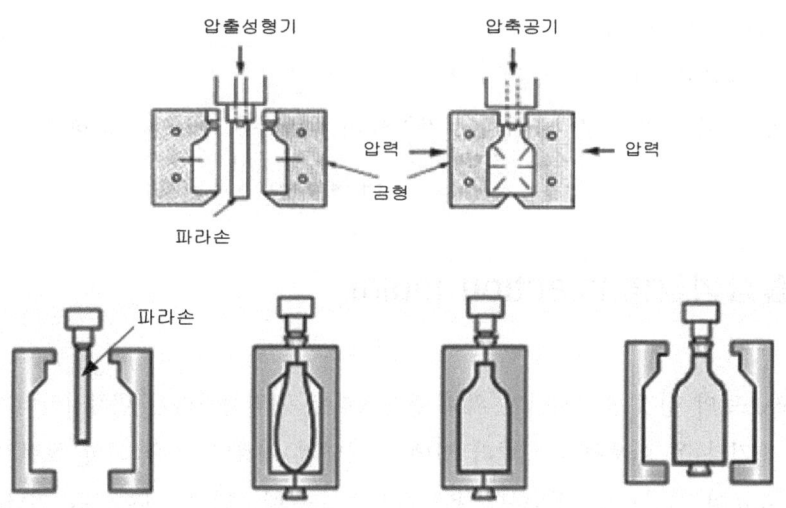

그림 1.5 취입성형금형의 원리

## 5 진공성형금형(Vacuum mold)

열가소성 플라스틱 시트(Sheet) 또는 필름을 오목형, 볼록형의 한쪽에만 공기압을 이용하여 성형하는 방법, 즉 시트나 필름을 금형 형상 위에 밀착시키고 가열하면서 형상하부에 있는 흡입구멍으로부터 공기를 흡입시키면 시트나 필름은 금형 형상 모양으로 흡입 밀착되어 성형된다.

그림 1.6은 그 원리도를 나타낸 것이다. 그림의 (a)는 Straight법이라고 하는 가장 간단한 방법인데, 깊이 drawing하는 경우에는 두께가 불균일하게 되기 때문에 예비신장을 한 후에 성형하는 것이 바람직하다. 그림 (b)는 drape법이라고 한다.

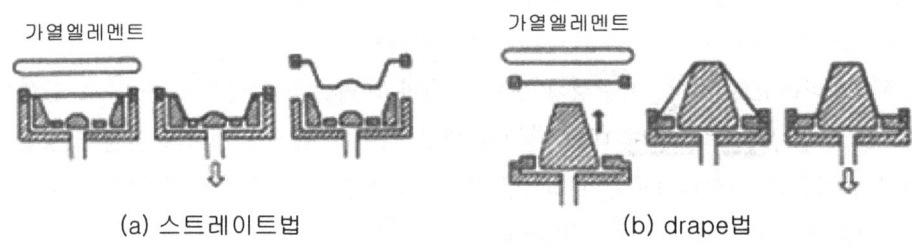

(a) 스트레이트법　　　　　(b) drape법

그림 1.6 진공성형의 원리

### 1) 진공성형의 특성
① 금형 구조가 간단하여 설비비가 저렴하고, 조작이 간단하다.
② 제품의 크기의 범위가 넓다.
③ 재료 손실(Loss)이 많다.
④ 금형의 상형이 없어 형상 구멍을 1회에 가공할 수 없어 후 가공이 필요하다.

## 6 사출성형금형(Injection mold)

열가소성 플라스틱의 성질(경화시키기 위해 용융상태로 가열하였다가 냉각시키더라도 그 구조상 물리적 변화만 생긴다)을 이용하여 실린더 안에서 가열된 재료가 녹게 되면 플런저가 그 용해된 재료를 노즐을 통하여 고압으로 압입하면 용융수지는 스프루, 러너, 게이트를 지나서 캐비티부에 충전되고, 냉각된 금형에 의해서 냉각 고화되므로 성형이 된다.

사출 플런저가 후퇴하고 금형이 파팅 라인을 따라 열리면 성형품이 금형으로부터 떨어지도록 이 젝터 기구를 작동시킨다.

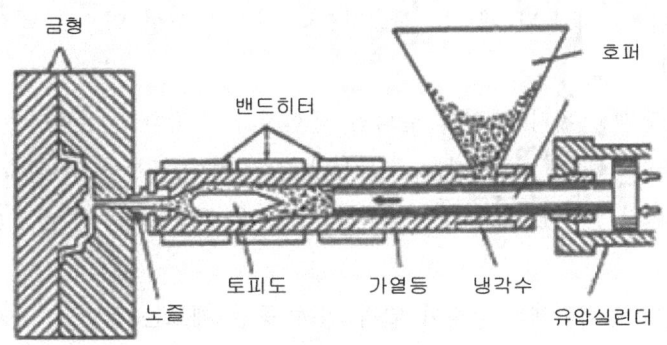

그림 1.7  플런저식 사출성형의 원리

## 1) 사출성형금형의 특성

① 생산성이 높다.

② 자유로운 형상을 쉽게 만들 수 있다.

③ 성형품에 다른 재료를 Insert하여 가공할 수 있다.

④ 마무리 작업이 프레스보다 적다.

⑤ 성형 사출기 및 부대 설비가 비싸다.

⑥ 정밀도가 프레스 제품보다 떨어진다.

⑦ 사출 조건이 까다롭고 환경 변화의 영향을 많이 받는다.

⑧ 타금형에 비하여 3차원 형상의 것이 많으므로 가공이 어렵다.

⑨ 전사성이 좋아서 금형 표면의 다듬질 정도가 그대로 반전되어 제품의 외관면이 되므로 표면 거칠기가 좋아진다.

⑩ 일용 잡화뿐만 아니라 대부분의 성형품이 그대로 제품이 된다.

⑪ 형체력, 사출압력 모두 고압이 걸리므로 내압강도가 중요하다.

⑫ 용융수지는 고화할 때 수축을 한다. 재료마다 다른 수축률을 고려하여 형치수를 결정하여야 한다.

## 2) 사출성형의 5단계 기본 동작

① 제1단계(가소화 단계) : 잘 건조한 수지를 성형기의 호퍼에 넣어 가열 실린더 안으로 일정량

만큼 보내 용융시킨다.

② 제2단계(유동 단계) : 용융된 수지는 플런저에 의하여 노즐을 거쳐 스프루 안으로 분사시켜 밀착된 금형 안의 캐비티 속을 채우게 된다.

③ 제3단계(냉각 단계) : 용융된 재료는 상대적으로 차가운 금형 안으로 냉각되어 고체 상태로 굳어지는 것이다.

④ 제4단계(이젝팅단계) : 위의 과정이 끝나면 플런저가 후퇴하고 금형이 파팅 라인(parting line)을 따라 열리면 스프루 록 핀(sprue lock pin)은 스프루를 잡아당겨 스프루 부시로부터 빠져나오게 한다. 이 때 이젝터 핀(ejecter pin)은 금형으로부터 성형품을 밀어내어 떨어지게 한다.

⑤ 제5단계(성형재료 공급단계) : 금형이 열려 있는 동안 재료는 실린더에 공급되고 그 과정이 끝나면 금형이 닫힌다.

## 3) 1사이클

"가소화 단계 → 유동 단계 → 냉각 단계 → 이젝팅 단계 → 성형재료 공급단계"를 거치는 공정을 1사이클이라고 한다.

## 4) 사출성형금형의 필요 조건

금형에 필요한 조건은 다음과 같다.

① 성형품에 알맞은 형상과 치수 정밀도를 유지할 수 있는 금형 구조이어야 한다.

② 성형 능률, 생산성이 높은 구조이어야 한다. 성형이 쉽고 능률이 좋은 금형은 성형 사이클의 단축과 성형 단가의 절감으로 연결된다. 성형 사이클을 단축시키기 위하여 고속 사출이 되고, 빠른 냉각이 되며 확실한 밀어내기가 신속하게 되는 것이 필요하다.

③ 성형품의 다듬질 또는 2차 가공이 적어야 한다. 플래시(flash)가 발생되지 않고 러너, 게이트의 제거가 간단하며 구멍뚫기 등의 2차 가공이 필요없는 성형이 이상적이다.

④ 고장이 적고 수명이 긴 금형 구조이어야 한다.

⑤ 제작 기간이 짧고 제작비가 싼 구조이어야 한다.

## 5) 사출성형금형의 기술적 동향

① 소형 금형(가전제품)에서 대형 금형(자동차 부품)화로 되고 있다.

② 보통 금형에서 정밀 금형으로 되고 있다.

일반 가전제품(±0.1mm) → 비디오, 카세트, 오디오 카세트(±0.01mm) → 정밀 전자기기

와 전산기기(±0.001mm)

③ 자동화가 되어가고 있다.

　사출기의 자동화 : 기계식 → 전자 유공압식

④ 금형 재료의 개선으로 금형의 수명이 향상되고 있다.

⑤ 금형 설계와 제작에 CAD/CAM을 도입하고 있다.

## 7　적층성형금형

적층성형법은 종이나 천 등에 액체 상태의 수지를 스며들게 하여, 시트(sheet)와 수지를 층상으로 함침시켜 가열 및 가압으로 경화시켜서 한 장의 판상성형품을 만드는 것이다. 이때에 어느 정도의 압력을 필요로 하는가에 따라 고압적층과 저압적층으로 분류된다.

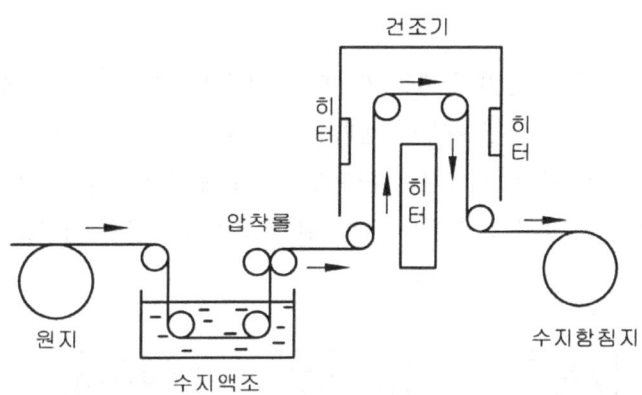

그림 1.8　적층성형금형

## 8　캘린더 성형금형

캘린더 성형법이란 혼련롤 또는 압축기에서 나온 성형재료를 주철제 롤을 평행하게 설치하여 조립한 캘린더 사이를 가압시키면서 통과함으로써 두께가 일정한 매우 얇은 시트(sheet) 제품이라든가, 필름을 연속적으로 고속도로 성형하는 방법이다.

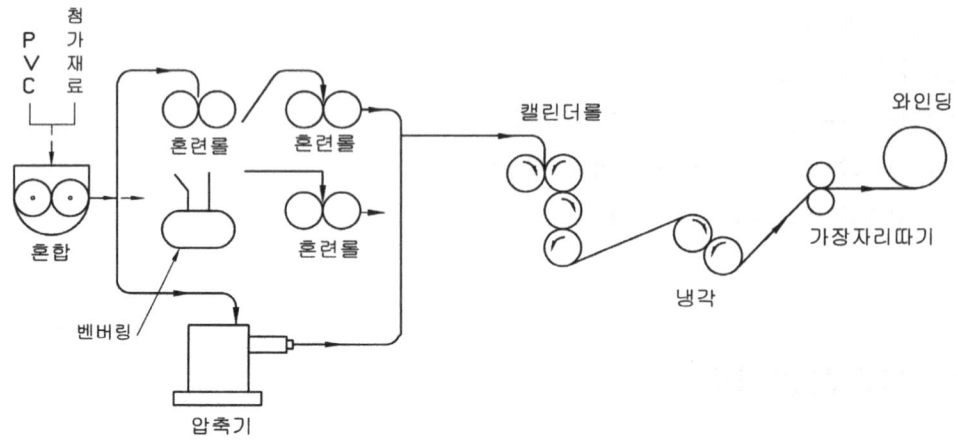

그림 1.9 캘린더 성형금형

## 9  가스 사출성형

가스 사출성형 방법은 사출성형기 문제점 가운데 두께부에 생기는 기포나 유동단말에 생기는 싱크 마크 방지를 위해 적극적으로 살 내부에 불활성 가스를 노즐에서 혹은 금형 외부에서 보압중에 주입하는 방법이다. 자동차 외장, 텔레비전 하우징의 성형에 적용되며, 조건 재현성과 웰드 라인, 흐림, 도장 후의 광택 불량 등의 문제점과 가스채널 예상의 어려움을 가지고 있으며 CAE에 기대하는 바가 크다.

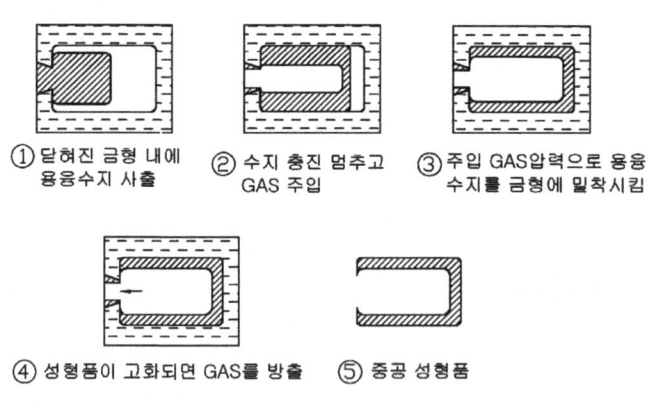

① 닫혀진 금형 내에 용융수지 사출
② 수지 충진 멈추고 GAS 주입
③ 주입 GAS압력으로 용융 수지를 금형에 밀착시킴
④ 성형품이 고화되면 GAS를 방출
⑤ 중공 성형품

그림 1.10 가스 주입 사출성형 원리

# 10 인서트 몰드 시스템(Insert-Mold System)

복잡한 3차원 가공에서 질감이나 감촉까지도 재현할 수 있는 최신 기술로서, 금형 사이에 인쇄된 필름을 넣고, 거기에 수지를 흘려 넣어 성형과 동시에 전사하는 획기적인 시스템으로 복잡한 형상의 수지 제품에 선명한 인쇄가 가능하다.

특징은 성형과 전사를 동시진행함으로써 시간 및 비용 절감, 깨끗한 작업 환경으로 환경오염 등의 걱정 해소, 표현하고자 하는 의도로 제작이 가능(광택, 무광택 등 다양한 표현 가능), 평면에서 벗어난 입체(3차원 곡면)면에서의 높은 품질의 전사가 가능, 대량 생산시 시간 및 비용 절감 효과가 있으며 용도로는 휴대폰의 LCD Window, 카메라 Window, MP3 Case, 화장품 Case, 기타 휴대용제품에 사용된다.

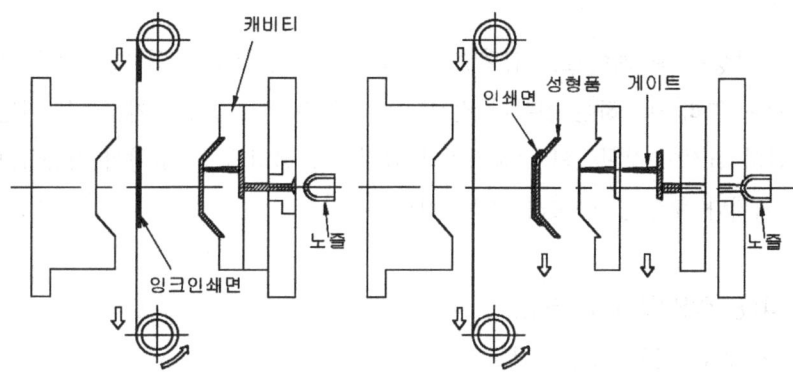

그림 1.11 인서트 몰드 시스템의 구조

# 제 2 장
· · · · · · ·
# 성형품의 설계

## 1 파팅 라인(parting line)

금형에 충진된 성형품 및 게이트를 금형으로부터 빼내려면 금형을 열 때 성형품의 어느 위치가 기준이 되어 금형이 열리느냐 하는 것부터 결정되어야 한다. 이 열리는 기준선을 파팅 라인이라 한다. 이 파팅 라인의 결정이 성형품의 상품가치와 금형제작 원리에 큰 영향이 작용하므로 금형 설계 시 파팅 라인의 위치나 형상을 잘 고려하여야 한다.

### 1) 기본적인 파팅 라인의 결정 방법

① 눈에 잘 띄지 않는 위치 또는 형상으로 한다.

② 금형의 열림 방향에 수직인 평면으로 한다.

③ 역 구배, 언더컷(undercut)을 피할 수 있는 곳을 선택한다.

④ 마무리가 잘 될 수 있는 위치 또는 형상으로 한다.

⑤ 빼기 구배에 관계되지 않는 한, 성형품은 한쪽에서만 성형되도록 한다.

⑥ 금형의 공작이 용이하도록 위치를 정한다.

⑦ 게이트의 위치 및 그 형상을 고려한다.

⑧ 이형이 용이한 곳을 선택한다.

⑨ 공기 빼기에 도움이 되는 위치를 선정한다.

## 2) 각종 성형품의 실례

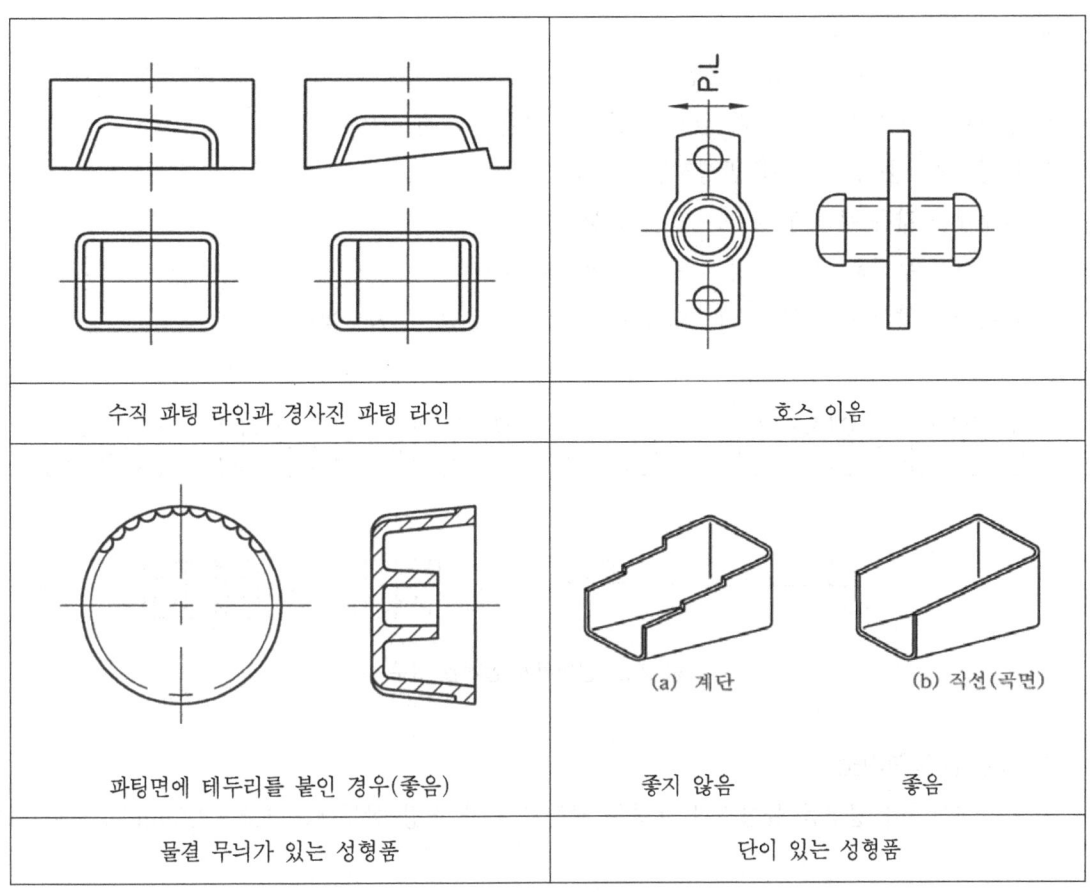

| | |
|---|---|
| 수직 파팅 라인과 경사진 파팅 라인 | 호스 이음 |
| 파팅면에 테두리를 붙인 경우(좋음) | (a) 계단      (b) 직선(곡면)<br>좋지 않음      좋음 |
| 물결 무늬가 있는 성형품 | 단이 있는 성형품 |

그림 2.1 각종 성형품의 실례

## 2   성형품의 살두께

살두께가 얇으면 성형시간이 빠르고 재료비도 절약되나, 큰 성형압력이 필요하고, 반면 살두께가 두꺼우면 냉각할 때 수축에 의한 싱크 마크나 기포가 발생하기 쉽다. 따라서 살두께는 되도록 균일하게 하는 편이 수축도 균일하고, 내부변형도 적고, 성형재료와 시간을 절약할 수 있다.

## 1) 살두께 결정시 고려할 사항

① 구조상의 강도
② 금형으로부터 이형시의 강도
③ 충격으로부터 힘의 균등한 분산
④ 인서트의 균열 방지(수지와 금속의 열팽창 차이에 의한 균열)
⑤ 구멍, 창, 인서트에 의해 발생하는 웰드의 보강
⑥ 살두께가 얇은 부분에 생기는 연소 현상의 방지
⑦ 살두께가 두꺼운 부분에 생기는 싱크 마크의 방지
⑧ 예리한 모양의 부분 또는 살두께가 얇아 생기는 충진 부족의 방지

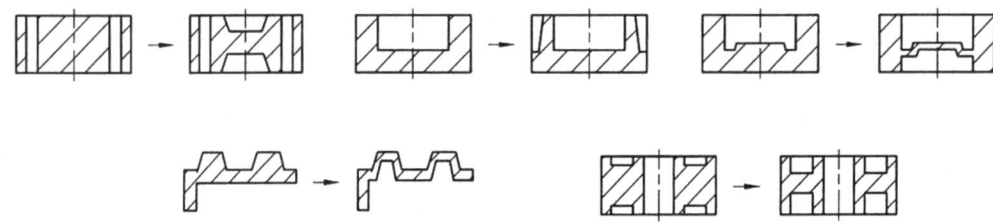

그림 2.2 균일하게 설계된 살두께

## 2) 살두께 설계기준

① 가공생산성과 성형품 물성과의 균형을 취하기 위한 적정 살두께는 1.5~3.5mm 정도로 해야 한다.
② 두께는 될 수 있는 한 균일하게 하고 가급적이면 불연속적인 두께 변화가 있지 않도록 한다.
③ 게이트 부근은 어느 정도 두껍게 하고 게이트로부터 거리가 멀어짐에 따라 약간 얇게 한다.
④ 부품이 기능상의 요구에 의해 두께의 변화를 주어야 할 때는 그 부분에 코너 R을 가능한 한 크게 해 주어야 한다(R은 최저 0.3m/m).
⑤ 인서트의 외주 살두께는 다음에 의해 정한다.
　　살두께 ≥ 인서트의 외경 × 1/2
⑥ 힌지부의 살두께는 0.3~0.5mm로 한다.
⑦ 유동길이(L), 살두께(t)와의 비(L/t)가 과대하게 되지 않도록 게이트 수 또는 살두께를 결정.

표 2.1  성형품의 길이와 살두께

| 길  이(mm) | 살두께(mm) |
|---|---|
| ~ 50 | 1.2 |
| ~ 100 | 1.2 ~ 1.7 |
| ~ 200 | 1.2 ~ 2.2 |
| ~ 200 〉이하 | 2.2 〉이하 |

표 2.2  성형품 재료와 살두께

| 재  료 | 살두께(mm) |
|---|---|
| 폴리에틸렌 | 0.9 ~ 4.0 |
| 폴리프로필렌 | 0.6 ~ 3.5 |
| 폴리아세탈(나일론) | 0.6 ~ 3.0 |
| 폴리아세탈(테트린) | 1.5 ~ 5.0 |
| 스티폴(일반용) 및 AS | 1.0 ~ 4.0 |
| 아크릴 | 1.5 ~ 5.0 |
| 경질염화비닐 | 1.5 ~ 5.0 |
| 폴리카보네이트 | 1.5 ~ 5.0 |
| 셀룰로드아세테이트 | 1.0 ~ 4.0 |
| (아세텔셀룰로드) | |
| ABS | 1.5 ~ 4.5 |

표 2.3  L/t와 사출압력과의 관계

| 재  료 | L / t | 사출압력($kg/cm^2$) |
|---|---|---|
| 경질염화비닐 | 160 ~ 120 | 1200 |
| | 140 ~ 100 | 900 |
| | 110 ~ 70 | 700 |
| 연질염화비닐 | 280 ~ 200 | 900 |
| | 240 ~ 160 | 700 |
| 폴리카보네이트 | 150 ~ 120 | 1200 |
| | 130 ~ 90 | 900 |
| 폴리아미드 | 320 ~ 200 | 900 |
| 스티롤 | 300 ~ 200 | 900 |
| 폴리에틸렌 | 240 ~ 200 | 900 |
| 폴리프로필렌 | 140 ~ 100 | 500 |

# 3  빼기 구배

금형에서 성형품을 쉽게 뽑아내기 위해서는 구배가 필요하다. 이 구배는 성형품의 형상 성형재료의 종류, 금형의 구조, 성형품 표면의 다듬질정도 및 표면다듬질 방향 등에 의하여 다르다.

## ※ 3.1  빼내기 구배의 일반적인 설계 기준

① 성형품을 금형으로부터 밀어내기 쉽게 하기 위해 수직의 벽에는 각 측면에 1/2°~1°의 구배를 두어야 한다.

② 성형품이 비교적 길고 형상이 복잡한 경우 내벽에는 1/2°~1° 이상의 구배를 두어야 한다.

③ 성형품에 무늬가 있는 경우에는 0.25mm에 대해 1°의 구배를 둔다.

④ 유리섬유, 탄산칼슘, 탈크 등을 충진한 성형재료는 성형수축율이 작기 때문에 성형시 이형이 어려워지는 경우도 있으므로 크게 주도록 한다.

⑤ 스틸렌계 수지의 경우는 통상 2°/25mm이어야 하고, 최소한 1°/25mm이어야 한다.

⑥ 가죽모양은 그 종류에 따라서는 빼기 어려우므로 충분히 큰 빼기 구배가 필요하다.(최소한 6° 이상)

⑦ 리브는 0.5° 정도로 하되 벽에 붙은 세로 리브는 0.25° 정도로 한다.

⑧ 싱크 마크를 방지하기 위하여 리브 밑바닥은 벽 살두께의 1/2로 하고 앞끝은 금형제작상의 제약에서 최저 1mm/mm로 하는 것이 좋다.

⑨ 창살은 창살에 피치를 3mm 이상으로 하고 창살부 전체의 길이가 길수록 빼기 구배를 5° 이상으로 한다.

⑩ 창살 높이가 높을 때(약 8m/m 이상) 창살은 사다리꼴 모양으로 한다.

## ※ 3.2  빼내기 구배의 설정기준

### 1) 일반적인 빼내기 구배

일반적인 빼내기 구배의 경우는 1/30~1/60(2°~1°)이 적당하게 여겨지며, 실용한도는 1/120~1/20(0.5°~3°)로 한다.

## 2) 상자 또는 덮개의 구배

① H가 50mm까지의 것은 $\dfrac{S}{H}$ = 1/30~1/35로 한다.

② H가 100mm 이상의 것은 $\dfrac{S}{H}$ = 1/60 이하로 한다.

③ 얇은 가죽 무늬가 있는 것은 $\dfrac{S}{H}$ = 1/5~1/10로 한다.

④ 컵과 같은 것은 캐비티측보다 코어측의 구배를 약간 많이 잡는다.

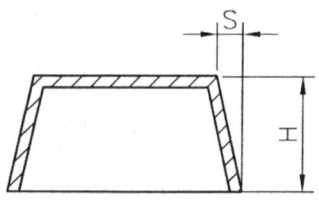

그림 2.3  상자덮개

## 3) 창살의 구배

① 일반적으로 0.5(A-B)/H = 1/12~1/14로 한다.
② 창살의 피치(P)가 4mm 이하로 될 경우에는 구배를 1/10 정도로 한다.
③ 창살부의 치수(C)가 클수록 빼기 구배를 많이 잡는다.
④ 창살의 높이(H)가 8mm를 넘는 높이의 격자 또는 빼기 구배를 충분히 잡을 수 없는 경우에는 캐비티 격자의 1/2H 이하의 격자모양의 것을 붙여서 성형품을 가동축에 남도록 한다.

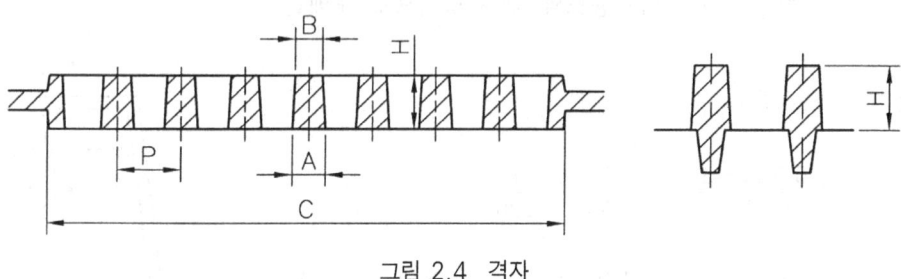

그림 2.4  격자

## 4) 세로리브의 구배

① 보강으로서 많이 쓰이는 세로리브의 빼기 구배는 일반적으로 측벽 바닥두께에 의해 A, B의 치수가 정해지면 구배를 다음과 같이 해야 한다.

$$\frac{0.5(A-B)}{H} = \frac{1}{500} \sim \frac{1}{200}$$

② 안쪽 벽, 바깥쪽 벽에 리브가 있는 경우

$$A = T \times (0.5 \sim 0.7)$$

$$B = 1.0 \sim 1.8mm$$

③ 싱크 마크가 약간 발생해도 좋은 경우는

$$A = T \times (0.5 \sim 0.7)$$

$$B = 0.8 \sim 1.0mm$$

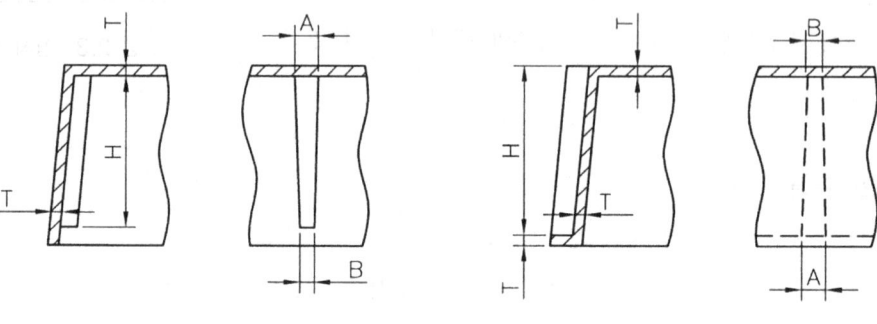

그림 2.5 세로리브

## 5) 성형품의 바닥리브 구배

① 바닥리브는 세로리브와 같은 용도와 같은 방식으로 구배를 적용

② 가장 많이 사용되는 구배는

$$\frac{0.5(A - B)}{H} = \frac{1}{150} \sim \frac{1}{100}$$

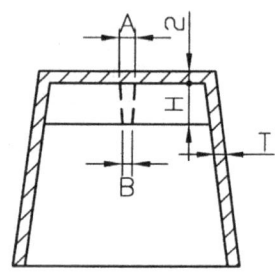

그림 2.6 바닥리브

$A = T \times (0.5 \sim 0.7)$, $B = 1.0 \sim 1.8mm$로 하고, 싱크 마크가 발생해도 좋은 경우는 $B = 0.8 \sim 1.0mm$로 해야 한다.

## 6) 보스의 구배

① 보스의 높이가 30mm 이상이며 강도를 필요로 하는 경우

$$고정측 : \frac{0.5(d - d')}{H} = \frac{1}{50} \sim \frac{1}{30}$$

$$가동측 : \frac{0.5(D - D')}{H} = \frac{1}{100} \sim \frac{1}{50}$$

단, 고정측은 가동측보다 빼내기 구배를 많이 준다.

② 셀프태핑, 스크류 등의 빼기 구배는

$$\frac{0.5(D-D')}{H} = \frac{1}{30} \sim \frac{1}{20}$$

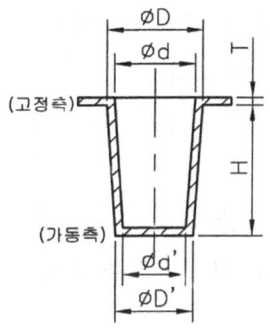

그림 2.7  보스

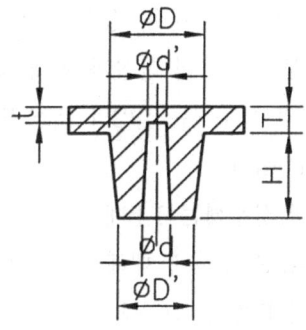

그림 2.8  셀프태핑

표 2.4  셀프태핑 · 스크류  ∅3용 치수

| T | 2.5~3.0 | | 3.5 |
|---|---|---|---|
| D | 7 | 7 | 8 |
| D′ | 6 | 6.5 | 7 |
| t | T/2 또는 1.0~1.5로 한다. | | |
| d | 2.6 | | |
| d′ | 2.3 | | |

## 4  성형품 보강과 변형 방지

### 1) 변형발생 요인

① 각 부위의 냉각속도 차에 의해서 발생한다.

② 유동방향에 의한 성형수축의 이방성(異方性)에 의해 발생한다.

③ 내부응력에 의해서 발생한다.

④ 코어가 쓰러짐으로써 편육(偏肉)하는 경우
⑤ 성형압력에 의하여 금형이 변형하는 경우

## 2) 보강과 변형방지

### (1) 모서리의 보강

성형품의 모든 모서리부분은 응력이 집중되어 있으므로 변형을 감소시키기 위해서 모서리에 R(rounding)을 붙여서 응력 분산과 함께 재료의 흐름이 좋게 한다.

① 내면 모서리의 살두께는 1/2의 R을 붙임으로 응력집중을 감소시키나 살두께는 1/3이 증가한다(그림 2.10(a)).

② 바깥면에서의 살두께는 1.5배의 R을 붙인다(그림 2.10(b)).

③ PS, AS, ABS 수지에 대해서는 내면모서리는 1/4T 이상의 R을 붙이고, 바깥측면에는 1 1/4T 이상의 R을 준다(그림 2.11).

④ 실제로 부품의 요구기능이 금형의 복잡성 등의 원인으로 이상적으로 R을 줄 수 없을 때 최소한 0.3mm R 이상을 주어야 한다.

⑤ 유리섬유 강화수지는 빼내기 구배 및 캐비티면의 모서리의 R는 보통의 스티렌 수지보다 크게 해야 한다.

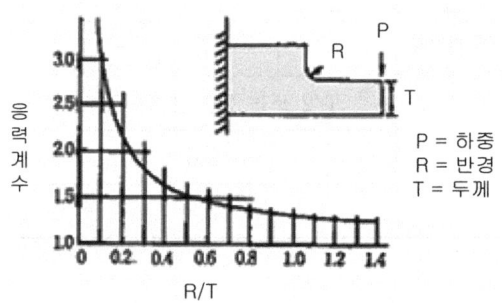

그림 2.9 R/T와 집중응력의 관계

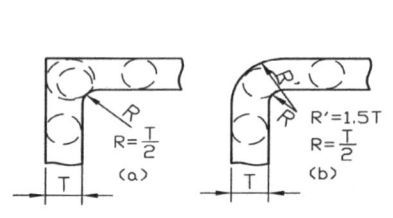

그림 2.10 모서리의 R

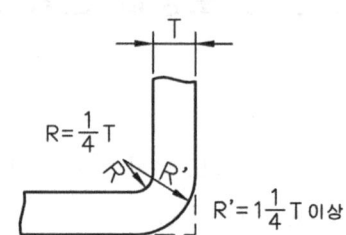

그림 2.11 PS, AS, ABS 수지에 대한 귀퉁이의 R

(2) 살붙이기와 형상 변화에 의한 보강

측면 및 둘레에 강성(剛性)을 주는 방법으로 변형에 견디는 강도와 다른 살두께의 수축을 균일하게 하며, 재료의 흐름을 좋게 하는 방법도 된다.

① 띠모양의 보강(그림 2.12)
② 측벽의 보강으로 측벽의 변형을 방지한다(그림 2.13).
③ 둘레의 보강(그림 2.14)
④ 평판의 보강(그림 2.15). 가장 휘기 쉬운 평면부분을 만곡 물결모양의 요철로 만든다.
⑤ 바닥부분의 보강(그림 2.16) : 변형 방지를 위해 물결모양(a), 피라밋형(b) 바닥주변에 R을 만드는 응력분산형(c) 등으로 보강한다.
⑥ 바닥 주변의 보강(그림 2.16) : 바닥이 클 경우에는 R을 크게 주는 방법(b), 스탭을 만드는 형식(c)으로 보강한다.

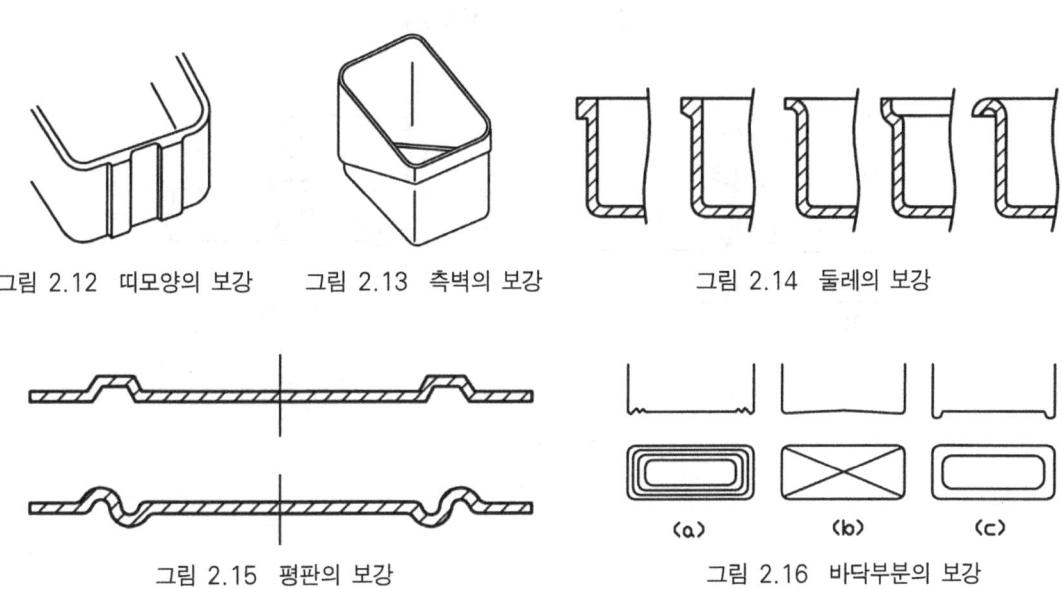

그림 2.12 띠모양의 보강    그림 2.13 측벽의 보강    그림 2.14 둘레의 보강

그림 2.15 평판의 보강    그림 2.16 바닥부분의 보강

(3) 리브에 의한 보강

살두께를 두껍게 하지 않고 강성(剛性)이나 강도(强度)를 부여하기 위한 방법으로 수지 성형품에 이용되고, 또 넓은 평면의 휨을 방지하기 위해서도 사용된다.

① 벽두께(T)(그림 2.17)에 대하여 리브두께를 동일하게 할 경우 리브 근원의 면적은 약 50% 증가하고 리브 두께를 벽두께의 1/2로 했을 경우 리브 근원 면적이 약 20% 늘어나기 때문에 리브를 두껍게 하는 것보다 리브의 수를 여러 개 만들어 주는 것이 좋다.

② 리브의 피치는 벽두께의 4배 이상으로 해야 한다.

③ 리브의 두께는 부득이할 경우우라도 벽두께의 50~80% 이상 두껍게 하여서는 안 된다.

④ 리브의 설치 방향은 금형 내에서 수지가 흐르는 방향 쪽으로 해야 하고, 수지흐름 방향과 직각방향은 피해야 한다.

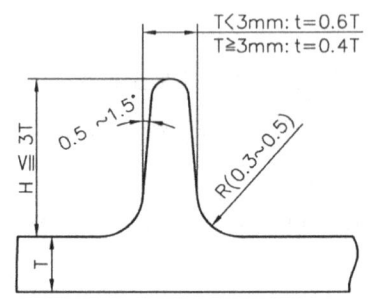

그림 2.17  리브의 최적설계

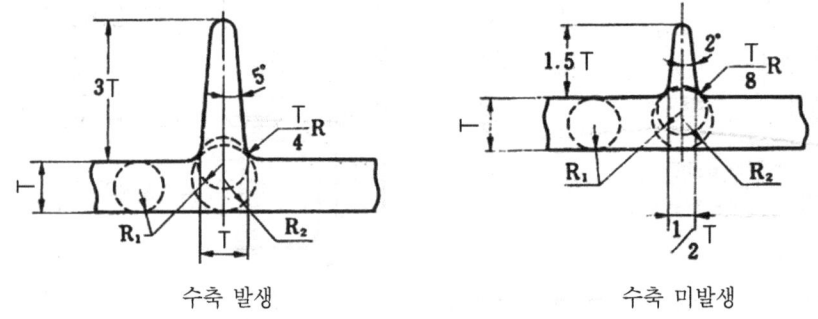

수축 발생                              수축 미발생

그림 2.18  리브

# 5  보스

성형품부의 구멍부 보강, 조립시의 끼워 맞춤, 나사 조임용 등으로 사용되므로 보스의 설계위치, 형상치수, 수요 등은 최종 제품으로서의 사용상태, 사용시의 기능, 각 부품과의 조립상태, 금형설계시의 제약 등을 충분히 고려해야 한다.

## 1) 보스 설계의 일반적인 기준

① 보스의 등이 높은 것은 공기가 고이고 충전부족이 쉬우므로 피해야 하나, 높게 할 때는 보스의 측면에 리브를 붙여 재료의 흐름을 조절한다(그림 2.19).

② 보스의 위치는 그림 2.20과 같이 안쪽으로 하고 다리는 0.3~0.5 나오도록 하는 것이 좋다.

③ 보스 또는 다리수가 4개 이상의 경우에는 보스 및 다리의 높이를 맞추기가 어려우므로 그림 2.21과 같이 3개가 바람직하다.

④ 관통 구멍의 보스는 반드시 그 주변에 웰드 라인이 발생하는 것을 고려해야 한다.

⑤ 살두께가 두꺼우면 싱크 마크의 원인이 되므로 고려한다.

⑥ 원활한 체결과 나사결합을 위한 보스 설계

| 항 목 | HIPS | ABS | 유리섬유강화AS |
|---|---|---|---|
| 나사 외경~보스 반지름 | 0.5mm | 0.5mm | 0.3mm |
| 보스 상부의 두께 | 나사골지름 이상 | 나사골지름×2/3 이상 | 나사골지름 이상 |
| 상기조건시의 나사끼움토크 | 약 5kg·cm | 약 7kg·cm | 약 10kg·cm |

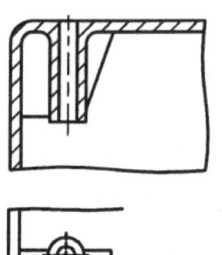

그림 2.19 보스의 보강

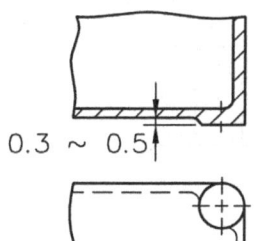

0.3 ~ 0.5

그림 2.20 보스의 위치

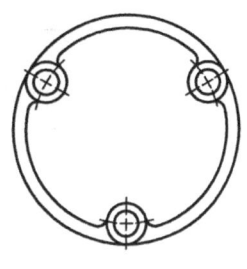

그림 2.21 보스의 수

## ⑥ 성형품의 구멍

### 1) 구멍설계 기준

구멍은 성형품에 많이 사용되고 있으며, 구멍으로 인하여 성형품에 웰드 라인이 생기고 강도가 감소된다. 구멍설계 기준은 다음과 같다.

① 구멍과 구멍의 피치는 구멍지름의 2배 이상으로 한다(그림 2.22).

② 구멍의 중심과 제품의 끝까지 거리를 구멍지름의 3배 이상으로 한다(그림 2.23).

③ 구멍 주변의 살두께는 두껍게 한다(그림 2.24).

④ 성형재료의 흐름방향에 직각인 막힌 구멍으로서 코어 핀의 직경이 1.5mm 이하의 경우 핀이 굽어질 우려가 있으므로 깊이(L)는 구멍직경(D)의 2배 이하가 바람직하다(그림 2.25).

⑤ 코어핀의 맞대는 구멍의 경우는 상하구멍이 편심할 우려가 있으므로 어느 한쪽의 구멍을 크게 잡는다(그림 2.26).

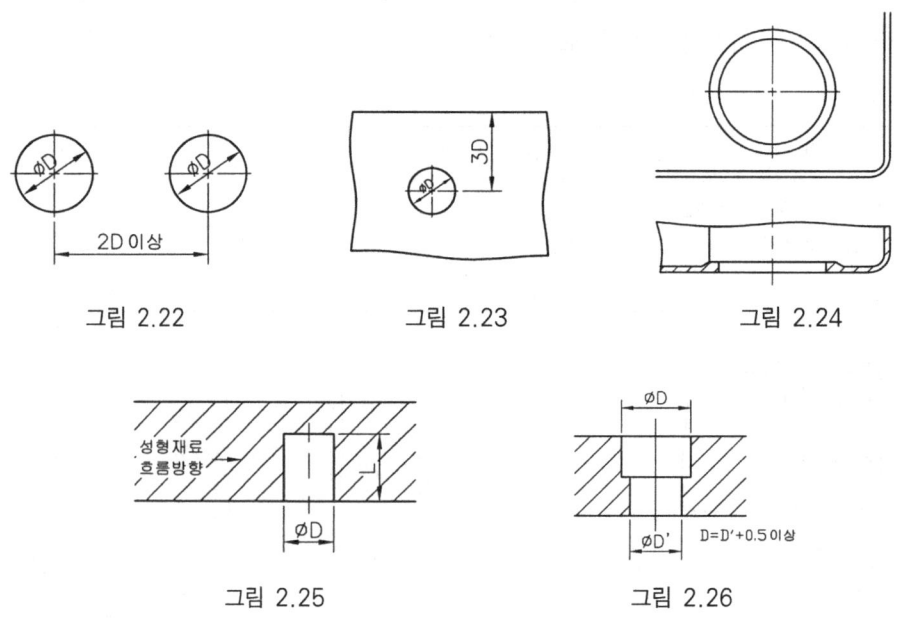

그림 2.22          그림 2.23          그림 2.24

그림 2.25                    그림 2.26

# ⑦ 성형 나사

### 1) 나사설계 기준

플라스틱 나사를 금속제 나사와 같이 설계하면 나사 스크류 부분에 의외로 큰 힘이 걸리므로 플라스틱 재료 강도의 고려나 나사를 느슨하게 끼울 수 있도록 한다.

① 나사산의 피치는 0.75mm(32산) 이상으로 하는 것이 좋다.

② 긴 나사는 플라스틱의 수축으로 피치가 틀려지므로 피한다.

③ 공차가 수축값보다 작은 경우는 피한다.

④ 나사의 끼워 맞추기는 지름에 따라 다르나 0.1~0.4mm 정도의 틈새를 만든다.

⑤ 나사에는 반드시 구배를 1/15~1/25를 준다.

⑥ 나사를 가공할 때는 나사상부에서 0.8~1.0mm 아래부터 가공한다.

⑦ 8(mm) 이하의 나사는 태핑(tapping)을 하든지, 금속으로 인서트한다.

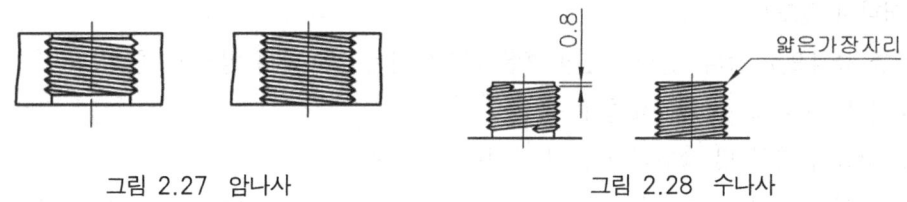

그림 2.27  암나사                    그림 2.28  수나사

## 8 금속 인서트(Insert)

나사 또는 체결 구멍 등 성형품 조립시에 가해지는 집중하중을 흡수하고 성형품의 조립을 쉽게 하기 위해 성형 중 고정에 필요한 부품을 인서트(Insert)하여 사용한다.

인서트의 고정 방법은 다음과 같다.

① 롤렛에 의한 방법

② 돌기 붙임에 의한 방법

③ 측면컷에 의한 고정

④ 시트 메탈에 의한 고정

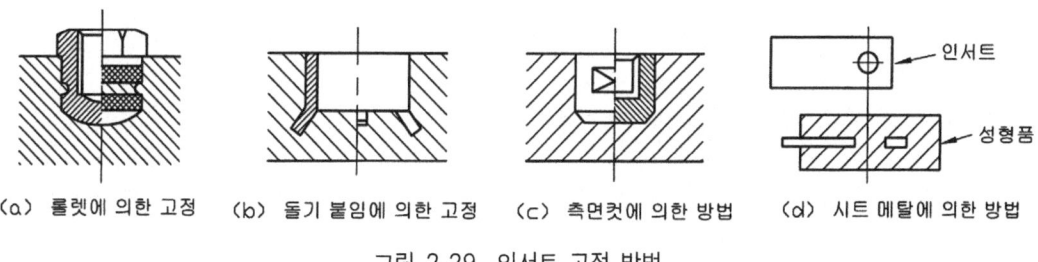

(a) 롤렛에 의한 고정   (b) 돌기 붙임에 의한 고정   (c) 측면컷에 의한 방법   (d) 시트 메탈에 의한 방법

그림 2.29  인서트 고정 방법

## 1) 인서트 설계 기준

① 금형에 인서트하는 공정때문에 성형시간이 길어지므로 가능한 피하도록 하여 셀프탭핑 또는 접착방법으로 사용해야 한다(그림 2.30).

② 인서트 제품에는 롤렛(rolet) 혹은 언더컷 등을 주어서 인서트가 기계적 구속력을 갖도록 한다.

③ 수지의 흐름 방향에 의해 웰드 라인, 잔류응력에 의한 휨, 수축률 등에 의하여 국부적인 변화가 일어나지 않도록 한다.

④ 인서트를 중심으로 축의 중심이 편심 혹은 기울어짐이 일어나지 않도록 한다.

⑤ 금형의 온도 변화에 주의를 요한다.

⑥ 인서트 제품의 변형 및 축간거리 등에 주의를 요한다.

⑦ 인서트 부위의 바깥지름은 재료에 따라 다르지만 일반적으로 인서트 제품 지름의 2배 이상으로 한다.

⑧ 예리한 각 부분이 있는 제품은 인서트하지 않는다.

⑨ 볼트나 나사를 인서트하는 경우에는 나사부가 제품에 들어가지 않도록 한다.

⑩ 인서트 보스 주위에는 가능한 보강용 리브를 설치한다.

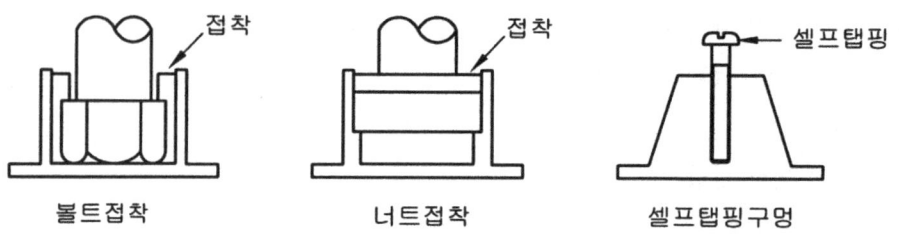

그림 2.30 인서트 접착 및 셀프탭핑

# 제 3 장
## 성형 재료

## 1  플라스틱의 종류

플라스틱은 가소성(可塑性)의 의미를 내포한 것으로 분자량이 약 10,000 이상의 고분자 화합물로서 열, 압력 등 외력의 작용에 의하여 자유로이 성형이 가능하고 사용 상태에서도 요구되는 형상을 유지하는 고체의 재료이다.

$$\text{플라스틱} \begin{cases} \text{열경화성 플라스틱} \\ \text{열가소성 플라스틱} \end{cases} \begin{cases} \text{결정성 플라스틱} \\ \text{비결정성 플라스틱} \end{cases}$$

### 1) 열경화성 플라스틱

열경화성 수지에서는 중합이 일어나는 동안에 분자의 반응부분이 긴 분자간의 가교결합을 형성한다. 그래서 일단 중합(重合) 즉, 경화(硬化)가 일어나면 수지는 가열하여도 연화하지 않는다. (예 : 페놀수지, 유리아수지, 에폭시수지 등)

특징은 다음과 같다.

① 높은 열안정이 있다.

② 하중에서 크리프 및 변형에 대한 치수 안정성이 있다.

③ 높은 강성과 경도가 높다.

## 2) 열가소성 플라스틱

열가소성 수지는 긴 분자들로 구성되어 있으며, 이 분자들은 각각 측쇄 혹은 다른 분자들과 연결되지 않은 분자군을 가지고 있다(가교 결합이 되어 있지 않다). 따라서 열가소성 수지는 반복해서 가열 연화와 냉각경화를 시킬 수 있다.(예 : 폴리에틸렌, 염화비닐, 폴리플로필렌, 폴리아세탈 등)

### (1) 장점
① 성형하기 쉽고 생산성이 높다.
② 가볍고 튼튼하다.
③ 전기 및 열의 절연성이 좋다.
④ 착색이 자유로우며 외관이 아름답다.
⑤ 내산 내알칼리성이 있다.

### (2) 단점
① 고온에서 사용할 수 없다.
② 강도 강성이 작다.
③ 열팽창 계수가 크다.
④ 내후성에 한계가 있다.
⑤ 연소성이 있다.

## 3) 결정구조
### (1) 결정성 플라스틱

분자가 규칙적으로 배열하여 결정부분을 많이 함유하여 밀도가 높아져 굳고 강한 성질을 지닌 것을 결정성 플라스틱이라 한다.

한편 결정성 수지라 하여도 수지의 결정은 금속처럼 100% 결정으로 되는 것이 아니고, 그 중 몇 %인가가 결정화하는데 불과하며 비결정부와 섞여서 존재하고 있는 것이다.

전체와 결정부와의 중량 비율을 결정화도라고 말하며, 수지의 종류에 따라 30~80% 정도의 범위이며 그 계산 방법은 다음과 같다.

$$결정화도(중량 \%)\ A = \frac{d_c\,(d - d_a)}{d\,(d_c - d_a)} \times 100$$

$d$ : 밀도, $d_c$ : 결정밀도, $d_a$ : 비결정밀도

## (2) 비결정성 플라스틱

비대칭성 구조를 가지고 있는 고분자는 일반적으로 결정하기 어렵고, 또 열경화성 플라스틱과 같이 블록모양의 고분자로서 결정하기 어려우므로 이들은 모두 비결정부로 되어 비결정성 플라스틱이라 한다.

결정성 수지와 비결정성 수지의 특성

| | 결정성 수지 | 비결정성 수지 |
|---|---|---|
| 1 | 수지가 불투명하다. | 수지가 투명하다. |
| 2 | 온도상승→비결정→용융상태 | 온도상승→용융상태 |
| 3 | 수지용융시 많은 열량 필요 | 수지용융시 적은 열량 필요 |
| 4 | 가소화 능력이 큰 성형기 | 가소화 능력이 작아도 됨. |
| 5 | 금형냉각 여분의 시간이 길다.<br>(고화 과정에서 발열이 크므로) | 냉각 시간이 짧다. |
| 6 | 성형 수축이 크다. | 성형 수축이 작다. |
| 7 | 배향의 특성이 크다. | 배향의 특성이 작다. |
| 8 | 굽힘, 휨, 뒤틀림 등의 변형이 크다. | 굽힘, 휨, 뒤틀림 등의 변형이 작다. |
| 9 | 강도가 크다. | 강도가 낮다. |
| 10 | 치수정밀도가 높지 못하다. | 치수정밀도가 높은 제품을 얻을 수 있다. |

## ② 성형용 수지 재료의 특성

### (1) 장점
① 철강 및 도자기류에 비하여 가볍다(비중이 작다).
② 내식성이 크다.
③ 완충성이 크다.
④ 전기절연 특성이 있다.
⑤ 우수한 성형성을 갖고 있다.
⑥ 복합화에 의한 재질의 개량이 가능하다.
⑦ 풍부하고 산뜻한 색채를 가질 수 있다.
⑧ 내약품성이 우수하다.

(2) 단점

① 플라스틱은 열에 약하다.

② 기계적 강도가 낮다.

③ 내후성이 약하다.

④ 치수의 불안정성이 크다.

⑤ 표면에 흠이 생기기 쉽고 더러워지기 쉽다.

# 3 성형 재료의 선택

## 1) 사출성형용 범용 플라스틱

(1) 일반적인 특성

① 유동성이 좋다.

② 일반적으로 예비 건조가 필요 없다.

③ 성형성이 좋다.

④ 가격이 저렴하다.

⑤ 구하기가 쉽다.

⑥ 용도가 넓다.

(2) ABS 수지(arcylonitrile-butadiene-styrene)

ABS 수지는 아크릴로니트릴(A), 부타디엔(B), 스티렌(S)의 3가지가 합성되어 있다.

① 특성

㉮ 내충격성, 강인성이 우수하다.

㉯ 표면경도가 높고 열변형 온도 범위가 넓다.

㉰ 유통성이 좋지 않다.

㉱ 내후성이 약하다.

㉲ 내약품성이 양호하고 성형성 및 치수 안정성이 우수하다.

② 용도 : TV 케이스, 라디오 케이스, 청소기 케이스, 전화기 본체, 냉장고 내상, 에어컨그릴, 플라스틱에 도금을 필요로 하는 용도에 적합하다.

③ 금형 설계 및 제작 시 유의점

   ㉮ 유동성이 좋지 않기 때문에 러너를 크게, 길이는 짧게 한다.

   ㉯ 성형품 빼기 구배는 2° 이상 주어야 한다.

   ㉰ 공기빼기(air vent)를 고려하여야 한다.

   ㉱ 웰드 라인(weld line)에 대한 게이트 위치의 선정에 주의한다.

   ㉲ 성형수축률은 0.5% 정도로 한다.

## (3) 폴리에틸렌(polyethylene, PE)

PE는 제조 방법에 따라 저밀도(LDPE), 중밀도(MDPE), 고밀도(HDPE)가 있다.

① 특성

   ㉮ 매끈한 외관을 가지며 결정화도가 높은 수지이다.

   ㉯ 인장강도 및 연신율이 크다.

   ㉰ 전기적 성질이 우수하다(특히 고주파).

   ㉱ 충격에 강하다.

   ㉲ 특성이 우수하다.

   ㉳ 내약품성이 좋고 유기용제에 강하다.

   ㉴ 흡습성이 거의 없다.

   ㉵ 저온에 취약하지 않다.

   ㉶ 성형수축률이 크고 왜곡 변형이 일어나기 쉽다.

   ㉷ 접착이 잘 되지 않는다.

   ㉸ 냉각 시간이 필요하며 성형능률이 좋지 않다.

② 용도 : 전선 피복, 고주파 부품, 용기류(버킷, 식기), 포장제, 튜브, 파이프 등에 쓰인다.

③ 금형 설계 및 제작 시 유의점

   ㉮ 성형품의 변형을 방지하기 위하여 충전 속도가 빠르게 되도록 게이트와 러너를 만들어 준다.

   ㉯ 수축률이 크고 변형이 심하기 때문에 금형 온도를 균일하게 할 수 있는 냉각회로가 필요하다.

   ㉰ 성형수축률은 흐름 방향 2.5%, 직각 방향 2.0% 정도로 한다.

## (4) 폴리프로필렌(polypropylene, PP)

PP는 유백색(乳白色), 불투명, 또는 투명의 범용 수지로 결정성 수지에 속한다.

① 특성

　㉮ 성형성이 극히 좋다.

　㉯ 범용 수지 중에서 제일 가볍다(비중 0.9).

　㉰ 내약품성이 좋다.

　㉱ 내충격성이 강하다.

　㉲ 힌지성이 좋다.

　㉳ 변형 싱크 마크 등의 불량이 나기 쉽다.

② 용도 : 세탁기(회전날개, 세탁조), 배터리 케이스, TV와 카세트 케이스, 단자, 배선기구 등에 쓰인다.

③ 금형 설계 및 제작 시 유의점

　㉮ PP는 힌지가 있는 성형품의 경우 충전 부족 힌지부의 웰드 라인(weld line) 발생 등을 방지하기 위해 게이트 위치에 주의할 필요가 있다.

　㉯ 변형을 방지하기 위해 다점 게이트로 하는 것이 좋다.

　㉰ 성형수축률은 0.8 정도이다.

　㉱ 싱크 마크, 변형 등을 방지하는 성형품 설계이어야 한다.

## (5) 폴리스티렌(polystyrene, PS)

PS는 일반용(GPPS)와 내충격용(HIPS)이 있다.

① 특징

　㉮ 맛과 냄새가 없다.

　㉯ 투명한 수지이다.

　㉰ 착색이 잘 된다.

　㉱ 비중이 작고 성형성이 좋다.

　㉲ 치수 안정성이 좋다.

　㉳ 흡습성이 낮다.

　㉴ 취성이 있다.

　㉵ 열에 약하다(100℃ 이상에서 견디지 못한다).

　㉶ 흠이 생기기 쉽다.

② 용도 : 냉장고 내상, 선풍기 날개, 측정기 케이스, 완구류, 발포한 것은 단열재, 포장재, 전기 절연재 등에 쓰인다.

③ 금형 설계 및 제작 시 유의점

  ⑦ 성형품을 금형에서 빼낼 때 크랙이 갈 우려가 많으므로 이젝팅 방법을 고려해야 한다.

  ⑭ 언더컷(undercut)은 되도록 피하는 것이 좋으며, 경면 사상성이 좋은 금형재를 사용하는 것이 좋다.

## 2) 공업용 수지(engineering plastics ; enpla)

### (1) 일반적 특성

① 공업용 재료로 사용된다.

② 강성과 내열성이 우수하다.

③ 인장강도가 $500kg/cm^2$ 정도, 충격강도가 $6kg/cm^2$이다.

④ 내열성이 100℃ 이상인 수지가 많다.

⑤ 크리프(creep)가 적고 난연이며 내마모성, 내약품성 등이 우수하다.

⑥ 가격이 고가이다.

⑦ enpla의 종류는 PA, POM, PC, PVC, AS, PMMA, EVA, PUR, FRTP 등이 있다.

### (2) PA(polyamide ; nylon)

PA는 PA 6, PA 66, PA 11 등이 있다.

① 특성

  ⑦ 마찰계수가 작다.

  ⑭ 자기윤활성이 좋다.

  ⑮ 내마모성이 우수하다.

  ⑯ 대표적인 결정성 수지이기 때문에 수축률이 커서 안정성이 좋지 않다.

  ⑰ 흡습성이 크고 반투명 절연성이 좋다.

② 용도 : 기어, 캠, 베어링, 포장 재료, 부시, 전화기 코드선, 전기 부품, 차량 부품, 라디에이터 탱크(66) 호일 캡(6) 등에 쓰인다.

③ 금형 설계 및 제작상 유의점

  ⑦ PA는 용융점도가 낮고 플래시가 발생하기 쉬우므로 치수정도가 높은 금형가공을 요한다.

  ⑭ 금형 온도를 높게 하고 냉각을 균일하게 할 필요가 있다.

(3) 메타크릴 수지(polymethyl metacrylate acryl ; PMMA)

① 특성

    ㉮ 표면 광택이 좋고 투명성이 아주 좋은 합성수지이다.(광선 투과율 93% 정도)

    ㉯ PS보다 인장강도 및 굽힘 강도가 우수하다.

    ㉰ 내약품성, 내유성이 양호하다.

    ㉱ PS보다 유동성이 불량하다.

    ㉲ 예비 건조가 필요하다.

    ㉳ 취성이 있다.

    ㉴ 내후성이 좋다.

② 용도 : 광학렌즈, 자동차 전등, TV 보호판, 창유리, 조명기구, 장신구 등에 쓰인다.

③ 금형 설계 및 제작상 유의 사항

    ㉮ 성형할 때는 유동성이 좋지 않기 때문에 고압 성형이 필요하다.

    ㉯ 유통저항을 작게 하기 위해 러너의 지름을 크게, 러너의 길이는 짧게 한다.

    ㉰ 광학적 용도일 때는 잔류응력이 생기지 않는 게이트로 해야 한다.

    ㉱ 빼기 구배는 가능한 크게 한다.

(4) 폴리염화 비닐(polyvinyle acetate ; PVC)

PVC는 연질(SPVC)와 경질(HPVC)의 2종류가 있다.

① 특성

    ㉮ 무독성이다.

    ㉯ 내충격성, 내수성, 내알칼리성이다.

    ㉰ 난연성이다.

    ㉱ 전기 절연성이 우수하다.

    ㉲ 유동성이 불량하다.

    ㉳ 금형을 부식시킨다.

    ㉴ 내열 온도가 낮다.(200℃ 이상 사용 불가)

② 용도 : SPVC는 필름, 시트, 전선피복, 의료기기 부품에 사용되며, HPVC는 전화기 본체, 배판, 절연판 등에 쓰인다.

③ 금형 설계, 제작 및 성형 시 유의사항

    ㉮ 재료 온도 관리가 중요하며 스크루 타입의 성형기가 좋다.

    ㉯ 유통저항이 작은 게이트, 러너 설계를 한다.(러너 지름은 크게, 길이는 짧게 한다.)

㉯ 내식을 대비한 표면처리가 필요하다.(도금 또는 내식강 사용)

## (5) 폴리카보네이트(polycarbonate ; PC)

① 특성

㉮ 강성이 크고 충격 및 인장강도가 높다.

㉯ 성형성이 비교적 양호하다.

㉰ 자소성(自消性)이 있다.

㉱ 성형수축률이 적다(0.6%).

㉲ 스트레스 균열이 일어나기 쉽다.

㉳ 반복하중에 약하다.

㉴ 플래시가 생기기 어렵다.

㉵ 단단하기 때문에 금형을 파손하기 쉽다.

㉶ 내열성이 뛰어나다.(135℃ 정도에서 가장 좋은 물성을 가진다.)

② 용도 : 절연 볼트, 너트, 밸브, 전동공구, 의료기기, 콕, 스위치, 핸들, 카메라 부품, 오토바이 방풍창 등에 쓰인다.

③ 금형 설계, 제작 및 성형상 유의점

㉮ 성형은 고압, 고온에서의 성형을 필요로 하며 스크루식이 좋다.

㉯ 재료의 예비 건조를 충분히 한다.

㉰ 유동저항이 작은 게이트 러너의 설계를 한다.

㉱ 살 두께를 어느 정도 두껍게 한 성형품 설계를 하고 금속 인서트의 삽입은 되도록 피한다. 또 드래프트는 2° 이상 붙인다.

㉲ 성형수축률은 0.6% 정도이다.

㉳ 빼기 구배는 2° 이상 주는 것이 좋다.

## (6) 폴리아세탈(poly oxy methylene, polyacetal ; POM)

① 특성

㉮ 피로수명이 열가소성 수지에서 가장 높다.

㉯ 금속 스프링과 같은 강력한 탄성을 나타낸다.

㉰ 마찰계수 및 내마모성이 좋다.

㉱ 치수 안정성이 좋다.

㉲ 인장강도, 굽힘강도, 압축강도는 PA, PC와 같이 최고 수준에 이른다.

ⓑ 약 220℃ 이상의 온도에서는 열분해 현상이 일어나서 변색과 동시에 독한 포름알데히드가 발생하여 불쾌한 냄새가 난다.

② 용도 : 각종 기어, 베어링, 캠, 풀리, 커넥터, 도어 로크, 수도꼭지 등에 쓰인다.

③ 금형 설계, 제작 및 성형상 문제점

ⓐ 유동성이 좋지 않기 때문에 러너의 길이는 되도록 짧게 하고 유동저항이 작은 면은 형상으로 한다.

ⓑ 플로 마크(flow mark)가 발생하기 쉬우므로 게이트 단면적을 너무 작게 해서는 안 된다.

ⓒ 게이트 두께는 성형품 살두께의 약 60%로 하는 것을 표준으로 한다.

ⓓ 냉각 속도를 균일하게 하고 충분히 냉각이 되도록 한다.

ⓔ 가스가 많이 발생하기 때문에 가스가 잘 배출되는 금형 구조가 되어야 한다.


(7) AS 수지(acrylonitrile styrene ; SAN)

AS는 아크릴로 니트릴과 스티렌의 공중합 수지이다.

① 특성

ⓐ 투명성이 좋고 내열성, 내유성이 좋다.

ⓑ 인장강도가 높은 경질의 수지이다.

ⓒ 플래시가 잘 생기지 않는다.

ⓓ 흐름이 좋고 성형성이 양호하며 성형능률도 좋다.

ⓔ 치수 안정성도 매우 높다.

ⓕ 옥외에 방치하여도 크랙이 생기지 않는다.

② 용도 : 믹서 케이스, 선풍기 날개, 배터리 케이스 등에 쓰이며, 또 폴리스티렌과 거의 같은 분야에 사용되고 내열성이 필요한 투명 제품에 많이 사용된다.

③ 금형 설계, 제작 및 성형상 유의점

ⓐ 금형으로부터 이젝팅 시의 크랙에 주의해서 적절한 로크 아웃 기구를 선정한다.

ⓑ 빼기 구배는 1° 이상 붙이며 금형에 언더컷이 없도록 주의한다.

ⓒ 성형수축률은 옥사이드 0.45%이다.


(8) 폴리페닐렌 옥사이드(polyphenylene oxyth ; PPO)

① 특성

ⓐ 높은 열변형 온도와 넓은 온도 범위에서의 안정된 우수한 전기적 성질, 기계적 성질을 가지고 있다.

㉯ 난연성을 가지고 있다.

㉰ 성형에 난점이 있다.(성형성을 개량한 수지가 스티렌 변성 PPO 수지(노릴)이다.)

② 용도 : 코일 보빈, OA 기기 케이스, 자동판매기, 코인 교환장치 등에 쓰인다.

## (9) 노릴

① 특성

㉮ 자기 소화성, 난연성, 강성이 우수하다.

㉯ 우수한 전기적 성질이 있다.

㉰ 성형수축률, 선팽창계수가 작다.

㉱ 성형성, 물성의 밸런스가 양호한 재료이다.

㉲ 충격강도가 우수하다.

㉳ 내수성, 내열성, 증기성도 우수하다.

② 용도 : 송유 파이프, 가습기 부품, 펌프 임펠러, 컨베이어의 롤러, 스퍼 기어 등에 쓰인다.

## 3) 열경화성 수지

열경화성 수지는 일반적으로 높은 열안정성, 하중하에서 크리프, 변형에 대한 저항력, 치수 안정성, 높은 강성과 경도를 가지고 있다. 성형방법은 주로 압축 성형법이나 트랜스퍼 성형법에 의해서 이루어진다. 열경화성 수지에는 알키드 수지, 페놀 수지, 멜라민 수지, 에폭시 수지, 우레아 수지가 있다.

## (1) 일반적 특성

① 열경화성 수지는 압축성형에 주로 사용된다.

② 내열과 압력을 가하면 화학적 변화를 하여 영구적인 형태로 굳어진다.

## (2) 페놀류(phenolics ; PF)

① 페놀 - 포름알데히드(phenol-formaldehyde)

㉮ 특성

• 열과 전기의 절연체이며 값이 싸고 강성과 강도가 크다.

• 일반적으로 갈색이나 흑색을 띠며 압축성형이 가능하다.

㉯ 용도 : 커넥터, 스위치, 튜너, 브레이커

② 페놀 - 퓨프럴(phenol-fufural)

㉮ 특성 : 포름알데히드보다 낮은 온도에서 유동성을 가지며 경화시간이 빠르다.

ⓝ 용도 : 재털이, 기계 부품, 카메라 케이스, 세탁기 진동판, 브레이커

### (3) 요소 - 포름알데히드(urea - formaldehyde)

① 특성 : 유리아수지라고도 하며, 냄새와 맛이 없으며 색깔이 다양하고 페놀수지에 비해 열저항력이 떨어지나 값이 비교적 싸다.

② 용도 : 라디오 케이스, 단추, 조명기구, 식기류

### (4) 멜라민 - 포름알데히드(melamine - formaldehyde)

① 특성
   ㉮ 물과 화학물질에 대한 뛰어난 저항력을 가지고 있다.
   ㉯ 내열성이 있다.
   ㉰ 강성이 크다.
   ㉱ 냄새와 맛이 없다.
   ㉲ 색깔이 다양하다.
   ㉳ 충격에 대한 저항력이 크다.

② 용도 : 노브(knob), 면도기 케이스, 보청기 케이스, 단추

## 4 성형조건과 수축관계

### 1) 성형조건과 수축

성형수축은 금형치수와 성형품 치수의 치수차를 의미한다.

① 수지의 온도
   ㉮ 열가소성 수지의 경우 수지온도가 높아지면 비용적이 커지므로 성형 수축은 커진다.
   ㉯ 수지온도가 높으면 유동성이 좋아져서 전단력이 적고, 분자 배향의 정도가 낮아지므로 수축이 적어진다. 결국 이들 요인의 종합된 결과로 나타난다.

② 사출압력 : 사출압력이 높으면 용융점도의 차가 작아지며, 수지의 탄성 회복이 커지므로 수축은 작아진다.

③ 금형온도 : 금형용도가 높으면 냉각속도가 늦어지므로 결정화가 이루어지는 동안 수축은 증가한다.(비결정수지 : 감소, 결정성수지 : 증가)

④ 성형품의 두께 : 성형품의 살두께가 클수록 냉각속도가 늦어지므로 수축은 증가

⑤ 게이트의 크기 : 일반적으로 사출압이 일정한 경우에 게이트 단면적이 클수록 수축은 작아진다.

⑥ 사출보압 : 사출보압 시간을 길게 하면 냉각에 의한 수축량을 보충할 수 있으므로 수축은 작아진다.

⑦ 유동성 : 일반적으로 유동이 좋은 수지는 수축이 작아진다.

⑧ 냉각시간

㉮ 냉각시간이 길면 냉각이 균일하게 되며, 충분히 고화되므로 성형수축은 적다.

㉯ 결정성 수지는 냉각시간이 길어지면 결정화도가 높아지므로 성형수축은 커진다.

⑨ 가늘고 긴 제품의 길이방향 수축은 작아진다.

⑩ 정형 수축이 크면 일반적으로 이형 후의 수축은 작아진다.

⑪ 사출속도 : 게이트 단면이 일정한 경우, 사출속도 증가는 사출압력이 증가하여야 하므로 수축은 작아진다.

## 2) 성형수축의 경시변화

금형으로부터 성형품을 뽑아낸 직후의 치수와 수 시간 경화후의 치수에는 경시변화에 의하여 치수차가 생긴다. 특히 10시간 정도까지는 크게 변화하다가 24시간 정도 지난 후에는 거의 그 영향을 받지 않는다.

표 3.1 주요 성형 재료의 선팽창 계수와 성형 수축률

| 성형 재료 | | | 선팽창계수 $(10^{-5}/℃)$ | 성형수축률 (%) |
|---|---|---|---|---|
| | 수지명 | 충전재(강화재) | | |
| 열경화성수지 | 페 놀 | 목분(솜, 플록) | 3.0~4.5 | 0.4~0.9 |
| | 페 놀 | 유리섬유 | 0.8~1.6 | 0.01~0.4 |
| | 요 소 | a′셀룰로스 | 2.2~3.6 | 0.6~1.4 |
| | 멜라민 | a′셀룰로스 | 4.0 | 0.5~1.5 |
| | 디아릴 프탈레이드 | 유리섬유 | 1.0~3.6 | 0.1~0.5 |
| | 에폭시 | 유리섬유 | 1.1~3.5 | 0.1~0.5 |
| | 폴리에스테르 | 유리섬유(프리믹스) | 2.0~3.3 | 0.1~1.2 |
| 열가소성 · 결정성 | 폴리에틸렌(저밀도) | – | 10.0~20.0 | 1.5~5.0 |
| | 폴리에틸렌(중밀도) | – | 14.0~16.0 | 1.5~5.0 |
| | 폴리에틸렌(고밀도) | – | 11.0~13.0 | 2.0~5.0 |
| | 폴리프로필렌 | – | 5.8~10.0 | 1.0~2.5 |
| | 폴리프로필렌 | 유리섬유 | 2.9~5.2 | 0.4~0.8 |
| | 나일론6 | | 8.3 | 0.6~1.4 |
| | 나일론6-10 | | 9.0 | 1.0 |
| | 나일론 | 20~40% 유리섬유 | 1.2~3.2 | 0.3~1.4 |
| | 폴리아세탈 | | 8.1 | 2.0~2.5 |
| | 폴리아세탈 | 20% 유리섬유 | 3.6~8.1 | 1.3~2.8 |
| 열가소성 · 비결정성 | 폴리스티렌(일반용) | – | 6.0~8.0 | 0.2~0.6 |
| | 폴리스티렌(내충격용) | – | 3.4~21.0 | 0.2~0.6 |
| | 폴리스티렌 | 20~30% 유리섬유 | 1.8~4.5 | 0.1~0.2 |
| | AS | – | 3.6~3.8 | 0.2~0.7 |
| | AS | 20~33% 유리섬유 | 2.7~3.8 | 0.1~0.2 |
| | ABS(내충격용) | – | 9.5~13.0 | 0.3~0.8 |
| | ABS | 20~40% 유리섬유 | 2.9~3.6 | 0.1~0.2 |
| | 메타크릴 | – | 5.0~9.0 | 0.2~0.8 |
| | 폴리카보네이트 | – | 6.6 | 0.5~0.7 |
| | 폴리카보네이트 | 10~40% 유리섬유 | 1.7~40 | 0.1~0.3 |
| | 경질PVC | – | 5.0~18.5 | 0.1~0.5 |
| | 셀룰로스, 아세테이트 | – | 8.0~18.0 | 0.3~0.8 |

# 제 4 장
## 금형설계

# 1 금형설계

## ※ 1.1 금형설계의 조건

① 성형품에 필요한 형상과 치수정밀도를 줄 수 있는 구조일 것

성형품 디자인의 특색이 살려지고, 또 기능을 충분히 할 수 있는 치수정도를 가지는 성형품을 얻을 수 있는 것이어야 한다.

② 성형품의 끝손질 또는 2차가공이 적을 것

성형품의 끝손질 가공이 불필요하고 또 구멍, 창, 혹은 홈 등은 되도록 모두 금형으로서 성형이 되도록 한다.

③ 성형능률이 좋은 금형 구조일 것

짧은 시간에 사출이 될 수 있는 러너시스템으로 성형품의 냉각이 빨리 되도록 한다. 이젝터가 신속하고도 확실하여야 하며 러너, 게이트의 제거가 용이하여야 한다.

④ 내구성이 있는 구조일 것

마모, 손상이 적고, 장시간 연속 운전하여도 고장이 일어나지 않을 것

⑤ 제작이 쉽고, 제작비가 싼 값으로 될 수 있는 구조일 것

위의 여러 조건을 만족하면서 적은 공정으로 낭비없이 가공되는 구조

## ※ 1.2 금형설계의 순서

### (1) 캐비티 수 및 배열의 결정
사용하는 성형기의 규격을 고려하여 정하여지지 않으면 안 되나, 일반적으로 성형품의 생산수량이 적을 경우나, 성형품 크기가 큰 경우 또는 정밀도가 높을 경우에는 1개 또는 2~4개의 캐비티가 사용된다. 한편, 생산량이 많을 때 또는 생산가격을 싸게 하는 경우 많은 수의 캐비티 또는 세트의 금형이 사용된다.

### (2) 파팅 라인 및 러너, 게이트의 결정
이것에 의해 금형의 기본적 구조를 정하게 되며 동시에 성형품의 플래시가 발생하는 위치가 결정되므로 외관 및 사상공수도 정해지게 된다.

### (3) 언더컷 처리 및 이형방법의 결정
성형품에 언더컷이 있을 시 이것을 어떤 방법으로 성형해서 뽑아낼 것인가에 따라서 파팅 라인, 성형부 분할, 슬라이드코어, 나사돌려뽑기 등의 형구조를 결정한다. 이젝터 방법을 일반적으로 이젝터 핀과 이젝터 슬리브 핀에 의하여 돌출하고 있으나 성형품에 핀 자국을 피할 때, 살두께가 얇은 경우 등은 스트리퍼 플레이트 방식을 사용하고, 폴리에틸렌 성형품 등의 경우 공기압 방법을 사용한다.

### (4) 캐비티 및 코어의 재료와 가공법의 결정
금형의 재료경도 또는 가공법에 따라서 코어를 해 넣든가 혹은 분할을 시키던가 할 필요가 생긴다. 그 경우 코어의 분할위치와 방향에 대하여 결정해야 한다.

### (5) 온도조절 방법의 결정
사출성형에 있어서는 성형품의 냉각을 위해 금형온도를 적절히 조절해야 한다. 물 또는 냉각액, 공기 등을 어떻게 금형에 통과시킬 것인가를 결정한다.

# 2 금형설계의 체크포인트

| 분 류 | | 체 크 사 항 |
|---|---|---|
| 품 질 | | ① 금형의 재료, 경도, 정도, 구조 등 수요자의 명세는 충분히 검토되었는가. |
| 성형품 | | ① 싱크, 재료의 흐름, 구배, 웰드, 크랙 등 성형품의 외관에 영향을 미치는 사항에 관하여 검토되었는가.<br>② 성형품의 기능, 의장 등에 지장이 없는 범위 내에서 금형가공이 쉽도록 검토되었는가.<br>③ 성형재료의 수축률은 정확한가. |
| 성형기 | | ① 성형기의 사출량, 사출압력, 형을 조이는 압력은 충분한가.<br>② 지정된 성형기에 금형은 정확하게 설치될 수 있는가. 즉, 장치나사의 위치, 로케이트링의 지름, 노즐 R, 스프루 구멍의 지름, 이젝터봉 구멍의 위치, 크기, 형의 크기, 두께, 기타 다른 것도 적당한가. |
| 기<br><br>본<br><br>구<br><br>조 | 파팅 라인 | ① 파팅 라인의 위치는 적정한가.<br>② 금형가공, 성형품의 외관, 끝손질, 성형품을 금형의 어느 쪽에 다는가. |
| | 이 젝 션 | ① 성형품에 적당한 돌출방법이 선택되었는가. 핀, 플레이트, 슬리브, 에어, 기타<br>② 핀, 슬리브의 사용 위치와 수는 적당한가. |
| | 온도컨트롤 | ① 가열용 히터류의 사용법, 용량은 적정한가.<br>② 溫油, 온냉수, 냉각액 등이 어떠한 구조에 의해서 순환되는가.<br>③ 냉각용 구멍의 크기, 수, 위치는 적정한가. |
| | 언더컷部 | ① 구멍, 기타 언더컷部를 빼내는 기구는 적당한가. 사이드 코어, 언더컷 핀, 랙피니언, 에어 실린더 기타.<br>② 그들의 기구는 무리없고, 사고없이, 작동이 되도록 고려되어 있는가. |
| | 러너, 게이트 | ① 게이트의 선택은 적절한가.<br>② 스프루, 러너의 크기는 적정한가.<br>③ 게이트의 위치, 크기는 적정한가. |
| 설<br>계<br>제<br>도 | 조 립 도 | ① 금형의 크기는 낭비없고, 적절한 내구력을 가지고 있는가.<br>② 각 부품의 배치는 적정한가.<br>③ 조립도는 적정한 배치로 그려져 있는가.<br>④ 부품의 조립위치가 명시되어 있는가.<br>⑤ 필요한 부품이 빠짐없이 기입되어 있는가.<br>⑥ 표제란, 기타 필요한 명세란은 기입되어 있는가. |

| 분 류 | | 체 크 사 항 |
|---|---|---|
| 설 계 제 도 | 부 품 도 | ① 부품 번호가 명확하게 기입되어 있는가.<br>② 부품 명칭은 적당한가.<br>③ 개수는 기입되어 있는가.<br>④ 사내 제작, 사내 재고, 시판품 구입 등의 구별이 기입되어 있는가.<br>⑤ 지장이 없는 한 표준 부품이 이용되어 있는가.<br>⑥ 시판되는 부품이 이용되도록 고려되어 있는가.<br>⑦ 필요한 위치의 정도, 끼워넣기 기호가 기입되어 있는가.<br>⑧ 도금을 할 경우의 도금자리는 기입되어 있는가.<br>⑨ 성형품에 있어서 특히 엄격한 정도가 요구되는 개소는 수정이 되도록 고려되어 있는가.<br>⑩ 필요 이상의 정도가 기입되어 있는 것은 없는가.<br>⑪ 각 부품의 기능에 알맞은 재료가 사용되고 있는가.<br>⑫ 필요한 개소의 열처리, 표면처리의 지시가 있는가.<br>⑬ 형이 여러 개 수로 나누어지는 것일 때 각각 번호가 표시되어 있는가. |
| | 도 법 | ① 도면은 현장작업자에게 보기 쉽도록 걸려 있는가.<br>② 도면에는 불필요한 것이 없고, 필요한 것은 충분히 나타나 있는가. |
| | 치 수 | ① 현장에서는 복잡한 계산을 하지 않아도 되도록 되어 있는가.<br>② 숫자는 적정한 위치에 명료하고도 착오없이 기입되어 있는가. |
| 가공에 대한 고려 | | ① 적정한 품질로서 싸고 빨리 제작할 수 있도록 충분히 고려되어 있는가.<br>② 공작은 가능하며 또한 쉬운 것인가.<br>③ 가능한 것이어도 극도로 곤란한 것은 쉽게 설계할 수 없는가.<br>④ 원 블록으로부터의 깎아내기와 끼워넣기는 방식의 가부가 검토되었는가.<br>⑤ 가공방법이 검토되고 그에 적응한 구조로 되어 있는가.<br>⑥ 가공, 조립의 기준면은 고려되어 있는가.<br>⑦ 특수 공정인 경우의 공정지시는 적절한가.<br>⑧ 현물 맞추기의 개소는 명시되어 있는가.<br>⑨ 맞대어 보기, 조정 여유의 지시는 있는가.<br>⑩ 조립에 관해서 주의할 사항이 있으면 기입되어 있는가.<br>⑪ 조립, 운반, 일반 작업이 편리한 위치에 적정한 크기의 후크 구멍의 지시는 있는가.<br>⑫ 조립, 분해가 용이하도록 홈, 빼기 구멍, 공칭 나사 등의 지시가 있는가.<br>⑬ 담금질, 그밖의 가공에 의한 변형이 최소에 그치도록 고려되어 있는가. |

# 3 사전에 검토하여야 할 기본적인 항목

    코어 및 캐비티의 구조를 결정하고 외곽치수를 포함하여 필요 상세치수를 산출하기 위해서는 다음과 같은 항목이 기본적으로 우선 검토되어야 한다.

## ※ 3.1 제품도의 검토

① 형상

    이해하기가 곤란한 형상이나 누락된 부분은 없는가.

    또 그 형상이 금형에 의해 만들어질 수가 있는가.

② 치수 정도

    각 부분의 공차는 누락되어 있지 않는가.

    또 정도가 너무 엄격하여 현재의 금형 가공 정도, 성형기술로 양산이 가능한가.

③ 강도

    모서리는 지나치게 예리하지 않고 적당한 R로 되어 있는가.

    두께가 지나치게 얇거나 두껍지는 않는가.

④ 표면 규격

    성형품의 표면광택 정도는 어느 정도인가.

    부식의 규격, 패턴은 정해져 있는가.

    도장, 핫 스탬핑 등의 2차 가공이 있을 경우 그 규격과 범위가 명확한가.

⑤ 코어 분할 라인

    성형부를 분할 가공할 경우 제품의 기능, 외관에 지장이 없는가.

⑥ 상대부품과의 관계

    어떤 형상, 재질의 부품이 어떻게 조립되는가.

    끼워맞춤일 경우 조립공차는 어느 정도인가.

⑦ 성형재료

    사용되는 성형재료의 특징, 색, 투명도, 수축률은 알고 있으며, 새로운 재질일 경우 카다로그는 확보되어 있는가.

⑧ 성형불량에 대한 예측

    형상, 치수 등과 함께 비교적 많이 발생되는 성형불량에 대해 검토.

㉮ 싱크 마크(sink mark) : 기준 두께에 대해 두꺼운 리브는 없는가. 국부적으로 두꺼운 부분이 없는지 체크한다.

㉯ 돌출부가 너무 복잡하고 약해 성형 중 파손될 우려는 없는지 체크한다.

㉰ 충진 부족(short shot) : L/T와 관련하여 형상, 크기에 비해 두께는 적당한가. 부분적으로 흐름이 좋지 않은 얇은 부분은 없는가.

㉱ 웰드 라인(weld line) : 웰드 라인이 생겨서는 안 되는 부분과 범위는 어디이며, 웰드 라인으로 크랙이 발생되지는 않는가.

㉲ 변형 : 굽힘, 비틀림, 휨 등의 변형이 생기지는 않는가. 만약 피할 수가 없을 경우 허용 한도는 어느 정도인가.

㉳ 이형 불량 : 빼기 구배가 너무 적어 취출 시 변형, 긁힘, 백화를 일으키지는 않는가. 부식 가공이 있을 경우 부식 깊이에 비해 빼기 구배는 적당한가. 또는 부분적으로 취출이 어려운 형상은 없는가.

⑨ 파팅 라인

파팅 라인이 생겨서는 안 되는 부분과 파팅 라인의 마모로 발생되는 플래시(Flash)가 있어서는 안 되는 부분을 파악하고 플래시가 생길 경우 그 허용한도는 어느 정도인가.

⑩ 이젝터 위치

이젝터핀의 자국이 있어서는 안 되는 부분은 있는가.

⑪ 게이트 위치

게이트의 자국이 제품의 기능, 외관에 지장이 있는 부분은 어디인가.

⑫ 제품의 측정 기준

제품의 치수 정도를 정확하게 측정할 기준면은 명확하게 설정되어 있으며 각 부분의 측정방법과 측정기기 등은 결정되어 있는가. 또한 측정이 곤란하여 치구가 필요할 경우 규격은 있는가. 상대와 조립성의 검토가 필요할 경우 그 규격은 있는가.

⑬ 인서트 규격

인서트가 사용될 경우 인서트의 규격은 확실하며 인서트로 인하여 크랙, 치수불량이 발생될 위험은 없으며 사용 중 빠질 우려는 없는가.

⑭ 소요수량

월간, 년간 예정생산량과 총 소요량은 어느 정도인가.

## ※ 3.2 코어 및 캐비티 설계를 위한 구상 설계

(1) 캐비티수 및 캐비티 배열의 결정

① 일반적으로 성형품의 생산량이 적고 형상이 복잡하고 정밀도가 매우 높은 경우는 1 캐비티가 가장 이상적이다.

② 생산량이 많고 생산코스트를 낮추기 위해서는 멀티 캐비티(Multy Cavity)로 한다.

③ 멀티 캐비티에서는 각 캐비티가 동시 충진이 가능하도록 배열해야 한다. 또 스크랩량의 절감, 성형성, 금형의 강도, 가공성, 조립성 등을 고려하여 캐비티의 거리를 결정한다.

④ 코어 및 캐비티의 구조 설계

캐비티의 구조는 성형품의 요구품질을 만족하고 적정한 금형 제조원가를 유지를 위하여 금형 부품가공의 용이성, 조립정밀도 확보, 강도 및 내구성 등을 고려하여 결정한다.

검토사항은 다음과 같다.

㉮ 사출기의 사출용량(g)

㉯ 사출기의 형체력(ton)

㉰ 사출기의 가소화 능력(kg/hr)

㉱ 금형제작 비용 및 성형비용

㉲ 타이바 간격

(2) 분할면, 런너, 게이트의 결정

① 제품의 형상 및 가공방법을 감안하여 파팅 라인을 선정하고 사용할 수지와 성형품의 형상 및 치수 정밀도를 검토하여 가장 적당한 게이트 방식을 선정, 위치를 결정한다.

② 분할면, 런너, 게이트의 결정으로 금형의 기본구조가 정해지므로 성형품에 플래시의 방향과 외관 등의 문제점에 대처한 후 가공 방법 등을 결정한다.

(3) 언더컷의 처리와 취출방법의 결정

① 성형품에 언더컷이 있을 경우 어떤 방법으로 성형하여 취출할 것인지를 결정하며, 그 가공법을 정한다.

② 취출방법은 일반적으로 이젝터핀을 사용하지만 성형품에 이젝터자국이 남아서는 안 되는 경우와 취출 시 변형이 생기는 성형품은 취출 방식을 스트리퍼, 슬리브, 에어 취출 등 여러 가지 방법 중에서 적정한 것을 검토하여 적용한다.

③ 성형품의 자동취출, 취출시의 응력(변형) 등을 고려 취출 위치를 정한다.

(4) 분할 코어의 위치, 금형가공법의 결정

① 성형부의 가공성, 조립성, 수리의 용이성 등을 고려 성형부의 분할 구조를 결정한다.

② 세부의 구조를 결정한 후 각 부분의 가공을 어떻게 하면 가장 경제적으로 할 수 있는지를 선정한다.

③ 특수가공, 특수재질을 사용할 경우는 여유 개수를 생각한다.

(5) 성형부의 랩핑 정도와 마찰부, 습동부, 플래시 발생 가능성이 있는 부분의 정도를 정한다.

(6) 온도조절방법의 결정과 세부 수축률의 결정

① 사용재료의 세부 수축률을 결정하고 수축률을 감안하여 제품도로부터 캐비티 성형부의 치수를 결정한다.

② 금형의 온도는 성형품의 생산성과 수축률에 커다란 영향을 주므로 캐비티의 온도가 균일해질 수 있도록 냉각수의 위치와 회로의 구성에 대해 검토한 후 양산시 금형 각 부분의 온도를 예상한다.

# 4 금형 온도조절

## ※ 4.1 금형 온도조절의 필요성

금형의 온도조절은 성형품의 성형성, 성형능률, 제품 품질 등에서 대단히 중요한 문제이므로, 금형 설계시에 미리 충분히 검토해 둘 필요가 있다.

① 사이클의 단축

② 성형성의 개선

일반적으로 금형 온도를 저온으로 유지하고 쇼트 수를 올리는 것이 바람직하나, 성형품의 형상(금형의 구조), 성형재료의 종류에 따라서는 성형성 향상을 위해 성형 사이클을 단축시키며 금형 온도를 높이 충전하지 않으면 안 되는 경우도 있다.

③ 성형품의 표면상태 개선

일반적으로 금형 온도가 너무 낮으면 제품의 광택이 나빠지고, 플로 마크나 웰드 라인이 현저하게 발생한다.

④ 성형품의 물리적 성질(강도) 개선

　금형 온도가 낮으면 수지가 빨리 응고되므로 사출 압력을 높게 하여야 한다. 이때 사출 압력에 의해 제품 내부에 응력이 발생한다. 이 응력은 제품이 냉각되어 고화될 때 내부에 남아 일반적으로 잔류응력이 된다.

⑤ 성형품의 형태와 치수정밀도 유지

　㉮ 제품 두께의 불균일 및 냉각속도 불균일로 인하여 수축이 불균일하게 되면 변형은 피할 수 없게 된다. 즉, 냉각속도에 의한 변형은 온도조절에 의하여 개선이 가능하다.

　㉯ 사출 압력이 일정한 조건에서 일반적으로 금형 온도가 높을수록 성형 수축률이 커지는 경향이 있다. 이는 제품이 불량되기 쉽고, 비틀림이나 휘어짐 등의 변형을 일으키는 원인이 되기도 한다.

## ※ 4.2 냉각 홈 분포와 냉각효과의 관계

### 1) 냉각 구멍의 분포

냉각 구멍의 분포는 외부에서 수지가 가지고 오는 열 에너지에 비례해서 배치해야 한다.

　그림 4.1은 캐비티와 냉각 구멍 표면간의 온도구배를 표시한 개략 등온선으로 동일 형상을 한 성형품의 경우로, 5개의 큰 구멍을 가진 금형 (a)와 2개의 작은 냉각 구멍을 가진 금형 (b)를 나타낸다.

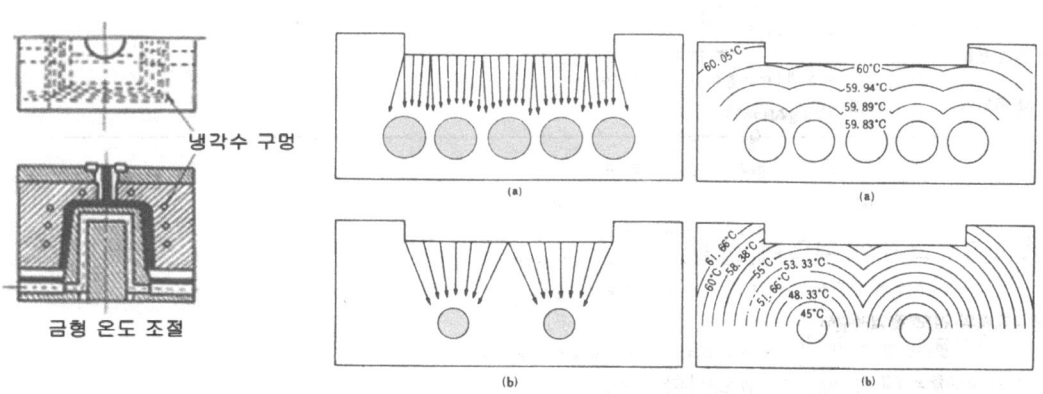

그림 4.1  냉각 구멍의 분포와 냉각효과

(a)는 큰 수로를 59.83℃의 물을 순환시킨 경우로서 캐비티 표면은 사이클간에 60~60.05℃로 되어 온도차가 적게 되지만, (b)는 작은 수로로 45℃의 물이 순환하면 캐비티 표면은 53.33~60 ℃로 온도차가 크게 된다. 즉, (a)는 온도변화가 작아 균일한 냉각효과를 기대할 수 있으나, (b)는 냉각효과가 균일하지 못하여 좋지 않다.

표 4.1 플라스틱 재료의 성형 온도와 금형 온도 관계

| 재료명 | 재료온도 ℃ | 사출압력 kg/cm² | 금형온도 ℃ |
|---|---|---|---|
| 폴리에틸렌 | 150~300 | 600~1500 | 40~60 |
| 폴리프로필렌 | 160~260 | 800~1200 | 55~65 |
| 폴리아미드 | 200~320 | 800~1500 | 80~120 |
| 폴리아세탈 | 180~220 | 1000~2000 | 80~110 |
| 3불화염화에틸렌 | 250~300 | 1400~2800 | 40~150 |
| 스티롤 | 200~300 | 800~2000 | 40~60 |
| AS | 200~260 | 800~2000 | 40~60 |
| ABS | 200~260 | 800~2000 | 40~60 |
| 아크릴 | 180~250 | 1000~2000 | 50~70 |
| 경질염화비닐 | 180~210 | 1000~2500 | 45~60 |
| 폴리카보네이트 | 280~320 | 400~2200 | 90~120 |
| 셀롤로즈아세테이트<br>셀롤로즈에세테이트<br>브치레이트 | 160~250 | 600~2000 | 50~60 |

## ※ 4.3  냉각수 구멍의 설계

### 1) 냉각수 구멍 설계

(1) 냉각수 구멍 설계시 유의사항

① 고정측 형판과 가동측 형판을 각각 독립해서 조정되도록 한다.

② 이젝터 핀의 위치를 결정하기 전에 냉각 홈을 설계한다.

③ 냉각회로는 스프루나 게이트 등 금형온도가 제일 높은 곳에 냉매가 우선 유입하도록 설계한다.(그림 4.2)

④ 냉매 입구온도와 출구온도의 차는 작아지는 편이 바람직하다. 특히, 정밀 성형금형의 여러 개 뽑기의 경우에는 2℃ 이하로 하는 것이 바람직하다.

⑤ 고정측 형판은 수열량과 방열면적이 커서 가동측 형판보다 냉각 수량을 많이 필요로 한다.

⑥ 공급하는 수량이 일정한 경우 냉각수 구멍이 크면 유속이 떨어져 열전도가 나빠지므로, 수량 증가 또는 구멍을 조절해서 냉각수의 흐름을 난류로 하여 냉각효과를 올린다.

⑦ 냉각 구멍의 방청을 고려하고, 또한 청소가 간편한 구조이어야 한다.

⑧ 폴리에틸렌과 같이 수축률이 큰 수지는 수축의 방향에 따라 냉각 구멍을 설치하여 변형을 방지한다.

⑨ 냉각 구멍이나 홈은 캐비티 내에 반복 작용하는 성형압력은 견딜 수 있는 강도 유지를 위해 캐비티에서 최소 10mm 이상 되어야 한다.

⑩ 일반적으로 큰 1개의 냉각 구멍보다는 가늘고 많은 수의 냉각 구멍 쪽이 효과적이다. 그러나 물때의 발생으로 막히는 가는 구멍은 피한다.

⑪ 냉각 구멍이나 냉각 홈의 방청을 고려하고, 또 구조가 간편하게 되도록 한다.

⑫ 직경이 가늘고 긴 코어 핀에는 물 또는 압축공기를 통과시킨다.

⑬ 누수의 트러블이 많으므로 이를 고려해야 한다.

⑭ 드릴 가공을 하는 경우 드릴 구멍 빗나감을 고려해서 설계한다.

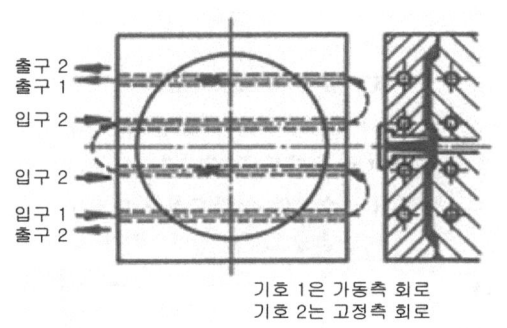

출구 2
출구 1
입구 2
입구 2
입구 1
출구 2

기호 1은 가동측 회로
기호 2는 고정측 회로

그림 4.2 냉각수 회로

표 4.2 냉각수로의 한계순환 수량

| 유로의 지름 (mm) | 유량 (m³/min) | ℓ/min |
|---|---|---|
| 8 | 0.0038 | 3.8 |
| 11 | 0.0095 | 9.5 |
| 19 | 0.038 | 38 |
| 24 | 0.076 | 76 |

# 5 금형 온도조절의 열적 해석

## ※ 5.1 온도조절에 필요한 전열면적

### (1) 이동열량식

$$Q = S_h \times C_P \times (t_1 - t_0) \times W$$

    $Q$   : 이동열량(kcal/hr)

    $S_h$  : 매시간의 쇼트 수

    $C_P$  : 성형재료의 비열(kcal/kg℃)

    $t_1$  : 사출 재료의 온도(℃)

    $t_0$  : 성형품을 꺼낼 때의 온도(℃)

    $W$  : 1 쇼트시 사출용량 kg/1회

### (2) 냉각 홈측의 경막 전열계수식

$$h_w = \frac{\lambda}{d} \left( \frac{d \times u \times \rho}{\mu} \right)^{0.8} \times \left( \frac{C_P \times \mu}{\lambda} \right)^{0.3}$$

    $h_w$ : 냉각 홈측의 경막 전열계수(kcal/m² · hr℃)

    $d$   : 냉각홈의 지름(m)

    $\lambda$   : 냉매의 열전도율(kcal/m² · hr℃)

    $u$   : 유속(m/sec)

    $\rho$   : 밀도(kg/m³)

    $\mu$   : 점도(kg/m · sec)

### (3) 소요 전열면적

$$A = \frac{Q}{h_w \times \varDelta T}$$

    $A$   : 소요 전열면적(m²)

    $\varDelta T$ : 금형과 냉매와의 평균온도차(℃)

## ※ 5.2 냉각수의 수량(水量)

$$W = \frac{W_p \left[ C_p (T_1 - T_2) + L \right]}{K (T_3 - T4)}$$

W : 통과하는 냉각수량($\ell$/hr)

$T_1$ : 수지의 용융 온도(℃)

$W_p$ : 시간당 사출용량($cm^3$/hr)

$C_p$ : 수지의 비열(kcal/kg℃)

$T_2$ : 금형의 온도(℃)

L : 수지의 융해잠열

$T_3$ : 물의 배수 온도(℃)

$T_4$ : 물의 급수 온도(℃)

K : 물의 열전도 효율(캐비티 : 0.64, 배판 : 0.50)


## ※ 5.3 금형의 냉각시간

$$S = \frac{t^2}{2\pi\alpha} \cdot \log e \; \frac{\pi}{4} \left( \frac{T_2{}' - T_2}{T_1 - T_2} \right)$$

$$\alpha = \frac{R}{\rho \times C_p}$$

S : 냉각의 최소시간(sec)

t : 성형품의 살두께(cm)

$\alpha$ : 수지의 열방산률

R : 수지의 열전도률(cal/cm · sec ℃)

$\rho$ : 수지 밀도($g/cm^3$)

$T_2$ : 금형온도(℃)

$C_p$ : 수지 비열(cal/g ℃)

$T_2{}'$ : 성형품 꺼내기 온도(℃)

$T_1$ : 사출 재료의 온도(℃)

**예제** pp 성형품 최대 살두께 t=18mm, 열변형 온도 $T_2'$=100℃, 금형온도 $T_2$=25℃, 성형기 실린더의 온도 $T_1$=240℃일 때 냉각시간을 계산하시오.(단, pp의 $R=3.3×10^{-4}$ (cal/cm·sec℃), $\rho$=0.9g/cm³, $C_p$=0.46(cal/g ℃)이다.)

**풀이** $\alpha = \dfrac{R}{\rho \times C_p} = \dfrac{3.3 \times 10^{-4}}{0.9 \times 0.46} = 7.97 \times 10^{-4}$

$S = \dfrac{t^2}{2\,\pi\,\alpha} \cdot \log e\ \dfrac{\pi}{4}\left( \dfrac{T_2' - T_2}{T_1 - T_2} \right)$

$\quad = \dfrac{0.18^2}{2\,\pi \times 7.97 \times 10^{-4}} \cdot \log e\ \dfrac{\pi}{4}\left( \dfrac{100 - 25}{240 - 25} \right) \fallingdotseq 8.4\ (\text{sec})$

## ※ 5.4 금형 가열 히터의 용량

PC, PETP, PPO 등 고점도 수지는 유동성이 나쁘므로 금형 온도를 상승시켜서 성형한다. 금형 가열방법으로 히터를 사용한다.

$$P = \dfrac{W\ C\ (t_1 - t_2)}{860\,T\,\eta}$$

P : 소요전력(kW)

W : 금형 중량(핫 러너 블록)(kg)

C : 형재의 비열(鋼의 경우 0.115kcal/kg℃)

$t_1$ : 상승 희망온도(℃)

$t_2$ : 대기의 온도(℃)

T : 상승 희망시간(hr)

$\eta$ : 효율(T=1시간인 경우 0.2~0.3으로 한다.)

**예제** 러너리스 금형에서 러너판 중량이 30kgf일 때 히터의 용량은 몇 kW 필요한가?(단, 요구 러너 플레이트 온도 $t_1$=180℃, 대기온도 $t_2$=20℃, 강의 비열 C=0.11 Kcal/kg℃, 온도상승시간 T=1시간, 효율 n=0.8이다.)

**풀이** $P = \dfrac{0.11 \times t \times w}{860 \times T \times \eta}$

$\quad = \dfrac{0.11 \times (180 - 20) \times 30}{860 \times 1 \times 0.8}$

$\quad = 0.77\ \text{kW}$

# 제 5 장
• • • • • •
# 사출 성형기

 **1** ## 사출 성형기의 구성

사출 성형기는 열가소성 수지를 이용하여 여러 형상의 제품을 성형하는 기계로써, 금형의 개폐 및 죔을 하고 수지를 용융해서 고압으로 금형에 충전한다.

(1) 사출기구

① 호퍼(Hopper) : 플라스틱 수지의 공급, 저장하는 용기

② 재료 공급 장치(Feeder) : 사출에 필요한 재료를 계량하여 실린더로 보내는 장치

③ 가열 실린더(Heating cylinder) : 플라스틱 수지를 공급받아 용융 사출하는 부분

④ 노즐(Nozzle) : 실린더의 선단에 위치하면서 용융수지의 유로이며, 스프루 부시와 밀착된다.

⑤ 사출 실린더(Hydraulic injection cylinder) : 스크류 및 플랜저를 전진시키고 사출 압력과 사출 속도를 주는 유압 실린더

(2) 형체 기구

① 다이 플레이트(Mold plate) : 금형을 설치하는 플레이트로 고정 다이플레이트와 이동 다이 플레이트가 있다.

② 타이 바(Tie bar) : 다이 플레이트를 지지하고 금형 개폐 동작을 가이드하는 부분

③ 형체 실린더(Clamping cylider) : 이동 다이 플레이트에 장치된 금형에 형체력을 작용시키기 위한 실린더

④ 밀어내기 장치(Ejector) : 형개(型開) 공정시에 성형품을 밀어내는 장치

(3) 프레임(Frame)

사출기구, 형체기구, 유압 구동부 등이 조립되어 있는 기기의 골격 부위

(4) 유압 구동부(Hydraulic power system)

사출기구나 형체기구를 움직이는 유압 실린더에 압력유를 공급

(5) 전기 제어회로(Electrical control system)

형체기구의 동작과 가열 실린더 온도를 제어

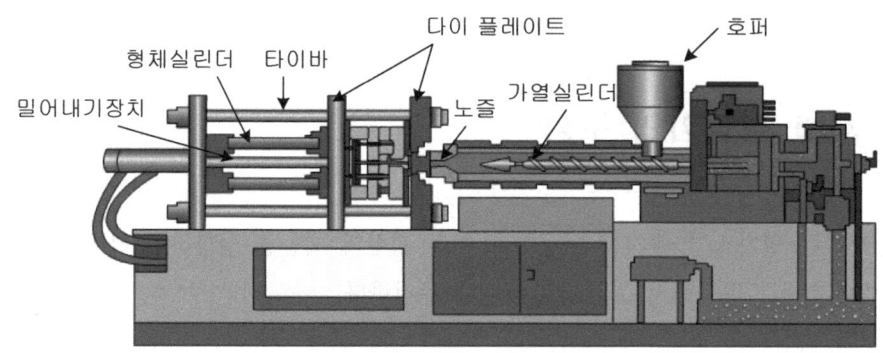

그림 5.1  사출 성형기의 구조

## 2  사출 성형기의 분류

### ※ 2.1  사출기구의 형체기구의 배열에 의한 분류(기계의 형태)

형체기구에서는 금형의 개폐방향, 사출기구에서는 플런저 또는 스크류의 운동방향이 수평식과 수직식으로 분류한다.

(1) 수평식(Horizontal type)

형체장치는 금형의 개폐방향, 사출장치는 플런저 또는 스크류의 운동방향이 모두 수평으로 조합된 것으로서, 그 특징은 다음과 같다.

① 성형품을 빼내기 쉽고 자동운전에 적합하다.

② 금형의 설치가 쉽다.

③ 가열실린더나 노즐의 조정 및 수리가 용이하다.

④ 고속화가 용이하고 생산성이 높다.

⑤ 기계의 높이가 낮으므로 낮은 공간에 설치할 수 있다.

### (2) 수직식(Vertical type)

형체장치와 사출장치가 모두 수직으로 조합되어 있으며, 그 특징은 다음과 같다.

① 인서트를 사용할 때 조립한 인서트의 안정성이 좋아 움직이는 일이 적다.

② 기계의 설치면적이 적다.

③ 중력의 작용 방향으로 운동하므로 무거운 금형을 부착해도 안정성이 좋다.

④ 가열실린더의 온도의 불균일이나 수지 흐름의 불균일이 적다.

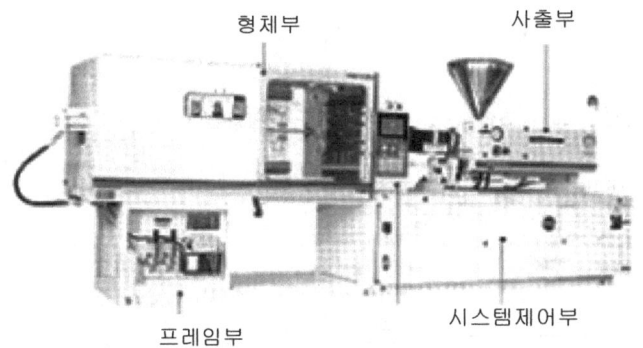

그림 5.2 수평식 사출 성형기

그림 5.3 수직식 사출 성형기

## ※ 2.2 수지의 가소화와 사출을 하는 방식에 의한 분류(사출 방식)

### (1) 플런저식

토피도(torpedo)를 내장한 가열 실린더와 사출 플런저로 구성되며, 비교적 작아 값이 싸고 고속으로 성형된다.

① 성형기의 값이 싸다.

② 소형으로 고속 사출 성형이 가능하다.

## (2) 스크류식

스크류에 의해 가소화된 재료를 동일한 스크류의 압출공정에서 사출하는 형식으로 가소화 능력
이 크고 혼용이 양호하며, 재료의 체류장소가 적기 때문에 분해하기 쉬운 재료에 적합하다.

① 가소화 능력이 크다.

② 재료의 혼련 작용이 용이하고 사출압력이 작아도 되며 유동성이 나쁜 재료가 쉽게 성형된다.

③ 재료의 체류 장소가 작기 때문에 분해하기 쉬운 재료에 적합하다.

④ 재료의 색상 바꿈이 쉽다.

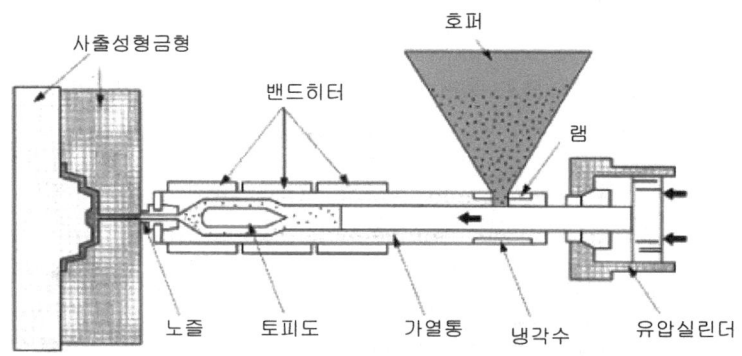

그림 5.4  플런저식 사출 성형기의 구조

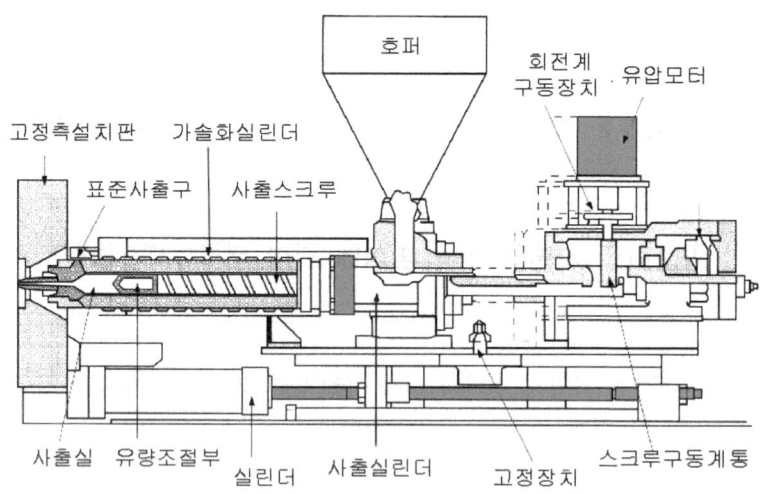

그림 5.5  인라인 스크류식 사출 장치의 구조

## (3) 프리 플러식

가소화하는 것과 사출하는 것이 각각 다른 실린더 속에서 각각 전용으로 이루어지는 형식

① 플런저 프리 플러식 : 플런저식 예비 가소화 장치와 플런저를 가진 사출 실린더의 조합

② 스크류 프리 플러식 : 스크류 예비 가소화 장치와 플런저를 가진 사출 실린더의 조합

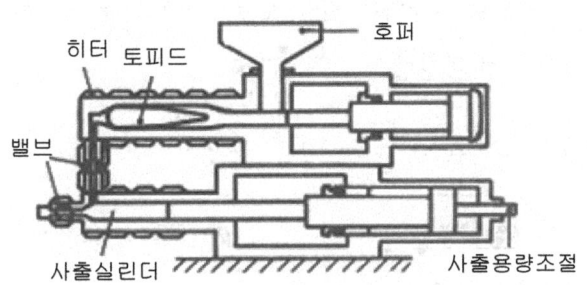

그림 5.6  프리 플러식 사출장치

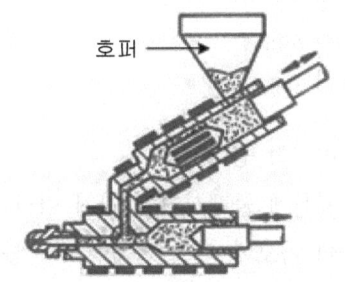

그림 5.7  2 스테이지 플런저 프리 플러식 사출장치

## ※ 2.3  형체방식에 의한 분류

### (1) 직압식

유압 실린더의 램(Ram)에 이동 다이 플레이트를 직결하여 유압에 의해 직접 금형에 조이는 형식으로, 형체력은 다음 식에 의해 구한다.

$$형체력 \ F = \frac{\pi}{4} \cdot d^2 \cdot P \cdot 10^{-3}$$

F  : 형체력(Ton)
d  : 형조임 램 바깥지름(mm)
p  : 유체의 압력(kg/cm$^2$)

① 구조가 간단하여 사용이 용이하다.

② 형조임력 조절이 간단하고, 보수관리가 용이하다.

③ 형의 개폐 속도 제어가 쉽게 된다.

### (2) 토글식

유압 실린더 그밖의 동력원으로 발생하는 힘을 토글기구에 의해 확대해서 큰 형체력을 얻는 형식으로, 형체력은 다음 식에 의해 구한다.

$$형체력 \ F = E \cdot A \cdot \frac{\Delta A}{L} \cdot 10^{-5}$$

$$A = \frac{n \cdot \pi \cdot d^2}{4}$$

E  : 탄성계수 $2.1 \times 10^6 (kg/cm^2)$

n  : 타이바의 개수

d  : 타이바의 지름(mm)

A  : 타이바의 단면적($mm^2$)

L  : 타이바의 길이(mm)

$\Delta L$ : 타이바의 늘어남(mm)

① 형개폐 시간을 단축하는 것이 비교적 쉽다.

② 형체결 압력의 실효값이 크기 때문에 플래시가 생기기 어렵다.

③ 토글은 메탈 부분이 많기 때문에 마모에 의해 기계정도가 틀리기 쉽다.

④ 기구적으로 제약을 받기 때문에 형체결 스트로크를 길게 하기 어렵다.

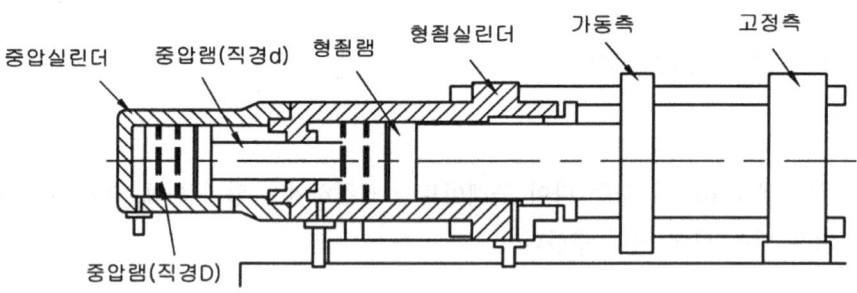

그림 5.8  직압식 형 죔장치

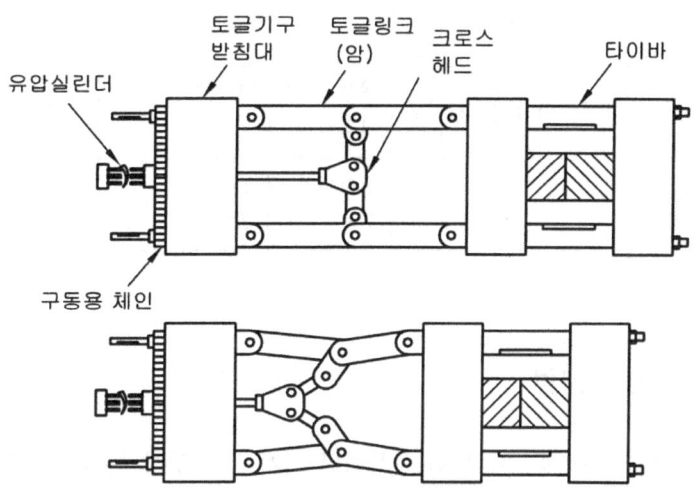

유압실린더　　토글기구　토글링크　크로스　　　　　타이바
　　　　　　　 받침대　　(암)　헤드

구동용 체인

그림 5.9　토글식 형 죔장치

표 5.1　금형의 형체장치 비교

| 항목 ＼ 형식 | 직압식 | 토글식 | 토글직압식 |
|---|---|---|---|
| 가　격 | 중간정도 | 싸다. | 비싸다. |
| 금형 체결력 | 면적×유압 이상을 기대하기 어렵다. | 사출시에 형체결력 이상의 유지력이 발생하기 때문에 플래시가 생기기 어렵다. | 직압식과 같다. |
| 개폐속도 | 고속은 어렵다. | 빠르다. | 매우 빠르다. |
| 조　정 | 가장 쉽다. | 오래 걸린다. | 쉽다. |
| 저속 닫힘 | 압력을 내리면 속도가 느리게 된다. | 스트로크중의 위치에 따라 속도가 변화하기 때문에 조정에 요령이 필요하다. | 설계에 관해서는 매우 유효하다. |
| 보　수 | 가장 쉽다. | 윤활유 관리에 주의해야 한다. | 쉽다. |
| 소요동력 | 대 | 소 | 소 |
| 스트로크 | 금형 두께에 따라 변하기 때문에 주의해야 한다. | 금형 두께와는 관계가 없으므로 최대 스트로크를 확보할 수 있다. | 토글식과 같다. |

| 항목 \ 형식 | 직압식 | 토글식 | 토글직압식 |
|---|---|---|---|
| 금형이 열리는 힘 | 보통 형체결력의 20% 정도 | 매우 크며 형체결력을 올려 커지게 한다. | 직압식과 같다. |
| 내구력 | 크다. | 평행도가 불량한 금형을 사용하면 작게 된다. | 직압식과 같다. |

## ※ 2.4 구동방식에 의한 분류

사출 성형기를 구동하는 원동력 방식에 따라 분류하면 기계식, 유압식, 수압식, 공압식 등이 있다.

## 3  사출 성형기의 사양

### ※ 3.1  사출용량(Shot capacity), cm², g(oz)

1쇼트의 최대량을 나타내는 값으로 형체력과 함께 사출 성형기의 성능을 대표하는 수치이다. 이 것을 두 가지의 방법으로 표시한다.

① 사출용적(Shot capacity, Shot volume), cm²

$$V = \frac{\pi}{4} D^2 \cdot S \ (cm^2)$$

   V : 사출용적$(cm^2)$
   D : 스크류의 지름(cm)
   S : 스트로크(cm)

② 사출량(Shot capacity, Shot volume), g(oz)

$$W = V \times \rho \times \eta$$
$$= \frac{\pi}{4} \times D^2 \times S \times \rho \times \eta$$

   $\rho$ : 용융수지의 밀도$(g/cm^2)$
   $\eta$ : 사출효율

V  : 사출용적($\text{cm}^2$)

W  : 사출량(g), 1oz = 28.4g

## ※ 3.2  가소화 능력(Plasticating Capacity), kg/hr

가열 실린더(스크류 실린더)가 매시간 성형 재료를 가소화할 수 있는 능력으로, 사출 성형기의 성능을 kg/hr 단위로 표시한다.

## ※ 3.3  사출압력(Injection Pressure), $\text{kg/cm}^2$

사출 플런저 또는 스크류의 끝면에서 수지에 사용하는 단위 면적당의 힘(압력)과 전체 힘의 최대값을 말한다.

① 사출력

$$F = \frac{\pi}{4} \cdot D_0^{\ 2} \cdot P_0 \cdot 10^{-3} \ (\text{ton})$$

F  : 사출력(ton)

$D_0$ : 실린더의 지름(cm)

$P_0$ : 유압($\text{kg/cm}^2$)

② 사출압력

$$P = 10^3 \cdot \frac{F}{\frac{\pi}{4}D^{\ 2}} = \frac{D_0^{\ 2}}{D^{\ 2}} \cdot P_0 \ (\text{kg/cm}^2)$$

P  : 사출압력($\text{kg/cm}^2$)

D  : 플런저 또는 스크류의 지름(cm)

플런저의 사출압력은 $1400 \, \text{kg/cm}^2$, 스크루의 사출압력은 $1000 \, \text{kg/cm}^2$ 이다.

## ※ 3.4  사출률(Injection rate), $\text{cm}^2/\text{s}$

노즐에서 사출되는 수지속도를 나타내고, 단위시간에 유출하는 최대용적으로 표시한다.

$$Q = \frac{\pi}{4} D^2 \cdot v \quad \text{또는} \quad Q = \frac{V}{t} \ (cm^3/s)$$

Q : 사출률($cm^2/sec$)
D : 플런저 또는 스크류의 지름(cm)
v : 사출속도(cm/s)
t : 사출시간(s)
V : 사출용적($cm^2$)

또 위 식에서 $V = \frac{\pi}{4} D^2 \cdot S$, $t = \frac{S}{v}$ 이므로

$$Q_0 = \frac{\pi}{4} D_0^2 \cdot \frac{S}{t} = \frac{\pi}{4} D_0^2 \cdot v \quad \therefore v = \frac{Q_0}{\frac{\pi}{4} D_0^2}$$

따라서

$$Q = \frac{\pi}{4} D^2 \cdot v = \frac{\pi}{4} D^2 \cdot \frac{Q_0}{\frac{\pi}{4} D_0^2} \quad \therefore Q = Q_0 \cdot \frac{D^2}{D_0^2}$$

$Q_0$ : 작동유 유량($cm^2/s$)
$D_0$ : 유압실린더의 지름(cm)

나일론이나 폴리스티렌과 같이 고화하기 쉬운 수지나 두껍고 깊은 성형품일 경우에는 사출률이 큰 편이 좋으나, 경질 PVC와 같이 열안정성이 작은 수지의 경우는 사출률이 낮은 편이 좋다.

## ※ 3.5 스크류 회전과 스크류 구동출력, kW, HP

스크류의 구동에는 전동기와 유압 모터의 2가지 방법이 사용된다. 각각 출력의 특성이 다르므로 전자는 (kW, HP), 후자는 (kg · m)의 단위로 표시하는 것이 적정하다.
여기서 출력과 토크와의 관계는

$$출력(kW) = 토크(kg \cdot m) \times 회전수(rpm) \times \frac{1}{974}$$

## ※ 3.6  히터의 용량(Heater Capacity), kW

가열 실린더와 노즐에 감기는 히터의 전용량을 표시한다. 실린더 부분의 가열에는 가열과 동시에 소정의 온도까지 상온시키는 것, 성형중에 재료를 용융 보온하는 것의 2가지 목적이 있으며, 양자를 모두 만족하도록 히터 용량이 정해진다.

## ※ 3.7  호퍼의 용량(Hopper Capacity), $\ell$, kg

플라스틱 재료가 호퍼에 저장될 때 최대 저장량을 나타낸다. 여기서는 용적($\ell$)과 중량(kg)의 2가지 단위가 사용된다.

$$중량(kg) = 용적(\ell) \times 비중$$

## ※ 3.8  형체력(Mold clamping force), ton

금형을 조이는 힘의 최대치를 형체력이라 하며, 성형재료의 충전시 필요한 형체력은

$$F \geqq \overline{P} \cdot A \cdot 10^{-3}$$

  F : 형체력(ton)
  $\overline{P}$ : 캐비티 내의 평균수지압($kg/cm^2$)
  A : 캐비티의 투영면적($cm^2$)

## ※ 3.9  형개방력(Mold opening force), ton

성형 후 성형품을 빼낼 때 금형을 열기 위해 작용하는 최대의 힘으로 형체력의 1/10~1/15이 보통이다.

## ※ 3.10  다이 플레이트 치수(Plate size), mm×mm

수평 및 수직에 있어서 다이 플레이트의 바깥 치수와 타이바의 안쪽 치수로 표시한다. 부착 가능한 최대 금형치수는 가로폭 최대 $H_1 \times V_2$, 세로길이 최대 $H_2 \times V_1$인 것을 알 수 있다.

① 금형 부착판 치수 : $H_1 \times V_1$

② 타이바의 간격 치수 : $H_2 \times V_2$


## ※ 3.11  형체 스트로크(Clamping stroke), mm

① 금형을 개폐하기 위한 최대이동거리로 성형품의 최대깊이를 결정한다.

② 스트로크가 제품 깊이의 2배 이상이면 제품을 쉽게 빼낼 수 있다.

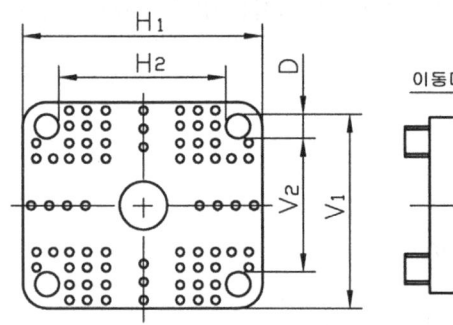

그림 5.10  다이 플레이트 치수

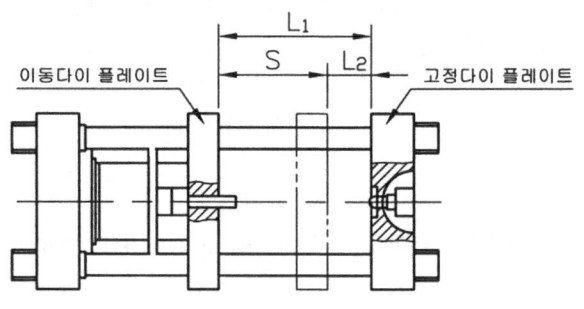

$L_1$ : 최대 다이 플레이트 간극,  S : 형죔 스트로크

$L_2$ : 최소 다이 플레이트 간극(최대 금형 높이)

그림 5.11  다이 플레이트 간극과 형죔 스트로크


## 4  사출 성형기의 동작

 사출 성형기의 동작에서 금형이 닫히는 것부터 시작하여 성형품을 빼낼 때까지를 1주기(cycle)라 한다.


## ※ 4.1  운전 구분

① 수동 운전

 ㉮ 금형의 개폐 사출 등의 동작을 각각의 스위치를 조작하여 운전하는 방법이다.

 ㉯ 본격 작업에 들어가기 전에 사출량, 사출압력, 사출속도 등을 조절하기 위하여 사용한다.

② 반자동 운전

    ㉮ 1사이클을 자동으로 운전하는 방법이다.

    ㉯ 성형품을 매사이클마다 확인할 필요가 있을 때 사용된다.

③ 전자동 운전

    ㉮ 운전을 시작한 후 정지 스위치를 누르지 않는 한 기계의 동작 사이클이 반복된다.

    ㉯ 성형품이나 스프루가 확실하게 자동적으로 처리될 경우에 가능하다.

## ▒ 4.2 기본적인 동작

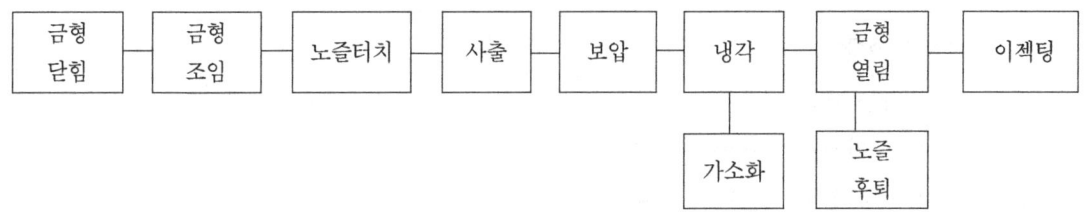

사출 성형기의 기본 동작

① 금형 닫힘(mold closing)과 금형 조임(mold clamping)

    ㉮ 금형의 캐비티에 성형 재료가 사출되기 전에 금형이 닫히게 된다.

    ㉯ 약한 힘으로 닫혀진 후 강한 힘으로 전환되고 형조임이 시작된다.

② 노즐 터치(injection unit advance)와 사출(injection)

    ㉮ 형조임이 끝나면 사출 장치가 전진하여 스프루의 입구에 터치한다.

    ㉯ 터치가 끝나면 스프루가 전진하여 용융된 수지를 금형의 캐비티 안으로 사출한다.

③ 보압(holding pressure)

    ㉮ 금형 안에 사출된 용융 수지는 고압으로 충전되기 때문에 역방향으로 압력이 작용되므로 용융 수지가 고화될 때까지 강한 힘으로 압력을 가해 주어야 한다. 이 압력을 보압이라고 한다. 이 압력을 조정압력 또는 2차 압력이라고 한다.

    ㉯ 보압의 목적은 역방향 압력을 억제하며 냉각할 때 체적 감소에 의한 부족량만큼 보충한다.

④ 냉각(cooling)과 가소화(plastification)

    ㉮ 성형품이 일정한 시간동안 캐비티에서 고화되며 이것을 큐어링(curing)이라고 한다.

    ㉯ 큐어링하는 동안 스크루가 회전하여 호퍼로부터 수지를 공급받아 가소화시킨다.

⑤ 노즐 후퇴(injection unit retraction)와 금형 열림(mold opening)과 이젝팅(ejecting)
   ㉮ 가소화가 끝나면 사출 장치가 후퇴하여 본래의 위치로 돌아간다. 병행하여 냉각이 끝나면 금형이 열리기 시작한다.
   ㉯ 금형 열림이 완료될 부근에서 금형은 사출기에 고정되어 있는 이젝터 로드에 맞닿아 성형품을 밀어낸다.

## ⑤ 사출 성형기의 장점과 단점

### 1) 사출 성형의 장점

① 다량생산이 가능하다.

② 높은 생산성을 가지고 성형할 수 있다.

③ 상대적으로 개당 임금 배분비가 낮다.

④ 공정을 고도의 자동화로 할 수 있다.

⑤ 부품의 마무리 작업이 거의 필요하지 않다.

⑥ 여러 다른 표면 상태와 색상 및 다듬질 상태를 얻을 수 있다.

⑦ 좋게 장식된 제품을 만들 수 있다.

⑧ 여러 형상의 것을 이 방법을 이용하여 가장 경제적으로 생산할 수 있다.

⑨ 다른 방법으로는 다량 생산이 거의 불가능한 아주 작은 부품도 생산할 수 있다.

⑩ 러너 및 게이트와 같이 이젝트된 제품 이외의 수지도 다시 재분쇄하여 사용하므로 재료의 손실률을 최소로 할 수 있다.

⑪ 같은 제품으로서 수지만 다를 때에는 기계나 금형을 바꾸지 않고, 수지만 교환함으로써 다른 재료의 같은 성형품을 생산할 수 있다.

⑫ 정확한 치수정밀도를 유지할 수 있다.

⑬ 금속성 또는 비금속성 인서트(Insert)를 삽입하여 동시 성형할 수 있다.

⑭ 유리, 석면, 운모, 탄소 등과 플라스틱을 혼합하여 성형할 수 있다.

⑮ 재질 고유의 장점으로서는 중량에 비하여 높은 강도를 갖고 있으며 내식성, 강도 및 투명도가 좋다.

## 2) 사출 성형기의 단점과 문제

① 과도한 경쟁으로 이윤의 저하를 때때로 일으킨다.

② 경쟁을 위하여 3교대가 자주 필요하다.

③ 금형비가 높다.

④ 성형기계와 부속장치의 가격이 높다.

⑤ 공정관리가 용이하지 않다.

⑥ 기계장치가 일정하지 않기 때문에 완제품 생산에 직접적으로 관계없는 관리가 존재한다.

⑦ 숙련도에 예민하게 좌우된다.

⑧ 사출 직후 품질을 규정하기가 어렵다.

⑨ 공정에 대한 기초지식이 결여될 경우 문제점이 생긴다.

⑩ 수지에 대한 장기에 걸친 성질을 이해하지 못하면 제품의 장기적 품질에 문제가 생긴다.

## 3) 사출 성형기의 구비조건

① 사이클마다 작동에 변동이 없을 것

② 정확한 재현성이 있을 것

③ 사출 압력이 높고 2차 압력의 조정이 정확하게 될 것

④ 형체 기구의 감성이 크고 휨이 적을 것

⑤ 균일한 가소화와 사출량의 정확한 조절이 가능할 것

⑥ 무인운전이 가능할 것

---

## 6 사출 성형기의 주변기기

- 성력화 기여 : 원료 공급장치, 제품 빼내기장치, 금형 자동 교환장치
- 생산성 향상과 품질 개량 기여 : 온도 조절장치, 금형냉각장치
- 감시장치 : 운전 상태의 이상을 감지해서 경보를 내거나 성형기에 피드백

### (1) 호퍼 로더

원료 탱크, 드라이어(dryer), 성형기 등에 자동적으로 재료를 반송하는 장치로서 흡입식, 압송식, 코일 스크루식 등이 있다.

## (2) 호퍼 드라이어

호퍼 드라이어는 성형기의 호퍼 내에서 재료의 건조나 건조가 끝난 재료의 흡습을 방지하는 것으로 열풍 건조식과 탈습 건조식이 있다.

## (3) 분쇄기

사출 성형에서의 스프루, 러너 등을 제품의 품질에 심한 장해를 주지 않는 정도에서 새 재료와 비슷한 크기로 분쇄하여 혼합해서 사용한다.

## (4) 금형 온도 조절기

성형중인 금형 온도를 일정하게 유지하고, 품질을 고르게 하기 위해 사용된다. 열매탱크, 열매 가열용 히터와 열매 냉각장치, 열매 순환 펌프 등으로 구성된다. 사용온도가 100℃ 이하인 것에는 물을 사용하며, 100℃를 넘는 것에는 비등점이 높은 오일계 열매가 사용된다.

## (5) 계량 혼합 장치

원재료, 안료 및 재생 재료를 임의의 비율로 혼합시켜 주는 장치로서, 주로 스테인리스 강재의 원통형 또는 각형의 텀블러(Tumbler)가 사용된다.

## (6) 자동 컬러링 장치

일반적으로 자동계량 혼합장치와 조합하여 사용한다. 자동계량 혼합장치를 성형기 밖에 설치하고, 자동 컬러링 장치를 성형기의 호퍼상에 놓는 방식이 많다.

## (7) 성형품 빼내기 장치

성형품의 빼내기에 이용되는 합리화 기기에는 제품 자동 낙하 장치, 성형품을 성형기의 외부까지 반출시키는 제품 빼내기 장치가 있다.

## (8) 금형 교환 장치

금형 두께의 통일에 의한 형개폐 제어의 고정화, 퀵 조인트(quick joint)에 의한 금형 온도 조절기 배관의 원 터치화, 위치 결정 지그나 고정구의 개량에 의한 금형 부착 시간의 단축, 금형의 예비 가열에 의한 온도 상승 때의 성형 불량 감소 등이 있다.

## (9) 자동 낙하 확인 장치

성형품이 금형에서 완전히 이형하여 아래쪽의 슈터(shooter)나 컨베이어 위에 낙하한 것을 확인하는 장치로서 충격식, 중량식, 광전관식 등의 여러 가지가 있다.

# 제 6 장
· · · · · ·
# 사출금형의 분류와 구성요소

## 1 금형의 기본 구조

일반적으로 금형의 구조는 다음과 같이 분류되고 있다.

① 보통 금형

코어와 캐비티로 구성되어 있으며, 형체방향으로 열고 닫음의 운동만으로 사출품을 얻고 빼낼 수 있도록 구성되어 있는 금형

- 2매 구성 금형 : 표준, 스트리퍼 플레이트
- 3매 구성 금형 : 표준

② 특수 금형

금형이 형체방향의 움직임뿐만 아니라, 금형을 구성하는 부품이 형체방향의 직각방향으로 움직이면서 금형을 열고 닫음으로써 사출품을 얻고 빼낼 수 있도록 구성되어 있는 금형.

- 슬라이드 코어 타입
- 분할형 타입
- 나사붙이 금형

### ※ 1.1  2매 구성 금형

스프루, 러너, 게이트와 캐비티가 동일 파팅 라인 있는 금형을 말한다. 금형의 열림은 파팅 라인을 기준 면으로 하여 고정측과 가동측으로 분할되는 가장 일반적인 금형구조이다. 다음은 2매 구성 금형의 장단점이다.

① 구조가 간단하고 취급이 쉽고, 고장요인이 적다.

② 성형 사이클을 빨리할 수 있으며, 자동성형에 적합하다.

③ 게이트의 형상 및 위치를 비교적 임의로 정할 수 있다.

④ 다이렉트 게이트 이외는 비교적 성형품의 끝부분에 게이트 위치를 정한다.

⑤ 금형값이 저렴하다.

⑥ 성형 후 게이트의 후가공이 필요하다.

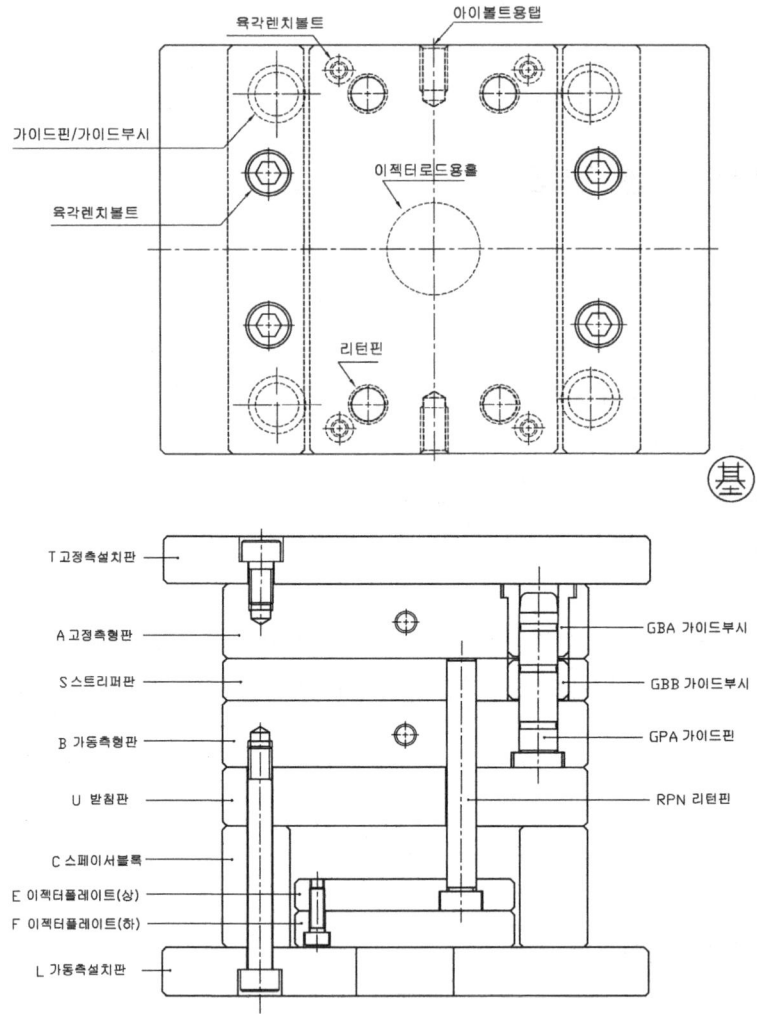

그림 6.1  2매 구성 금형 타입의 구조도

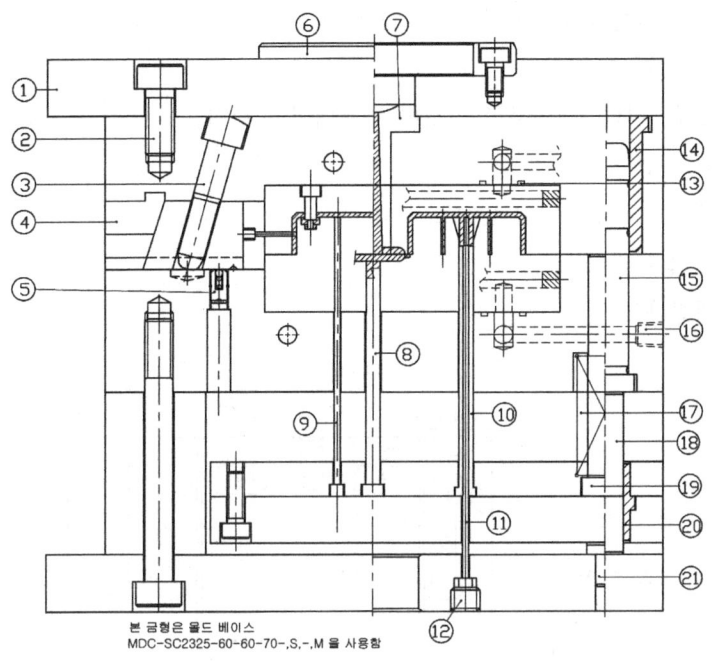

본 금형은 몰드 베이스
MDC-SC2325-60-60-70-,S,-,M 을 사용함

| 1 | 2단 표준 몰드 베이스 | 8 | 스프루 록 핀 | 15 | 가이드 핀 |
|---|---|---|---|---|---|
| 2 | 육각 구멍붙이 볼트 | 9 | 스트레이트 이젝터 핀 | 16 | 스크류 플러그 |
| 3 | 앵귤러 핀 | 10 | 스트레이트 이젝트 슬리브 | 17 | 금형용 스프링 |
| 4 | 로킹 블록 | 11 | 센터 핀 | 18 | 이젝트 가이드 핀 |
| 5 | 볼 플런저 | 12 | 스크류 플러그 | 19 | 리턴 핀 |
| 6 | 로케이트 링 | 13 | 오링 | 20 | 이젝트 가이드 부시 |
| 7 | 스프루 부시 | 14 | 가이드 부시 | 21 | 스톱핀 |

그림 6.2  2매 구성 금형

## ※ 1.2  3매 구성 금형

고정측 설치판과 고정측 형판 사이에 러너 플레이트가 있으며, 러너 플레이트와 고정측 형판 사이에 러너가 있고 고정측 형판과 가동축 형판 사이에 캐비티부가 있어서 스프루, 러너, 게이트와 성형품이 다른 파팅면으로부터 분리되어 빠져나오도록 구성된 금형이다. 다음은 3매 구성 금형의 장단점이다.

① 게이트의 위치를 성형품의 중앙에 잡을 수 있다.

② 핀 포인트 게이트가 이용된다.

③ 성형품과 스프루, 러너, 게이트를 따로따로 빼내어야 한다.

④ 형개 스트로크가 큰 성형기가 필요하다.

⑤ 구조가 복잡해져서 고장요인이 많으므로 내구성이 떨어진다.

⑥ 성형 싸이클이 길어진다.

⑦ 금형값이 비싸진다.

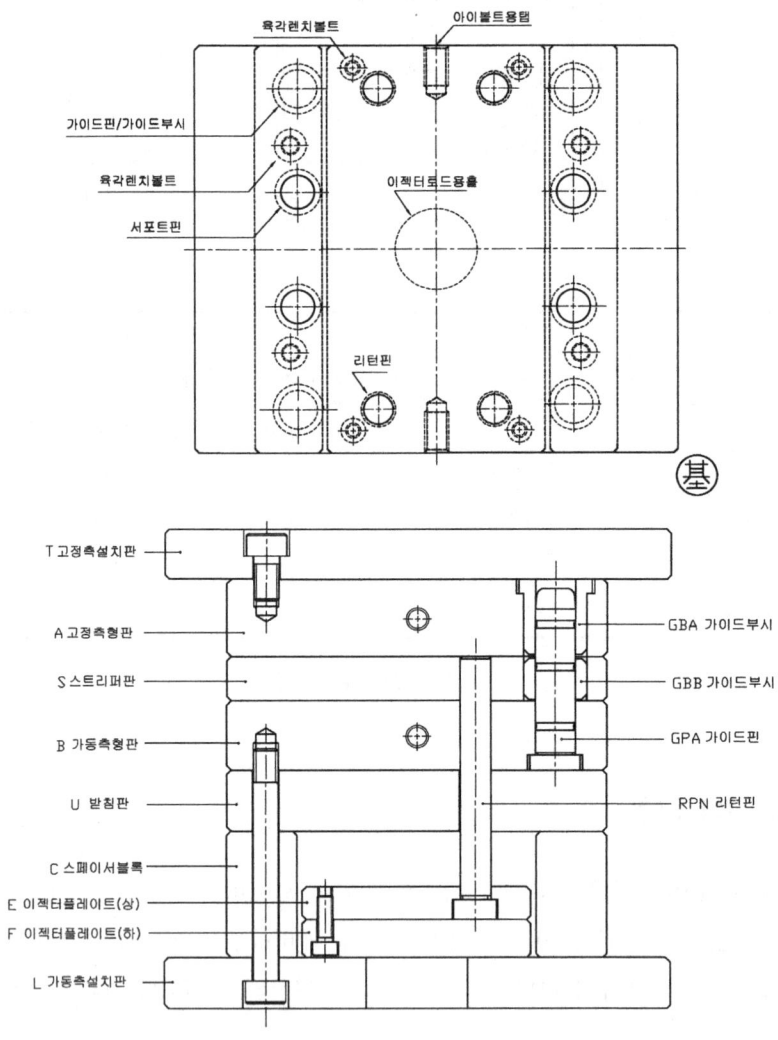

그림 6.3  3매 구성 금형 타입의 구조도

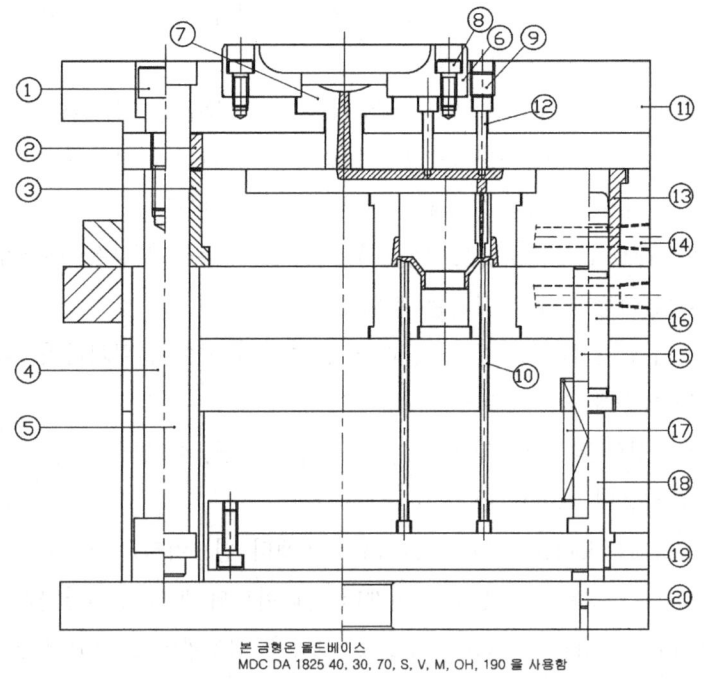

본 금형은 몰드베이스
MDC DA 1825 40, 30, 70, S, V, M, OH, 190 을 사용함

| 1 | 스톱 볼트 | 8 | 육각 구멍붙이 볼트 | 15 | 리턴 핀 |
|---|---|---|---|---|---|
| 2 | 가이드 부시 | 9 | 스크류 플러그 | 16 | 가이드 핀 |
| 3 | 가이드 부시 | 10 | 스트레이트 이젝터 핀 | 17 | 금형용 스프링 |
| 4 | 인장 볼트 | 11 | 3단 표준 몰드 베이스 | 18 | 이젝트 가이드 핀 |
| 5 | 서포트 핀 | 12 | 런너 록 핀 | 19 | 이젝트 가이드 부시 |
| 6 | 로케이트 링 | 13 | 가이드 부시 | 20 | 스톱핀 |
| 7 | 스프루 부시 | 14 | 스크류 플러그 | | |

그림 6.4  3매 구성 금형

## ※ 1.3  기능 설명

① 고정측 설치판(Top Clamping Plate) : 금형의 고정측 부분을 사출기의 다이 플레이트(Die Plates)의 고정 플레이트(고정반)에 부착하는 플레이트

② 로케이트 링(Locate Ring) : 노즐의 위치가 스프루 부시의 중심에 잘 맞도록 해주는 링

③ 고정측 형판(Cavity Retainer Plate) : 금형의 고정측 부분으로 캐비티를 구성함. 스프루 부시, 가이드 핀 부시 등이 끼워져 있다.

④ 가동측 형판(Core Retainer Plate) : 금형의 가동측 상부판으로 코어를 구성하고 있고, 가이드 핀 등이 설치되어 있다. 고정측 형판과 함께 파팅 라인을 형성함.

⑤ 받침판(Support Plate) : 가동측 형판을 받쳐 주는 플레이트

⑥ 가동측 설치판(Bottom Clamping Plate) : 금형의 가동측 부분을 사출기의 다이 플레이트의 이동 플레이트(이동반)에 부착하는 플레이트

⑦ 스페이서 블록(Spacer Block) : 받침판과 하부 취부판 사이에 위치하며, 이젝팅 핀이 움직일 수 있는 공간을 제공해 줌.

⑧ 이젝터 플레이트-상(Ejector Plate-Upper) : 이젝터 핀, 이젝터 리턴핀, 스프루 록 핀 등을 끼어질 수 있게 카운터 보어로 됨.

⑨ 이젝터 플레이트-하(Ejector Plate-Lower) : 이젝터 핀, 이젝터 리턴핀, 스프루 록 핀 등을 받치며 고정시키는 받침판으로 상부로 이젝터 플레이트와 볼트로 체결한다.

⑩ 스프루 부시(Sprue Bush) : 원뿔 모양으로 고정측 취부판에 고정되어 있으며, 여기에 사출기의 노즐이 밀착되어 용융수지를 주입한다.

⑪ 가이드 핀(Guide Pin) : 가동측 형판에 고정되어 있으며, 고정측 형판과의 정확한 결합이 되도록 가이드해 준다. 상대금형의 가이드 핀 부시에 결합된다.

⑫ 가이드 핀 부시(Guide Pin Bush) : 고정측 형판에 고정되어 있으며, 이동측 형판과의 정확한 조립이 되도록 가이드 핀이 들어오는 홀을 제공해 준다.

⑬ 이젝터 핀(Ejector Pin) : 금형이 열리고 나서 제품이 빠지도록 제품을 밀어내는 핀. 이젝터 플레이트에 부착되며 이들과 함께 움직인다.

⑭ 스프루 록 핀(Sprue Lock Pin, Sprue Puller Pin) : 성형 후 금형이 열릴 때 스프루를 스프루 부시에서 빠지게 하도록 스프루를 잡도록 만든 핀

⑮ 리턴 핀(Return Pin) : 이젝터 핀이 제품을 밀어낸 다음 제자리로 돌아가도록 하는 핀으로 이젝터 플레이트에 부착되어 있다. 금형이 닫힐 때 고정측 형판(캐비티 금형)에 닿아서 뒤로 움직인다.

⑯ 캐비티(Cavity) : 용융 수지가 들어가도록 고정측 형판에 오목하게 만들어진 빈공간 캐비티를 갖는 금형을 캐비티 금형이라 함.(고정측 코어=캐비티 금형)

⑰ 코어(Core) : 가동측 형판에 볼록하게 만들어진 형상 코어를 갖는 금형을 코어 금형이라 함(가동측 코어=코어 금형). 금형이 닫히면서 캐비티와 코어가 결합되어 제품의 형상을 만들 수 있는 공간을 제공해 준다. 이렇게 만들어진 공간을 '캐비티'라고 부른다.

⑱ 서포트 핀(Support Pin) : 가이드 핀과 함께 런너 스트리퍼판, 고정측 형판, 가동측 형판의 위치를 잡아 주는 역할을 한다.

⑲ 런너 스트리퍼 플레이트(Runner Striper Plate) : 3단 금형에서 고정측 설치판과 고정측 형판 사이에 설치한 것으로, 스프루 부시에 있는 스프루를 뽑아 내는 기능을 한다.

⑳ 인장 볼트(Puller Bolt) : 금형이 열릴 때 런너 스트리퍼판을 당겨 주는 기능과 고정측 형판과 가동측 형판 사이를 열어 성형 제품을 뽑기 위한 파팅 기능을 한다.

## ▨ 1.4 금형의 주요부

금형의 구조에는 여러 종류가 있는데, 어느 형식에도 공통된 주요 기능·기구는 다음 부분으로 구성되어 있다.

① 형판과 형합 관계
② 유동·주입 관계
③ 성형품 밀어내기 관계
④ 금형온도 조절관계
⑤ 성형기의 부착관계가 있다.

## ② 특수 금형

특수한 구조를 가진 사출 성형용 금형에는 분할금형, 슬라이드 코어(slide core) 금형, 나사 금형 등이 있다. 이들의 대부분은 사출 성형기의 왕복 운동을 이용하여 기어나 경사핀으로 작동시키는데, 유압장치나 공압장치를 금형에 설치하여 작동시키는 경우도 있다. 이들 금형의 특징은 다음과 같다.

① 보통 금형에서 만들 수 없는 측면에 언더컷의 형상 제품을 만들 수 있다.
② 성형 사이클이 길 수도 있다.
③ 금형값이 비싸진다.
④ 고장이 나기 쉽다.
⑤ 부속장치가 필요하다.

## ※ 2.1 분할 금형

성형품의 외부를 형성하는 캐비티부를 2개 이상의 부분으로 나누어서 이동시켜 외부의 언더컷부를 성형할 수 있는 금형이다.

## ※ 2.2 슬라이드 코어 금형

성형품 외부의 일부가 언더컷으로 되어 있는 것을 슬라이드 코어를 사용하여 처리하는 금형이다. 이 금형에는 가동측에서 움직이는 슬라이드 코어형과 고정측에서 움직이는 슬라이드 코어형이 있다.

## ※ 2.3 나사 금형

나사붙이 성형품용 금형은 나사의 특성이나 생산방식 등의 많은 요인에 의해 간단하게도 되고 복잡하게도 된다. 이들 요인에 의해 그 처리 대책의 기본으로는 금형의 나사부를 고정 코어로 하거나 금형의 나사 또는 성형품을 회전시키는 방법 등이 있다.

## ※ 2.4 스택 몰드

접시와 같은 얇고 투영 면적이 큰 성형품은 긴 형개 스트로크보다는 큰 형체력을 필요로 하기 때문에 형체 능력을 배가시켜 성형할 수 있도록 개발된 금형이다.

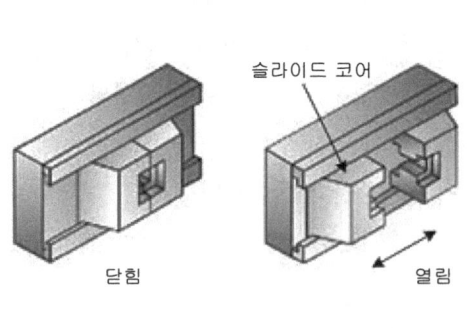

그림 6.5 분할 금형

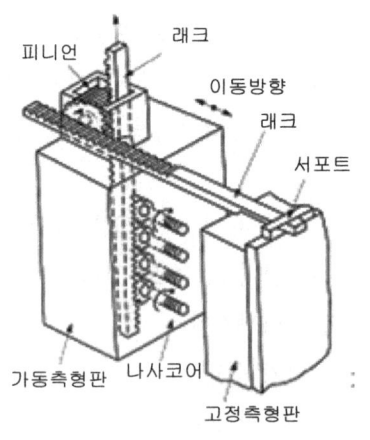

그림 6.6 나사 금형

# 2단 표준 몰드베이스 설계

## 2플레이트 타입(S 시리즈) 구조와 명칭

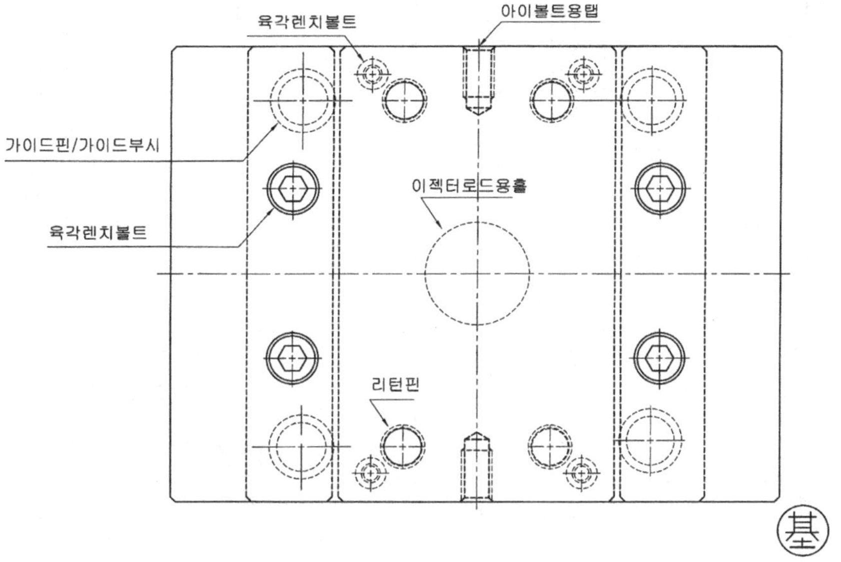

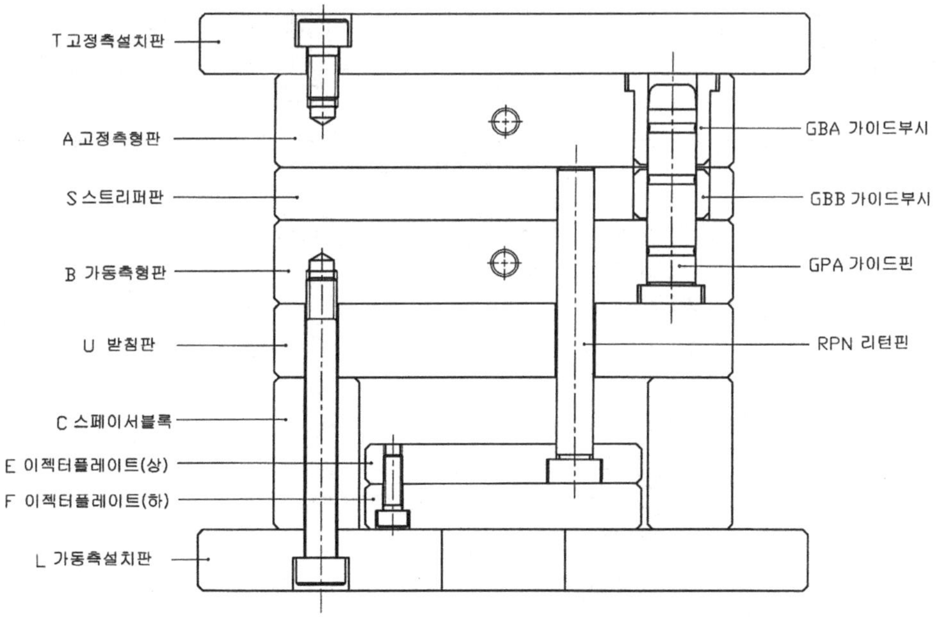

육각렌치볼트

아이볼트용탭

가이드핀/가이드부시

육각렌치볼트

이젝터로드용홀

리턴핀

基

T 고정측설치판

A 고정측형판

S 스트리퍼판

B 가동측형판

U 받침판

C 스페이서블록

E 이젝터플레이트(상)

F 이젝터플레이트(하)

L 가동측설치판

GBA 가이드부시

GBB 가이드부시

GPA 가이드핀

RPN 리턴핀

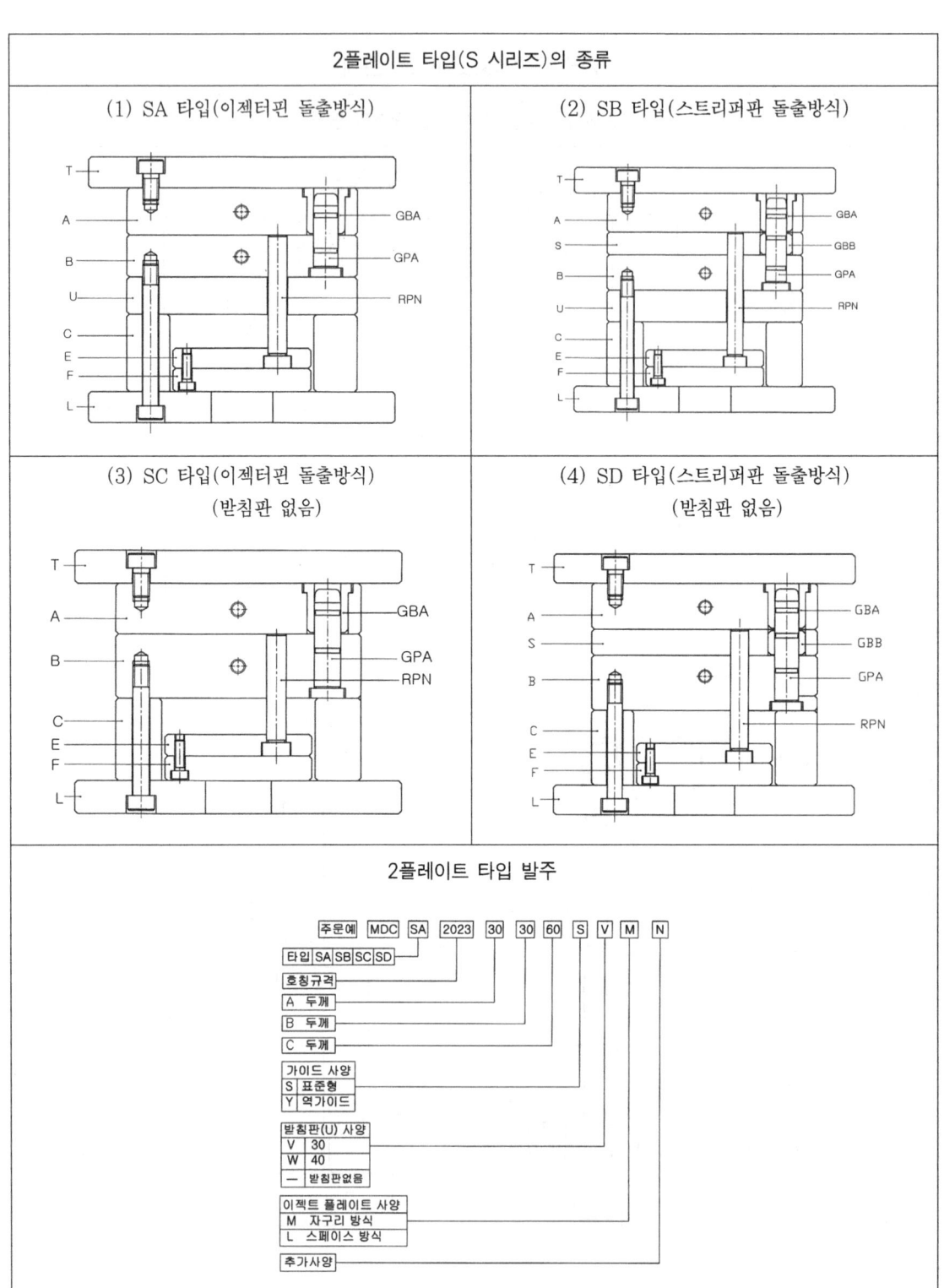

2플레이트 타입(S 시리즈)의 종류

(1) SA 타입(이젝터핀 돌출방식)

(2) SB 타입(스트리퍼판 돌출방식)

(3) SC 타입(이젝터핀 돌출방식)
(받침판 없음)

(4) SD 타입(스트리퍼판 돌출방식)
(받침판 없음)

2플레이트 타입 발주

| 주문예 | MDC | SA | 2023 | 30 | 30 | 60 | S | V | M | N |

타입 SA SB SC SD

호칭규격

A 두께

B 두께

C 두께

가이드 사양
S 표준형
Y 역가이드

받침판(U) 사양
V 30
W 40
— 받침판없음

이젝트 플레이트 사양
M 자구리 방식
L 스페이스 방식

추가사양

# 3단 표준 몰드베이스 설계

## 3플레이트 타입(D, E 시리즈) 구조와 명칭

육각렌치볼트
아이볼트용탭
가이드핀/가이드부시
육각렌치볼트
서포트핀
이젝터로드용홀
리턴핀

T 고정측설치판
R 러너스트리퍼판
A 고정측형판
S 스트리퍼판
B 가동측형판
SPN 서포트핀
U 받침판
C 스페이서블록
E 이젝터플레이트(상)
F 이젝터플레이트(하)
L 가동측설치판

GBA 가이드부시
GBB 가이드부시
GPA 가이드핀
RPN 리턴핀

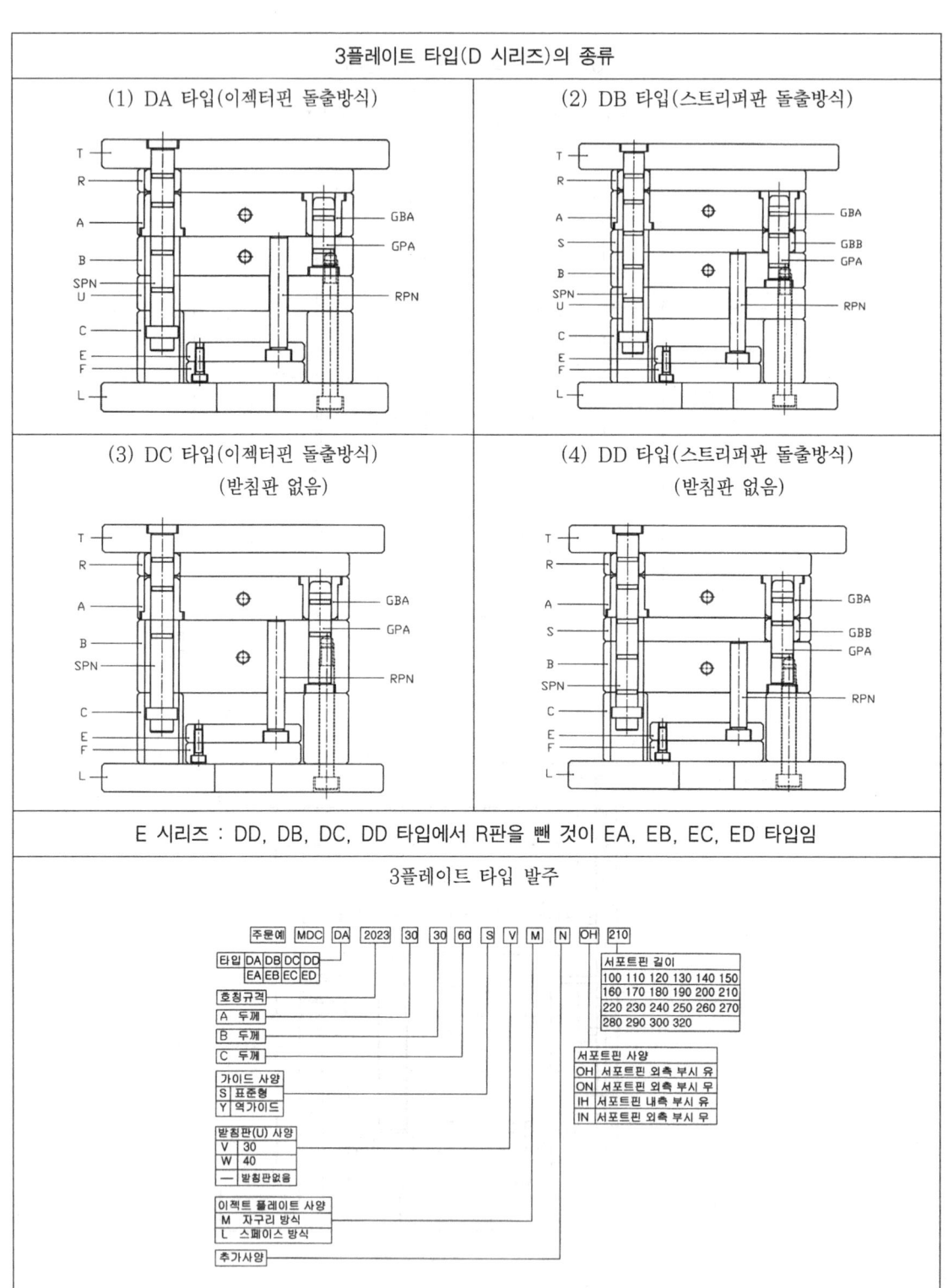

## 3플레이트 타입(D 시리즈)의 종류

### (1) DA 타입(이젝터핀 돌출방식)

### (2) DB 타입(스트리퍼판 돌출방식)

### (3) DC 타입(이젝터핀 돌출방식) (받침판 없음)

### (4) DD 타입(스트리퍼판 돌출방식) (받침판 없음)

E 시리즈 : DD, DB, DC, DD 타입에서 R판을 뺀 것이 EA, EB, EC, ED 타입임

### 3플레이트 타입 발주

| 주문예 | MDC | DA | 2023 | 30 | 30 | 60 | S | V | M | N | OH | 210 |

| 타입 | DA | DB | DC | DD |
|---|---|---|---|---|
| | EA | EB | EC | ED |

호칭규격

A 두께

B 두께

C 두께

| 가이드 사양 | |
|---|---|
| S | 표준형 |
| Y | 역가이드 |

| 받침판(U) 사양 | |
|---|---|
| V | 30 |
| W | 40 |
| — | 받침판없음 |

| 이젝트 플레이트 사양 | |
|---|---|
| M | 자구리 방식 |
| L | 스페이스 방식 |

추가사양

| 서포트핀 길이 |
|---|
| 100 110 120 130 140 150 |
| 160 170 180 190 200 210 |
| 220 230 240 250 260 270 |
| 280 290 300 320 |

| 서포트핀 사양 | |
|---|---|
| OH | 서포트핀 외측 부시 유 |
| ON | 서포트핀 외측 부시 무 |
| IH | 서포트핀 내측 부시 유 |
| IN | 서포트핀 외측 부시 무 |

# 제 7 장

## 러너 및 게이트 시스템

1 ## 스프루 시스템

### 1) 스프루, 러너, 게이트 시스템

유동·주입기구는 스프루, 러너, 게이트이다. 이들은 성형품의 외관, 물성, 치수정밀도 성형사이클 등에 직접 영향을 준다. 이들에게 공통되는 기본 요소는, 성형기 노즐에서 사출된 용융수지의 온도와 압력을 저하시키지 않고 캐비티에 압입 충전하는데 적합한 기구라야 된다. 그러기 위해서는 스프루, 러너, 게이트는 될 수 있는 대로 "굵고 짧게" 하게 된다. 그러나 성형기의 사출용량, 가소화능력, 성형품의 외관, 후가공, 치수정밀도, 사이클, 원료손실 등을 고려하면 금형 온도를 적절하게 유지하는 조건에서 "가늘고 짧게" 하는 것이 바람직하다.

용융수지의 유동은 성형기 노즐 → 스프루 → 러너 → 게이트 → 캐비티부 순으로 유입된다.

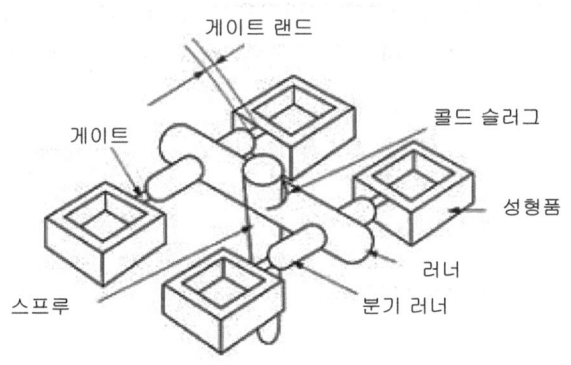

그림 7.1  유동 기구

## 2) 스프루 부시의 역할

스프루 부시는 성형기의 노즐에 접촉해서 성형기에서 가소화·용융된 수지를 금형에 주입되는 입구에 해당하며, 러너, 캐비티로 보내는 역할을 한다.

## 3) 스프루 부시 설계시 유의점

① 스프루 부시의 R은 노즐 선단 r보다 0.5~1mm 정도 크게 한다.

② 스프루 부시 입구부의 지름 D는 노즐구멍 지름 d보다 0.5~1mm 정도 크게 한다.

③ 스프루 구멍의 테이퍼각은 2°~4°가 바람직하다.

④ 길이는 될 수 있는 대로 짧게 하는 것이 좋다.

⑤ 스프루 부시는 HRC 40 이상으로 열처리한다.

⑥ 스프루 부시의 내면 거칠기는 1~6S로 하고, 끝다듬질할 때 길이 방향으로 하여야 한다.

⑦ 러너 스트리퍼의 스프루 부시의 섭동부에 5°~15°의 각도를 부여하면 안정성이 좋고, 작동이 원활하다.

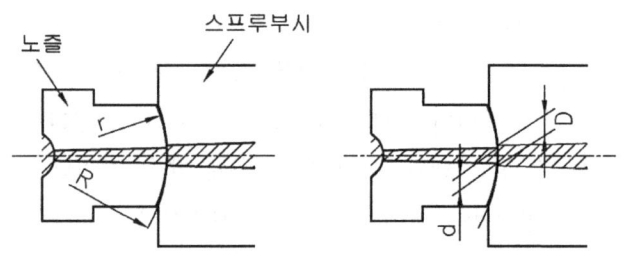

그림 7.2  노즐 r, Ød와 스프루 부시 R. ØD

노즐 r에 대하여 스프루 부시 쪽 R은 r<R 일반적으로 R=r+(0.5~1.0)로 한다.

노즐 쪽 구경 d와 스프루 부시 쪽의 작은 지름 D는 반드시 d<D로 할 것. 일반적으로 D=d+(0.5~1.0)으로 한다.

(a) A형(볼트 고정형) - 스트레이트 TYPE                (b) B형(JIS형) - 스트레이트 TYPE

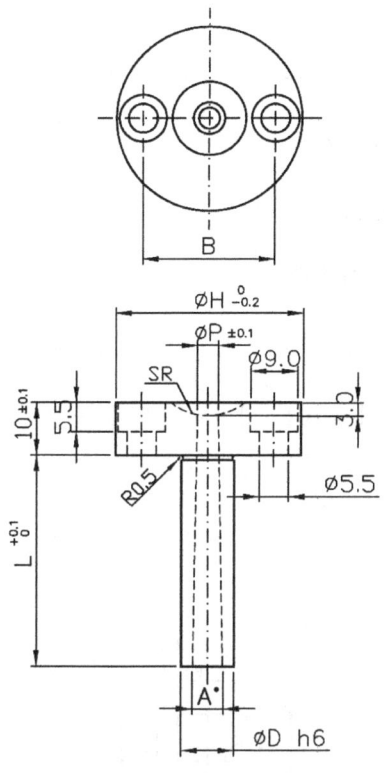

그림 7.3  스프루 부시의 형상과 치수

| 호칭<br>치수 | D | H | B | P<br>(0.5mm<br>단위) | A°<br>(0.5°<br>단위) | SR |
|---|---|---|---|---|---|---|
| 8 | 8 | | | | | 10 |
| 10 | 10 | 35 | 25 | | | 10.5 |
| 12 | 12 | | | 2~5 | 1~4 | 11 |
| 13 | 13 | | | | | 12 |
| 16 | 16 | 50 | 36 | | | 13 |
| 20 | 20 | | | | | 16 |

| 호칭<br>치수 | D | H | P<br>(0.5mm<br>단위) | A°<br>(0.5°<br>단위) | SR |
|---|---|---|---|---|---|
| 10 | 10 | | | | 10 |
| | | | | | 10.5 |
| 12 | 12 | 25<br>30 | 2~5 | 1~4 | 11 |
| 13 | 13 | | | | 12 |
| | | | | | 13 |
| 16 | 16 | | | | 16 |
| | | | | | 20 |
| 20 | 20 | | | | 21 |

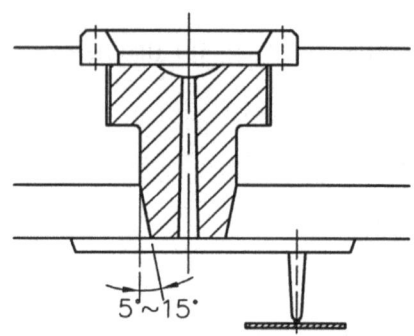

그림 7.4 핀 포인트 게이트 사용 예

## 4) 로케이트 링(locate ring)의 규격

① 로케이트 링은 성형기의 노즐과 금형의 스프루 부시의 위치를 잡아주는 역할을 한다.

② 재료는 SM50C, SM55C 또는 STC7 정도를 쓰고 표면거칠기는 6S로 다듬질한다.

③ 로케이트 링의 형상과 치수는 KS B4156에 정해진 표준형 로케이트 링으로서 그 치수는 표
와 같다.

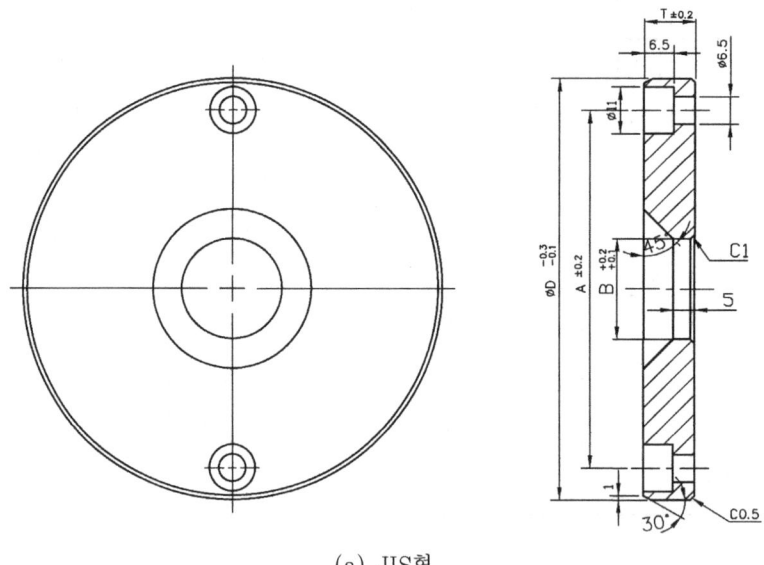

(a) JIS형

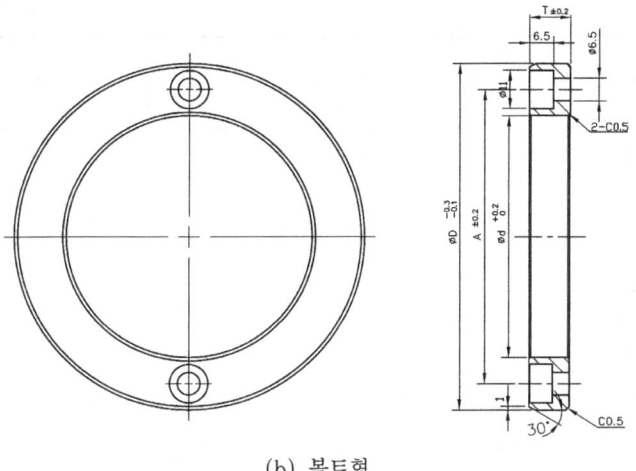

(b) 볼트형

(단위 : mm)

| 호칭치수 | D | B | A | T |
|---|---|---|---|---|
| 100 | 100 | 35 | 85 | 15 |
| | | 40 | | 20 |
| 120 | 120 | 50 | 105 | 25 |

그림 7.5  로케이트 링의 형상과 치수

## 5) 스프루 록 핀

① 스프루 록 핀은 금형이 열릴 때 스프루를 스프루 부시로부터 빼내기 위해서 사용되며, 사출
후 금형이 열릴 때 스프루가 제품과 함께 가동측에 붙은 상태로, 고정측에서 확실하게 이탈
되도록 하기 위하여 스프루 끝부분에 스프루 록 핀을 설치한다.

스프루 록 핀에 칼퀴형상을 하거나, 고정측 형판에 언더컷을 주어 스프루를 잡아당기게끔 한
다. 스프루 록 핀의 상단에 모인 재료는 콜드 슬러그 웰 역할을 겸한다.

② 언더컷의 치수는 스프루 록 핀에서 0.5~1.0 정도로 한다.

③ 스프루 록 부분은 콜드 슬러그 웰(cold slug well)에 수지가 모여 스프루를 고정시킨다.

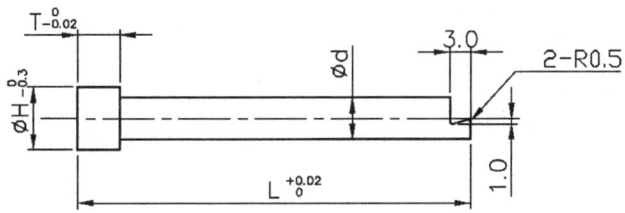

(단위 : mm)

| 호칭치수 | Ød | | ØH | T | S |
|---|---|---|---|---|---|
| | 치수 | 허용차 | | | |
| 4 | 4 | -0.010 -0.030 | 8 | | 10 |
| 5 | 5 | | 9 | 6 | |
| 6 | 6 | | 9 | | 15 |
| 7 | 7 | | 10 | | |
| 8 | 8 | -0.020 -0.050 | 11 | | |
| 9 | 9 | | 14 | | |
| 10 | 10 | | 15 | 8 | |
| 11 | 11 | | 16 | | 20 |
| 12 | 12 | | 17 | | |

그림 7.6 스프루 록 핀의 형상과 치수

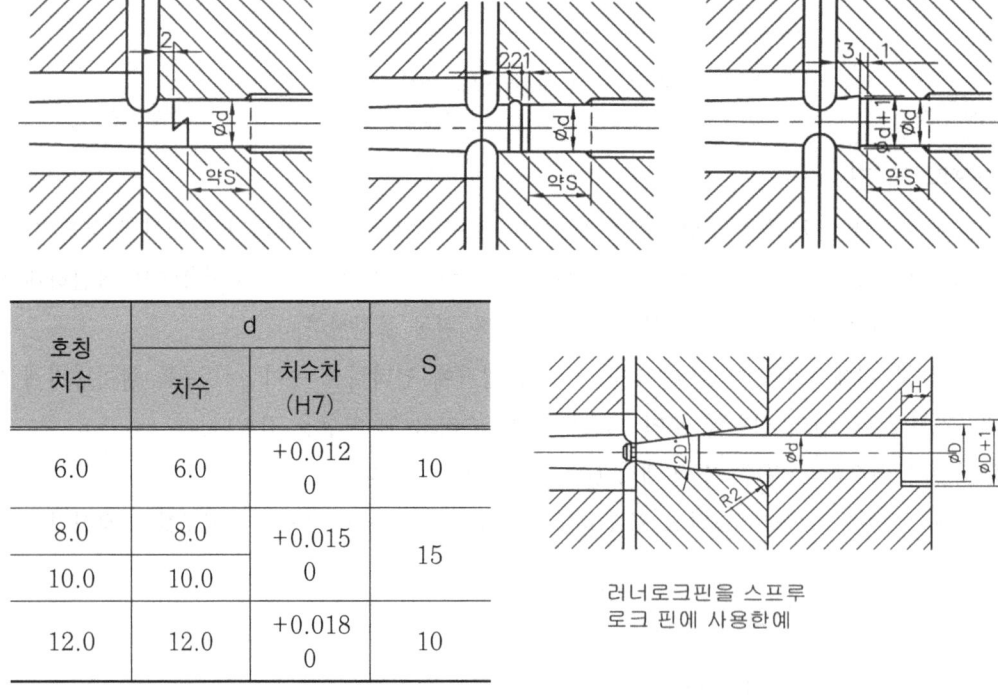

| 호칭 치수 | d | | S |
|---|---|---|---|
| | 치수 | 치수차 (H7) | |
| 6.0 | 6.0 | +0.012 0 | 10 |
| 8.0 | 8.0 | +0.015 0 | 15 |
| 10.0 | 10.0 | | |
| 12.0 | 12.0 | +0.018 0 | 10 |

러너로크핀을 스프루 로크 핀에 사용한예

그림 7.7 스프루 록 핀의 구멍 치수와 적용 예

## 6) 러너 록 핀

① 러너 록 핀은 핀 포인트 게이트금형 등에서 게이트를 절단하기 위해 고정측 설치판에 러너의 한쪽을 고정하기 위한 핀이며, 러너를 끌어당겨 성형품과 게이트를 분리시키는 역할을 한다. 성형품의 형상이나 사용수지의 종류에 따라 모양이 선택되지만, 단이 지거나 라운드 형상을 많이 사용한다.

② 언더컷의 치수는 러너 록 핀에서는 0.2~0.4 정도로 한다.

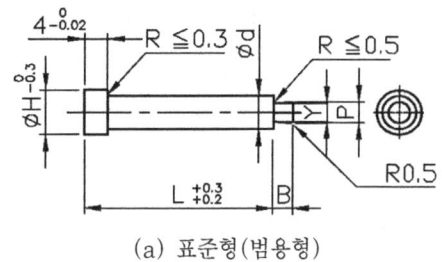

(a) 표준형(범용형)

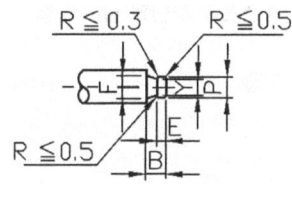

(b) 하드록형(록력 강화)

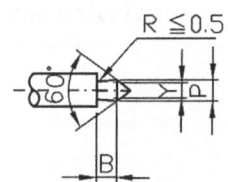

(c) 선단 원추형(냉각시간 단축형)

(단위 : mm)

| 호칭 치수 | ∅d | | ∅H | B | P | Y | E | V | F |
|---|---|---|---|---|---|---|---|---|---|
| | 치수 | 허용차(f6) | | | | | | | |
| 2 | 2 | −0.006 −0.012 | 4 | 2 | 1.5 | 1.0 | 1 | 1.5 | 1.5 |
| 3 | 3 | −0.010 −0.018 | 5 | | 2.3 | 1.8 | | 2.5 | 2.5 |
| 4 | 4 | | 6 | 2.5 | 2.8 | 2.3 | | 3 | 3 |
| 5 | 5 | | 7 | 3 | 3.3 | 2.8 | 1.5 | 3.5 | 3.5 |
| 6 | 6 | −0.013 −0.022 | 8 | | 3.8 | 3.0 | | 4 | 4 |
| 8 | 8 | | 10 | 4 | 5.8 | 5.0 | 2 | 6 | 6 |

그림 7.8  러너 록 핀의 형상

### 7) 슬러그 웰

① 최초로 금형에 들어갈 재료나 노즐의 선단에 조금씩 부착되어 있는 과화된 재료가 성형품 속에 들어가면 성형 불량의 원인이 된다. 이 냉각된 성형재료를 콜드 슬러그(cold slug)라고 한다.

② 콜드 슬러그로 인한 성형불량(flow mark)을 방지하기 위하여 그림 7.9와 같이 스프루 하단이나 러너 말단에 슬러그 웰(슬러그가 모이는 곳)을 만들어 콜드 슬러그를 성형품 속으로 들어가지 않도록 한다.

③ 슬러그 웰의 길이는 일반적으로 러너 직경의 1.5~2배로 한다.

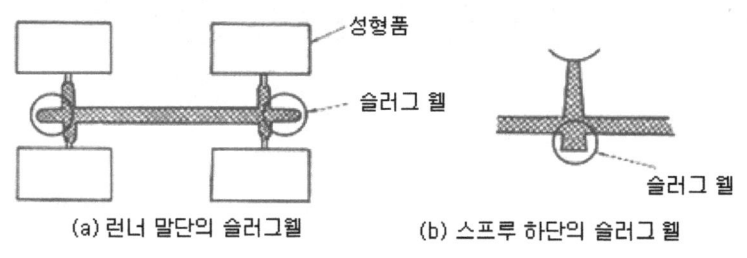

(a) 러너 말단의 슬러그웰　　　(b) 스프루 하단의 슬러그 웰

그림 7.9　슬러그 웰

## ② 러너 시스템

### ※ 2.1 러너와 게이트의 선택 기준

① 성형품수

　캐비티수 2개 이상일 때는 다이렉트 게이트를 사용할 수 없다.

② 성형품의 기능 및 외관

　성형품의 표면에 게이트의 절단 자리가 남아서 성형품의 기능이나 외관에 손상이 있을 때 문제가 없는 곳으로 게이트 위치를 변경한다.

③ 성형 재료

　성형성이 나쁜 재료인 경우 러너와 게이트에 따라 성형품의 기능이나 외관에 더 큰 영향을 주므로 성형 재료에 알맞은 러너·게이트를 선정한다.

④ 후가공

후가공은 성형품의 외관, 기능 및 코스트에 영향을 주므로 가능한 후가공이 필요 없는 게이트를 선정한다.

⑤ 성형품의 잔류응력에 의한 변형

게이트 주변에 잔류응력의 집중에 의하여 뒤틀림이 생길 때 게이트 종류 및 수를 변화시키므로 변형을 방지할 수 있다.

⑥ 성형품의 형상, 치수에 의한 제한

평면적이고 큰 성형품인 경우 게이트 수를 증가시키므로 성형이 가능하게 된다.

⑦ 생산성

성형 사이클을 고려하여 러너, 게이트를 선정해야 한다.


## ▒ 2.2 러너 설계 기준

① 캐비티 수의 배열에 따른다.
② 러너는 될 수 있는 대로 작게 하고, 단면형상은 진원에 가까운 형상으로 유동저항을 적게 냉각은 잘 되지 않도록 한다.
③ 굵게 하면 러너 수지량의 증가 및 러너 고화시간이 길어져 성형 사이클이 저하되므로 설계시 단면형상, 크기, 레이아웃에 절대 유의해야 한다.
④ 러너는 압력 전달면에서는 최대 단면적으로 해야 하고, 열전도면에서는 외주가 최소가 되어야 한다.
⑤ 게이트와 러너의 중심은 유동온도와 압력유지를 위하여 일직선상에 있도록 해야 한다.
⑥ 2매 구성 금형에서 파팅이 평면일 때는 원형 러너를 사용하고, 그 이외의 3매 구성 금형이나 파팅이 복잡한 형태일 때는 사다리꼴 또는 반원형을 사용한다.
⑦ 러너 가공은 원형, 6각형에서는 형판의 양면에 새기고 사다리꼴 반원형에서는 한쪽 면에 새겨야 한다.


## ▒ 2.3 러너의 치수

① 성형품의 체적과 살두께, 주 러너, 스프루에서 캐비티까지의 거리, 러너의 냉각, 금형제작용 커터의 범위, 사용수지에 대한 검토를 해야 한다.

② 러너의 굵기는 성형품의 살두께보다 굵게 한다.

③ 러너의 길이가 길어지면 유동저항이 커지므로 이를 고려한다.

④ 러너의 단면적이 성형 사이클을 좌우하는 것이어서는 안 된다.

⑤ 일반적인 수지의 경우 러너 크기를 ∅9.5 이하로 하되 경질 PVC, PMMA에서는 ∅13 정도까지 할 수 있다.

⑥ 원형 러너 지름의 경험식은 다음과 같다.

$$D = \frac{\sqrt{W} \times \sqrt[4]{L}}{8}$$

    D   : 원형 러너의 지름(mm)

    W  : 성형품 중량(g)

    L   : 러너의 길이(mm)

표 7.1  일반적인 수지에 대한 러너 지름     (단위 : mm)

| 수지명 | 러너 지름 | 수지명 | 러너 지름 |
|---|---|---|---|
| ABS, AS | 4.8~9.5 | 폴리카보네이트 | 4.8~9.5 |
| 폴리아세탈 | 3.2~9.5 | 폴리프로필렌 | 4.8~9.5 |
| 아크릴 | 8.0~9.5 | 폴리에틸렌 | 1.6~9.5 |
| 내충격용 아크릴 | 8.0~12.7 | PPO | 6.4~9.5 |
| 폴리아미드6 | 1.6~9.5 | 폴리스틸렌 | 3.2~9.5 |
| PVC | 3.2~9.5 | | |

표 7.2  성형품 중량과 러너 지름

| 러너 지름(mm) | 성형품 중량(g) |
|---|---|
| 4 | 소물품 |
| 6 | 80 이하 |
| 8 | 300 이하 |
| 10 | 300 이상 |
| 12 | 대형품 |

표 7.3  성형품 투영면적과 러너 지름

| 러너 지름(mm) | 성형품 투영면적($cm^2$) |
|---|---|
| 6 | 10 이하 |
| 7 | 50 |
| (7.5) | 200 |
| 8 | 500 |
| 9 | 800 |
| 10 | 1200 |

표 7.4 러너 형상의 치수

1. 원형 러너

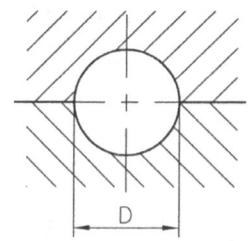

(단위 : mm)

| 호칭치수 | 4 | 6 | (7) | 8 | (9) | 10 | 12 |
|---|---|---|---|---|---|---|---|
| D | 4 | 6 | 7 | 8 | 9 | 10 | 12 |

※ 주. 1.( )안의 치수는 가급적 사용치 않는다.

2. N형 러너

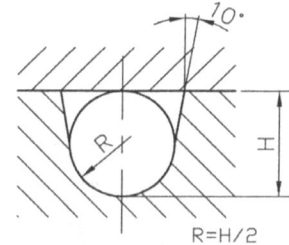

(단위 : mm)

| 호칭치수 | 4 | 6 | (7) | 8 | (9) | 10 | 12 |
|---|---|---|---|---|---|---|---|
| R | 2 | 3 | 3.5 | 4 | 4.5 | 5 | 6 |
| H | 4 | 6 | 7 | 8 | 9 | 10 | 12 |

3. 사다리꼴 러너

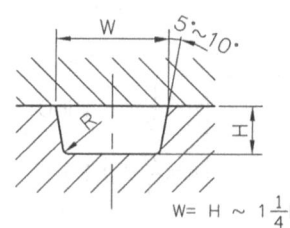

(단위 : mm)

| 호칭치수 | 4 | 6 | (7) | 8 | (9) | 10 | 12 |
|---|---|---|---|---|---|---|---|
| W | 4 | 6 | 7 | 8 | 9 | 10 | 12 |
| H | 4 | 4.0 | 5 | 5.5 | 6.0 | 7 | 8 |

※ 주. 1. $H = \frac{2}{3}W$로 한다.

## ※ 2.4  러너 단면형상과 특징

① 반원형 : 금형의 한 면만 가공하면 되며 가공연마가 용이하고 탈형성이 좋으나, 재료 압송 압력이 크고 압송시간이 길다.

② 사다리꼴형 : 금형의 한 면만 가공한다. 가공은 쉬우나 연마가 어렵고 압송 압력 및 압송 시간은 중간정도이다.

③ 원형 : 금형의 양면에 반원을 가공한 것이며, 압송 압력 및 시간은 모두 최소이고 가장 우수하다.

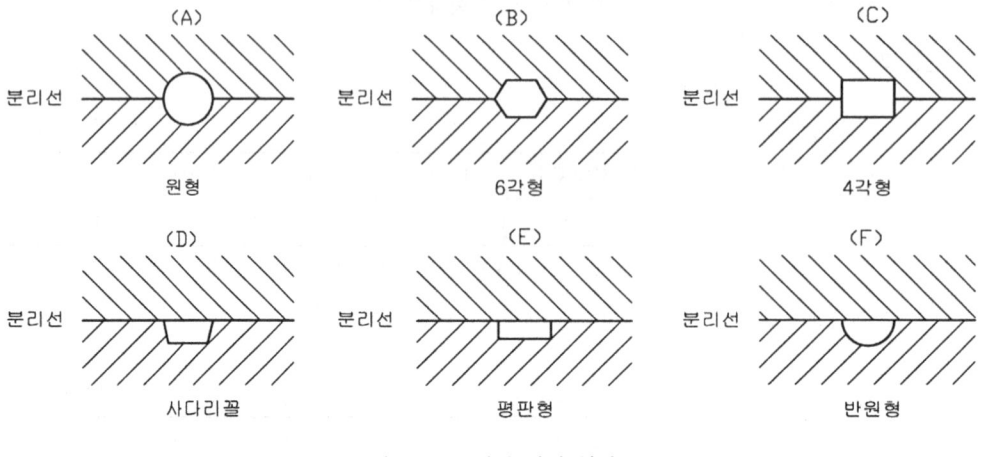

그림 7.10 러너 단면 형상

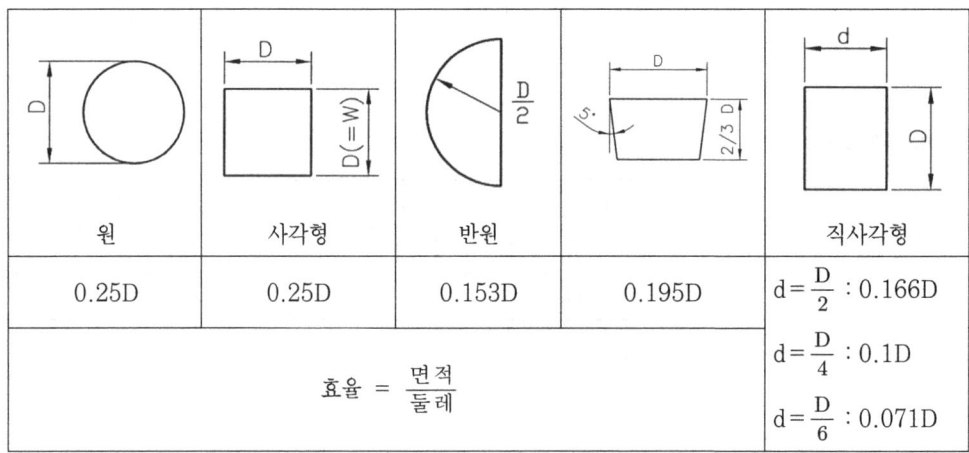

| 원 | 사각형 | 반원 | | 직사각형 |
|---|---|---|---|---|
| 0.25D | 0.25D | 0.153D | 0.195D | $d = \dfrac{D}{2}$ : 0.166D |
| 효율 $= \dfrac{\text{면적}}{\text{둘레}}$ | | | | $d = \dfrac{D}{4}$ : 0.1D |
| | | | | $d = \dfrac{D}{6}$ : 0.071D |

그림 7.11 러너 단면 형상에 의한 효율

## ※ 2.5 러너 레이아웃

다수 개 빼기 금형에서 성형품 배치와의 관계는 성형품 형상, 게이트 수, 플레이트의 구성 및 게이트 형식에 따라 좌우되므로 러너 레이아웃 설계시 다음 사항을 고려해야 한다.

① 압력손실과 유동수지 온도 저하를 막기 위하여 러너의 길이와 수는 가장 적어지는 유동선으로 해야 한다.

② 러너 시스템은 유동배분을 고려해서 균형시켜야 한다.

③ 러너 밸런스와 게이트 밸런스를 조화있게 해야 한다.

④ 러너 끝에는 러너 통과 중에 식은 수지를 봉입하여 캐비티로 흐르지 않도록 하기 위한 콜드 슬러그 웰을 설치해야 한다.

⑤ 캐비티 배열을 크게 분류하면 직선 배열, H형 배열, 원형 배열 등이 있다.

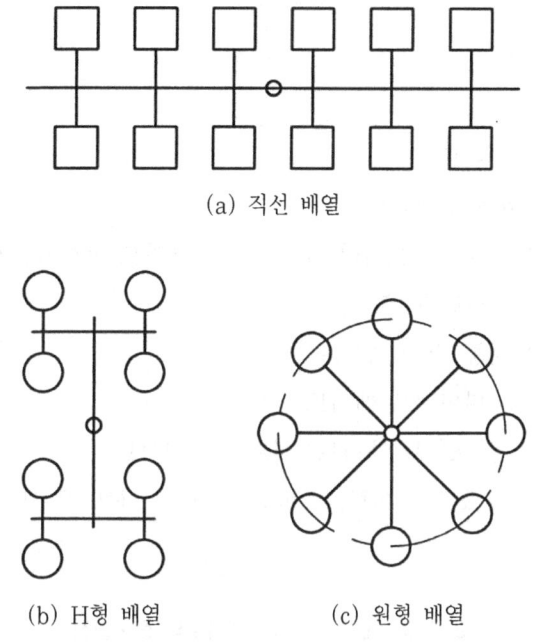

(a) 직선 배열

(b) H형 배열        (c) 원형 배열

그림 7.12  캐비티 배열

## ③  게이트 시스템

게이트는 러너의 종점이고 캐비티의 입구이다. 게이트의 위치, 갯수, 형상, 치수는 성형품의 외관이나 성형효율 및 치수정밀도에 큰 영향을 준다. 따라서 게이트는 성형품의 형상으로 정하는 것이 아니고, 캐비티 내의 용융수지가 흐르는 방향, 웰드 라인의 생성 게이트처리 등을 고려해서 정해야 한다.

### 1) 게이트의 역할

① 충전되는 용융수지의 흐름방향과 유량을 제어함과 동시에 성형품을 밀어내는데 충분한 고화 상태로 될 때까지 캐비티 내에 수지를 봉입하여 러너측으로 역류를 막는다.

② 스프루 및 러너를 통과하면서 냉각된 수지는 가는 게이트를 지남으로써 마찰열로 재가열되어 플로 마크나 웰드 라인을 경감시킨다.

③ 러너와 성형품의 절단을 쉽게 하고 마무리 작업을 간단히 한다.

④ 다수 개 빼기나 다점 게이트의 경우 굵기·폭·두께 등의 조정에 의해 각 캐비티의 충전 밸런스를 잡을 수 있다.

### 2) 게이트의 분류

① 제한 게이트와 비제한 게이트

    ㉮ 비제한 게이트 : 다이렉트 게이트

    ㉯ 제한 게이트 : 표준 게이트, 오버랩 게이트, 핀 포인트 게이트, 서브마린 게이트, 터브 게이트, 링 게이트, 디스크 게이트 등

② 자동 절단 게이트와 비자동 절단 게이트

    ㉮ 비자동 절단 게이트 : 다이렉트 게이트

    ㉯ 자동 절단 게이트 : 핀 포인트 게이트, 서브마린 게이트

    ㉰ 반자동 절단 게이트 : 표준 게이트, 오버랩 게이트, 터브 게이트, 팬 게이트, 필름 게이트 등.

표 7.5 제한·비제한 게이트의 장·단점

| 비제한 게이트 | 제한 게이트 |
|---|---|
| ① 압력 손실이 적다. | ① 게이트 부근의 잔류응력, 변형이 감소된다. |
| ② 수지량이 절약된다. | ② 성형품의 휨, 균열 등의 변형 감소. |
| ③ 금형 구조가 간단하다. | ③ 게이트의 고화시간이 짧으므로 사이클을 단축할 수 있다. |
| ④ 사이클이 연장되기 쉽다. | ④ 다수개 캐비티인 경우 게이트 밸런스가 용이하다. |
| ⑤ 게이트의 후가공이 필요하다. | ⑤ 게이트의 제거가 간단하다. |
| ⑥ 잔류응력, 압력과 충전변형으로 게이트 크랙이 발생하기 쉽다. | ⑥ 게이트 통과시 압력 손실이 크다.(단점) |

### 3) 게이트의 단면 형상

직사각형은 게이트 밸런스가 비교적 용이하며, 그밖의 것은 게이트 밸런스를 취하기가 어렵다. 게이트의 깊이는 중간 크기의 성형품인 경우 깊이의 범위는 0.8~1.2mm가 바람직하다. 게이트 깊이는 얇을수록 바람직하나, 얇을수록 압력 감소가 현저하므로 충전시간이 길어진다.

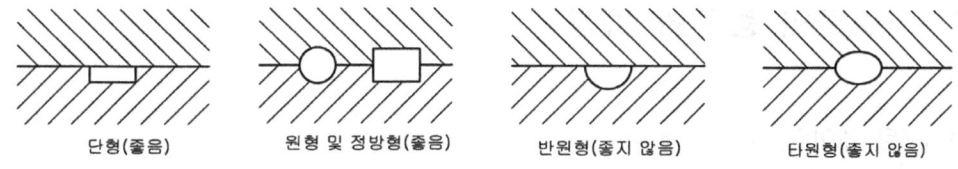

단형(좋음)　　　원형 및 정방형(좋음)　　　반원형(좋지 않음)　　　타원형(좋지 않음)

그림 7.13  게이트 단면 형상

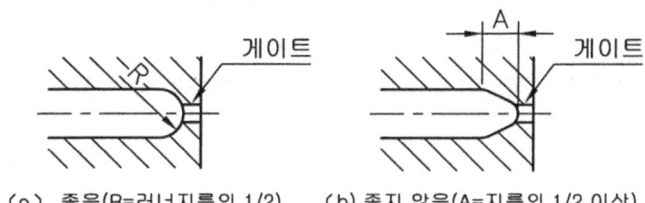

（a） 좋음(R=러너지름의 1/2)　　　（b） 좋지 않음(A=지름의 1/2 이상)

그림 7.14  러너와 게이트의 접속부

## 4) 게이트의 위치 설정 기준

① 게이트 위치는 각 캐비티의 말단까지 동시에 충전되는 위치에 설치한다.
② 게이트는 그 성형품의 가장 두꺼운 부분에 설치하는 것을 원칙으로 한다.
③ 상품가치상 눈에 띄지 않는 곳 또는 게이트 마무리가 간단하게 되는 부분에 설치한다.
④ 웰드 라인이 생성되기 어려운 곳에 설치한다.
⑤ 가는 코어나 리브 핀이 가까운 곳 또는 유동압력에 의해 편육하고 쓰러질 우려가 있는 방향
　 은 피한다.
⑥ 가스가 고이기 쉬운 방향의 반대쪽에 설치하고 그 반대쪽에 가스빼기를 설치한다.
⑦ 큰 힘이나 충격하중이 작용하는 부분에는 게이트를 붙이지 않는다.
⑧ 제팅을 방지할 수 있는 부분에 설치한다.
⑨ 제팅을 방지하고 흐름을 순조롭게 하기 위해 코어형을 향해 용융수지가 흐르는 위치에 설치
　 한다.
⑩ 성형품의 기능, 외관을 손상하지 않는 부분에 설치한다.
⑪ 인서트 기타 장애물을 피할 수 있는 곳을 선택한다.

# 4 게이트의 종류와 특징

## 1) 다이렉트 게이트(direct gate)

① 스프루의 싱글 캐비티 금형으로 성형이 쉽다.

② 성형기 플런저의 압력이 직접 캐비티에 전해져 압력 손실이 적다.

③ 성형성이 좋고 모든 사출 성형 재료에 적용할 수 있다.

④ 스프루의 고화 시간이 길므로 사이클이 길어진다.

⑤ 잔류응력 또는 배향이 일어나기 쉬우므로 게이트 주변에 링모양의 리브를 돌려서 보강하는 것이 좋다.

표 7.6  다이렉트 게이트 치수

| 제품중량<br>재료 \ 스프루 지름 | 85g 이하 | | 340g 이하 | | 대형 | |
|---|---|---|---|---|---|---|
| | d | D | d | D | d | D |
| 폴리스틸렌 | 2.5 | 4 | 3 | 6 | 4 | 8 |
| 폴리에틸렌 | 2.5 | 4 | 3 | 6 | 4 | 8 |
| ABS수지 | 2.5 | 5 | 4 | 7 | 5 | 8 |
| 폴리카보네이트 | 3 | 5 | 4 | 8 | 5 | 10 |

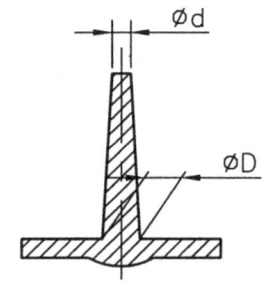

그림 7.15  다이렉트 게이트 치수

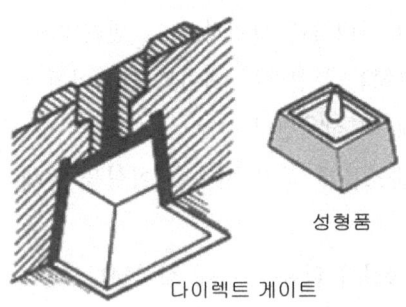

성형품

다이렉트 게이트

그림 7.16  다이렉트(스프루) 게이트

## 2) 표준 게이트(사이드 게이트)

① 성형품의 측면에 직사각형 또는 반원형의 주입부를 설치하므로 사이드 게이트, 에지 게이트 (edge gate)라고도 하며 거의 모든 수지에 적용된다.

② 단면 형상이 간단하므로 가공이 쉽고, 치수를 정밀하게 가공할 수 있다.

③ 게이트 밸런스할 때 수정이 용이하다.

④ 캐비티의 충전속도는 게이트 고화와 관계없이 조절할 수 있다.

⑤ 단점으로는 압력손실이 크므로 사출압력을 높일 필요가 있으며 외관에 게이트 흔적이 남는다.

⑥ 표준 게이트의 치수

㉮ 대체로 게이트 직경 또는 깊이는 성형품 두께의 1/2 정도로 한다.

㉯ 게이트 랜드는 게이트 직경 또는 깊이와 같게 하는 것이 바람직하다.

㉰ 게이트 폭과 깊이의 비율은 3:1을 표준으로 하고, 폭이 러너지름보다 클 때는 팬 게이트 를 사용한다.

㉱ 다음과 같은 경험식을 참조한다.

• 게이트의 깊이

$$h = n \times T$$

$h$ : 게이트 깊이(mm)
$T$ : 성형품의 살두께
$n$ : 수지 상수

• 게이트의 폭

$$W = \frac{n \times \sqrt{A}}{30}$$

$W$ : 게이트 폭(mm)
$A$ : 성형 외측의 표면적($mm^2$)

㉲ 일반적으로 사용되는 표준 게이트는 깊이 0.5~1.5mm, 폭 1.5~5mm, 게이트 랜드(길 이) 1.5~2.5mm가 보통이다. 대형 성형품에서는 게이트 높이 2.0~2.5mm(제품 두께 의 70~80% 정도), 폭 7~10mm, 랜드 2.0~3.0mm 정도이다.

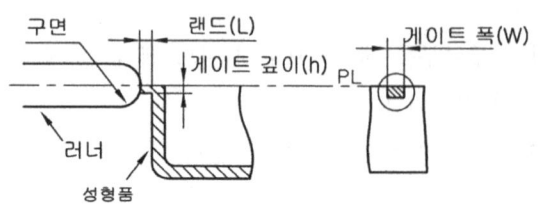

| 표 7.7 수지의 상수 | |
|---|---|
| 재료명 | n |
| PS, PE | 0.6 |
| POM, PC, PP | 0.7 |
| PVAC, PMMA, PA | 0.8 |
| PVC | 0.9 |

그림 7.17 표준 게이트의 형상

### 3) 오버랩 게이트(overlap gate)

① 성형품에 플로 마크가 발생하는 것을 방지하기 위하여 표준 게이트 대용으로 사용한다.

② 성형품의 측면부가 아니고 평면부에 게이트 위치를 설치한다.

③ 게이트 치수

 ㉮ 랜드의 길이($L_1$) = 2~3mm

 ㉯ 게이트의 폭(W) = $\dfrac{n \times \sqrt{A}}{30}$ (mm)

 ㉰ 게이트의 높이(h) = n × t (mm)

 ㉱ 게이트의 길이($L_2$) = h + $\dfrac{W}{2}$

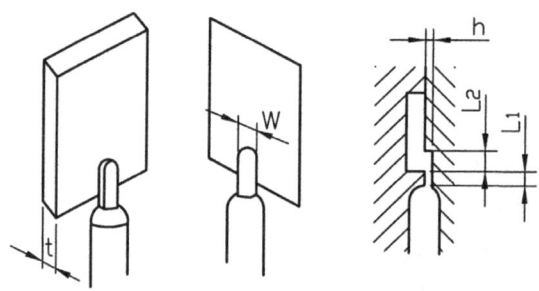

그림 7.18 오버랩 게이트

### 4) 팬 게이트(fan gate)

① 제품 단면에 대해 부채꼴로 퍼진 게이트 형상을 팬 게이트라 한다.

② 큰 평판상의 성형품에 적당한 형식으로 기포나 플로 마크가 생길 우려가 있을 때 사용한다.

③ 게이트 폭이 넓어 수지 흐름이 균일하므로 얼룩이 생기지 않는다.

④ 응력 집중을 피할 수 있어 큰 변형을 억제할 수 있다.

⑤ 게이트 후가공이 필요하며 두꺼운 제품에는 부적합하다.

⑥ 게이트 치수

㉮ 게이트 랜드(L)는 표준 게이트보다 약간 길게 6mm 전후로 한다.

㉯ 게이트 폭(W) = $\dfrac{n \times \sqrt{A}}{30}$ (mm)

㉰ 게이트 깊이($h_1$) = $n \times t$ (mm)

㉱ 게이트 입구부의 깊이($h_2$) = $\dfrac{W \times h_1}{D}$ (mm) (D : 러너의 직경)

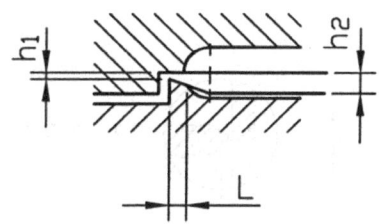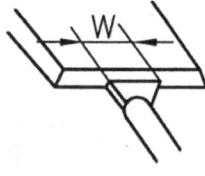

그림 7.19  팬 게이트

## 5) 필름 게이트(film gate)

① 성형품의 폭과 게이트 폭은 같은 길이로 하고 두께는 0.2~1mm, 랜드는 1mm 정도로 한다.

② 아크릴 또는 평판상의 큰 성형품에 적용한다.

③ 평판의 평면도, 변형을 최소로 제어하고자 할 경우 적용한다.

④ 성형 흐름을 균일하게 하므로 두께가 얇은 성형품, 저발포 성형품에 적용한다.

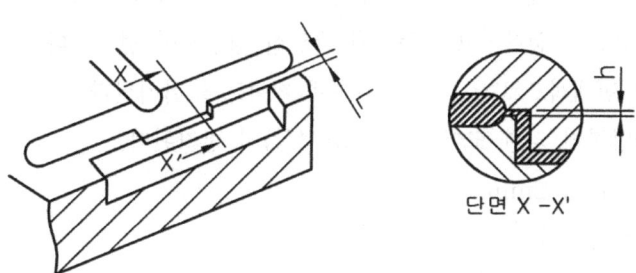

그림 7.20  필름 게이트 시스템

## 6) 디스크 게이트(disk gate)

① 원형 성형품의 내경에 사용하는 게이트로 다이어프램 게이트라고도 하며, 웰드 라인의 발생을 억제한다.

② 게이트 깊이는 0.2~1.5mm, 랜드는 0.7~1.2mm가 좋다.

③ 게이트 제거는 원통형의 타발 공구를 사용해서 디스크부를 타발한다.

④ 게이트 치수

⑦ 일반용 게이트 깊이 $h = 0.7n \times t$ (mm)

④ 정밀용 게이트 깊이 $h_1 = n \times t$ (mm)

④ 정밀용 랜드의 길이 $L_1 = h_1$

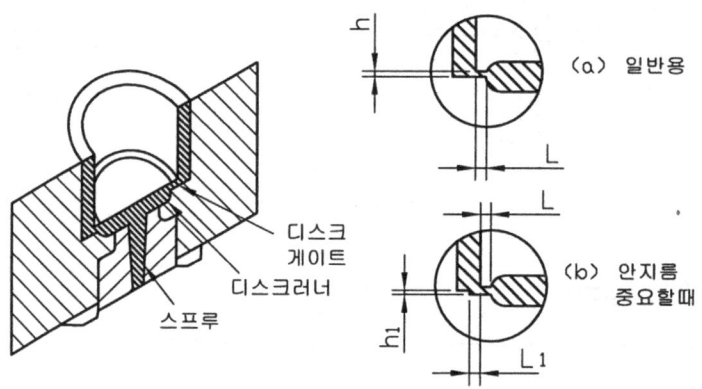

그림 7.21  디스크 게이트 시스템

## 7) 링 게이트(ring gate)

원통형의 소형 성형품을 성형하기 위하여 원통상의 외주에 러너를 링으로 돌려서 수지가 균일하게 주입되므로, 웰드 라인이 방지되고 살두께가 균일한 성형품이 얻어진다.

① 디스크 게이트와 반대적으로 원통상의 외주에 게이트를 설치한다.

② 웰드 라인, 사출압력에 의한 코어의 쓰러짐(편심)이 방지된다.

③ 랜드 길이 $L = 0.7~1.2$mm

④ 게이트 깊이 $h = 0.7 \times n \times t$

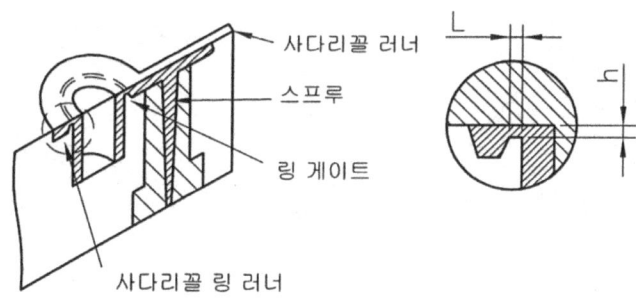

그림 7.22 링 게이트

## 8) 터브 게이트(tab gate)

① 오버랩 게이트의 변형으로 유동수지가 터브에서 교축되면서 마찰열에 의해 한층 더 가소화한 후 유동성을 향상시켜 캐비티에 유입한다.

② PVC, PC, 아크릴 수지 등과 같이 열안정성이 나쁘고 용융정도가 높은 수지에 적합하다.

③ 터브 게이트는 러너에 대해서 직각으로 설치하는 것이 일반적이며 터브의 폭은 6mm 이상, 깊이는 캐비티 두께의 75%가 표준이다.

④ 게이트의 깊이(h) = n × t (mm)

⑤ 터브의 폭(Y) = D (러너 지름)

터브의 깊이(X) = 0.9 × t

터브의 길이(Z) = $1\frac{1}{2}$ D

게이트 폭(W) = $\dfrac{n \times \sqrt{A}}{30}$ (mm)

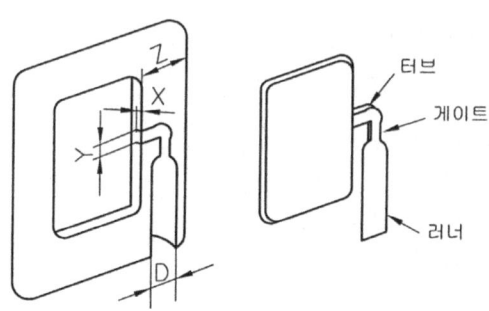

그림 7.23 터브 게이트

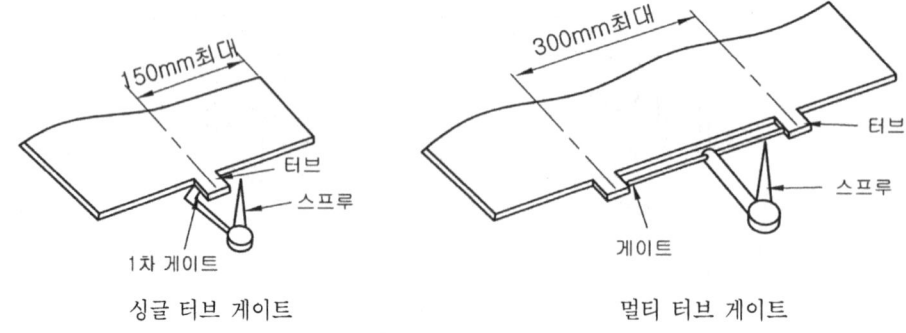

그림 7.24  싱글 터브 게이트와 멀티 터브 게이트

## 9) 핀 포인트 게이트(pin point gate)

성형품의 중앙에 게이트를 설치할 경우에 사용되는 경우에 사용되는 원형의 제한 게이트로서, 다점 게이트로 이용되는 경우도 많다.

① 게이트 위치가 비교적 제한받지 않고 자유롭게 결정된다.

② 게이트 부근에 잔류응력이 적다.

③ 투영 면적이 큰 성형품, 변형하기 쉬운 성형품의 경우 다점 게이트로 하므로 수축, 변형을 작게 할 수 있다.

④ 금형을 3매 구성금형으로 하면 형개력에 의해 게이트는 자동적으로 절단되고 다듬질 공정을 생략할 수 있다.

⑤ 게이트 단면적이 적어 압력손실이 크므로 저점도 수지를 사용하거나 사출압력을 높게 해야 한다.

⑥ 3매 구성 구조의 금형으로 성형 사이클이 길게 된다.

⑦ 게이트 치수

㉮ 랜드 길이 L ≒ 0.8~1.2mm

㉯ 게이트 지름 $d = n \times C \times \sqrt[4]{A}$

    d  : 게이트 지름(mm)
    n  : 수지계수
    A  : 성형품의 표면적(mm$^2$)
    C  : 살두께 함수

⑧ 살두께는 0.7~2.5mm에 적용하며, 웰 타입 노즐에서는 30% 작게 한다.

표 7.8  살두께 함수

(단위 : mm)

| t | 0.80 | 0.90 | 1.30 | 1.50 | 1.80 | 2.00 | 2.30 | 2.50 |
|---|------|------|------|------|------|------|------|------|
| c | 0.036 | 0.041 | 0.047 | 0.055 | 0.051 | 0.058 | 0.062 | 0.065 |

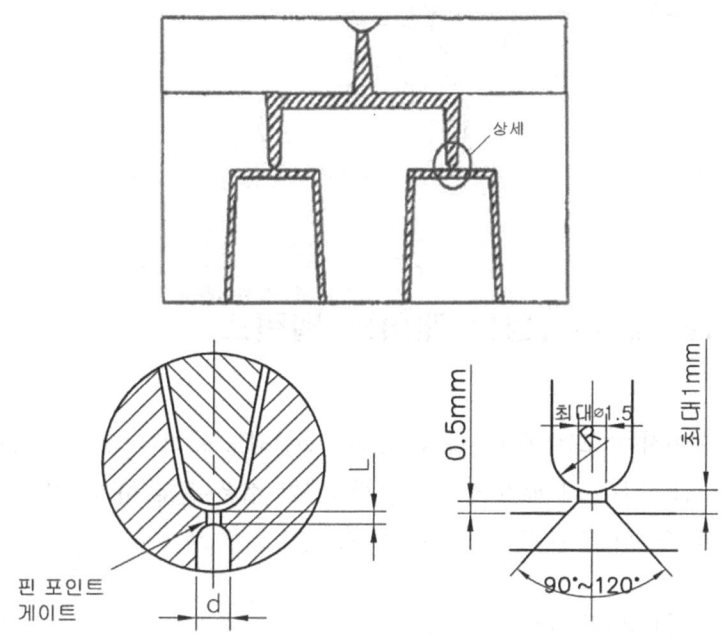

그림 7.25  핀 게이트

## 10) 서브마린 게이트(submarine gate)

성형품 표면에 게이트 자국을 남기지 않고 측면 또는 이면에 만들 수 있으므로 외면에 게이트 자국을 남기고 싶지 않을 때 사용되며, 2매 구성금형에서도 사용된다.

① 러너는 파팅 라인(PL)면에 있으나, 게이트는 고정측 또는 가동측의 형판 속을 뚫고 터널식으로 캐비티에 주입되므로 일명 터널 게이트라 한다.

② 게이트는 성형품의 돌출과 동시에 자동으로 절단된다.

③ 게이트의 구조가 복잡하여 가공이 어렵고 압력 강하가 크다.

④ 게이트 치수

㉮ PL면과 게이트 입구의 경사각은 25° ~ 45° 로 한다.

㉯ 터널부분의 테이퍼는 15° ~ 25° 정도로 한다.

㉰ 게이트 직경 $d = n \times C \times \sqrt[4]{A}$ 식을 적용

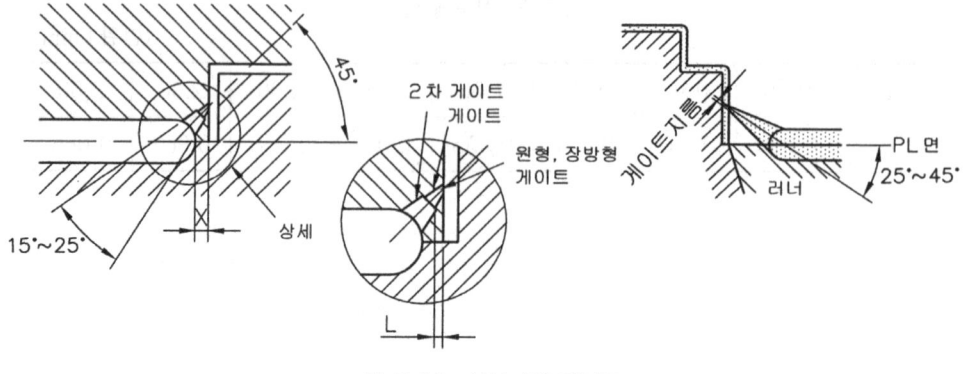

그림 7.26 서브마린 게이트

## 5 다수 개 빼기 금형의 게이트 밸런스

다수 개 빼기 금형에서는 모든 캐비티를 균일하게 충전되도록 러너 및 게이트에 의하여 밸런스를 취하여야 한다. 이는 다수 개 빼기 성형시에 발생하기 쉬운 플로 마크, 싱크 마크, 쇼트 쇼트, 치수 정밀도 오차 및 중량의 불량 등을 해결할 수 있다.

### (1) 각 캐비티의 충전상태를 균일하게 하는 방법
① 스프루로부터 각 캐비티까지의 재료 유동거리를 같게 한다.
② 스프루로부터 각 캐비티까지의 거리에 따라 러너의 굵기를 조정하는 방법
③ 스프루로부터 각 캐비티까지의 거리에 따라 게이트의 치수(폭, 깊이)를 조정하는 방법. 일반적으로 ①, ③을 채용하고 특수한 경우에는 ② 또는 ②와 ③을 병용하는 방법을 채용한다.

### (2) B.G.V(Balanced Gate Value)의 계산식
다수 개 빼기의 경우 B.G.V의 값이 일정하게 되도록 게이트의 치수를 정하는 방법

$$B.G.V = \frac{S_G}{\sqrt{L_R \times L_G}}$$

$L_R$ : 러너의 길이
$L_G$ : 게이트의 길이
$S_R$ : 러너의 단면적
$S_G$ : 게이트의 단면적

B.G.V는 게이트를 통과하는 재료의 질량에 비례한다.

여기서 $\dfrac{S_G}{S_R}$ = 0.07와 게이트의 폭과 깊이의 비는 일반적으로 3 : 1을 적용한다.

## 6 러너리스

러너리스 사출이란 사출기에서 금형의 캐비티에 이르는 수지의 유동부위(스프루와 러너)를 적절한 방법으로 수지가 항상 녹아 있도록 함으로써, 스프루나 러너의 생성없이 계속적으로 사출하는 방법을 뜻한다.

### ※ 6.1 러너리스 사출의 장점

(1) 인건비의 절감
① 자동화 성형작업을 할 수 있어 작업자 1명이 몇 대의 기계관리를 할 수 있다.
② 러너 시스템을 재처리할 필요가 없다.

(2) 생산원가의 절감
① 일반적으로 러너 및 스프루는 제품부에 비하여 경화시간이 길지만, 러너리스 성형에 의하면 이것이 생략되기 때문에 쇼트 사이클(Shot cycle)이 단축된다.
② 스프루나 러너의 재처리 등에 따르는 손실이 절감되며, 특수수지의 경우 완전 손실을 절감할 수 있다.

(3) 사출 사이클의 단축
① 스프루나 러너에 수지가 채워진 상태이므로 사출속도가 빨라진다.
② 러너 제거에 의한 시간단축뿐만 아니라 작업의 안정성이 좋아지며, 금형의 손상위험이 적어진다.

(4) 제품 품질의 향상
① 자동생산이 가능하며 사출 사이클의 균일성이 이루어지므로 성형품의 수축률, 중량의 편차를 줄인다.

② 수지온도, 압력 등의 조건이 동일한 수지를 사출하므로 싱크 마크, 플로 마크를 줄일 수 있고, 수지의 열변형을 최소화한다.

③ 재생원료 사용의 필요성이 없으므로 제품의 외관이나 물리적 특성이 좋아진다.

### (5) 기계 활용의 증대

① 러너와 스프루를 채워야 할 수지가 필요 없으므로 사출용량이 적은 성형기로 성형이 가능하다.

② 균일한 사이클과 높은 효율은 일반사출보다 적은 사출기에서 단위 시간당 생산량을 높여준다.

## ※ 6.2   러너리스 사출의 단점

① 여러 종류의 전기적인 기계와 부품이 들어가기 때문에 금형의 원가가 높아진다.

② 관리가 좀 더 복잡하며, 숙련된 인력이 필요하다.

③ 불순물이 게이트를 막았을 경우 이를 제거하기 어렵다.

④ 시스템에 따라 칼라를 바꾸기 어렵다.

## ※ 6.3   러너리스 성형에 적합한 성형품과 수지

### (1) 성형품의 형상
러너리스 성형은 원칙적으로 하이 사이클용 성형품에 적합하다.

### (2) 사용수지

① 온도에 대해서 둔감(열안정성이 좋음)하고, 저온에서도 쉽게 흐를 수 있어야 한다.

② 압력에 대해서는 민감하고, 또한 낮은 압력에서도 잘 흘러야 한다.

③ 금형에서 재빨리 빼내지도록 열변형 온도가 높아야 한다.

④ 열전도율이 높아야 한다.

⑤ 비열이 낮아야 한다.

## ※ 6.4   러너리스의 종류

### (1) 익스텐션 노즐(extention nozzle)
성형기의 노즐을 캐비티까지 연장하는 방식으로 러너가 짧아도 되고 그것에 의해 노즐에서의 압력 손실이 적다는 이점이 있다.

① 성형기의 노즐을 연장시켜 노즐이 캐비티의 일부를 형성하거나 게이트부까지 노즐이 연장되는 형식으로 스프루가 없이 성형이 된다.

② 원칙적으로 단일 금형에 한한다.

③ 노즐의 열이 금형에 전해지기 쉽고, 금형에서 열전도를 작게 하는 것을 실패하면 노즐이 냉각한다든지 전도열이 게이트 고화를 방해한다.

④ 노즐의 온도조절에 의해 핀 포인트 게이트가 허용되는 모든 성형품에 통용된다.

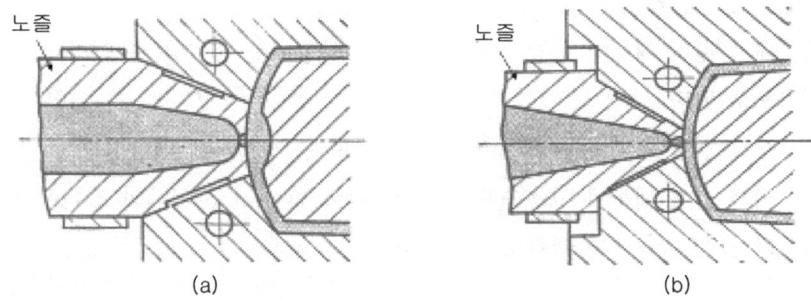

그림 7.27 익스텐션 노즐의 형상

(2) 웰타입 노즐(well type nozzle)

① 사출 성형기의 노즐 길이는 있는 그대로 상태에서 짧은 스프루 공간에 용융수지가 고이면 금형벽과 접하는 스프루 외측이 고화되며, 단열재 역할을 하므로 중심부의 용융수지가 사출압에 의해 사출된다.

② 단일 금형에 한한다.

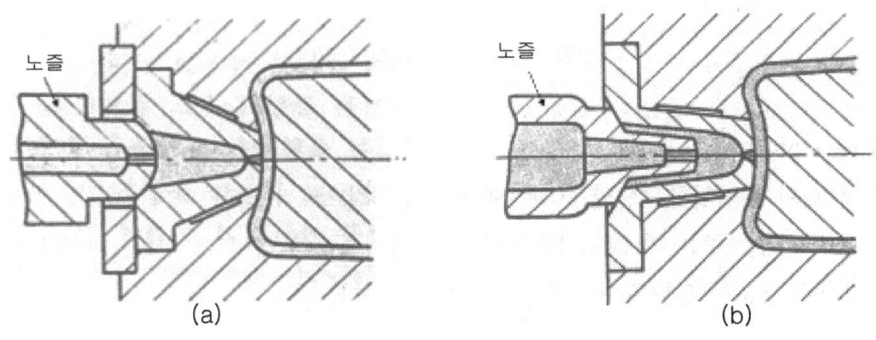

그림 7.28 웰타입 노즐의 형상

③ 금형 구조가 간단하다.

④ 열변형 용도 범위가 적은 수지에는 사용할 수 없다.

⑤ 치수 정밀도가 높은 성형품에는 사용할 수 없다.


(3) 인슐레이티드 러너(insulated runner)

① 3매 구성 금형의 게이트 방식으로 러너의 지름을 크게 하여 사출된 수지가 러너를 흐를 때 외측은 냉각 고화되어 단열재 역할을 하므로 러너 중심부는 용융상태로 유지하려는 방법으로 단열 러너 방식이라고도 하며, 다음 사출시에 캐비티에 충전된다.

② 러너에 의한 수지 절약

③ 러너를 뽑아내지 않기 때문에 동일 기계에서 깊은 성형품을 뽑아낼 수 있다.

④ 성형이 고속으로 된다.

⑤ 보조가열과 수지 성질에 따라서 핀 포인트 게이트용 큰 성형품에 사용된다.

⑥ 러너가 고화되기 쉽기 때문에 사용수지 및 쇼트 사이클(shot cycle)의 길이에 한계가 있다.

⑦ 치수 정밀도가 높은 금형에는 적합하지 못하다.

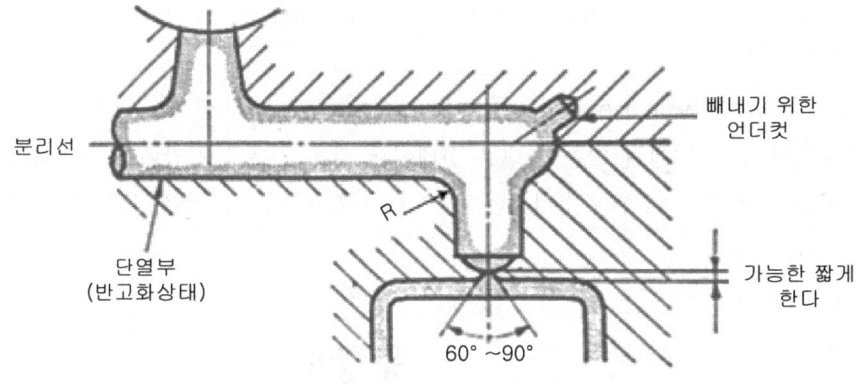

그림 7.29  인슐레이티드 러너


(4) 핫 러너(Hot runner)

러너 형판에 러너를 가열할 수 있는 시스템을 내장시킴으로써 러너 내의 수지를 일정한 용융상태로 유지시키고, 충전노즐은 가소화 상태의 온도가 유지되어야 하며 그 반면, 캐비티 쪽에서는 성형품이 고화되기에 충분한 온도를 냉각시킬 수 있어야 한다.

가장 확실하고 형상이나 사용 수지의 제한이 적으며 능률과 가격, 금형의 기술면에서 러너리스 성형이 채용되는 경우가 많아졌다.

핫 러너에서는 다음과 같은 것을 고려하여야 한다.

① 핫 다기관(hot manifold) 각부의 조합부 등에서 수지가 새지 않을 것.

④ 게이트부가 막히지 않아야 한다. 또 막혔을 경우라도 쉽게 분해 청소가 가능해야 한다.

③ 게이트 밸런스가 잡기 쉬울 것. 다수 개 빼기 및 다점 게이트라도 이 밸런스가 잡히지 않으면 성형품의 품질이 안정되지 않는다.

④ 시스템 전체에 걸친 온도 컨트롤이 균일화되어 있어야 한다. 적당한 온도구배가 되지 않으면 부분적인 가열로 수지 태움 변색이 일어나고, 반대의 경우는 수지의 체류를 일으켜 성형이 불안정하게 되거나 성형불능이 된다.

⑤ 핫 매니폴드 블록의 열팽창 대책이 충분히 취해져 있어야 한다.

⑥ 색 바꿈은 될 수 있는 대로 신속, 용이하게 해야 한다.

⑦ 스타트 때의 상승이 될 수 있는 대로 빨라야 한다.

⑧ 전체의 코스트가 필요한 조건을 채우고 값이 싸야 한다.

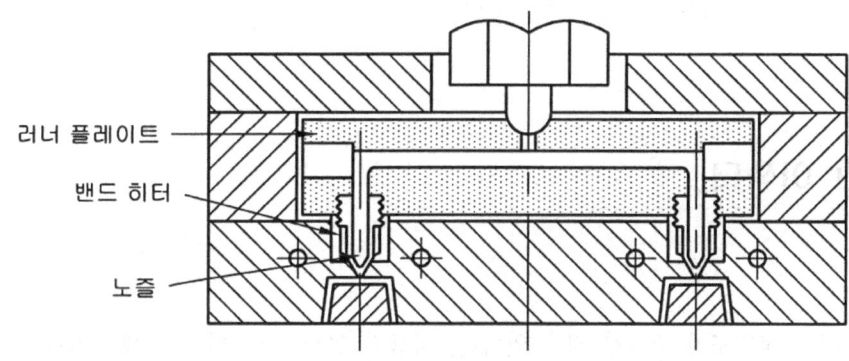

러너 플레이트

밴드 히터

노즐

그림 7.30  다기관 핫 러너

# 제 8 장
• • • • • •
# 이젝터 방식과 기구

성형품의 밀어내기 방법은 성형품의 형상이나 재료에 따라 좌우되나 일반적으로 성형품의 분할, 마찰 등의 문제점이 없고, 정확한 이형, 고장이 적고 또한 고장 발생시에 보수가 간단하여야 한다.

보통 성형품은 금형의 가동측 코어에 부착되도록 설계하고, 핀, 슬리브, 스트리퍼 플레이트, 에어 등의 단독 또는 병용해서 성형품을 밀어낸다.

## 1 핀 이젝터

### 1) 원형핀

① 가공이 쉽고 정밀도가 필요한 경우 열처리, 다듬질 연삭 등이 다른 핀에 비하여 간단하고, 성형품의 임의 장소에 배치할 수 있기 때문에 가장 많이 사용한다.

② 구멍의 가공의 끝손질 및 고정밀도를 얻기가 쉬우며, 취동저항이 가장 적어 금형의 수명이 길고 교환성이 좋으며 파손 시에 보수가 쉽다.

③ 핀 배치는 성형품 이형저항의 밸런스를 고려하고 보스, 리브 부근에는 다른 부분보다 많이 배치한다.

④ 돌출 접촉 면적이 적어 성형품의 일부분에 돌출응력이 집중하므로 컵, 상자 등에서 발구배가 적고, 이형저항이 큰 성형품에 사용하면 파고들거나 백화, 크랙, 변형 등이 생기기 쉽다.

⑤ 에어, 가스 빼기가 나쁜 곳에 설치하여 에어밴드를 대용한다.

⑥ 이젝터 핀과 구멍의 끼워 맞춤은 H7 정도이며, 끼워 맞춤길이 (X)=(1.5~2)d 정도로 한다.

⑦ 게이트 및 게이트의 직선 방향의 밑부분에는 핀을 설치하지 않는다.

⑧ 이젝터 핀과 이젝터 플레이트 핀구멍은 슬라이드 위트로 한다. 즉, 이젝터 플레이트에 대해 핀은 부동(浮動)되어야 한다.

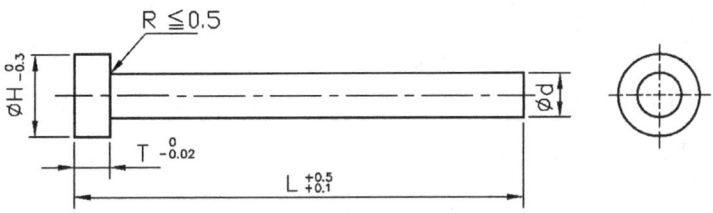

(단위 : mm)

| 호칭 치수 | ∅d | | ∅H | T | 호칭 치수 | ∅d | | ∅H | T |
|---|---|---|---|---|---|---|---|---|---|
| | 치수 | 허용차 | | | | 치수 | 허용차 | | |
| 1 | 1 | -0.010 -0.030 | 4 | 2 | 6 | 6 | -0.020 -0.050 | 9 | 6 |
| 1.5 | 1.5 | | 5 | 3 | 7 | 7 | | 10 | |
| 2 | 2 | | 6 | 4 | 8 | 8 | | 11 | 8 |
| 2.5 | 2.5 | | | | 9 | 9 | | 14 | |
| 3 | 3 | | | | 10 | 10 | | 15 | |
| 3.5 | 3.5 | | 7 | | 11 | 11 | | 16 | |
| 4 | 4 | | 8 | 6 | 12 | 12 | | 17 | |
| 4.5 | 4.5 | | | | 13 | 13 | | 18 | |
| 5 | 5 | | 9 | | 14 | 14 | | 19 | |

스트레이트 이젝터 핀(STRAIGHT EJECTOR PIN)

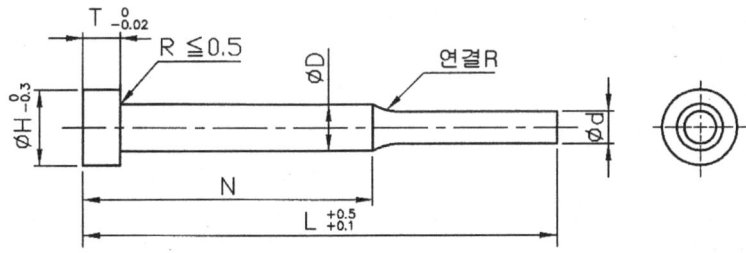

（단위 : mm)

| 호칭치수 | Ød | | Ød1 | ØH | T |
| --- | --- | --- | --- | --- | --- |
| | 치수 | 허용차 | | | |
| 1 | 1 | -0.010 -0.030 | 3 | 6 | 4 |
| 1.5 | 1.5 | | | | |
| 2 | 2 | | 4 | 8 | 6 |
| 2.5 | 2.5 | | | | |
| 3 | 3 | | 6 | 10 | |
| 3.5 | 3.5 | | | | |
| 4 | 4 | | 8 | 13 | 8 |
| 4.5 | 4.5 | | | | |
| 5 | 5 | | 10 | 15 | |
| 6 | 6 | -0.020 -0.050 | | | |

이단 이젝터 핀(STEPPED EJECTOR PIN)

## 2) 각형 또는 핀모양의 밀핀

① 판모양의 밀핀은 판 그 자체의 가공과 열처리는 그다지 어렵지 않으나, 구멍가공이 어려우므로 방전가공 등 특수가공이 필요하다.

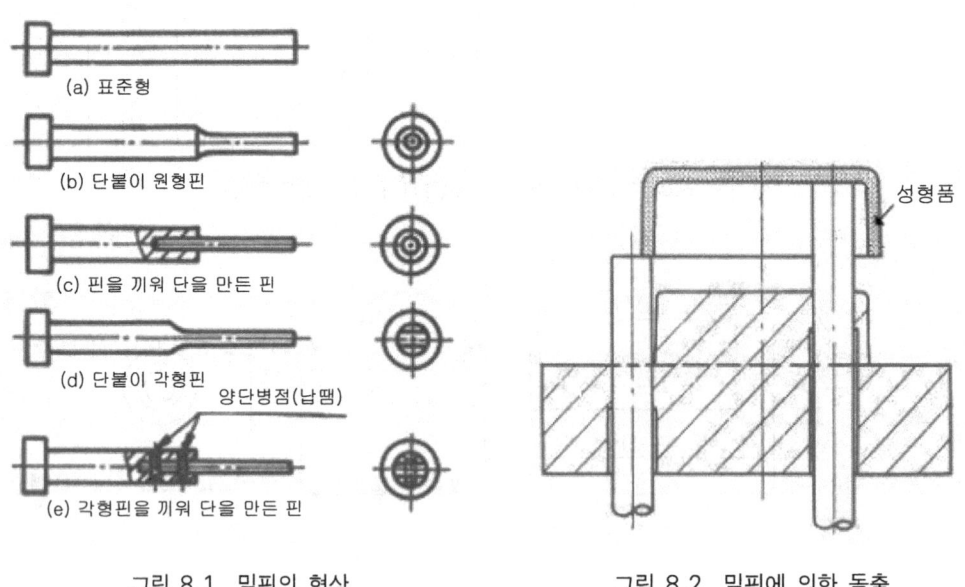

(a) 표준형
(b) 단붙이 원형핀
(c) 핀을 끼워 단을 만든 핀
(d) 단붙이 각형핀
양단병점(납땜)
(e) 각형핀을 끼워 단을 만든 핀

그림 8.1 밀핀의 형상

성형품

그림 8.2 밀핀에 의한 돌출

② 형판이나 코어부분을 분할하여 조합하는 형으로 하면 가공은 쉬워지나, 가공공정수가 증가하고 성형품에 분할의 선이 남는다.

③ 슬라이딩 저항이 원형핀에 비하여 많고 판이 얇으면 부러지거나 비틀림을 일으키기 쉬우므로 되도록 사용하지 않는 것이 좋다.

## ❷ 슬리브 이젝터

① 밀핀으로는 돌출면적이 부족한 원통모양 또는 보스 등의 밀어내기에 사용하는 파이프형의 이젝터 핀

② 슬리브의 내경이 적고 길이가 긴 것은 가공이 어렵고, 살두께가 얇은 것은 사용중 균열이 쉬우므로 살두께는 0.75mm 이상이 좋으며, 가는 경우에는 단붙이 슬리브로 한다.

③ 슬리브의 원형 단면이 균일하게 접촉되므로 성형품의 밀어내기가 정확하며 균열 등이 잘 생기지 않는다.

④ 담금질 경도는 HRC55 정도로 하고 질화 또는 경질크롬 도금하는 것이 좋으며, 최소한 열처리의 길이는 슬리브가 제일 많이 전진한 길이에 7~8mm 여유를 가질 수 있는 길이로 한다.

⑤ 슬리브는 코어핀이 내측에 끼워져 윤활제 없이 슬라이딩하므로 치수 정도는, $\varnothing D_{H7}$으로 하면 바람직하다.

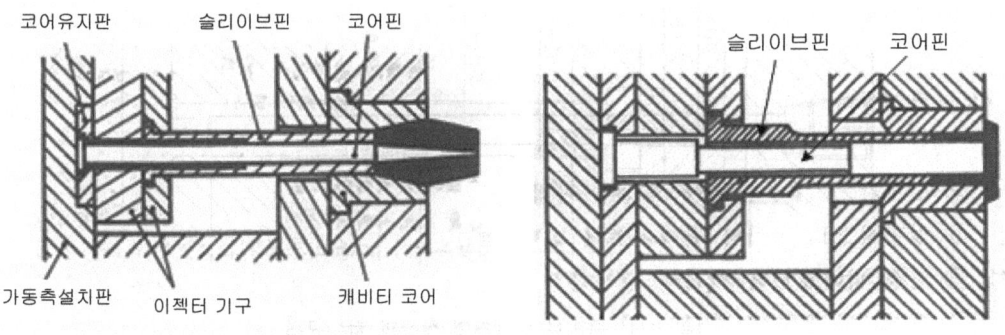

코어유지판　　슬리이브핀　　코어핀

가동측설치판　　이젝터 기구　　캐비티 코어

슬리이브핀　　코어핀

그림 8.3  슬리브 이젝터의 형상

⑥ 다음의 슬리브 이젝터의 규격과 적용 예는 시판되고 있는 이젝터 슬리브의 형상과 치수 규격을 나타내고 있다.

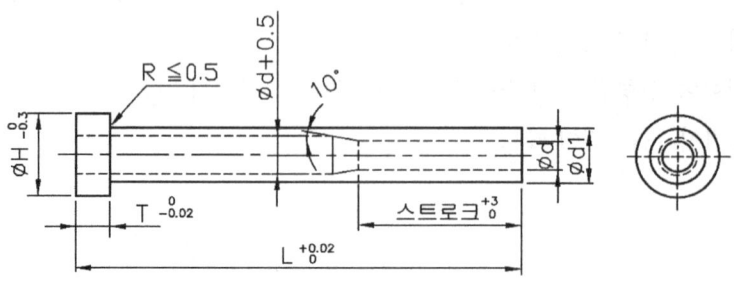

스트레이트 이젝트 슬리브(STRAIGHT EJECTOR SLEEVE)

(단위 : mm)

| 호칭치수 | ∅d | | ∅d1 | | ∅H | T |
|---|---|---|---|---|---|---|
| | 치수 | 허용차(H7) | 치수 | 허용차 | | |
| 3 | 3 | +0.009 / 0 | 6 | -0.020 / -0.050 | 10 | 6 |
| 4 | 4 | +0.012 / 0 | 7 | | 11 | 6 |
| 5 | 5 | +0.012 / 0 | 8 | | 13 | |
| 6 | 6 | +0.012 / 0 | 10 | | 15 | |
| 8 | 8 | +0.015 / 0 | 12 | | 17 | 8 |
| 10 | 10 | +0.015 / 0 | 14 | | 19 | 8 |
| 12 | 12 | +0.018 / 0 | 17 | | 22 | |

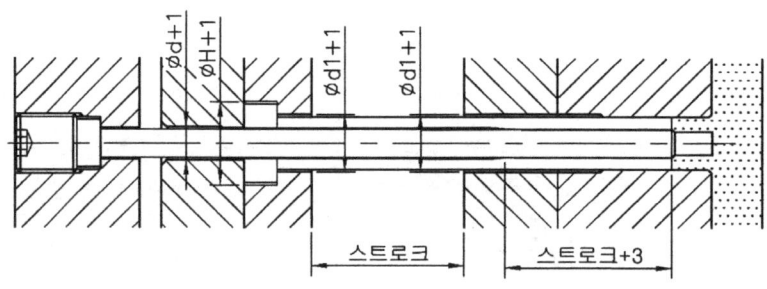

그림 8.4  슬리브 이젝터의 형상과 치수규격

# 3  스트리퍼 플레이트 이젝터

① 성형품의 전둘레를 파팅 라인에 두고 균일하게 밀어내므로 살두께가 얇거나 성형품 길이가 큰 경우 또는 측벽저항이 큰 경우에 사용한다.

② 밀어내는 면적이 가장 넓으므로 성형품의 크랙, 백화현상이 없고 변형이 적으며, 밀어내는 자국이 거의 남지 않으므로 투명 성형품에서 특히 중요시된다.

③ 코어 외측과 스트리퍼 플레이트 내측의 긁힘 방지를 위해 3~10°의 구배맞춤이 필요하며, 코어와 스트리퍼 플레이트의 틈새는 0.02mm 정도로 한다.

④ 복잡한 파팅면인 경우 가공 정밀도, 열처리 변형의 문제로 다른 밀어내기 방법을 검토하는 것이 바람직하다.

⑤ 스트리퍼 플레이트 작동방법
  ㉮ 성형기의 이젝터 봉에 의하여 직접 스트리퍼 플레이트를 작동시킨다.
  ㉯ 일반적으로 이젝터 플레이트에 리턴핀을 조립시켜서 스트리퍼 플레이트를 작동시킨다.
  ㉰ 인장 타이로드에 의하여 당긴다.
  ㉱ 체인이나 랙크에 의하여 당긴다.
  ㉲ 스프링에 의한다.

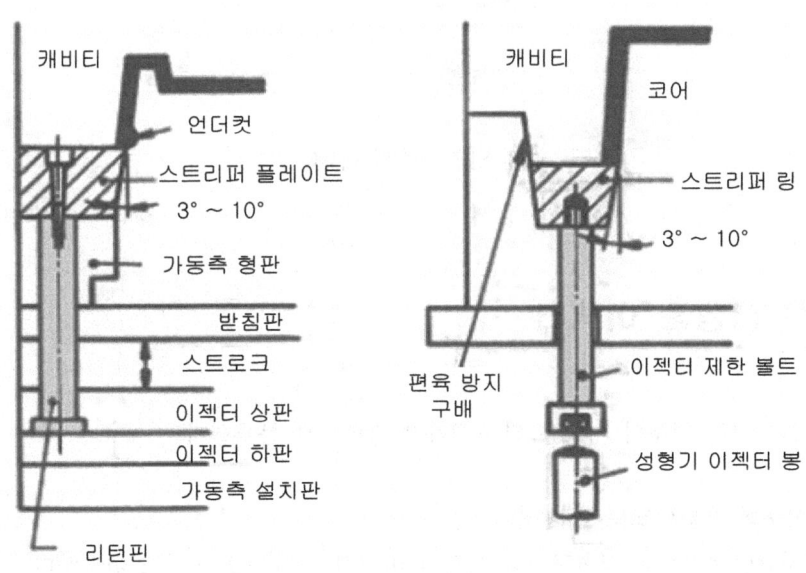

그림 8.5  스트리퍼 플레이트와 스트리퍼 링

## 4 공기압 이젝터

① 두께가 얇거나 깊은 제품 또는 투영면적이 큰 성형품을 공기압으로 밀어내는 방법.

② 균일한 공기압이 성형품 밑부분에 고르게 작용하므로 변형이 잘 발생하지 않는다.

③ 성형품과 코어 사이에서 발생하는 진공을 해결할 수 있다.

④ 에어의 도피 회로가 있으면 이젝터 힘은 크게 감소한다.

⑤ 콤프레스드의 공기 압력은 5~6kg/cm$^2$ 정도가 기준으로 작업성이 좋다.

　큰 면적, 깊이가 깊고 살두께가 얇은 성형품을 스트리퍼 플레이트로 돌출시키면 변형, 크랙이 생기기 쉬우므로 압축 공기에 의하여 스트리퍼 플레이트와 코어 사이에 공기를 불어넣어 돌출시킨다.

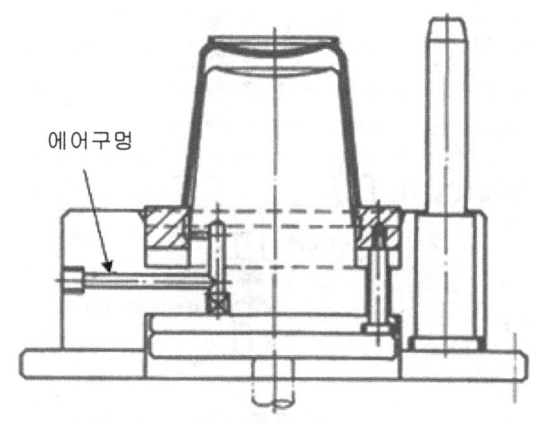

그림 8.6  공기압 이젝터

## 5 나사 성형품 이젝터

성형품에 나사가 있는 경우의 이형은 다음 3가지 방법으로 분류한다.

(1) 금형 나사부를 분할형으로 하는 경우

① 볼트(수나사)에 적합하며 금형구조나 제작이 비교적 간단하고 이형도 확실하다.

② 나사부에 분할선이 생길 경우 성형품 끝손실이 어렵고 상대와의 맞춤에 장해가 생긴다.

## (2) 금형 나사부를 분리 코어로 하는 경우

① 금형 구조상 분할형이나 회전자동에 의해 이형이 불가능한 경우, 금형구조를 간단하게 할 때 분리 코어를 사용한다.

② 이 방법은 돌출시킨 후 일일이 분리 코어를 성형품에서 빼내야 하며, 성형품이 수나사인 경우에는 수축에 의해 빼내기 쉬우나 암나사인 경우에는 빼내기가 어렵다.

## (3) 성형품이나 금형 나사부를 회전시키는 경우

① 일반적으로 캡(cap) 등에 암나사가 있는 성형품은 회전 자동 빼내기가 많이 사용된다.

② 성형품이나 금형의 어느 한쪽에 회전과 이송을 주는 방법 또는 한쪽은 회전 다른 쪽은 이송을 주는 방법이 있다. 그러나 모두 성형품에 슬립(회전) 방지가 필요하다.

③ 성형품 외측에 슬립 방지가 있고, 핀 포인트 게이트 금형에서 금형 열림과 동시에 회전이 시작되는 경우 성형품이 금형 나사부 회전에 의해 밀려서 이형되기 때문에 파팅 라인의 금형 열기 저항이 많으면 성형품 나사산이 망가진다. 이 대책으로 나사의 이송과 같은 속도로 작용하는 금형 열기기구가 필요하다.

④ 성형품의 나사부 이외에 큰 이형저항이 있는 경우에는 회전 시작과 동시에 나사이송과 같은 속도로 밀어내는 돌출기구가 필요하다.

⑤ 러너의 배치와 돌출관계에서 가동측에 회전기구를 설치하는 것이 금형구조나 성형 능률면에서 바람직하다.

그림 8.7은 성형품 외측에 핀 포인트 게이트를 사용하여 금형의 열림과 동시에 성형품 나사산 수만큼 ⓐ를 회전시키면 캐비티와 코어의 어느 쪽에도 부착되지 않고 성형품은 자연 낙하한다.

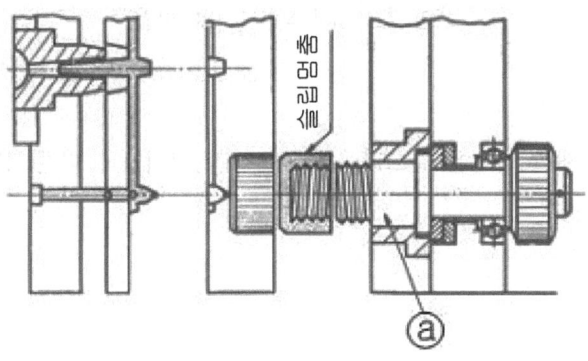

그림 8.7  성형품 이젝터

## 6  2단 이젝터

스트리퍼 플레이트를 써서 성형품을 밀어낼 경우 스트리퍼 플레이트의 안쪽에 성형품의 조각부가 있으면 밀어낸 후에도 그 부분이 스트리퍼 플레이트에 부착한 상태로 있으므로, 자동적으로 이형시키기 위해서는 다른 이젝터 기구가 필요하다. 즉, 밀어내는 시간의 격차를 두어 작동시키는 것을 보통 2단 이젝터 방법이라 한다.

### (1) 2단 작동 개시형
이젝터 기구의 작동 시작 시간을 2중으로 작동시키는 방법으로, 주 이젝터 기구가 작동하고 조금 후에 보조 이젝터 기구가 움직이게 하는 것이 보통이다.

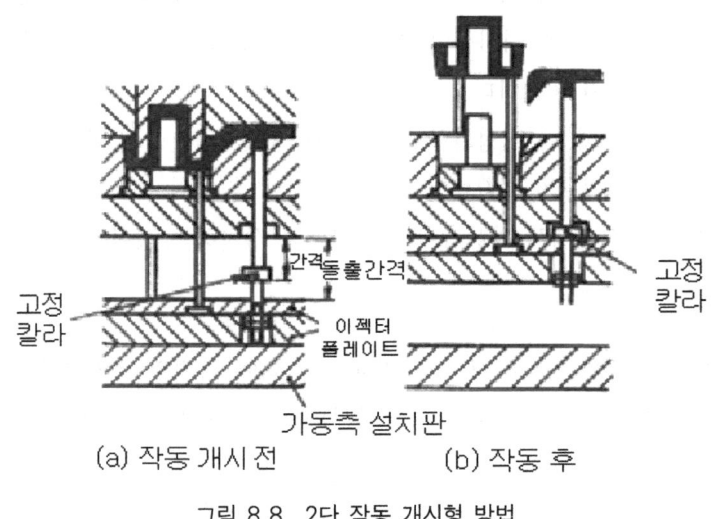

(a) 작동 개시 전          (b) 작동 후

그림 8.8  2단 작동 개시형 방법

### (2) 2단 작동 정지형
밀어내는 기구의 작동개시 시간은 같으나, 하나가 먼저 정지하고 다른 것은 계속 전진하여 성형품을 금형으로부터 밀어낸다.

## 7   이젝터 플레이트와 스트리퍼 플레이트의 작동방식

**(1) 이젝터 로드(ejector rod)에 의한 방식**

이젝터 로드는 금형이 열릴 때 이젝터 플레이트를 밀어올리기 위하여 금형의 이젝터 플레이트와 성형기를 연결시키는 역할을 하는 것이다.

**(2) 인장 타이로드에 의한 방식**

스트리퍼 플레이트는 금형 내에 짜 넣어진 인장봉에 의해 잡아당겨진다.

**(3) 체인이나 링크에 의한 방법**

인장 타이 로드 대신 체인이나 링크를 사용하는 방법으로, 체인은 스트리퍼 플레이트와 고정측 형판에 각각 연결하여 금형이 열릴 때 스트리퍼 플레이트가 인장되어 작동한다.

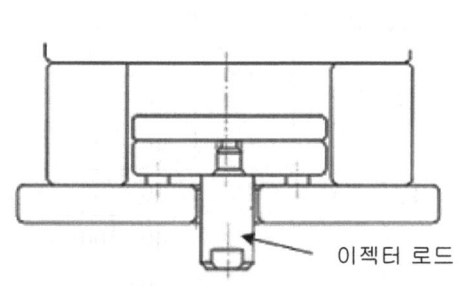

그림 8.9  이젝터 로드의 적용 예

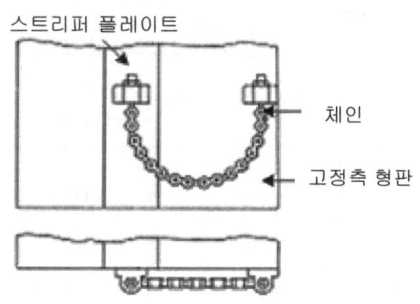

그림 8.10  체인에 의한 방법

## 8   이젝터 기구의 조립

**(1) 이젝터 플레이트**

이젝터 플레이트의 목적은 기계적인 작동력을 핀, 슬리브, 스트리퍼를 거쳐 성형품에 전달하는 것이다. 이젝터 플레이트는 보통 상·하 2장으로 구성되고, 이 사이에 이젝터 핀, 리턴 핀을 고정시키고, 상·하 플레이트는 볼트 고정이 보통이다.

## (2) 이젝터 플레이트의 가이드 핀

조립된 이젝터 플레이트는 성형품의 밀어내기에 충분한 스트로크를 항상 섭동한다. 금형이 크고 이젝터 핀의 수가 많아질수록, 이젝터 플레이트가 불균형하게 가동되는 경우가 있으므로, 이젝터 플레이트를 원활하게 가동시키기 위하여 이젝터 플레이트 가이드 핀을 사용한다.

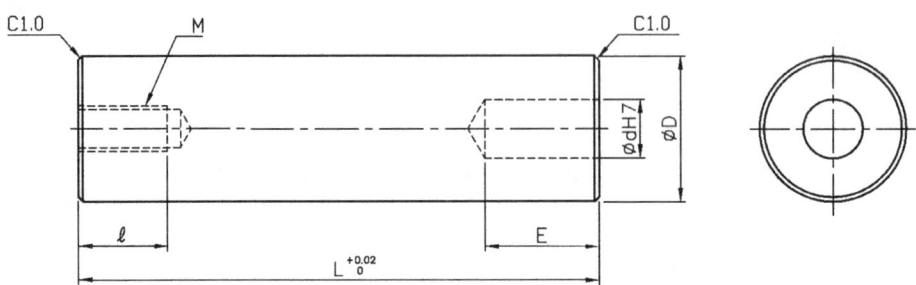

(단위 : mm)

| 호칭치수 | D | | M | l | d | E | L |
|---|---|---|---|---|---|---|---|
| | 치수 | 허용차 | | | | | |
| 8 | 8 | -0.015 -0.020 | M5×0.8 | 10 | 5 | 12 | 40~80 |
| 10 | 10 | | | | | | 40~100 |
| 12 | 12 | -0.020 -0.025 | M6×1.0 | 12 | 6 | 15 | 40~100 |
| 13 | 13 | | | | | | 40~150 |
| 16 | 16 | | | | | | 40~100 |
| 20 | 20 | -0.020 -0.025 | M8×1.25 | 16 | 8 | 20 | 50~175 |
| 25 | 25 | | | | 10 | | 50~250 |
| 30 | 30 | | M10×1.5 | 20 | 13 | 25 | 50~300 |
| 32 | 32 | | | | | | 50~300 |
| 35 | 35 | | | | | | 50~300 |
| 10 | 40 | | | | 16 | | 50~350 |
| 50 | 50 | | | | | | 50~350 |

(a) 이젝터 가이드 핀(EJECTOR LEADER PIN)

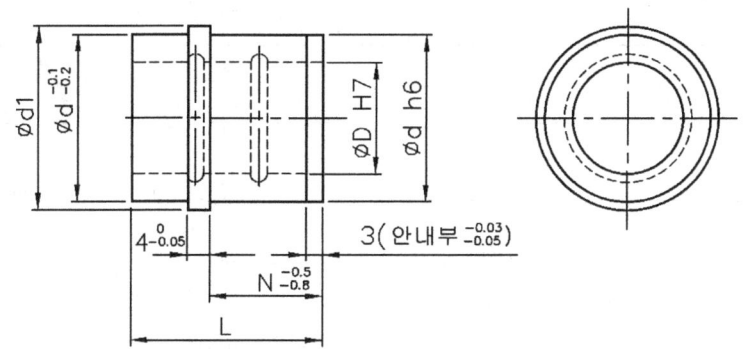

(단위 : mm)

| 호칭치수 | D | d | d1 | N | L |
|---|---|---|---|---|---|
| 16 | 16 | 25 | 28 | 13 | 28 |
| 20 | 20 | 30 | 33 | | |
| 25 | 25 | 35 | 38 | 15 | 30 |
| 30 | 30 | 40 | 44 | | |
| 40 | 40 | 50 | 54 | 20 | 40 |
| 50 | 50 | 60 | 64 | 25 | 50 |
| 60 | 60 | 70 | 74 | 30 | 60 |

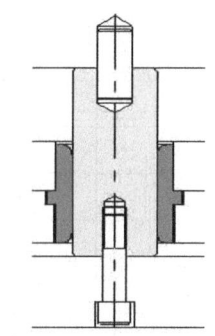

이젝터 가이드 핀/가이드 부시 설치(예)

이젝터 가이드 부시(EJECTOR LEAER BHSHING)

그림 8.11  이젝터 가이드 핀

## (3) 받침봉(support)

금형의 캐비티에는 매우 큰 성형압력이 반복해서 작용한다. 이 때문에 형판이 휨과 변형을 일으키는 원인이 되는 것을 방지하기 위해 가동측 부착판과 받침판 사이에 서포트(support)를 설치하므로써 금형의 두께를 줄일 수 있고, 금형의 강도를 보강한다.

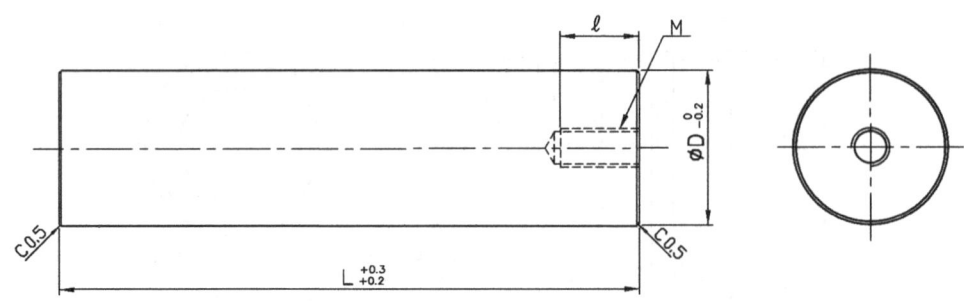

(단위 : mm)

| 호칭치수 | D | M | I |
|---|---|---|---|
| 12 | 12 | M6×1.0 | 12 |
| 14 | 14 | | |
| 16 | 16 | | |
| 18 | 18 | | |
| 20 | 20 | | |
| 25 | 25 | M8×1.25 | 16 |
| 30 | 30 | | |
| 32 | 32 | | |
| 35 | 35 | | |
| 40 | 40 | | |
| 45 | 45 | | |
| 50 | 50 | | |

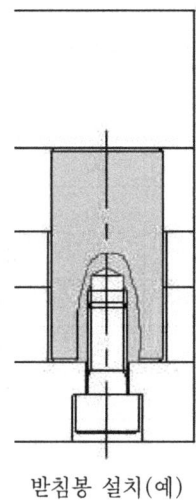

받침봉 설치(예)

그림 8.12 받침봉

(4) 이젝터 로드 부시와 이젝터 로드

이젝터 로드 부시는 가동측 설치판에 압입하여, 이젝터 로드의 길을 안내하며 이젝터 로드는 성형기와 연결시켜 이젝터 플레이트가 움직일 수 있도록 한다.

# 9  이젝터 플레이트의 리턴방식

## (1) 스프링에 의한 방법

복귀 저항이 적을 경우나 인서트 성형시에는 이 방법이 간편하다. 그러나 이젝터 이젝터 스트로크가 큰 경우에는 적합하지 않다.

## (2) 리턴 핀에 의한 방법

이젝터 플레이트의 네 귀퉁이에 설치된 리턴 핀으로 금형 닫힘과 동시에 리턴시키는 방법으로서, 이 리턴 핀은 될 수 있는 대로 굵은 지름, 접촉 면적이 큰 형상이 좋다.

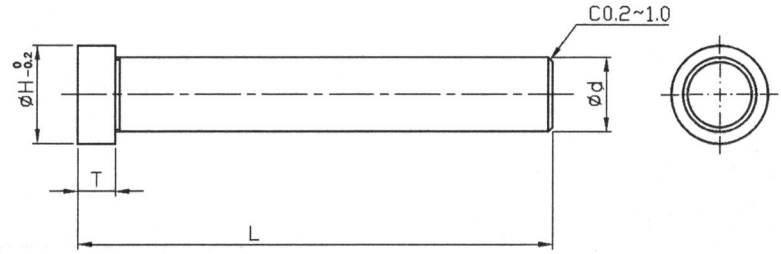

(단위 : mm)

| 호칭치수 | ∅d | | ∅H | T |
|---|---|---|---|---|
| | 치수 | 허용차(f6) | | |
| 10 | 10 | −0.013 −0.022 | 15 | |
| 12 | 12 | | 17 | |
| 13 | 13 | −0.016 −0.027 | 18 | |
| 15 | 15 | | 20 | |
| 16 | 16 | | 21 | |
| 20 | 20 | −0.020 −0.033 | 25 | 4 8 |
| 25 | 25 | | 30 | |
| 30 | 30 | | 35 | |
| 32 | 32 | −0.025 −0.041 | 37 | |
| 35 | 35 | | 40 | |
| 40 | 40 | | 45 | |
| 50 | 50 | | 55 | |

그림 8.13  리턴 핀의 형상과 치수

(3) 유압 또는 공압 실린더를 이용한 방법

이젝터 플레이트의 양 끝을 연장하고, 이것에 유압 또는 공압 실린더의 로드를 고정해서 강제적으로 이젝터의 리턴을 행한다.

 **스톱 핀(stop pin)**

이젝터 플레이트와 가동측 설치판 사이에 이물질이 들어갈 가능성이 있는데, 이물질이 끼면 금형에 트러블을 일으켜 정상적인 작동과 기능이 저해된다. 이것을 해소하기 위하여 스톱 핀을 설치하면 효과적이다.

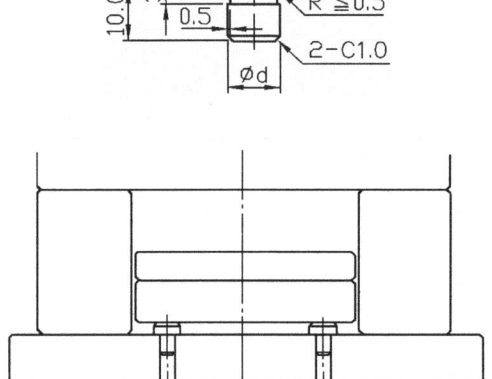

(단위 : mm)

| 호칭 치수 | ØD | Ød | |
|---|---|---|---|
| | | 치수 | 허용차(k6) |
| 16 | 16 | 8 | +0.024 |
| 20 | 20 | 10 | +0.015 |

그림 8.14 스톱 핀의 형상과 치수

# 제 9 장
## 언더컷 처리

 **1** ## 언더컷 개요

    사출성형기의 형체형개(型締型開) 방향의 왕복직선 운동만으로는 성형품을 빼낼 수 없는 오목한 부분을 언더컷이라 한다. 언더컷이 있으면 성형사이클이 떨어지며, 또 금형의 구조가 복잡하고 파손되기 쉬우므로 금형 설계 전에 언더컷부를 피하는 성형품의 설계를 생각해 보아야 한다.

    언더컷 처리 방법은 다음과 같다.

| 언더컷의 종류 | 처리 방법 | 처리 기구 |
|---|---|---|
| 외측 언더컷 | 분할 캐비티형<br>슬라이드 블록형<br>회전 코어형<br>강제뽑기형 | 경사핀(angular pin)<br>도그레그 캠(dog leg cam)<br>판 캠 |
| 내측 언더컷 | 분할 코어형<br>슬라이드 블록형<br>회전 코어형<br>강제뽑기형 | 래크와 피니언<br>유압, 공기압, 스프링 |

(1) 언더컷 부분의 처리(제품의 구조나 형상에 따라서)

① 언더컷 부분을 슬라이드 코어 구조로 한다.

② 내부의 중공, 외부에 턱이 있는 원통 형상의 제품은 분할형 구조로 한다.

③ 나사부가 있는 제품은 나사 회전장치를 설치한다.

(2) 언더컷 부분이 있는 금형의 문제점

① 금형 구조가 복잡해지므로 금형 가격이 비싸다.

② 금형 부품의 긁힘, 마모 및 절손 등 금형 사고의 발생 우려가 많다.

③ 슬라이드 코어, 분할형에 의한 파팅 라인의 흔적이 남아 외관을 손상시키는 일이 있다.

(3) 언더컷 부분을 설계 변경한 예

제품에 언더컷 부분이 있더라도 약간의 설계 변경에 의하여 이를 피하는 경우

① 측면에 구멍이 있는 언더컷 제품을 설계 변경에 의해 언더컷 부분을 피하는 예

　　그림 9.2에서 형 개폐 방향 Y-Y′와 금형의 빼기 구배선의 교정을 b로 하고, a점을 빼기 구배 선상에 있도록 하면 코어측과 캐비티측이 a-b 선상에서 접촉되므로 측면구멍 ∅D는 언더컷이 되지 않는다.

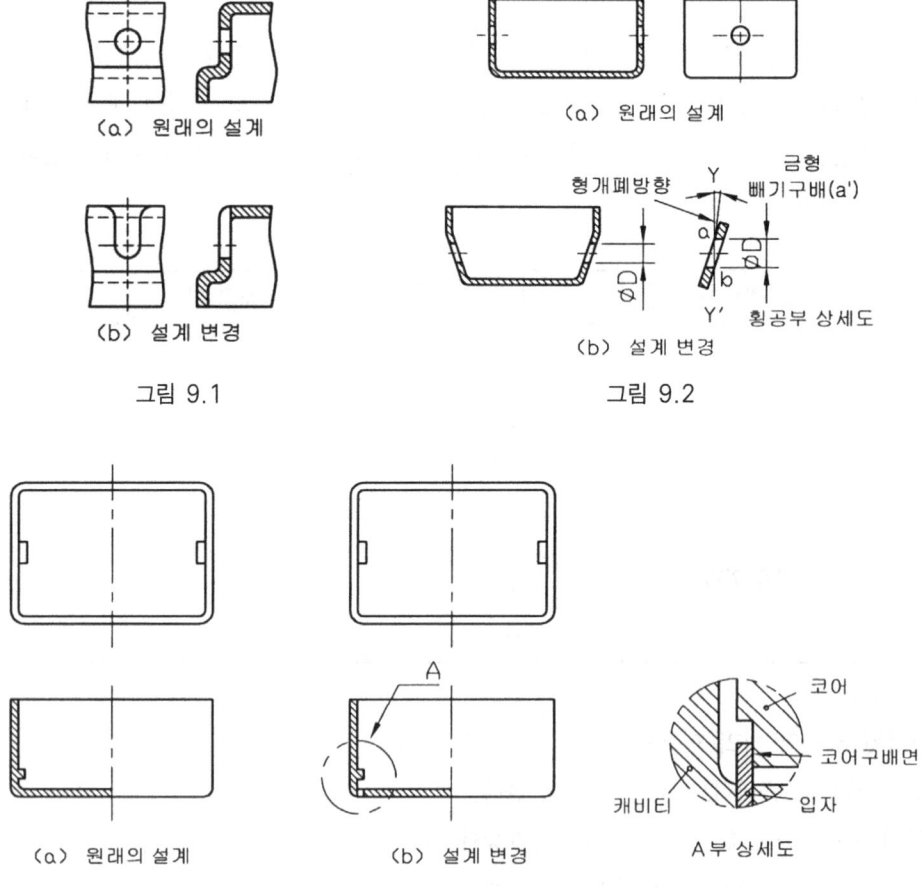

그림 9.1

그림 9.2

그림 9.3 언더컷 부분을 피하는 예

② 내측 언더컷이 있는 상자형 제품을 설계변경에 의해 언더컷 부분을 피하는 예

　　그림 9.3에서 돌기부를 리브형상으로 설계 변경하여 언더컷을 피한다.

## 2　무리빼기

(1) 손으로 빼는 방법

① 언더컷 처리가 곤란한 대형 성형품을 폴리에틸렌과 같은 연질의 수지를 사용하여 성형하는 경우 손으로 열면서 빼낸다.

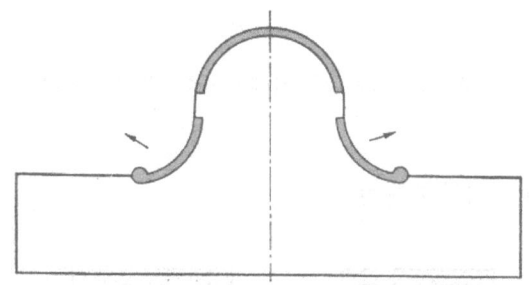

그림 9.4　성형품을 손으로 이형시키는 예

(2) 스트리퍼 플레이트에 의한 강제 빼기

① 그림 9.5와 같이 내부에 언더컷 부분이 있는 성형품에 폴리에틸렌, 폴리프로필렌, 연질염화비닐과 같은 재료를 사용하여 빼기 시에 외측으로 확산할 수 있는 것이면 강제 빼기가 가능하다.

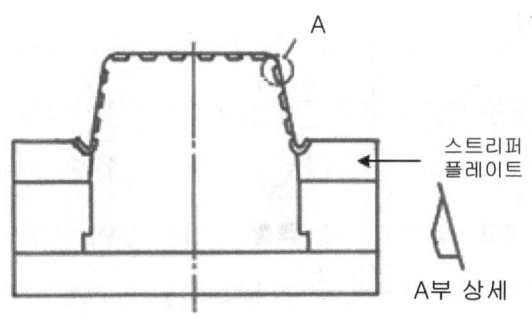

그림 9.5　스트리퍼 플레이트에 의한 강제 밀어내기

② 그림 9.6에서 (a), (b)는 제품을 강제로 밀어낼 때 외측으로 확산되나, (c)는 제품 끝이 둥글고, 내측이 언더컷일 경우에는 스트리퍼 플레이트가 전진해도 제품단면이 외측으로 확산되지 않으므로 강제 밀어내기가 불가능하다.

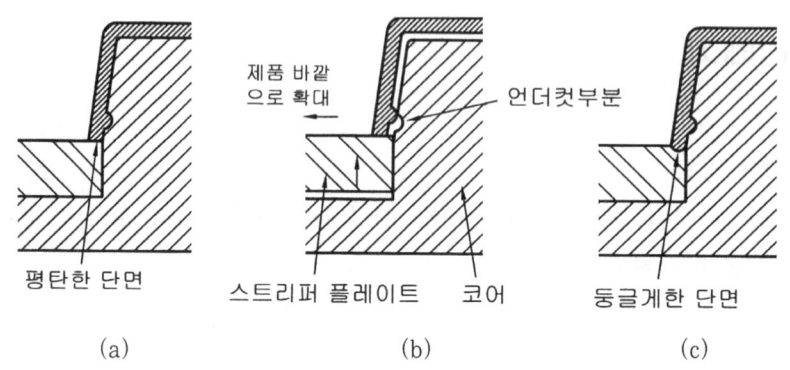

그림 9.6  스트리퍼 플레이트에 의한 무리빼기

(3) 강제 밀어내기할 때 언더컷 허용량

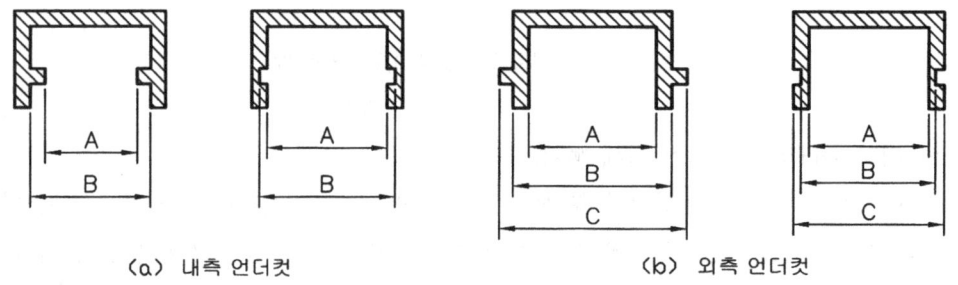

① 내측 언더컷이 있을 때

$$언더컷\ 허용량\ (\%) = \frac{B - A}{A} \times 100$$

② 외측 언더컷이 있을 때

$$언더컷\ 허용량\ (\%) = \frac{C - B}{C} \times 100$$

| 수지명 | ABS | POM | PA | PMMA | LDPE | HDPE | PP | PS, AS |
|--------|-----|-----|-----|------|------|------|-----|--------|
| 허용량(%) | 8 | 5 | 9 | 4 | 21 | 6 | 5 | 2 |

# 3 외측 언더컷 처리기구

## 3.1 분할 캐비티형

분할된 캐비티 전체 또는 일부분을 형체, 형개 운동을 이용하여 언더컷을 처리하는 방법.
분할 캐비티형의 슬라이딩 가이드 설계시 유의점은 다음과 같다.

① 분할 캐비티는 항상 같은 위치에서 합치되도록 슬라이브 운동할 것.

② 가이드 시스템의 전 부품을 분할 캐비티의 금형 중량을 받을 수 있는 강도로 할 것.

③ 2개의 분할 캐비티는 다른 금형 요소에 간섭받지 않고 원활하게 운동할 것.

분할형은 주로 캐비티 전체를 대칭적으로 2분할하는데 대해, 슬라이드 블록형은 언더컷 부분만
을 부분 분할 방법으로 생각해도 된다. 일반적으로 가동측 형판에 슬라이드가동부를 설치하고, 고
정측 형판에 앵귤러핀, 도그레그 캠, 판 캠 등을 설치하여 금형의 형체 형개에 의하여 슬라이드 블
록을 이동시키고 있다.

분할형에 비하여 슬라이드 블록형은 다음과 같은 이점이 있다.

① 긴 구멍의 코어는 선단이 형판으로 지지되므로 코어의 보호상 유리하다.

② 성형품의 깊이가 얕아지므로 형두께, 형빼내기 소요 스트로크는 대폭 감소한다.

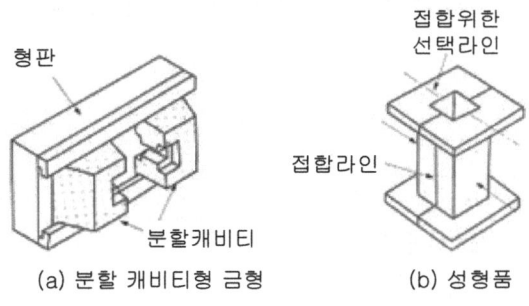

(a) 분할 캐비티형 금형      (b) 성형품

그림 9.7 분할 캐비티형

## (1) 형판의 설계

형판에 붙이는 슬라이드용 가이드는 T형 홈이 사용되는데, T홈 제작에는 다음과 같은 방식이 일반적이다. 기계가공으로 (a)와 같은 별개 가이드를 붙여서 T홈으로 하는데, 이 경우 볼트와 맞춤핀으로 정확한 위치에 로크해야 한다.

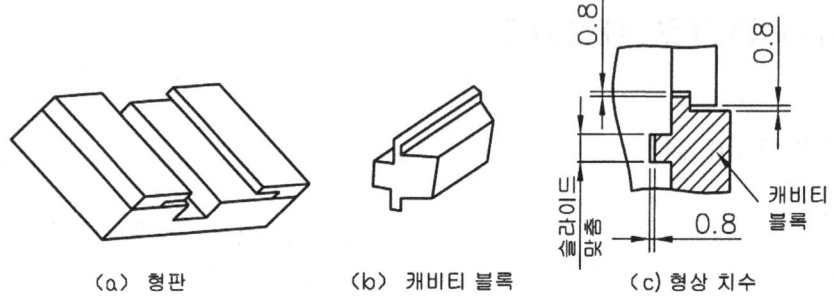

(a) 형판    (b) 캐비티 블록    (c) 형상 치수

그림 9.8  분할 캐비티형 습동 가이드 설계 예

## (2) 경사핀(angular pin)

경사핀을 이용하여 분할 캐비티를 작동시키는 예이다. 분할 캐비티는 형개와 동시에 경사핀에 의해 양측으로 움직인다.

① 구조가 간단하고 작동이 확실하나 스트로크가 긴 경우 및 형개 이전에 슬라이드 블록을 작동시켜야 하는 경우는 사용할 수 없다.

② 앵귤러 핀 경사각은 일반적으로 10° 정도가 적당하나 최대 25° 이하가 바람직하다.

③ 형체 완료 후 슬라이드 블록의 슬라이딩 방향의 힘은 고정측 형판에 있는 로킹블록에 의해 받고 있다.

④ 로킹블록 각 $\beta$ = 앵귤러 핀 각 $(\varnothing)$ + $(2° \sim 5°)$

⑤ 슬라이드 코어의 운동량 M과 경사핀 길이 L은 다음 식에 의한다.

$$M = (L \sin \varnothing) - \left( \frac{C}{\cos \varnothing} \right)$$

$$L = L = \left( \frac{M}{\sin \varnothing} \right) + \left( \frac{2C}{\sin 2\varnothing} \right)$$

M : 분할 캐비티의 운동량(mm)

L : 앵귤러 핀의 작용 길이(mm)

∅ : 앵귤러 핀의 경사각도(°)

C : 틈새(mm)

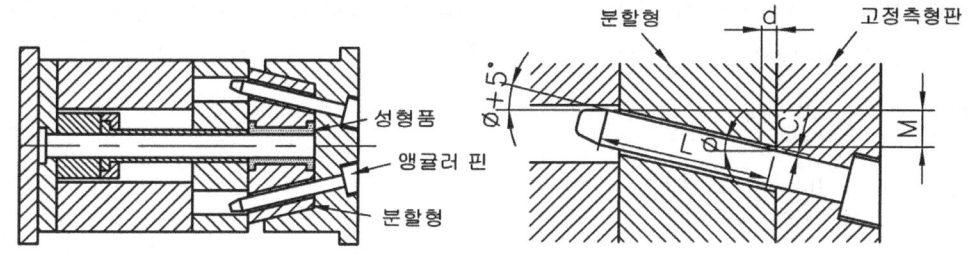

그림 9.9 앵귤러 핀 작동

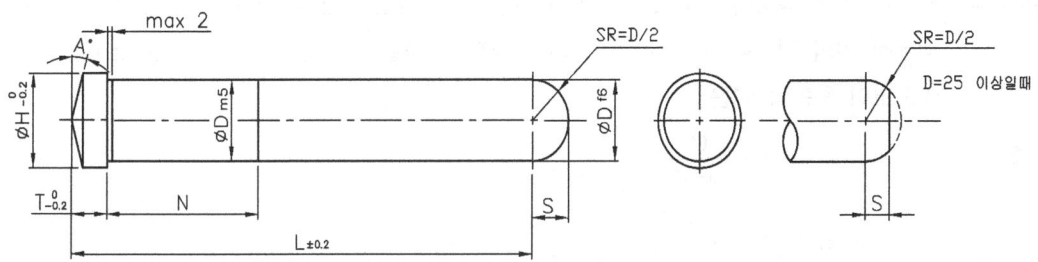

(단위 : mm)

| 호칭<br>치수 | D | T | H | A°<br>(1° 단위) | 호칭<br>치수 | D | T | H | A°<br>(1° 단위) |
|---|---|---|---|---|---|---|---|---|---|
| 4 | 4 |  | 7 |  | 20 | 20 | 13 | 23 |  |
| 5 | 5 | 5 | 8 |  | 25 | 25 |  | 28 |  |
| 6 | 6 |  | 9 |  | 30 | 30 |  | 35 |  |
| 8 | 8 |  | 11 |  | 32 | 32 | 15 | 37 | 0~30 |
| 10 | 10 | 10 | 13 | 0~30 | 35 | 35 |  | 40 |  |
| 12 | 12 |  | 15 |  | 40 | 40 |  | 45 |  |
| 13 | 13 |  | 16 |  | 50 | 50 | 20 | 55 |  |
| 15 | 15 | 13 | 18 |  |  |  |  |  |  |
| 16 | 16 |  | 19 |  |  |  |  |  |  |

앵귤러 핀(ANGULAR PIN)

틈새 C는 ①의 핀에의 성형 압력의 경감, ② 형개 개시시의 분할형의 지연이 분할형이 작동하기 까지의 형판의 운동량 d는 다음 식으로 구해진다.

$$d = \frac{C}{\sin \varnothing}$$

**예제** 분할캐비티의 운동량이 10mm이고, 앵귤러 핀의 경사가 10°일 때 앵귤러 핀의 작용 길이는 약 얼마인가?(단, 틈새는 0.2mm이다.)

**풀이**
$$L = \left(\frac{M}{\sin\varnothing}\right) + \left(\frac{2C}{\sin 2\varnothing}\right)$$

$$= \frac{10}{\sin 10°} + \frac{2 \cdot 0.2}{\sin 20°}$$

$$= 58.74$$

**예제** 앵귤러 핀에 의하여 언더컷을 처리하고자 한다. 앵귤러 핀의 슬라이드부 길이 L=20mm, 앵귤러 핀의 경사각 $\varnothing$=18° 슬라이드 코어와 앵귤러 핀의 틈새 C=0.2mm일 때, 슬라이드코어 운동량 M은?

**풀이**
$$M = (L\sin\varnothing) - \left(\frac{C}{\cos\varnothing}\right)$$

$$= (20\sin 18°) - \left(\frac{0.2}{\cos 18°}\right)$$

$$= 5.97$$

## (3) 도그레그 캠

다음 그림은 도그레그 캠에 의한 작동방식과 주요부 설계 예이다.

설계상 유의점은 다음과 같다.

① 캠의 단면치수는 소형 금형에서는 13×19mm 정도가 대표적이다.

② 각도는 보통 10° 정도로 하고, 금형의 두께를 줄이기 위해서는 각도를 크게 하되 25° 이하로 한다.

③ 끝부분은 10°의 테이퍼로 모따기나 라운드를 준다.

④ 분할형의 폭이 100mm 이상일 때는 2개를 사용한다.

슬라이드 블록 반대측 형판에 도그레그 캠을 심고 형개력을 이용하여 슬라이드 코어를 이동하는 방법이다. 관계식은 다음과 같다.

$$M = La\tan\varnothing - C$$
$$La = \frac{(M + C)}{\tan\varnothing}$$
$$D = (Ls - e) + \left(\frac{C}{\tan\varnothing}\right)$$

M    : 각 분할 캐비티의 운동량(mm)
La   : 캠의 경사부의 길이(mm)
Ls   : 캠의 직선부의 길이(mm)
∅    : 캠의 각도(°)
C    : 틈새(mm)
D    : 지연량(mm)
e    : 구멍의 직선부의 길이(mm)
     ∅ 〈 25°,  $\beta = \varnothing + 2°$

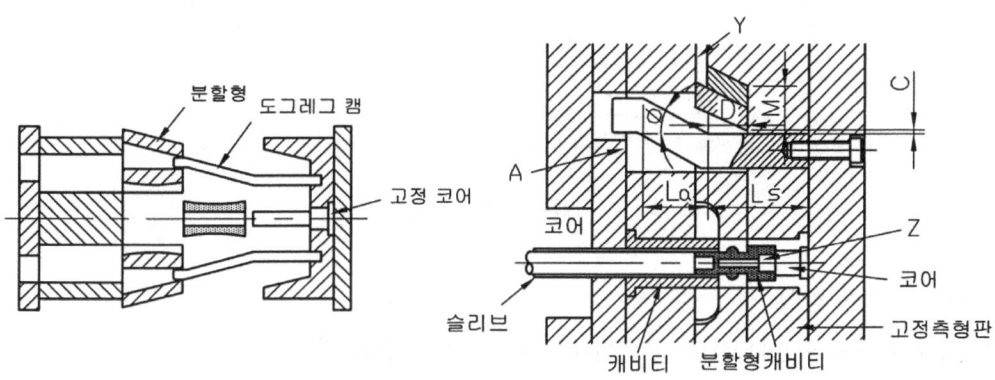

그림 9.10  도그레그 캠에 의한 슬라이드 코어 작동

## (4) 판 캠(finger cam) 작동

이 방식은 슬라이딩 가이드 홈을 가진 판 캠을 고정하고 이 슬라이딩 홈에 연동해서 분할형이 이동한다.

① 판 캠과 이동측 형판 측면과의 틈새를 1.5~2mm 준다.

② 관계식은 다음과 같다.

$$M = La \tan \varnothing - C$$

$$La = \frac{(M + C)}{\tan \varnothing}$$

$$D = Ls + \frac{C}{\tan \varnothing} + r\left(\frac{1}{\tan \varnothing} - \frac{1}{\sin \varnothing}\right)$$

    M    : 각 분할 캐비티의 운동량(mm)
    La   : 캠 경사부의 길이(mm)
    Ls   : 캠 직선부의 길이(mm)
    ∅    : 캠 트랙의 각도(°)
    C    : 틈새(mm)

D    : 지연량(mm)

r    : 보스의 반지름

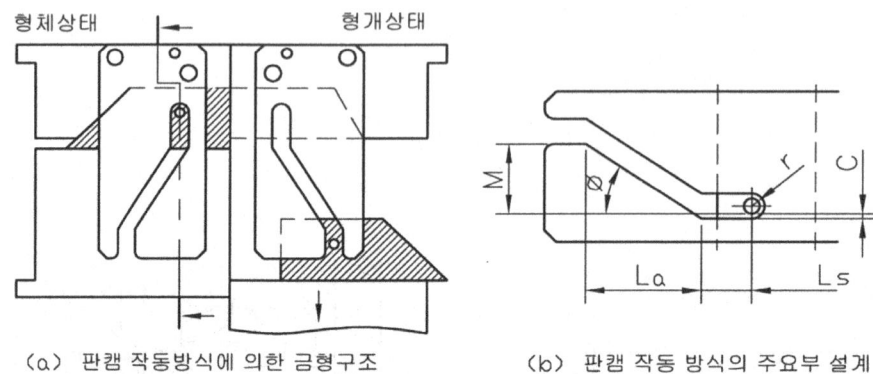

（a） 판캠 작동방식에 의한 금형구조          （b） 판캠 작동 방식의 주요부 설계

그림 9.11  판 캠

## (5) 스프링 작동 방식

소형 금형에 많이 이용되고 있으며, 설계상 유의점은 다음과 같다.

① ∅는 일반적으로 20°~25°로 한다.

② 관계식은 다음과 같다.

$$M = \frac{1}{2} H \tan \varnothing$$

M    : 각 분할형 캐비티의 이동량(mm)

H    : 로킹 블록의 높이(mm)

∅    : 로킹 블록의 테이퍼 강도(°)

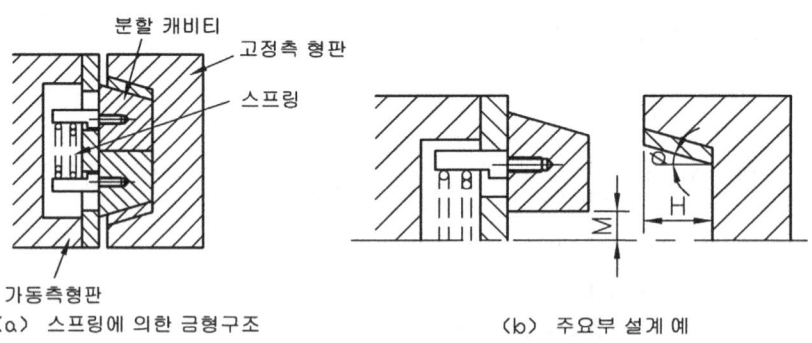

（a） 스프링에 의한 금형구조              （b） 주요부 설계 예

그림 9.12  스프링에 의한 방식

(6) 유압, 공기압 실린더 작동 방식

분할 캐비티의 작동을 이동측 형판에 고정한 유압 또는 공기압 실린더를 이용하는 방법으로, 특징은 다음과 같다.

① 작동력 및 작동속도를 무단으로 조정할 수 있다.

② 성형기의 구동과는 관계없이 작동시킬 수 있다.

③ 금형 구조가 간단하다.

④ 성형기에 부착시 장애가 되기 쉽다.

⑤ 성형기에 유압, 공기압 구동 부속장치가 있는 경우에만 사용될 수 있다.

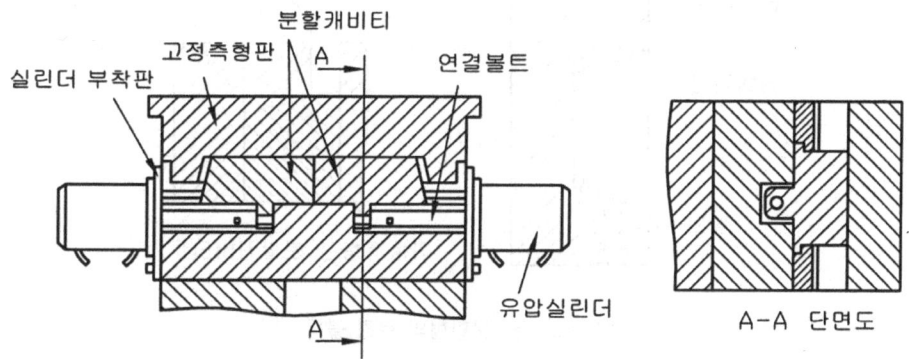

그림 9.13 유압 실린더 작동 방식

(7) 래크와 피니언에 의한 작동 방식

고정측 형판에 설치한 래크와 가동측 형판에 설치한 피니언과 슬라이드 래크에 의하여 슬라이드 코어를 직선 왕복운동을 시킴으로 언더컷 부분을 처리한다.

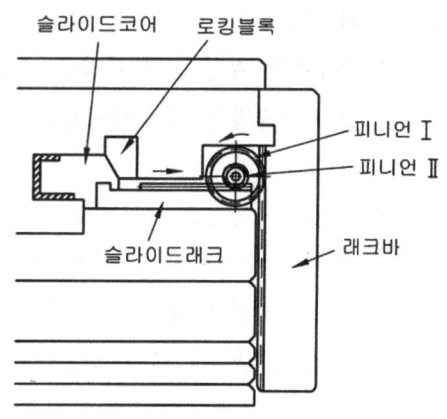

그림 9.14 래크와 피니언에 의한 슬라이드 코어의 이동

### (8) 분할형의 로킹 블록

로킹 블록은 열려져 있는 분할형 캐비티를 닫혀주고 성형압력에 의해 열려질 우려가 있는 것을 방지해주는 역할을 한다.

① 일체 로킹판을 사용할 경우 그림과 같이 분할형과 접촉된 부분은 담금질에 의해 경화된 강판을 붙여주는 것이 좋다.

② 로킹부의 높이는 그림과 같이 분할형 두께의 $\dfrac{3}{4}$ 이상으로 해야 한다.

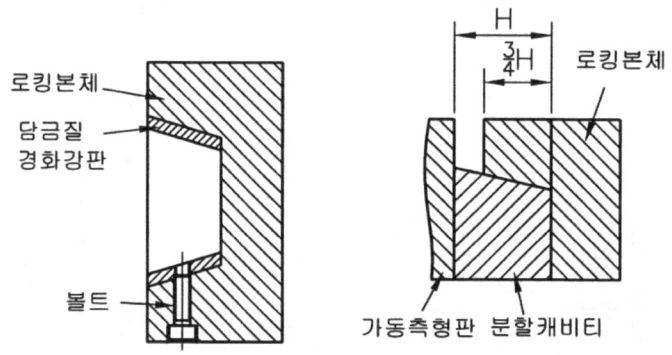

그림 9.15  분할형의 로킹 블록

## ※ 3.2  슬라이드 블록형(slide block type)

성형품 외측에 언더컷이 있는 경우에 사용하는 방법으로, 언더컷 부분 또는 이형상(離型上) 장애를 받는 부분만을 부분 분할 처리하는 방법으로

① 언더컷 처리방법은 경사핀(앵귤러 핀), 도그레그 캠, 판 캠, 공기압실린더 등에 의해 가동부분을 이동시킨다.

② 가동부분은 가동 코어, 사이드 코어, 사이드 캐비티, 사이드 블록, 슬라이드 코어, 슬라이드 캐비티, 슬라이드 블록 등 여러 가지 명칭으로 불리워지고 있다.

③ 슬라이드 블록형은 타 금형에 비하여 구조가 복잡하고 고장이 나면 수리가 어려우므로 구조가 간단하고, 강도가 크고, 작동이 확실하게 되도록 설계되도록 한다.

④ 대표적인 슬라이드 블록형으로서 (a)는 슬라이드 코어가 규정위치까지 후퇴한 후 가동측이 이동하고 성형품이 이젝팅되며, (b)는 가동측이 이동한 후 사이드 캐비티가 후퇴를 하고 성형품이 이젝팅된다.

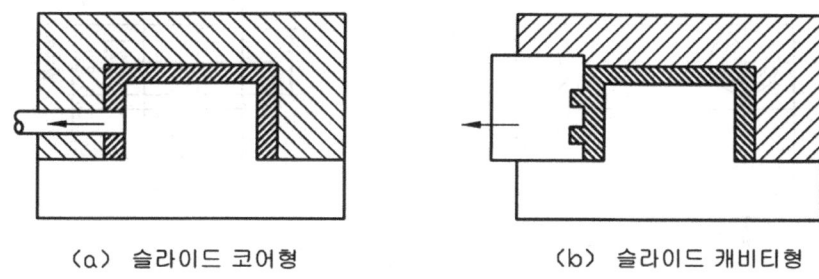

(a) 슬라이드 코어형                  (b) 슬라이드 캐비티형

그림 9.16  분할형의 로킹 블록

⑤ 슬라이드 블록의 설계

㉮ 습동부 : 습동부는 판에 닿아 습동하는 부분

슬라이드 블록의 재질은 SM50으로 하고 열처리하여 HRC40 이상의 경도를 가진 것이 적당하다.

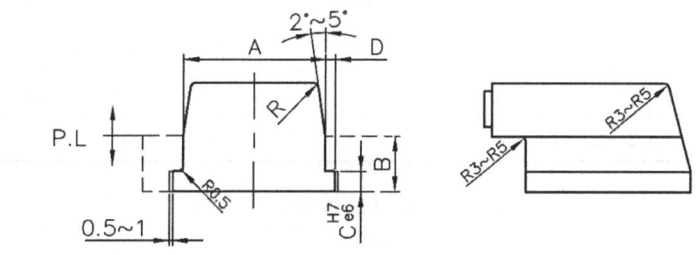

| B | 30 이하 | 30~40 | 40~50 | 50~65 | 65~100 | 100~120 |
|---|---------|--------|--------|--------|---------|----------|
| C | 8 | 10 | 12 | 15 | 20 | 25 |
| D | 6 | 8 | 10 | 10 | 12 | 15 |

그림 9.17  슬라이드 블록 형상과 치수표

㉯ 슬라이드 블록의 가이드부 : 재질은 일반적으로 STC3~STC5를 사용하여 마모를 방지한다. 슬라이드 블록과 경도차를 두기 위하여 HRC 52~56 정도를 한다.

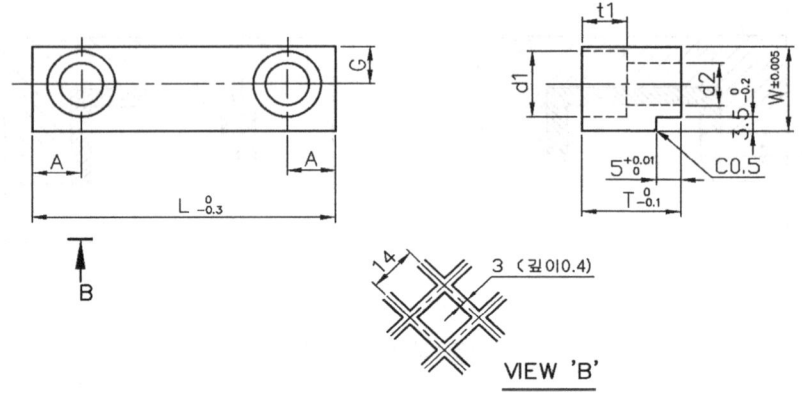

(단위 : mm)

| 호칭 치수 | W | T | L | d1 | d2 | t1 | G |
|---|---|---|---|---|---|---|---|
| 10 | 10 | 12.5 15 | 40(10) 100 | 8 | 4.5 | 5 | 4.5 |
| 12.5 | 12.5 | 12.5 15 20 | 40(10) 100 | 8 | 4.5 | 5 | 5 |
| 15 | 15 | 12.5 15 20 25 | 40(10) 150 | 9.5 | 5.5 | 6 | 6 |
| 20 | 20 | 15 20 | 40(10) 200 | 11 | 6.5 | 7 | 9 |
| | | 25 | | 14 | 9 | 9 | 9 |
| 25 | | 20 25 30 | 40(10) 200 | 14 | 9 | 9 | 10 |

그림 9.18  슬라이드 블록의 가이드부

## 내측 언더컷 처리기구

① 성형품의 내측 즉, 형 개폐 방향에서는 빠지지 않는 코어형의 요철부를 내측 언더컷이라고
한다. 다음 그림은 내측 언더컷이 있는 성형품 예를 나타내었다.

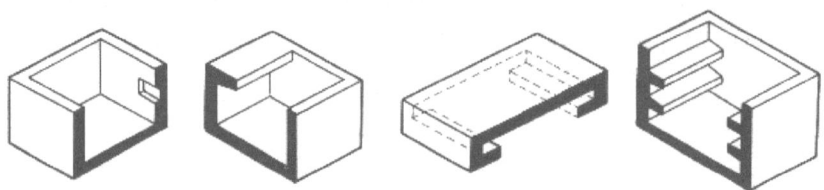

그림 9.19  내측 언더컷이 있는 성형품

② 내측 언더컷 처리방법

    ㉮ 경사 이젝터 방식

    ㉯ 분할 코어 작동 방식

    ㉰ 슬라이드 블록 작동 방식

    ㉱ 강제 언더컷 처리 방식

    ㉲ 회전 코어 방식

③ 경사 슬라이드 핀 작동

제품 내측에 있는 언더컷 부분을 경사핀(코어)으로 제품을 밀어내므로 경사에 의하여 언더컷 부분이 떨어진다.

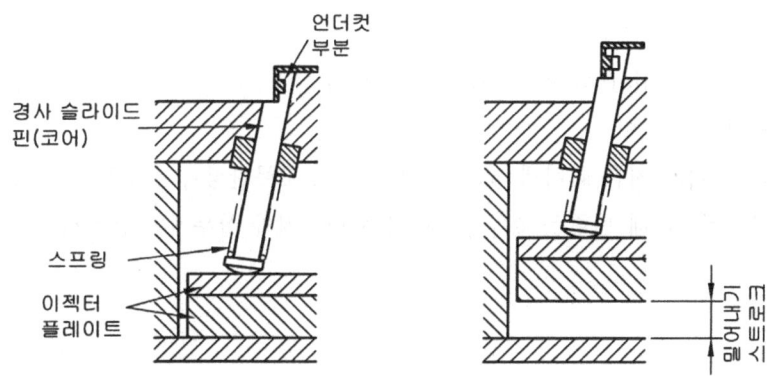

그림 9.20 경사 슬라이드 핀에 의한 언더컷 부분의 처리

## 5   나사 있는 성형품의 빼내는 방법

나사가 있는 성형품을 금형에서 빼내는 방법으로는 네 가지가 있다.

① 분할형에 의한 방식

    ㉮ 수나사에 적합하며 금형의 구조가 간단하고 제작이 용이하며 빼내기도 확실하다.

    ㉯ 나사부에 파팅 라인이 생길 경우 성형품의 끝손질이 어렵고 상대 나사와의 맞춤에 장해가 생기기 쉽다.

② 고정 코어 방식

    ㉮ 성형품 이젝팅할 때 나사 코어를 성형품과 함께 금형으로부터 밀어내고 나중에 손 또는 공구를 이용해서 성형품과 나사 코어를 분리하는 방식이다.

    ㉯ 나사 코어는 2개 이상 만들어 주고 교환 착탈식으로 한다.

    ㉰ 시험 제작, 극소량의 생산 또는 강도상의 문제로 자동 나사빼기 장치를 사용할 수 없을 경우에 많이 사용한다.

③ 회전기구에 의한 방식

    ㉮ 래크와 피니언에 의한 방식

    ㉯ 래크와 베벨기어에 의한 방식

    ㉰ 나사축과 너트에 의한 방식

    ㉱ 모터와 웜 기어에 의한 방식

    ㉲ 콜랩시블 코어(collapsible core)에 의한 방법

④ 강제적으로 빼내는 방식

    ㉮ 나사산의 높이가 지름에 비해 낮고 둥근 나사로 고무탄성이 풍부한 수지에 적합하다.

    ㉯ 강제빼내기를 할 때 변형을 흡수할 수 있는 형두께와 살두께이어야 한다.

# 제 10 장

• • • • • •

# 금형의 강도 계산

## ① 금형 강도의 계산조건

금형을 설계할 때에 금형이 성형압력 및 성형기의 형체력에 견딜 수 있도록 고려해야 한다.

금형 강도 계산을 하는 경우에 우선, 사출된 성형재료가 성형부에 미치는 압력을 추정하는 것이 필요하다. 성형부 내의 압력은 성형품 살두께, 재료의 종류, 성형조건에 의해 다르지만 강도 계산의 경우에는 약간 여유를 주어 $500 \sim 700 \text{kg/cm}^2$로 하는 것이 일반적이다.

강도 계산 때 성형압력에 의한 휨 량을 다음의 값 이하로 억제해야 한다.

① 휨에 의해 플래시가 발생할 우려가 없을 때 : $0.1 \sim 0.2$

② 휨에 의해 플래시가 발생할 우려가 있을 때 : $0.05 \sim 0.08$(PA이외)

$\qquad\qquad\qquad\qquad\qquad\qquad\qquad\qquad\qquad$ $0.025$(PA의 경우)

③ 고급 정밀 금형의 휨량은 다음의 경험식을 사용한다.

$$\text{휨량} = \text{성형품 평균 살두께} \times \text{성형수축률}$$

## ② 캐비티 측벽 두께

(1) 직사각형 캐비티 바닥이 일체가 아닌 경우의 측벽 두께(측벽을 양단고정보로 보고 계산)

$$\text{휨량} : \delta = \frac{W \ell^3}{384\, EI} \text{ 에서 } W = p \times a \times \ell, \quad I = \frac{bh^3}{12} \text{ 이므로}$$

$$\delta = \frac{12 \cdot \mathrm{pa}\ell^4}{384\,\mathrm{E}\,\mathrm{b}\mathrm{h}^3}$$

$$\mathrm{h} = \sqrt[3]{\frac{12 \cdot \mathrm{pa}\ell^4}{384\,\mathrm{E}\mathrm{b}\delta}}$$

p : 성형 압력$(\mathrm{kg/cm^2})$

h : 캐비티 측벽 두께$(\mathrm{mm})$

$\ell$ : 캐비티 내측 길이$(\mathrm{mm})$

a : 성형압력을 받는 측벽 높이$(\mathrm{mm})$

b : 캐비티 외측 높이$(\mathrm{mm})$

E : 영률, 강의 경우 $2.1\times10^6\,(\mathrm{kg/cm^2})$

$\delta$ : 허용 휨량$(\mathrm{mm})$

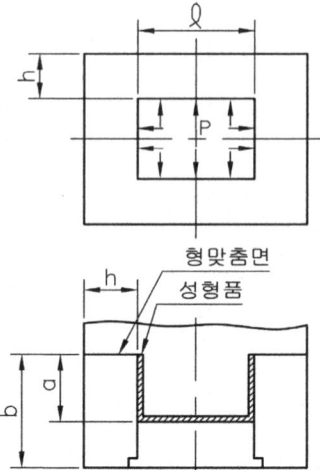

그림 10.1 캐비티 바닥이 일체가 아닌 경우

---

**예제**   p=500$(\mathrm{kg/cm^2})$, l=300(mm), a=200(mm), b=250(mm), $\delta$=0.08(mm)일 때 캐비티 바닥이 일체가 아닌 경우의 측벽을 계산하라.

**풀이**   $\therefore \mathrm{h} = \sqrt[3]{\dfrac{12 \cdot \mathrm{pa}\ell^4}{384\,\mathrm{E}\mathrm{b}\delta}} = \sqrt[3]{\dfrac{12 \times 500 \times 200 \times 300^4}{384 \times 2.1 \times 10^6 \times 250 \times 0.08}} = 84.46 \fallingdotseq 85(\mathrm{mm})$

## (2) 캐비티 바닥이 일체인 측벽 계산

$$\mathrm{h} = \sqrt[3]{\frac{\mathrm{C} \cdot \mathrm{p} \cdot \mathrm{a}^4}{\mathrm{E} \cdot \delta}}$$

p : 성형 압력$(\mathrm{kg/cm^2})$

h : 캐비티 측벽 두께$(\mathrm{mm})$

$\ell$ : 캐비티 내측 길이$(\mathrm{mm})$

a : 성형압력을 받는 측벽 높이$(\mathrm{mm})$

b : 캐비티 외측 높이$(\mathrm{mm})$

E : 탄성계수(강의 경우 $2.1\times10^6\,(\mathrm{kg/cm^2})$)

$\delta$ : 허용 휨량$(\mathrm{mm})$

C : l/a에 의해서 정해지는 상수

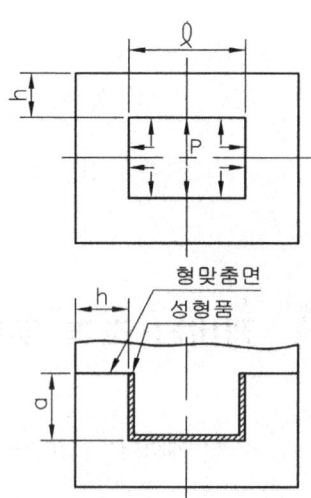

그림 10.2 캐비티 바닥이 일체인 경우

표 10.1 정수 C의 값

| $\ell/a$ | C | $\ell/a$ | C | $\ell/a$ | C |
|------|-------|------|-------|------|-------|
| 1.0 | 0.044 | 1.5 | 0.084 | 2.0 | 0.111 |
| 1.1 | 0.053 | 1.6 | 0.090 | 3.0 | 0.134 |
| 1.2 | 0.062 | 1.7 | 0.096 | 4.0 | 0.140 |
| 1.3 | 0.070 | 1.8 | 0.102 | 5.0 | 0.142 |
| 1.4 | 0.078 | 1.9 | 0.106 | | |

**예제**  p=500(kg/cm$^2$), l=300(mm), a=200(mm), b=250(mm), $\delta$=0.08(mm)일 때 캐비티 바닥이 일체인 경우의 측벽을 계산하라.

**풀이**  $\ell/a$=1.5이므로 표 10.1에서 C=0.084이므로

$$h = \sqrt[3]{\frac{C \cdot p \cdot a^4}{E \cdot \delta}} = \sqrt[3]{\frac{0.084 \cdot 500 \cdot 200^4}{2.1 \times 10^6 \cdot 0.08}} = 73.68 \fallingdotseq 74 \, (\mathrm{mm})$$

## (3) 원통형 캐비티 측벽 계산

금형을 원통형 캐비티로 한 경우, 성형압력을 받는 원통의 응력이 원통 내면에 생긴다.

$$\delta = \frac{r \cdot p}{E} \left( \frac{R^2 + r^2}{R^2 - r2} + m \right) \text{ 식에서}$$

$$R = r \cdot \sqrt[3]{\frac{E\delta + r \cdot p(1-m)}{E\delta - r \cdot p(1+m)}}$$

$$\therefore \ R = r \cdot \sqrt[3]{\frac{(2.1 \times 10^6 \delta) + (0.75r \cdot p)}{(2.1 \times 10^6 \delta) - (1.25r \cdot p)}}$$

p  : 성형 압력 (kg/cm$^2$)
r  : 원통 캐비티 내반지름 (mm)
R  : 원통 캐비티 외반지름 (mm)
E  : 탄성계수 (강의 경우 2.1×10$^6$ (kg/cm$^2$))
m  : 푸아송비 (강은 0.25)

원통형 캐비티 두께 h=R-r로 계산되며, $\delta$값은 0.02(mm)이하로 억제하는 것이 좋다.

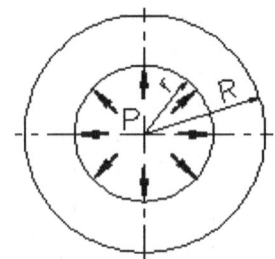

그림 10.3 원통 캐비티의 측벽

**예제** r=75(mm), p=630(kg/cm²), $\delta$=0.08(mm)일 때 원형 캐비티의 측벽을 계산하라.

**풀이**

$$R = r \cdot \sqrt[3]{\frac{(2.1 \times 10^6 \delta) + (0.75\,r \cdot p)}{(2.1 \times 10^6 \delta) - (1.25\,r \cdot p)}}$$

$$= 75 \cdot \sqrt[3]{\frac{(2.1 \times 10^6 \times 0.05) + (0.75 \times 75 \times 630)}{(2.1 \times 10^6 \times 0.05) - (1.25 \times 75 \times 630)}}$$

$$= 131.135 \fallingdotseq 131 \,(\text{mm})$$

$$\therefore \ h = R - r = 131 - 75 = 56 \,(\text{mm})$$

## 3 코어 받침판의 두께

코어 받침판은 성형압력의 작용에 의하여 휨이 생기며, 이 휨이 크게 되면 살두께가 변화하거나 플래시가 발생한다. 따라서 이 휨량이 크게 되지 않도록 할 필요가 있다.

(1) 서포트 블록이 없는 경우(양단 단순지지보로 보고 계산)

$$\text{휨량} : \delta = \frac{5\text{W L}^3}{384\,\text{E I}} \ \text{에서} \ \text{W} = \text{W} = \text{pb}\ell, \quad \text{I} = \frac{\text{B h}^3}{12}, \ \ell = \text{L라 하면}$$

$$\delta = \frac{5\,\text{pbL}^4}{32\,\text{E B h}^3}$$

$$\therefore \ h = \sqrt[3]{\frac{5\,\text{pbL}^4}{32\,\text{E B}\,\delta}}$$

h : 받침판의 두께 (mm)
p : 형내 성형압력 (kg/cm²)
L : 스페이서의 간격 (mm)

ℓ : 성형압력을 받는 길이 (mm)

b : 성형압력을 받는 폭 (mm)

B : 금형의 폭 (mm)

δ : 코어 형판의 허용 변형량 (mm)

E : 탄성계수 (강의 경우 $2.1 \times 10^6$ (kg/cm²))

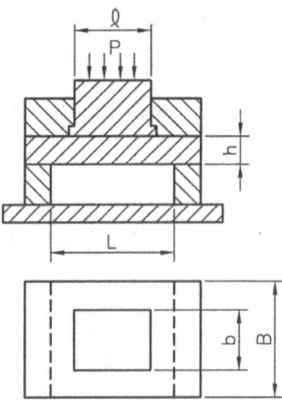

그림 10.4 서포트 블록이 없는 경우

(2) 스페이서 블록 사이에 n개의 서포트(support)를 같은 간격으로 넣는 경우

n개 서포트가 있을 때 받침판 두께 $h_n$ 는

$$h_n = \sqrt[3]{\frac{1}{(n+1)^4}} \cdot \sqrt{\frac{5\,p\,b\,L^4}{32\,E\,B\,\delta}} = \sqrt[3]{\frac{1}{(n+1)^4}} \cdot h$$

수식 : n가 1개일 때는 $h_1 ≒ \dfrac{1}{2.52}\,h$

n가 2개일 때는 $h_2 ≒ \dfrac{1}{4.33}\,h$

n가 3개일 때는 $h_3 ≒ \dfrac{1}{6.35}\,h$

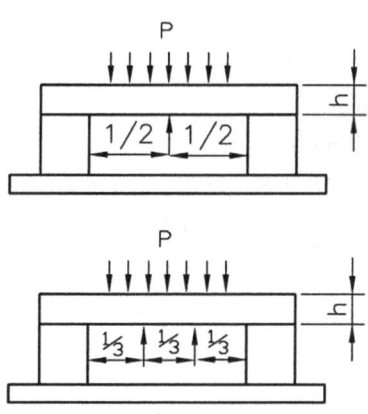

그림 10.5 n개 서포트를 넣은 경우

**예제** L=120(mm), b=130(mm), l=100(mm), p=500(kg/cm²), B=220(mm), $\delta$ =0.08(mm)인 경우의 받침판의 두께를 서포트가 없는 경우와 서포트가 중앙에 1개 있을 경우에 각각 구하라.

**풀이** ① 서포트가 없을 경우(l=L이라 하면)

$$\therefore \ h = \sqrt[3]{\frac{5\,pbL^{4}}{32\,EB\,\delta}} = \sqrt[3]{\frac{5 \times 500 \times 130 \times 120^{4}}{32 \times 2.1 \times 10^{6} \times 220 \times 0.08}} = 38.59 = 38.59\,(mm)$$

② 서포트가 중앙에 1개 있을 경우

$$h_1 \fallingdotseq \frac{1}{2.52}\,h \fallingdotseq \frac{38.5}{2.52} \fallingdotseq 15.3\,(mm)$$

## ④ 핀류 및 볼트의 강도 계산

금형의 트러블 중에서 핀류의 구부러짐이 매우 많다. 이것은 지름에 비해서 길이가 길어, 이 긴 쪽 방향으로 강한 압축 응력이 작용해서 휨이 발생하고, 이것이 구부러짐이 된다. 가는 핀에 있어서는 길이가 지름의 2.5배 이상으로 되면 구부러지거나 휘게 된다.

### (1) 외팔보의 선단에 하중 W가 걸릴 경우의 휨을 최소로 하기 위한 핀의 지름

$$\delta = \frac{W\ell^{3}}{3EI}$$

$$D = \sqrt[4]{\frac{64\,W\ell^{3}}{3E\delta\pi}}$$

$\delta$ : 핀의 휨량 (mm)

W : 하중 (kg)

$\ell$ : 핀의 길이 (mm)

E : 탄성계수(강의 경우 $2.1 \times 10^{6}$ (kg/cm²))

I : 단면 2차 모멘트 ($I = \frac{\pi D^{4}}{64}$ )

D : 핀의 지름 (mm)

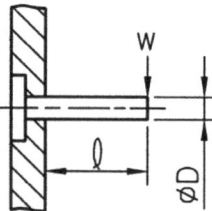

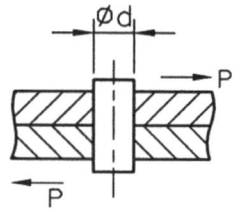

그림 10.6 핀의 지름

## (2) 전단응력에 대해 필요한 핀의 지름

$$\tau = \frac{4\,p}{\pi\,d^{2}} \qquad\qquad d = \sqrt{\frac{4\,p}{\pi\,\tau}}$$

$\tau$　: 전단응력 $(kg/cm^{2})$

d　: 핀의 지름 (mm)

p　: 하중 성형 압력 $(kg/cm^{2})$

## (3) 볼트의 강도 계산

금형의 조립에는 각종 볼트가 사용되고 있다. 일반적으로 볼트는 인장응력을 받고 있다고 생각해도 된다. 이 볼트의 지름을 정하는 계산식은 다음과 같다.

$$d = \sqrt{\frac{4\,W}{\pi\,\sigma}}$$

d　: 볼트의 지름 (mm)

W　: 하중 (kg)

$\sigma$　: 허용응력 $(kg/cm^{2})$

표 10.2  재료의 강약표

| 항목<br>재료 | 종탄성계수<br>E<br>$kg/cm^{2}$ | 횡탄성계수<br>G<br>$kg/cm^{2}$ | 탄성한도<br>δd<br>$kg/cm^{2}$ | 항복점<br>δs<br>$kg/cm^{2}$ | 한계강도 : $kg/cm^{2}$ 인장<br>ft | 압축<br>fc | 전단<br>fs |
|---|---|---|---|---|---|---|---|
| 순철<br>연철성유에<br>평형 | 2,000,000 | 770,000 | 1,300<br>또는 이상 | 1,800<br>2,000 | 3,300<br>3,800 | $=\sigma_{s}$ | 2,600<br>3,300 |
| 연강 | 2,100,000 | 810,000 | 1,800<br>또는 이상 | 1,900<br>또는 이상 | 3,400<br>4,500 | $=\sigma_{s}$ | 2,900<br>3,800 |
| 강 | 2,200,000 | 850,000 | 2,500<br>5,000 | 2,800<br>또는 이상 | 4,500<br>9,000 | 연질의 것$=\sigma_{s}$<br>경질의 것$\geq$ft | >4,000 |
| 담금질하지<br>않은 스프링강 | 2,200,000 | 850,000 | 5,000<br>또는 이상 | - | 10,000<br>또는 이상 | - | - |
| 담금질한<br>스프링강 | 2,200,000 | 850,000 | 7,500<br>또는 이상 | - | 17,000<br>또는 이상 | - | - |
| 보통 주철 | 750,000<br>1,050,000 | 270,000<br>400,000 | - | - | 1,200<br>2,400 | 7,000<br>8,500 | 1,300<br>2,600 |
| 특수 주철 | 2,150,000 | 830,000 | 2,000<br>또는 이상 | 2,100<br>또는 이상 | 3,500<br>7,000 | 강과 같다. | 4,000 |

# 제 11 장
## 금형설계와 성형품의 치수정밀도

## 1 　금형설계와 가공성

　금형가공이 쉽고 어려움은 금형의 제작기간과 단가에 큰 영향력을 미치고 금형의 끝손질, 치수 정밀도에 영향을 준다. 또한 성형품의 품질을 좌우하게 된다. 따라서 금형의 설계는 성형품을 중요 시한 적절한 구조의 선택과 가공성을 충분히 고려하여 설계하여야 된다.
　금형의 주요부인 캐비티 및 코어의 가공에서 극히 간단한 형상들은 직접 형판에 가공하지만, 일 반적으로는 절삭가공을 쉽게 한다든가, 특수한 가공 또는 재료비 절약을 위해 여러 방법으로 제작 하여 조합하는 경우가 많다. 이들의 가공방법을 분류하면 다음과 같다.
　① 직접 형판에 가공하는 일체식 가공방법
　② 입자방식
　③ 분할방식

## 2 　코어와 캐비티의 구조

### 1) 구조의 종류
① 일체식 : 캐비티 형판 및 코어 형판에 직접 성형부 형상을 가공하는 방식
② 분할식 : 캐비티 및 코어를 분할하여 조립한 후 사용하는 구조

③ 입자식: 캐비티나 코어의 형판에 포켓 또는 구멍을 만들고 여기에 캐비티나 코어입자를 끼워서 만드는 방식

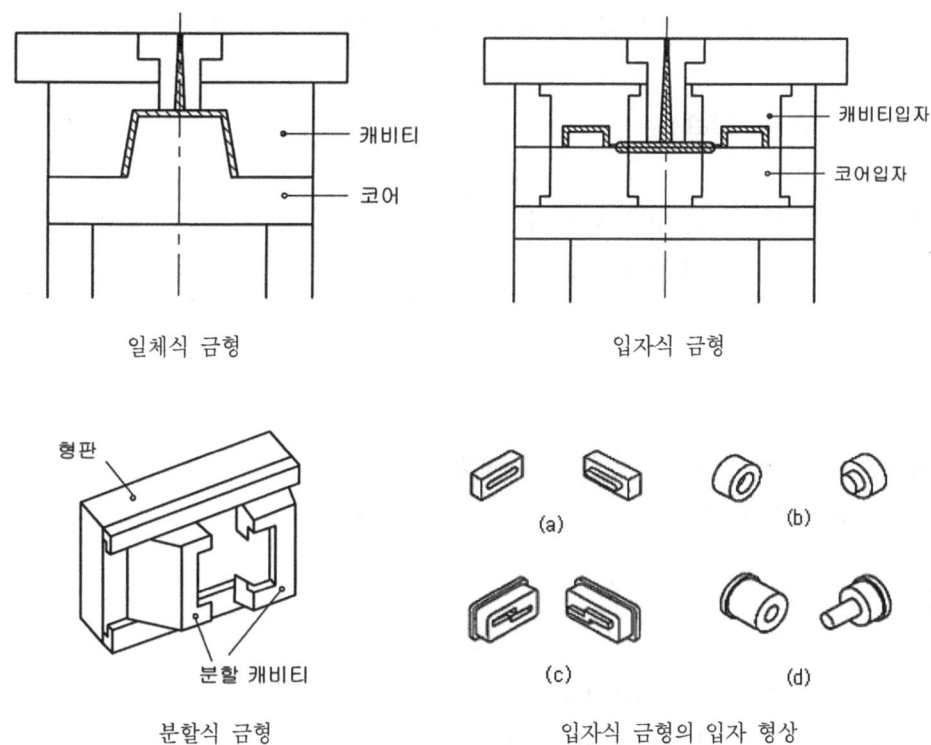

일체식 금형

입자식 금형

형판

분할 캐비티

분할식 금형

(a)

(b)

(c)

(d)

입자식 금형의 입자 형상

그림 11.1   일체식과 입자식과 분할식 금형

## 2) 일체식 금형의 장·단점

### (1) 장점

① 금형이 일체형이기 때문에 견고하고 튼튼하여 수명이 길다.

② 부품수가 적기 때문에 분해조립이 쉽고, 재조립 후에도 치수의 변화율이 분할식에 비해 적다.

③ 분할편이 없기 때문에 성형품 외관에 분할편에 의한 자국이 발생하지 않는다.

④ 금형의 크기가 다소 작게 된다.

⑤ 밀링가공 및 방전가공기의 비중이 커진다.

### (2) 단점

① 금형이 마모되면 부분적으로 교체하여 재사용함으로써 수명을 연장시킬 수 없다.

② 가공불량이 발생하면 전체적으로 폐기해야 되는 위험성이 있다.

③ 캐비티 내가 밀폐형이므로 가스가 빠져나가기 어려워 성형충진에 애로가 발생할 수 있다.

④ 전극가공을 위해 3차원 자유형상의 가공이 많아지며, 이를 뒷받침하기 위한 기술적인 노하우가 필요하다.

⑤ 표면의 거칠기를 좋게 하기 위해서는 분할식보다 수작업에 의한 비중이 크다.


## 3) 입자식 금형의 장·단점

### (1) 장점

① 부분적으로 적절한 재질, 경도 사용 가능

② 가공 속도 향상으로 납기 단축 가능

③ 치수 정밀도 향상

④ 가공상 용이하다.

⑤ 공작 기계의 능력이 작아도 된다.

⑥ 분할면은 에어벤트 효과로서 유효하게 이용된다.

⑦ 부품 교환과 보수가 쉬워진다.


### (2) 단점

① 성형품 디자인에 제약을 준다.

② 일체형에 비해 강도상으로 약해진다.

③ 냉각 홈, 이젝터 설계시 장애가 되기 쉽다.


## 4) 분할식 금형의 장·단점

### (1) 분할금형

캐비티나 코어를 두 개 이상의 블록으로 만들어 조립하여 하나의 코어나 캐비티를 만드는 방식


### (2) 분할금형의 필요성

① 성형품에 언더컷이 있을 때

② 금형 가공상 어려움이 있을 때

③ 부분적으로 강도, 내마모성, 고정밀도가 요구될 때


### (3) 분할금형의 장 · 단점

① 장점

㉮ 성형품의 형상에 따라 분할하여 분할편에 대해 적정 재료를 선택하고 필요한 열처리 및

표면처리 등을 함으로서 부분적으로 금형의 강도와 강성을 유지시킬 수 있다.

㉯ 분할편이 조립된 틈새로 가스가 빠져나가기 때문에 성형 트러블이 많이 감소된다.

㉰ 부품의 연삭 가공이 가능하여 정밀도 있는 부품을 제작할 수 있으므로 수리시 부품 교환이 용이하다.

㉱ 빼기 구배를 용이하게 줄 수 있어 성형품의 취출에 도움이 된다.

㉲ 연마가공 및 와이어컷팅 가공의 비중이 커진다.

② 단점

㉮ 부품 수량이 많아 금형 가격이 상승될 수 있다.

㉯ 부품의 가공정밀도가 높지 않으면 금형의 정도가 유지되지 않는다.

㉰ 냉각수 구멍의 설치시에 많은 장애가 있다.

㉱ 분할편 때문에 성형품 외관에 분할편에 의한 자국이 발생한다.

㉲ 부품이 많으므로 제작과정에서부터 생산 진행이 복잡해지고 수리용 유보품(spare part)의 보관 및 관리가 어렵다.

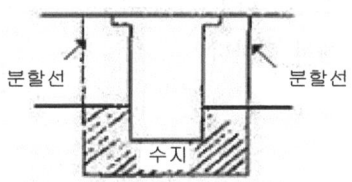

그림 11.2 분할금형의 가스빼기 방법

# ③ 코어 및 캐비티의 분할 방법

① 코어 및 캐비티의 일부분을 분할 가공하여 편으로 조립하는 방식

㉮ 성형품에 구멍, 또는 깊은 요철형상이 있을 때

㉯ 성형품의 구조상 취약하여 금형의 그 부분이 쉽게 파손될 가능성이 있을 경우 수리를 용이하게 하여 금형의 수명을 연장시킬 필요성이 있을 때

㉰ 언더컷 형상이 있거나 분할하지 않으면 기계가공이 곤란한 경우에 적용한다.

② 코어 및 캐비티 전체를 가공하여, 포켓 형상으로 가공된 형판에 조립하는 방식

# 4  분할 코어 및 캐비티의 고정 방법

## 1) 턱을 만들어 고정하는 방법

코어의 고정을 위한 방법으로 가장 널리 사용되는 것이 턱을 이용한 고정이다.

턱 고정에는 움직이면 안 되는 턱, 움직여도 되는 턱이 있으며, 단순고정용과 조립기준용이 있다.

### (1) 원형 코어의 턱(그림 11.3)

① 턱 높이는 4를 표준으로 한다.

② 턱의 폭은 0.5~1.5의 범위에서 사용하며, 시중 규격품의 원형 코어의 호칭경별 턱 치수 범위에서 택한다.

③ 턱의 자리파기경은 턱의 머리경과 자리파기 구멍의 편측치수가 0.5 정도가 되도록 하며, ØD의 치수는 표준 앤드밀경의 범위에서 택한다.

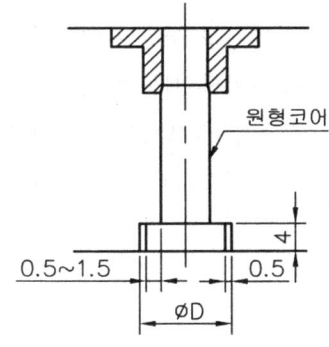

그림 11.3  원형 코어의 턱

### (2) 각형 코어의 턱(그림 11.4)

① 턱 높이는 4를 표준으로 한다.

② 턱의 폭은 0.5~1.0 사이에서 코어의 크기에 따라 적당히 선택한다(권장치수 0.5).

③ 턱의 자리파기는 Ø3 앤드밀 가공을 표준으로 한다.

④ 턱은 한 쪽 모서리에만 설치하여 코어를 잘못 조립하지 않도록 한다.

⑤ 턱의 방향은 코어의 기계가공이 용이한 방향으로 한다.

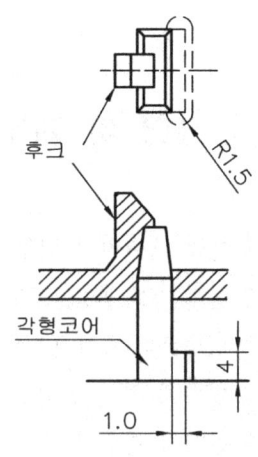

그림 11.4  각형 코어의 턱

### 2) 턱의 회전 방지

원형 코어가 회전을 하여서는 안 될 경우는 턱을 사
용하여 회전방지를 실시한다. 자리파기의 가공은 되도
록 앤드밀을 사용한다.

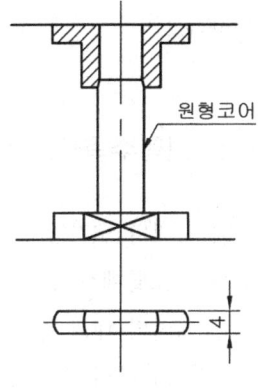

원형코어

그림 11.5 턱의 회전 방지

<br>

## 5 성형수축

### ※ 5.1 성형수축의 발생원인

① 열적수축

수지 고유의 열팽창에 의해 나타나는 수축이며, 성형품이 금형으로부터 빠져나왔을 때의 금
형과 수지의 열팽창의 차에 의해 생긴다.

② 경화 및 결정화에 의한 수축

㉮ 열경화성 수지의 경우에는 가열 경화반응의 진행에 따라 고분자화하므로 체적이 수축된다.

㉯ 열가소성 수지의 경우에는 성형과정에서의 결정화에 따라 체적수축이 발생한다.

③ 탄성회복에 의한 팽창

성형 압력에 의해 압축되고 있던 성형품이 성형 압력으로부터 해방될 때 고온의 성형품이면
압축이 되어 있지 않은 상태로 되돌아가려는 탄성회복이 일어나, 성형품의 체적이 팽창하는
쪽으로 변화되어 열적수축에 의한 성형수축의 일부를 상쇄하게 된다. 탄성회복은 압축성이
큰 수지일수록 그 영향은 크게 나타난다.

④ 분자배향의 완화에 의한 수축

열가소성 수지에서 용융유동상태에 의해 분자배향을 일으켜 유동방향으로 수지분자가 늘어지
지만 냉각과정에서 배분성이 일부 완화되어 늘어진 수지분자가 원래 상태로 되돌아가려는 성
질 때문에 수축이 일어난다. 결정성 수지는 결정까지도 배향되므로 수축은 더 커진다. 분자배

향성이 큰 수지에서는 그 성형수축은 일반적으로 유동방향으로는 크게 직각방향으로는 작게 일어난다.

### ※ 5.2 성형수축율의 변동요인

① 캐비티 내의 수지압

성형기 노즐에서 금형 캐비티까지의 압력 손실은 사출압력에 관계없이 일정하므로 성형수축률은 캐비티 내의 수지압에 의한다.

㉮ 캐비티 내의 수지압이 높을수록 수축률은 작아진다.

㉯ 수축률의 변화는 비결정성 수지는 직선으로, 결정성 수지는 곡선으로 감소된다.

② 수지 온도

㉮ 수지 온도가 상승하면 유동성이 좋으므로 금형 내의 충전상태가 개선되고, 금형 내에서의 냉각시간이 길어지므로 수지는 치밀하게 되어 비점에서는 성형수축은 작아진다.(결정성 수지)

㉯ 그러나 이에 반해서 수지 온도 상승으로 열적 수축률이 크게 되어 냉각 후의 수축량은 커지게 된다.

㉰ 수지의 종류, 성형압력, 게이트의 치수, 제품의 살두께 등에 따라서는 정반대되는 경향을 나타내는 수도 있다.

③ 스크류 전진시간(사출시간) 게이트가 고화되지 않는 한 캐비티 내의 수지를 계속 압축하고 있는 시간으로 스크류가 전진을 계속하면 수축률은 작아지고 제품 중량은 커진다.

④ 금형 온도

㉮ 금형 온도가 높아지면 성형수축률은 크게 나타난다.

㉯ 금형 온도가 높아지면 수지의 서냉으로 결정화도가 높아져 결정성 수지는 비결정 수지보다 성형수축률이 크게 나타난다.

⑤ 성형품 살두께

㉮ 결정성 수지는 살두께가 두꺼워짐에 따라 수축은 커진다.

㉯ 비결정성 수지는 살두께에 관계없는 것(ABS, PC), 살두께가 커짐에 따라 수축률이 커지는 것(PS, AS, PMMA), 살두께가 커짐에 따라 역으로 수축률이 작아지는 것(경질 PVC)이 있다.

⑥ 게이트 단면적

게이트의 단면적이 클수록 성형수축률은 작아진다.

⑦ 경시적 치수 변화(후 성형수축)

　　㉮ 내부응력에 의한 치수의 경시적 변화, 형상의 변화(굽힘, 뒤틀림)가 일어난다.

　　㉯ 결정성 수지는 상온상태에서 결정화 진행에 의해 치수가 변한다.

　　㉰ 흡습에 의해 치수가 변한다.

⑧ 후성형 수축의 안정화

　　㉮ 내부응력의 제거와 치수 안정성을 위하여 수지의 열변형 온도보다 약 $10℃$ 이상 낮은 온도에서 어닐링 방법으로 열처리한다.

　　㉯ 금형온도가 높고 살두께가 두꺼울수록 후수축은 커진다.

　　㉰ 성형수축이 일반적으로 크면 후수축은 적다.

## 6 　성형품 치수오차

### (1) 성형품 치수오차 발생 원인

사출성형은 수지, 금형, 성형기 및 성형조건 등의 요인으로 성형품 치수오차 발생 원인이 된다. 일반적으로 성형품의 치수오차에 차지하는 요인은 다음과 같다.

| 요인의 분류 | 요인의 제목 |
|---|---|
| 금형에 직접 관련하는 요인 | (1) 금형의 형식 또는 기본적인 구조<br>(2) 금형의 가공 제작 오작<br>(3) 금형의 마모 · 변형 · 열팽창 |
| 수지에 관련하는 요인 | (1) 수지의 종류에 의한 표준 수축률의 대소<br>(2) 수지의 로트마다의 성형 수축률, 유동성, 결정화도의 흩어짐<br>(3) 재생 수지의 혼합, 착색제 등 첨가제의 영향<br>(4) 수지 중의 수분 또는 휘발 · 분해 가스의 영향 |
| 성형 공정에 관련하는 요인 | (1) 성형 조건의 변동에 의한 수축률의 흩어짐<br>(2) 성형 조작의 흩어짐에 의한 영향<br>(3) 이형 · 밀어낼 때의 소성변형 · 탄성 회복 |
| 성형 후의 경시 변화에 관련하는 요인화에 관련하는 요인 | (1) 주위의 온도 습도에 의한 치수 변화<br>(2) 수지의 소성변형, 외부력에 의한 크리프, 탄성 회복<br>(3) 잔류변형, 잔류응력에 의한 변화 |

## (2) 금형 설계 제작 오차의 대책

① 금형 제작법의 선택을 고려한 금형설계를 추진한다.

② 금형의 변형, 휨, 편심에 대한 대책을 세운다.

③ 형재의 변형 교정, 형의 구조와 강도와의 관계를 고려한다.

④ 섭동부의 안정성과 복원성을 고려한다.

⑤ 금형가공의 정밀도, 달라붙기 정밀도의 확보 대책을 세우며, 금형 정밀도는 성형품 도면 공차의 1/3~1/2 이내로 억제해야 한다.

⑥ 형재의 선택시 내구성, 경도의 향상 대책을 세운다.

⑦ 고장이 적은 메카니즘을 택한다.

## (3) 성형품 치수의 종류

금형에 의해 직접 정해지는 치수와 정해지지 않는 치수

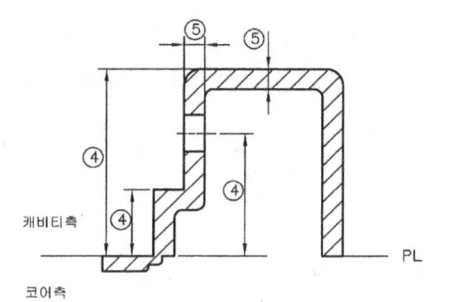

| 금형에 의해 직접 정해지는 치수 | 금형에 의해 직접 정해지지 않는 치수 |
|---|---|
| 위 그림의 각 부분의 치수가 이것에 상당하고 금형의 캐비티측, 코어측 어느 한쪽에 의해서만 정해지는 치수이고, 플래시가 나오는 법이나 그 두께에 영향을 받지 않는 치수이며, 성형품의 그 부분이 금형의 그 부분에 상당하는 치수이다.<br>① 캐비티 치수로 결정된다.<br>② 코어의 치수로 결정된다.<br>③ 슬라이드 코어치수로 결정된다. | 사출 성형압이 가해지는 방향의 치수<br>위 그림 각 부분의 치수가 이에 상당하며, 그 방법이 금형의 캐비티측, 코어측의 2개 이상의 부분에서 만들어내지는 치수이고, 상자류의 외측 높이, 바닥 두께 등 파팅 라인에 걸치는 치수, 측벽 두께는 캐비티측, 코어측의 상호관계에 의해 정해지는 치수, 그밖에 사이드 코어 등에 걸치는 치수 등이다.<br>④ 캐비티 코어 등에 걸치는 치수 등이다.<br>⑤ 캐비티와 코어의 조합에 의해 결정된다. |

# 7 성형수축과 금형치수

## (1) 성형수축률

$$성형수축률(S) = \frac{상온의\ 금형치수(M) - 상온의\ 성형품치수(A)}{상온의\ 금형치수(M)}$$

$$M = \frac{A}{1-S}$$

위 식에서 수축률은 1보다 매우 작기 때문에 일반적인 경우에는 다음 식으로 대용한다.

$$M = A \times (1+S)$$

상온에서 금형치수 ≒ 상온에서 성형품치수(1+성형수축률)

**예제** 호칭치수 200mm 성형수축률 20/1000일 때 참계산치와 근사치의 비교

**풀이** 200÷(1-0.02)-200(1+0.02)=0.0816mm로 되어 호칭치수의 0.04%이고, 수축률에 대한 오차는 수축률의 2.04%로써 일반적으로 실용상 거의 문제가 없으나, 정밀 성형 금형에서는 참계산식을 따를 필요가 있다.

**예제** 호칭치수 150mm, 수지의 성형수축률 18/1000일 때 금형가공치수는 얼마로 하나?

**풀이** 일반적인 금형가공 치수계산식에 의하여
$$M = A(1+S) = 150(1+0.018) = 152.7\,(mm)$$

## (2) 금형의 보통 치수 공차

금형에 직접 관련된 공차는 사출금형의 성형품과 직접 관련되는 제품 해당부 또는 이것에 따르는 부분의 공차이고 다음과 같은 공차를 지정한다.

① 금형치수 공차는 성형품 치수 공차의 약 1/3~1/4로 한다.(제품 형상에 의한 허용정도, 성형 조건에 의한 수축률, 금형 제작 오차 등을 고려한 계수)

② 상온의 금형 치수와 성형품 오차에 관계

$$A \pm \alpha \ 일\ 때 \quad M = A \times (1+S)$$

$$A^{+\alpha}_{-0} \ 일\ 때 \quad M = \left(A + \frac{\alpha}{2}\right) \times (1+S)$$

$$A \begin{smallmatrix} +0 \\ -\alpha \end{smallmatrix}$$ 일 때   $$M = (A - \frac{\alpha}{2}) \times (1 + S)$$

$$A \begin{smallmatrix} +\alpha \\ -\beta \end{smallmatrix}$$ 일 때   $$M = (A + \frac{\alpha - \beta}{2}) \times (1 + S)$$

A : 성형품 치수
S : 수지의 수축률
M : 금형의 가공 치수
$\alpha, \beta$ : 성형품 공차

위 식을 일반적으로 적용한다. 단,

① 계산 후 소수점 3자리에서 반올림한다.

② 대칭인 경우 소수점 2자리가 홀수이면 소수점 3자리 공차 쪽을 반올림 또는 삭제하며, 짝수로 만든다.

③ 공차치수는 수리 가능한 쪽으로 잡는다.

**예제** 대칭인 성형품 치수가 120mm, 허용공차가 $\begin{smallmatrix} +0.2 \\ -0.1 \end{smallmatrix}$일 때 금형가공치수를 소수점 2자리까지 계산하시오. 단, 수지의 수축률은 5/1000를 적용한다.

**풀이** 일반적인 금형가공 치수계산식에 의하여

$$M = (A + \frac{\alpha - \beta}{2}) \times (1 + S)$$

$$= (120 + \frac{0.2 - 0.1}{2}) \times (1 + 0.005)$$

$$= 120.65 \,(\text{mm})$$

가공부가 대칭인 경우에는 소수점 2자리가 짝수가 되도록 하기 위해 120.66(mm)로 한다.

# 8 에어 벤트(air vent)

성형 가공할 때 용융수지가 스프루, 러너, 게이트, 캐비티부에 있는 공기와 용융수지에서 발생하는 수증기 및 가스가 용융수지의 충전에 의하여 금형 외부로 빠져나가야 한다. 이들이 빠져나갈 수 있는 통로를 에어 벤트라 한다.

## (1) 에어 벤트의 방법

### ① 밀핀을 이용하는 방법

밀핀과 밀핀구멍의 틈새를 이용하는 것으로, 그 틈 사이는 0.01~0.02가 적합하다.

### ② 코어핀을 이용하는 방법

높은 보스가 있는 경우 코어에 코어핀을 설치하므로 코어핀과 코어핀 구멍의 틈새로 가스빼기가 된다.

### ③ 분할형 및 인서트 블록에 의한 방법

버켓과 같이 깊은 성형품을 중간부분이나 밑부분을 분할하여 맞추는 경우와 캐비티 또는 코어 등을 분할하여 맞추는 경우에 맞춤부분의 틈새로 가스가 빠진다.

### ④ 진공흡입에 의한 방법 - 캐비티 내의 가스를 진공펌프로 빼내는 방법

### ⑤ 파팅 라인에 에어 벤트를 빼내는 방법

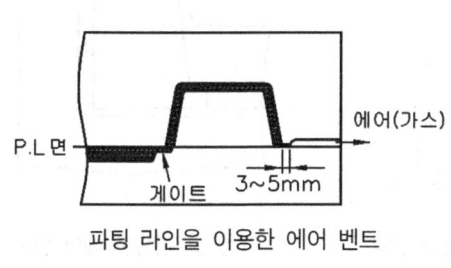

파팅 라인을 이용한 에어 벤트

수지별 플래시가 발생하지 않는 벤트의 깊이

| 수지명 | 벤트 깊이(mm) |
|---|---|
| ABS | 0.01~0.03 |
| 폴리아세탈 | 0.01~0.02 |
| PPO(변성) | 0.02~0.03 |
| PPS | 0.01~0.03 |
| PBT | 0.005~0.015 |
| 폴리아미드 | 0.005~0.015 |
| 폴리카보네이트 | 0.02~0.03 |

벤트의 폭은 3mm정도, 깊이는 0.01~0.02mm 정도로 한다. 수지별 플래시가 발생하지 않는 벤트의 깊이는 다음 표와 같다.

### ⑥ 소결합금을 이용한 방법

성형압력에 의한 변형에 주의한다.

## (2) 에어 벤트의 결합에 의한 문제점

### ① 태움 발생

캐비티부의 가스 빠짐보다 용융수지의 충전속도가 빠르면 가스의 단열압축으로 온도가 급격히 상승되어 수지의 태움 현상이 생긴다.

② 충전 부족 발생

폐쇄된 캐비티 내의 가스저항으로 용융수지의 충전이 저지되어 충전불량의 원인이 되며, 플로 마크나 웰드 라인이 현격하게 발생한다.

③ 플래시 발생

캐비티 내의 가스가 사출된 용융수지에 밀려 금형의 분할면을 벌리므로 성형부가 커지면서 분할면 사이에 플래시의 원인이 된다.

④ 가스와 수지가 혼합되어 기포, 은줄, 흐림 등의 불량이 발생한다.

⑤ 금형온도와 수지온도를 올리고, 사출속도를 느리게 하면 이들 불량은 일어나지 않으나, 사이클이 대폭 연장된다.

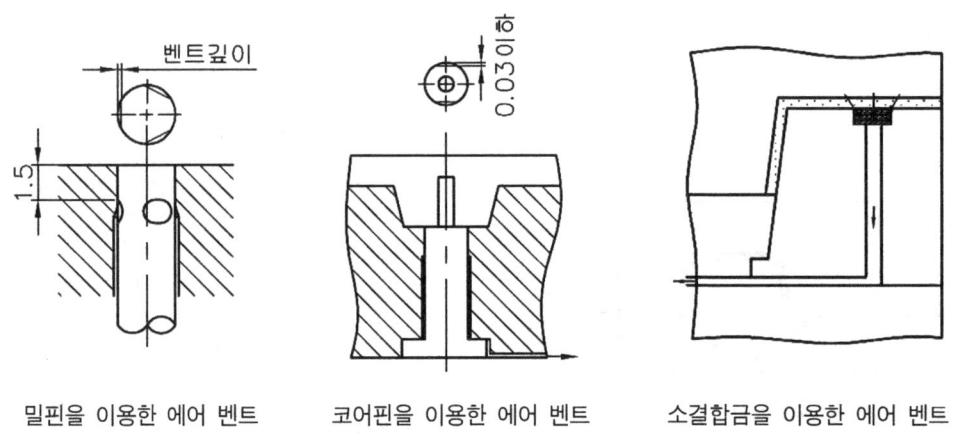

밀핀을 이용한 에어 벤트     코어핀을 이용한 에어 벤트     소결합금을 이용한 에어 벤트

# 제 12 장
## 성형 불량 원인과 대책

 **1**  **성형 불량의 종류와 그 주원인**

(1) 충전 부족(short shot)

성형품의 일부분이 성형되지 않는 현상을 충전 부족(short shot)이라 말하며, 성형 조건에 의한 원인 중에는 금형 온도, 수지 온도가 낮아져 유동성이 나쁜 경우가 있고 성형품의 살두께가 얇아서 생기는 경우도 있다. 이밖에 에어 벤트(air vent)가 되지 않는 경우, 게이트 밸런스가 좋지 않은 경우도 충전 부족 현상이 나타난다.

그 주원인은 다음과 같다.

① 수지의 공급량 부족

② 수지의 유동성 부족

③ 유동저항이 너무 크다.

④ 캐비티 안의 가스 빼기 불량

⑤ 성형기의 용량 불량

⑥ 재료 공급량 부족

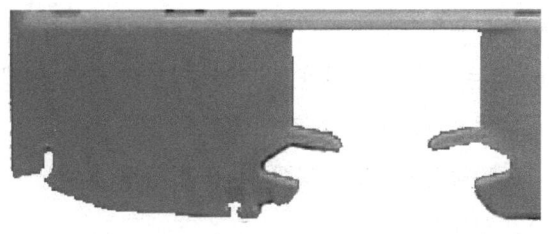

불량의 원인과 대책

| 불량 원인 | 개선대책 |
|---|---|
| 1. 사출기의 사출용량이 부족하다. | • 용량이 큰 사출기에서 작업한다. |
| 2. 수지의 유동성이 나쁘다. | • 수지 온도(실린더 온도)를 높게 한다.<br>• 금형 온도를 높게 한다.(냉각수 유량을 적게 한다.)<br>• 사출속도를 빠르게 한다.<br>• 스프루, 러너, 게이트를 크게 하고 러너의 형상을 원형 또는 사다리 형상으로 한다.<br>• 벽 두께가 얇은 곳은 두껍게 하고 콜드 슬러그 웰(cold slug well)을 크게 한다. |
| 3. 캐비티(cavity) 내의 공기가 빠지지 못한다. | • 사출속도를 느리게 한다.<br>• 게이트 위치를 바꾼다. |
| 4. 다수 캐비티 중 일부 캐비티가 성형되지 않는다. | • 게이트 밸런스를 조정한다.(스프루로부터 먼 곳의 게이트 크기를 크게 한다.)<br>• 러너 배열을 조정한다.<br>• 금형 부착 방향이 바뀌었나 확인한다.(상하) |
| 5. 금형 체결력이 부족하다. | • 형 체결력이 큰 사출기에서 작업한다. |

(2) 플래시(flash)

금형의 파팅면, 부시, 이젝터 핀, 슬라이드의 압절면(押切面) 등의 금형을 구성하는 각 부품의 틈새에 용융수지가 흘러들어감으로써 성형품의 외부에 실날 같은 수지가 붙어 있는 현상을 말하는데, 이는 성형품의 외관 및 치수 정도에 많은 영향을 초래한다.

그 주원인은 다음과 같다.

① 맞춤면, 압절면(裡切面) 등의 금형 불량
② 형체력의 부족
③ 수지의 유동성이 너무 좋다.
④ 공급량의 과다

플래시

불량의 원인과 대책

| 분류 | NO | 성형 불량 원인 | 성형 불량 대책 |
|---|---|---|---|
| 성형기 | 1 | 형체력이 부족하다. | 실린더의 온도를 성형재료의 적정온도로 높인다. |
| | 2 | 사출압력이 높다. | 사출압력을 높인다. |
| | 3 | 원재료의 공급이 너무 많다. | 사출속도를 빨리한다. |
| 금형 | 1 | 금형의 분할면 정도가 나쁘다. | 분할면을 재가공하여 균일하게 조정한다. |
| | 2 | 금형 사이에 이물질이 끼어 있다. | 금형 사이의 이물질을 제거한다. |
| | 3 | 금형의 온도가 너무 높다. | 적정 금형온도까지 낮춘다. |
| | | 가스의 배출이 잘 안 된다. | 가스 벤트를 충분히 설정한다. |
| 성형재료 | 1 | 재료의 유동성이 너무 좋다. | 재료의 유동성을 고려하여 분할면의 틈새 간격을 최대한 줄이며 면 거칠기를 정밀하게 한다. |

## (3) 싱크 마크(sink mark, 수축)

사출 성형 중 성형품의 일부가 성형 수축으로 인하여 오목하게 들어가는 현상을 말하는데, 이는 성형품의 외관 현상과 성형품의 치수 변화에 많은 영향을 초래한다.

그 주원인은 다음과 같다.

① 성형품 살두께의 불균일
② 금형의 냉각 불균일
③ 금형 내의 수지압력
④ 재료의 수축이 큰 경우

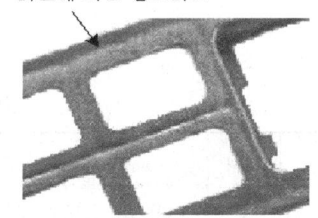
리브에 의한 싱크마크

불량의 원인과 대책

| 분류 | NO | 성형 불량 원인 | 성형 불량 대책 |
|---|---|---|---|
| 성형기 | 1 | 사출압력이 낮다. | 사출압력을 높인다. |
| | | 사출시 보압 시간이 짧다. | 보압 시간을 길게 한다. |
| | 2 | 성형 재료의 온도가 높다. | 성형기의 실린더 온도를 성형 재료의 적정 온도까지 낮춘다. |
| | 3 | 사출속도가 너무 느리다. | 사출속도를 빠르게 한다. |
| | | 재료의 공급이 부족하다. | 계량을 충분히 한다. |

| 분류 | NO | 성형 불량 원인 | 성형 불량 대책 |
|------|----|------------------|-------------------|
| 금형 | 1 | 금형의 온도가 높거나 균일하지 못하다. | 금형의 온도를 균일하게 낮춘다. |
|  | 2 | 러너 게이트가 작다. | 러너 게이트를 크게 한다. |
|  | 3 | 성형품 중에서 살두께가 두꺼운 부분이 있다. | 코어를 최대한 이용하여 성형품의 살두께를 균일하게 한다. |
| 성형재료 | 1 | 성형재료의 유동성이 나쁘다. | 성형재료의 유동성을 고려하여 러너 게이트를 크게 하고 경면 래핑 가공을 한다. |

## (4) 웰드 라인(weld line)

용융수지가 금형 내를 분기해서 흐르다가 재차 합류하는 곳에 생기는 가는 선을 말한다. 재차 합류할 때 용융수지가 완전히 융합되지 않기 때문에 생기며, 표면과 이면 모두 동일한 곳에 가느다란 선이 되어서 나타난다. 즉, 사출 성형시 흐름과 흐름이 만나는 곳에 줄무늬가 생기는데, 이는 성형품의 외관 및 강도에 많은 영향을 초래한다.

그 주원인은 다음과 같다.
① 수지의 분류(分流)가 있다.
② 유동성의 부족
③ 공기, 휘발분의 배출분량

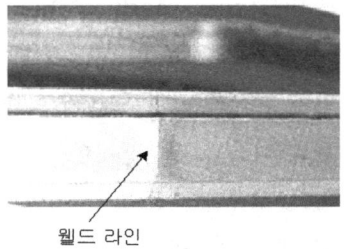

웰드 라인

불량의 원인과 대책

| 분류 | NO | 성형 불량 원인 | 성형 불량 대책 |
|------|----|------------------|-------------------|
| 성형기 | 1 | 실린더의 온도가 낮다. | 실린더의 온도를 성형재료의 적정온도로 높인다. |
|  | 2 | 사출압력이 낮다. | 사출압력을 높인다. |
|  | 3 | 사출속도가 느리다. | 사출속도를 빨리한다. |
| 금형 | 1 | 게이트의 위치가 부적합하다. | 게이트 위치를 변경한다. |
|  | 2 | 금형 온도가 낮다. | 금형 온도를 높인다. |
|  | 3 | 금형 내에 물, 기름이 유입 | 물, 기름 완전 제거 |
|  | 4 | 가스의 배출이 잘 안 된다. | 가스 벤트 충분히 설치한다. |
| 성형재료 | 1 | 재료의 유동성이 나쁘다. | 재료의 유동성을 고려하여 러너, 게이트의 크기를 크게 하고 경면 래핑 가공을 한다. |
|  | 2 | 재료의 건조가 불충분하다. | 재료의 예비 건조를 충분히 한다. |

## (5) 태움(burn)

사출 성형 중 성형 재료에서 가스 발생 혹은 공기의 잔류시 가스 자체의 화학 변화로 인하여 수지가 타게 되는데, 이는 성형품의 외관에 상당한 영향을 초래한다.

그 주원인은 다음과 같다.

① 공기의 배출 불량

**불량의 원인과 대책**

| 분류 | NO | 성형 불량 원인 | 성형 불량 대책 |
|------|-----|---------------|---------------|
| 성형기 | 1 | 실린더의 온도가 너무 높다. | 실린더의 온도를 재료의 적정온도까지 낮춘다. |
| | 2 | 실린더 내에 이물질이 혼입되어 있다. | 재료의 교환 시 실린더 내의 이물질을 깨끗이 닦아낸 후 사출 성형을 하도록 한다. |
| | 3 | 사출 속도가 빠르다. | 사출속도를 느리게 한다. |
| 금형 | 1 | 금형 내부에 가스 배출구가 부족하다. | 코어에 가스 벤트를 충분히 설정한다. |
| | 2 | 러너가 너무 작다. | 러너를 크게 한다. |
| 성형재료 | 1 | 재료의 건조가 불충분하다. | 재료의 예비건조를 충분히 한다. |
| | 2 | 재료 내의 이물질이 혼합되어 있다. | 재료 내의 이물질을 제거시키고 재료의 관리를 철저히 한다. |

## (6) 플로 마크(flow mark)

러너에서 냉각된 수지가 캐비티 내로 유입되면 캐비티면에 접촉하여 곧 고화되고 나중에 들어오는 수지에 의하여 물결 모양으로 나타나는 것을 말하는데, 이는 성형품의 외관 및 치수변화에 상당한 영향을 초래한다.

그 주원인은 다음과 같다.

① 수지의 유동성이 나쁠 때

② 금형온도의 불균일

③ 수지온도의 불균일

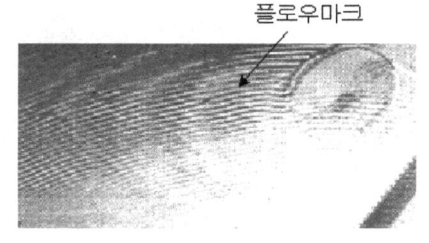
플로우마크

불량의 원인과 대책

| 분류 | NO | 성형 불량 원인 | 성형 불량 대책 |
|---|---|---|---|
| 성형기 | 1 | 실린더의 온도가 낮다. | 실린더의 온도를 성형재료의 적정온도까지 높인다. |
| | 2 | 보압 및 보압시간이 불충분하다. | 보압을 높이고 보압시간을 길게 한다. |
| | 3 | 사출속도가 느리다. | 사출속도를 빠르게 한다. |
| 금형 | 1 | 금형온도가 낮다. | 금형온도를 재료의 적정 금형온도로 높인다. |
| | 2 | 스프루경, 러너, 게이트가 작다. | 성형 용량 및 재료의 유동성을 고려 스프루경, 러너, 게이트를 크게 한다. |
| | 3 | 게이트의 형상 및 위치가 부적당하다. | 게이트의 형상 및 위치를 성형품의 특성을 고려하여 변경한다. |
| 성형재료 | 1 | 재료의 유동성이 나쁘다. | 재료의 유동성을 고려하여 러너, 게이트를 크게 하고 경면래핑 가공을 한다. |

## (7) 은줄(silver streak)

성형품의 표면에 수지의 흐름방향으로 발생하는 매우 가는 선의 다발로, 투명 재료에서 은백색의 선으로 보이는 현상이며 폴리카보네이트, 폴리염화비닐, AS 수지 등에 흔히 발생한다.

그 주원인은 다음과 같다.

① 수지에 수분이 있다.

② 수지에 함유된 휘발분이 완전히 빠지지 않는다.

③ 충전중인 수지온도의 심한 저하로 캐비티 내면에 접촉된 부분이 급랭 고화되면서 얇은 층을 형성한다.

④ 이종수지의 혼입으로 인하여, 운모모양 또는 비늘모양을 하고, 은백색의 광택을 나타낸다.

불량의 원인과 대책

| 분류 | NO | 성형 불량 원인 | 성형 불량 대책 |
|---|---|---|---|
| 성형기 | 1 | 사출 능력 또는 가소화 능력이 부족하다. | 사출 용량을 검토하여 성형기의 크기를 선정한다. |
| | 2 | 실린더 내에 수분 또는 공기가 잔류되어 있다. | 실린더 내의 공기를 제거한다. |
| | 3 | 사출속도가 늦다. | 사출속도를 빠르게 한다. |

| 분류 | NO | 성형 불량 원인 | 성형 불량 대책 |
|---|---|---|---|
| 금형 | 1 | 러너 게이트가 작다. | 러너 게이트를 크게 한다. |
| | 2 | 스프루의 경이 작다. | 스프루의 경을 크게 한다. |
| | 3 | 금형 내에 오일과 같은 오물이 잔류되어 있다. | 성형 전에 금형의 오물을 깨끗이 제거한다. |
| | 4 | 가스의 배출이 안 된다. | 가스벤트를 충분히 설정한다. |
| 성형재료 | 1 | 성형 재료 내에 수분이 과다하게 함유되어 있다. | 성형 재료의 예비 건조를 충분히 하여 수분을 제거한다. |
| | 2 | 호퍼 내에 재료가 너무 냉각되어 있다. | 호퍼의 히터를 작동시켜 적정온도를 유지시켜 준다. |

## (8) 흑줄(black streak)

성형품의 표면에 검은 줄이 나타나는 현상으로서, 수지 중의 첨가제 또는 윤활제가 실린더 내에서 열분해하여 발생한다. 흑줄(black streak)도 은줄과 같이 발생하는 위치가 일정하지 않다.

그 주원인은 다음과 같다.

① 성형 사이클이 길 때, 성형기의 용량에 비해 성형품이 과소할 때, 재료가 불필요하게 실린더 안에 오래 체류할 때에 수지의 과열분해에 의해 발생

② 수지나 수지 중의 첨가제 또는 윤활제의 열분해로 인한 휘발분의 연소

③ 가스 빼기 불량으로 단열압축에 의한 연소

### 불량의 원인과 대책

| 불량 원인 | 개선대책 |
|---|---|
| 1. 수지의 열분해 | • 실린더 온도를 낮게 한다.<br>• 실린더 내에서의 체류시간을 짧게 한다. |
| 2. 이물질이 혼입되어 있다. | • 분쇄 수지를 조사하고 퍼지한다. |
| 3. 가열 실린더 내부에서의 산화 | • 스크루, 체크 밸브를 조사하여 수선 또는 교체한다. |
| 4. 캐비티 내의 공기가 빠지지 못한다. | • 에어 벤트를 만들어 준다.<br>• 사출속도를 느리게 한다.<br>• 사출압력을 낮게 한다.<br>• 게이트 위치를 변경한다. |

### (9) 광택불량(표면 흐림)

성형품의 표면에 광택이 없고 투명제품의 경우 투명도가 불량하다(안개가 낀 것 같이 유백색의 엷은 막이 있다). 금형 표면의 끝다듬질이 불량하거나 수지 중 휘발분 또는 이형재의 과다 사용 등에 의해 발생한다.

그 주원인은 다음과 같다.

① 금형 제품면의 면 정밀도가 나쁘다.

② 휘발분의 금형면에 응고해서 담백색의 흐림 발생

③ 금형면에 수분, 윤활제가 부착되어 있다.

④ 결정성 수지의 경우 경정화도가 크다.

⑤ 다른 재료가 혼입되어 있다.

불량의 원인과 대책

| 불량 원인 | 개선대책 |
|---|---|
| 1. 금형의 끝다듬질이 불량하다. | • 금형 표면을 경면사상(mirror finish)한다.<br>• 필요시 크롬 도금한다. |
| 2. 수지의 유동성이 부족하다. | • 수지 온도(실린더 온도)를 높게 한다.<br>• 금형 온도를 높게 한다.<br>• 사출속도를 빠르게 한다. |
| 3. 수지 중에 휘발분이 있다. | • 수지를 충분히 건조한다.<br>• 수지가 열분해되지 않도록 실린더 내에서의 체류시간을 짧게 한다.<br>• 이형제를 사용하지 않는다. |
| 4. 결정성 수지의 냉각속도가 늦다. | • 결정성 수지의 경우 냉각시간을 짧게 한다.(냉각시간이 길면 결정도가 높아서 광택, 투명도가 떨어진다.) |

### (10) 기포

싱크 마크와 동일한 이유로 발생하지만 성형품 내부에 생기는 공간으로 그 생성과정에 따라 비교적 성형품의 두꺼운 부위의 내부에 생기는 진공기포, 수분이나 휘발분에 의해 살두께와 관계없이 생기는 기포로 분류한다.

그 주원인은 다음과 같다.

① 수지의 수분 및 휘발분이 있다.

② 스프루, 러너, 게이트 등에서 압력손실이 크다.

③ 설정 압력이 낮고, 보압시간이 짧다.

④ 내부에 비해 외부의 냉각고화가 너무 빠르다.

불량의 원인과 대책

| 분류 | NO | 성형 불량 원인 | 성형 불량 대책 |
|---|---|---|---|
| 성형기 | 1 | 실린더의 온도가 너무 낮다. | 실린더의 온도를 성형 재료의 적정온도까지 높인다. |
| | 2 | 실린더 내에 공기가 혼입되어 있다. | 실린더 내에 남아 있는 공기를 완전히 제거한다. |
| | 3 | 호퍼의 온도가 너무 냉각되어 있다. | 호퍼의 히터를 작동시켜 적정온도를 유지시켜 준다. |
| | 4 | 사출속도가 늦다. | 사출속도를 빠르게 한다. |
| 금형 | 1 | 금형의 온도가 너무 낮다. | 성형 재료의 적정 금형 온도까지 높인다. |
| | 2 | 가스의 배출이 되지 않는다. | 가스벤트를 충분히 설정한다. |
| 성형재료 | 1 | 재료의 건조가 불충분하다. (재료 내에 수분, 공기, 오일 등이 과다하게 함유되어 있다.) | 재료의 예비건조를 충분히 한다. |

## (11) 제팅(jetting)

성형품의 표면에 뱀이 지나가는 것과 같이 구불구불한 모양을 말한다. 제팅은 주로 얇고 평평한 성형품의 사이드 게이트에서 잘 나타나며 금형 온도, 수지 온도가 낮아서 냉각된 수지가 금형 캐비티 내로 흘러 들어와서 생긴다. 게이트 위치가 나쁘고, 캐비티로 유입하는 수지의 유속이 너무 빠르고, 유로가 너무 길면, 최초에 사출된 비교적 저온의 수지가 끈모양인 채 고화하고, 차례차례 사출되는 고온의 수지에 밀려 내려가게 되는데 잘 융합되지 않는 상태로 표면에 나타난다.

그 주원인은 다음과 같다.

① 캐비티가 가늘고 긴 실모양으로 충전된다.

② 수지의 정도가 높다.

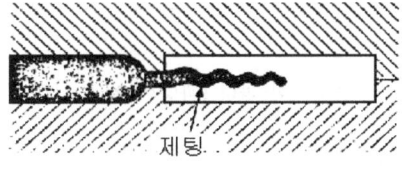

제팅

불량의 원인과 대책

| 불량 원인 | 개선대책 |
|---|---|
| 1. 냉각된 수지가 캐비티 내로 유입된다. | • 금형 온도를 높게 한다.<br>• 수지 온도를 높게 한다.<br>• 콜드 슬러그 웰을 크게 한다.<br>• 노즐 부분을 가열한다. |
| 2. 사출속도가 빠르다. | • 사출속도를 느리게 한다.<br>• 게이트 크기를 크게 한다.<br>• 게이트 위치를 변경한다.(게이트와 캐비티 벽과의 거리를 짧게 한다.) |

### (12) 크레이징과 크랙

성형품의 표면에 가느다란 선(線) 모양의 금이 가거나 깨지는 현상을 말한다. 깨지는 현상을 크랙(crack)이라 하고, 가늘게 금이 가는 것을 크레이징(crazing)이라 한다. 성형 직후에 나타나는 경우가 많으나, 잔류응력에 의해 냉각되어 가는 과정에서 발생하는 경우도 있다.

그 주원인은 다음과 같다.

① 살두께의 급격한 변화, 코너 부분의 날카로운 각, 재료의 흐름이 갑자기 바뀌는 장소가 있으면 난류를 일으켜서 잔류응력이 커진다.

불량의 원인과 대책

| 불량 원인 | 개선대책 |
|---|---|
| 1. 이젝팅의 불균형 | • 빼기구배를 주고 다듬질한다.<br>• 금형 측면에 언더컷 또는 역구배가 있는지 조사한다.<br>• 이젝터 핀을 추가 설치하여 이젝팅시 균형을 유지하도록 한다. |
| 2. 사출압력이 높다.(과잉 충전) | • 사출압력을 낮게 한다.<br>• 수지 온도를 높게 한다.<br>• 금형 온도를 높게 한다.(과잉 충전에 의한 내부응력을 제거한다.) |
| 3. 금속 인서트(insert) 주위의 크랙 | • 금속 인서트를 예열하여 작업한다. |

## (13) 백화

성형품의 취출시 이젝팅 부위의 집중 응력으로 인하여 이젝터 핀 면에 흰자욱이 생기는 것을 말하는데, 이는 성형품의 외관에 많은 영향을 주며 성형품의 변형을 초래한다.

그 주원인은 다음과 같다.

① 이젝터 핀의 배치, 접촉 면적의 부족

② 형 열기, 밀어내기의 속도가 빠르다.

불량의 원인과 대책

| 분류 | NO | 성형 불량 원인 | 성형 불량 대책 |
|------|------|----------------|----------------|
| 성형기 | 1 | 실린더 온도가 너무 높다. | 실린더의 온도를 낮춘다. |
|  | 2 | 사출 압력이 높다. | 사출 압력을 낮춘다. |
| 금형 | 1 | 성형품에 비하여 이젝터의 경이 너무 작다. | 이젝터 핀의 경을 키우거나 이젝터 핀의 수를 늘린다. |
|  | 2 | 이젝터 핀의 배치가 불균일하다. | 이형 응력을 고려하여 이젝터 핀의 위치를 수정한다. |
|  | 3 | 금형 내부에 진공 부분이 있다. | 진공부위에 에어 벤트를 충분히 설치한다. |
|  | 4 | 코어 가공부의 사상면이 거칠다. | 코어 가공부의 사상을 깨끗이 한다. |
|  | 5 | 냉각이 불충분하다. | 냉각 시간을 길게 하여 냉각을 충분히 한다. |
| 성형재료 | 1 | 재료의 건조가 불충분하며 재료가 너무 냉각되어 있다. | 재료의 예비 건조를 충분히 하고 호퍼의 히터를 작동시켜 적정온도를 유지시켜 준다. |

## (14) 표층 박리(lamination)

성형품이 운모와 같이 층상으로 되어 있어 벗겨지는 상태를 말한다. 폴리스틸렌(PS)이나 폴리에틸렌(PE)과 같이 다른 종류와 서로 융합하기 어려운 수지를 혼합하거나 금형 온도, 수지 온도가 아주 낮아 성형품이 급격히 냉각할 때 발생한다.

불량의 원인과 대책

| 불량 원인 | 개선대책 |
|-----------|----------|
| 1. 종류가 다른 수지가 섞여 있다. | • 퍼지한다.<br>• 분쇄한 수지의 혼합량을 줄인다. |
| 2. 수지 온도가 낮다. | • 실린더 온도를 높게 한다.<br>• 금형 온도를 높게 한다. |

## (15) 휨(wrap)·뒤틀림(twist)

사출 후 이젝팅 시 대기중에서 생기는 변형을 말하며, 근본적인 원인은 성형품의 냉각 불균일 (냉각시간차)이다.

불량의 원인과 대책

| 불량 원인 | 개선대책 |
|---|---|
| 1. 냉각이 불균일하다. | • 금형 온도를 낮게 한다.<br>• 냉각시간을 길게 하여 금형 내에서 충분히 냉각되도록 한다.<br>• 냉각수 위치를 변경하여 금형 온도를 균일하게 한다. |
| 2. 이젝터 핀에 의해 변형된다. | • 이젝터 핀을 추가로 설치하여 이젝팅시 성형품의 균형을 유지하게 한다.<br>• 빼기구배를 크게 한다.<br>• 코어 측벽부를 곱게 다듬질한다. |
| 3. 성형 응력의 발생 | • 수지 온도를 높게 하여 수지의 유동성을 좋게 한다.<br>• 금형의 온도를 높게 한다.<br>• 사출압력을 낮게 한다. |
| 4. 결정성 수지의 변형 | • 냉각속도를 조절한다.(서랭하면 결정도가 높아져서 수축이 커지고, 급랭하면 결정도가 낮아져 수축이 작아진다.)<br>• 금형의 고정측, 가동 측에 온도차(20℃ 이상)를 주어 냉각을 균일하게 유도한다. |
| 5. 수지의 배향 | • 수지 온도를 높게 하여 흐름 방향의 수축률과 흐름에 직각방향과의 수축률 차이를 적게 한다.<br>• 살두께를 두껍게 하여 수축률 차이를 적게 한다. |

## (16) 이젝팅(ejecting) 불량

성형품이 금형의 고정측에 붙거나 가동측에 붙어 이젝팅되지 않는 경우로서, 성형품이 고정측에 붙는 경우는 매우 심각한 경유로 양산이 불가능하므로 그 원인을 잘 분석하여 대책을 세워야 한다. 원인이 금형 설계 시 구조가 잘못(파팅 라인 위치 등)되었을 경우에는 대대적인 금형 수정 또는 다시 제작해야 하는 경우도 있다.

불량의 원인과 대책

| 불량 원인 | 개선대책 |
|---|---|
| 1. 과잉 충전 | • 사출압력을 낮게 한다.<br>• 사출시간을 짧게 한다.<br>• 수지 온도를 낮게 한다.<br>• 금형 온도를 낮게 한다.<br>• 이젝팅 시 압축공기를 불어 넣는다. |
| 2. 이젝팅 빼기구배가 적다. | • 금형의 측면 구배를 크게 하고 끝다듬질한다.<br>• 언더컷이 있는지 조사하여 제거한다. |
| 3. 성형품이 고정측에 붙는다. | • 스프루와 노즐의 접촉 상태를 조사한다.(노즐의 구면 반지름이 스프루 부시의 구면 반지름보다 크면 스프루의 분리가 어려워진다.)<br>• 스프루 록 핀의 언더컷 양을 크게 한다.<br>• 고정측 캐비티 측면을 래핑 가공한다.<br>• 가동측 코어 측면의 구배를 적게 한다.<br>• 노즐을 가열한다. |

# 제 13 장

● ● ● ● ● ●

# 사출 성형 CAE

① 사출 성형 CAE 소프트웨어는 제품 설계로부터 양산화로 이동하는 시점에서 발생하는 시행착오를 줄여서 제품 개발기간을 단축하기 위한 도구이다. 따라서 사출 불량 문제를 실제 수지를 가지고 사출 성형기에 금형을 설치하여 여러 번 실험을 통하여 해결하던 종래의 방법을 탈피하여, 사출 성형기를 사용하지 않고 컴퓨터 내에서 일정 조건을 입력하여 얻어진 결과로서 문제를 해결하는 것을 말한다.

② 컴퓨터 화면을 통해서 실제 사출시에 볼 수 없었던 수지의 거동, 냉각과정, 압력거동 등을 볼 수 있으며, 이를 기초로 성형품의 예상 문제점을 파악할 수 있다. 즉, 휨, 웰드 라인, 수축 등의 불량을 예측할 수 있으며 이를 방지하기 위한 여러 가지 방법(살두께, 게이트 위치와 종류, 제품형상, 사출조건)을 동원하여 적정 조건을 찾아주는 종합 Solution 시스템이다. 사출 성형 CAE 소프트웨어의 장점은 다음과 같다.

- 사출 성형 기술 고도화를 통한 기업 경쟁력 강화
- 품질불량을 미연에 방지함으로써 납기 단축
- 최적 수지 선정을 통한 품질안정 및 원가 절감
- 스푸루/러너/게이트 최적화
- 성형 불량 감소
- 생산성 향상
- 최적 설계

③ 플라스틱 제품의 기구 설계시나 금형 설계시 성형 제품 불량 문제를 실제 수지를 가지고 사출 성형기에 설치하여 여러 번 실험을 통해 해결하던 것을, 사출 성형기를 사용하지 않고 컴퓨터를 이용하여 문제점을 사전에 파악하는 "가상 성형(Virtual Molding)" 시스템인 사출 성형 CAE 소프트웨어는 실제 사출 성형 공정 별로의 해석 모듈을 가지고 있다.

④ 사출 성형 해석의 목적은 기존의 시행착오법에서 벗어나 제품 설계 또는 금형 설계 단계 이전에 해석을 통하여 예상되는 문제점들을 미리 파악하여 제품 설계와 금형 설계를 최적화하는데 있다.

⑤ 사출 성형 해석은 수지의 유동과 냉각 과정을 시뮬레이션하는 것이다. 따라서 해석을 위해 기본적으로 반드시 필요한 부분이 수지의 유동을 위한 금형의 런너시스템과 제품 캐비티 그리고 냉각을 위한 냉각시스템의 모델링이다.

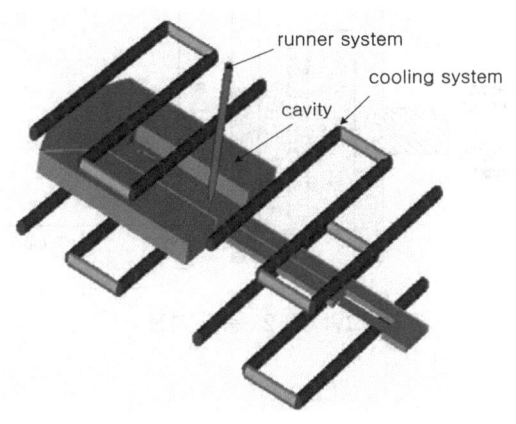

그림 13.1  Mold Modeling

## ① 사출 성형 과정

사출 성형은 사출 성형기에 계량된 플라스틱 수지를 금형 내로 사출하는 충진과정, 충진된 수지가 냉각에 따라 수축되는 양을 보정해주기 위한 보압과정, 취출가능 온도까지 대기하는 냉각과정, 제품을 금형 밖으로 밀어내는 취출과정으로 분류된다.

▶ 충진과정(filling) ▶ 보압과정(packing) ▶ 냉각과정(cooling) ▶ 취출과정(clamp Open)

따라서 사이클 시간은(Cycle Time) = 충진시간 + 보압시간 + 냉각시간 + 취출시간

### 1) 충진 과정(filling)

충진 과정은 스크루의 전진 속도제어를 통하여 플라스틱 수지를 금형의 캐비티 내부로 충진하는 과정이다. 스크루가 보압 전환점에 도달하면 캐비티는 거의 충진이 완료된다. 충진과정은 속도 제어 과정으로 충진 속도 조건에 따라 스크루 앞단에 형성되는 사출압력은 달라진다. 충진 속도가 적절하지 않으면 사출압력이 크게 상승할 수 있다.

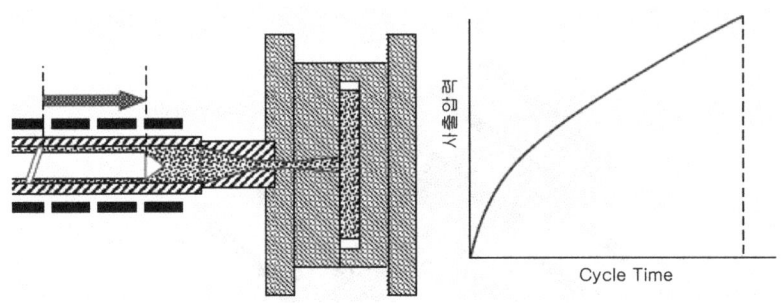

그림 13.2 충진 과정

### 2) 보압 과정(packing)

보압 과정은 충진된 수지가 차가운 금형에 의하여 냉각 수축되는 양을 보충하기 위하여 일정 시간 동안 스크루 앞단에 일정 압력이 형성되도록 스크루를 전진시키는 압력제어 구간이다. 일반적으로 보압은 게이트가 고화될 때까지 설정하는데, 게이트가 고화되면 캐비티 내로 더 이상 수지 공급이 불가능하기 때문이다. 따라서 보압 과정은 제품 수축률과 밀접한 관계가 있다.

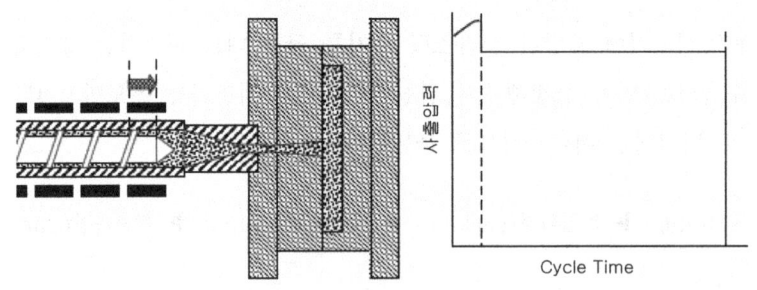

그림 13.3 보압 과정

## 3) 냉각 과정(cooling)

냉각 과정은 금형의 캐비티 내에 충진되고 압축된 수지가 취출 가능한 온도까지 대기하는 시간이다. 일반적으로 제품은 약 80%, 콜드런너는 약 50% 고화가 진행되면 취출이 가능하다. 또한 이 구간 동안 스크루는 회전 후진하면서 다음 충진을 위한 수지를 가소화하면서 계량한다.

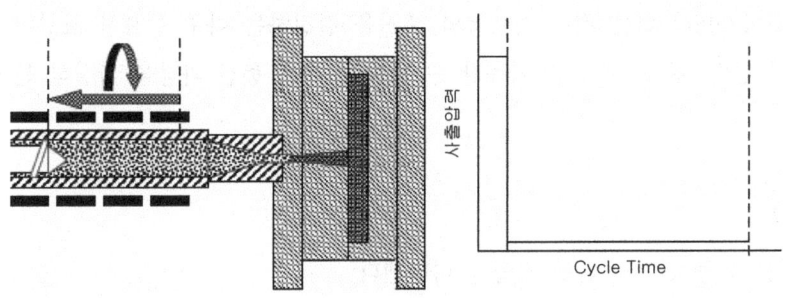

그림 13.4  냉각 과정

## 4) 취출 과정(clamp Open)

취출 과정은 취출 가능한 온도까지 냉각된 제품을 캐비티에서 분리하는 과정이다. 가동측 형판이 뒤로 후퇴하여 금형이 열리면 밀핀으로 쳐서 제품을 취출하고 다음 충진을 위하여 금형을 다시 닫는다.

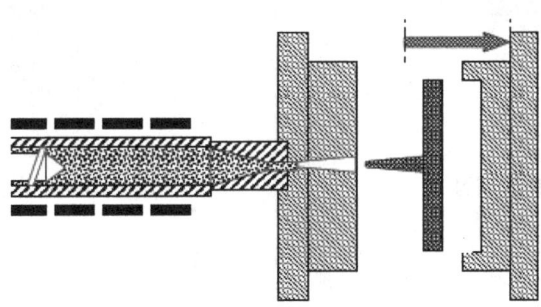

그림 13.5  취출 과정

# ② 충진 해석

충진 과정은 사출기 노즐을 통해서 나온 수지가 금형 내를 채워가는 공정이다. 따라서 충진 해석은 수지가 금형을 어떻게 채워가느냐 하는 과정에 대한 분석이라 할 수 있다. 어떤 상태로 수지가 금형 내로 들어가느냐 하는 것이 성형품의 품질을 결정하는 아주 중요한 요인이 된다. 충진 과정 중 금형 내의 압력, 온도, 응력을 예측할 수 있다는 것은 충전 과정을 확실히 분석할 수 있다는 것을 의미한다.

### 1) 충진 패턴

① 시간에 따른 유동 선단의 진행 모습을 나타낸다.

유동 패턴은 모델링된 제품의 각 위치에 수지가 도달하는 시간을 의미하며, 이때 균형 잡힌 유동(balanced flow)을 유지하도록 하는 것이 바람직하다.

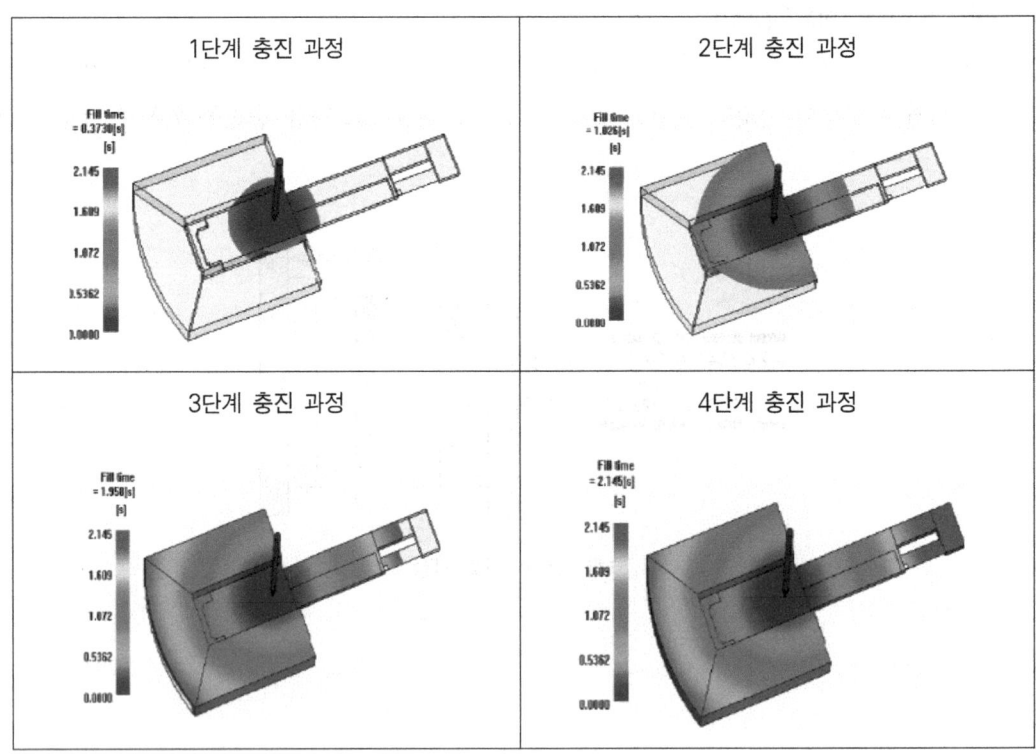

그림 13.6  충진 과정

② 웰드 라인의 위치와 에어벤트의 위치를 추정할 수 있다.

유동 패턴으로부터 추정된 웰드 라인의 위치가 외부 하중하에서 큰 응력이 가해지는 부위이 거나 외관 품질의 저하를 가져올 수 있다면, 설계 변경 등을 통하여 이들의 위치를 옮겨 주어야 한다.

## 2) 캐비티 압력 분포

① 시간에 따른 압력 분포를 나타낸다.

만족할 만한 성형품의 품질을 얻기 위해서는 균일한 압력 구배(차이)를 유지하는 것이 바람직하다.

② 불균일한 압력 구배인 경우 - 유동 정체(flow hesitation), 과보압(over packing, 플래시를 유발할 수 있음), 아보압(under packing, 과도한 주축을 유발할 수 있음) 등이 발생한다.

③ 충전공정 동안에 큰 압력 변화(조밀한 등압선)는 피하는 것이 좋다.

## 3) 온도 분포

① 시간에 따른 평균 온도 분표를 나타낸다.

일반적으로 연속적인 수지의 흐름이 발생하는 곳은 높은 온도를 보이며, 수지의 유동이 멈춘 부분에서는 급격한 냉각이 발생하게 된다.

② 충전 동안의 온도 분포는 균일한 것이 좋다.

특정 부위의 과도한 점성 마찰열(viscous heating)에 의한 온도의 상승은 수지의 변성 (degradation)을 유발할 수도 있다.

③ 최대 온도가 수지의 열화온도와 비슷하다면, 가장 뜨거운 부위의 형상을 변경하거나 성형 조건을 변경할 필요가 있다.

## 4) 웰드 라인 위치

① 충전 유동 중에 두 개 이상의 유동 선단이 서로 만날 때 생겨난다.

② 웰드 라인은 성형품에서 가장 약한 부분으로서 충격에 의해 깨질 가능성이 있으며, 고광택 수지에 있어서는 외관상 불량을 초래하기도 한다.

③ 웰드 라인은 게이트의 위치나 제품의 두께 및 게이트와 러너의 사이즈를 조절함으로써 덜 취약한 부위로 이동을 시킬 수 있다.

① 금형 내부로의 수지 충전이 완료되면 계속적인 냉각과 압력 강하에 의해 수지의 수축 현상이 생기게 된다. 이러한 수축 현상을 보완하기 위하여 보압 과정이 필요하게 된다.

② 보압 과정에서는 수지 주입구에 기설정된 특정 압력인 보압이 가해지게 되는데, 이 상태에서 수축을 보상하게 된다. 최적의 보압 과정 수행을 위해서 금형 내부의 압력 분포를 균일화하기 위한 다단 압력 조절이 요구되는데, 이러한 견지에서 보압 공정의 CAE 해석은 더욱 중요한 의미를 가지게 된다.

### 1) 캐비티 압력 분포

보압 과정 동안 압력의 변화는 위치별 부피 수축에 영향을 미치게 된다. 따라서 후 충전 과정 동안 금형 내부에서 압력의 변화를 최소화시키는 것이 필요하다. 고압의 경우는 광택 증가, 잔류 응력이 증가하고 저압인 경우에는 싱크 마크, 치수 불량이 발생한다.

### 2) 온도 분포

시간에 따른 캐비티 평균 온도 분포를 나타낸다. 보압 공정 동안의 온도 분포는 역시 균일한 것이 좋다. 온도의 차이는 불균일한 수축(shrinkage) 및 휨(warpage)을 유발하는 요인이 된다.

### 3) 부피 수축율

시간에 따른 캐비티 두께 방향으로의 평균 부피 수축율을 나타낸다.

부피 수축율은 상온 대기압에서의 밀도에 대한 금형 내의 수지 밀도의 상대적인 비율로서 정의된다. 부피 수축율은 성형품의 선형 수축을 가늠하는 척도가 된다. 만약 재료가 등방성 수축을 나타낸다면, 즉 모든 방향으로 일정한 수축율을 가진다면, 성형품의 형상에 따라 달라지겠지만 성형 수축은 부피 수축의 약 1/3 정도 발생할 것이다. 부피 수축율의 불균일은 휨을 초래할 가능성을 가진다. 부피 수축율의 차이를 최소화하는 것이 바람직하다.

### 4) 고화율

① 시간에 따른 캐비티의 평균 고화율을 나타낸다.

각 부위별 고화율 값은 제품 두께에 대한 수지의 온도가 유리 전이 온도(또는 결정화 온도)

보다 낮은 고화층의 비율로 정의된다. 고화율 값이 낮을수록 두께 방향의 중심층 부근에 수지의 유리 전이 온도(또는 결정화 온도)보다 온도가 높은 용융 수지가 차지하는 비율이 높은 것을 나타낸다.

② 보압 공정중에 시간에 따른 고화율 분포의 변화를 관찰함으로써 제품 취출에 필요한 후충전 시간을 설정하는데 참고 자료로 쓰일 수 있다.

그림 13.7  Front의 평균 온도 분포 결과

## ④  냉각 해석

① 수지가 금형을 다 채우면 냉각 과정이 시작된다.
금형 내의 일정량의 수지는 고화되어 부피가 줄어들게 되므로, 밀도는 서서히 증가하게 된다. 이를 성형품의 수축(shrinkage)이라 하며, 최종적으로 금형보다 약간 작은 성형품을 얻게 된다.

② 성형품의 두께 차이에 의해 각 부위별 냉각 속도 차에 따른 수축도 발생한다.
최종 성형품의 수축을 최소화하기 위해 수지의 밀도가 커질 때, 고압으로 여분의 수지를 추가로 밀어넣어 냉각중인 수지가 항상 일정한 부피를 유지하도록 하여 수축을 보상하는 보압 과정이 냉각 과정과 동시에 이루어져야 하며, 이를 통해 보다 정밀한 성형품을 얻을 수 있다.

③ 냉각 과정이 너무 짧으면 수지의 고화가 완전히 이루어지지 않거나, 취출시 변형을 일으키게 되고 반대의 경우 생산성이 떨어지게 된다.

④ 제품 및 금형 설계 단계 이전에 냉각 해석 수행

성형품에서 주로 발생하는 변형, 휨 등을 유발하는 잔류 응력, 그리고 hot spot 등을 줄일 수 있을 뿐 아니라 성형 싸이클을 최소화할 수 있을 것이다.

## 1) 금형 온도 분포

① 사출 성형 공정 동안의 평균 금형벽면 온도 분포를 나타낸다.

그림 13.8에서 온도가 높은 부분은 상대적으로 느리게 식는 부위임을 의미하게 된다. 이 주위에서는 금형 온도의 불균일이 일어날 가능성이 크며, 이는 잔류 응력을 발생시키고 휨을 일으키는 잠재적 요인으로 작용하게 된다.

② hot spot은 냉각이 잘 이루어지지 않는 부위로서 피해야만 한다.

상대적으로 냉각이 잘 이루어지지 않기 때문인데, 제품 취출 후에 수축이 발생할 가능성이 많은 곳이다. 이와 같은 hot spot은 냉각이 잘 이루어지지 않는 부위로서 피해야만 한다.

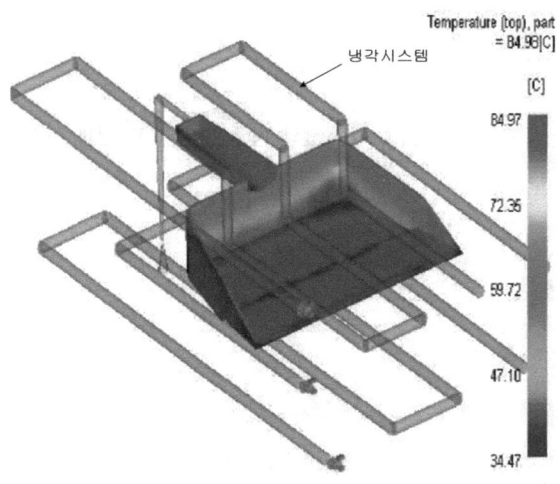

그림 13.8  냉각 과정

## 2) 금형 상하 표면 온도차

① 성형 싸이클 동안 금형 상하측의 각 위치별 평균 온도차를 나타낸다.

상대적으로 금형의 캐비티와 코어가 상대적으로 온도차가 많이 나는 부위에서는 성형품 내부의 온도 분포가 상대적으로 불균일한 열응력을 발생시키며, 변형의 주요인이 된다.
② 금형 표면의 온도차를 최소화하기 위한 냉각 시스템의 설계가 필요하다.

### 3) 금형 표면 열 방출량
① 뜨거운 용융 수지가 금형을 채우고 냉각 과정을 거쳐 취출될 때까지 제품 표면에서 방출하는 열량의 분포를 나타낸다.
② 제품의 두께가 균일한 경우라면, 상대적으로 주위보다 낮은 열을 방출하고 있는 부위는 냉각이 잘 이루어지지 않고 있다는 것을 의미한다. 이때는 그 부위의 냉각 효율을 증가시켜 균일한 열방출량 분포를 얻도록 하는 것이 바람직하다.
③ 제품의 두께가 일정하지 않다고 하면, 열방출량의 분포만으로는 정확한 냉각 현상 해석을 하기 어려우며, 제품의 평균 온도(bulk temperature)를 관찰하여 냉각을 증진시켜야 할 부위를 찾는 것이 바람직하다.

### 4) 평균 온도 분포
① 성형품 두께 방향으로의 평균 온도 분포 및 냉각 채널 내의 냉각수 온도 분포를 나타낸다. 전체 성형 공정 동안 실제 금형 내의 수지 온도는 시간 및 위치, 그리고 두께 방향으로 변화한다.
② 온도가 높은 부위는 수지의 열변형과 전체 냉각 시간을 길게 하는 원인이 되므로, 냉각 시스템을 개선하여 전체 성형 시간을 줄이는 것이 바람직하다.

## ⑤  수축 및 휨 해석

### 1) 수축
① 수축이 일어나는 원인은 성형 온도에서의 폴리머(polymer) 밀도와 상온에서의 밀도가 다르기 때문이다.
② 사출 성형 공정 동안에 제품의 부위에 따른 수축의 변화와 두께 방향으로의 수축의 변화가 내부 응력, 소위 잔류 응력을 유발한다. 만약 성형품의 구조적인 강도보다 성형중에 발생한 잔류 응력이 비교적 크다면, 성형품은 금형으로부터 이형된 후에 휨이 발생하거나 외부의 충격에 의해 크랙이 생길 것이다.

③ 비결정성(amorphous) 수지, ABS(Acrylonitrile Butadine Styrene), PMMA (Acrylics), PC(Polycarbonate), PS(Polystyrene), PVC(Polyvinyl Chloride), SAN(Styrene Acrylonitrile)는 상대적으로 수축이 적게 발생한다. 결정성 수지는 전이 온도 이하로 냉각될 때 규칙적인 분자 배열, 소위 결정이 생성된다. 반면에 비결정성 수지는 액상에서 고상으로 바뀌어도 내부 분자 배열 구조는 변하지 않는다. 이러한 차이점이 결정성 수지의 액상과 고상 사이의 비체적 변화를 유발하는 원인이다.

④ 결정성(crystalline) 수지, PA(Nylon, Polyamide), POM(Acetals), HDPE(Low Density Polyethylene), LDPE(High Density Polyethylene), PP(Polypropylene), PBT (Polybutylene Terephthalates)에서 온도 차에 의한 수축이 발생하기 쉽다.
결정성 수지의 경우에는 온도가 떨어짐에 따라 전이 온도 부근의 액상에서 고상으로 상변화를 일으키면서 결정이 생성되기 때문에 비결정성 수지에서는 관찰할 수 없는 급격한 비체적의 가소 현상이 나타난다.

⑤ 수축은 성형 조건에 따라 변화하는데 사출압이 낮고, 보압 시간 또는 냉각 시간이 짧고, 사출 온도와 금형 온도가 높고, 보압이 작을수록 수축량이 증가한다. 성형품의 수축을 조절하는 것은 특히, 엄격한 치수 정밀도가 요구되는 경우에, 제품과 금형 및 공정 설계에 있어서 중요한 일이다.

## 2) 휨

① 휨이란 성형품의 외곽면이 설계상에서 의도한 모양과 다르게 뒤틀리는 현상을 말한다.
휨은 성형된 제품의 부위별 수축 차이에서 발생한다.

② 제품의 불균일한 냉각과 두께 방향으로의 비대칭적인 냉각이 수축의 차이를 유발한다.
금형의 벽면에서 제품의 중앙층까지 두께를 따라서 불균일하게 냉각되면서 수축하게 되고, 이형 후에 제 품의 휨이 발생하게 된다.

③ 금형의 상하측 면의 온도 차이가 발생하는 경우에는 뜨거운 면 쪽으로 휘어지게 된다.
평판의 경우에 뜨거운 면 쪽으로 오목해지고, 차가운 면 쪽으로 볼록해진다. 그리고 직각으로 꺾여진 코너 부위는 안쪽 면으로 굽어지게 된다.

④ 제품의 두께가 두꺼울수록 수축은 증가한다. 제품의 부위별 두께 차이에 의한 수축의 차이가 일반 플라스틱 수치의 휨을 초래하는 중요한 요인이 된다.

⑤ 한 쪽면에만 많은 리브가 있는 형상과 같이 기하학적인 비대칭성은 냉각과 수축의 차이, 이에 따른 휨을 발생시키는 원인이 된다.

### 3) 수축량의 변형

최종 사출 성형품의 수축량과 변형된 모양을 나타낸다. 해석 결과를 검토한 후에 설계 변경 및 공정 조건의 최적화를 통해서 수축 및 후미량을 최소화한다.

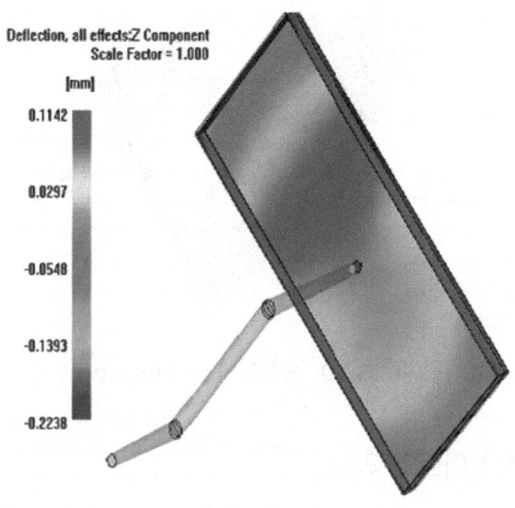

그림 13.9 전체 변형량 결과

## 6 노트북 Top Housing 사출 성형 CAE의 적용 사례

### 1) 설계 요구 사항

• 제품의 상단부는 키보드가 장착되는 부분(평균 두께 1mm)이고, 하단부는 Touch Screen을 비롯하여 사용자가 직접 접하는 외관 부분(평균 두께 1.6mm)이 된다.
• 설계 요구 사항
  성형 가능성(재료, 게이트 위치)
  휨의 가능성은 없는가?
  제품 하단부에서 발생하는 웰드 라인 개수 최소화
• CAD 파일, jpg 파일을 stl 파일로 변환한다.

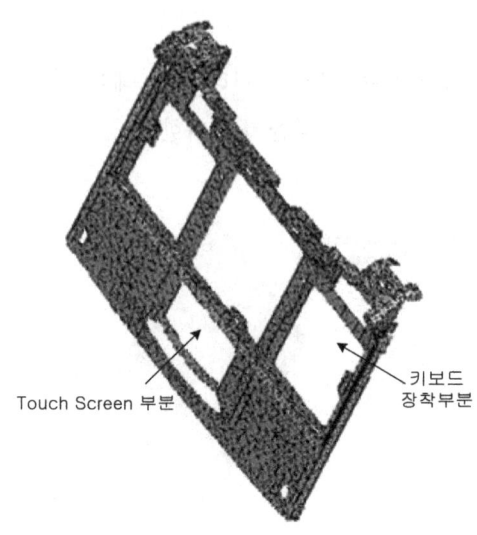

그림 13.10 노트북 Top Housing

## 2) 개선 전 스프루 러너 게이트의 위치

- 외관 제품으로 사용자 눈으로 확인할 수 있는 위치에 게이트를 설치되어서는 안 된다.
- 키보드가 놓이는 위치에 4개의 핀 포인트 게이트를 설치하고 하단부의 미성형을 방지하기 위하여 하단부에 2개의 사이드 오버랩 게이트를 설치하였다.

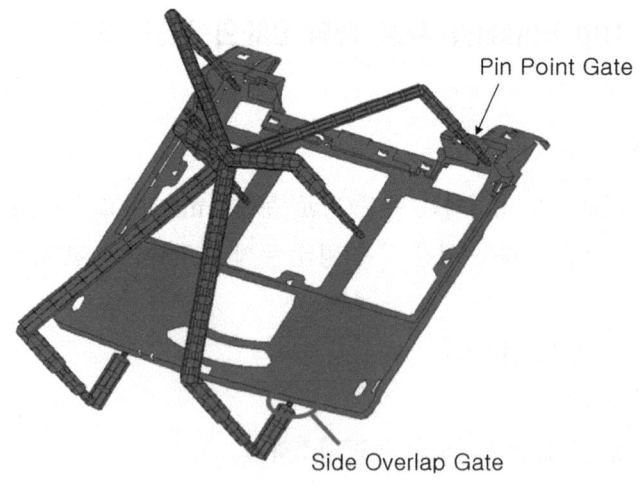

그림 13.11 개선 전 스프루 러너 게이트의 위치

## 3) 개선 전 해석 결과에 따른 웰드 라인 분포

• 키보드가 놓이는 바닥면으로 흘러 들어온 수지가 제품 외관의 중앙 부위로부터 충전되는 과정
에서 키보드의 하단과 제품 외관이 만나는 부위에서 웰드 라인을 형성할 가능성이 크다.
• 제품 하단부의 사이드 오버랩 게이트의 경우 사출 성형 후 게이트 자국이 남게 될 소지가 있
어 치명적인 외관불량을 초래할 수 있으며, 좌우측 하단부의 hole에 의해 웰드 라인이 발생된
다.

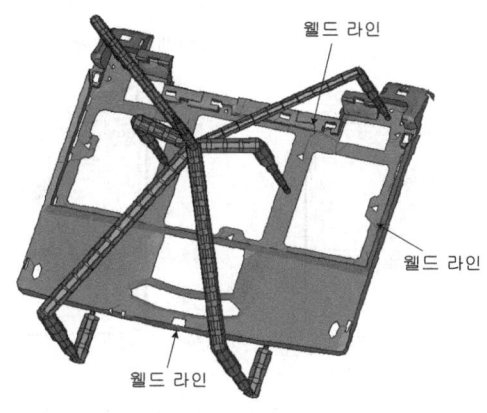

그림 13.12  개선 전 해석 결과에 따른 웰드 라인 분포

## 4) 게이트 위치 변경 추가된 모델

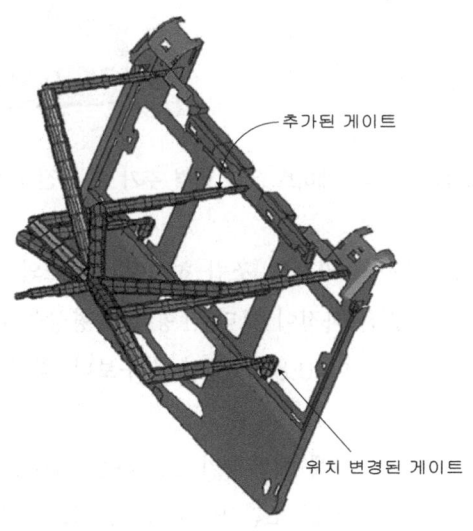

그림 13.13  게이트 위치 변경 추가된 모델

- 키보드 삽입부 중앙 상단부에 게이트 1개소를 추가하고 제품 하단부의 게이트를 위치 변경 가능한 구간에 대해 제품 설계자와 협의하여 그림과 같이 변경했다.
- 사출압력의 감소가 예상되므로 키보드 조립부 하단에 있는 게이트 2개소의 직경을 0.8(mm)에서 3(mm)로 늘리면 전반적으로 균형잡힌 충전패턴으로 될 것으로 예상하여 해석을 수행한다.

### 5) 게이트 위치 변경 추가 후 충진 과정

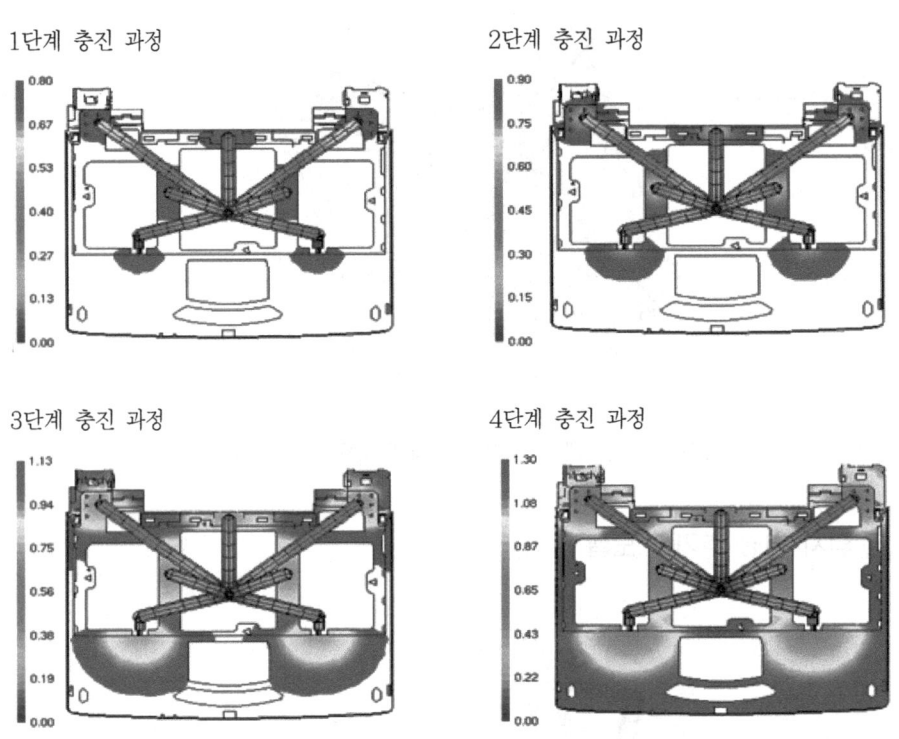

그림 13.14  게이트 위치 변경 추가 후 충진 과정

① 게이트 직경 수정 후 충진과정은 키보드 조립 하단부 2개소의 게이트 직경을 0.8(mm)에서 3(mm)로 변경된 사항으로 충진 과정이 보다 균형잡힌 형상을 확인할 수 있다.
② 사출압력은 게이트 수정 전 직경이 0.8(mm)인 경우보다 최대 사출압이 약 10(Mpa) 작게 발생되었다.
③ 사출 성형 CAE의 충전 해석을 통해 설계자가 요구하는 사항인 웰드라인의 위치, 균형된 충전 패널, 뒤틀림의 감소를 만족시키는 조건 및 문제점을 쉽게 해결할 수 있음을 알 수 있다.

사출금형설계 1

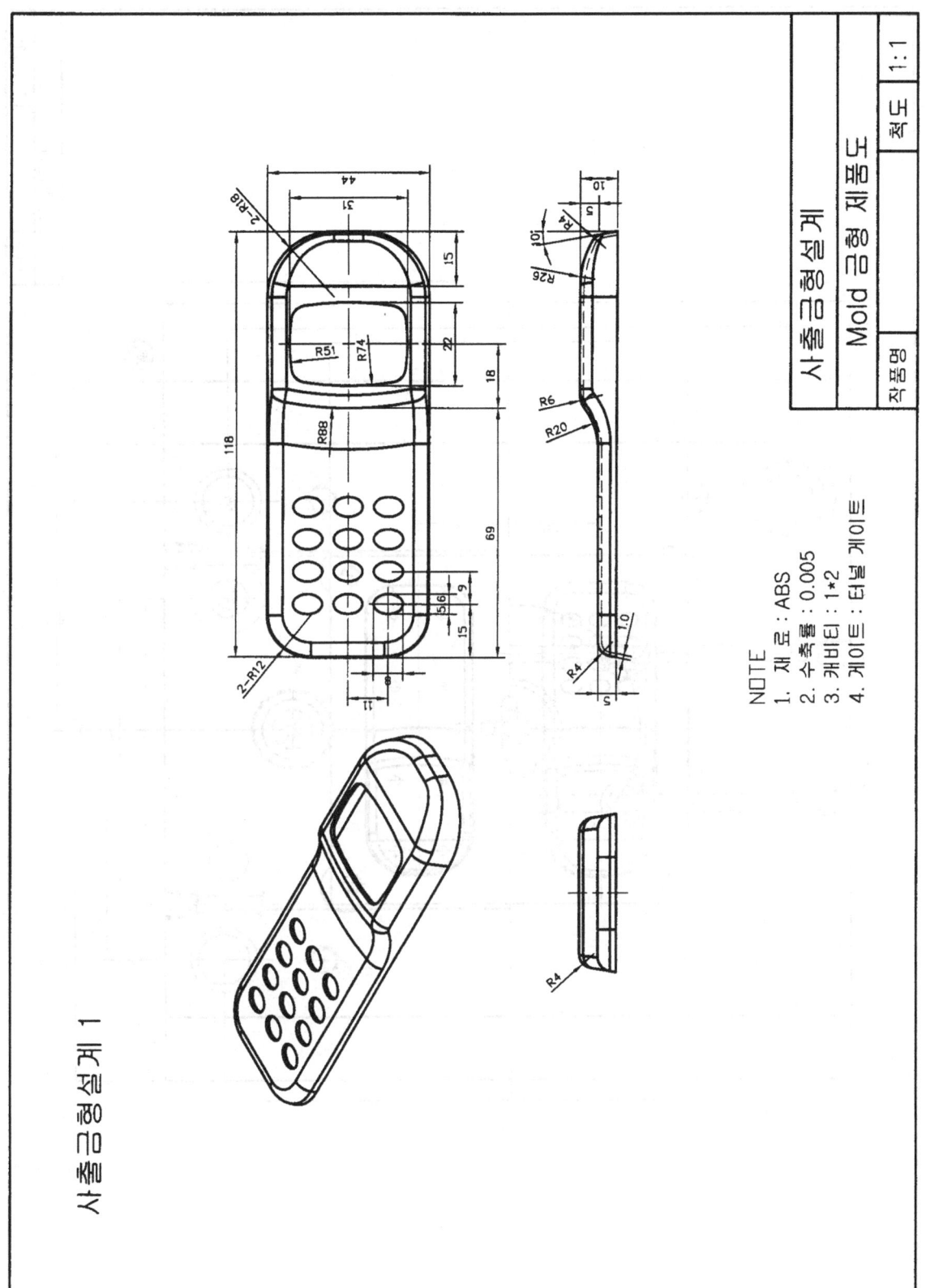

NOTE
1. 재 료 : ABS
2. 수축률 : 0.005
3. 캐비티 : 1*2
4. 게이트 : 터널 게이트

사출금형설계

Mold 금형 제품도

작품명    척도    1:1

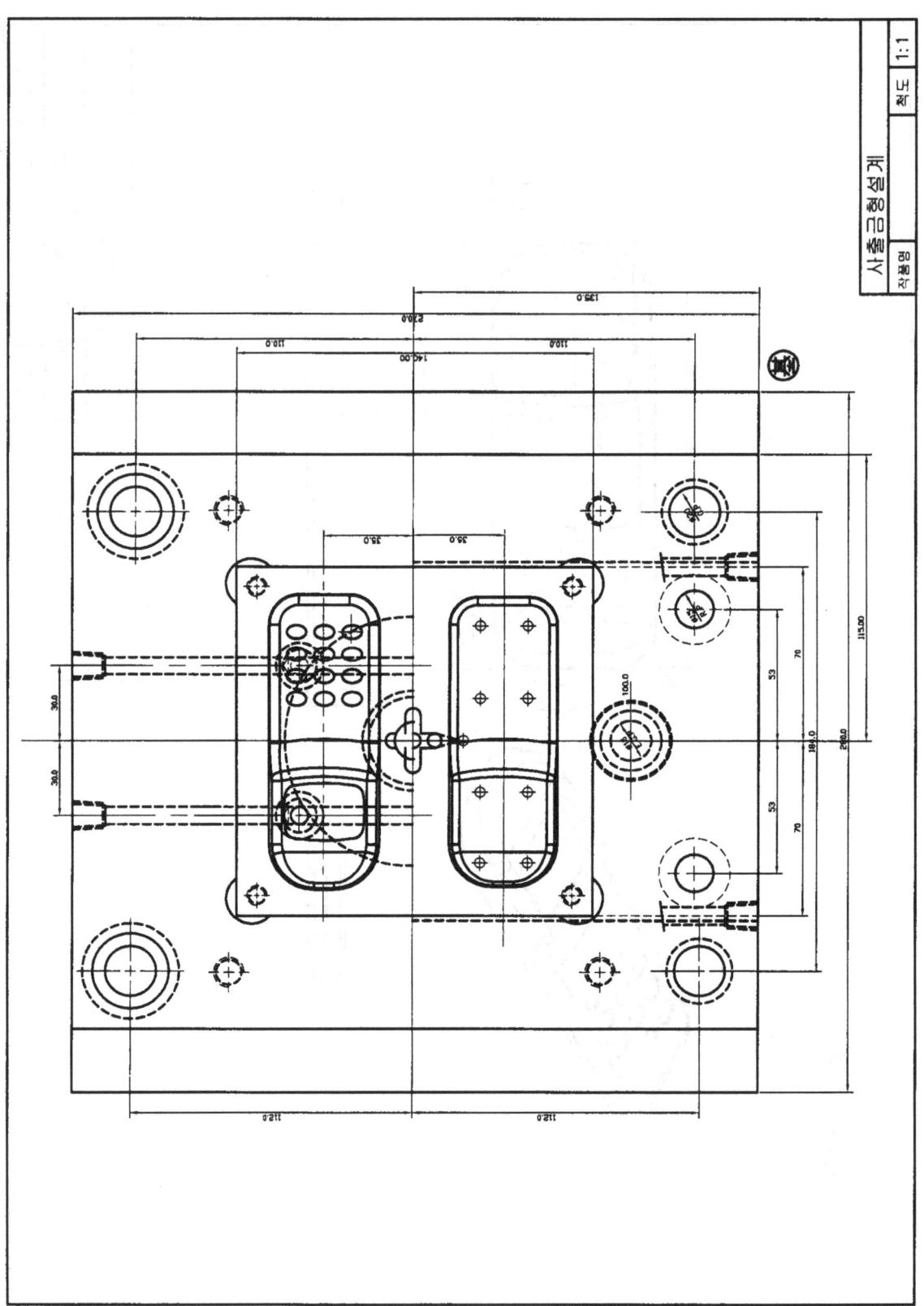

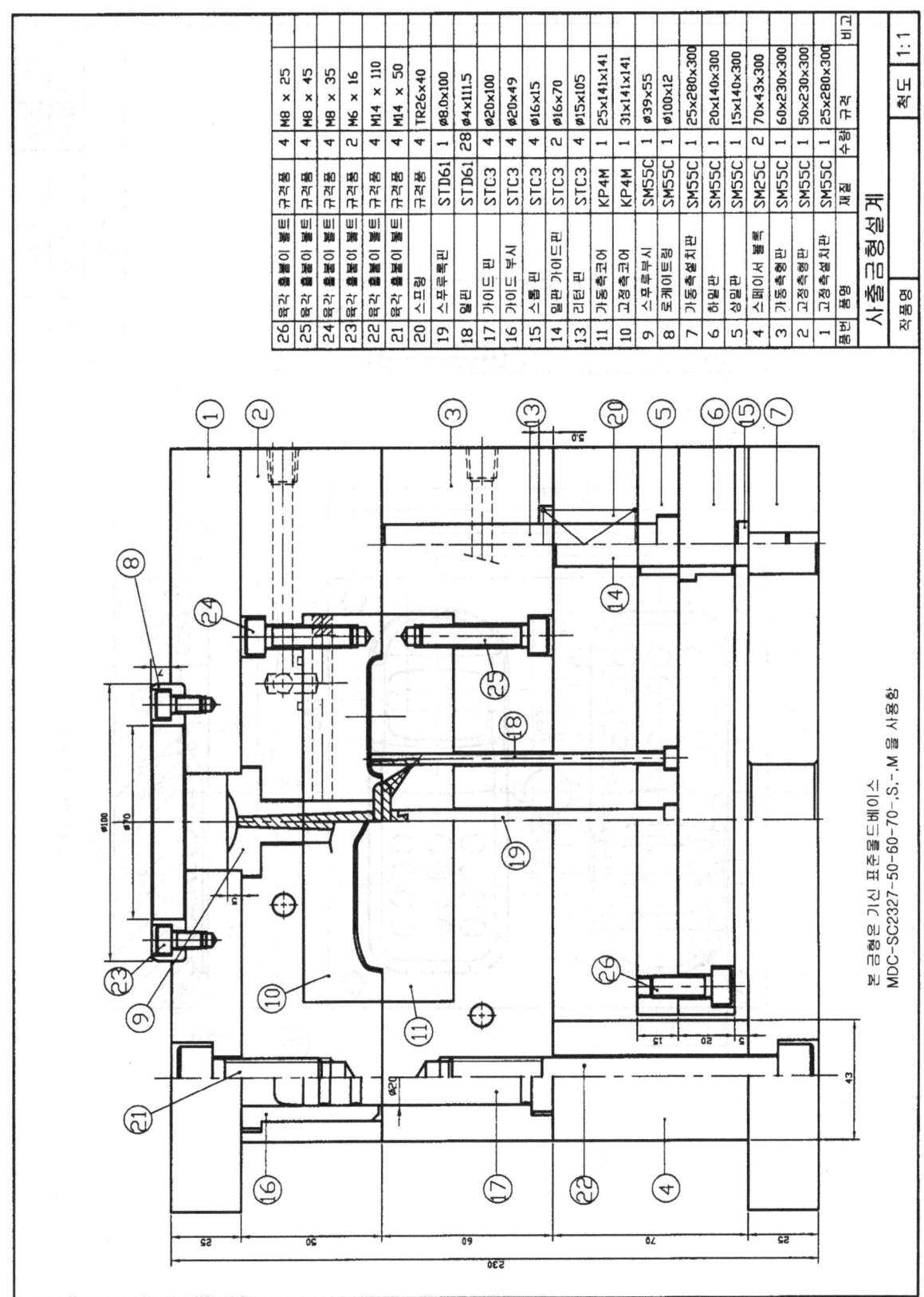

| 품번 | 품명 | 재질 | 수량 | 규격 | 비고 |
|---|---|---|---|---|---|
| 26 | 육각홀붙이볼트 | 규격품 | 4 | M8×25 | |
| 25 | 육각홀붙이볼트 | 규격품 | 4 | M8×45 | |
| 24 | 육각홀붙이볼트 | 규격품 | 4 | M8×35 | |
| 23 | 육각홀붙이볼트 | 규격품 | 2 | M6×16 | |
| 22 | 육각홀붙이볼트 | 규격품 | 4 | M14×110 | |
| 21 | 육각홀붙이볼트 | 규격품 | 4 | M14×50 | |
| 20 | 스프링 | 규격품 | 4 | TR26×40 | |
| 19 | 스무트록핀 | STD61 | 1 | Ø8.0×100 | |
| 18 | 밀핀 | STD61 | 28 | Ø4×111.5 | |
| 17 | 가이드핀 | STC3 | 4 | Ø20×100 | |
| 16 | 가이드부시 | STC3 | 4 | Ø20×49 | |
| 15 | 스톱핀 | STC3 | 4 | Ø16×15 | |
| 14 | 일판가이드핀 | STC3 | 2 | Ø16×70 | |
| 13 | 리턴핀 | STC3 | 4 | Ø15×105 | |
| 11 | 가동측코어 | KP4M | 1 | 25×141×141 | |
| 10 | 고정측코어 | KP4M | 1 | 31×141×141 | |
| 9 | 스무부부시 | SM55C | 1 | Ø39×55 | |
| 8 | 로케이팅링 | SM55C | 1 | Ø100×12 | |
| 7 | 가동측설치판 | SM55C | 1 | 25×280×300 | |
| 6 | 하일판 | SM55C | 1 | 20×140×300 | |
| 5 | 상일판 | SM55C | 1 | 15×140×300 | |
| 4 | 스페이서블록 | SM25C | 2 | 70×43×300 | |
| 3 | 가동측형판 | SM55C | 1 | 60×230×300 | |
| 2 | 고정측형판 | SM55C | 1 | 50×230×300 | |
| 1 | 고정측설치판 | SM55C | 1 | 25×280×300 | |

사출금형설계

작품명 척도 1:1

본 금형은 기신 표준몰드베이스
MDC-SC2327-50-60-70-.S-.M 을 사용함

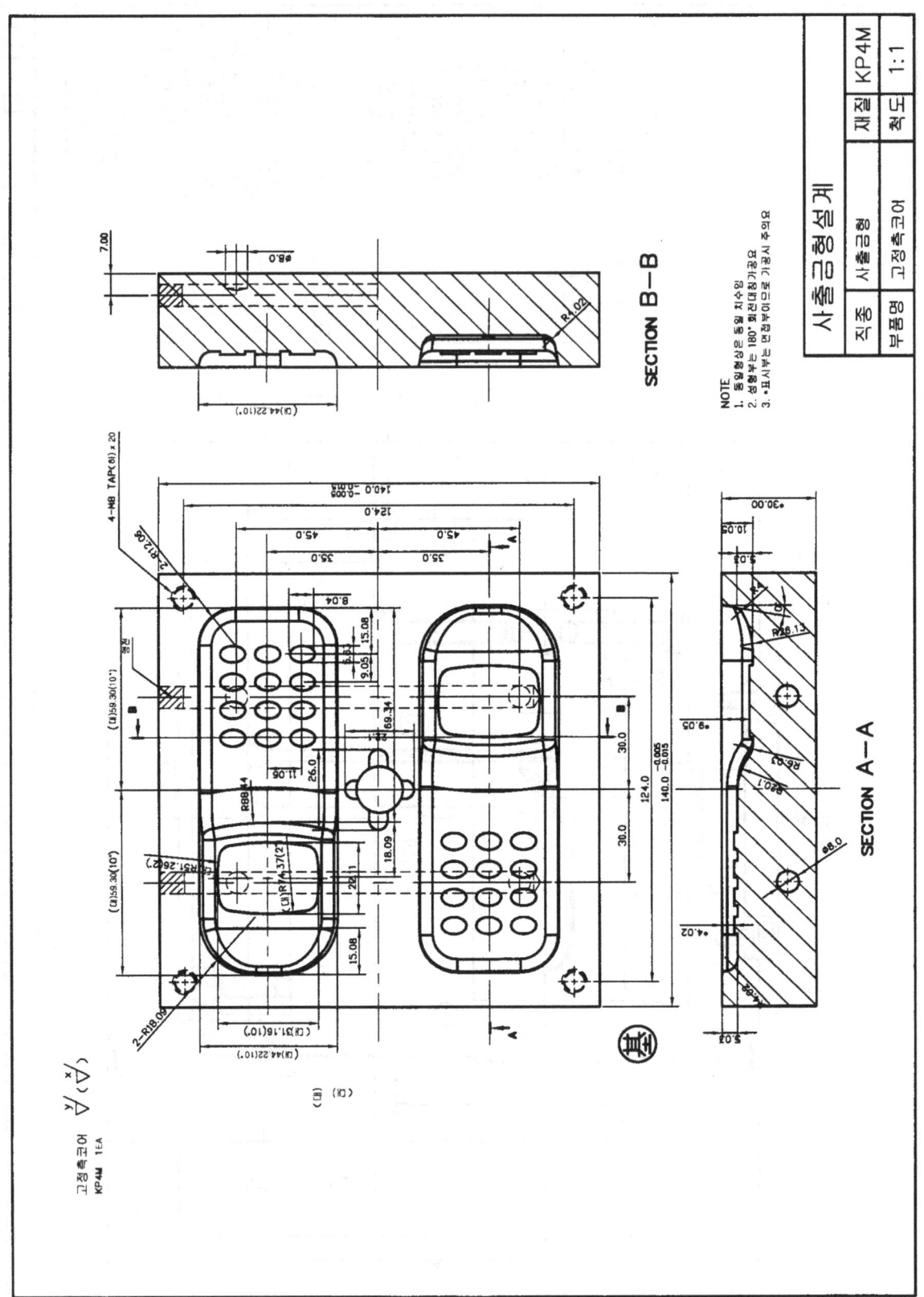

NOTE
1. 동일형상으로 동일 치수임
2. 성형부는 180° 회전대칭가공요
3. *표시부는 연접부위로 가공시 주의요

| 직종 | 사출금형 | 재질 | KP4M |
|------|---------|------|------|
| 부품명 | 고정측코어 | 척도 | 1:1 |

사출금형설계

SECTION B-B

SECTION A-A

고정측코어
KP4M 1EA

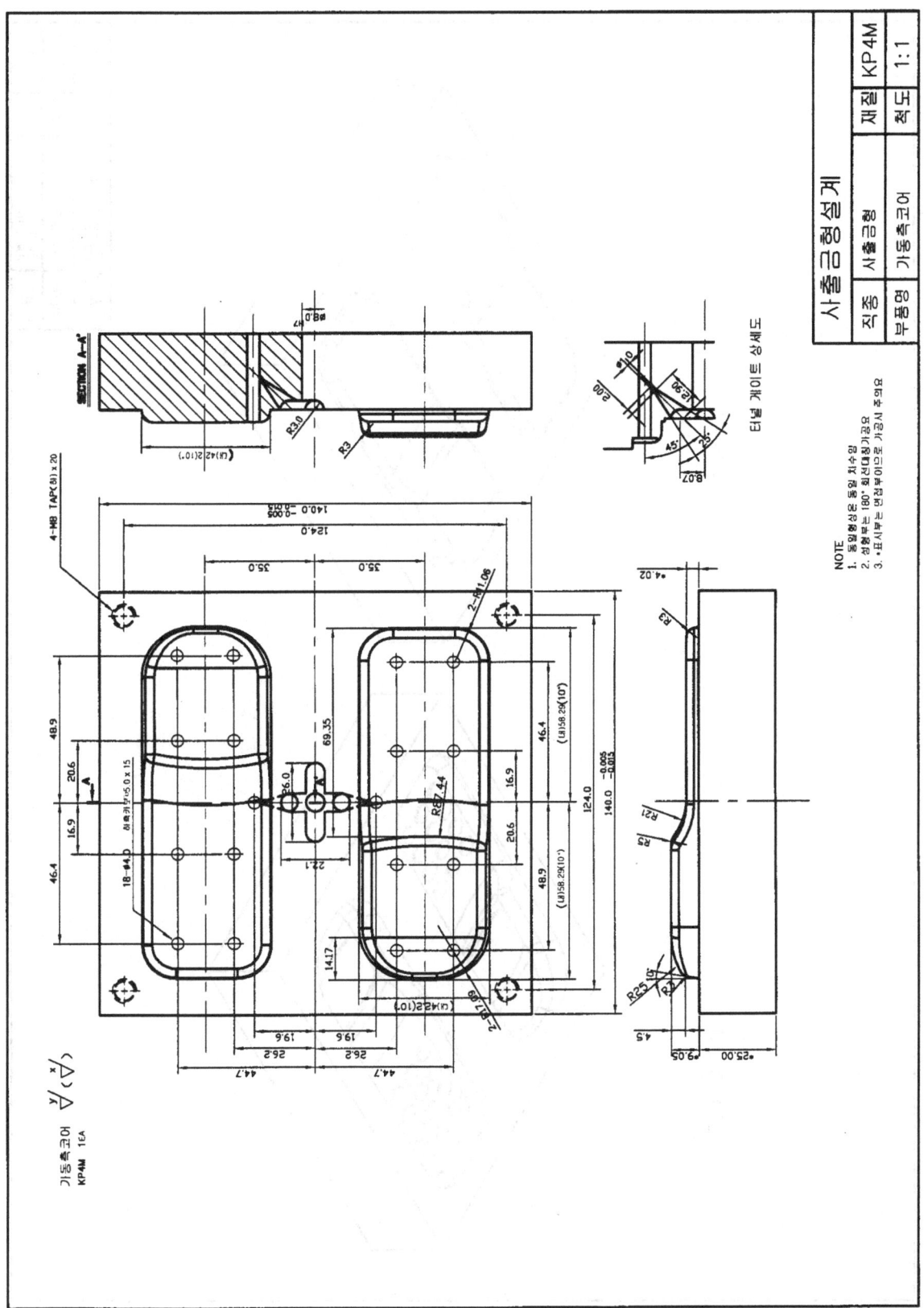

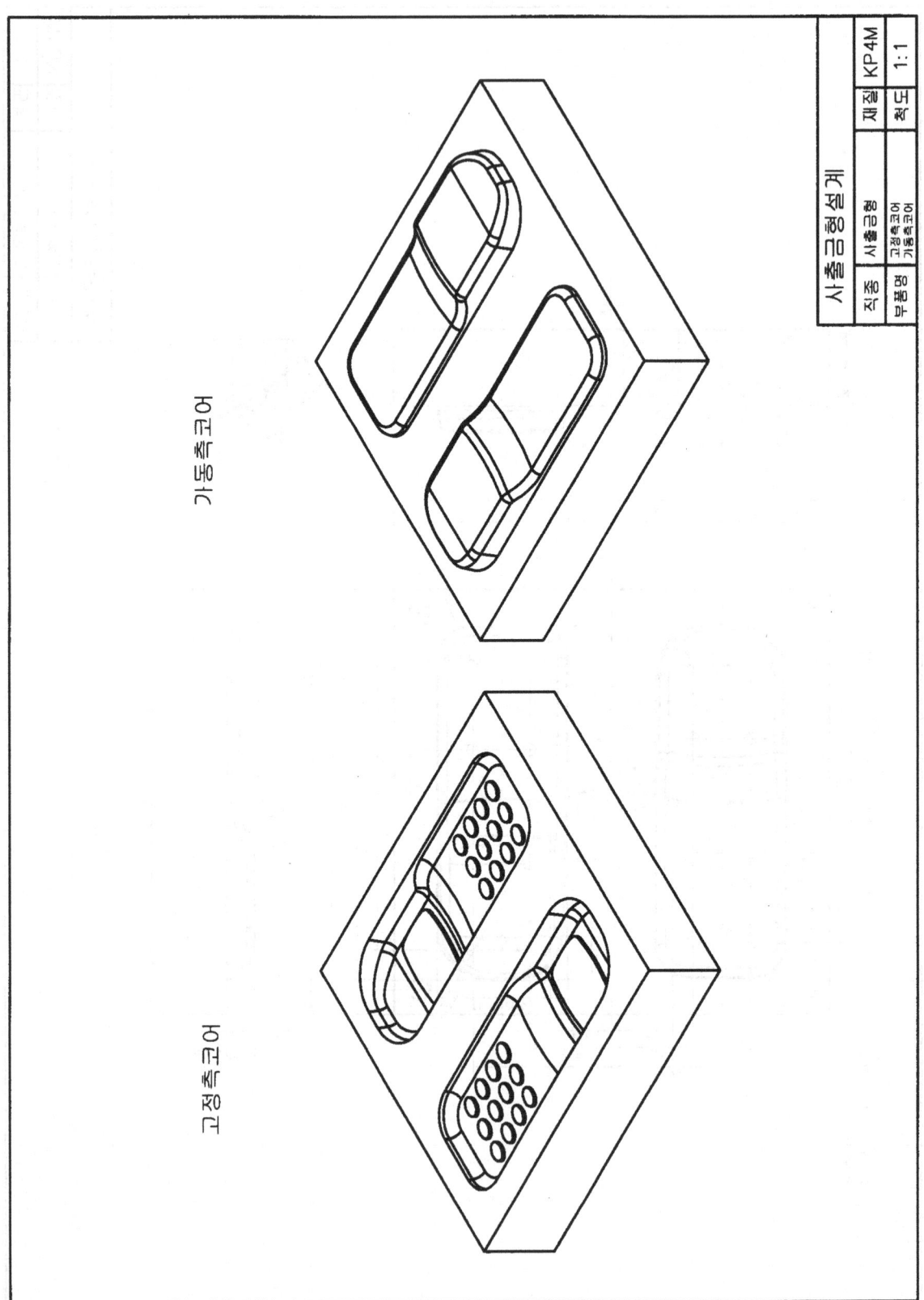

가동측코어

고정측코어

| 사출금형설계 | | 재질 | KP4M |
|---|---|---|---|
| 직종 | 사출금형 | 척도 | 1:1 |
| 부품명 | 고정측코어<br>가동측코어 | | |

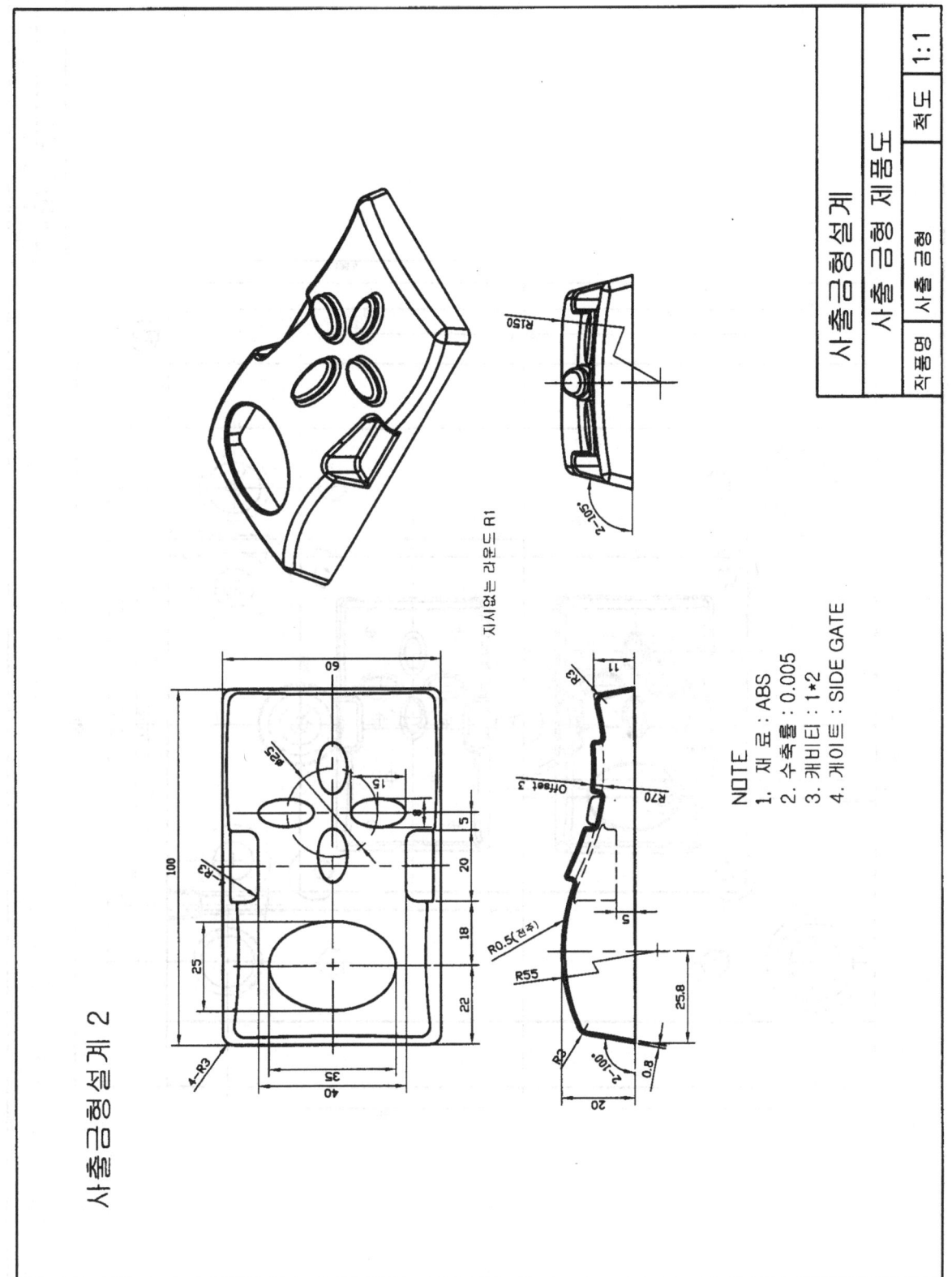

사출금형설계 2

지시없는 라운드 R1

NOTE
1. 재 료 : ABS
2. 수축률 : 0.005
3. 캐비티 : 1*2
4. 게이트 : SIDE GATE

| 사출금형설계 | | |
|---|---|---|
| 사출금형 제품도 | | |
| 작품명 | 사출금형 | 척도 | 1:1 |

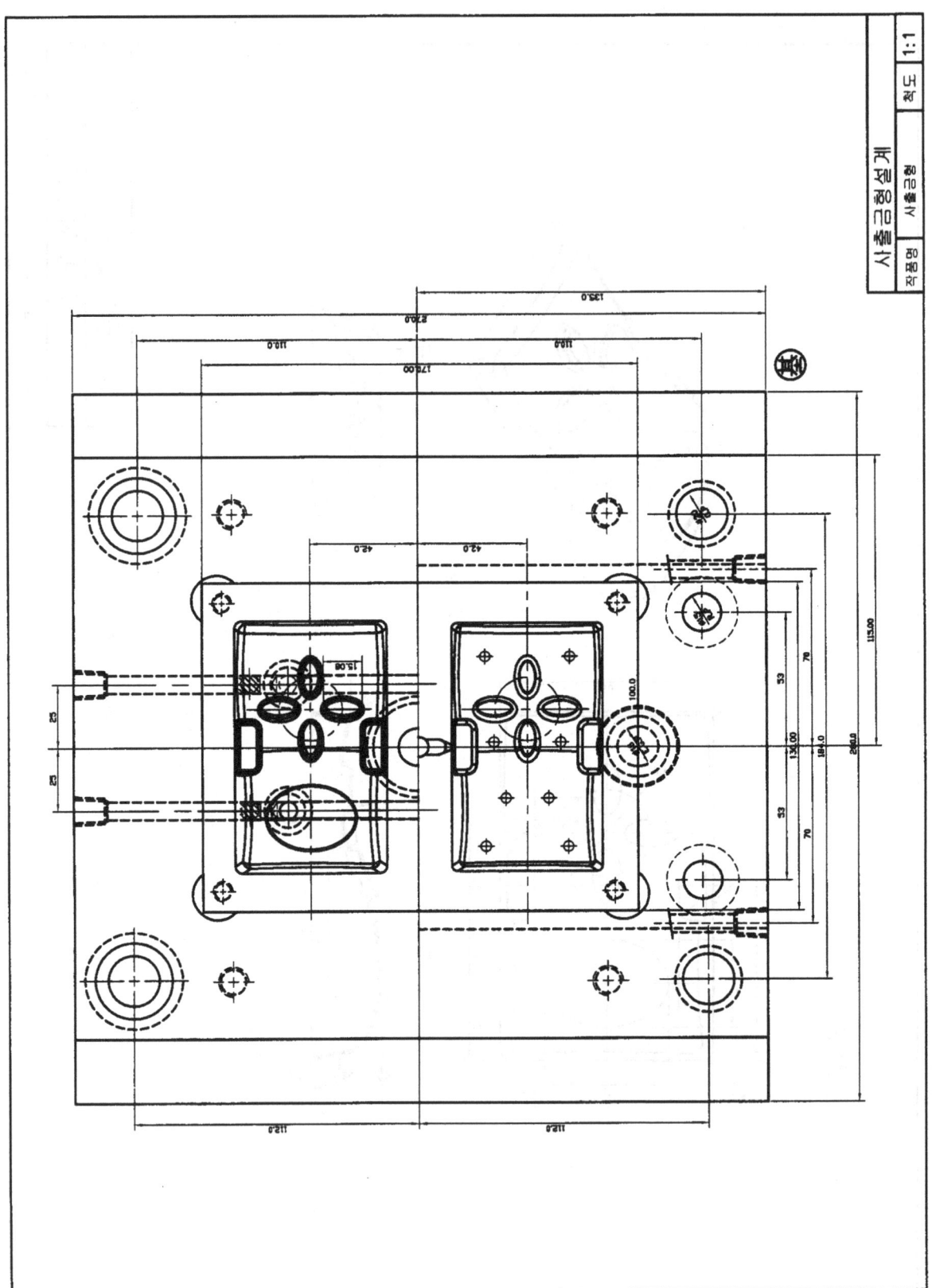

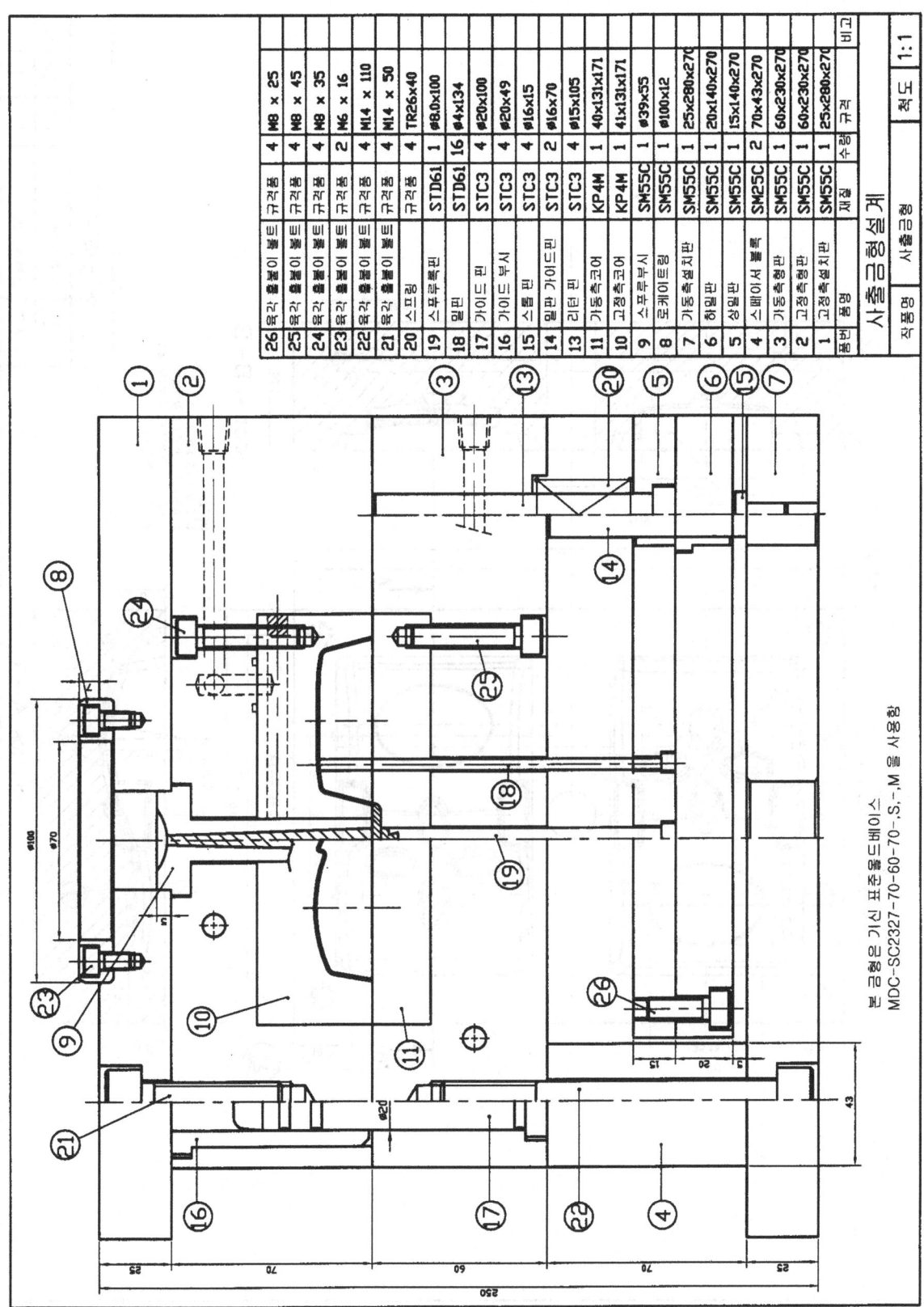

| 품번 | 품명 | 재질 | 수량 | 규격 | 비고 |
|---|---|---|---|---|---|
| 26 | 육각 홀붙이 볼트 | 규격품 | 4 | M8 × 25 | |
| 25 | 육각 홀붙이 볼트 | 규격품 | 4 | M8 × 45 | |
| 24 | 육각 홀붙이 볼트 | 규격품 | 4 | M8 × 35 | |
| 23 | 육각 홀붙이 볼트 | 규격품 | 2 | M6 × 16 | |
| 22 | 육각 홀붙이 볼트 | 규격품 | 4 | M14 × 110 | |
| 21 | 육각 홀붙이 볼트 | 규격품 | 4 | M14 × 50 | |
| 20 | 스프링 | 규격품 | 4 | TR26×40 | |
| 19 | 스프루록크판 | STD61 | 1 | φ8.0×100 | |
| 18 | 밀판 | STD61 | 16 | φ4×134 | |
| 17 | 가이드 핀 | STC3 | 4 | φ20×100 | |
| 16 | 가이드 부시 | STC3 | 4 | φ20×49 | |
| 15 | 스톱 판 | STC3 | 4 | φ16×15 | |
| 14 | 밀판 가이드핀 | STC3 | 2 | φ16×70 | |
| 13 | 리턴 핀 | STC3 | 4 | φ15×105 | |
| 11 | 가동측코어 | KP4M | 1 | 40×131×171 | |
| 10 | 고정측코어 | KP4M | 1 | 41×131×171 | |
| 9 | 스프루부시 | SM55C | 1 | φ39×55 | |
| 8 | 로케이트링 | SM55C | 1 | φ100×12 | |
| 7 | 가동측설치판 | SM55C | 1 | 25×280×270 | |
| 6 | 하밀판 | SM55C | 1 | 20×140×270 | |
| 5 | 상밀판 | SM55C | 1 | 15×140×270 | |
| 4 | 스페이서 블록 | SM25C | 2 | 70×43×270 | |
| 3 | 가동측형판 | SM55C | 1 | 60×230×270 | |
| 2 | 고정측형판 | SM55C | 1 | 60×230×270 | |
| 1 | 고정측설치판 | SM55C | 1 | 25×280×270 | |

| 작품명 | 사출금형 | 척도 | 1:1 |
|---|---|---|---|

사출금형설계

본 금형은 기신 표준몰드베이스
MDC-SC2327-70-60-70-.S.-.M 을 사용함

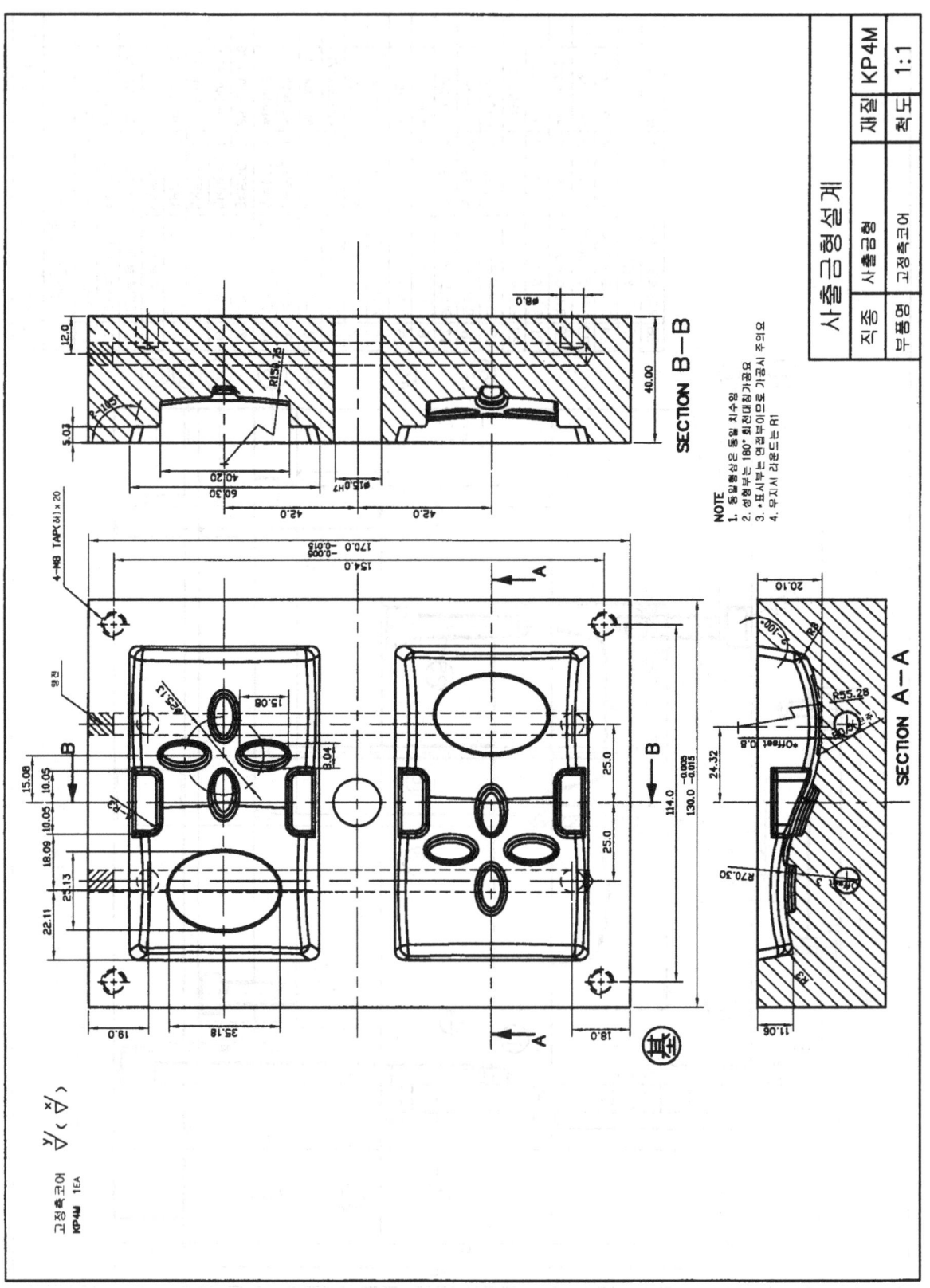

SECTION B—B

SECTION A—A

NOTE
1. 동일형상으로 동일 치수임
2. 성형부는 180° 회전대칭가공요
3. *표시부는 연접부라인으로 가공시 주의요
4. 무지시 라운드는 R1

사출금형설계

| 직종 | 사출금형 | 재질 | KP4M |
|---|---|---|---|
| 부품명 | 고정측코어 | 척도 | 1:1 |

고정측코어
KP4M 1EA

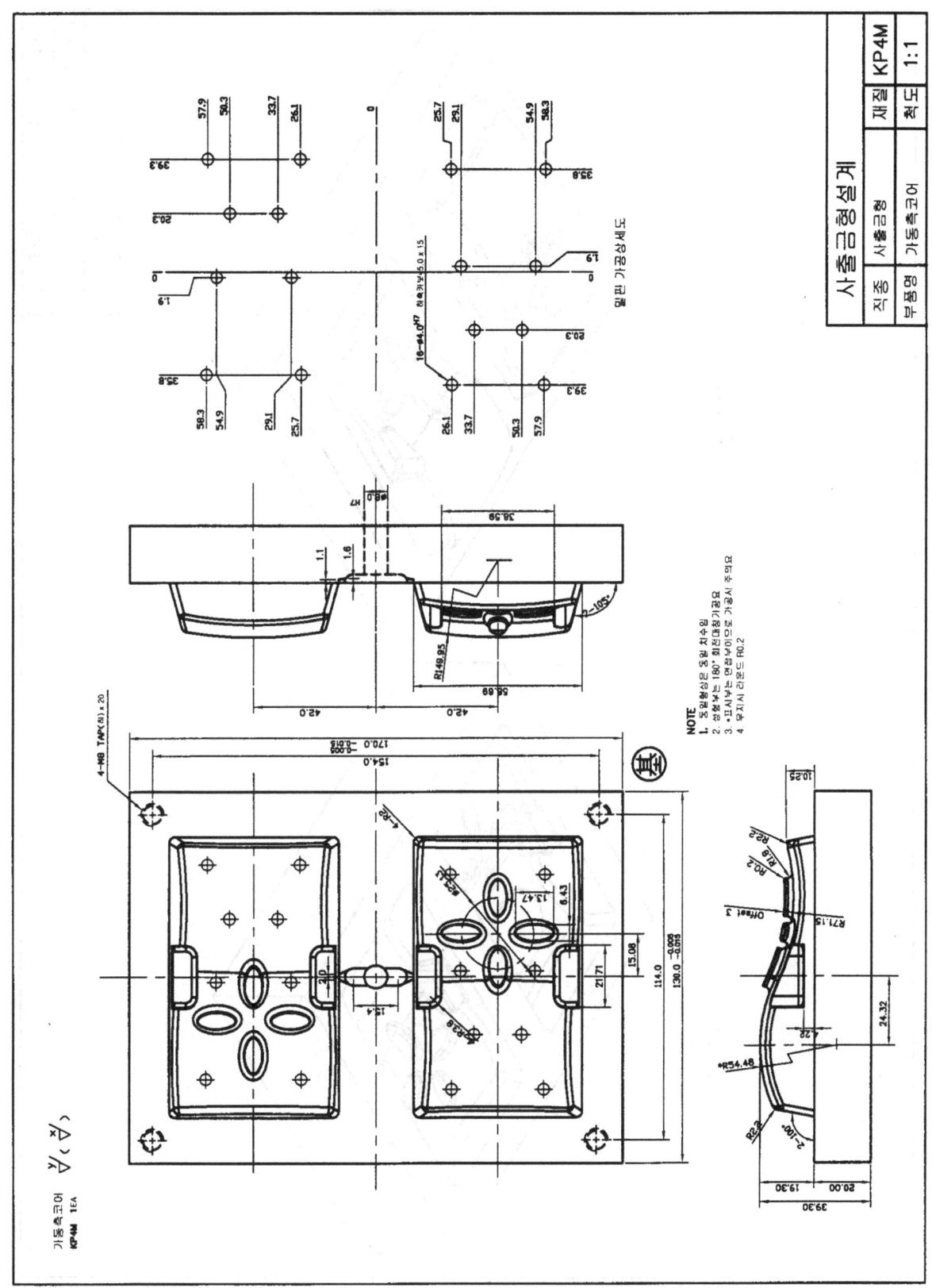

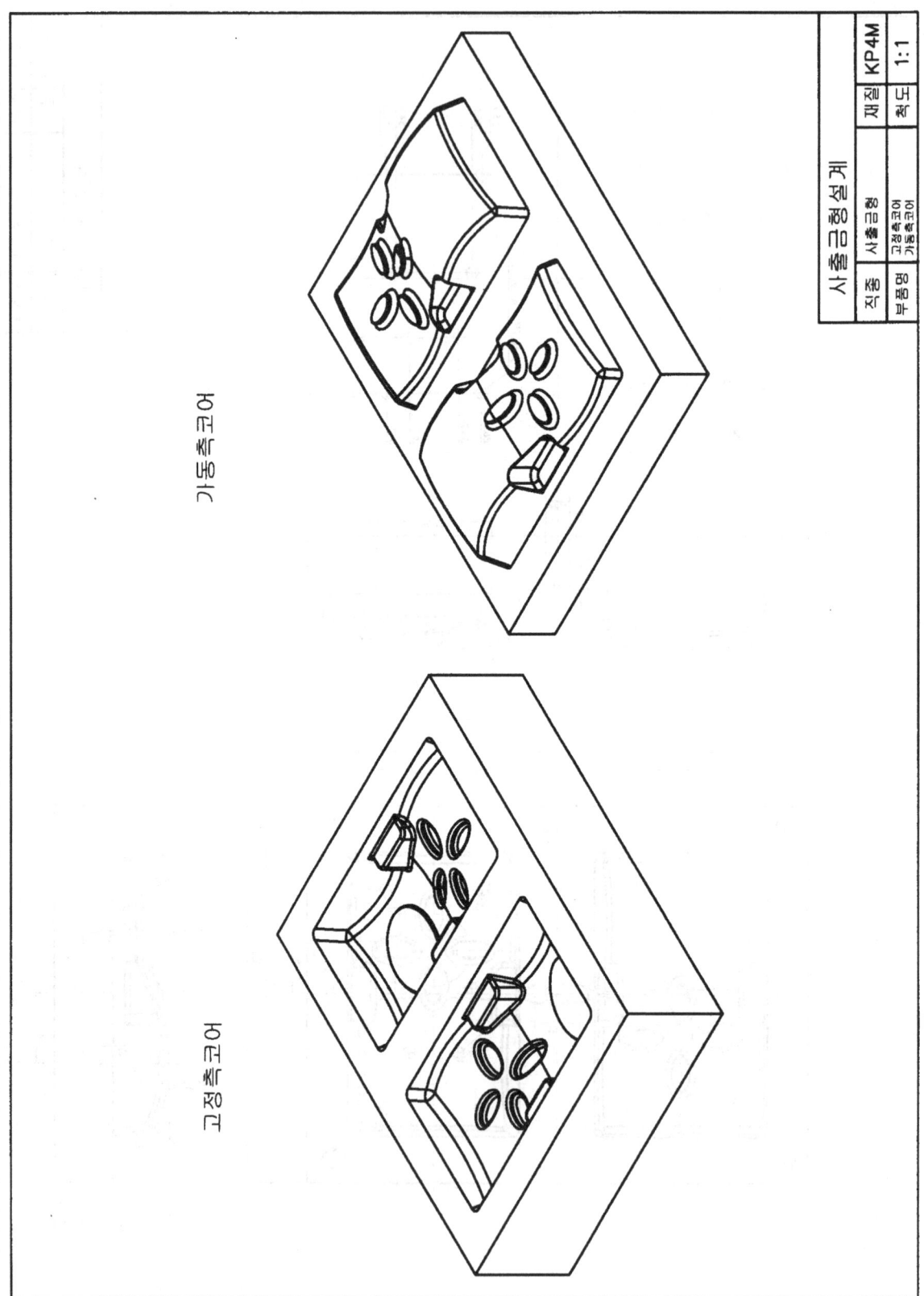

가동측코어

고정측코어

| 사출금형설계 | | 재질 | KP4M |
|---|---|---|---|
| 직종 | 사출금형 | 척도 | 1:1 |
| 부품명 | 고정측코어<br>가동측코어 | | |

사출금형설계 3

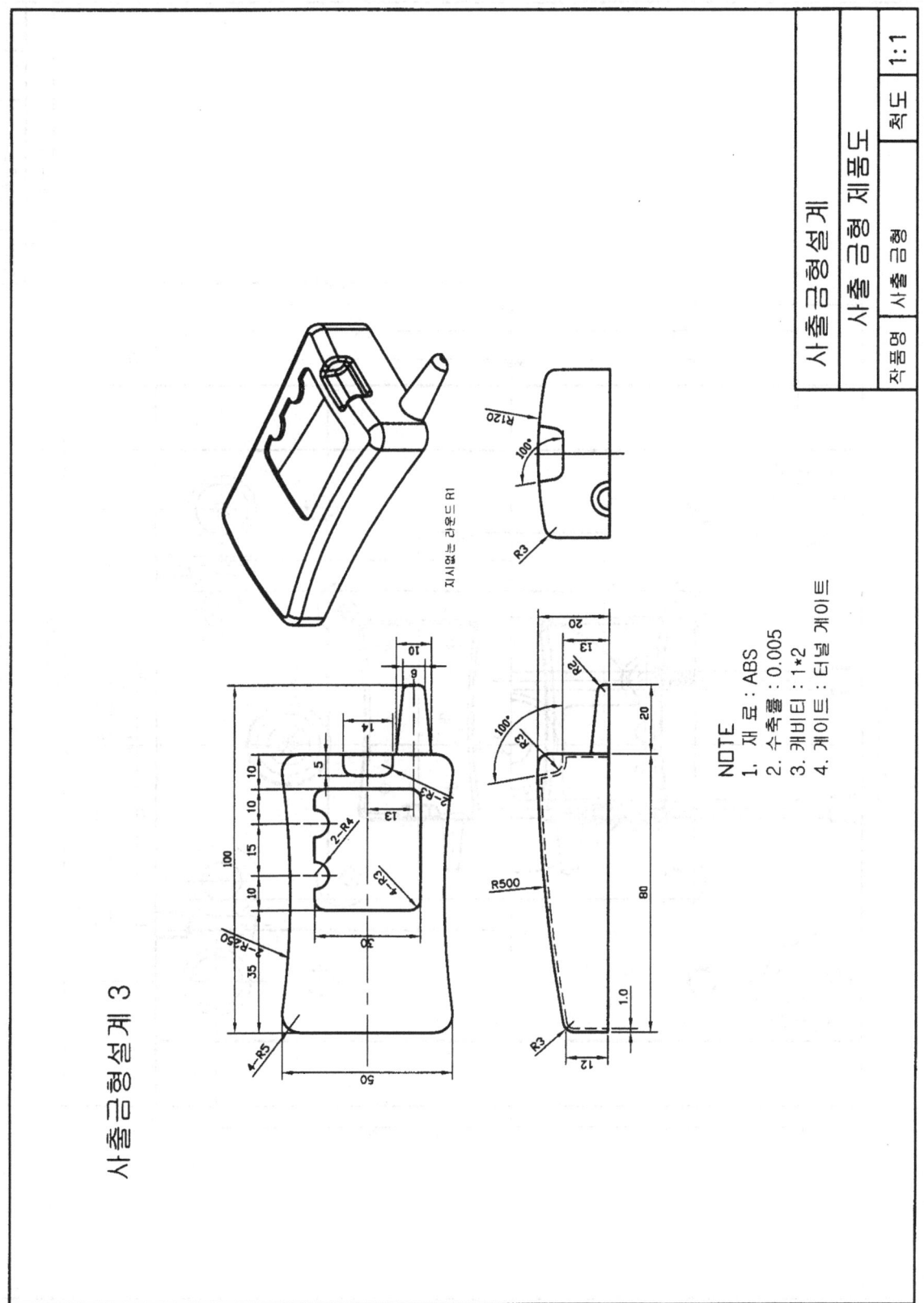

NOTE
1. 재 료 : ABS
2. 수축률 : 0.005
3. 캐비티 : 1*2
4. 게이트 : 터널 게이트

지시없는 라운드 R1

사출금형설계
사출금형 제품도
작품명 | 사출금형 | 척도 | 1:1

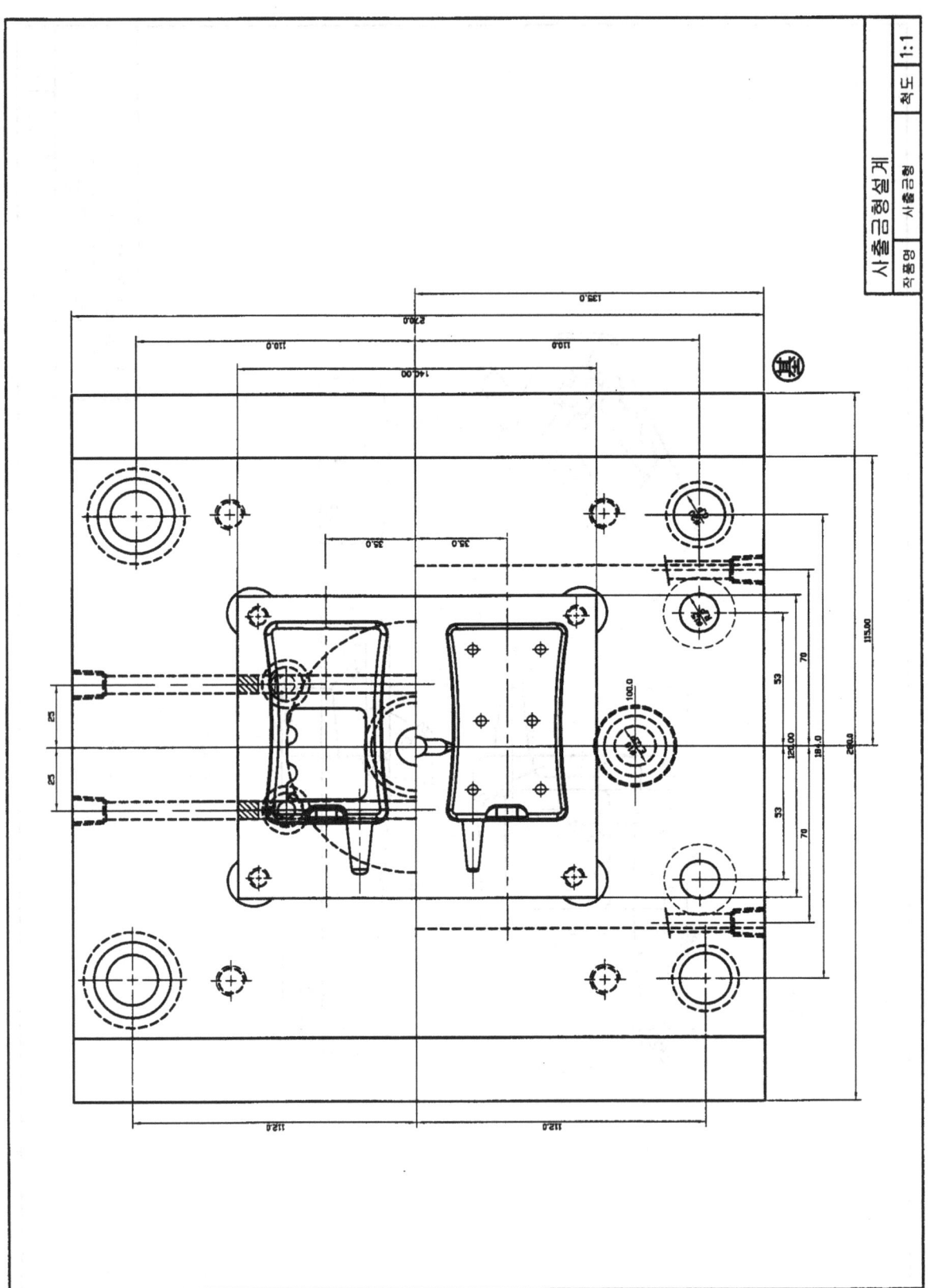

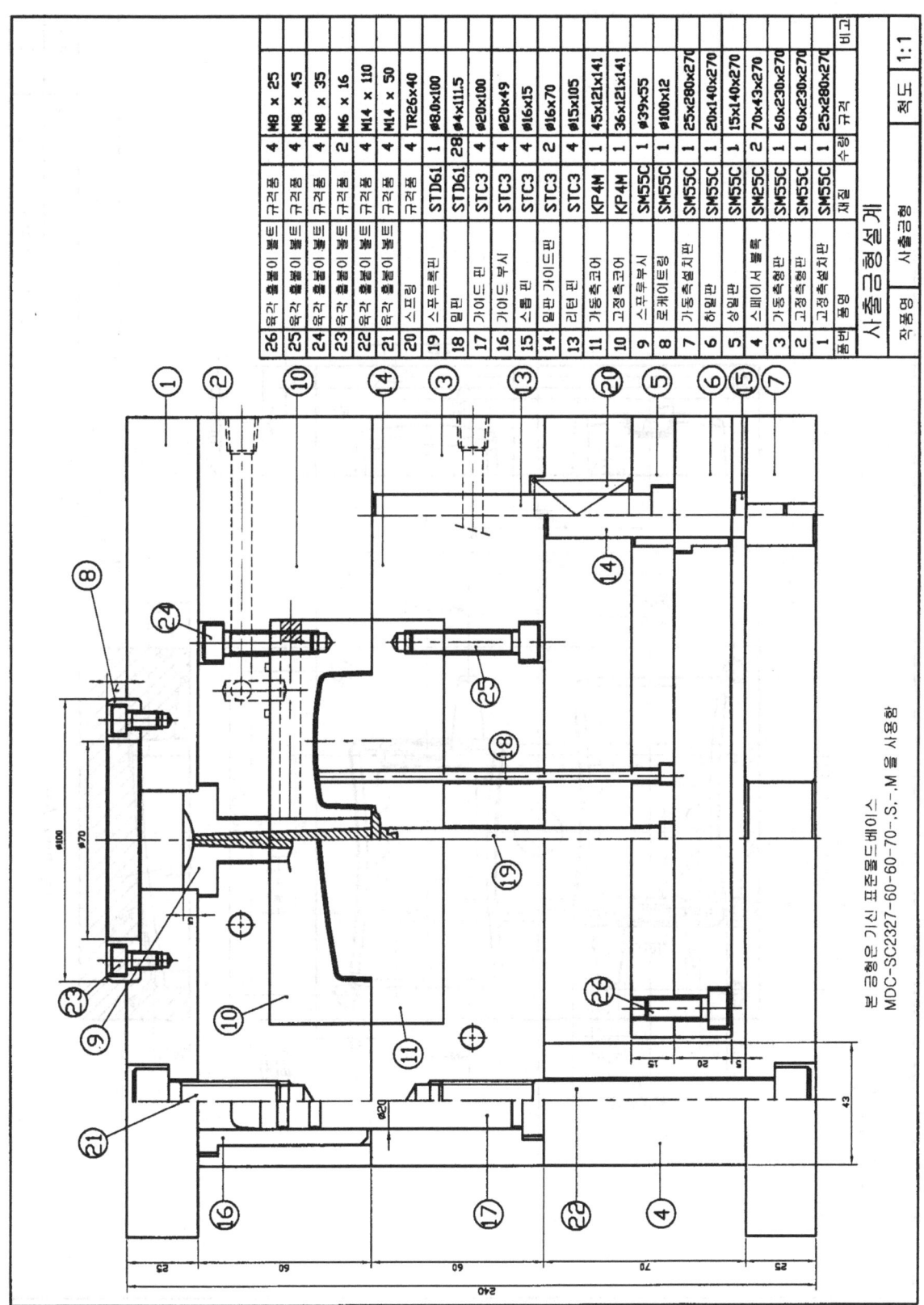

| 26 | 육각 홀불이 볼트 | 규격품 | 4 | M8 × 25 | |
| 25 | 육각 홀불이 볼트 | 규격품 | 4 | M8 × 45 | |
| 24 | 육각 홀불이 볼트 | 규격품 | 4 | M8 × 35 | |
| 23 | 육각 홀불이 볼트 | 규격품 | 2 | M6 × 16 | |
| 22 | 육각 홀불이 볼트 | 규격품 | 4 | M14 × 110 | |
| 21 | 육각 홀불이 볼트 | 규격품 | 4 | M14 × 50 | |
| 20 | 스프루부시 | 규격품 | 4 | TR26×40 | |
| 19 | 스프루록크핀 | STD61 | 1 | ∅8.0×100 | |
| 18 | 밀핀 | STD61 | 28 | ∅4×111.5 | |
| 17 | 가이드 핀 | STC3 | 4 | ∅20×100 | |
| 16 | 가이드 부시 | STC3 | 4 | ∅20×49 | |
| 15 | 스톱 핀 | STC3 | 4 | ∅16×15 | |
| 14 | 밀판 가이드핀 | STC3 | 2 | ∅16×70 | |
| 13 | 리턴 핀 | STC3 | 4 | ∅15×105 | |
| 11 | 가동측코어 | KP4M | 1 | 45×121×141 | |
| 10 | 고정측코어 | KP4M | 1 | 36×121×141 | |
| 9 | 스프루부시 | SM55C | 1 | ∅39×55 | |
| 8 | 로케이트링 | SM55C | 1 | ∅100×12 | |
| 7 | 가동측설치판 | SM55C | 1 | 25×280×270 | |
| 6 | 하밀판 | SM55C | 1 | 20×140×270 | |
| 5 | 상밀판 | SM55C | 1 | 15×140×270 | |
| 4 | 스페이서 블럭 | SM25C | 2 | 70×43×270 | |
| 3 | 가동측형판 | SM55C | 1 | 60×230×270 | |
| 2 | 고정측형판 | SM55C | 1 | 60×230×270 | |
| 1 | 고정측설치판 | SM55C | 1 | 25×280×270 | |
| 품번 | 품명 | 재질 | 갯수 | 규격 | 비고 |

**사출금형설계**

| 작품명 | 사출금형 | 척도 | 1:1 |

본 금형용 기성 표준몰드베이스
MDC-SC2327-60-60-70-.S.-.M 을 사용함

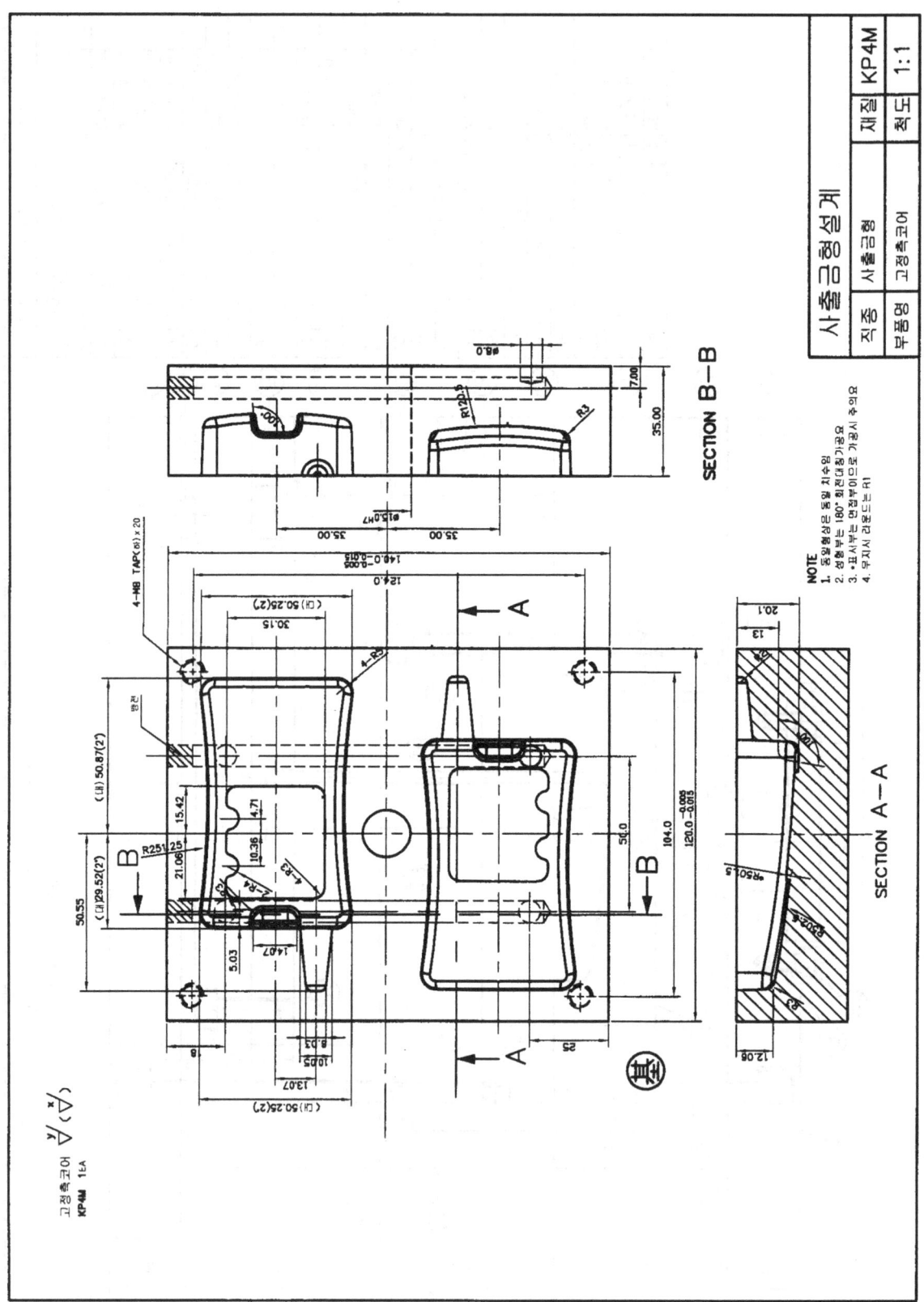

SECTION B-B

SECTION A-A

고정측코어
KP4M    1EA

| 직종 | 사출금형 | 재질 | KP4M |
|------|---------|------|------|
| 사출금형설계 | | 척도 | 1:1 |
| 부품명 | 고정측코어 | | |

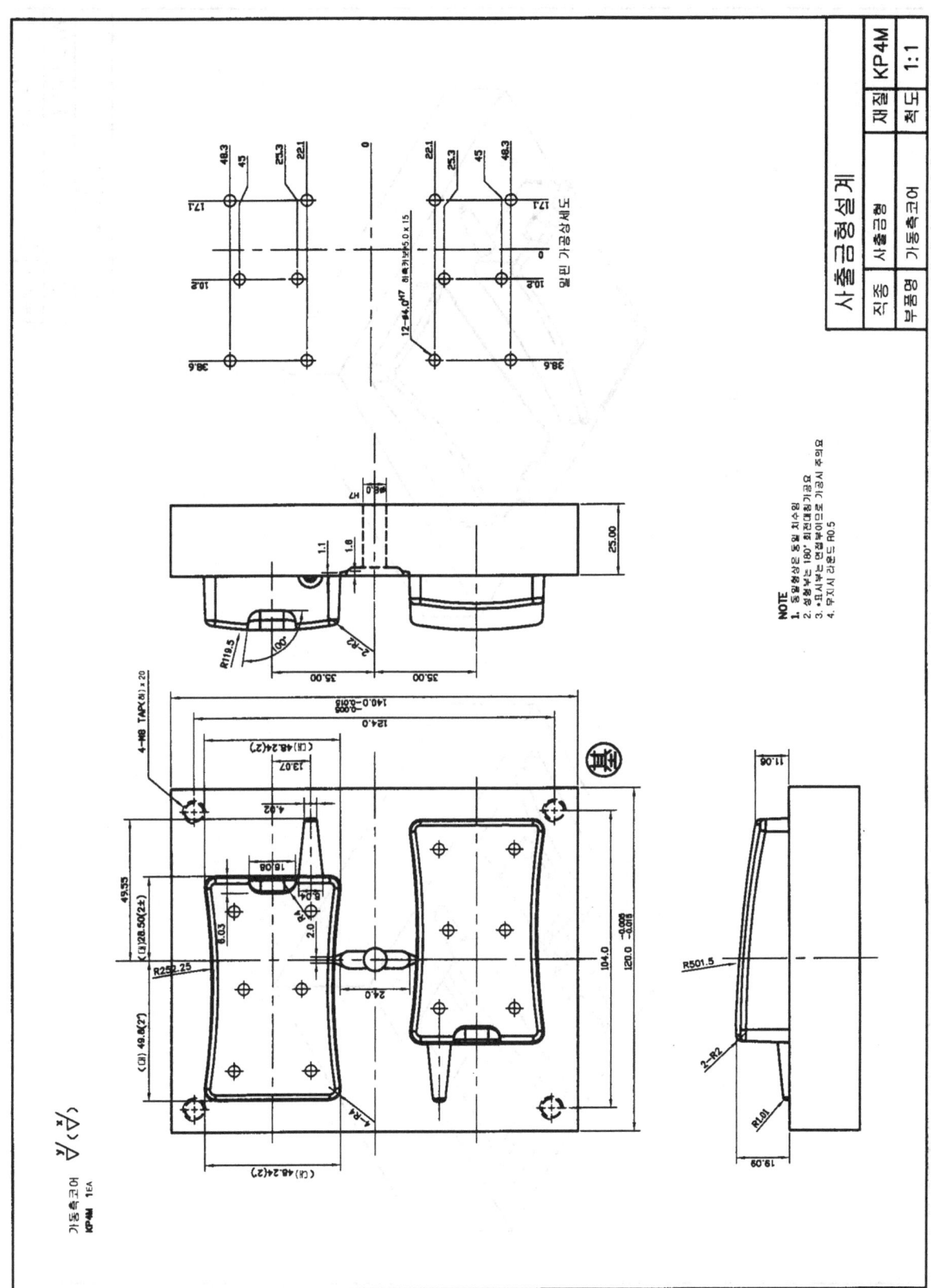

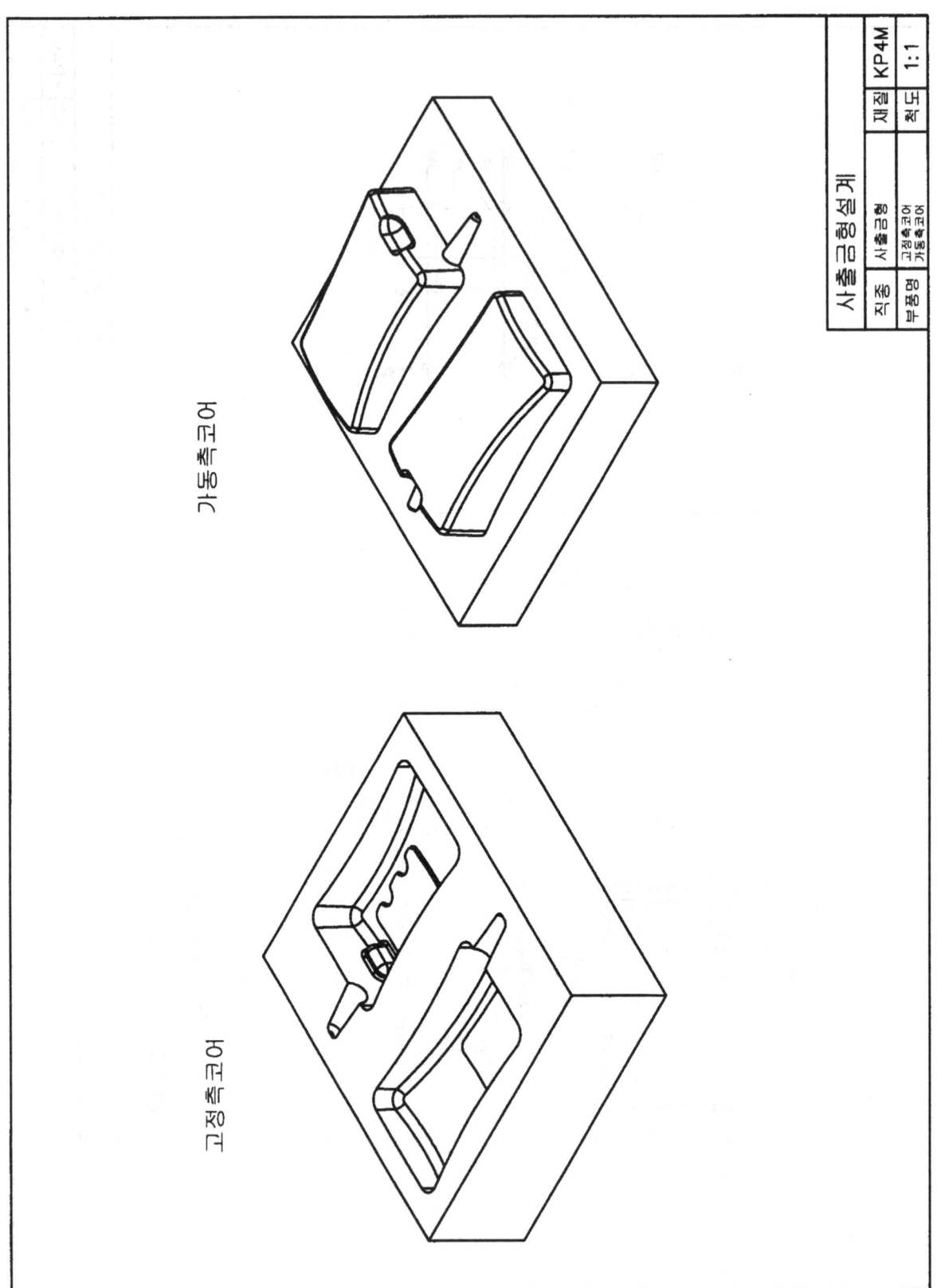

가동측코어

고정측코어

| 사출금형설계 | | | | | |
|---|---|---|---|---|---|
| 직종 | 사출금형 | | 재질 | KP4M | |
| 부품명 | 고정측코어 가동측코어 | | 척도 | 1:1 | |

# 부 록
· · · · ·
# 예제 도면

# STRIP LAY OUT 1

주 서
1. 소재의 이송은 좌측에서 우측으로 핸드이송하고, 사이드 컷
   펀치를 사용할것
2. LAY-OUT 배열은 1열 1개 생산 방식이 가능토록 할것.
3. 파일럿은 직접 파일럿 방식으로 설계할 것.
4. 최종 완성은 파팅으로 완성할 것.

28
20
15
16-R1
15
Ø4.0 +0.1 0
30
50
3

0.6
0.8t
10
160°

1. 황동 t = 0.8 mm
2. 소재전단강도 : 36 kgf/mm

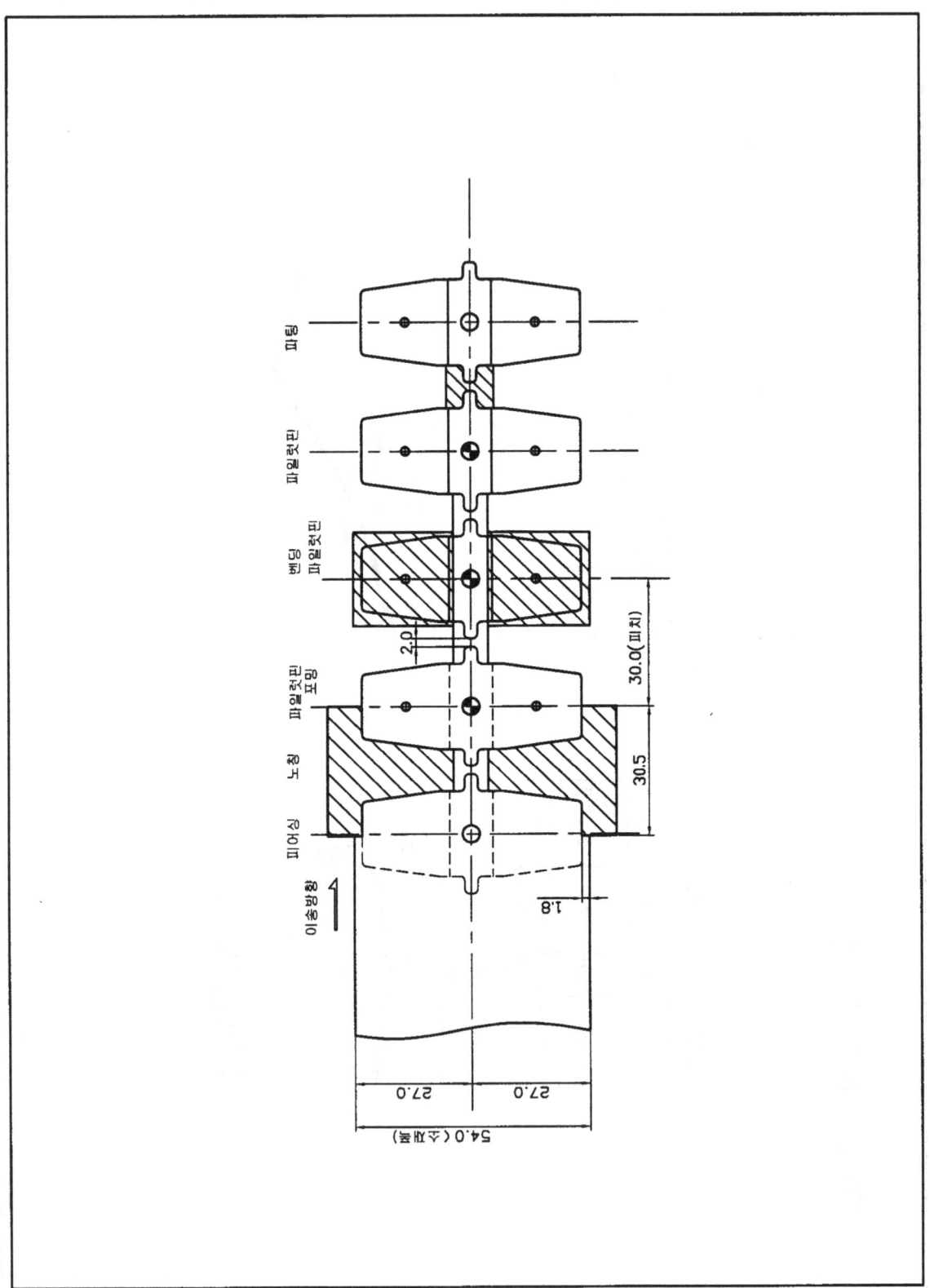

# STRIP LAY OUT 2

주 서
1. 소재의 이송은 좌측에서 우측으로 핸드이송하고, 사이드 컷 펀치를 사용할것
2. LAY-OUT 배열은 1열 1개 생산 가능토록 할 것.
3. 파일럿은 직접 파일럿 방식으로 설계할것.
4. 최종 완성은 파팅으로 완성할 것

20
46
4-R2
1.0t

22
40
20
R2½
4-ø
46
10
32
36

16.8
16
8
R2
R1
30
ø3
10
8

1. 냉간압연강판(SPC1) t = 1.0 mm
2. 소재전단강도 : 36 kgf/mm

예제 도면 | 407

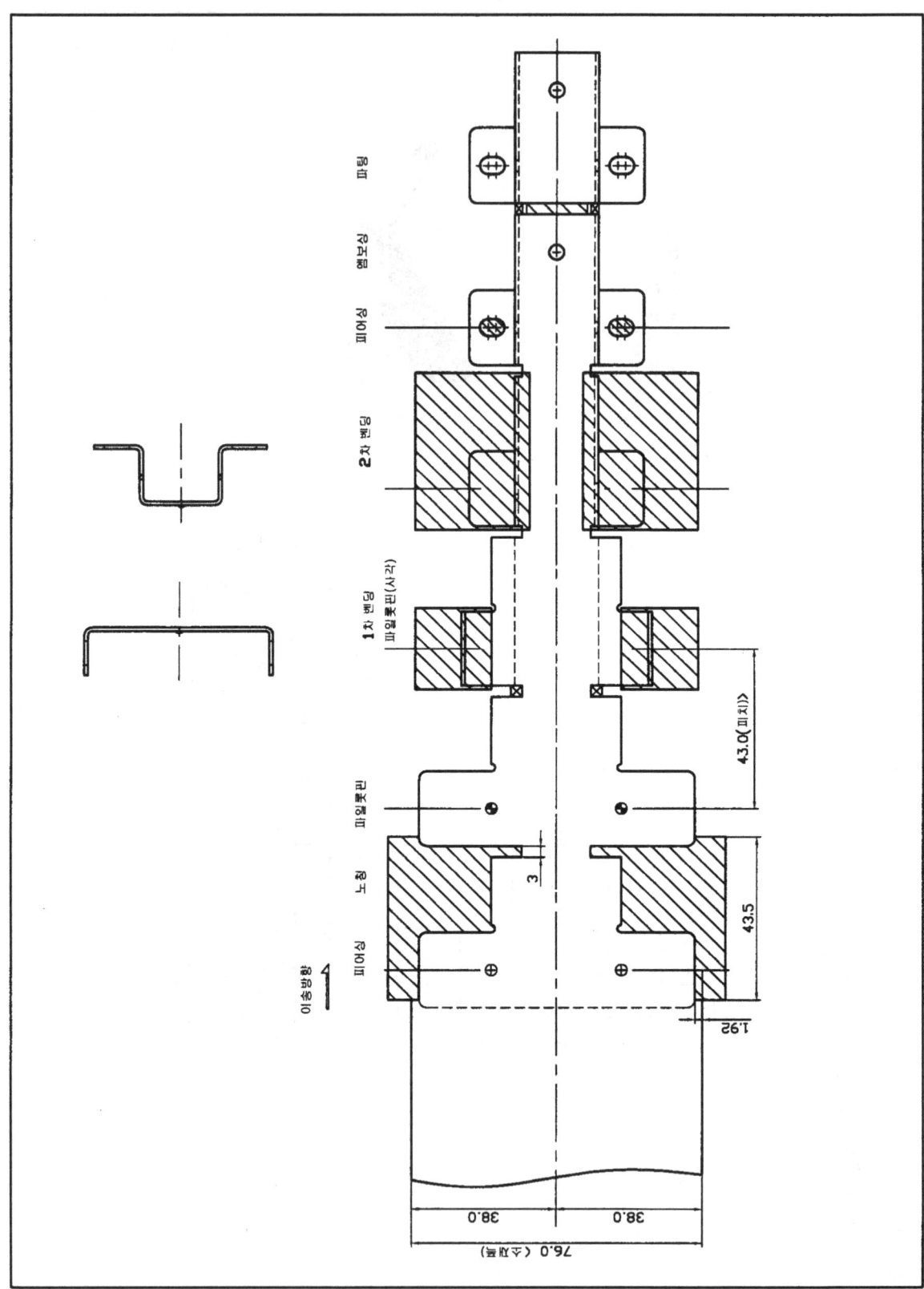

이송방향

피어싱  노칭  파일롯핀  1차 벤딩  2차 벤딩  피어싱  엠보싱  파일
                   파일롯핀(사각)

3

43.5

1.92

43.0(피치)

38.0   38.0

76.0 (소재폭)

# STRIP LAY OUT 3

주서
1. 소재의 이송은 좌측에서 우측으로 를 피더를 사용하여 자동이송하고
   사이드 첫 공정은 사용하지 말것
2. LAY-OUT 배열은 1열 1개 생산 가능토록 할 것.
3. 파일럿은 간접 파일럿 방식으로 설계할것.
4. 최종 완성은 파팅으로 완성할 것

2-R1

24

16

Ø5

10

10

5

20

Ø5.0 $^{+0.2}_{0}$

R5

R2.5

40

R1

0.61

5

1. 냉간압연강판(SPC1)  t = 0.6 mm
2. 소재전단강도 : 36 kgf/mm²

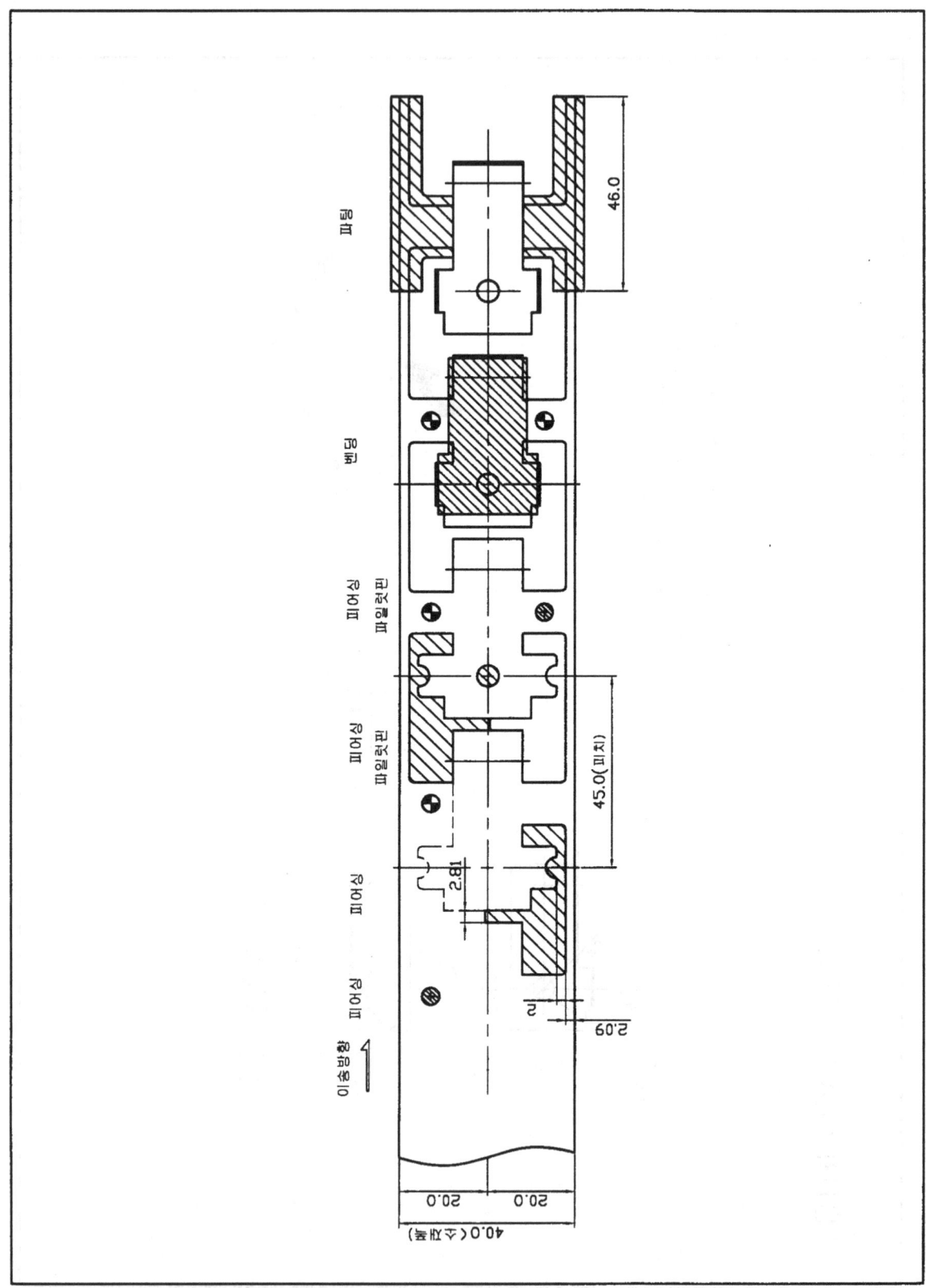

# STRIP LAY OUT 4

주 서
1. 소재의 이송은 좌측에서 우측으로 틀 피더를 사용하여 자동이송한다.
2. LAY-OUT 배열은 1열 1개 생산 방식으로 가능토록 할 것.
3. 파일럿은 직접 파일럿 방식으로 설계할 것.
4. 최종 완성은 파팅으로 완성할 것

$\phi 3.4 {}^{+0.1}_{-0.3}$

16

10

R1

2-R1.5

2-R1.5

9

5

18

2-R2

5

8

$\phi 5$

31

28.5

22

12

1.0↑

3.5

1. 냉간압연강판(SPC1) t = 1.0 mm
2. 소재전단강도 : 36 kgf/mm²

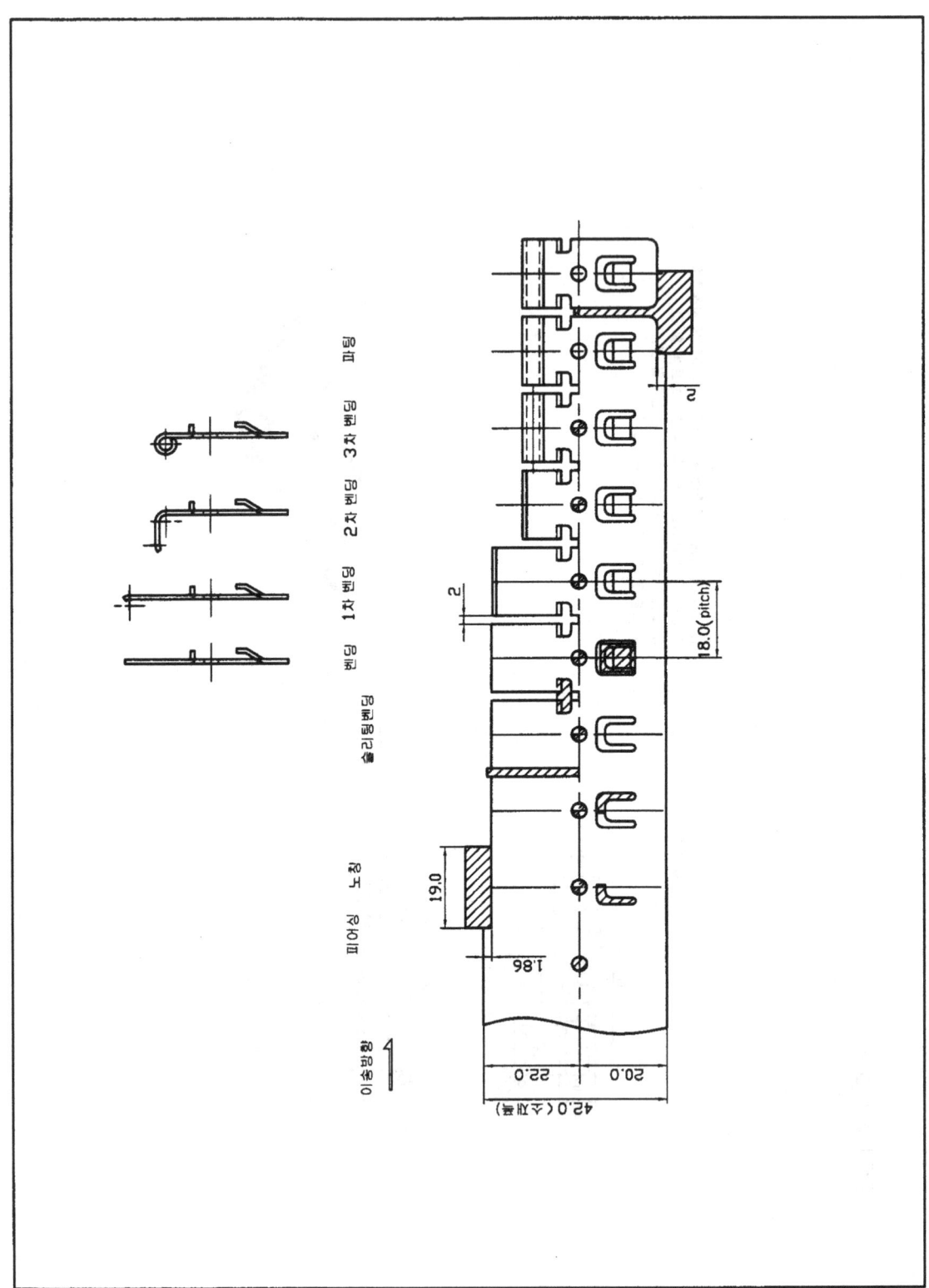

# STRIP LAY OUT 5

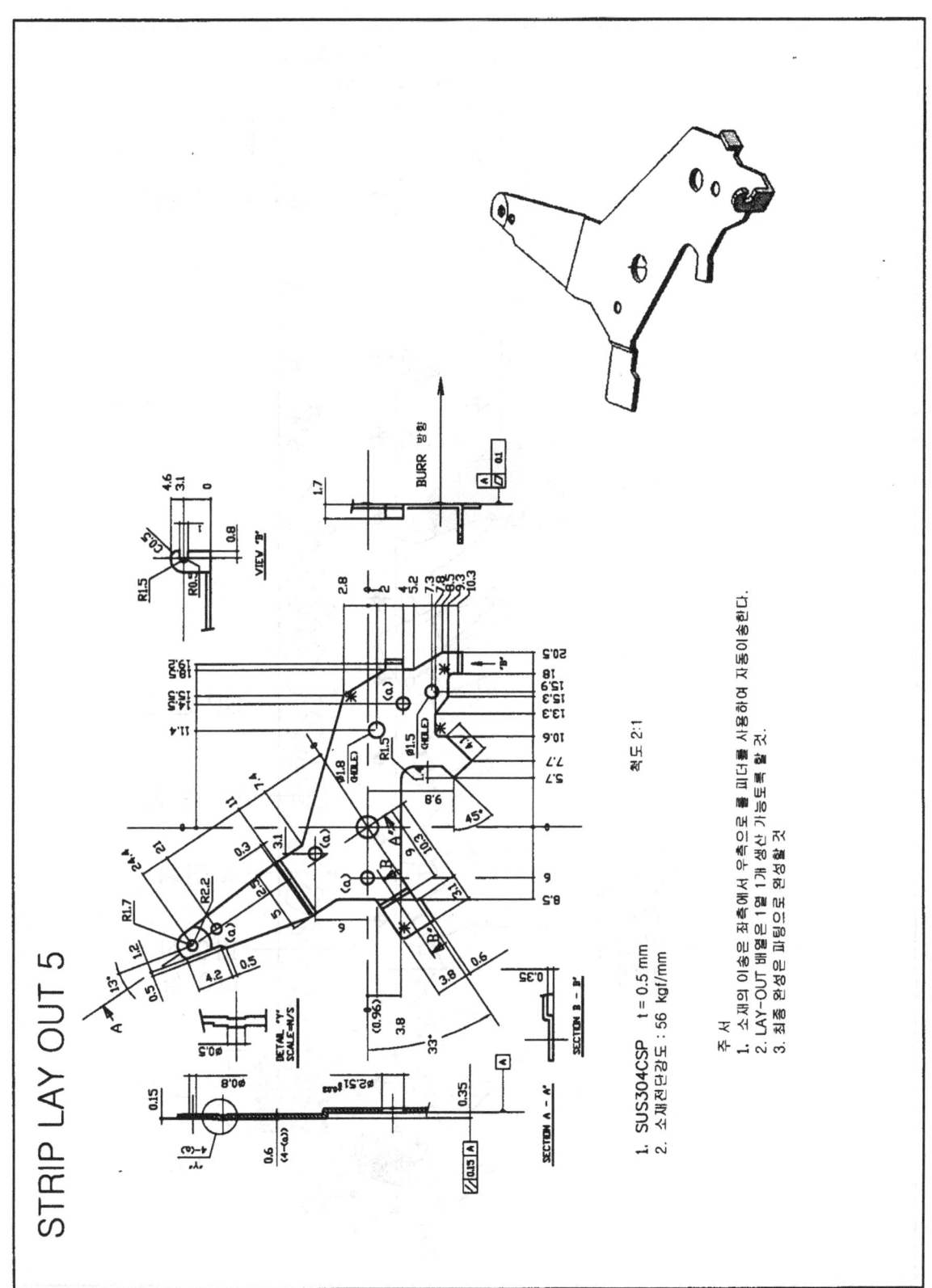

VIEW "Z"

BURR 방향

SECTION B - B'

DETAIL "Y"
SCALE=M/S

SECTION A - A'

척도 2:1

주 서
1. SUS304CSP    t = 0.5 mm
2. 소재전단강도 : 56  kgf/mm

주 서
1. 소재의 이송은 좌측에서 우측으로를 파더를 사용하여 자동이송한다.
2. LAY-OUT 배열은 1열 1개 생산 기능토록 할 것.
3. 최종 완성은 파링으로 완성할 것.

예제 도면 | 413

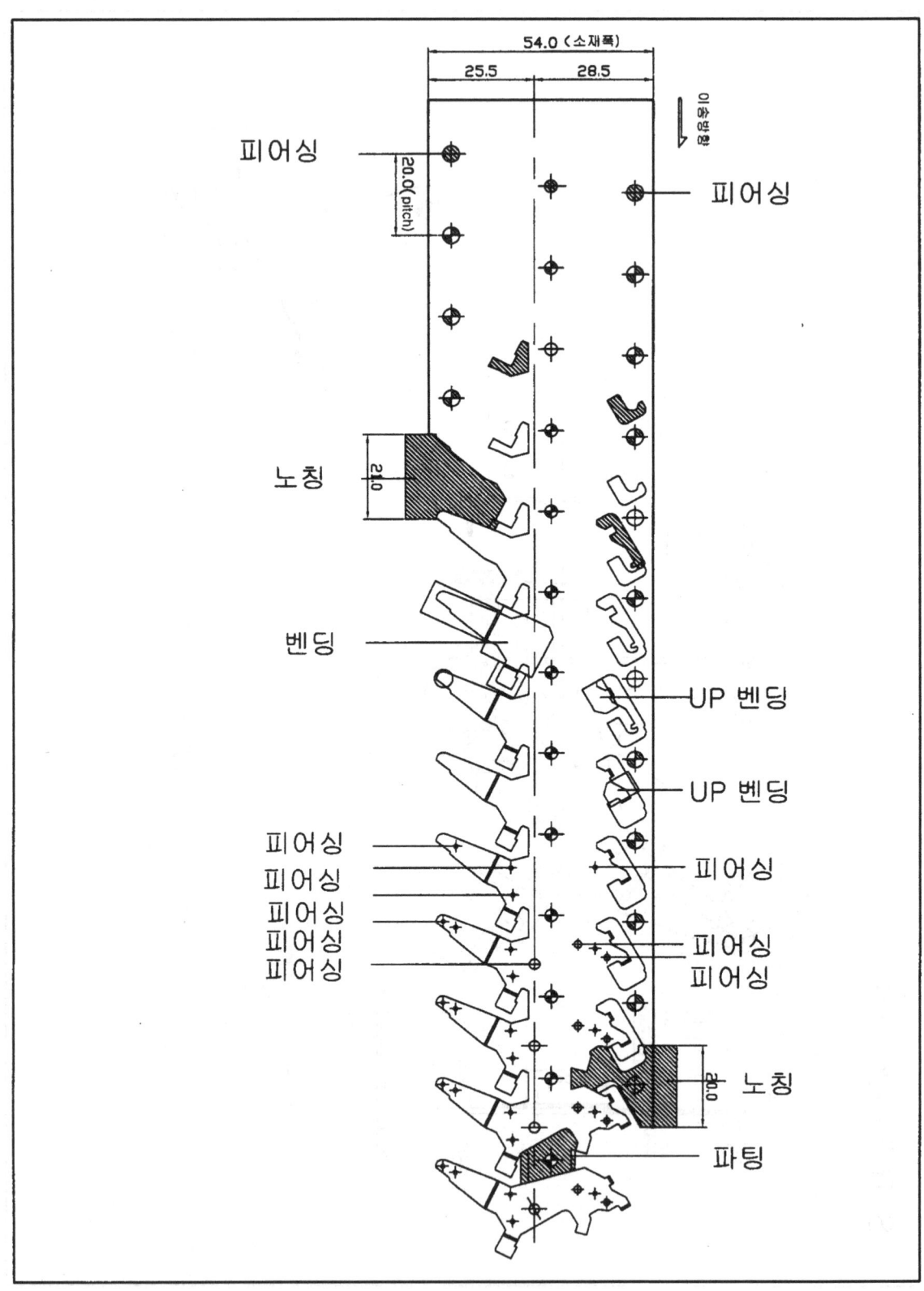

# STRIP LAY OUT 6

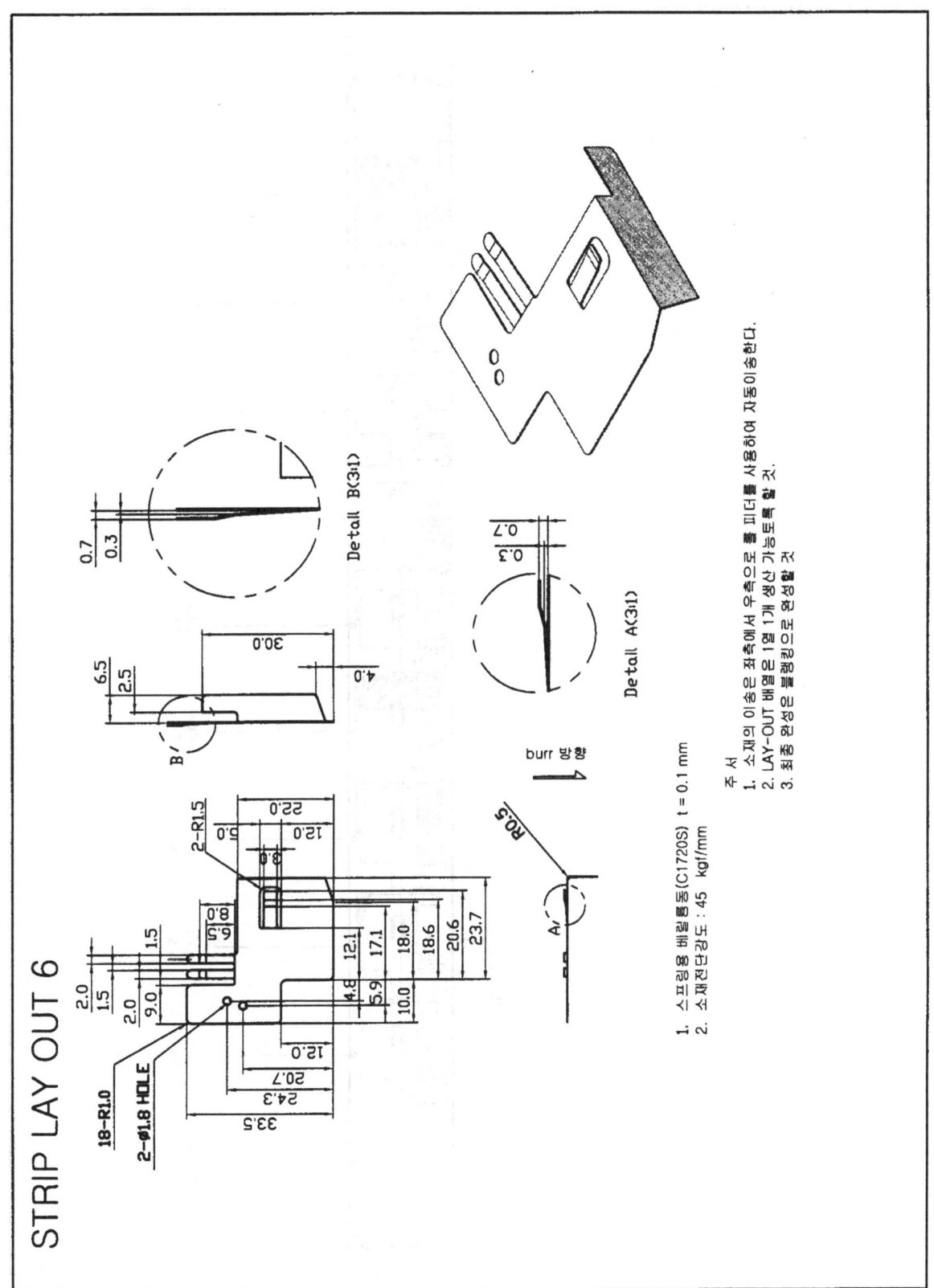

Detail B(3:1)

Detail A(3:1)

burr 방향

1. 스프링용 베릴륨동(C1720S)  t = 0.1 mm
2. 소재전단강도 : 45  kgf/mm

주 서
1. 소재의 이송은 좌측에서 우측으로 롤 피더를 사용하여 자동이송한다.
2. LAY-OUT 배열은 1열 1개 생산 가능토록 할 것.
3. 최종 완성은 블랭킹으로 완성할 것.

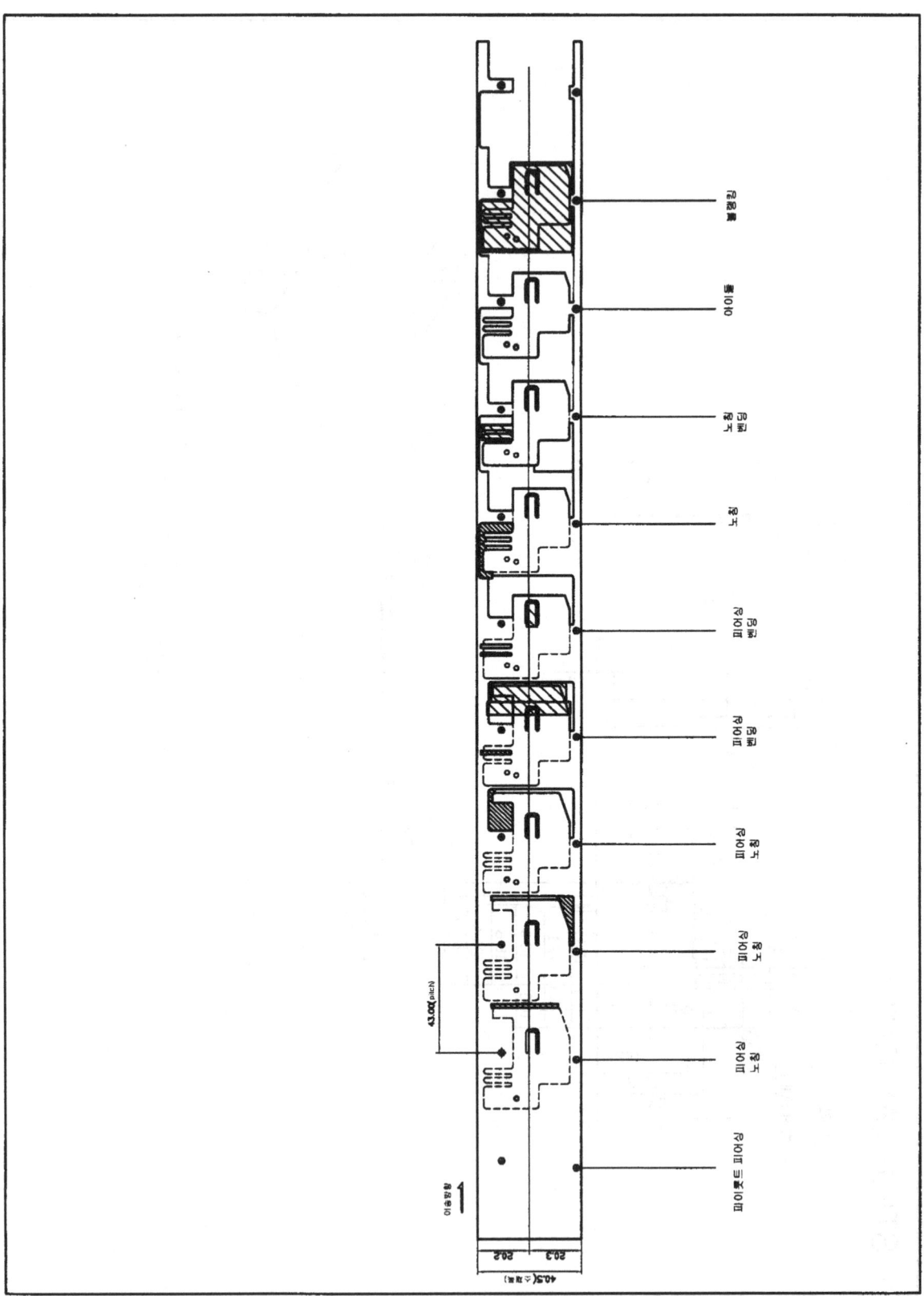

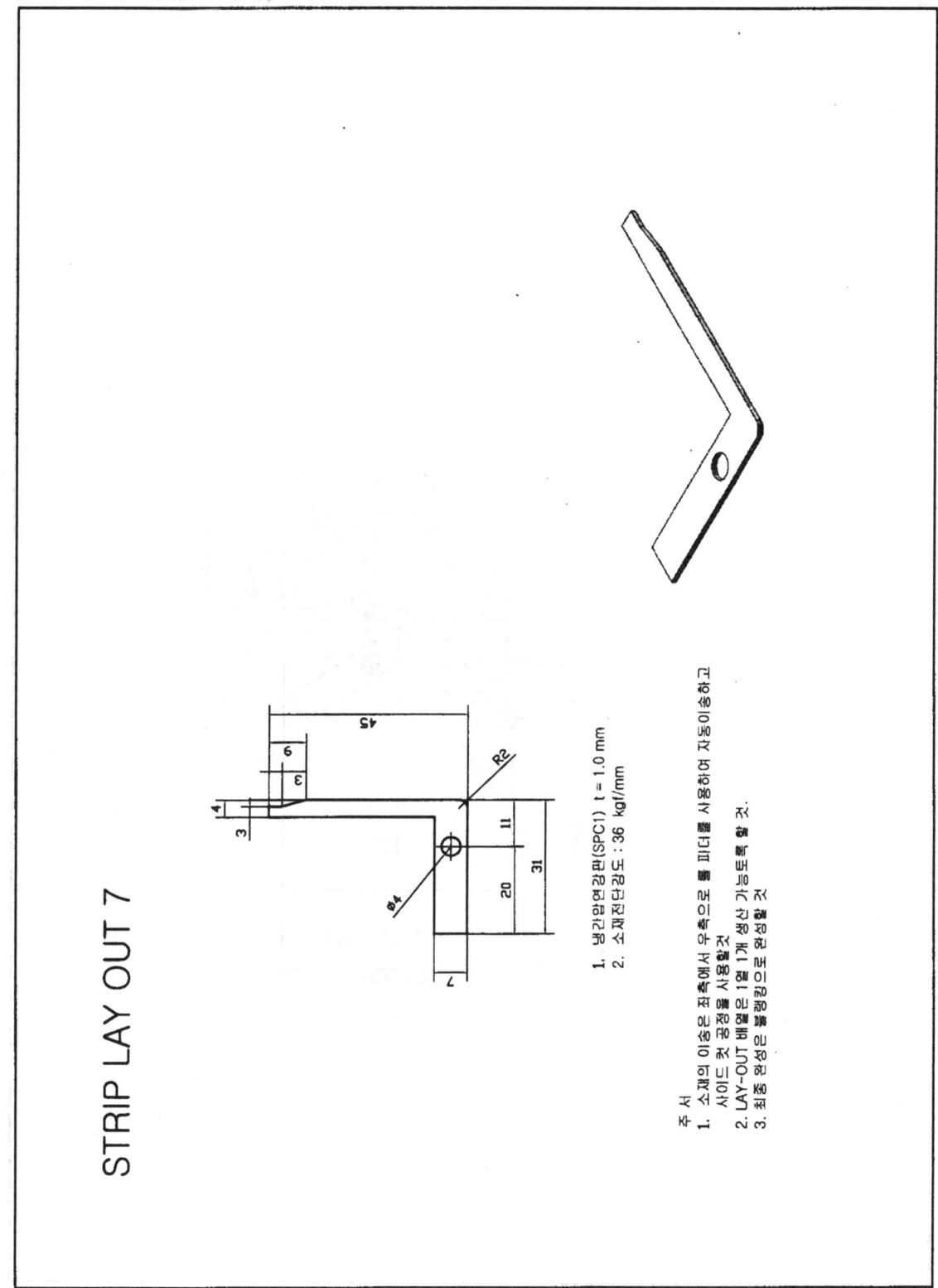

STRIP LAY OUT 7

주서
1. 냉간압연강판(SPC1) t = 1.0 mm
2. 소재전단강도 : 36 kgf/mm

주 서
1. 소재의 이송은 좌측에서 우측으로 틀 피더를 사용하여 자동이송하고
   사이드 첫 공정을 사용할것
2. LAY-OUT 배열은 1열 1개 생산 가능토록 할것
3. 최종 완성은 불칭링으로 완성할 것

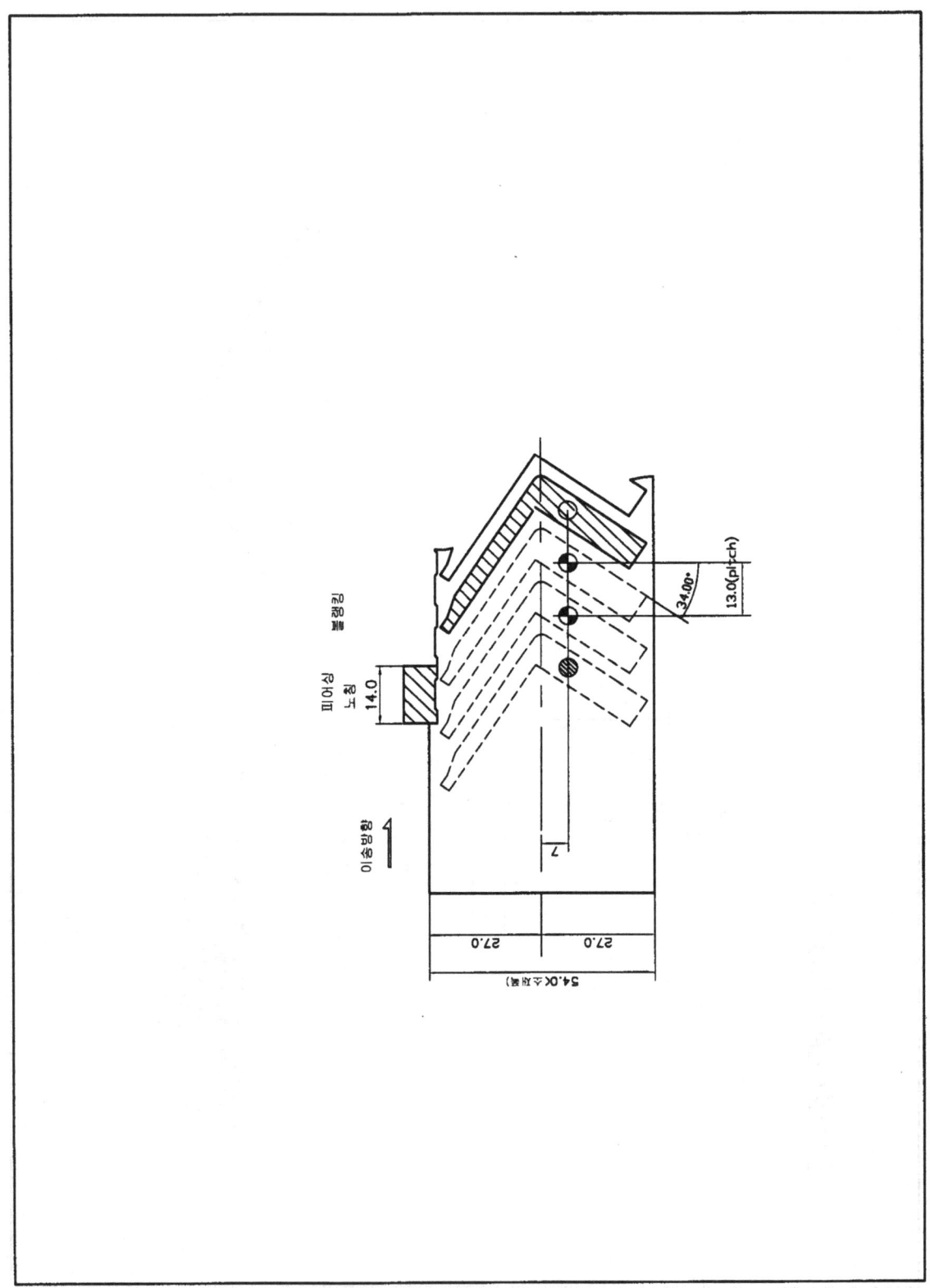

# STRIP LAY OUT 8

주 서
1. 소재의 이송은 좌측에서 우측으로 롤 피더를 사용하여 자동이송하고
   사이드 컷 공정을 사용할 것
2. LAY-OUT 배열은 1열 1개 생산 가능토록 할 것.
3. 최종 완성은 노칭으로 완성할 것

∅3.5±0.1

R9
R9.5
R12.5
R9.5
4-R0.5
2-R2

12
14.5
18.3
16.4
20.4

1
19
25
R22.5

4.8
R0.5
18.8
4.7
R4

1. SUS304CSP    t = 0.8 mm
2. 소재전단강도 : 56 kgf/mm

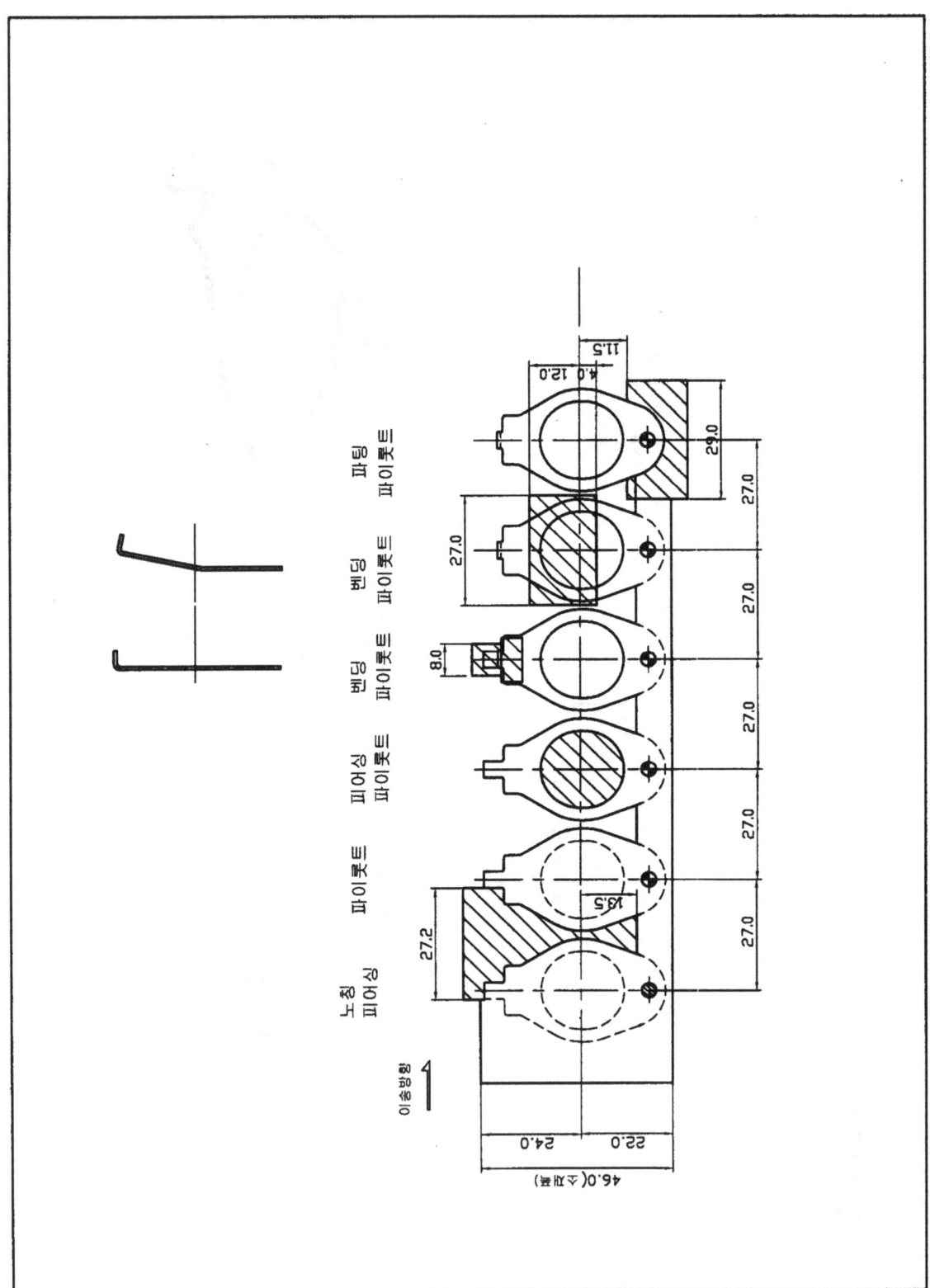

# STRIP LAY OUT 9

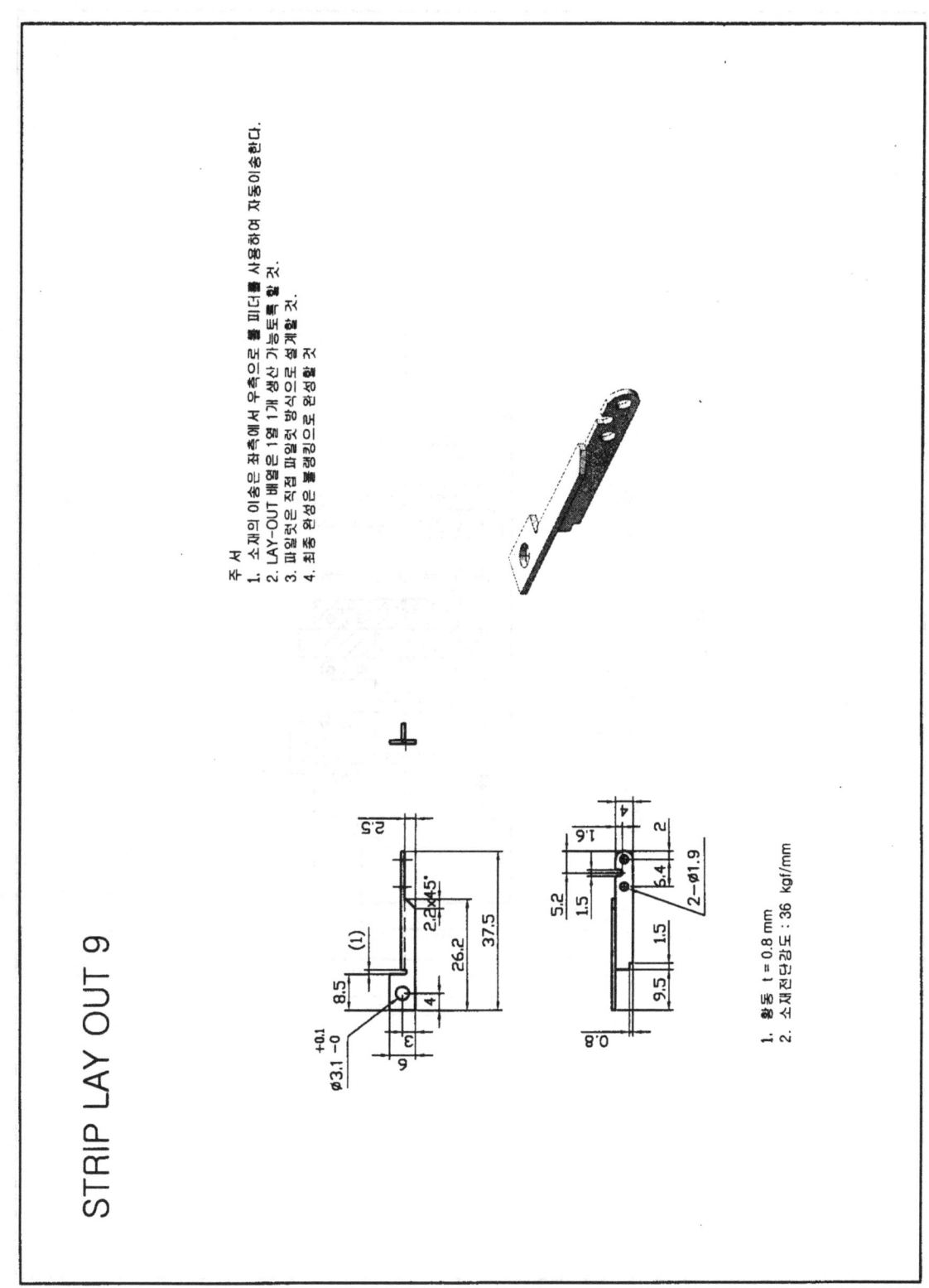

주 서
1. 소재의 이송은 좌측에서 우측으로 를 피더를 사용하여 자동이송한다.
2. LAY-OUT 배열은 1열 1개 생산 가능토록 할 것.
3. 파일럿은 직접 파일럿 방식으로 설계할 것.
4. 최종 완성은 불렝킹으로 완성할 것.

Ø3.1 $^{+0.1}_{-0}$

2.0×45°

1. 황동 t = 0.8 mm
2. 소재전단강도 : 36 kgf/mm

2−Ø1.9

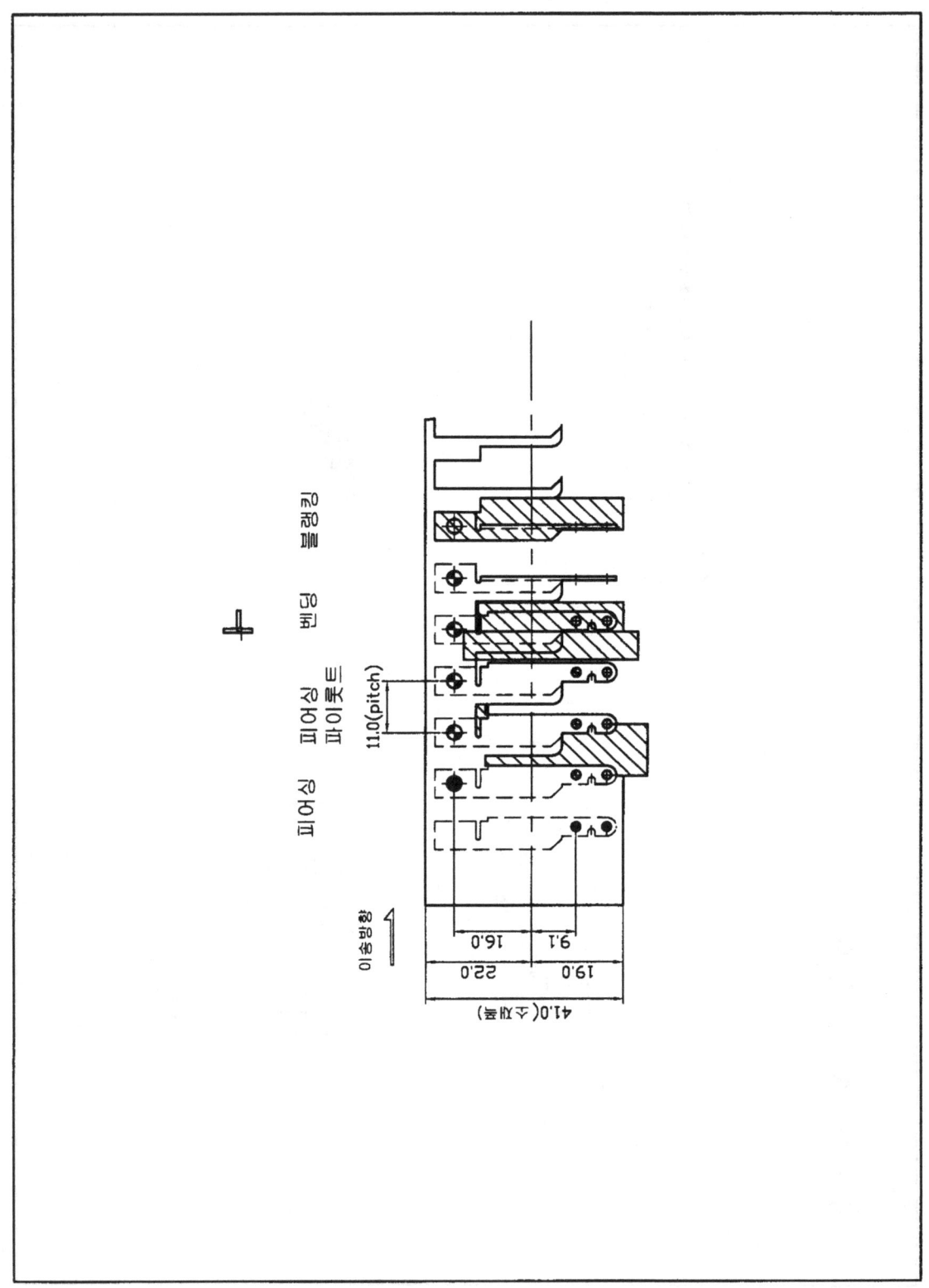

피어싱 피어싱 피어싱 파일럿 벤딩 블랭킹

이송방향

11.0(pitch)

41.0(소재폭)

22.0
19.0

16.0
9.1

# STRIP LAY OUT 10

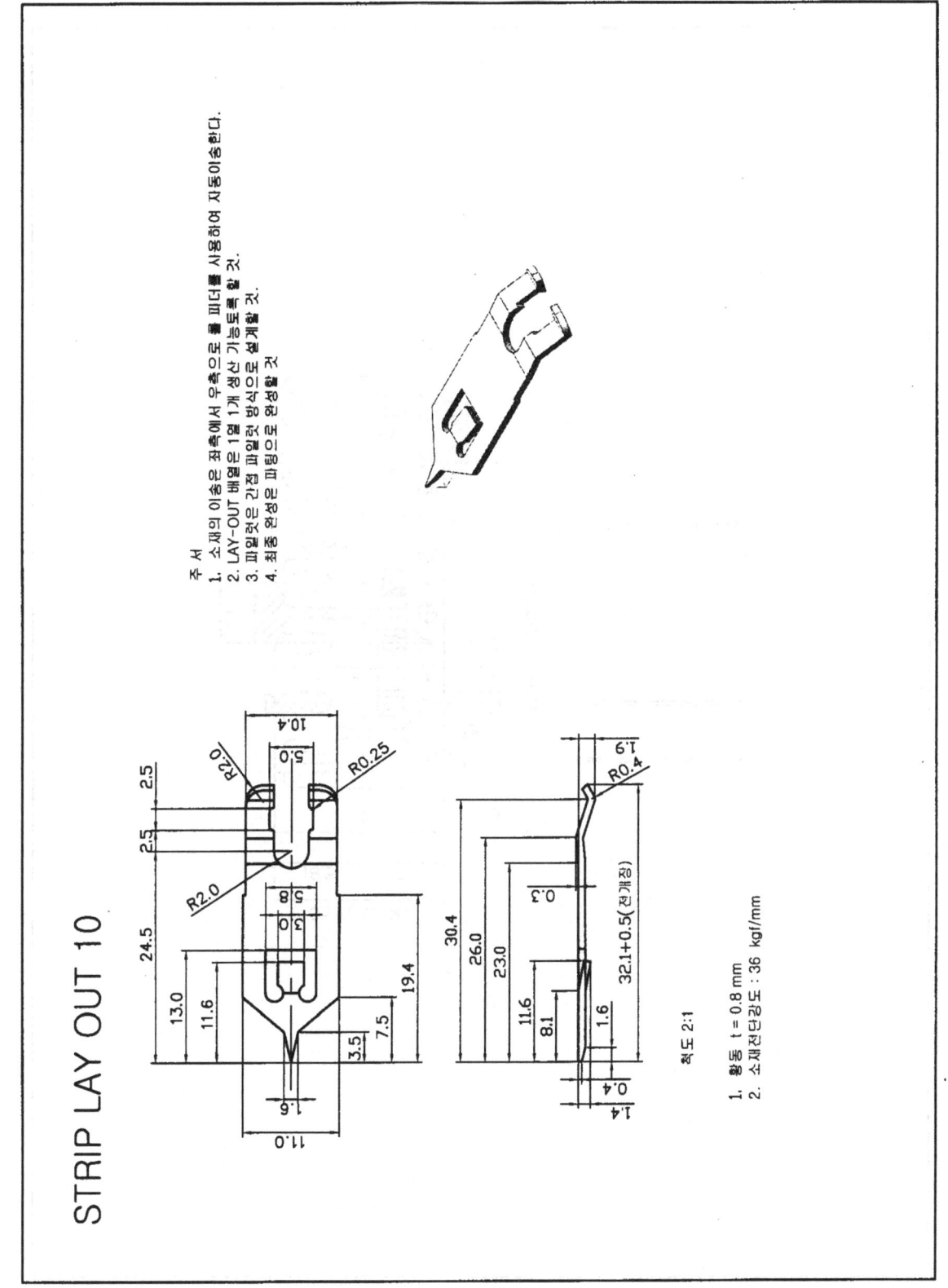

주 서
1. 소재의 이송은 좌측에서 우측으로 홀 피더를 사용하여 자동이송한다.
2. LAY-OUT 배열은 1열 1개 생산 방식으로 설계할 것.
3. 파일럿은 간접 파일럿 방식으로 설계할 것.
4. 최종 완성은 파팅으로 완성할 것.

척도 2:1

1. 황동 t = 0.8 mm
2. 소재전단강도 : 36 kgf/mm

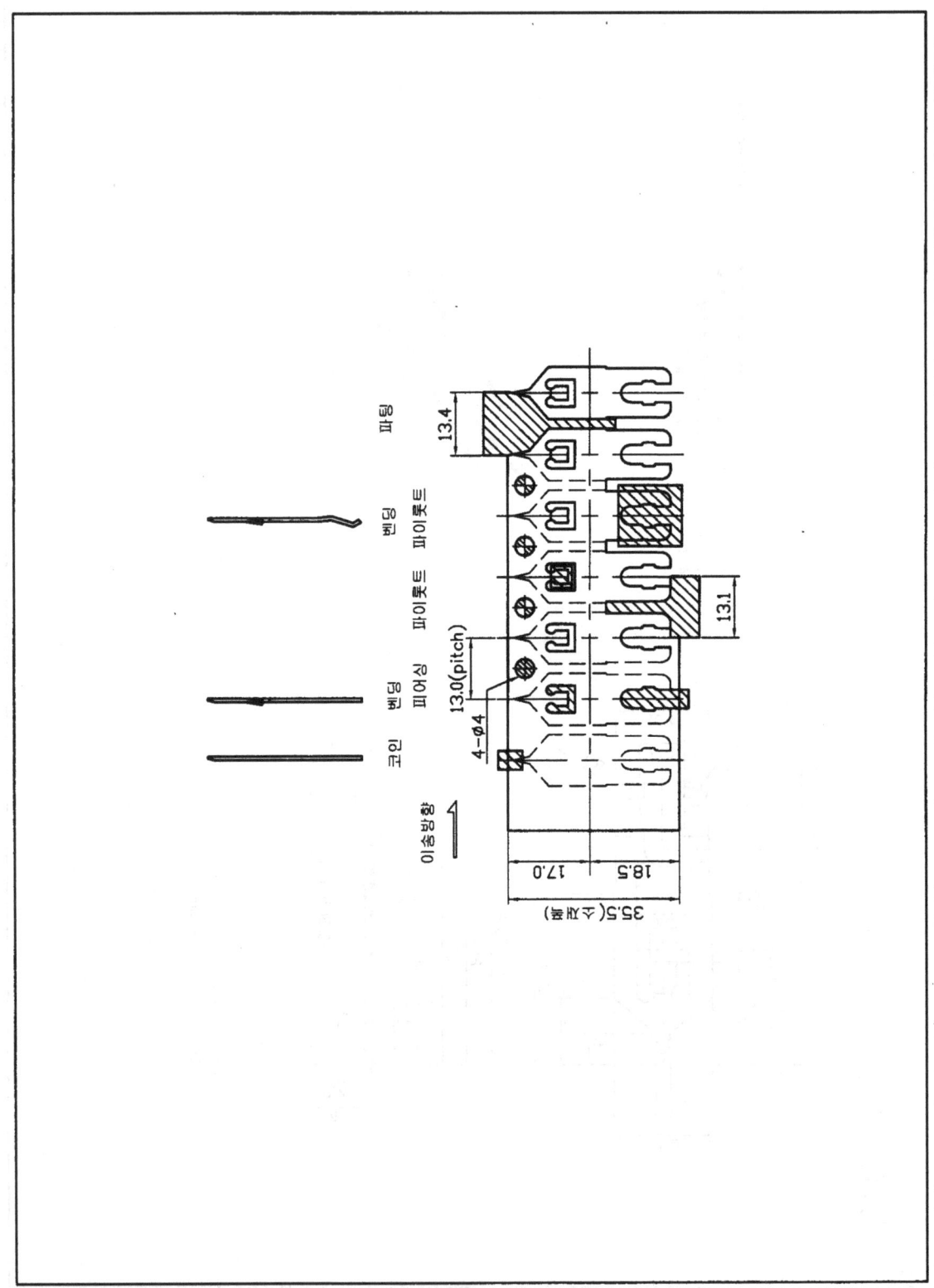

# STRIP LAY OUT 11

주서
1. 소재의 이송은 좌측에서 우측으로 롤 피더를 사용하여 자동이송한다.
2. LAY-OUT 배열은 1열 1개 생산 가능토록 할 것.
3. 파일럿은 간접 파일럿 방식으로 설계할 것.
4. 최종 완성은 파팅으로 완성할 것

R3.0

45°

φ30

φ40

R3.0

φ18.5

(4.9)

1.5

φ22.5

1. 냉간압연강판(SPC1)  t = 0.6 mm
2. 소재전단강도 : 36 kgf/mm

예제 도면 | 425

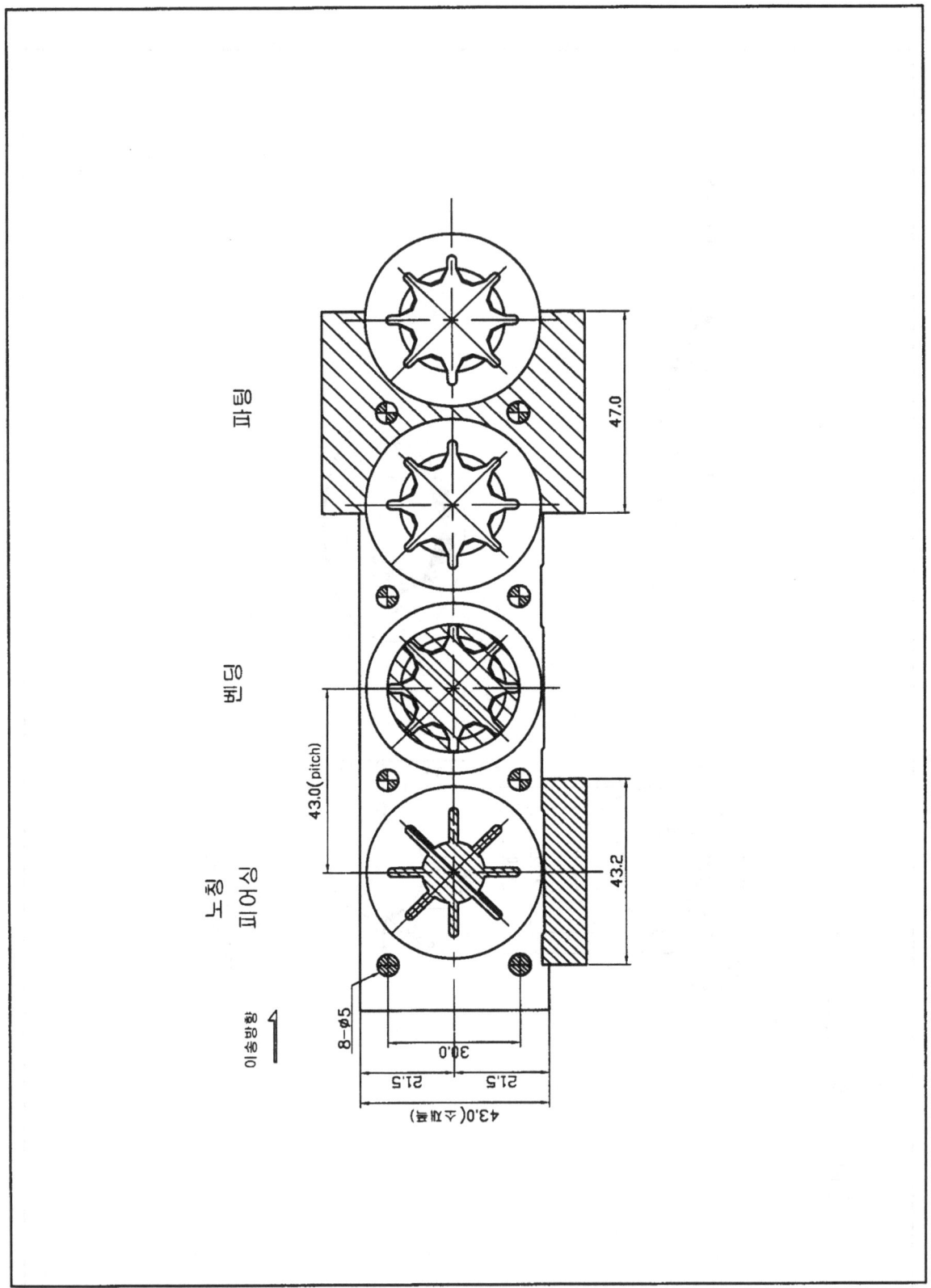

# STRIP LAY OUT 12

주 서
1. 소재의 이송은 좌측에서 우측으로 룰 피더를 사용하여 자동이송한다.
2. LAY-OUT 배열은 1열 1개 생산 가능토록 할 것.
3. 파일럿은 간접 파일럿 방식으로 설계할 것.
4. 최종 완성은 파팅으로 완성할 것

2-M3 TAP

10
8
R4
2.8
5

8
5

척도 2:1

1. 냉간압연강판(SPC1) t = 1.0 mm
2. 소재전단강도 : 36  kgf/mm

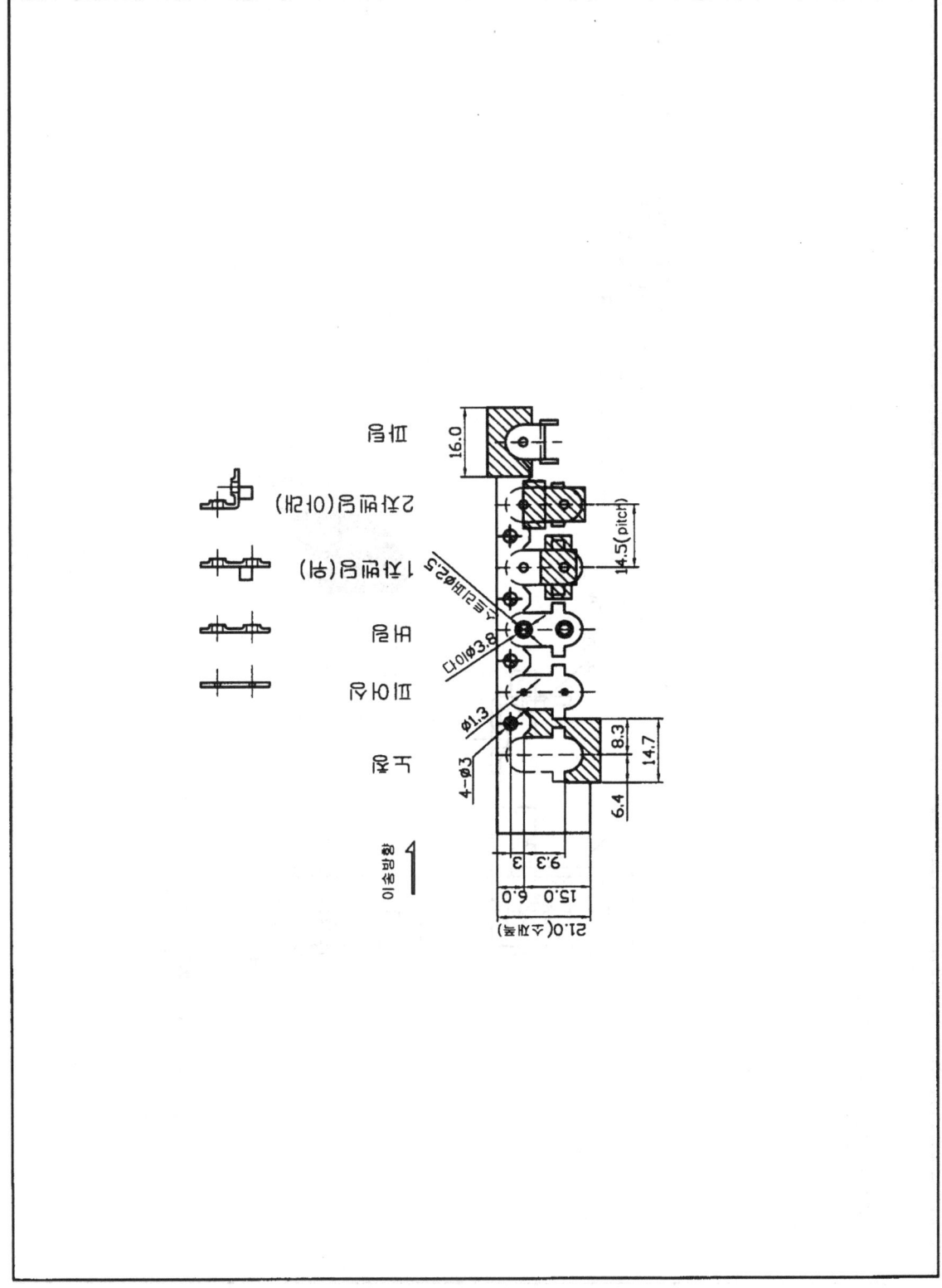

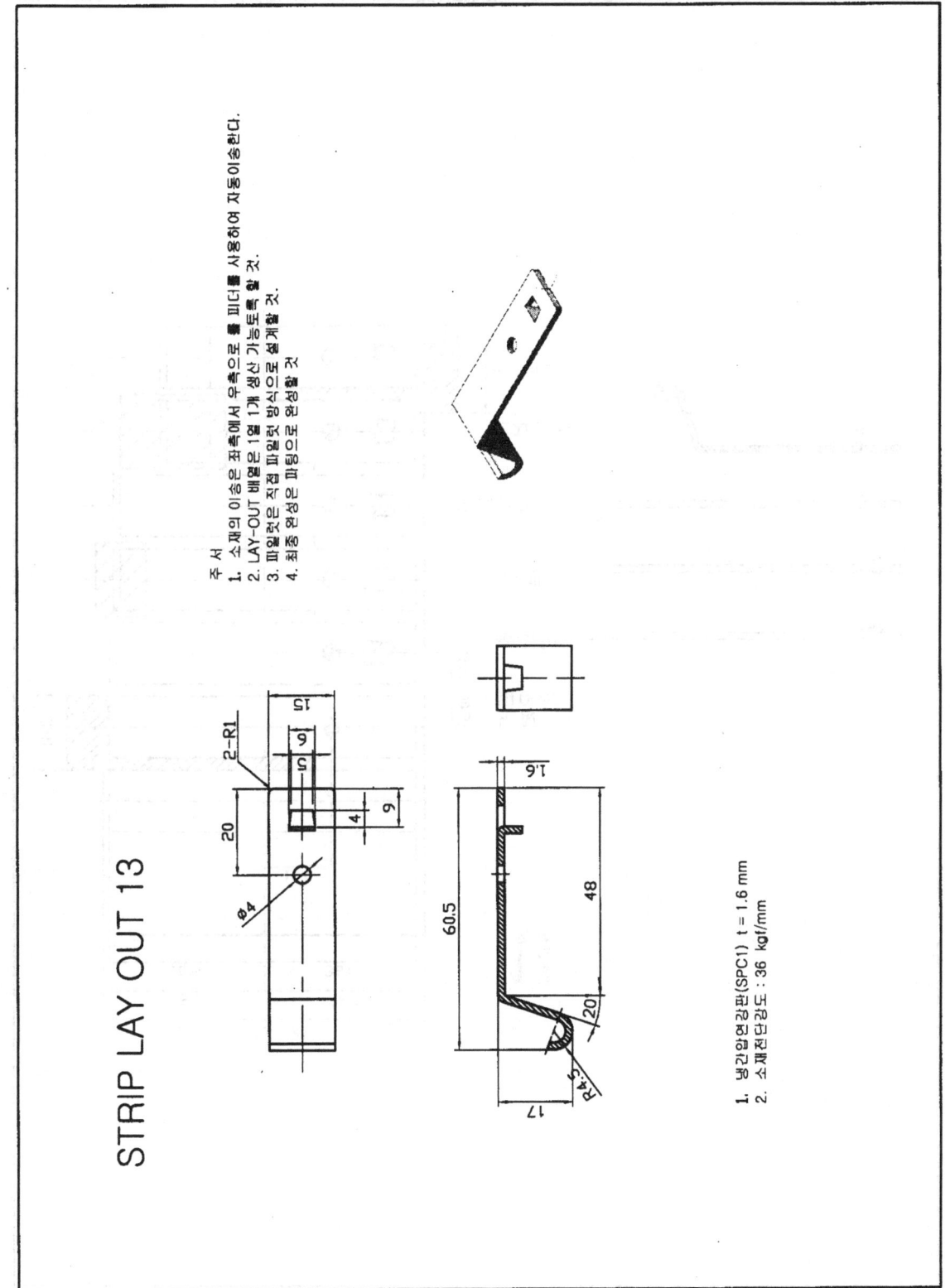

# STRIP LAY OUT 13

주 서
1. 소재의 이송은 좌측에서 우측으로 를 피더를 사용하여 자동이송한다.
2. LAY-OUT 배열은 1열 1개 생산 가능토록 할 것.
3. 파일럿은 직경 파일럿 방식으로 설계할 것.
4. 최종 완성은 파링으로 완성할 것

1. 냉간압연강판(SPC1) t = 1.6 mm
2. 소재전단강도 : 36 kgf/mm

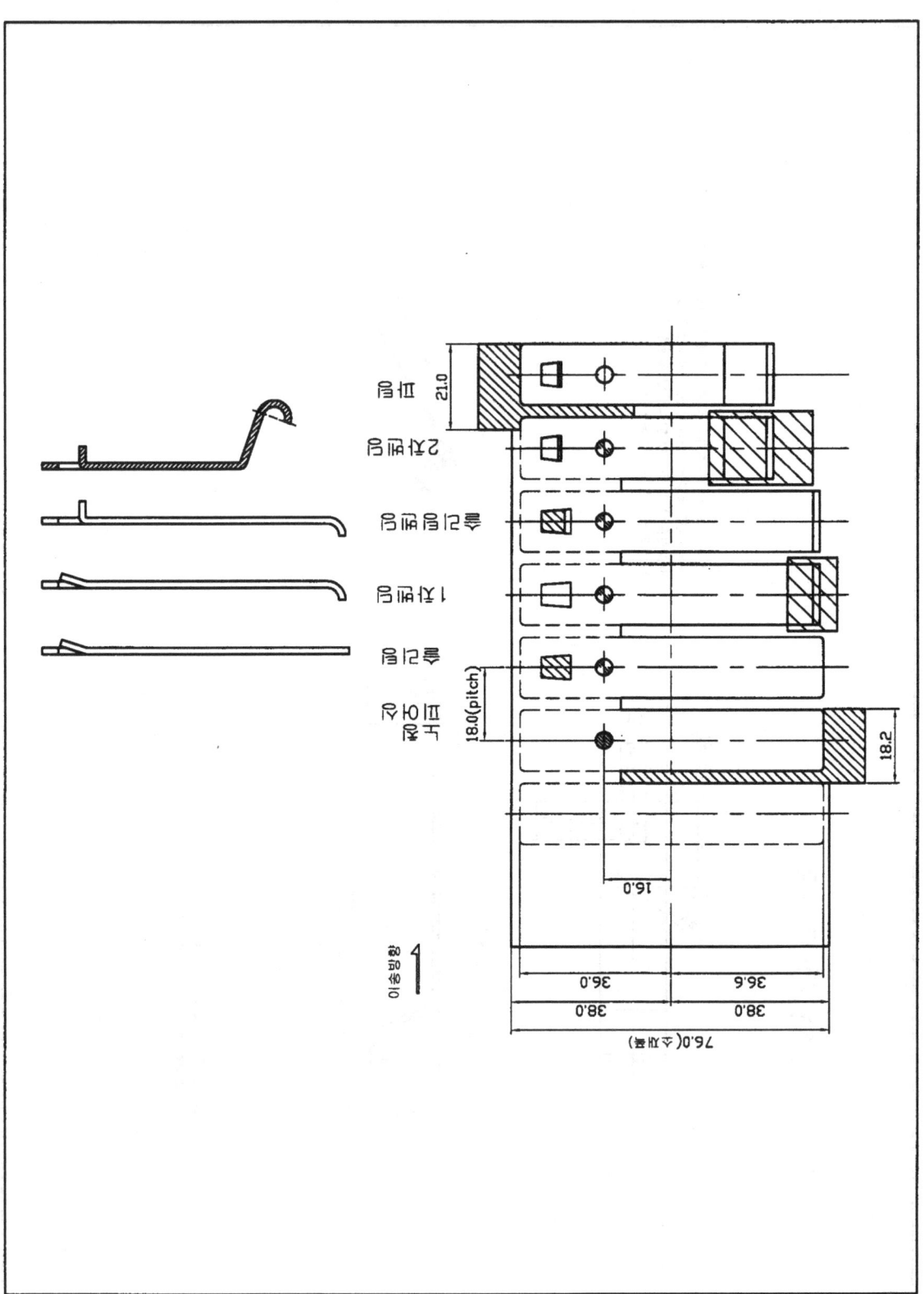

# STRIP LAY OUT 14

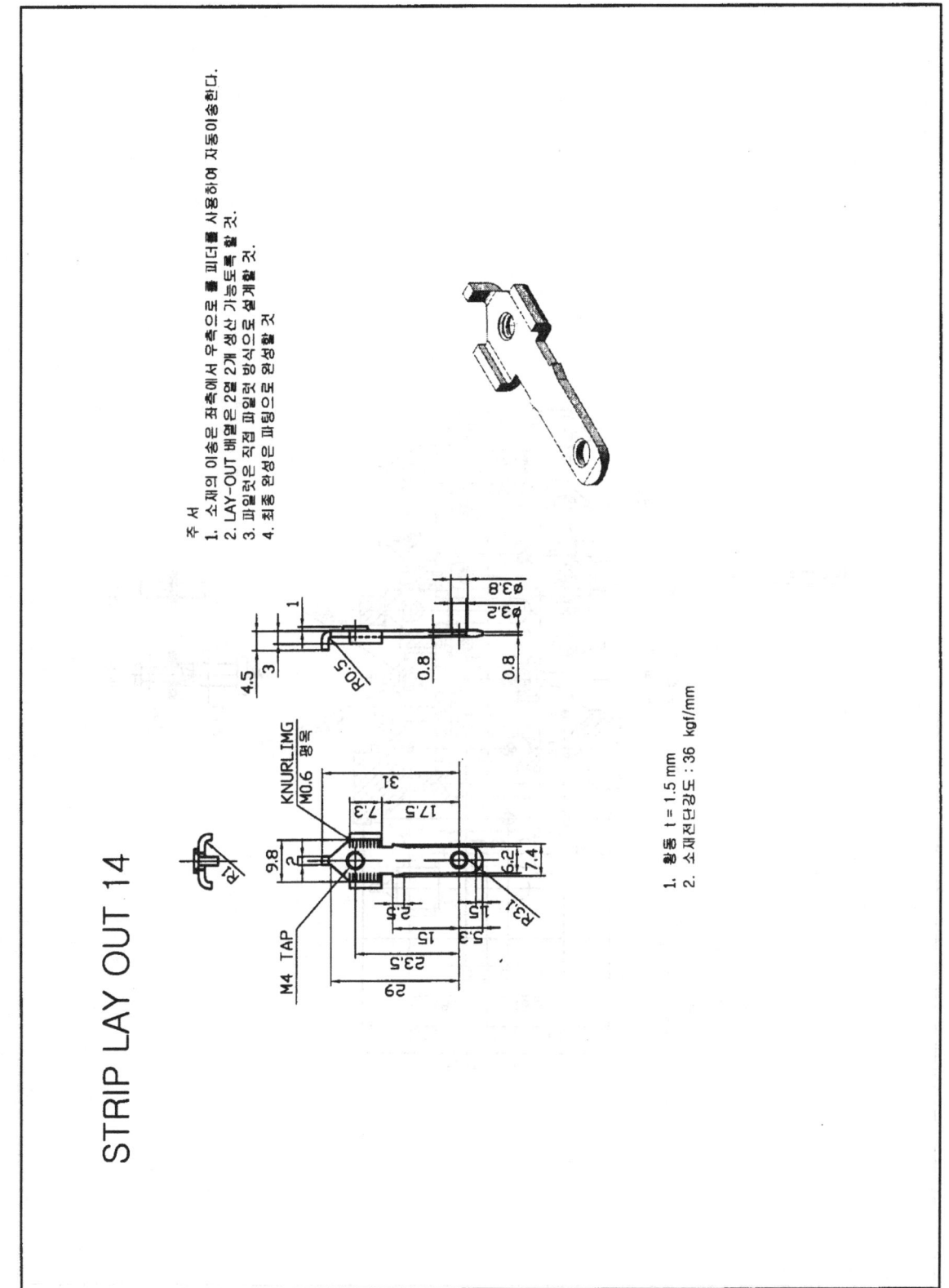

주서
1. 소재의 이송은 좌측에서 우측으로 롤 피더를 사용하여 자동이송한다.
2. LAY-OUT 배열은 2열 2개 생산 가능토록 할 것.
3. 파일럿은 직경 파일럿 방식으로 설계할 것.
4. 최종 완성은 파팅으로 완성할 것.

KNURLING 평목
M0.6 평목

M4 TAP

1. 황동 t = 1.5 mm
2. 소재전단강도 : 36 kgf/mm

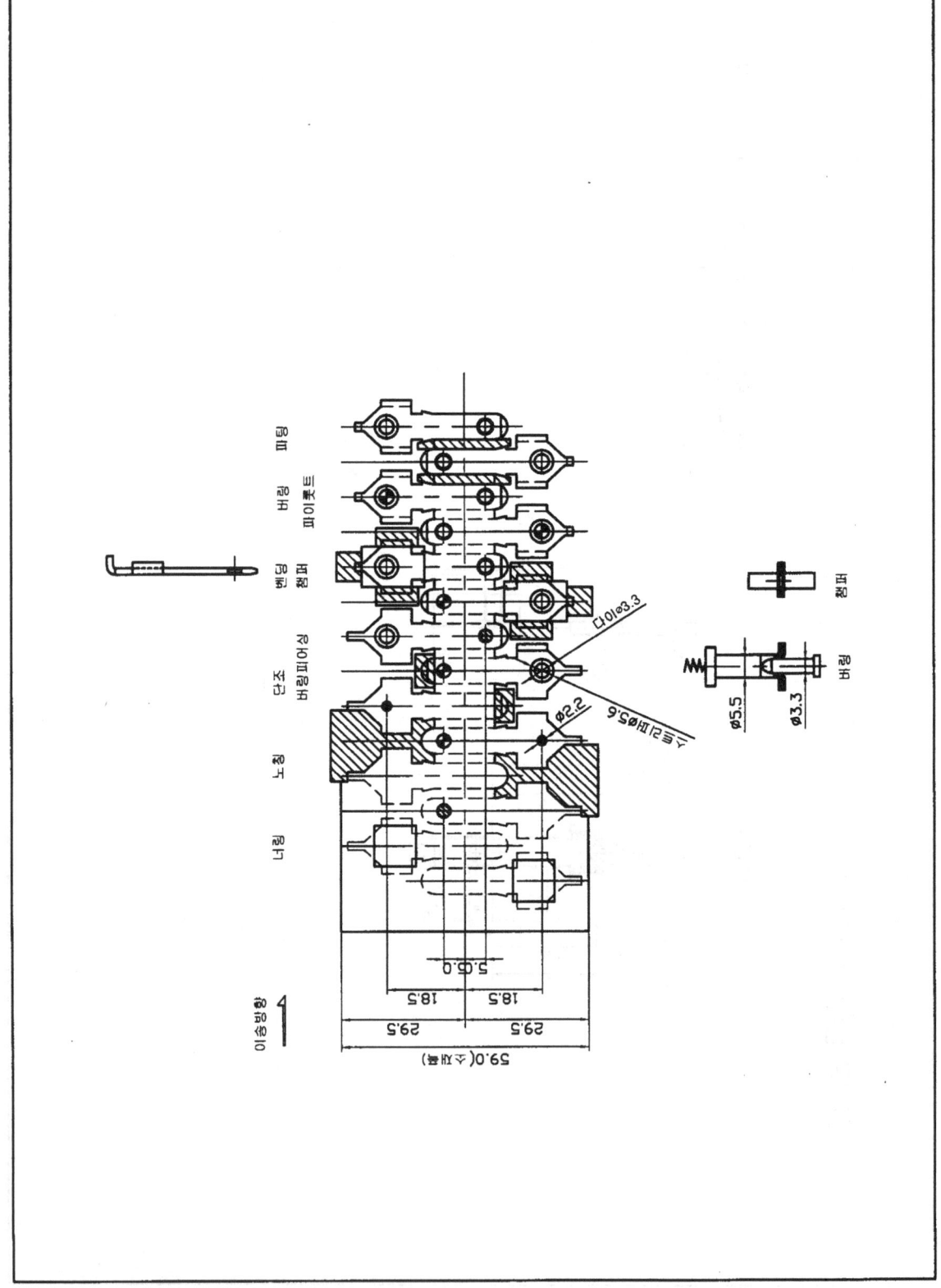

# STRIP LAY OUT 15

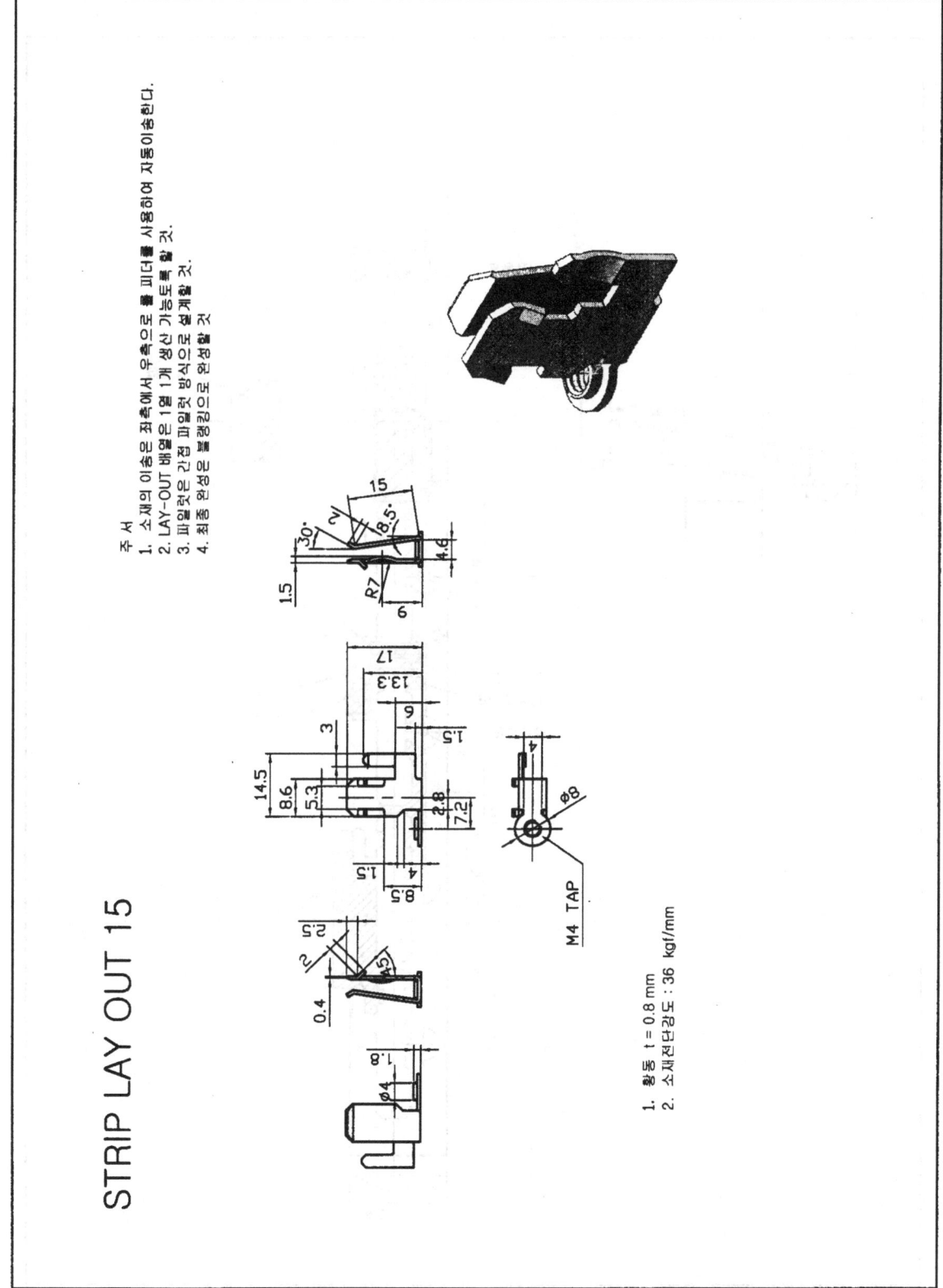

주 서
1. 소재의 이송은 좌측에서 우측으로 롤 피더를 사용하여 자동이송한다.
2. LAY-OUT 배열은 1열 1개 생산 파일럿 방식으로 가공토록 할 것.
3. 파일럿은 간접 파일럿 방식으로 설계할 것.
4. 최종 완성은 블랭킹으로 완성할 것.

1. 황동 t = 0.8 mm
2. 소재전단강도 : 36 kgf/mm

M4 TAP

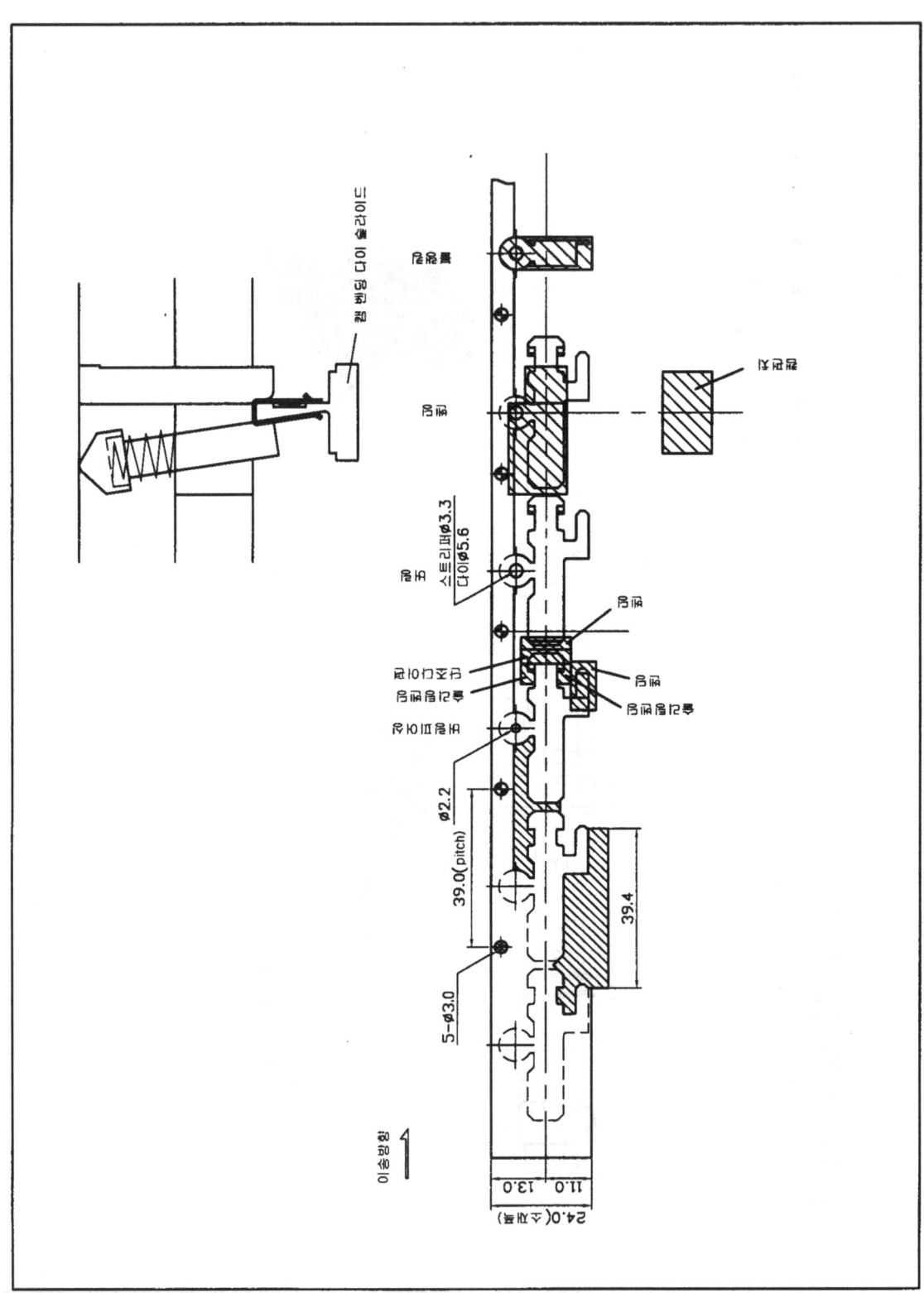

# STRIP LAY OUT 16

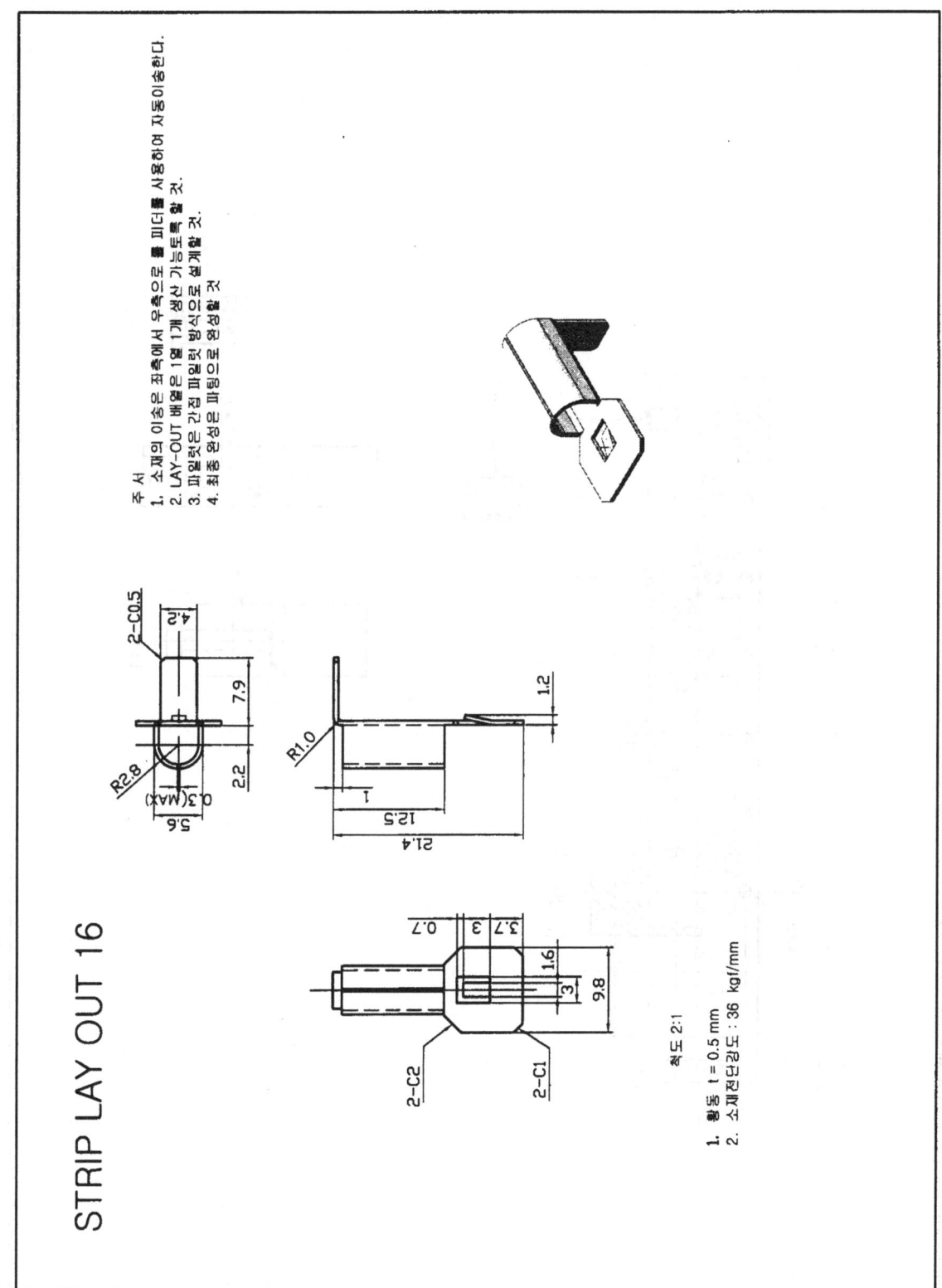

주 서
1. 소재의 이송은 좌측에서 우축으로 를 피더를 사용하여 자동이송한다.
2. LAY-OUT 배열은 1열 1개 생산 1개 생산식 가능토록 할 것.
3. 파일럿은 간접 파일럿 방식으로 설계할 것.
4. 최종 완성은 파팅으로 완성할 것.

2-C0.5
4.1
7.9
2.2
R2.8
0.3(MAX)
5.6

R1.0
1.2
1
12.5
21.4

0.7
3
3.7
2-C2
1.6
3
9.8
2-C1

척도 2:1

1. 황동 t = 0.5 mm
2. 소재전단강도 : 36 kgf/mm

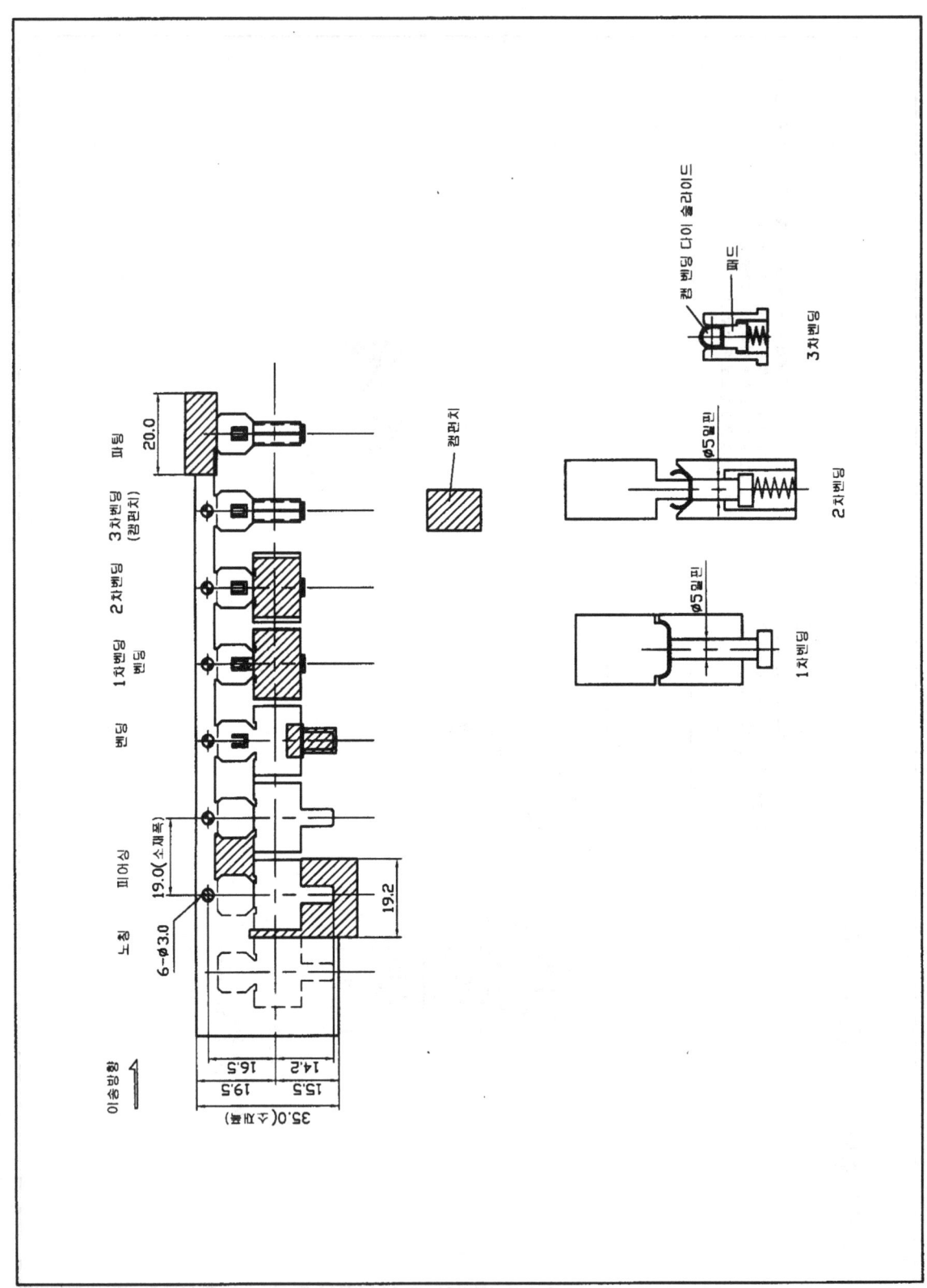

# STRIP LAY OUT 17

주 서
1. 소재의 이송은 좌측에서 우측으로 를 피더를 사용하여 자동이송한다.
2. LAY-OUT 배열은 1열 1개 생산 방식으로 가능토록 할 것.
3. 파일럿은 직접 파일럿 방식으로 설계할 것.
4. 최종 연상은 불링킹으로 연성할 것.

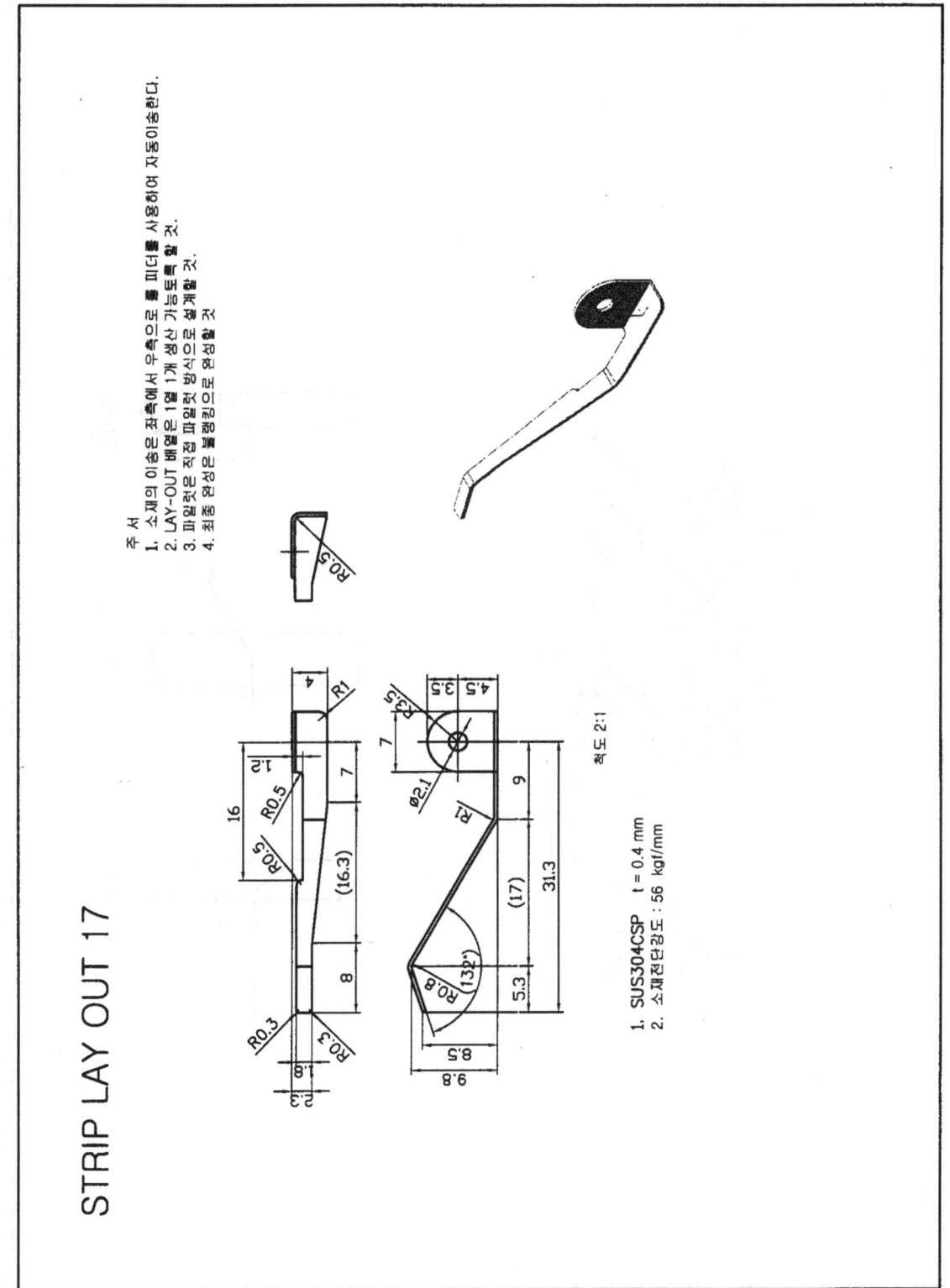

척도 2:1

1. SUS304CSP   t = 0.4 mm
2. 소재전단강도 : 56  kgf/mm

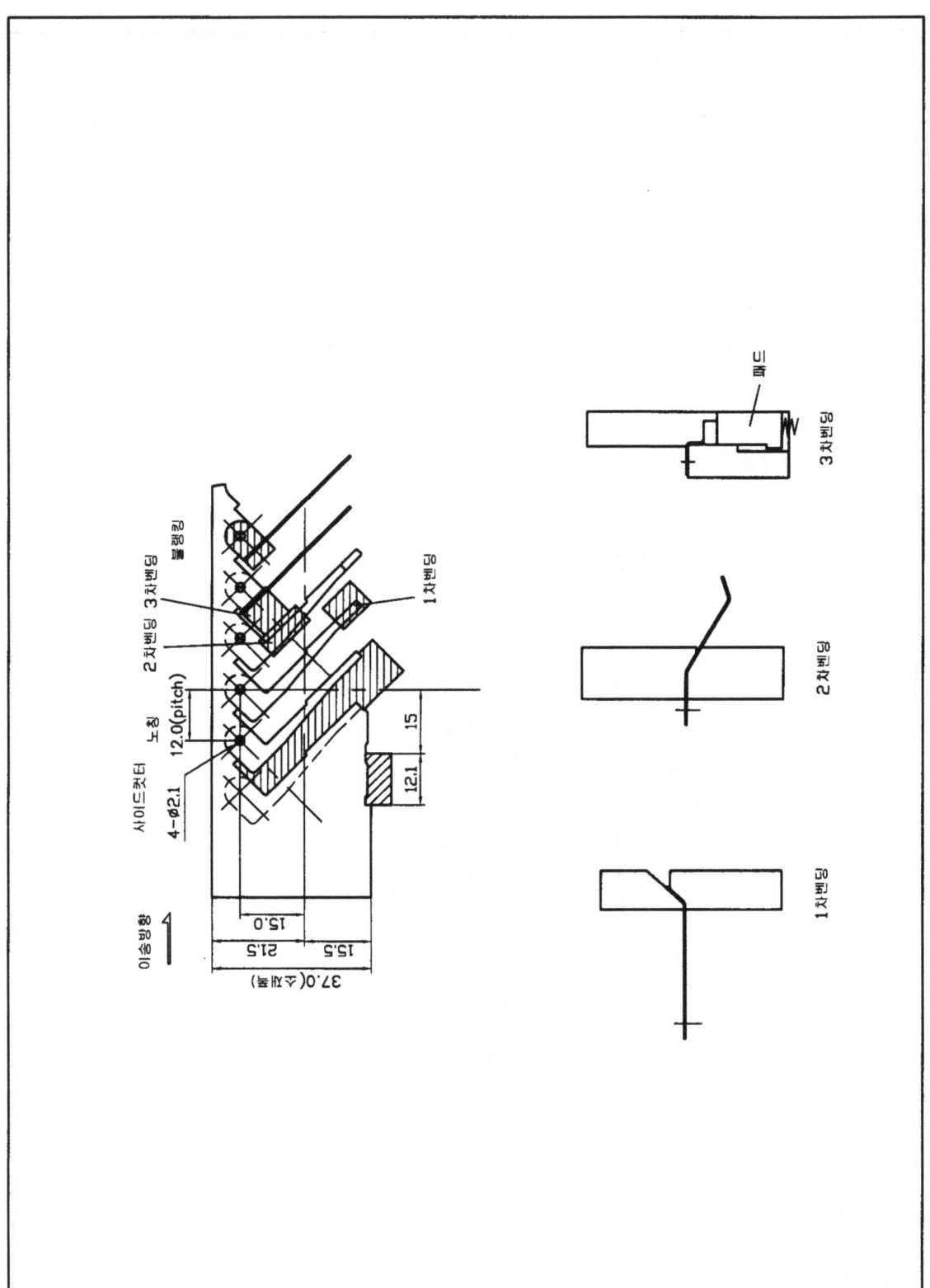

## P1. Progressive Die

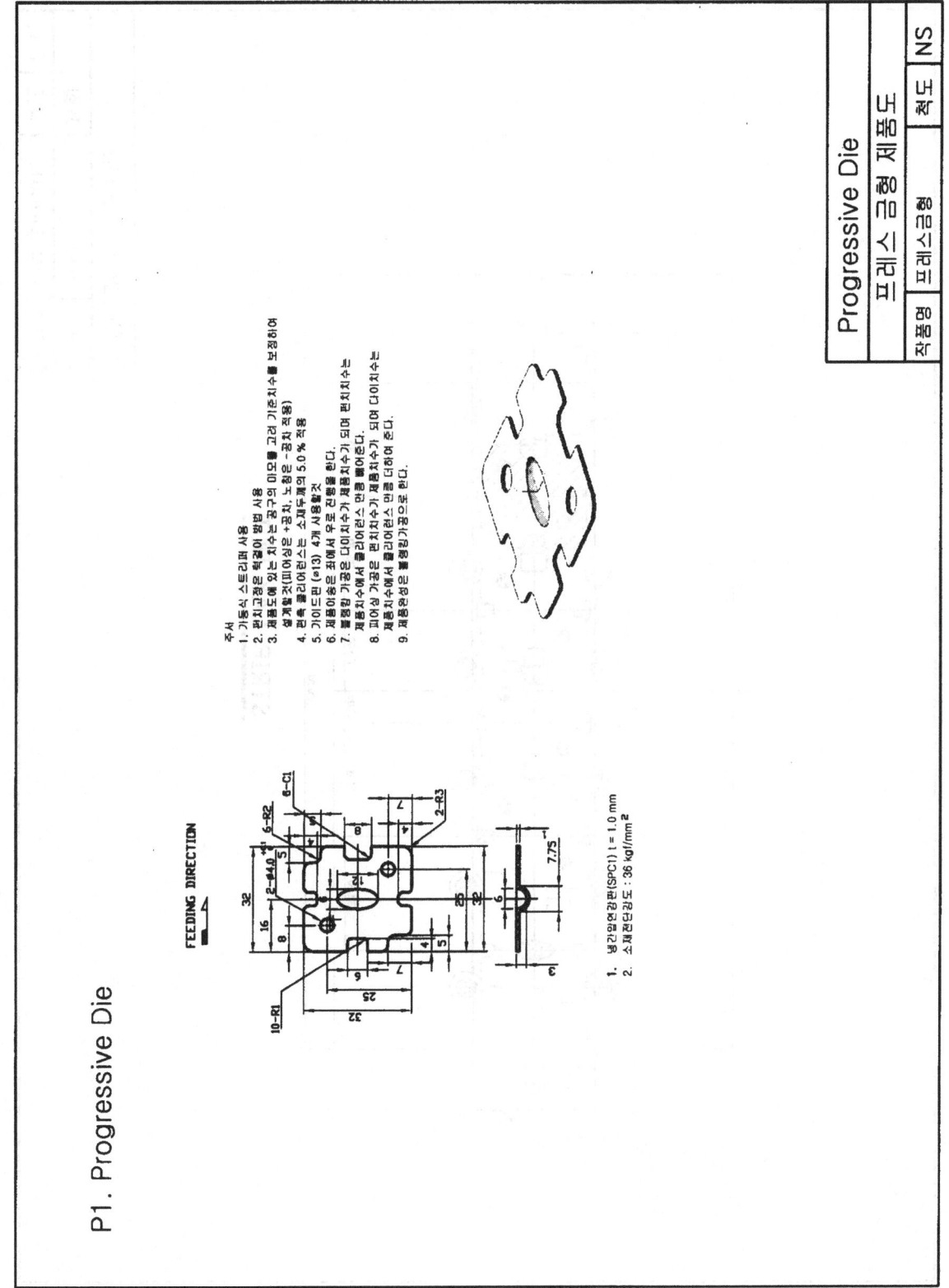

FEEDING DIRECTION

10-R1
8-C1
6-R2
2-R3
2-44.0⁺⁰¹
32
16
8
25
32
7
4
5
6
7
4
5
6
25
32
7.75
3

주서
1. 가동식 스트리퍼 사용
2. 펀치고정은 턱걸이 방법 사용
3. 재료도에 있는 치수는 공구의 마모를 고려 기준치수를 보정하여
   설계할것(피어싱은 +공차, 노칭은 -공차 적용)
4. 전측 클리어런스는 소재두께의 5.0 % 적용
5. 가이드핀 (ø13) 4개 사용할것
6. 재료이송은 좌에서 우로 진행을 한다.
7. 블랭킹 가공은 다이치수가 제품치수가 되며 펀치치수는
   제품치수에서 클리어런스 만큼 빼어준다.
8. 피어싱 가공은 펀치치수가 제품치수가 되어 다이치수는
   제품치수에서 클리어런스 만큼 더하여 준다.
9. 제품완성은 블랭킹가공으로 한다.

1. 냉간압연강판(SPC1) t = 1.0 mm
2. 소재전단강도 : 36 kg/mm²

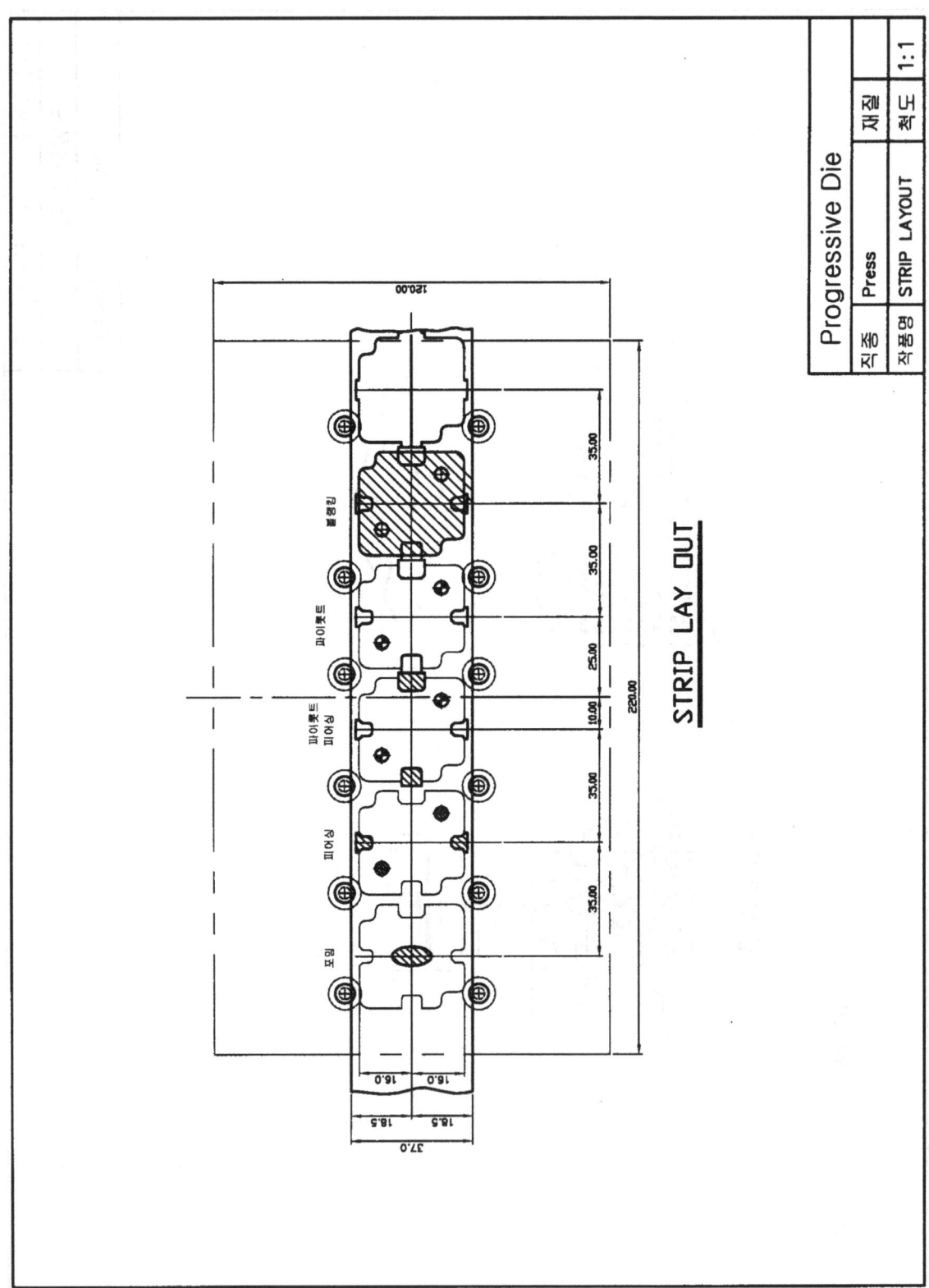

STRIP LAY OUT

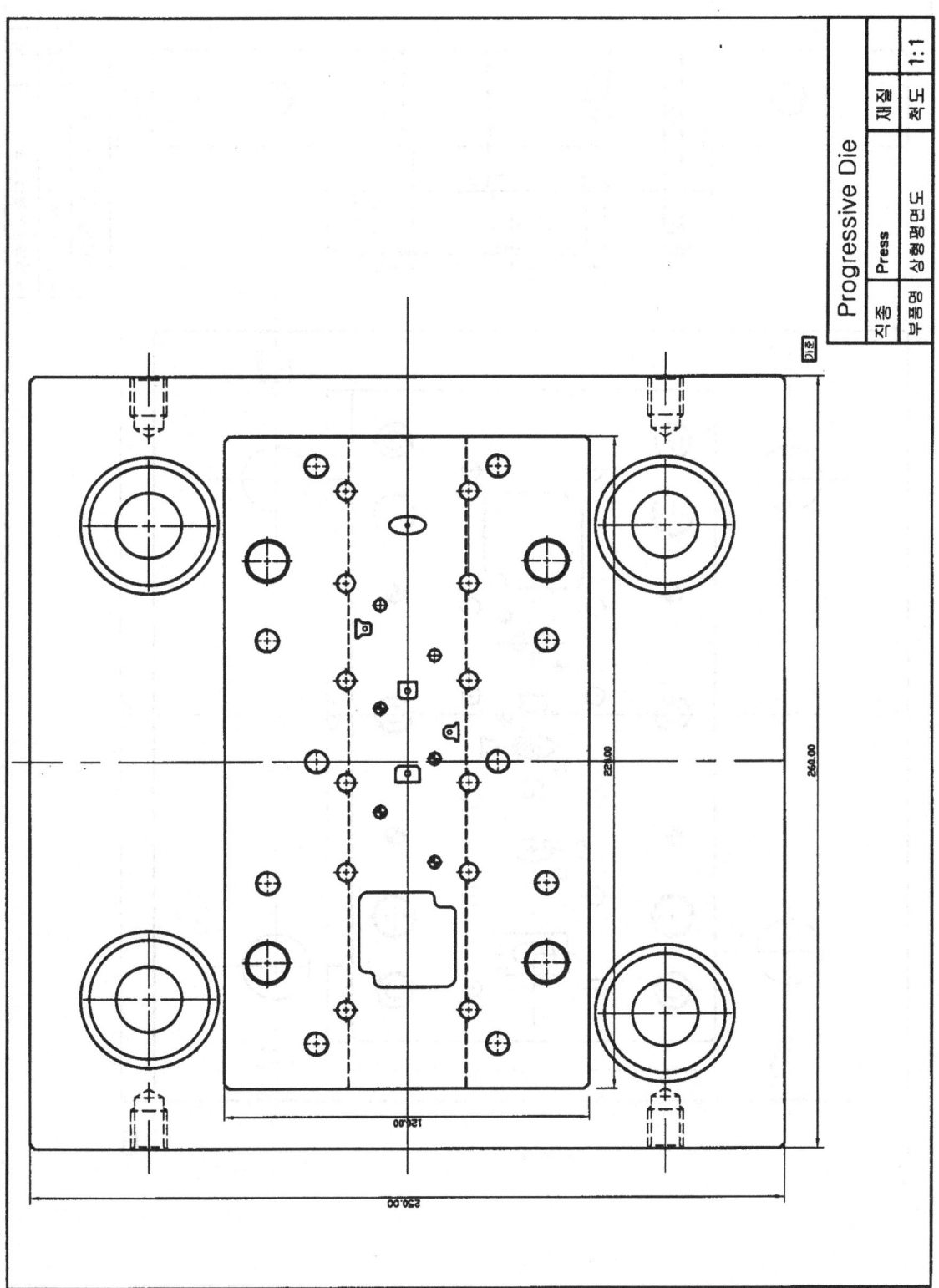

| 직종 | Press | 재질 | |
|------|-------|------|------|
| 부품명 | 상형평면도 | 척도 | 1:1 |

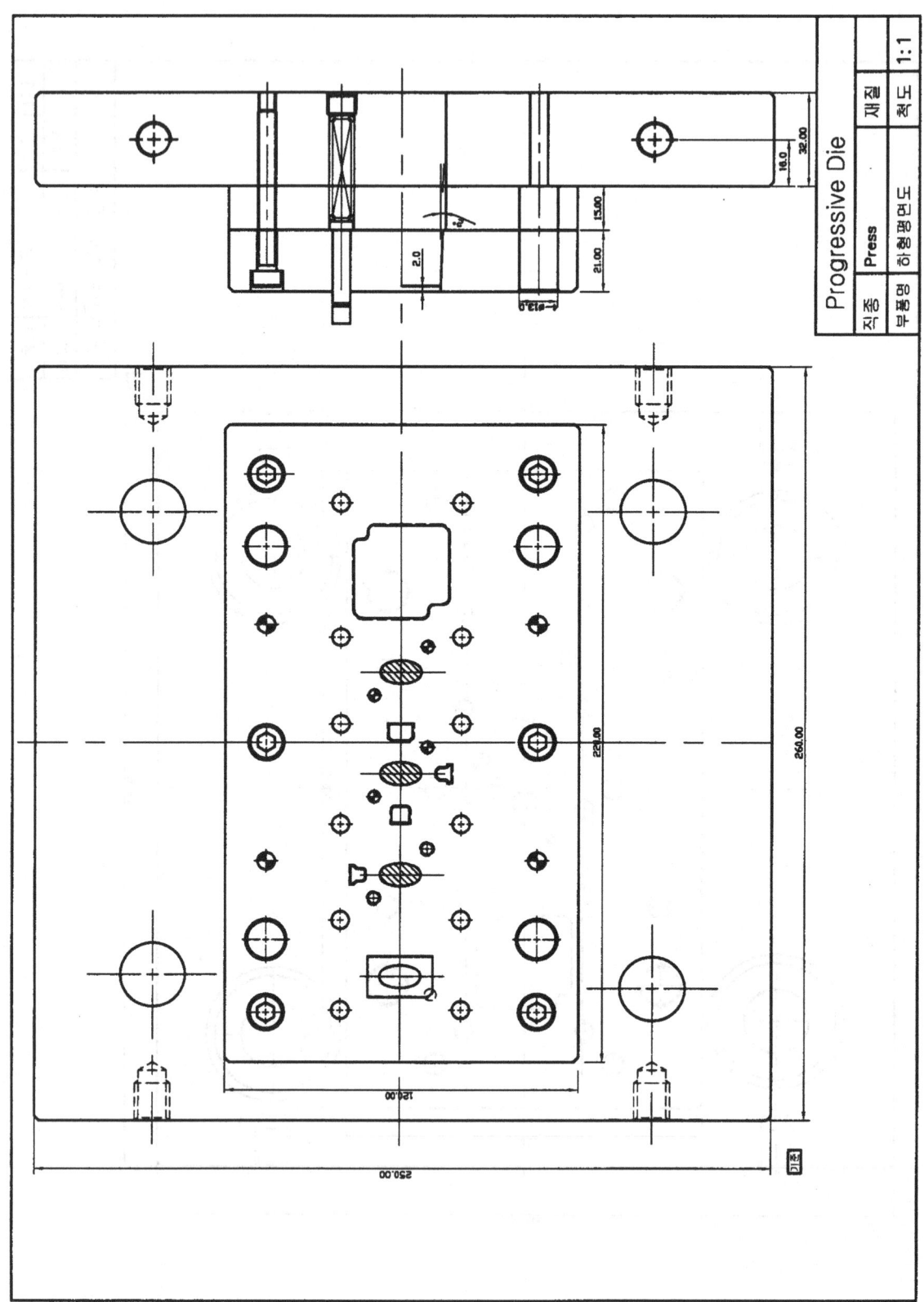

Progressive Die

| 직종 | Press | | 재질 | |
| 부품명 | 하형평면도 | | 척도 | 1:1 |

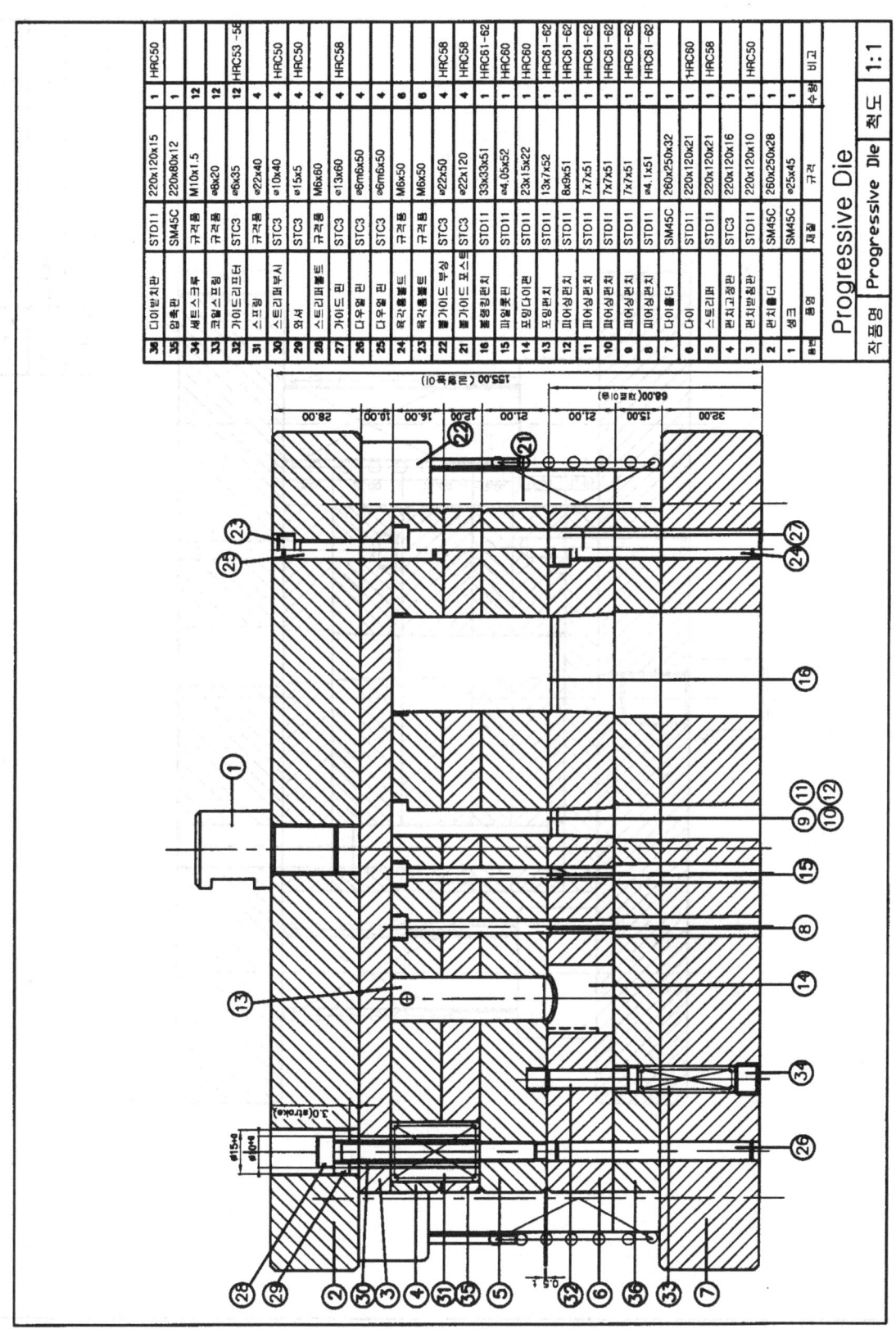

| 품번 | 품명 | 재질 | 규격 | 수량 | 비고 |
|---|---|---|---|---|---|
| 36 | 다이받침판 | STD11 | 220x120x15 | 1 | HRC50 |
| 35 | 밑측판 | SM45C | 220x80x12 | 1 | |
| 34 | 세트스크루 | 규격품 | M10x1.5 | 12 | |
| 33 | 코일스프링 | 규격품 | φ8x20 | 12 | |
| 32 | 가이드리프터 | STC3 | φ6x35 | 12 | HRC53-58 |
| 31 | 스프링 | 규격품 | φ22x40 | 4 | |
| 30 | 스트리퍼부시 | STC3 | φ10x40 | 4 | HRC50 |
| 29 | 요서 | STC3 | φ15x5 | 4 | HRC50 |
| 28 | 스트리퍼볼트 | 규격품 | M6x60 | 4 | |
| 27 | 가이드핀 | STC3 | φ13x60 | 4 | HRC58 |
| 26 | 다우얼핀 | STC3 | φ6m6x50 | 4 | |
| 25 | 다우얼핀 | STC3 | φ6m6x50 | 4 | |
| 24 | 육각볼트 | 규격품 | M6x50 | 6 | |
| 23 | 육각볼트 | 규격품 | M6x50 | 6 | |
| 22 | 볼가이드 부싱 | STC3 | φ22x50 | 4 | HRC58 |
| 21 | 볼링홀더 | STD11 | φ22x120 | 4 | HRC58 |
| 16 | 볼링홀더 | STD11 | 33x33x51 | 1 | HRC61-62 |
| 15 | 파일럿 | STD11 | φ4.05x52 | 1 | HRC60 |
| 14 | 포밍다이편 | STD11 | 23x15x22 | 1 | HRC60 |
| 13 | 포밍펀치 | STD11 | 13x7x52 | 1 | HRC61-62 |
| 12 | 피어싱펀치 | STD11 | 8x9x51 | 1 | HRC61-62 |
| 11 | 피어싱펀치 | STD11 | 7x7x51 | 1 | HRC61-62 |
| 10 | 피어싱펀치 | STD11 | 7x7x51 | 1 | HRC61-62 |
| 9 | 피어싱펀치 | STD11 | 7x7x51 | 1 | HRC61-62 |
| 8 | 피어싱펀치 | STD11 | φ4.1x51 | 1 | HRC61-62 |
| 7 | 다이홀더 | SM45C | 260x250x32 | 1 | |
| 6 | 다이 | STD11 | 220x120x21 | 1 | HRC60 |
| 5 | 스트리퍼 | STD11 | 220x120x21 | 1 | HRC58 |
| 4 | 펀치고정판 | STC3 | 220x120x16 | 1 | |
| 3 | 펀치받침판 | SM45C | 220x120x10 | 1 | HRC50 |
| 2 | 펀치홀더 | SM45C | 260x250x28 | 1 | |
| 1 | 생크 | 규격품 | φ25x45 | 1 | |

작품명 Progressive Die 척도 1:1

Progressive Die

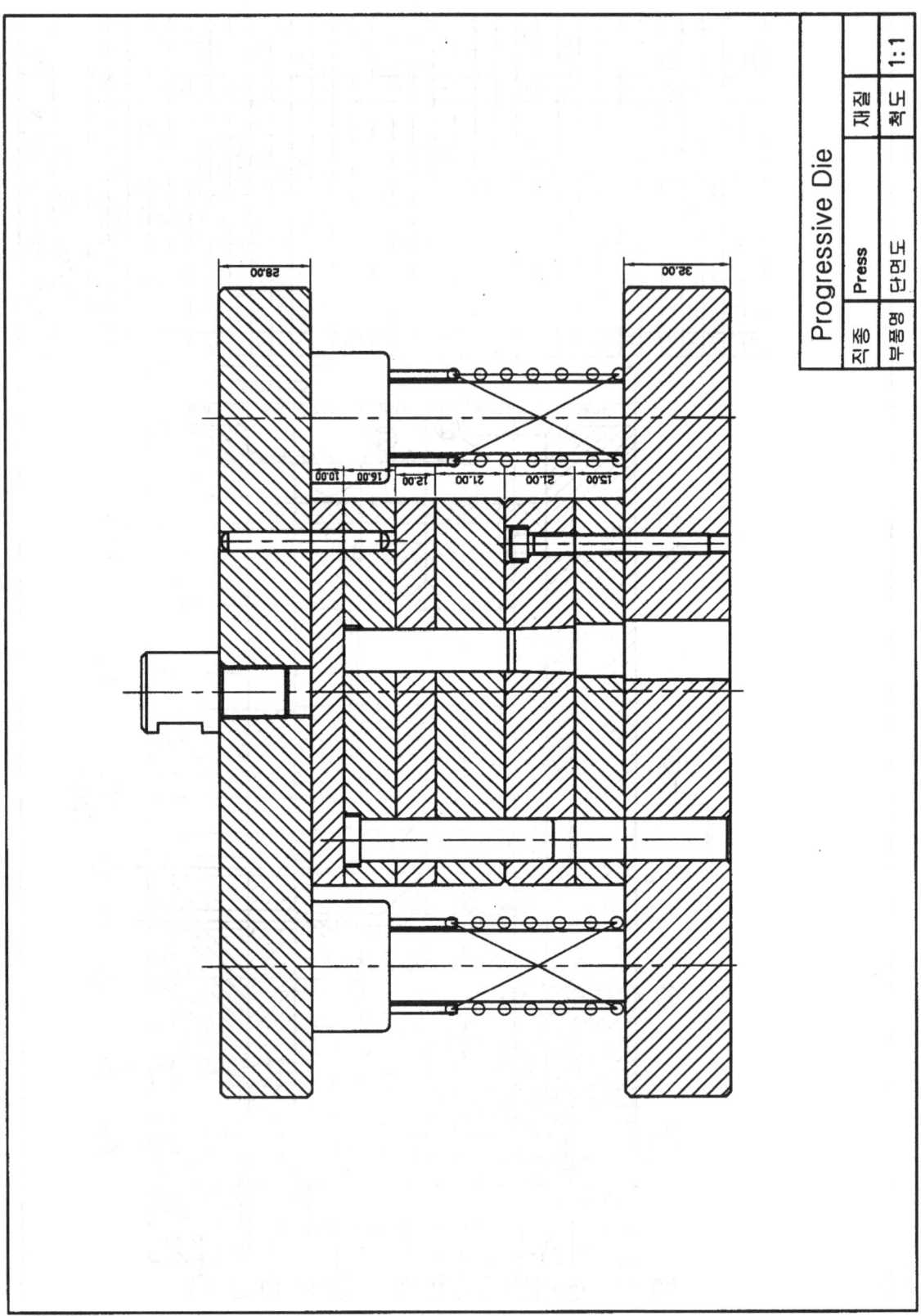

Progressive Die

| 부품명 | 명칭 | Press | 재질 |
|---|---|---|---|
| | | 단면도 | 척도 1:1 |

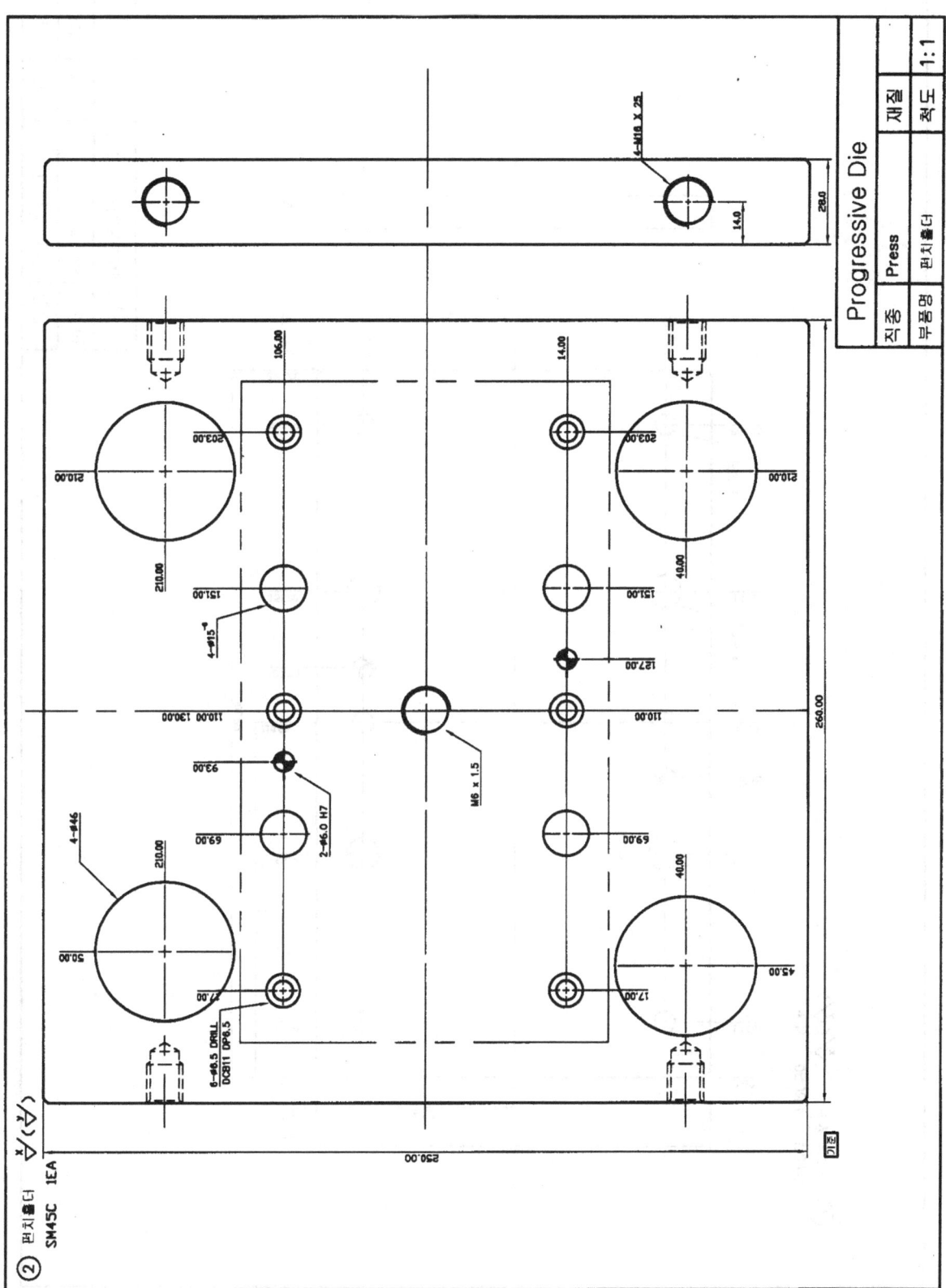

② 펀치홀더 SM45C 1EA

Progressive Die

| 직종 | Press | | 재질 | |
| 부품명 | 펀치홀더 | | 척도 | 1:1 |

예제 도면 | 445

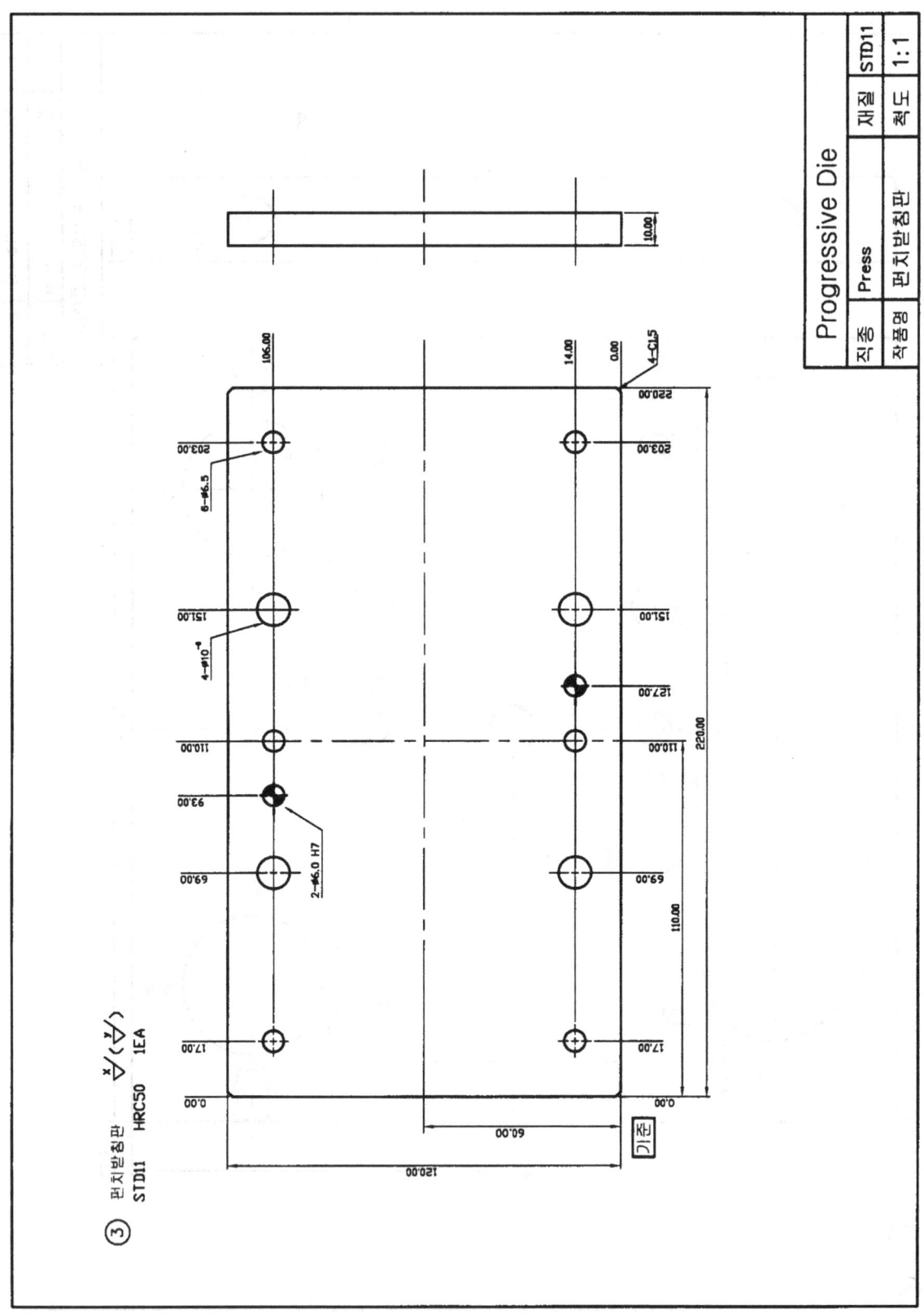

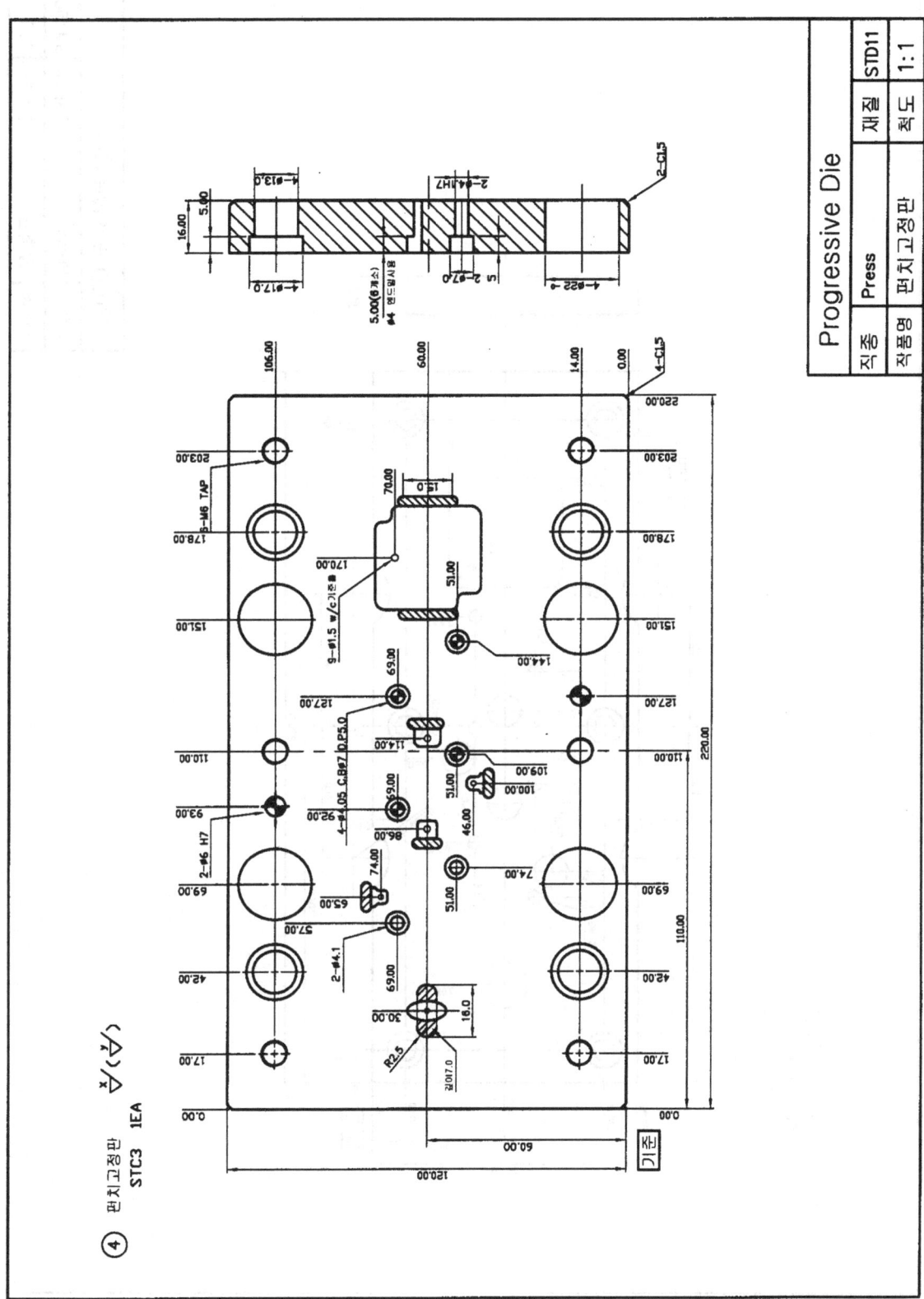

Progressive Die

| 직종 | Press | | 재질 | STD11 |
| 작품명 | 펀치고정판 | | 척도 | 1:1 |

④ 펀치고정판
STC3  1EA

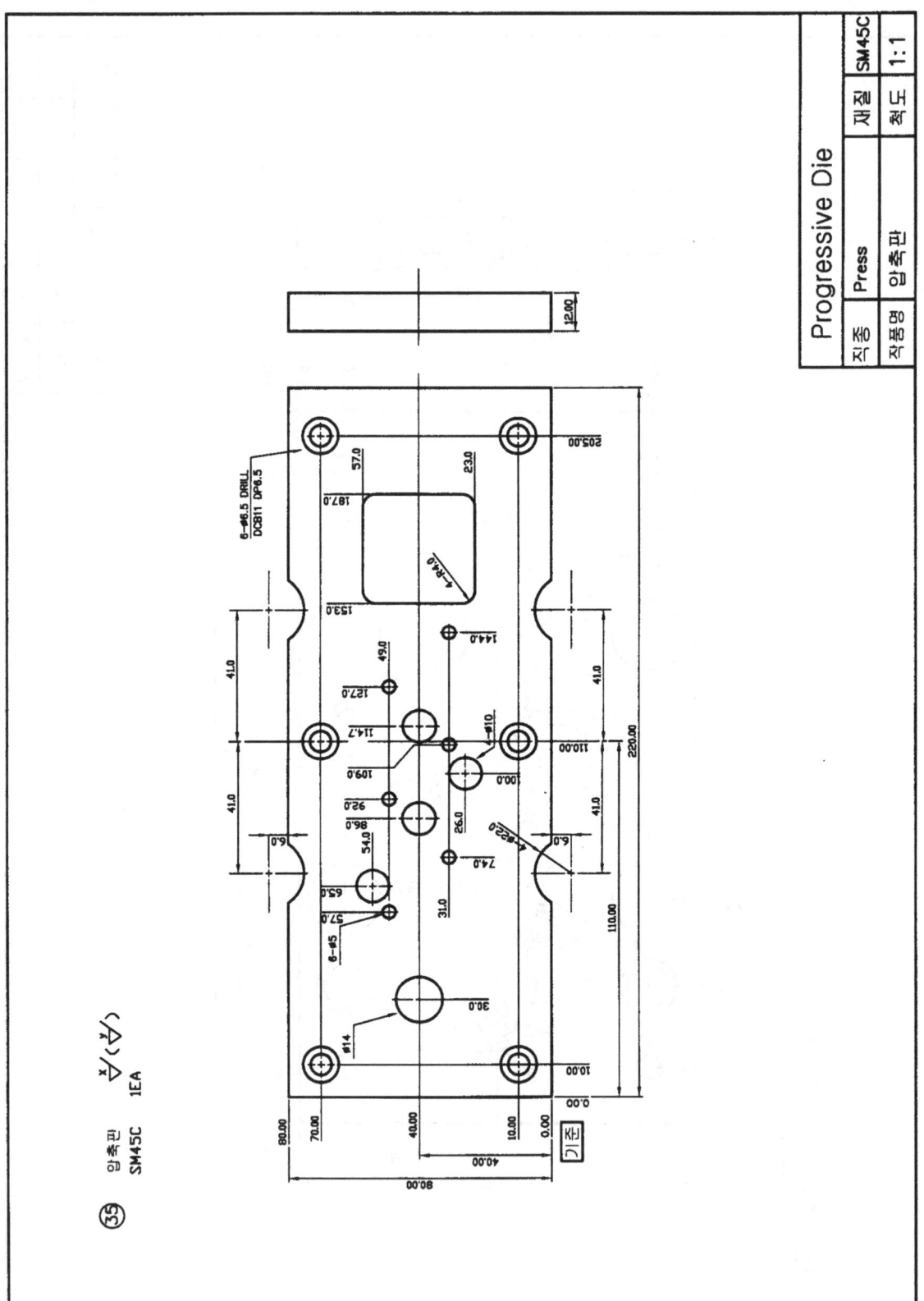

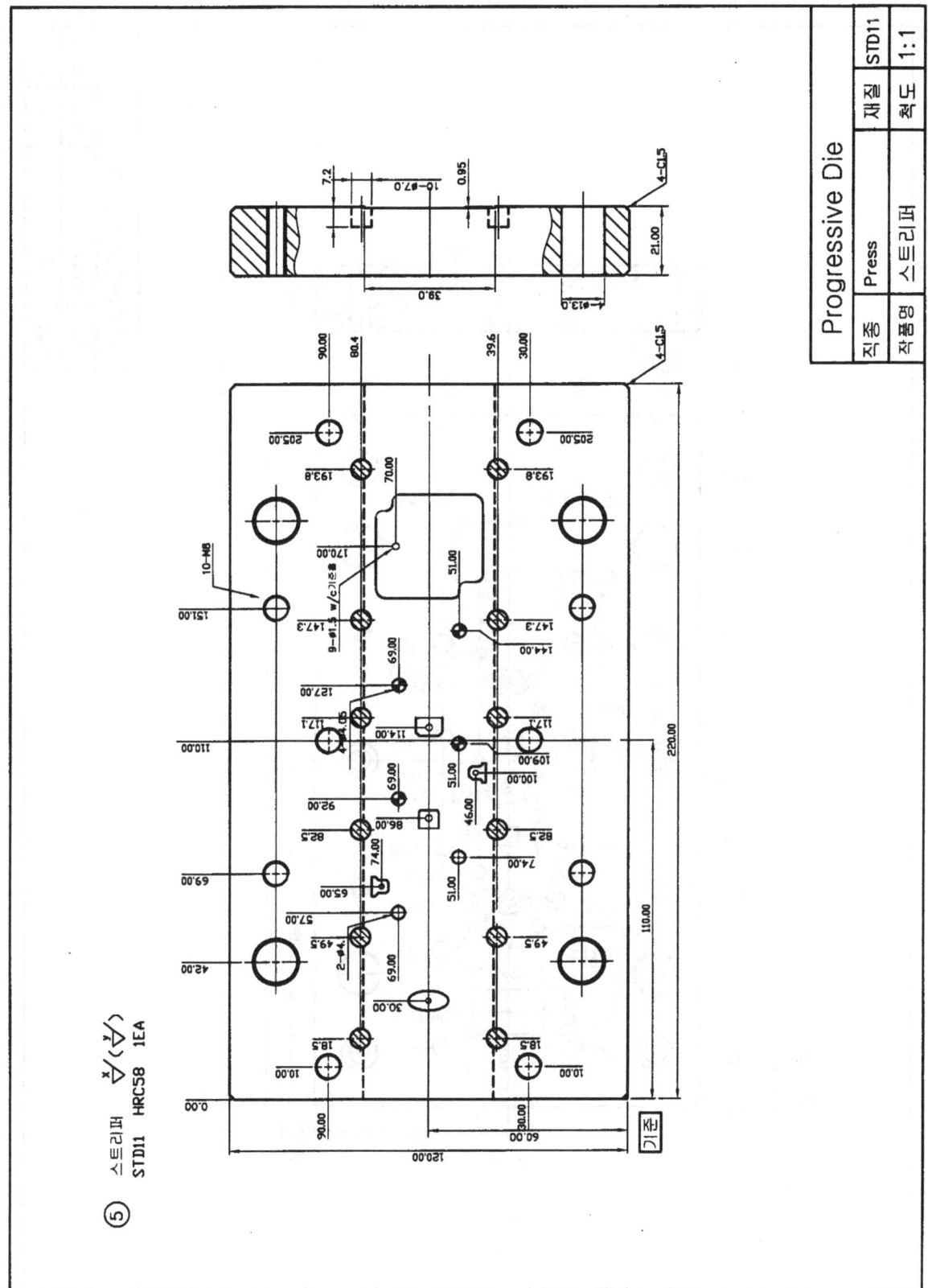

예제 도면 | 449

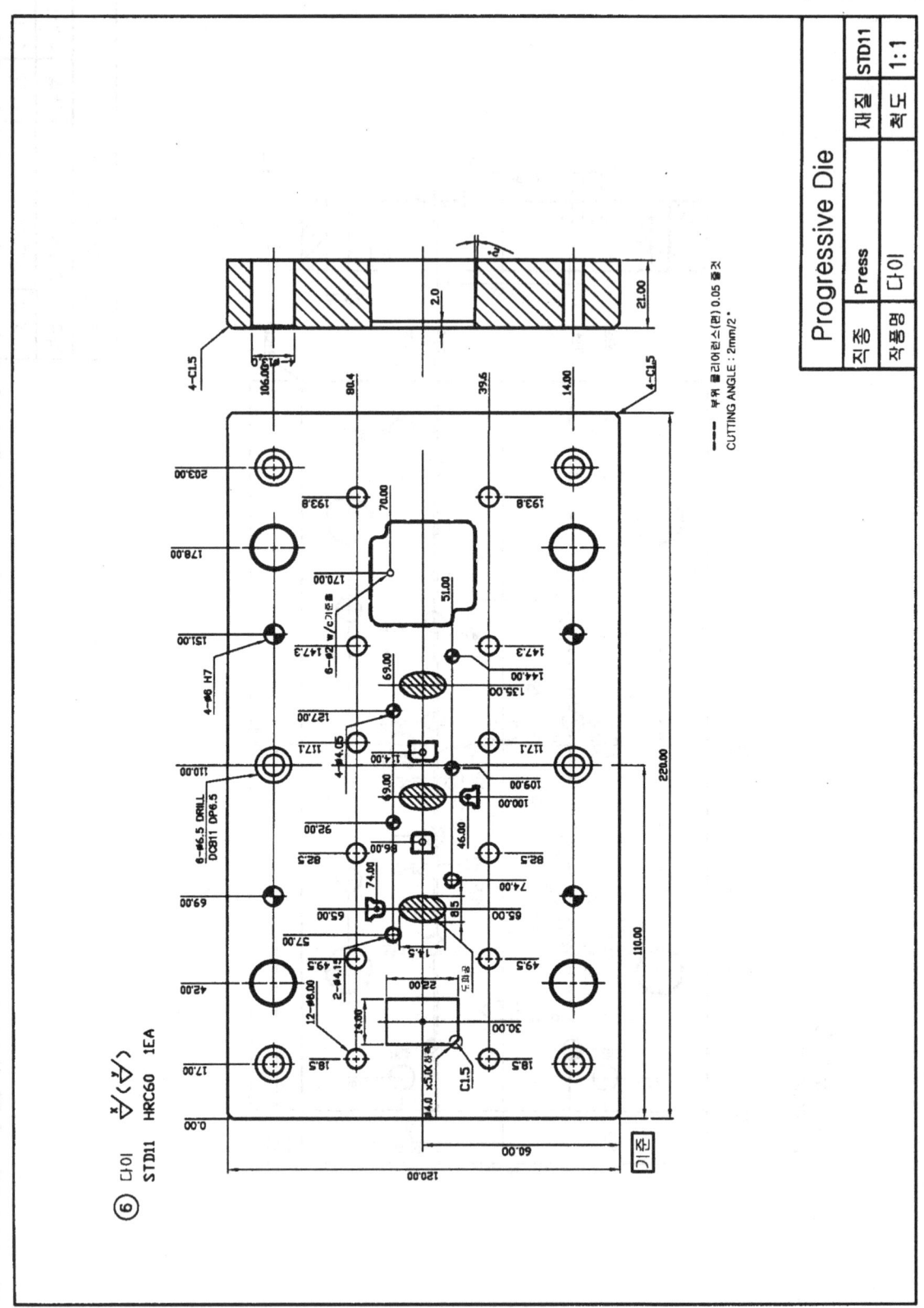

Progressive Die

| 직종 | Press | 재질 | STD11 |
|------|-------|------|-------|
| 작품명 | 다이 | 척도 | 1:1 |

부위 폴리어런스(편) 0.05 줄것
CUTTING ANGLE : 2mm/2°

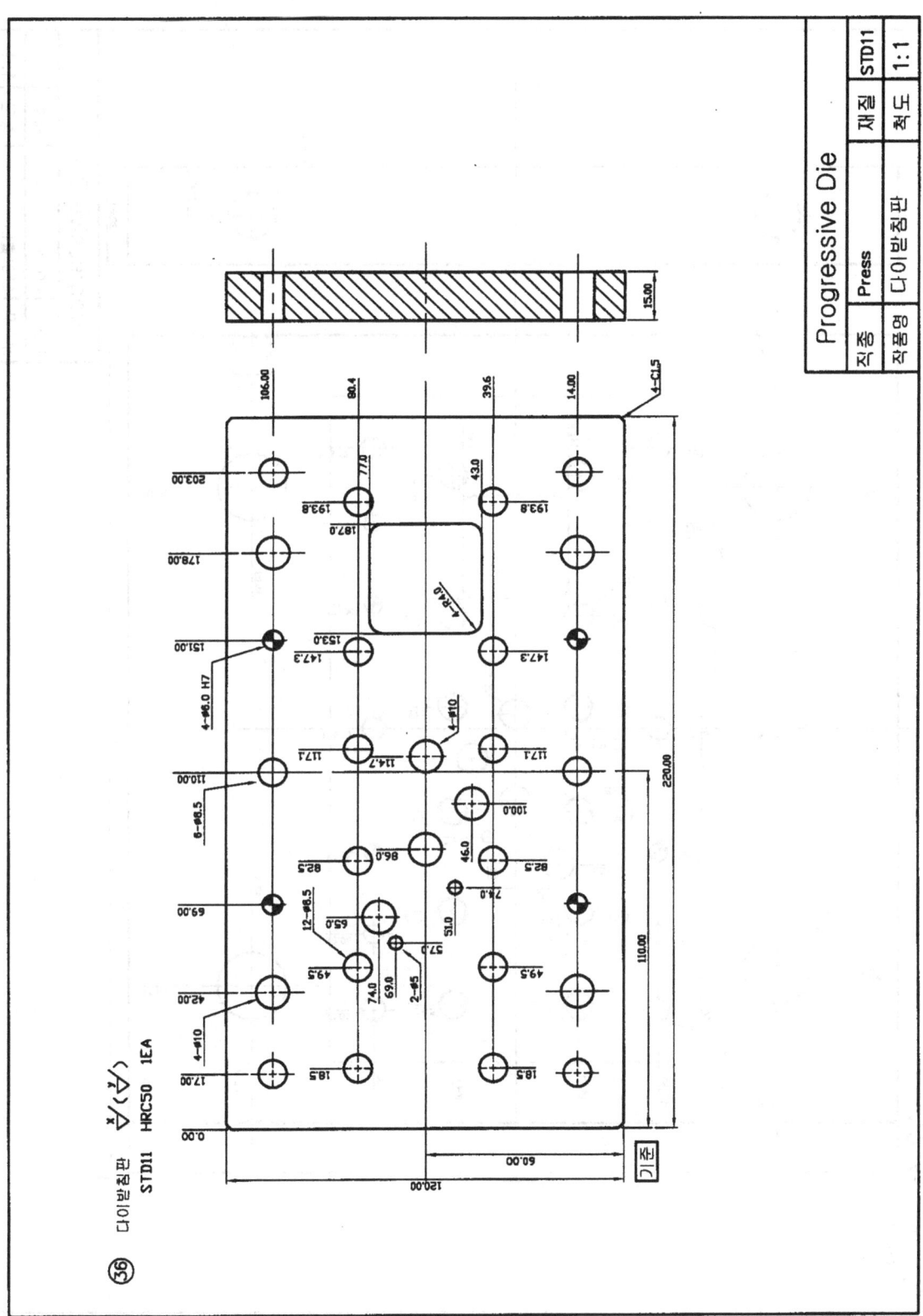

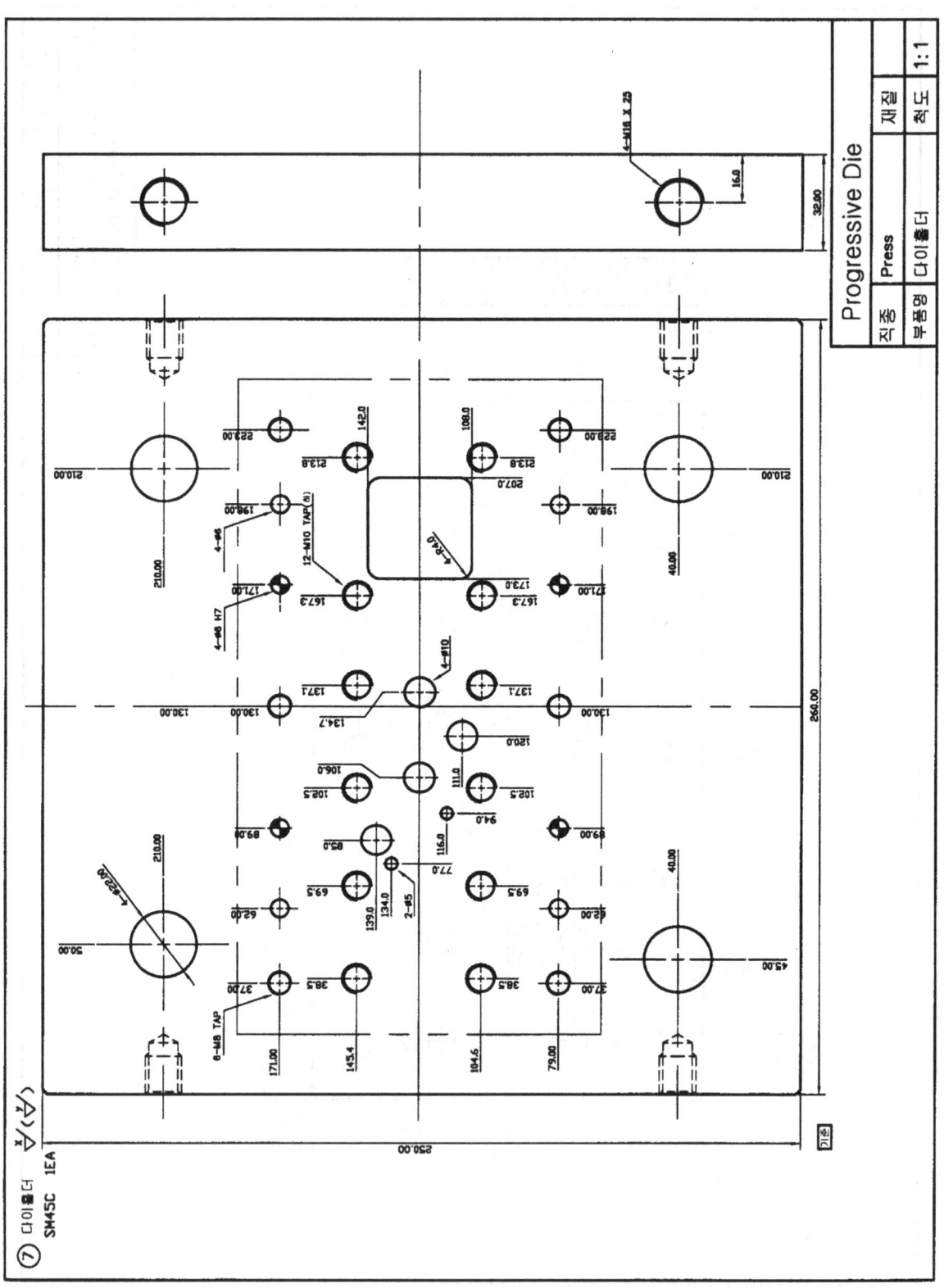

Progressive Die

| 직종 | Press |
|---|---|
| 재질 | |
| 부품명 | 다이홀더 |
| 척도 | 1:1 |

⑦ 다이홀더
SM45C    1EA

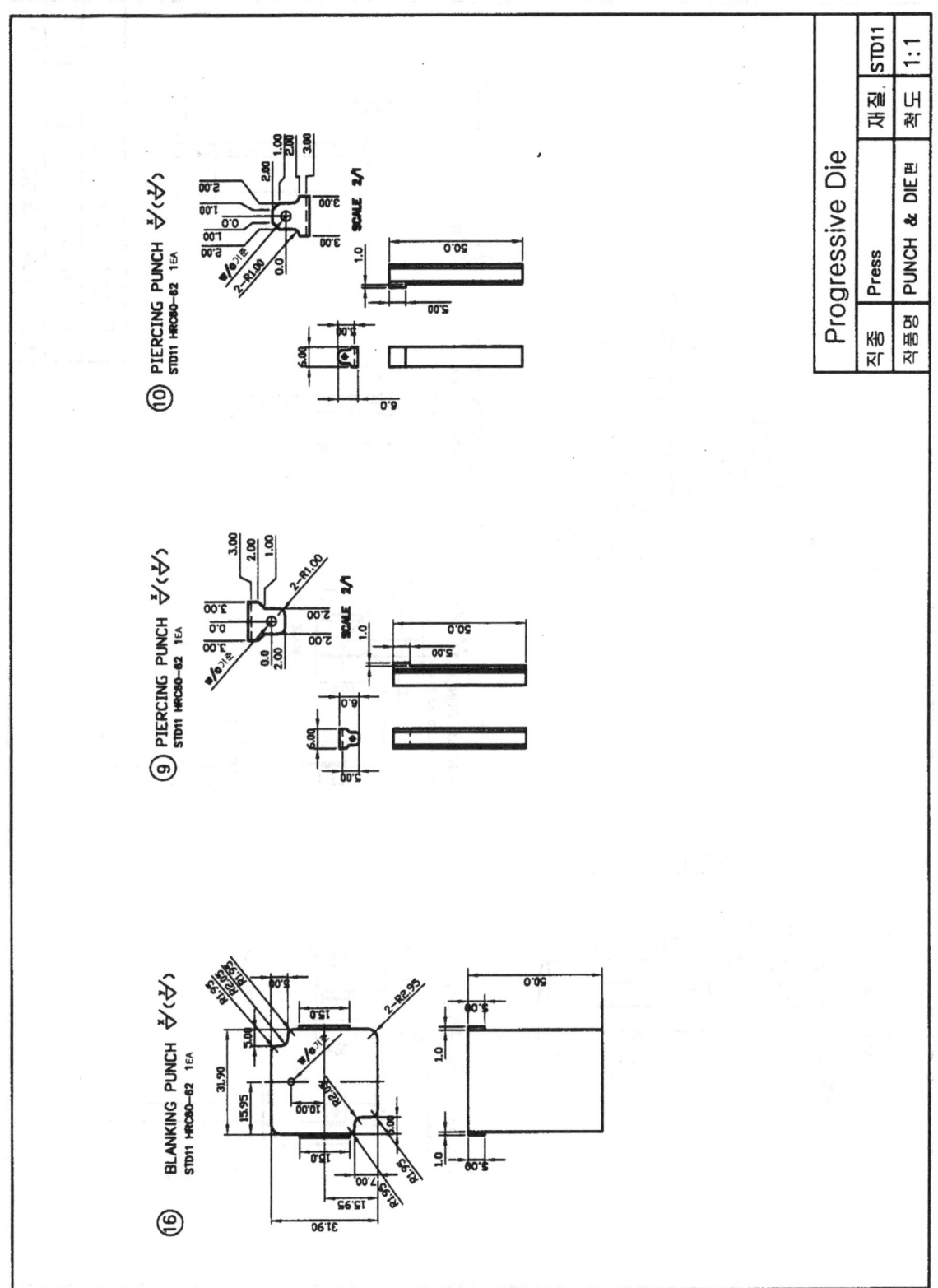

| 직종 | Press | 재질. | STD11 |
|---|---|---|---|
| 작품명 | PUNCH & DIE 편 | 척도 | 1:1 |

⑩ PIERCING PUNCH 1EA
STD11 HRC60-62

⑨ PIERCING PUNCH 1EA
STD11 HRC60-62

⑯ BLANKING PUNCH 1EA
STD11 HRC60-62

SCALE 2/1

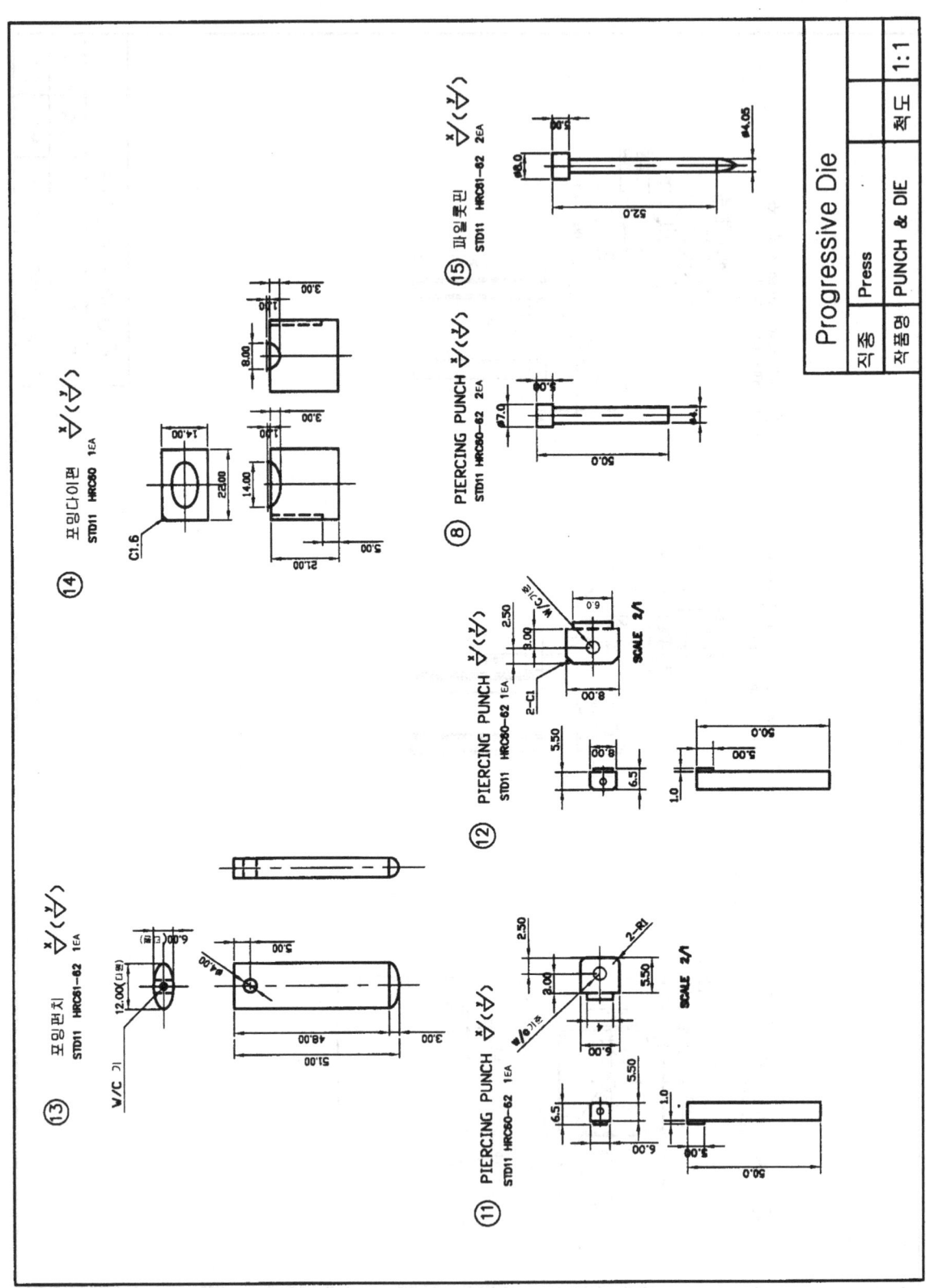

Progressive Die

Press

작도 · 척도 1:1

작품명 PUNCH & DIE

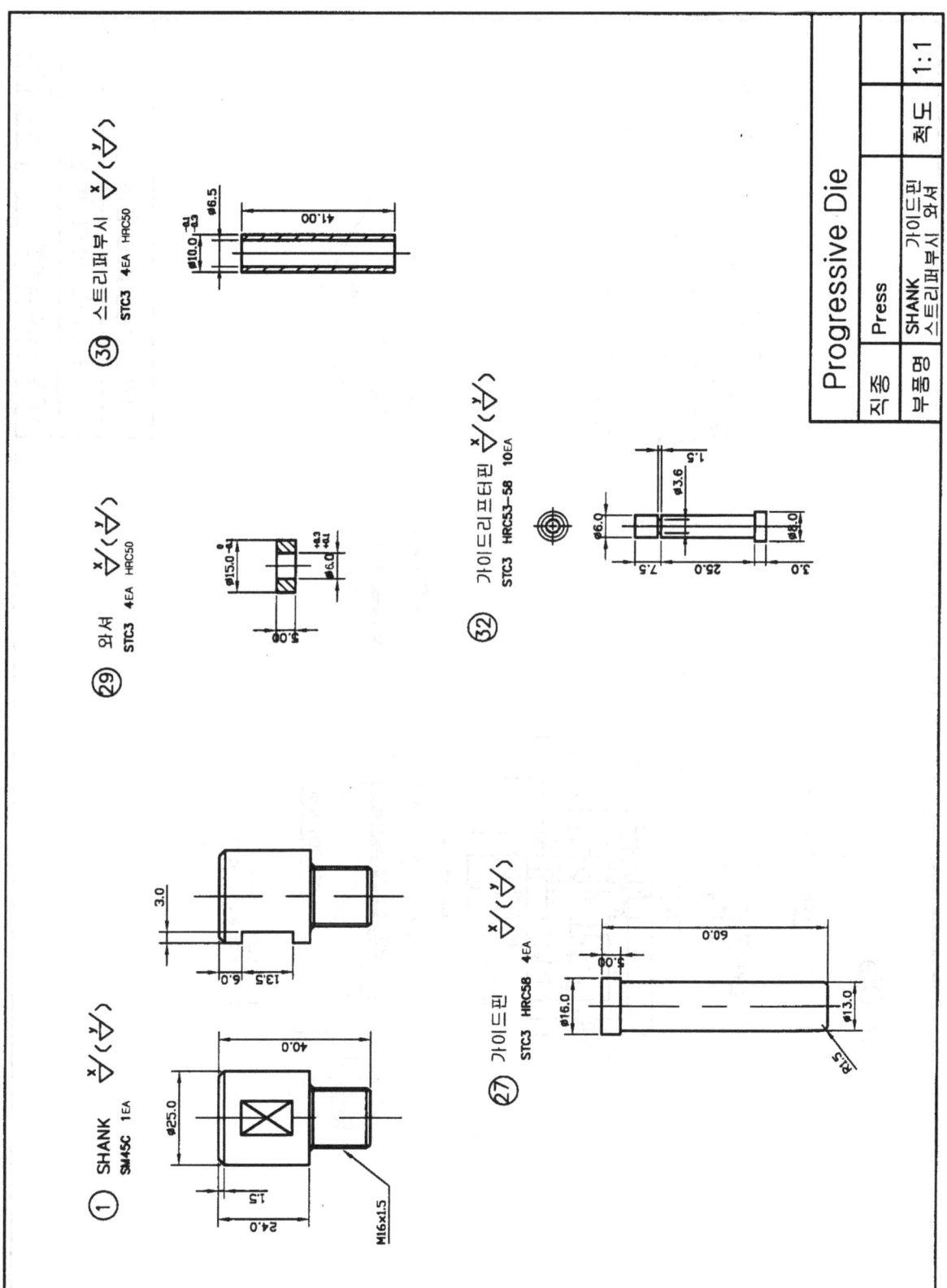

Progressive Die

Press

부품명 | SHANK 가이드핀
스트리퍼부시 와셔

직종 | 척도 | 1:1

# P2. Progressive Die

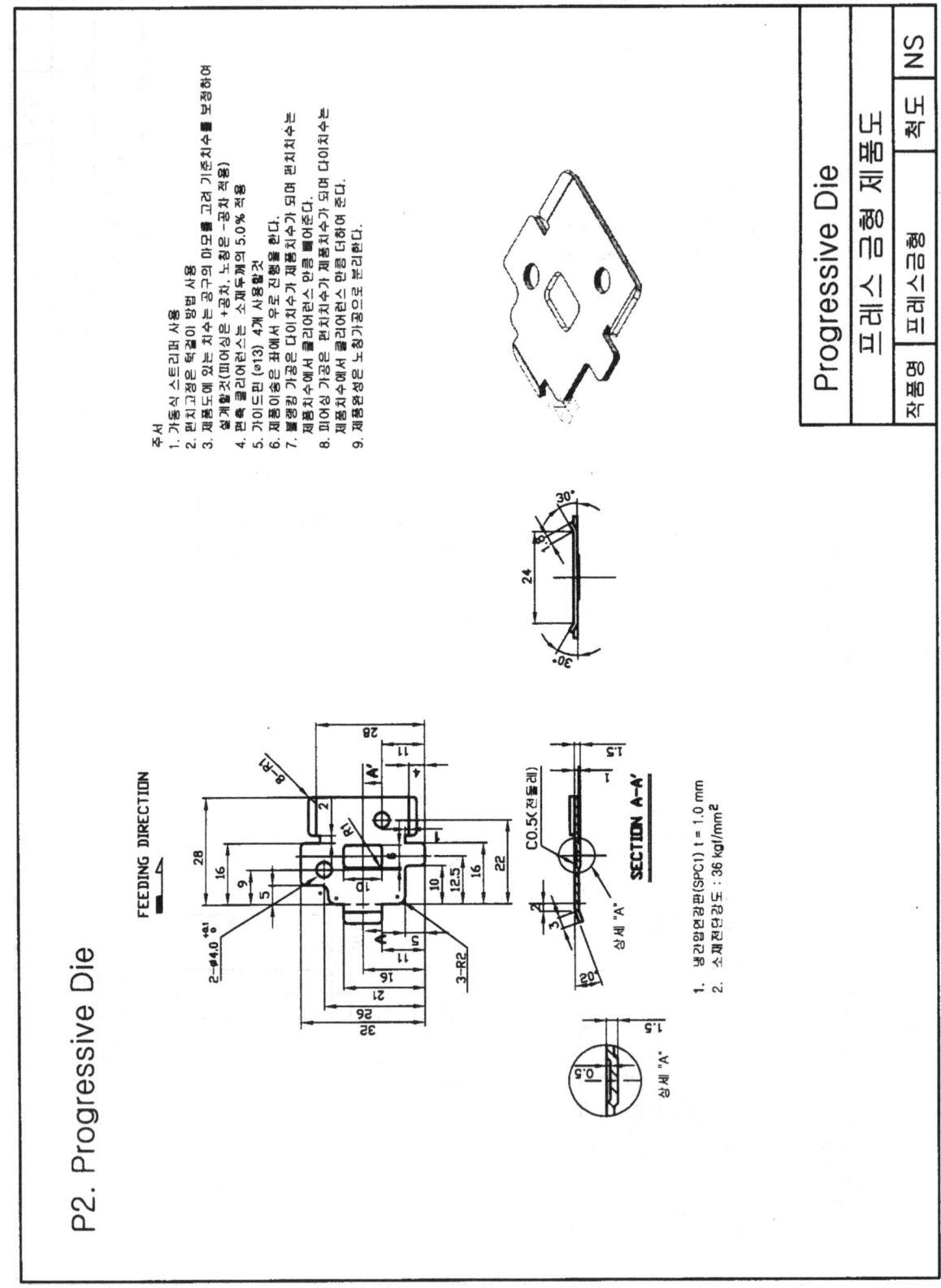

## Progressive Die

프레스 금형 제품도

| 작품명 | 프레스금형 | 척도 | NS |

주서
1. 가동식 스트리퍼 사용
2. 펀치고정은 턱걸이 방법 사용
3. 제품도에 있는 치수는 공구의 마모를 고려 기준치수를 보정하여 설계할것(피어싱은 +공차, 노칭은 -공차 적용)
4. 편측 풀리어런스는 소재두께의 5.0% 적용
5. 가이드핀 (ø13) 4개 사용할것
6. 제품이송은 우에서 우로 진행을 한다.
7. 블랭킹 가공은 다이저수가 제품치수가 되며 펀치치수는 제품치수에서 풀리어런스 만큼 빼어준다.
8. 피어싱 가공은 펀치치수가 제품치수가 되며 다이치수는 제품치수에서 풀리어런스 만큼 더하여 준다.
9. 제품완성은 노칭가공으로 분리한다.

FEEDING DIRECTION

SECTION A-A'

상세 "A"

1. 냉간압연강판(SPC1) t = 1.0 mm
2. 소재전단강도 : 36 kgf/mm²

C0.5(전둘레)

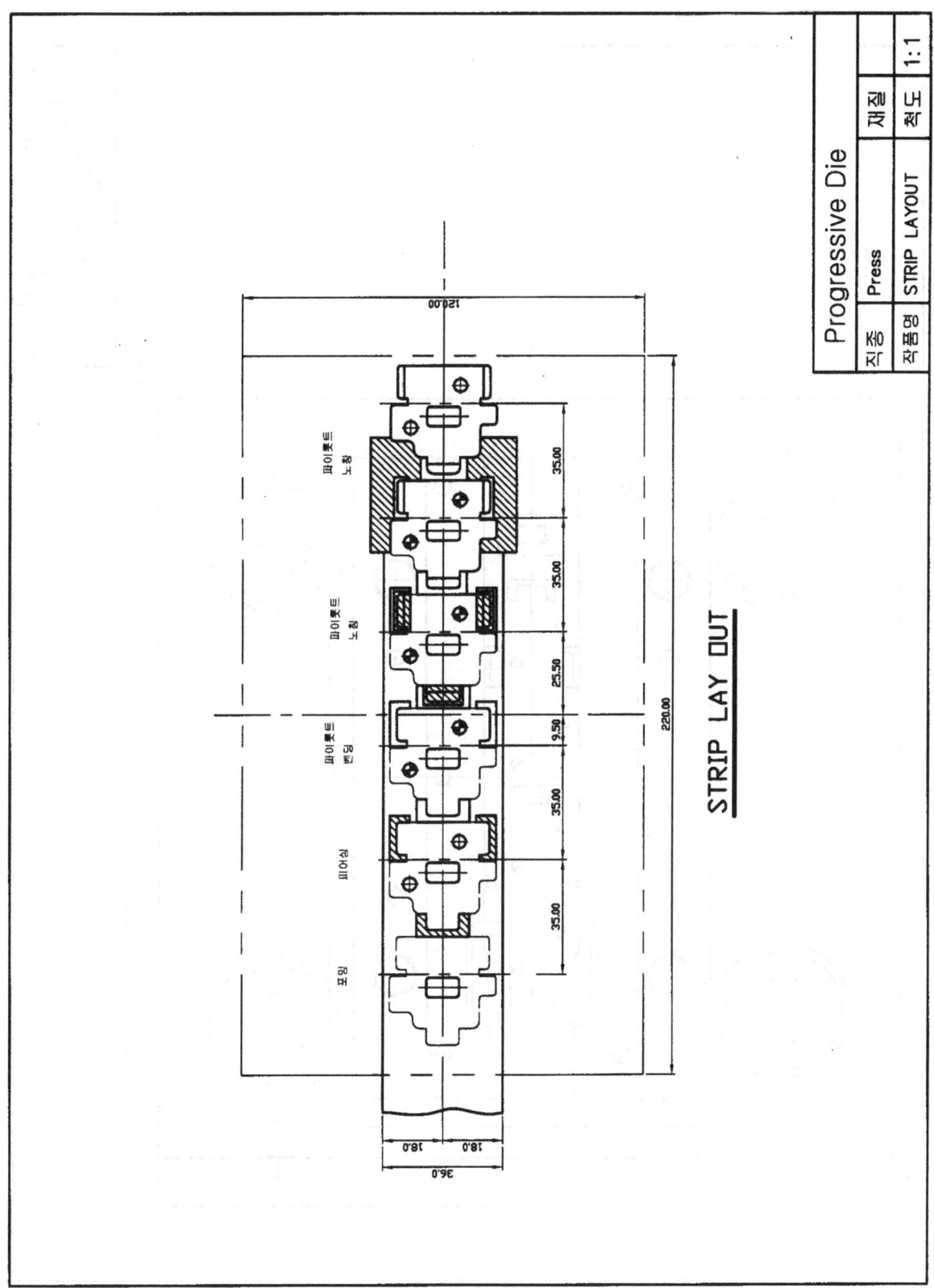

STRIP LAY OUT

| | Progressive Die | |
|---|---|---|
| 직종 | Press | 재질 |
| 작품명 | STRIP LAYOUT | 척도 1:1 |

예제 도면 | 457

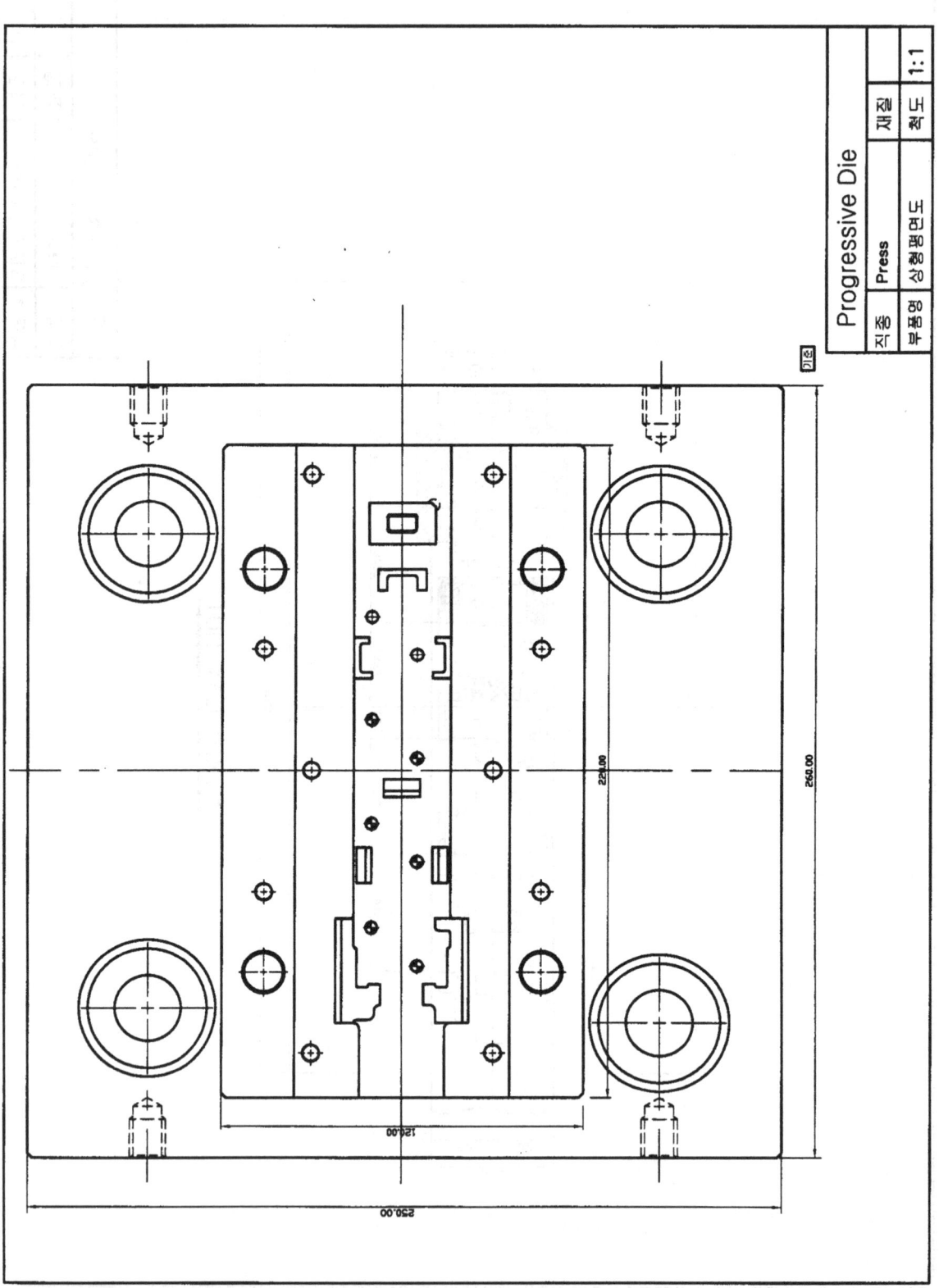

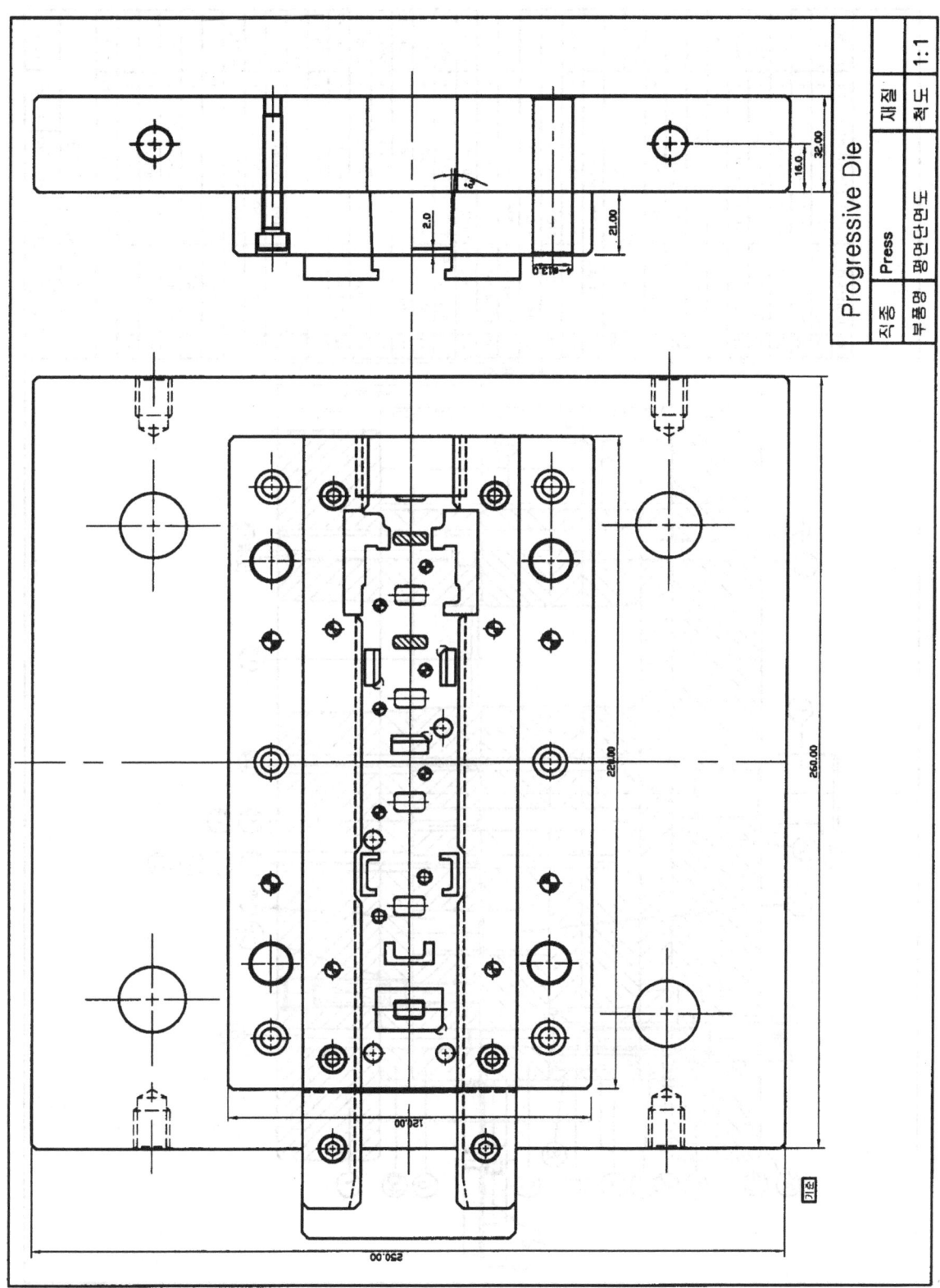

Progressive Die

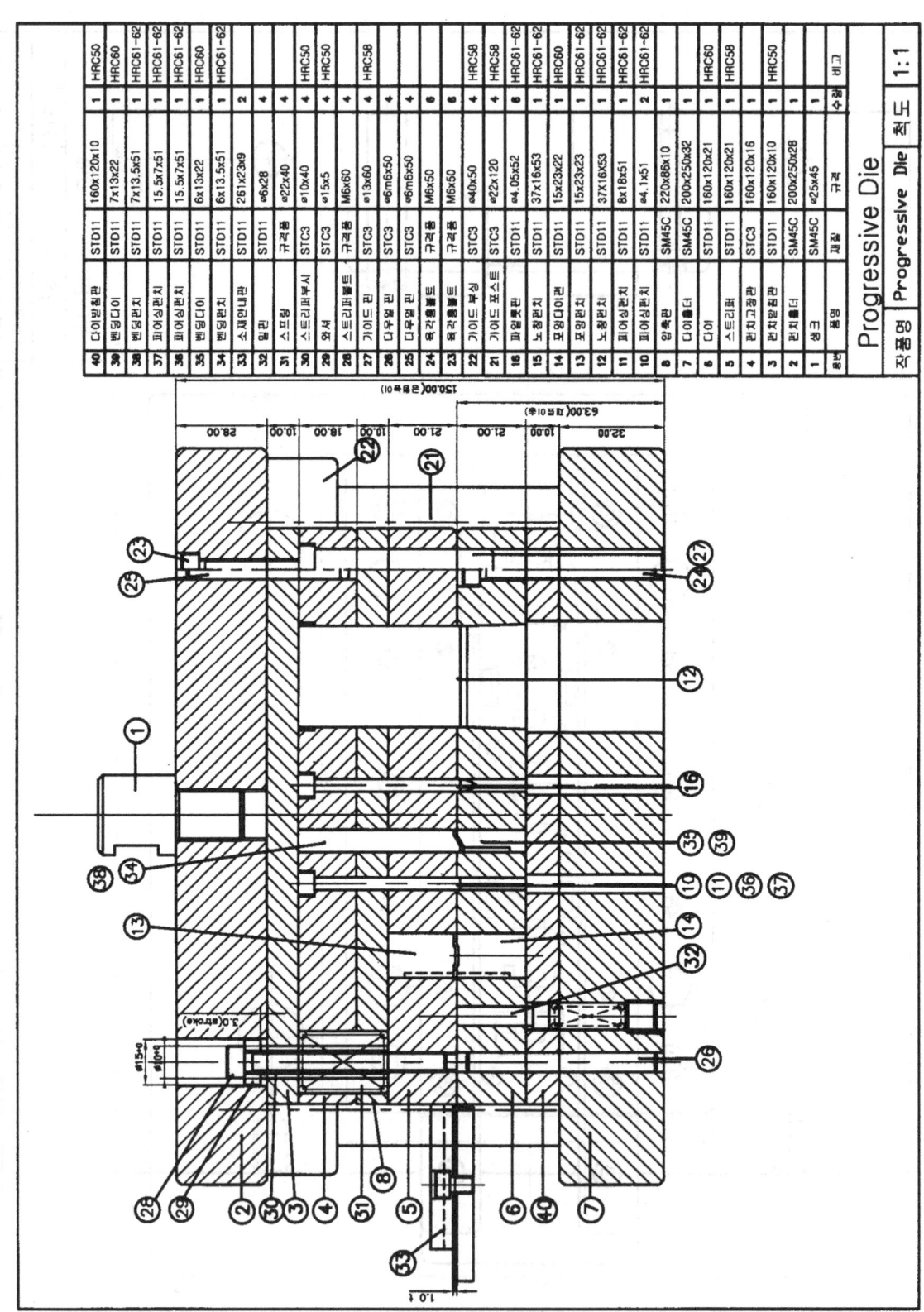

| 품번 | 품명 | 재질 | 규격 | 수량 | 비고 |
|---|---|---|---|---|---|
| 40 | 다이받침판 | STD11 | 160x120x10 | 1 | HRC50 |
| 39 | 펀칭다이 | STD11 | 7x13x22 | 1 | HRC60 |
| 38 | 벤딩다이 | STD11 | 7x13.5x51 | 1 | HRC61-62 |
| 37 | 피어싱펀치 | STD11 | 15.5x7x51 | 1 | HRC61-62 |
| 36 | 피어싱펀치 | STD11 | 15.5x7x51 | 1 | HRC61-62 |
| 35 | 벤딩다이 | STD11 | 6x13x22 | 1 | HRC60 |
| 34 | 벤딩펀치 | STD11 | 6x13.5x51 | 1 | HRC61-62 |
| 33 | 소재안내판 | STD11 | 261x23x9 | 2 |  |
| 32 | 멈핀 | 규격품 | ø6x28 | 4 |  |
| 31 | 스프링 | 규격품 | ø22x40 | 4 |  |
| 30 | 스트리퍼부시 | STC3 | ø10x40 | 4 | HRC50 |
| 29 | 영서 | STC3 | ø15x5 | 4 | HRC50 |
| 28 | 스트리퍼볼트 | 규격품 | M6x60 | 4 |  |
| 27 | 가이드핀 | STC3 | ø13x60 | 4 | HRC58 |
| 26 | 다우얼핀 | STC3 | ø6m6x50 | 4 |  |
| 25 | 다우얼핀 | STC3 | ø6m6x50 | 6 |  |
| 24 | 육각볼트 | 규격품 | M6x50 | 6 |  |
| 23 | 육각볼트 | 규격품 | M6x50 | 6 |  |
| 22 | 가이드포스트 | STC3 | ø40x50 | 4 | HRC58 |
| 21 | 가이드붓싱 | STC3 | ø22x120 | 4 | HRC58 |
| 18 | 파일럿핀 | STD11 | ø4.05x52 | 6 | HRC61-62 |
| 15 | 노칭펀치 | STD11 | 37x16x53 | 1 | HRC61-62 |
| 14 | 포밍펀치 | STD11 | 15x23x22 | 1 | HRC60 |
| 13 | 포밍펀치 | STD11 | 15x23x23 | 1 | HRC61-62 |
| 12 | 노칭펀치 | STD11 | 37X16X53 | 1 | HRC61-62 |
| 11 | 피어싱펀치 | STD11 | 8x18x51 | 1 | HRC61-62 |
| 10 | 피어싱펀치 | STD11 | ø4.1x51 | 2 | HRC61-62 |
| 8 | 영속판 | SM45C | 220x86x10 | 1 |  |
| 7 | 다이홀더 | SM45C | 200x250x32 | 1 |  |
| 6 | 스트리퍼 | STD11 | 160x120x21 | 1 | HRC60 |
| 5 | 펀치고정판 | STD11 | 160x120x21 | 1 | HRC58 |
| 4 | 펀치고정판 | STC3 | 160x120x16 | 1 |  |
| 3 | 펀치받침판 | STD11 | 160x120x10 | 1 | HRC50 |
| 2 | 펀치홀더 | SM45C | 200x250x28 | 1 |  |
| 1 | 생크 | SM45C | ø25x45 | 1 |  |

작품명 Progressive Die  척도 1:1

Progressive Die

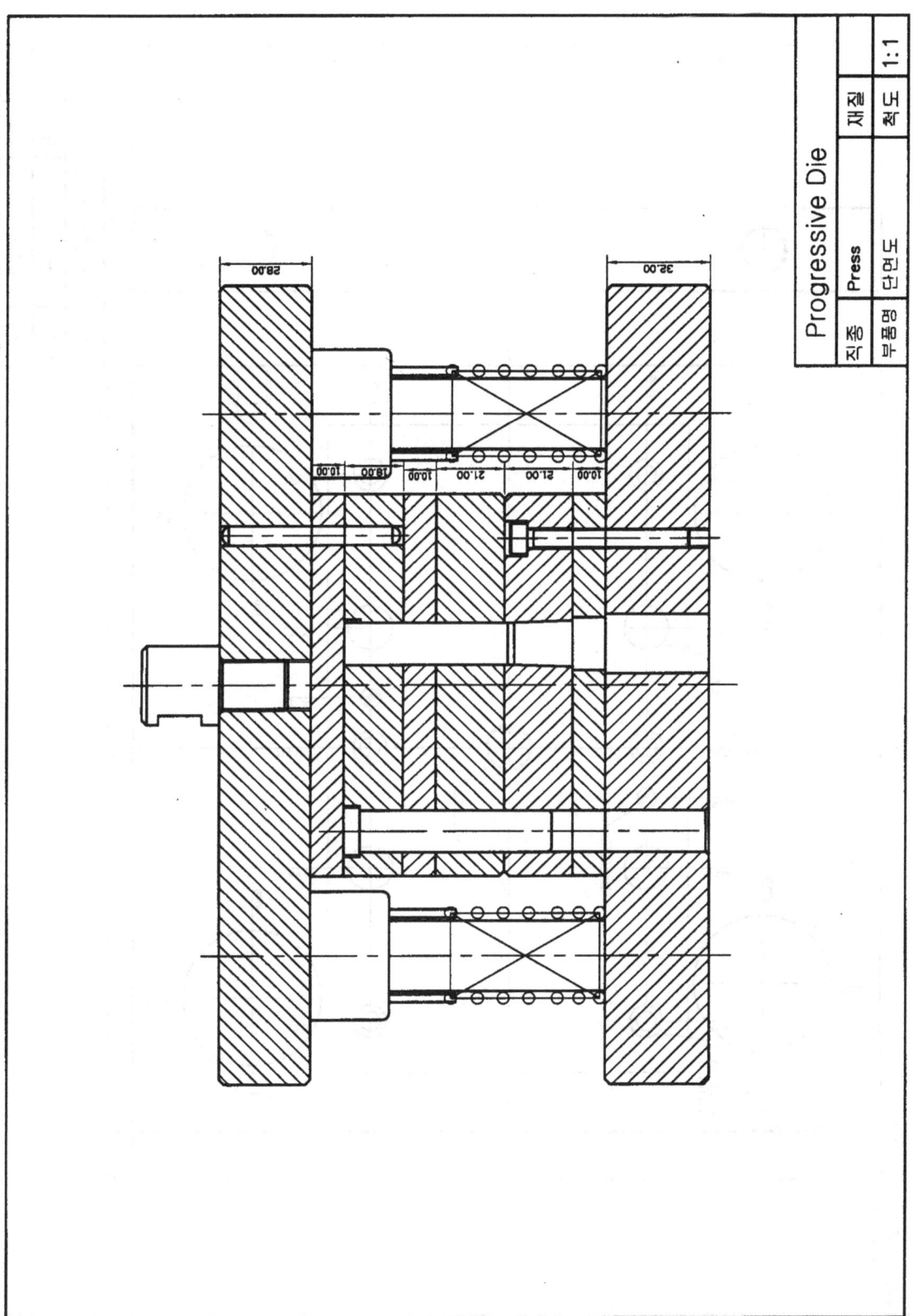

28.00
32.00
10.00 18.00 10.00 21.00 21.00 10.00

| | Progressive Die | | |
|---|---|---|---|
| 직종 | Press | 재질 | |
| 부품명 | 단면도 | 척도 | 1:1 |

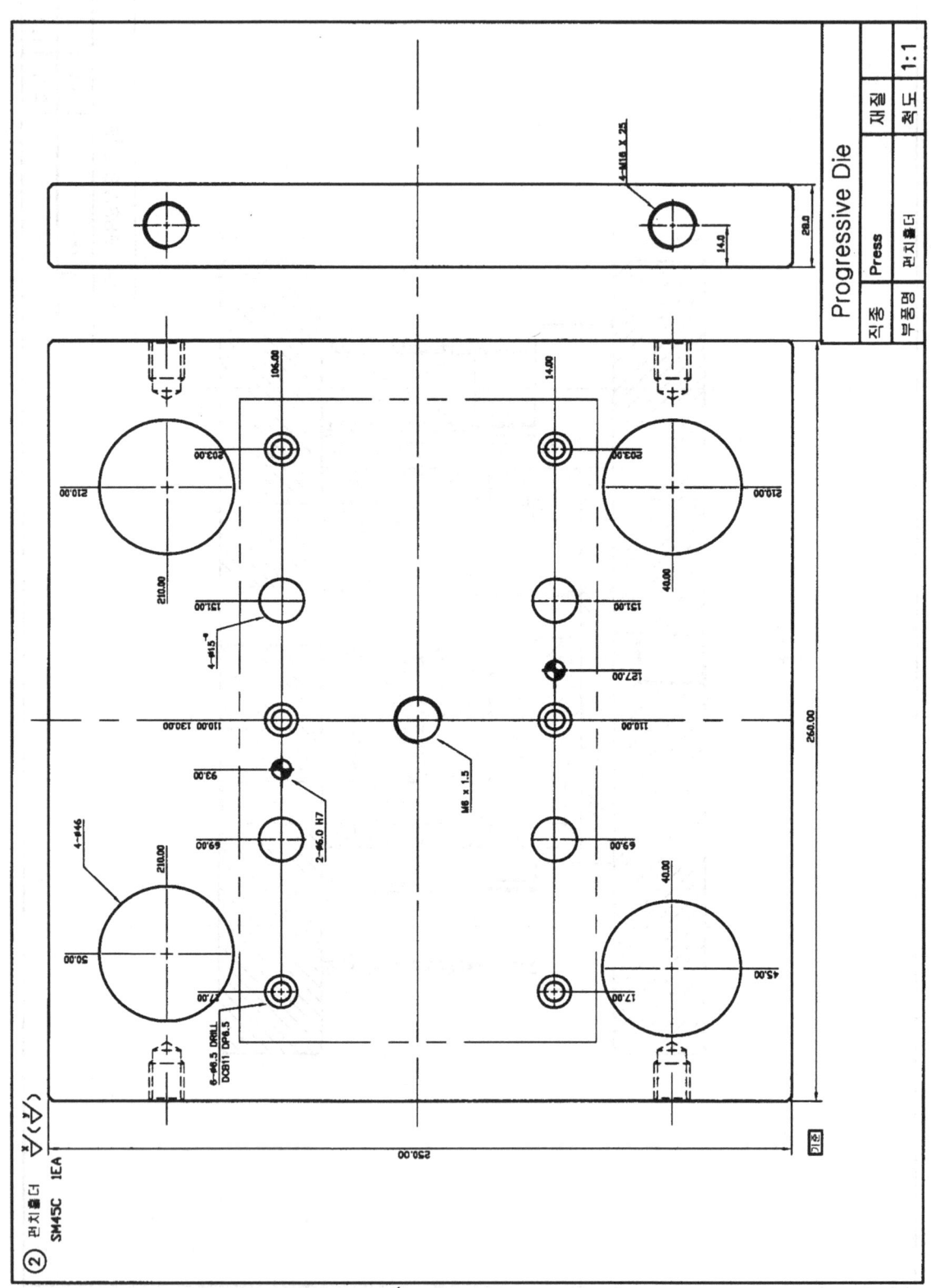

Progressive Die

| 직종 | Press |
|---|---|
| 부품명 | 펀치홀더 |

재질

척도 1:1

② 펀치홀더
SM45C 1EA

462 | 부 록

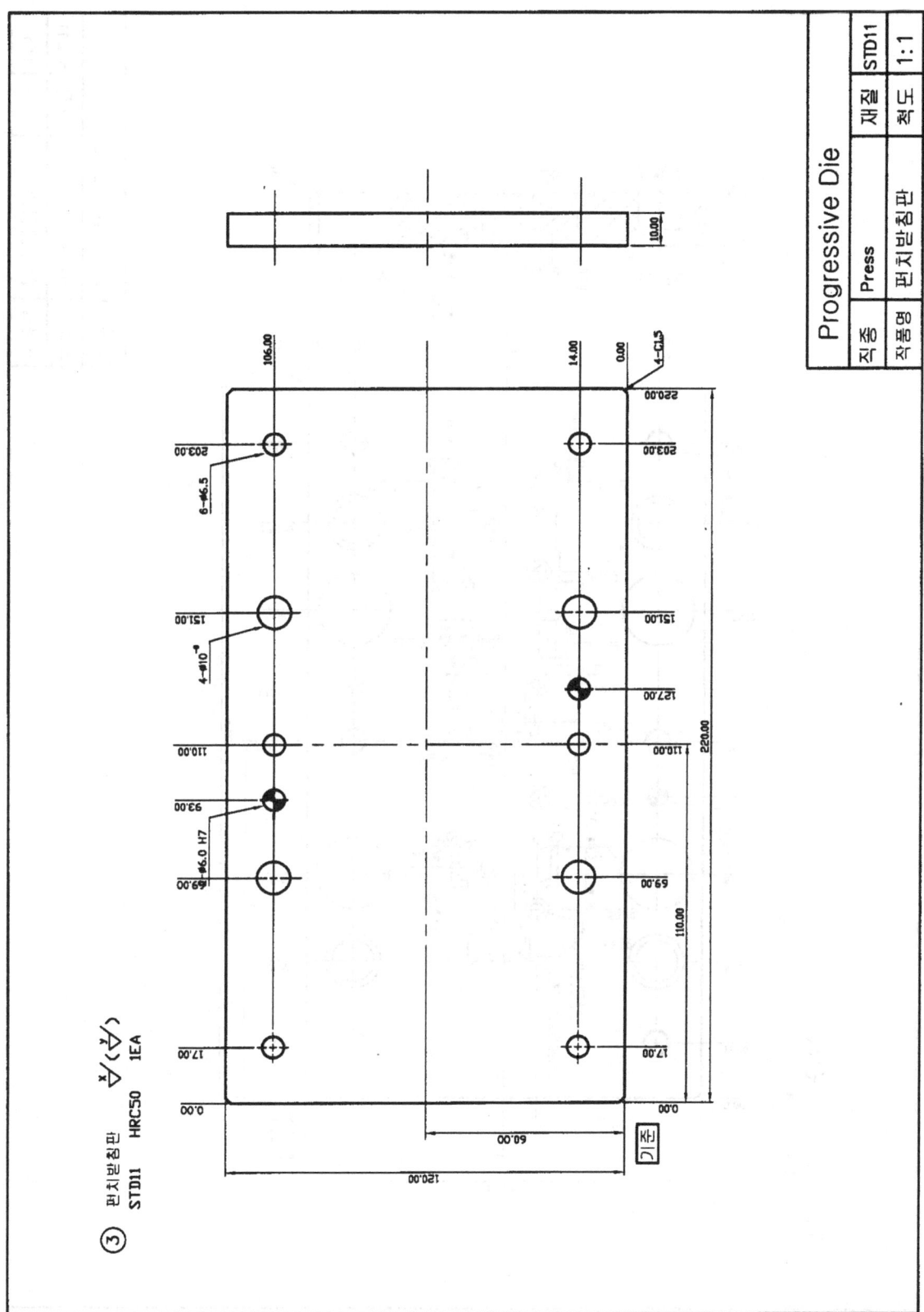

Progressive Die

| 작품명 | 편치받침판 | Press | 편치받침판 | 재질 | STD11 |
|---|---|---|---|---|---|
| 작품 | | | | 척도 | 1:1 |

③ 편치받침판
STD11 HRC50 1EA

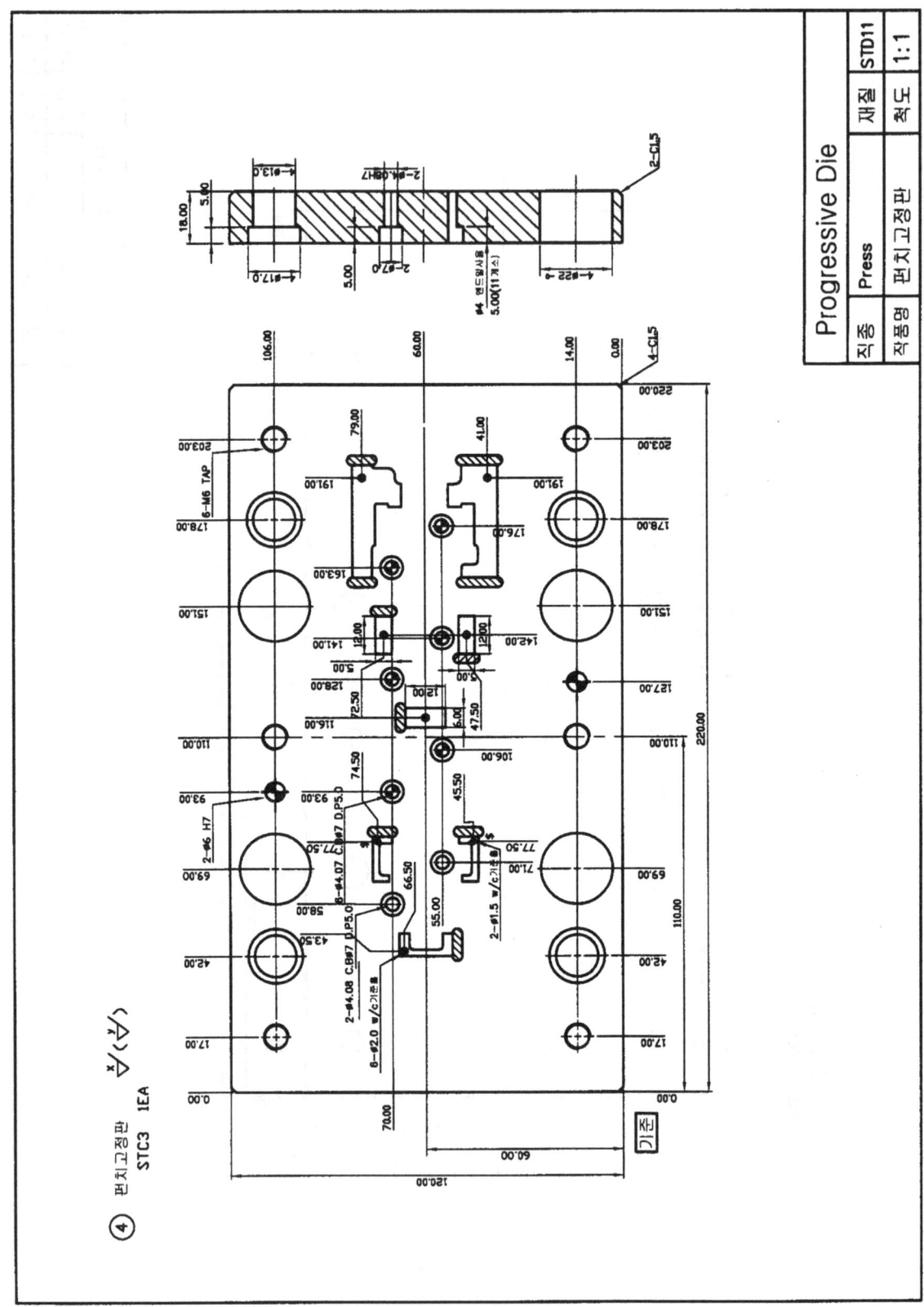

Progressive Die

| 재질 | STD11 |
|---|---|
| 척도 | 1:1 |

| Press | 편치고정판 |
|---|---|

품명 작품명

④ 편치고정판
STC3  1EA

464 | 부  록

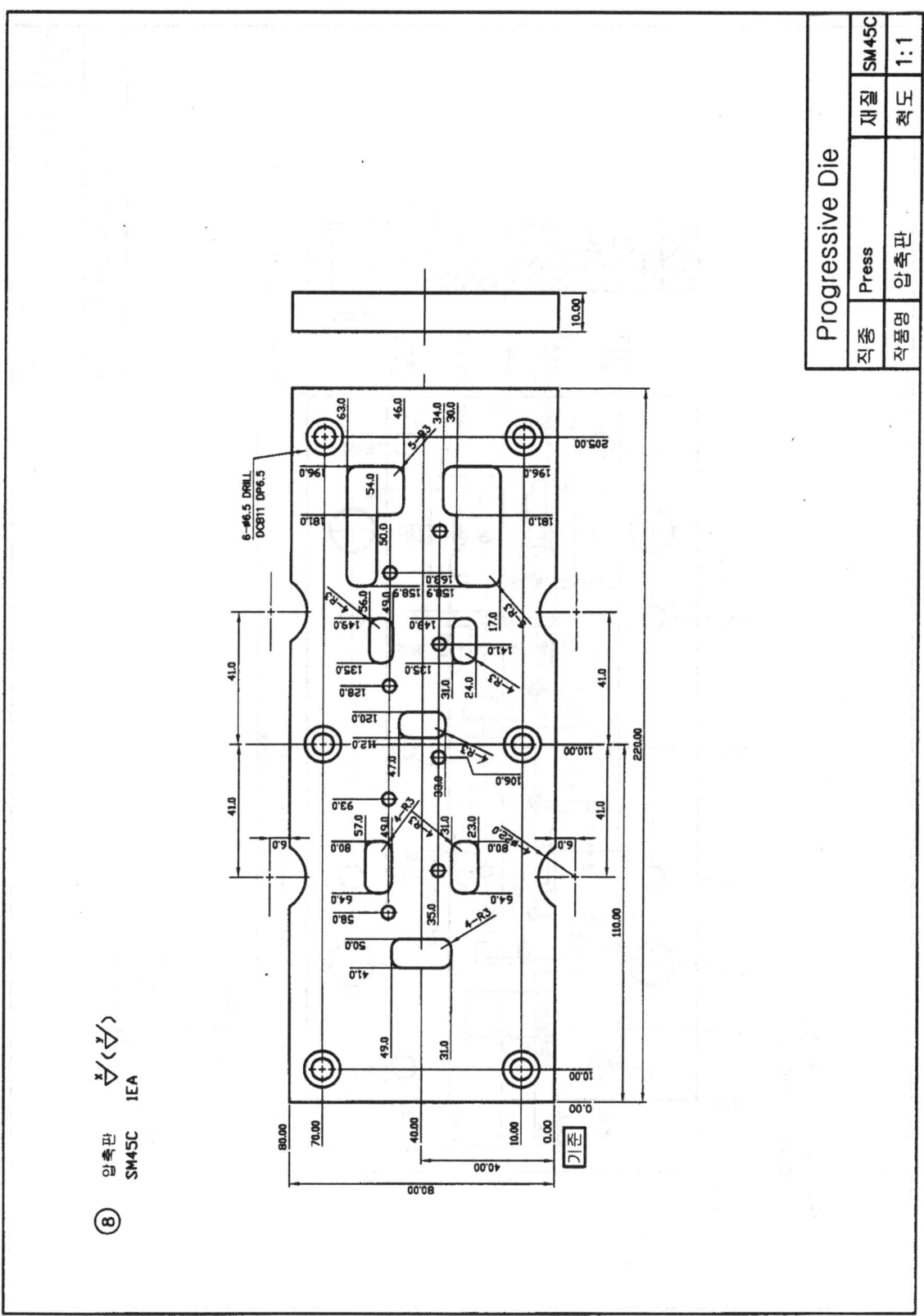

Progressive Die

| 작종 | Press | 재질 | SM45C |
| 작품명 | 앞측판 | 척도 | 1:1 |

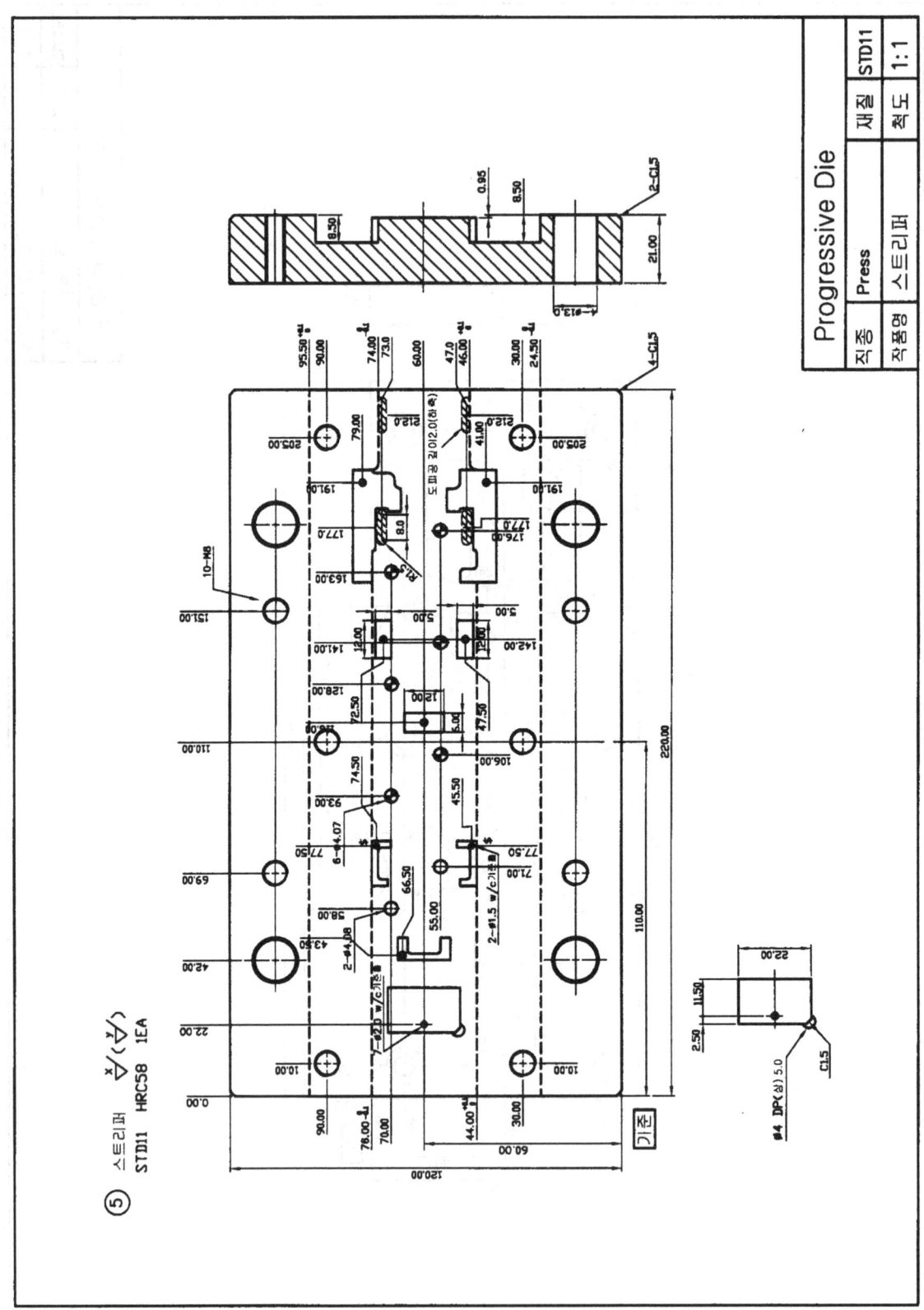

⑤ 스트리퍼 ∇(∇∇)
STD11  HRC58  1EA

Progressive Die

| 직종 | Press | 재질 | STD11 |
|---|---|---|---|
| 작품명 | 스트리퍼 | 척도 | 1:1 |

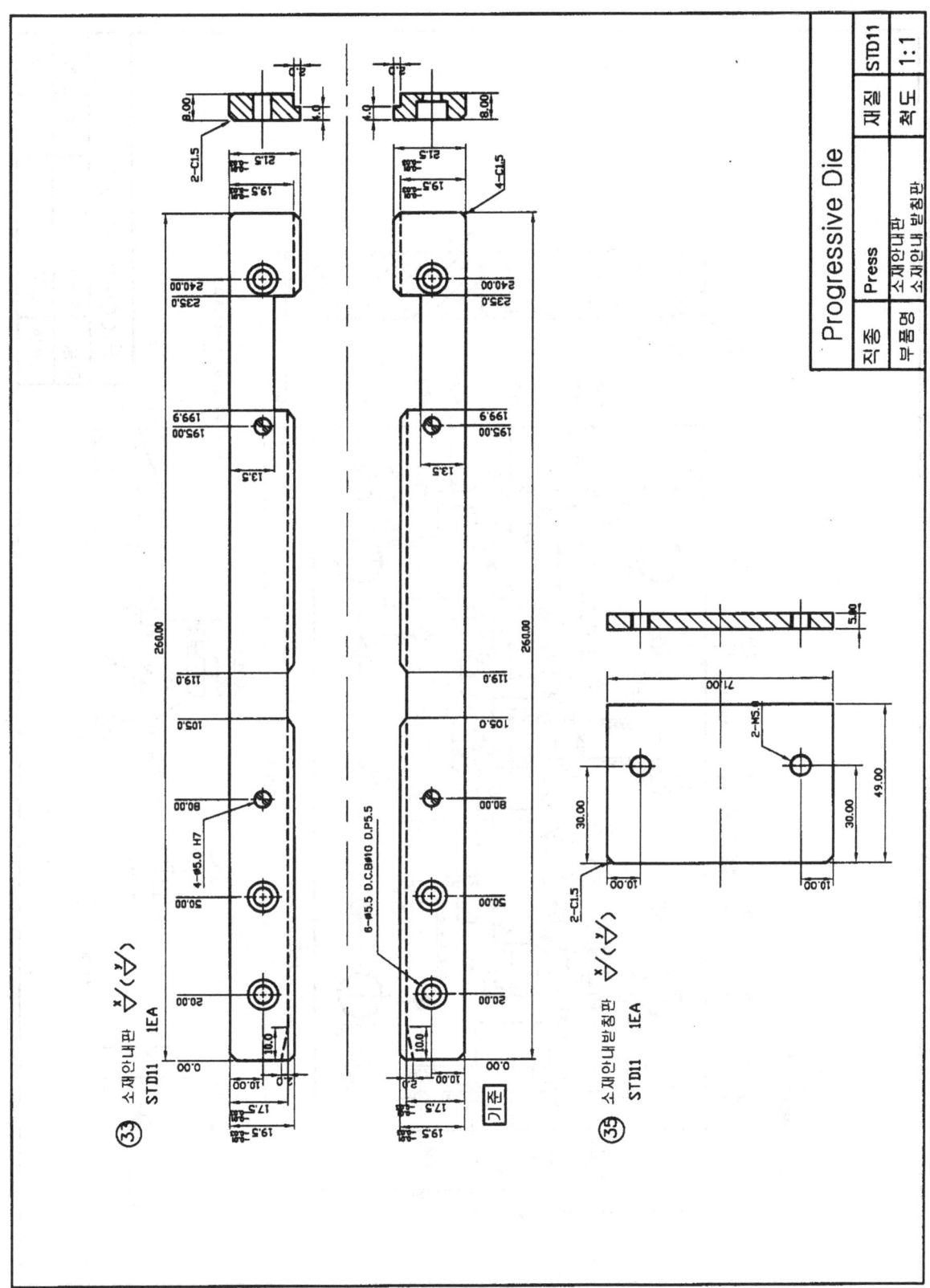

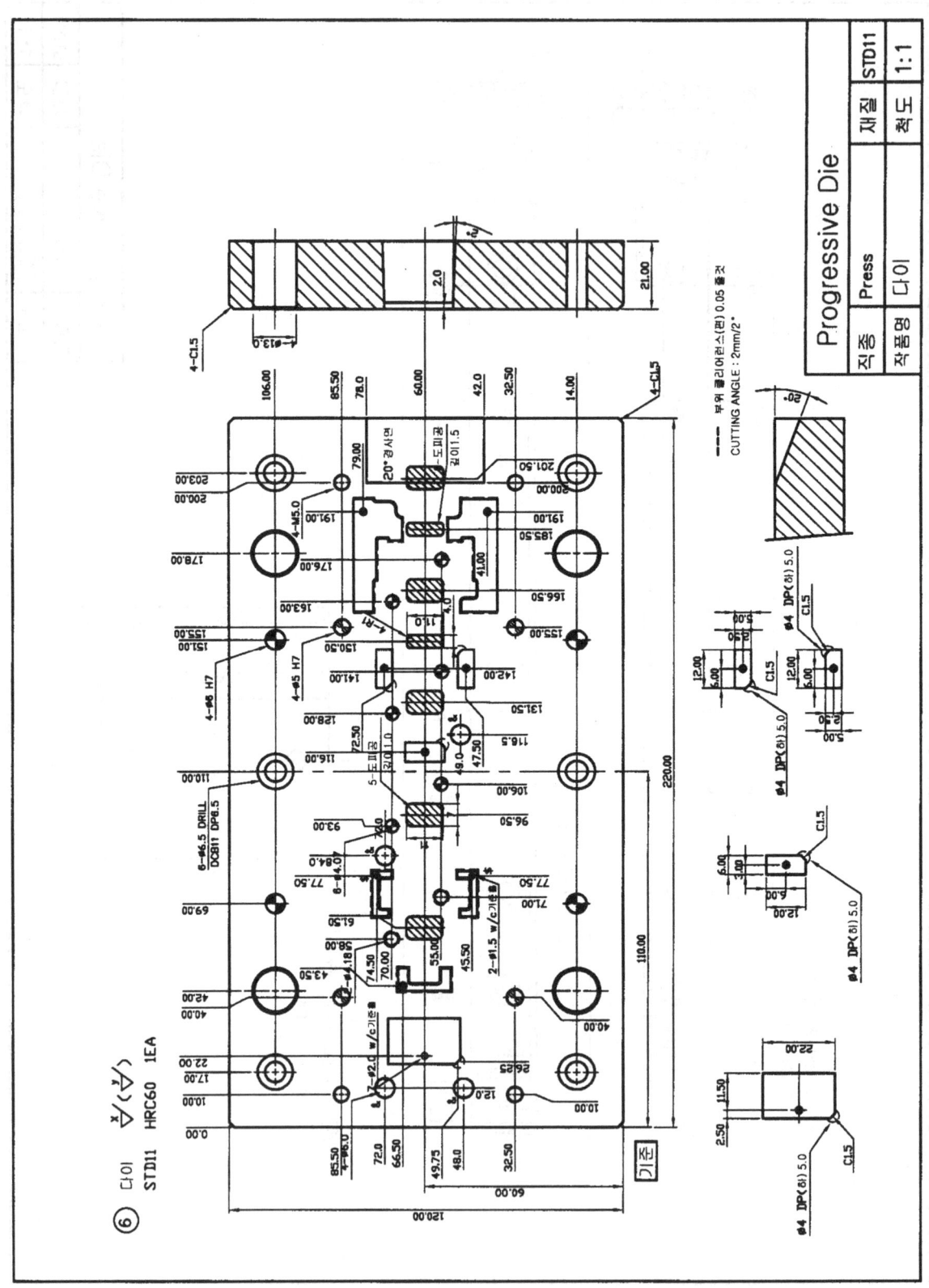

Progressive Die

| 직종 | Press | 재질 | STD11 |
| --- | --- | --- | --- |
| 작품명 | 다이 | 척도 | 1:1 |

6 다이
STD11 HRC60 1EA

부위 클리어런스(편) 0.05 줄것
CUTTING ANGLE : 2mm/2°

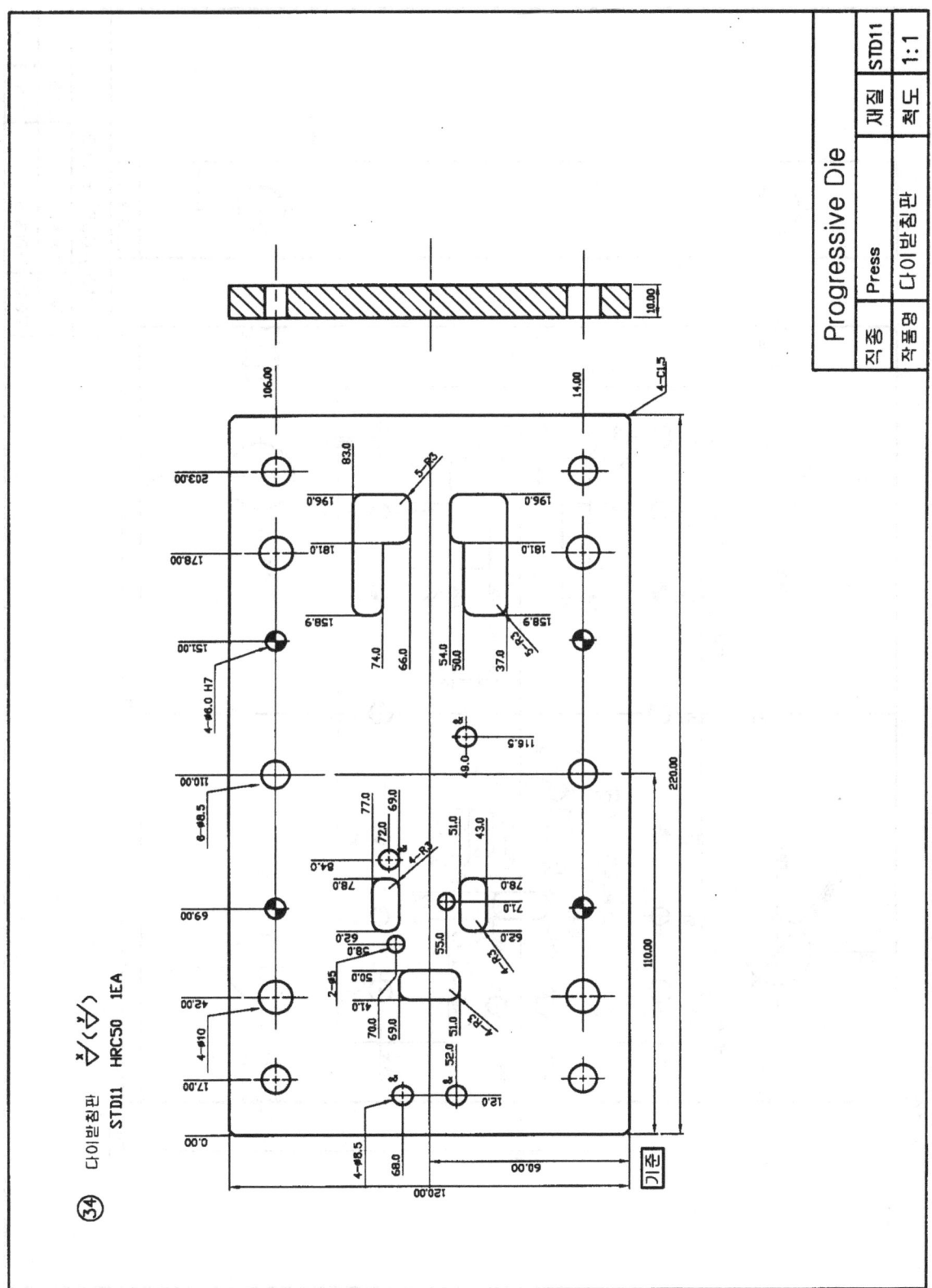

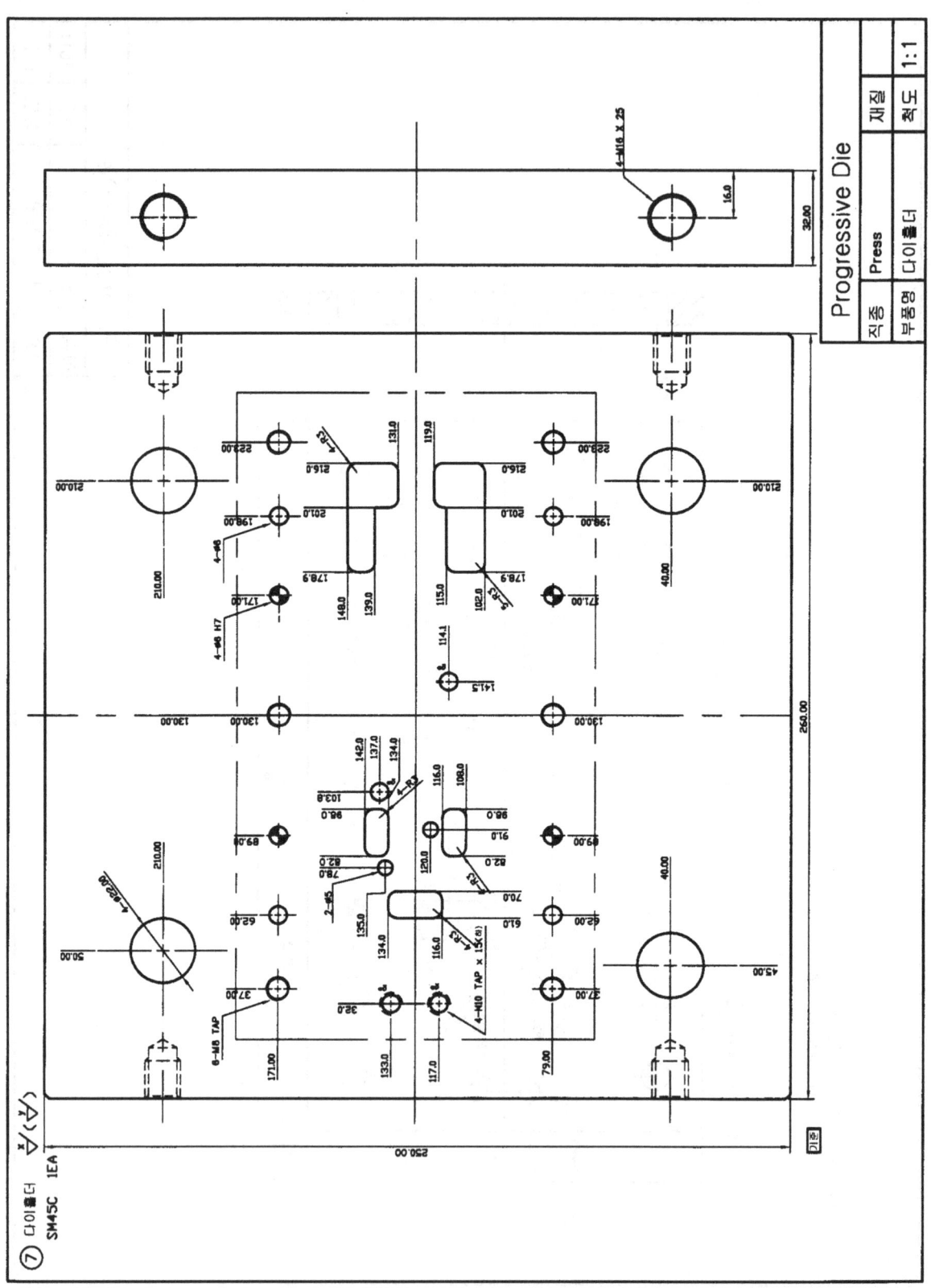

Progressive Die

| 직종 | Press | 재질 | |
|---|---|---|---|
| 부품명 | 다이홀더 | 척도 | 1:1 |

⑦ 다이홀더
SM45C    1EA

470 | 부 록

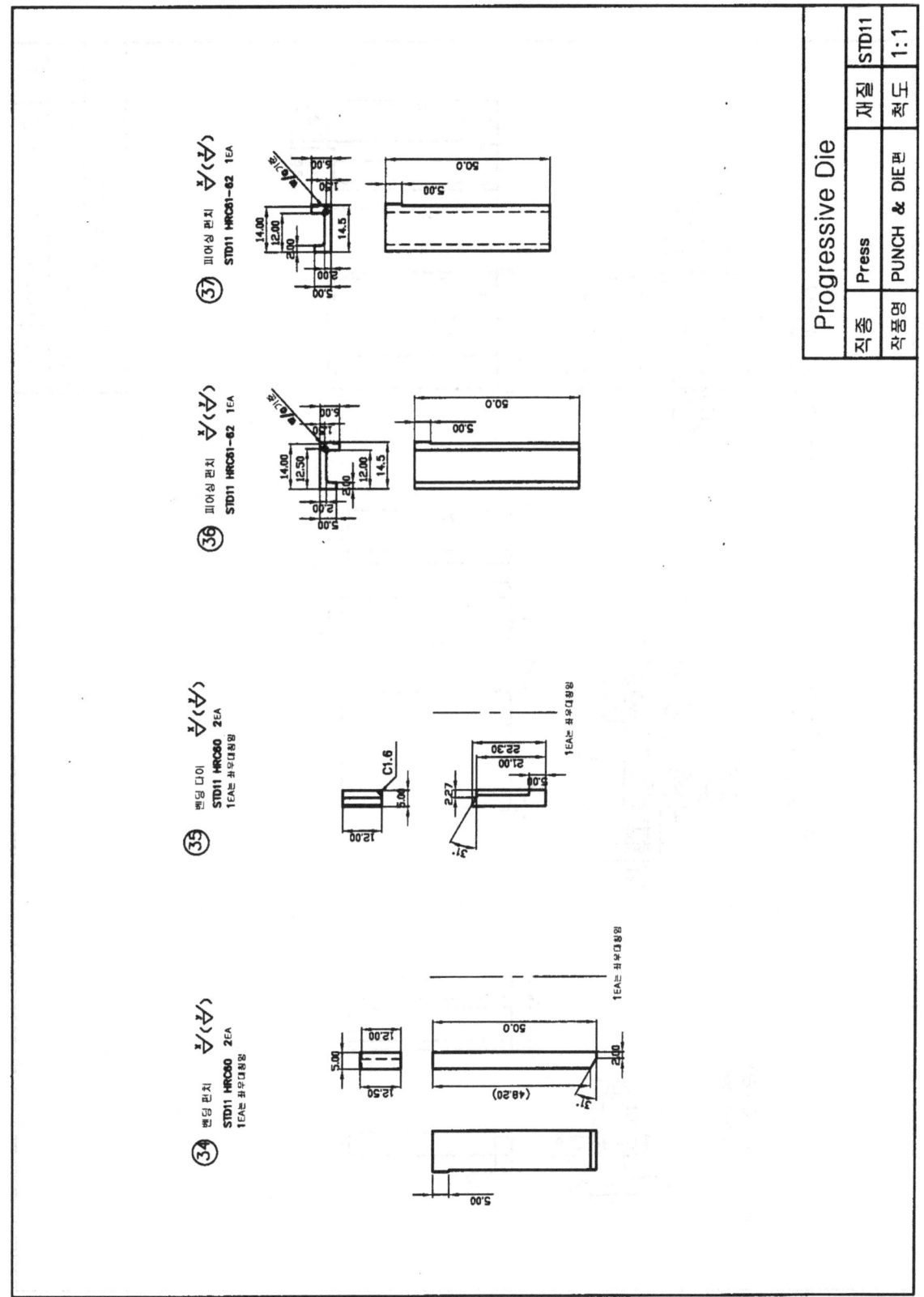

Progressive Die

| 직종 | Press | 재질 | STD11 |
|---|---|---|---|
| 작품명 | PUNCH & DIE편 | 척도 | 1:1 |

예제 도면 | 471

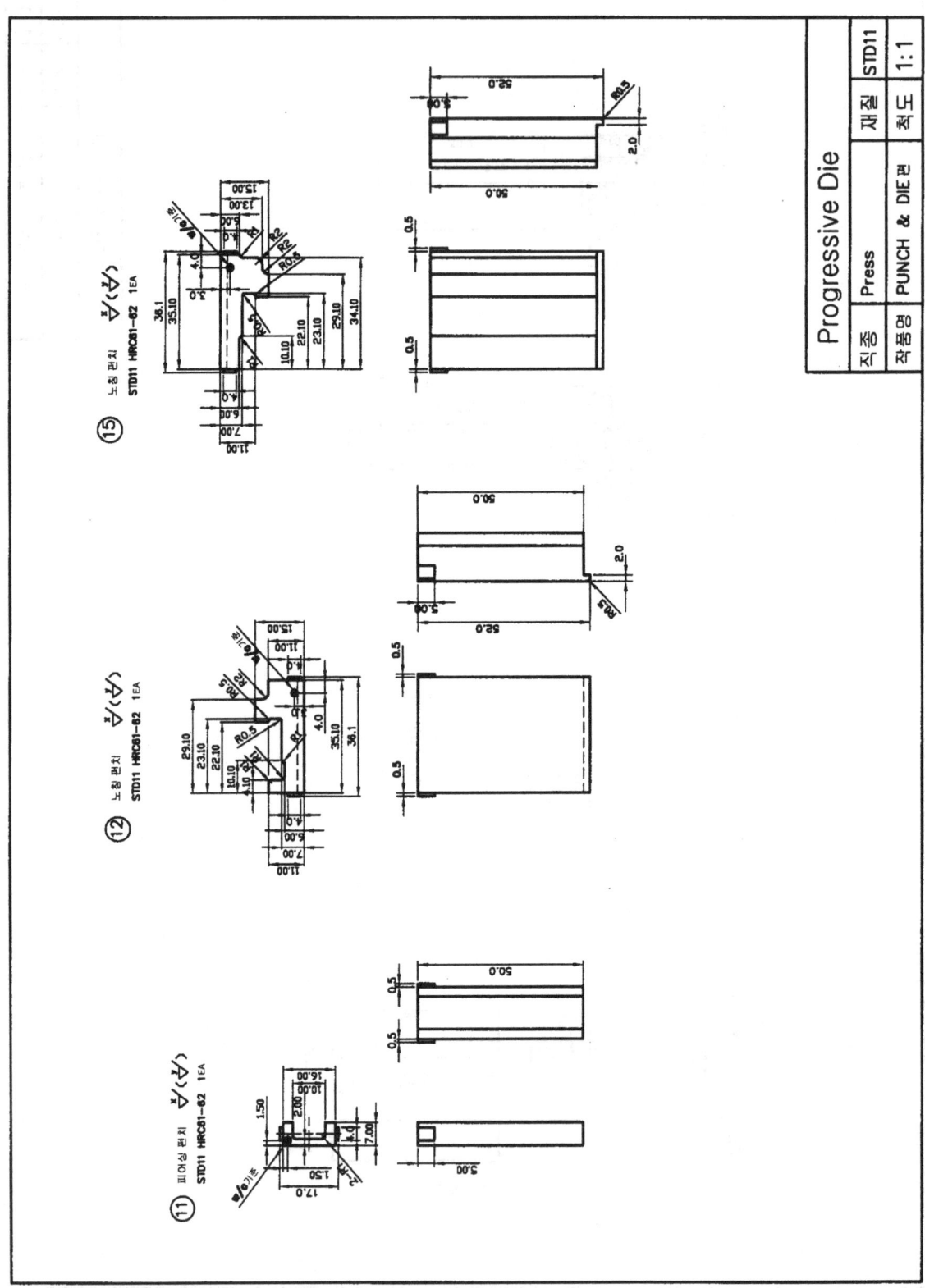

| Progressive Die | | | |
|---|---|---|---|
| 직종 | Press | 재질 | STD11 |
| 작품명 | PUNCH & DIE편 | 척도 | 1:1 |

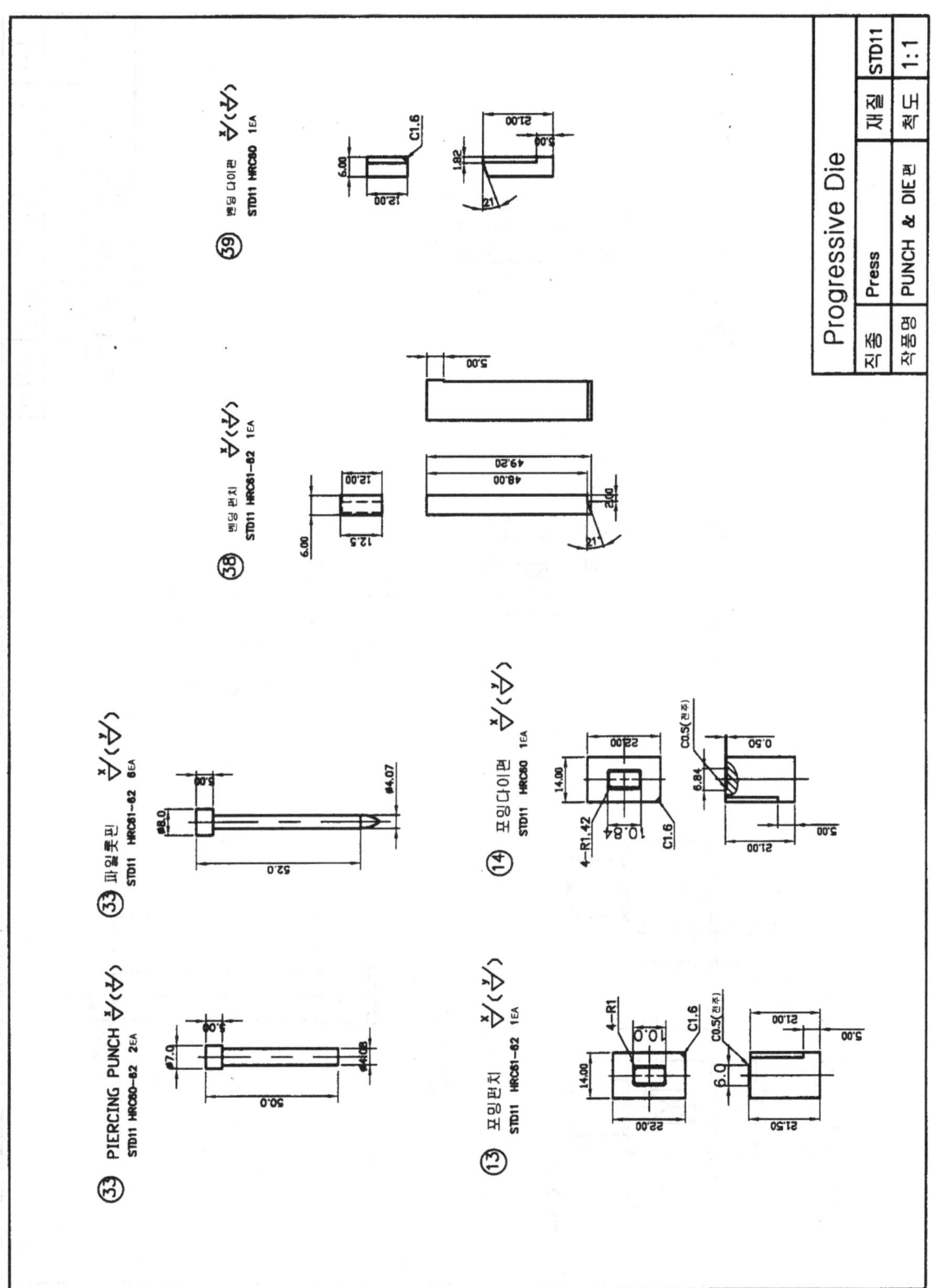

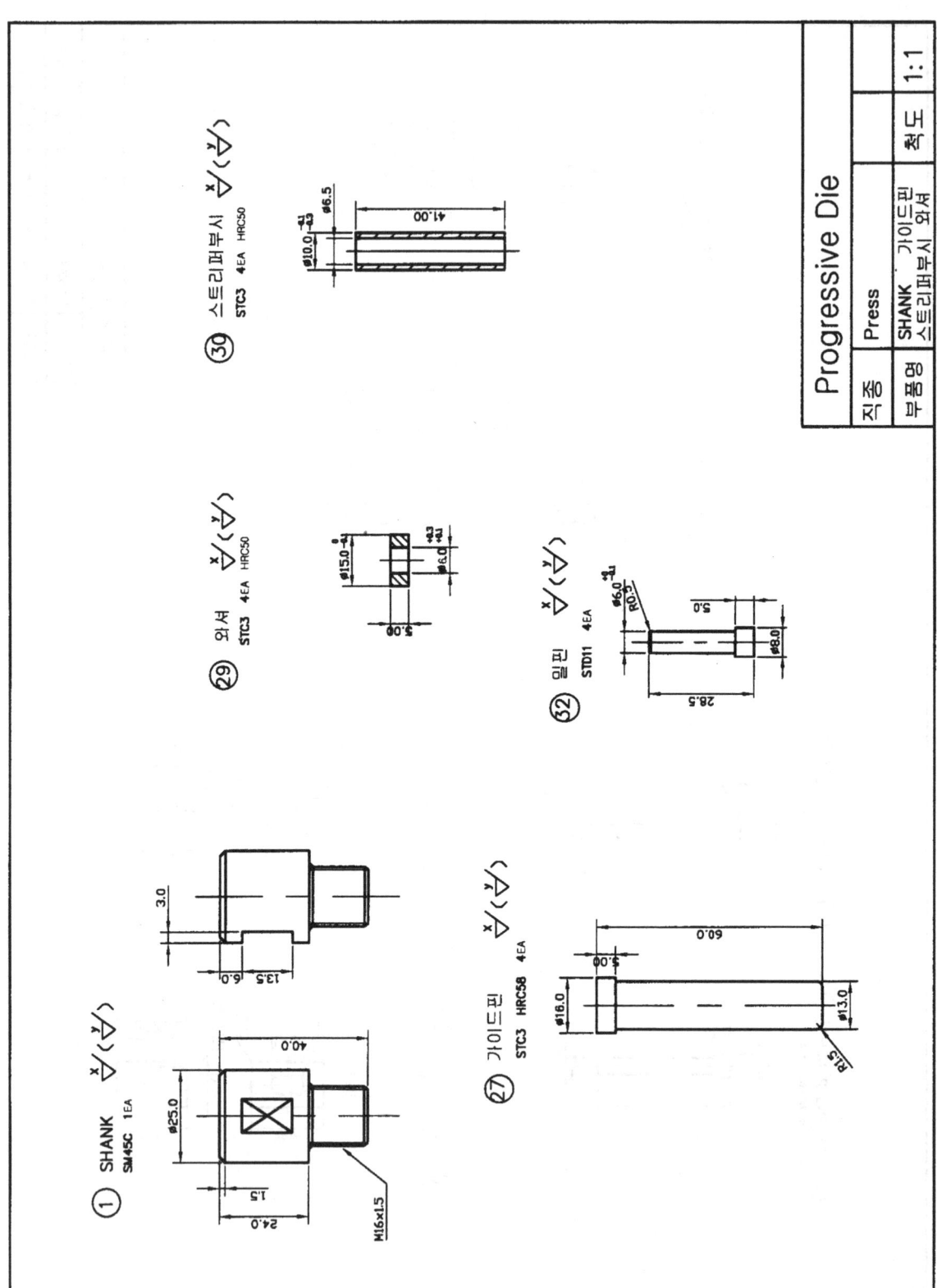

Progressive Die

직종 | Press
부품명 | SHANK 가이드핀
스트리퍼부시 와셔

척도 | 1:1

① SHANK SM45C 1EA

② 스트리퍼부시 STC3 4EA HRC50

㉙ 와셔 STC3 4EA HRC50

㉝ 밀핀 STD11 4EA

㉗ 가이드핀 STC3 HRC58 4EA

# M1. 2단 - 사이드 게이트 금형

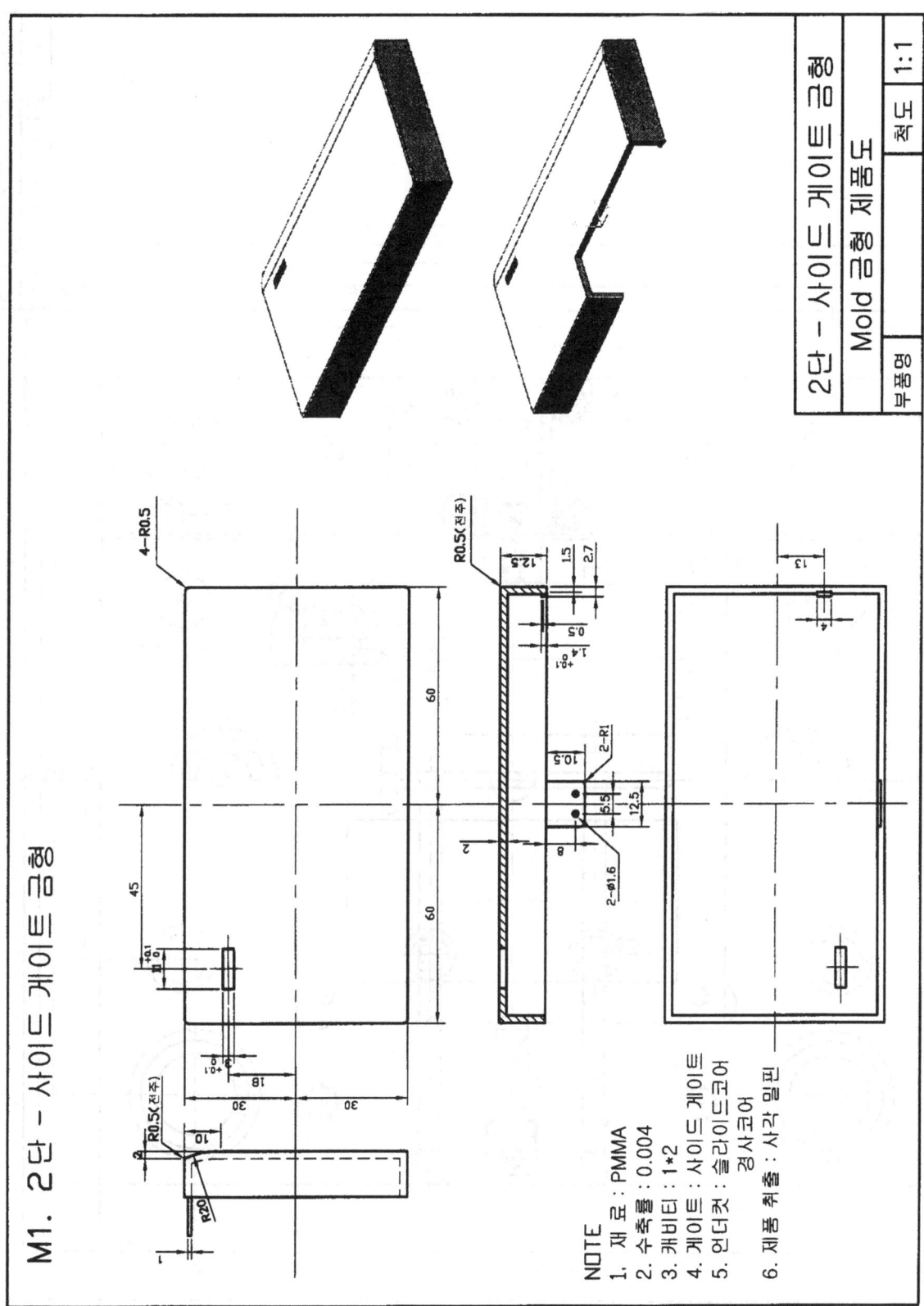

NOTE
1. 재 료 : PMMA
2. 수축률 : 0.004
3. 캐비티 : 1*2
4. 게이트 : 사이드 게이트
5. 언더컷 : 슬라이드코어
     경사코어
6. 제품 취출 : 사각 밀핀

R0.5(전주)

4-R0.5

2-R1

2-Ø1.6

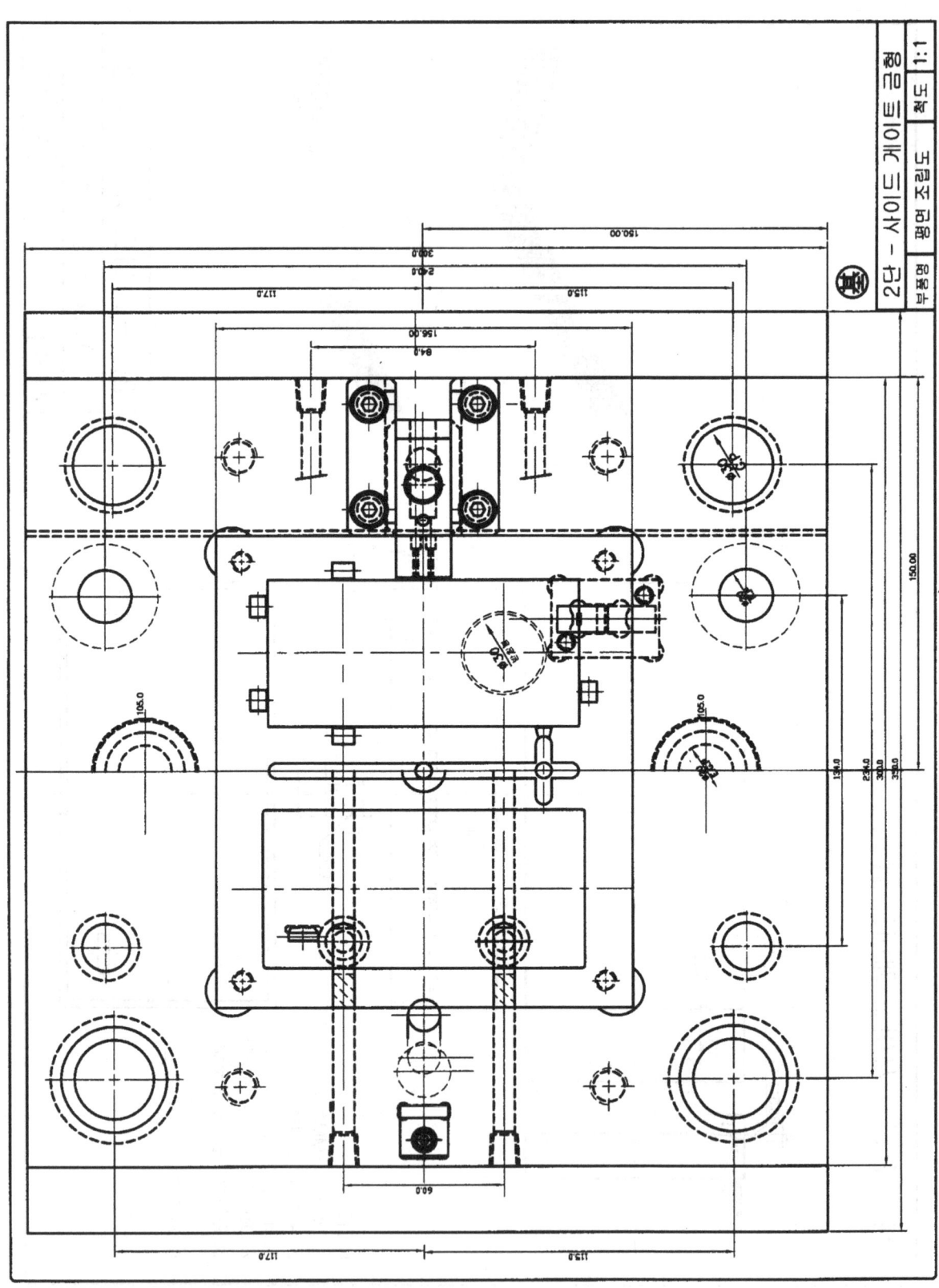

## 2단 - 사이드 게이트 금형

| 품번 | 품명 | 재질 | 수량 | 규격 | 비고 |
|---|---|---|---|---|---|
| 43 | 오링 | 규격품 | 4 | P14 | |
| 42 | 볼플런저 | 규격품 | 2 | BPJ 8 | |
| 41 | 가이드레일 | STC3 | 4 | 19x61x16 | |
| 40 | 슬라이드코어 | KP4M | 2 | 17x21.5x24 | |
| 39 | 슬라이드코어핀 | STC3 | 4 | Φ30 x 100 | |
| 38 | 받침볼 | STC3 | 2 | M3 x 20 | |
| 37 | 육각 홀붙이 볼트 | 규격품 | 2 | M5 x 20 | |
| 36 | 육각 홀붙이 볼트 | 규격품 | 4 | M8 x 25 | |
| 35 | 육각 홀붙이 볼트 | 규격품 | 2 | M6 x 15 | |
| 34 | 육각 홀붙이 볼트 | 규격품 | 4 | M6 x 20 | |
| 33 | 육각 홀붙이 볼트 | 규격품 | 4 | M8 x 45 | |
| 32 | 육각 홀붙이 볼트 | 규격품 | 4 | M8 x 40 | |
| 31 | 육각 홀붙이 볼트 | 규격품 | 2 | M6 x 16 | |
| 30 | 육각 홀붙이 볼트 | 규격품 | 4 | M14 x 170 | |
| 29 | 도림볼트 | STC3 | 2 | M14 x 60 | |
| 28 | 도림볼트 | STC3 | 2 | 21x19x20 | |
| 27 | 슬라이드코어 | KP4 | 2 | 45x28.5x24 | |
| 26 | 경사핀 | 규격품 | 2 | Φ16x90 | |
| 25 | 부셔핀 | STC3 | 2 | Φ23x 41 | |
| 24 | 스프링 | 규격품 | 4 | SVF22x40 | |
| 23 | 스프링 | 규격품 | 4 | SVF40x65 | |
| 22 | 사각경사받침판 | 규격품 | 2 | 11x27x36 | |
| 21 | 사각경사안내판 | STC3 | 2 | 16x31x41 | |
| 20 | 사각경사핀 | STC3 | 2 | 11x156x18 | |
| 19 | 스프루록크핀 | SKD61 | 3 | Φ6x35 | NAK55 |
| 18 | 사각밀핀 | SKD61 | 14 | 9x9x141 | NAK55 |
| 17 | 가이드핀 | STC3 | 4 | Φ30x110 | NAK55 |
| 16 | 가이드부시 | STC3 | 4 | Φ30x59 | NAK55 |
| 15 | 스톱핀 | STC3 | 2 | Φ16x15 | NAK55 |
| 14 | 밀판가이드핀 | STC3 | 4 | Φ20x125 | NAK55 |
| 13 | 리턴핀 | STC3 | 4 | Φ20x140 | NAK55 |
| 12 | 가동측코어 | NAK80 | 1 | 41.5x181x157 | |
| 11 | 고정측코어편"B" | KP4M | 2 | 20.5x6x12 | |
| 10 | 고정측코어편"A" | NAK90 | 1 | 31x481x57 | |
| 9 | 스프루부시 | SM55C | 1 | Φ39x65 | |
| 8 | 로케이트링 | SM55C | 1 | Φ100x12 | |
| 7 | 가동측설치판 | SM55C | 2 | 25x350x300 | |
| 6 | 하원판 | SM55C | 1 | 25x180x300 | |
| 5 | 상원판 | SM25C | 1 | 20x180x300 | |
| 4 | 스페이서블록 | SM25C | 2 | 100x58x300 | |
| 3 | 가동측형판 | SM55C | 1 | 70x300x300 | |
| 2 | 고정측형판 | SM55C | 1 | 60x300x300 | |
| 1 | 고정측설치판 | SM55C | 1 | 25x350x300 | |

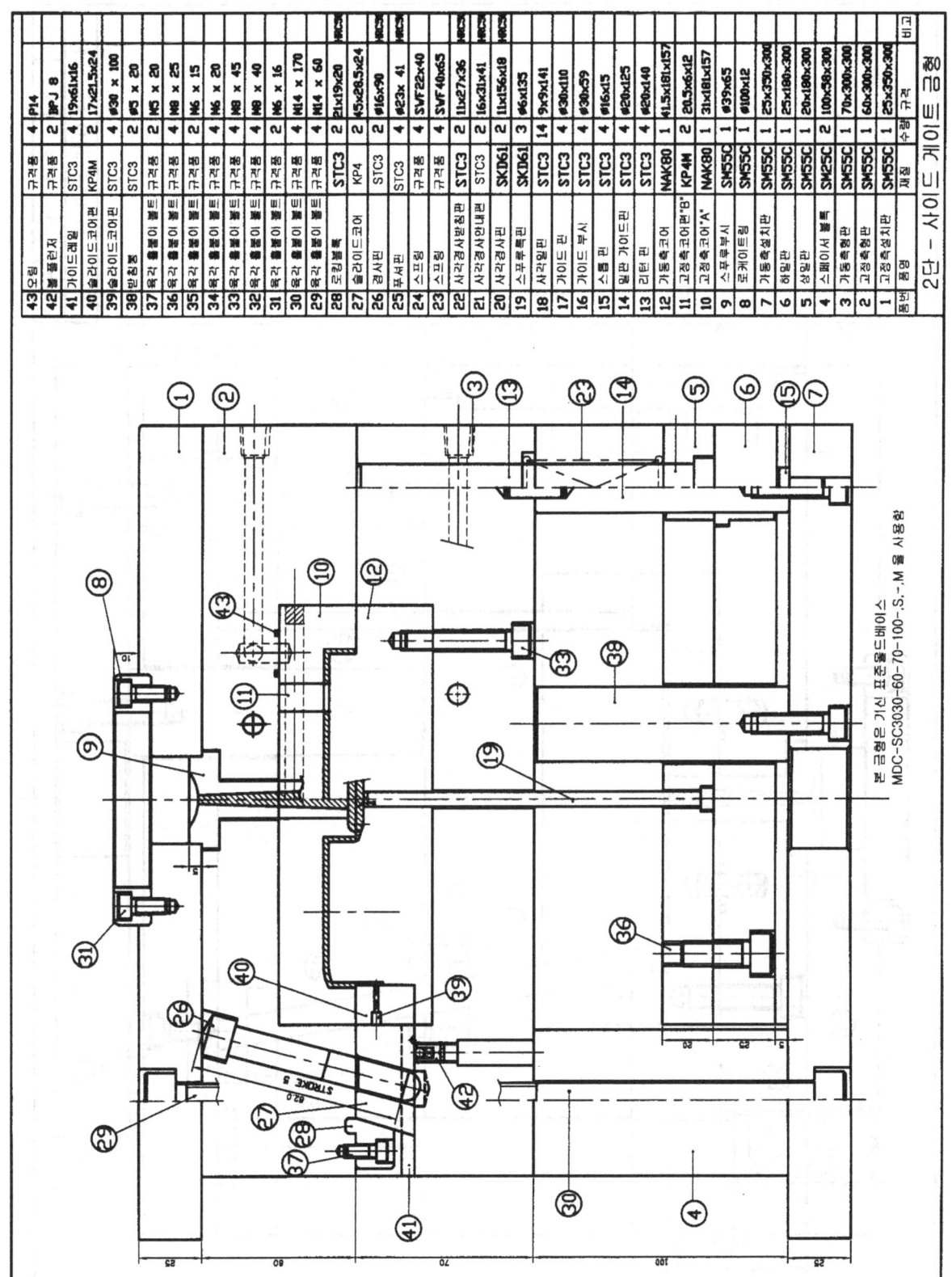

본 금형은 기성 표준몰드베이스 MDC-SC3030-60-70-100-.S.-.M 을 사용함

STROKE 5

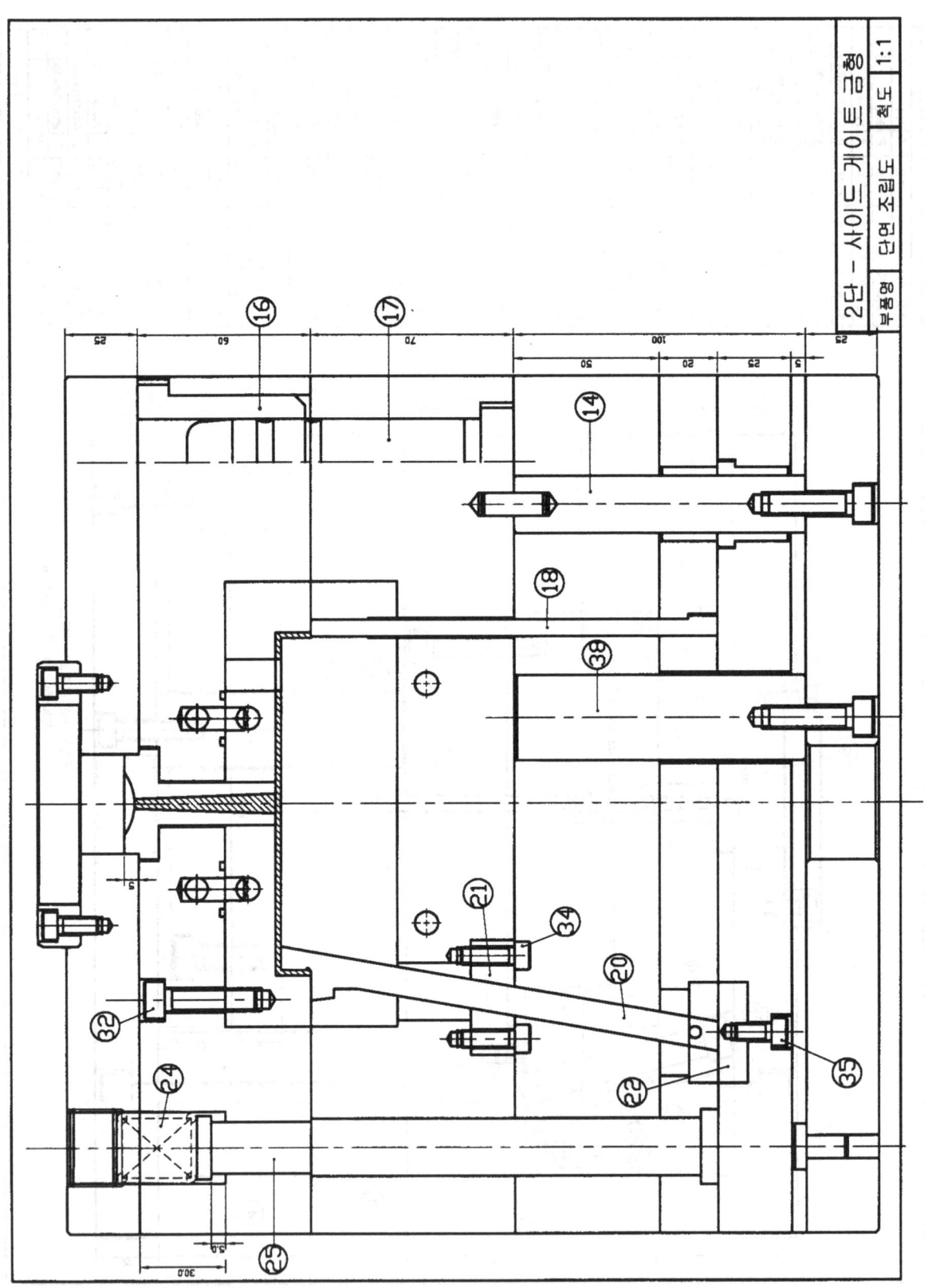

단면 조립도 | 척도 | 1:1
부품명 | 2단 - 사이드 게이트 금형

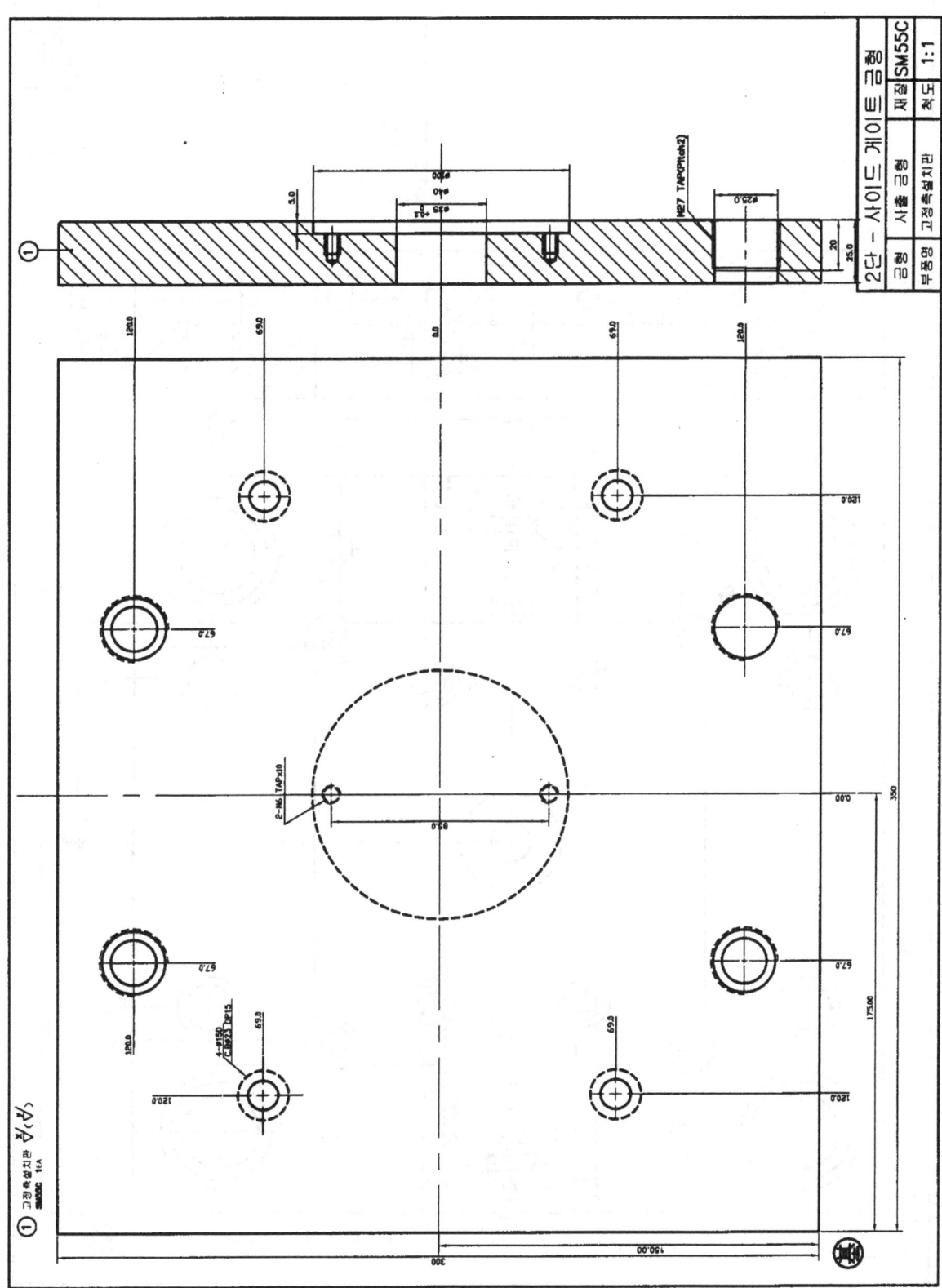

2단 - 사이드 게이트 금형

| 금형 | 사출 금형 | 재질 | SM55C |
|---|---|---|---|
| 부품명 | 고정측설치판 | 척도 | 1:1 |

① 고정측설치판
SM55C    1EA

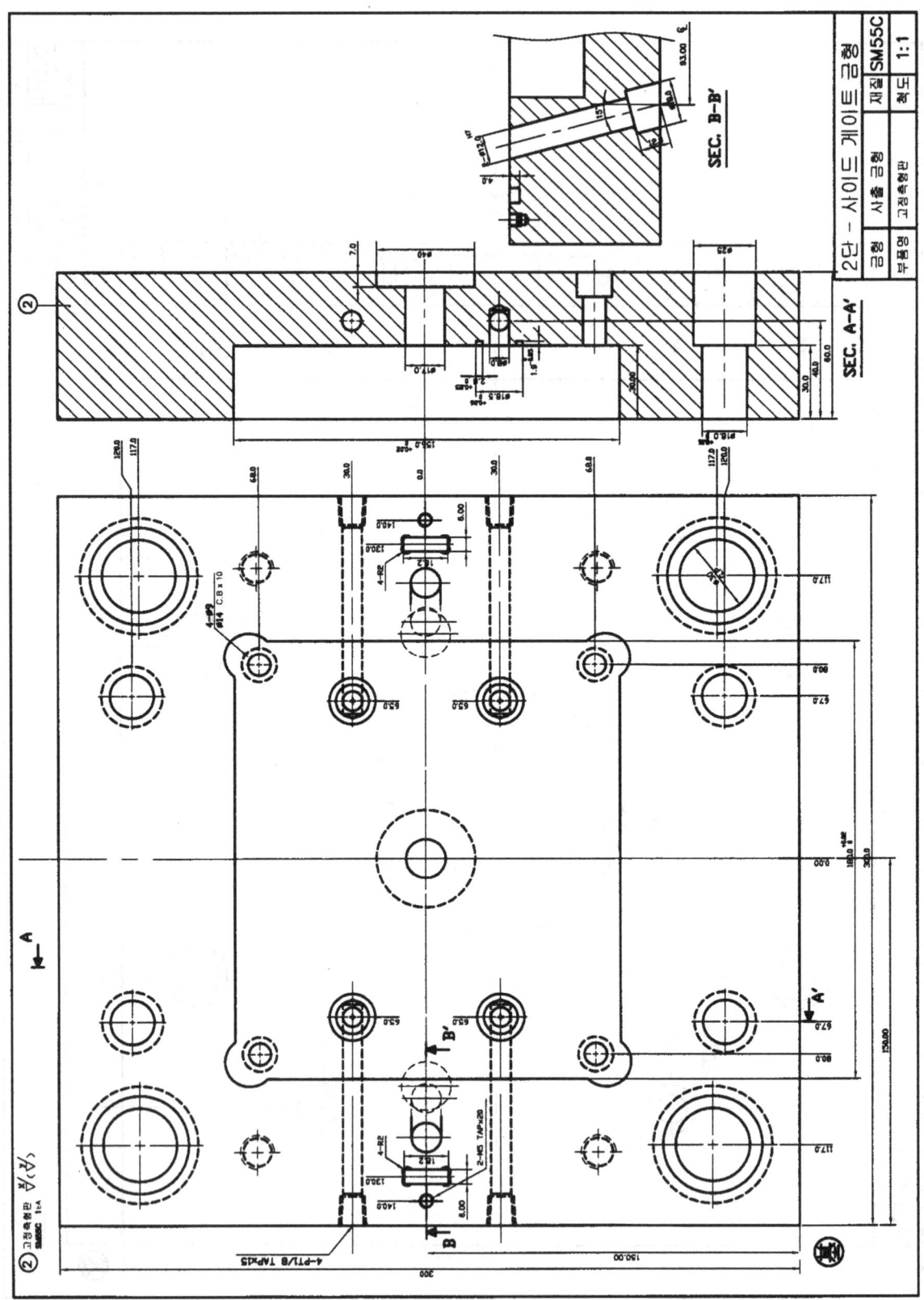

SEC. B-B'

SEC. A-A'

2단 - 사이드 게이트 금형

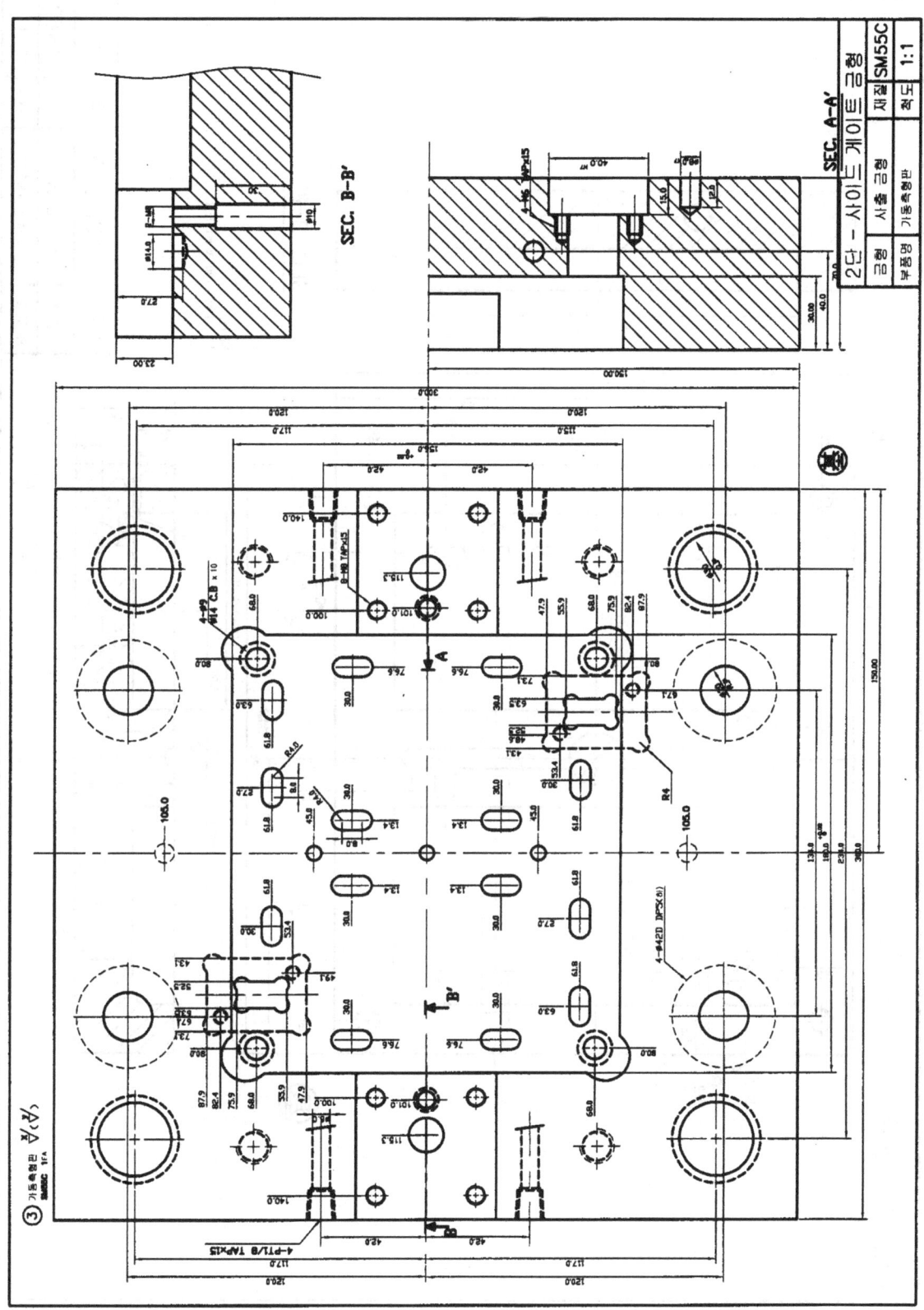

SEC. A-A'

SEC. B-B'

| 금형 | 2단 - 사이드 게이트 금형 | 재질 | SM55C |
|---|---|---|---|
| 금형 | 사출 금형 | 척도 | 1:1 |
| 부품명 | 가동측형판 | | |

③ 가동측형판

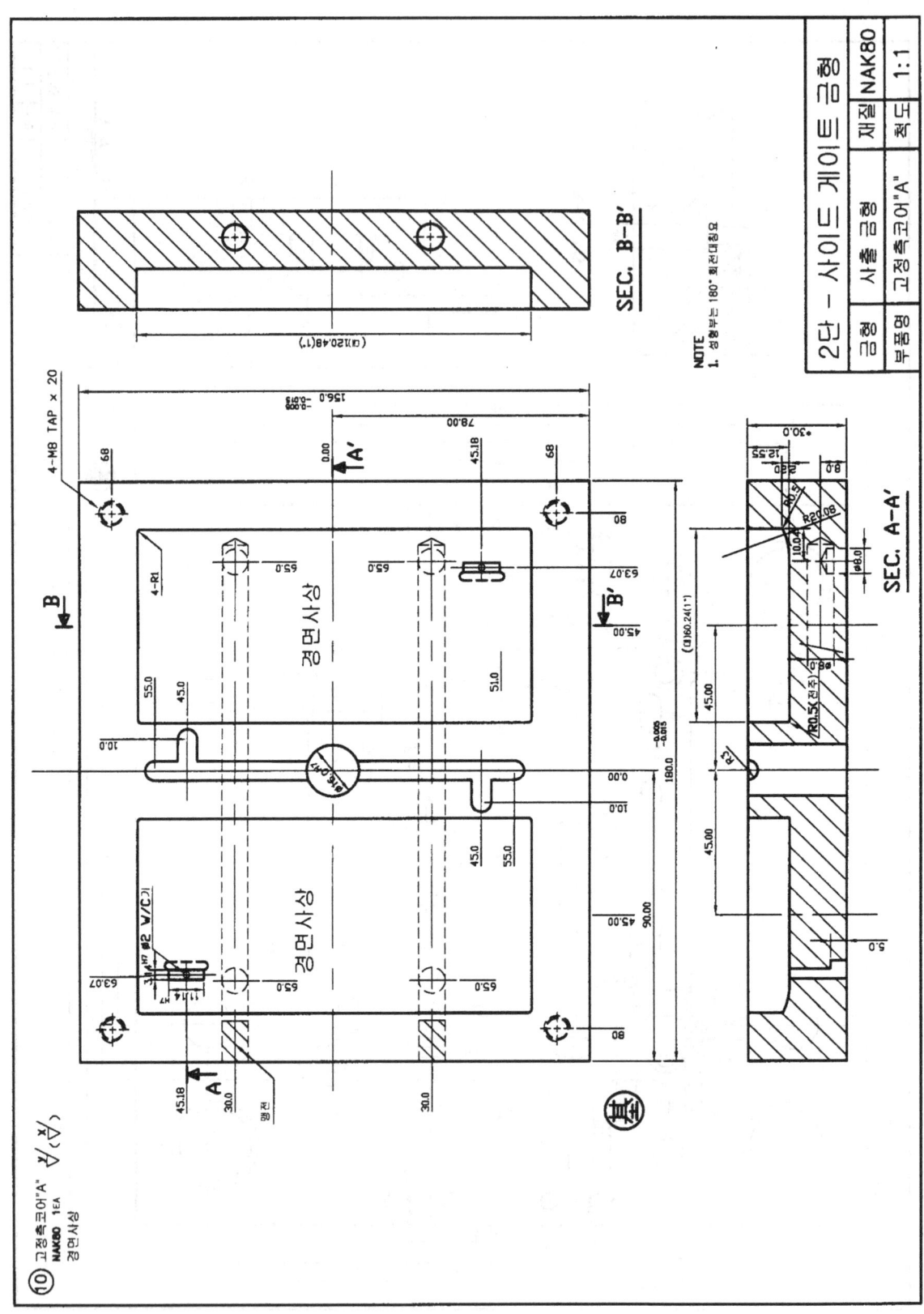

SEC. B-B'

SEC. A-A'

NOTE
1. 경방부는 180° 회전대칭요

2단 - 사이드 게이트 금형

| 금형 | 사출 금형 | | 재질 | NAK80 |
|---|---|---|---|---|
| 금명 | | 고정측코아"A" | 척도 | 1:1 |
| 부품명 | | | | |

⑩ 고정측코아"A"
NAK80 1EA
경면사상

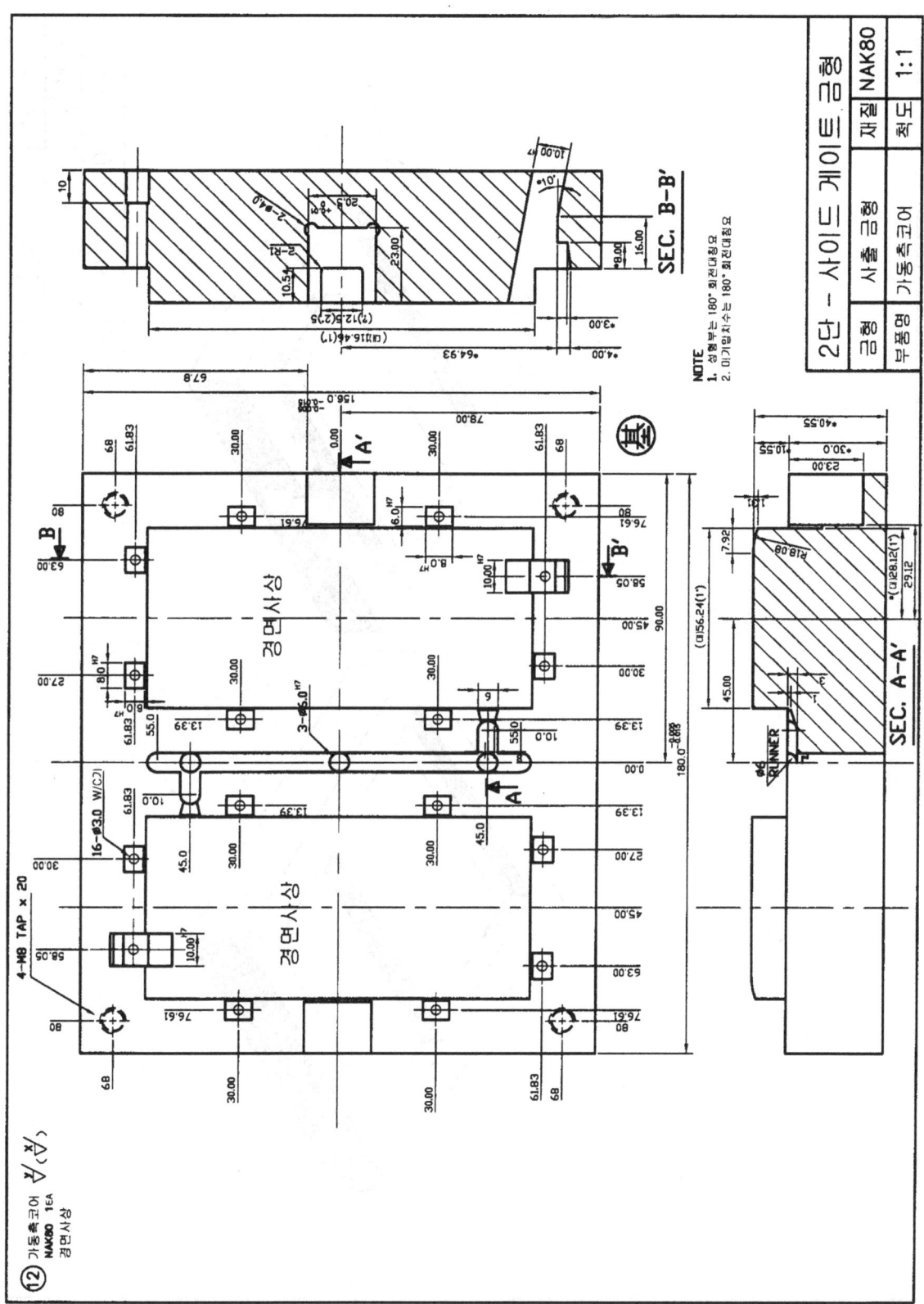

NOTE
1. 성형부는 180° 회전대칭요
2. 미가공치수도 180° 회전대칭요

SEC. B-B'

SEC. A-A'

| 금형 | 사출 금형 | 재질 | NAK80 |
|---|---|---|---|
| 2단 - 사이드 게이트 금형 | | 척도 | 1:1 |
| 부품명 | 가동측코어 | | |

경면사상

경면사상

12 가동측코어
NAK80 1EA
경면사상

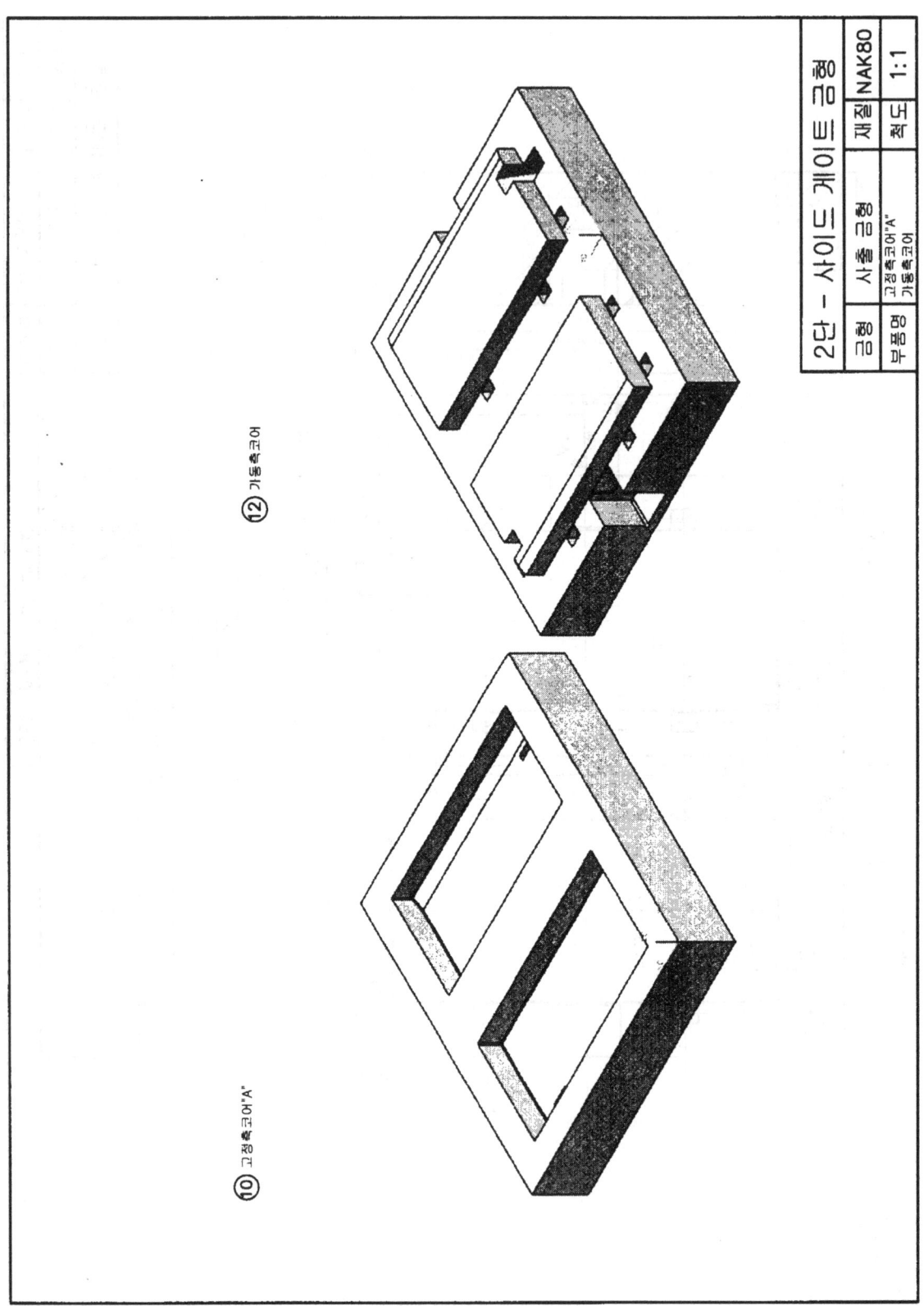

⑩ 고정측코어"A"

⑫ 가동측코어

| 2단 - 사이드 게이트 금형 | | |
|---|---|---|
| 금형 | 사출금형 | 재질 NAK80 |
| 부품명 | 고정측코어"A"<br>가동측코어 | 척도 1:1 |

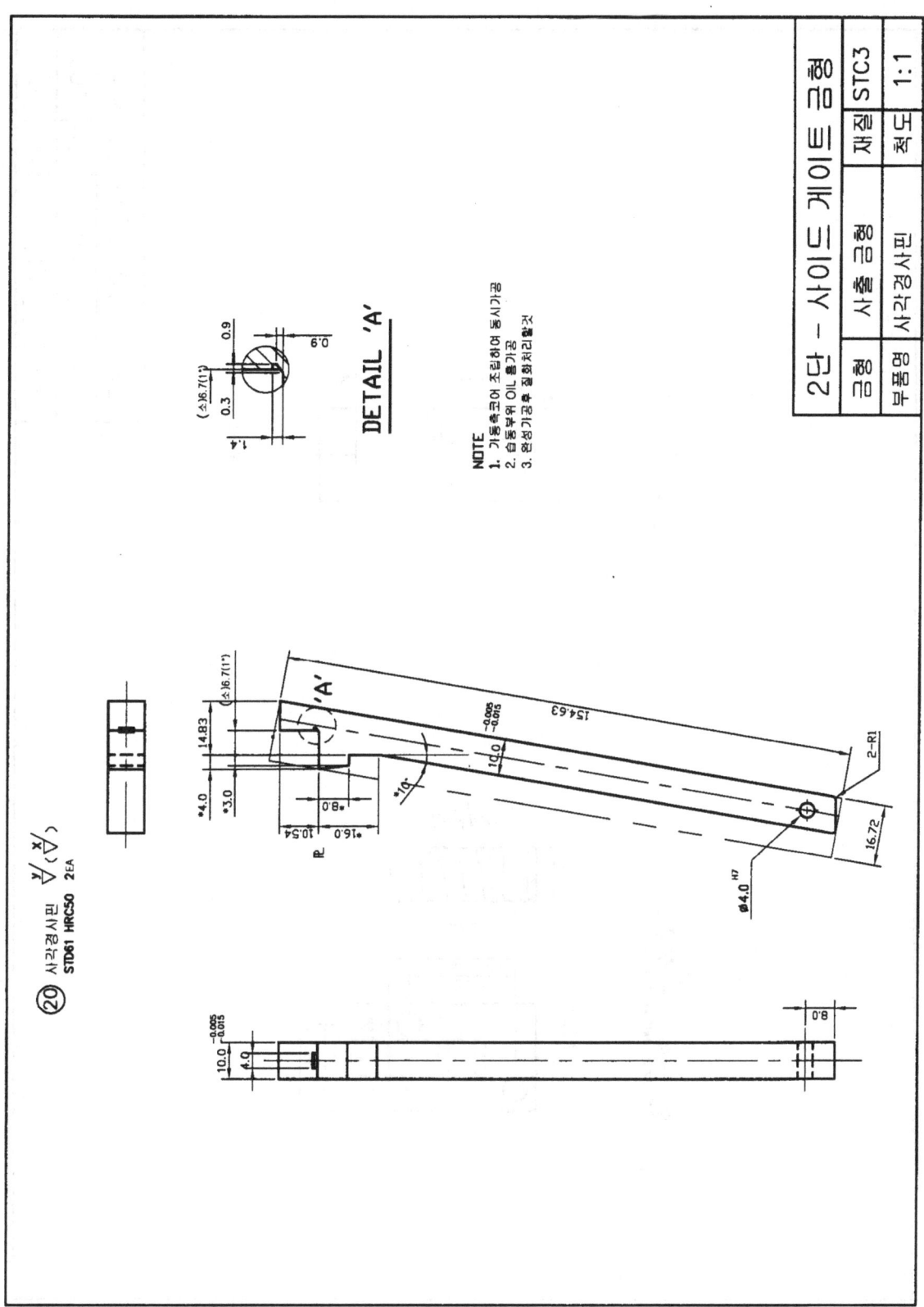

DETAIL 'A'

NOTE
1. 가동측코어 조립하여 동시가공
2. 습동부위 OIL 홈가공
3. 연삭가공후 질화처리할것

| 금형 | 2단 - 사이드 게이트 금형 | 재질 | STC3 |
| 사출 금형 | | | |
| 부품명 | 사각경사핀 | 척도 | 1:1 |

20 사각경사핀
STD61 HRC50  2EA

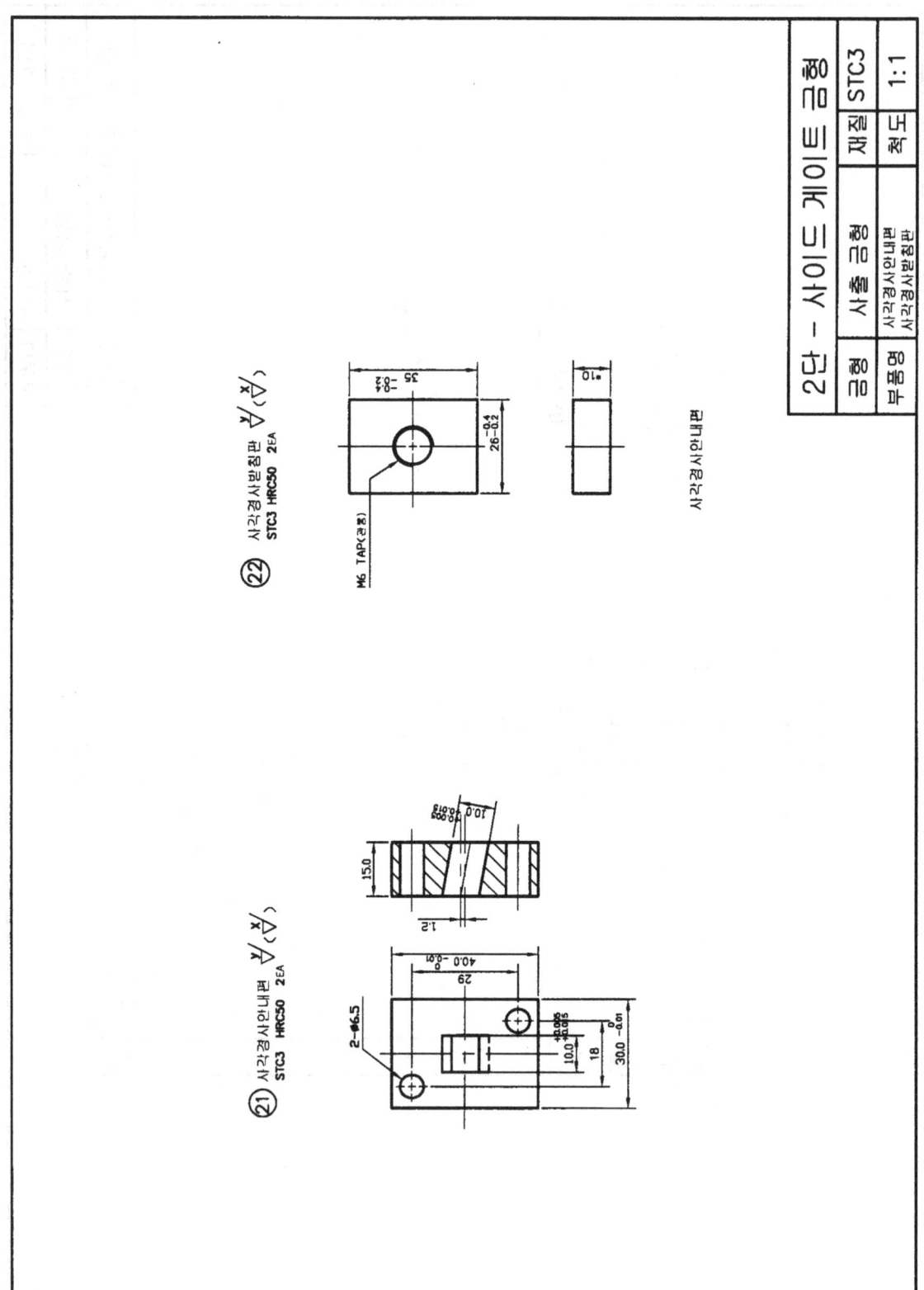

| 품형 | 사출금형 | 재질 | STC3 |
|---|---|---|---|
| | 2단 - 사이드 게이트 금형 | | |
| 부품명 | 사각경사인내편<br>사각경사받침판 | 척도 | 1:1 |

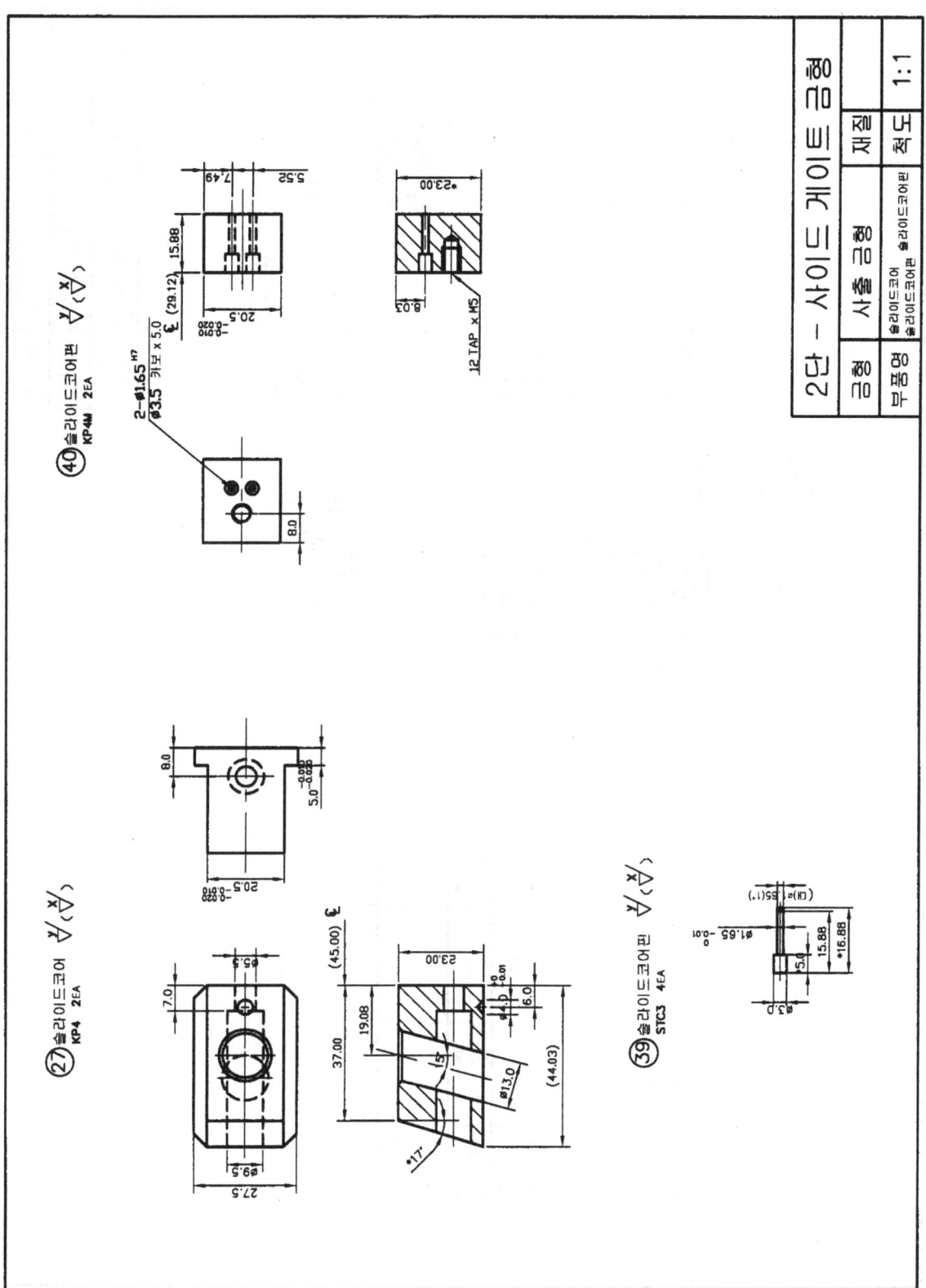

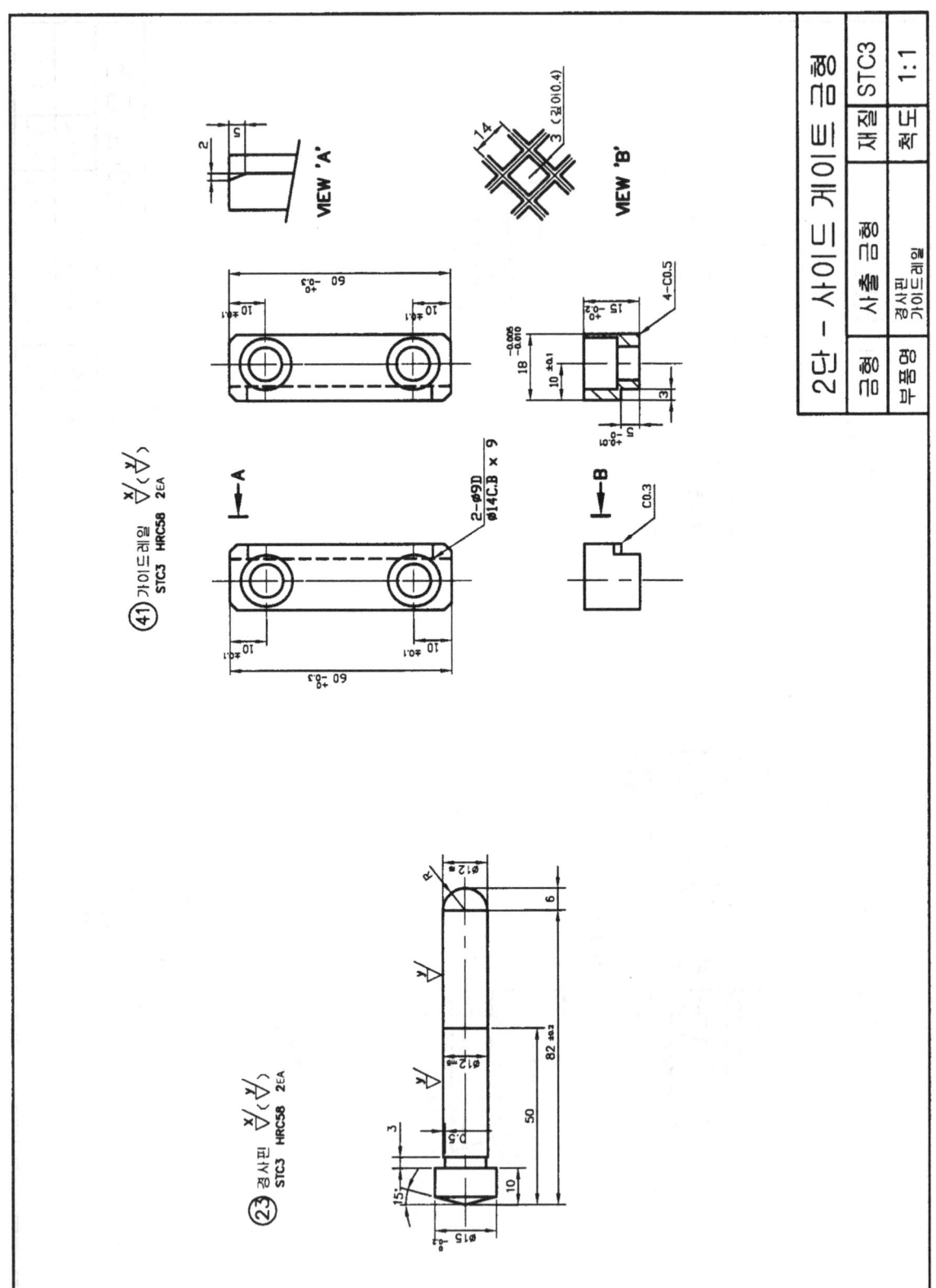

VIEW 'A'

VIEW 'B'

2단 - 사이드 게이트 금형

| 금형 | 사출 금형 | 재질 | STC3 |
| 부품명 | 경사핀 가이드레일 | 척도 | 1:1 |

④ 가이드레일 $\overset{X}{\nabla}(\overset{Y}{\nabla})$ 2EA
STC3  HRC58

② 경사핀 $\overset{X}{\nabla}(\overset{Y}{\nabla})$ 2EA
STC3  HRC58

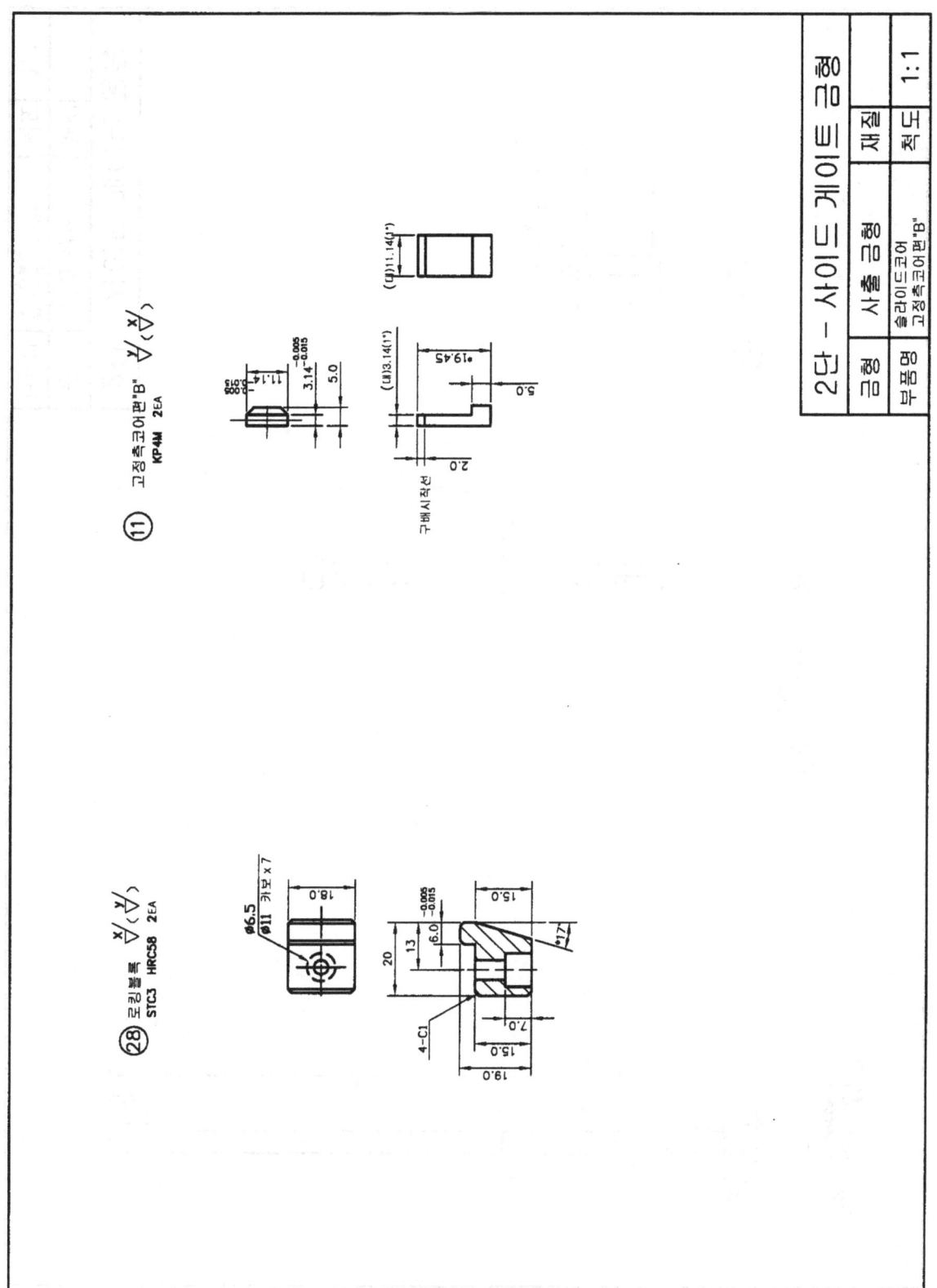

| 금형 | 사출 금형 | 재질 | |
|------|-----------|------|--|
| 부품명 | 슬라이드코어<br>고정측코어편"B" | 척도 | 1:1 |

2단 - 사이드 게이트 금형

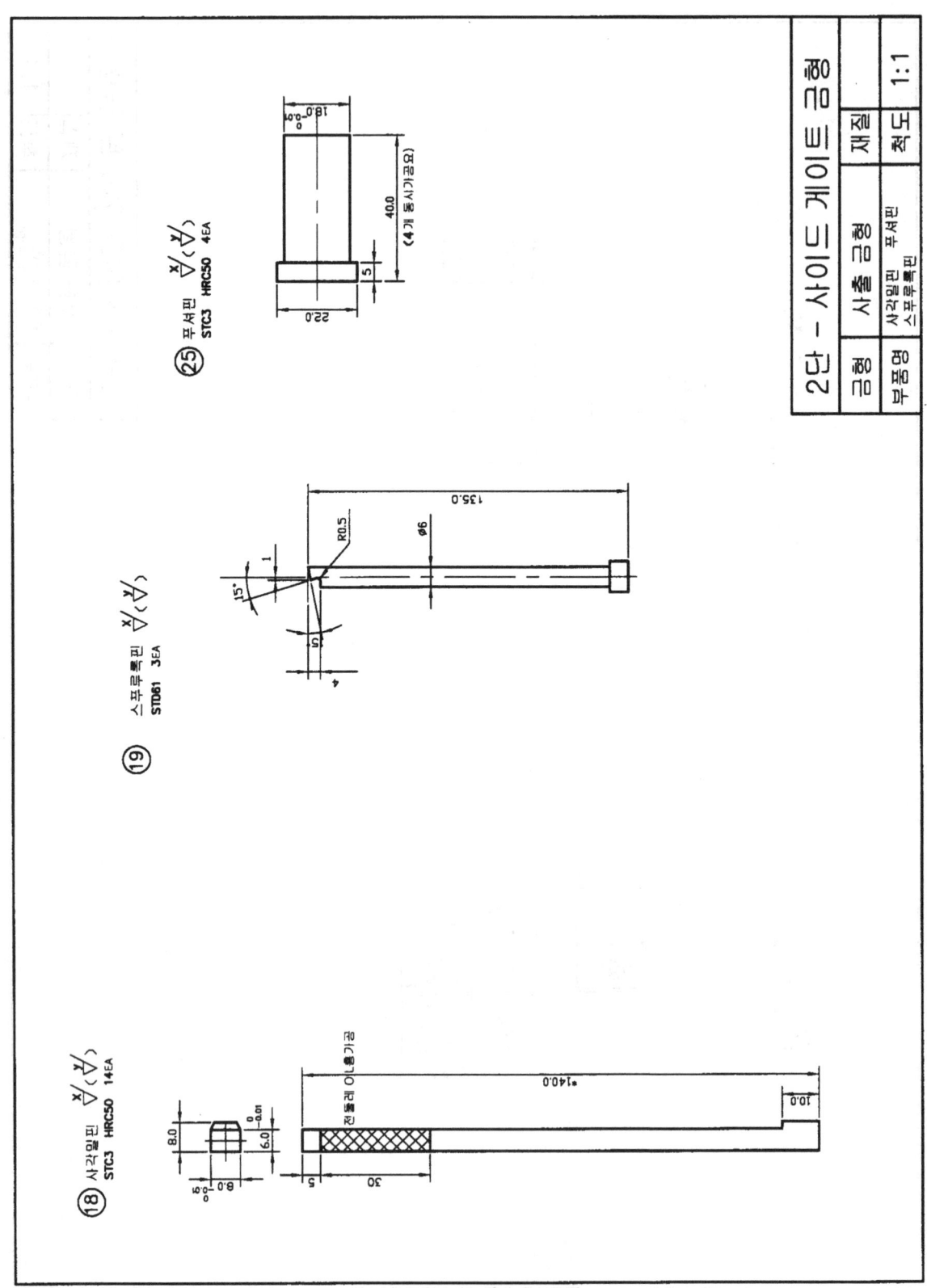

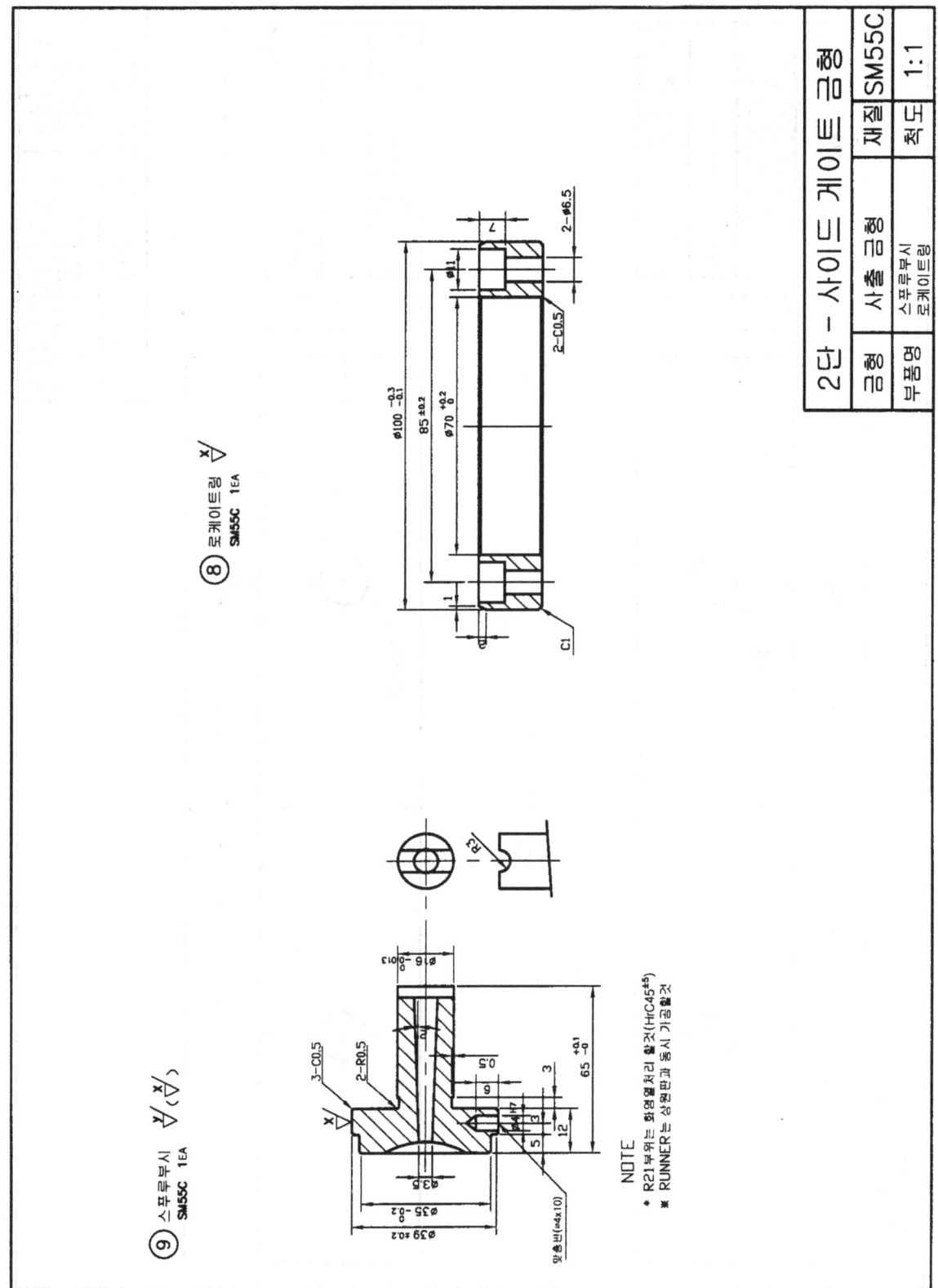

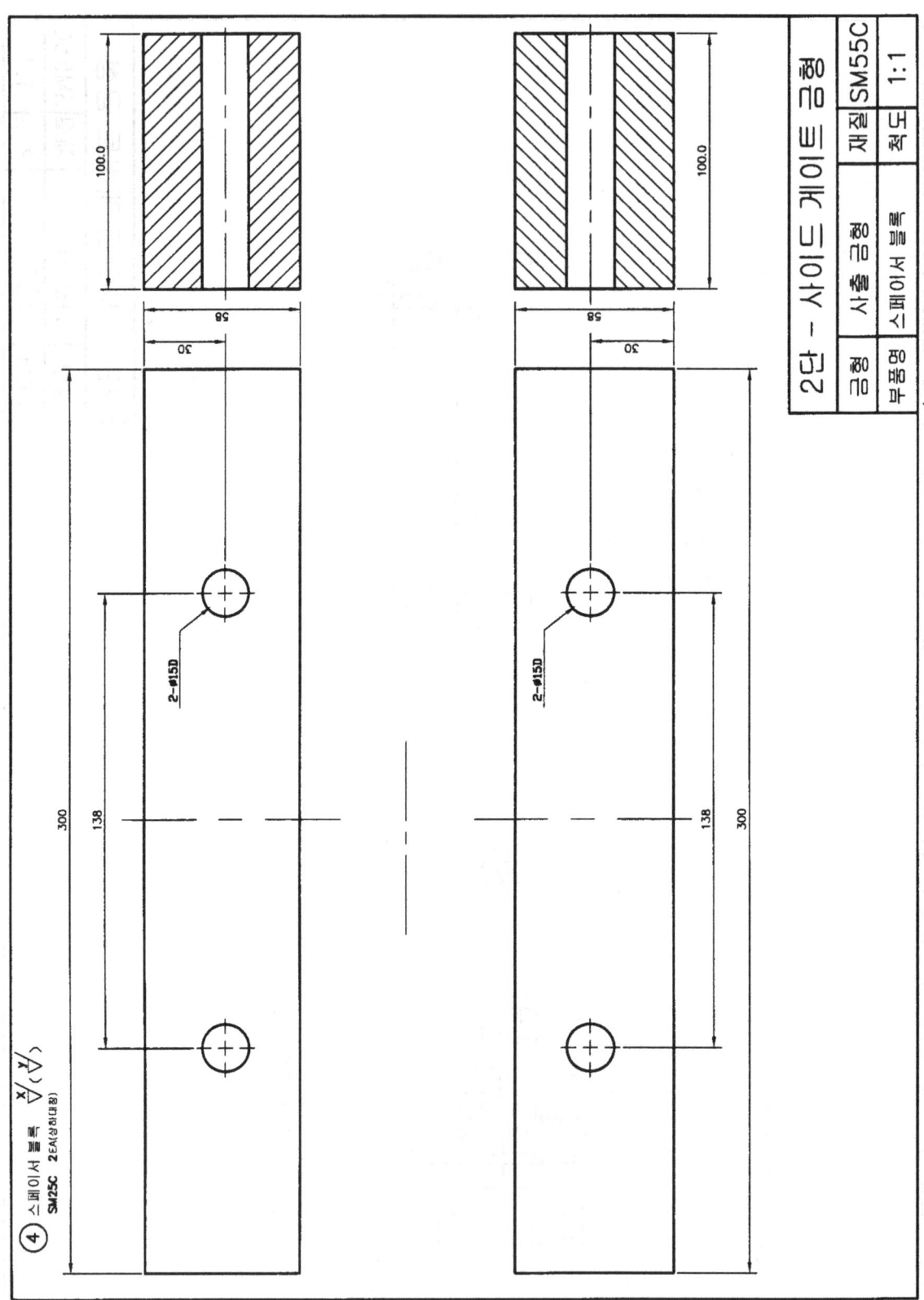

2단 - 사이드 게이트 금형

| 금형 | 사출 금형 | 재질 | SM55C |
|------|-----------|------|-------|
| 부품명 | 스페이서 블록 | 척도 | 1:1 |

④ 스페이서 블록
SM25C 2EA(상하대칭)

$\frac{x}{\nabla} \left( \frac{y}{\nabla} \right)$

100.0

58

20

300

138

2-φ15D

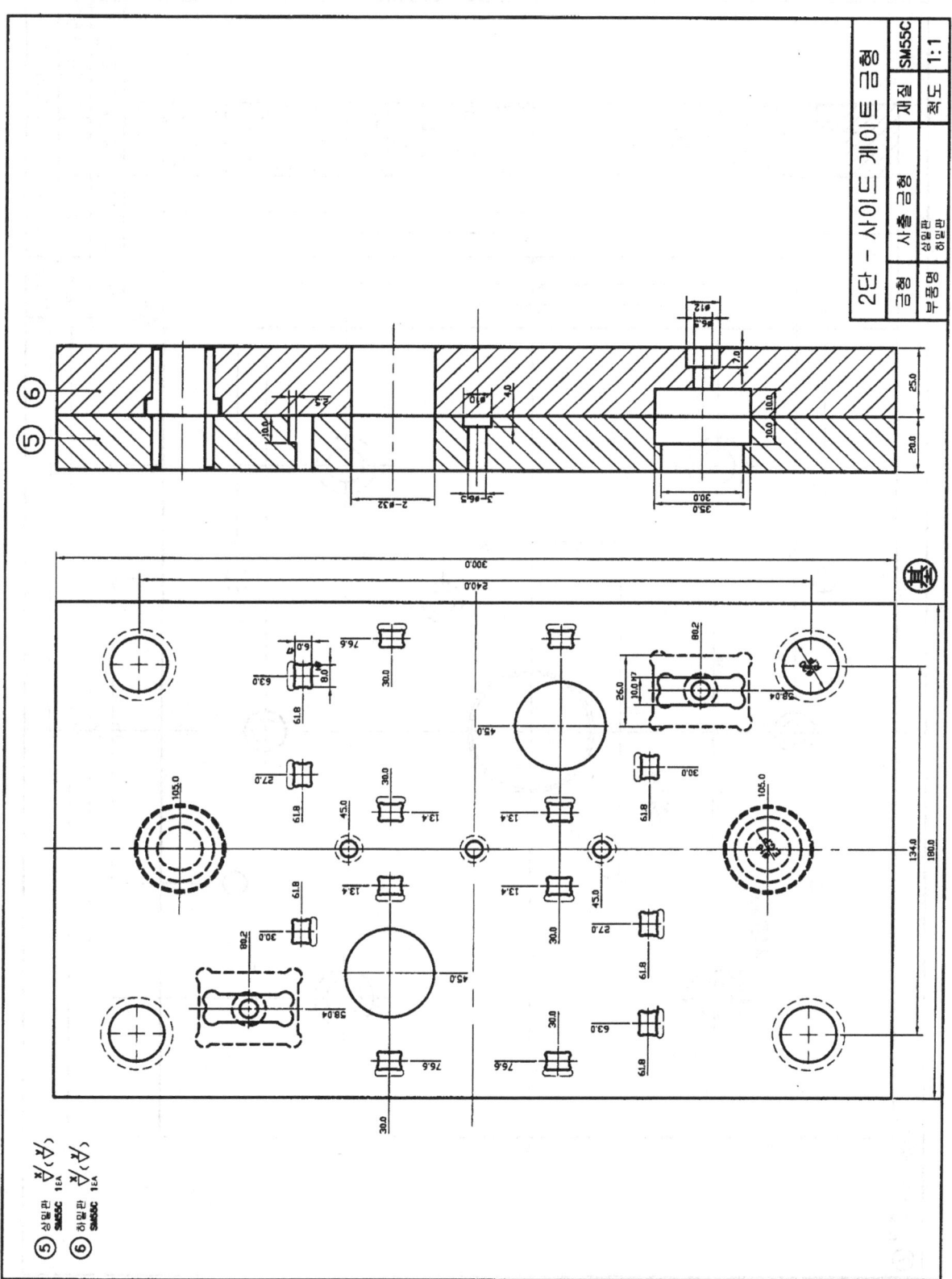

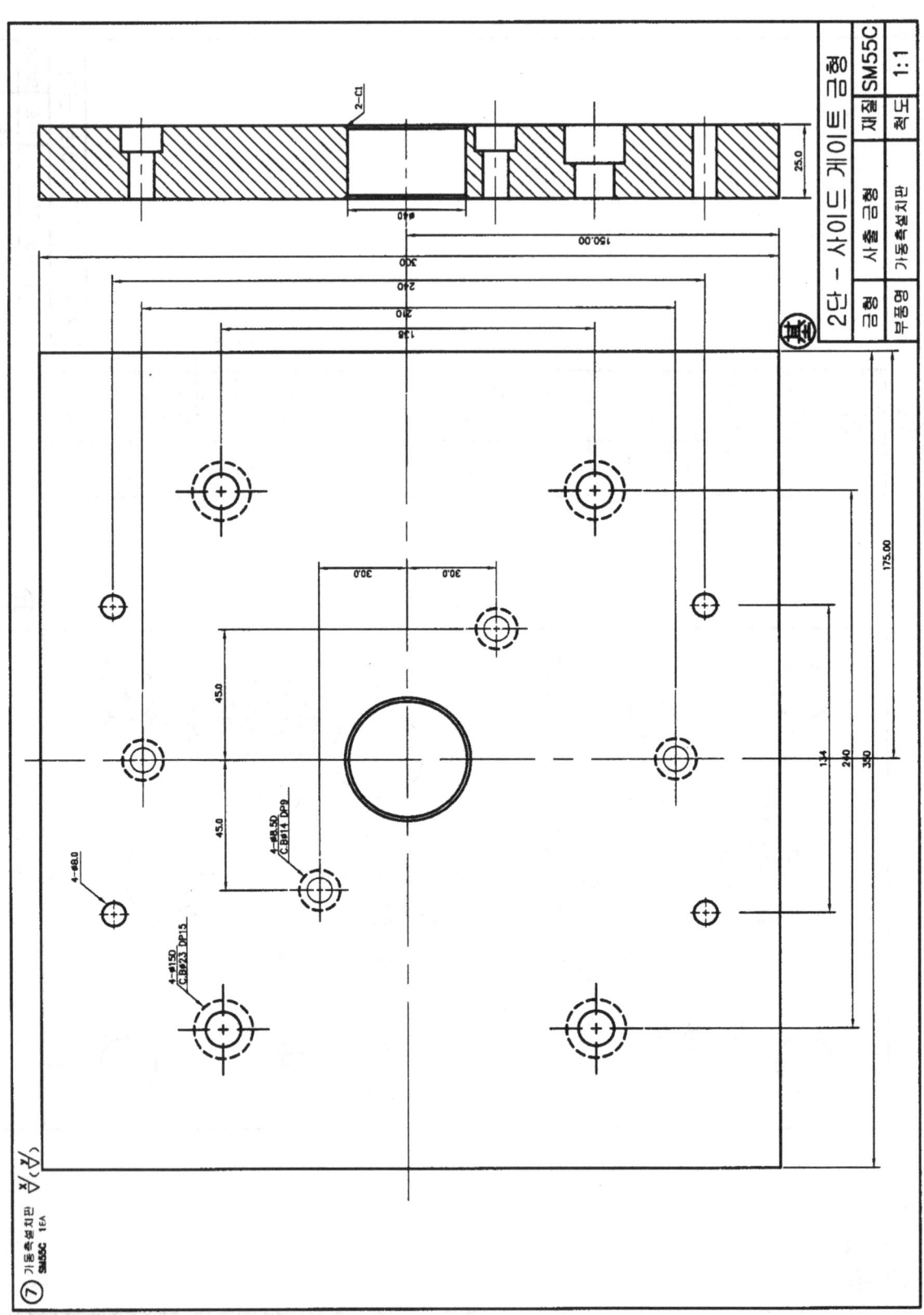

2단 - 사이드 게이트 금형

재질 SM55C
척도 1:1

금형 사출 금형

부품명 가동측설치판

2-C1

25.0

150.00

300

240

210

138

175.00

134

240

350

30.0

30.0

45.0

45.0

4-ø8.50
C.BØ14 DP9

4-ø8.0

4-ø15.0
C.BØ23 DP15

⑦ 가동측설치판
SM55C    1EA

# M2. 3단 - 핀포인트 게이트 금형

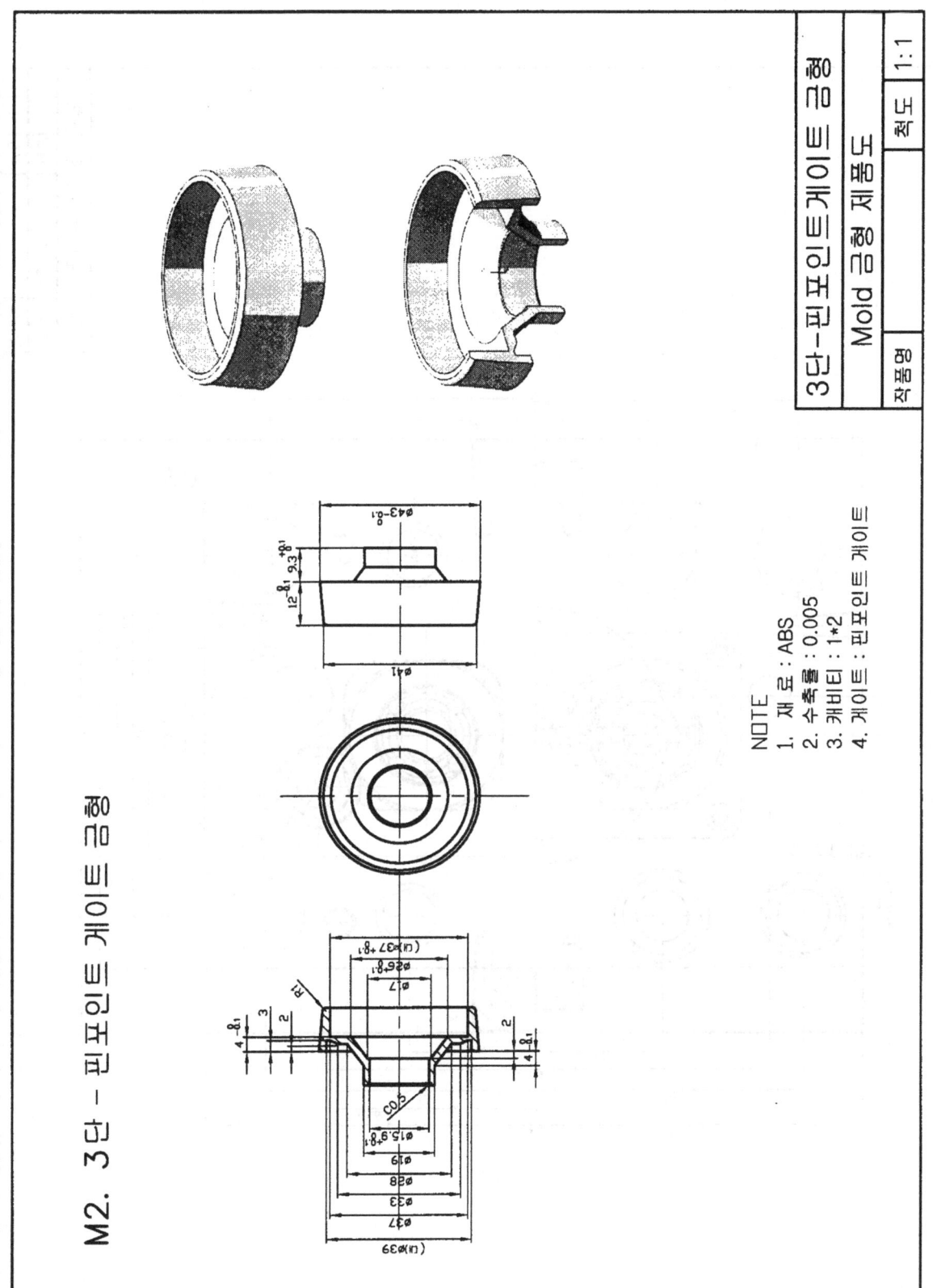

NOTE
1. 재 료 : ABS
2. 수축률 : 0.005
3. 캐비티 : 1*2
4. 게이트 : 핀포인트 게이트

3단-핀포인트게이트 금형

Mold 금형 제품도

작품명

척도 | 1:1

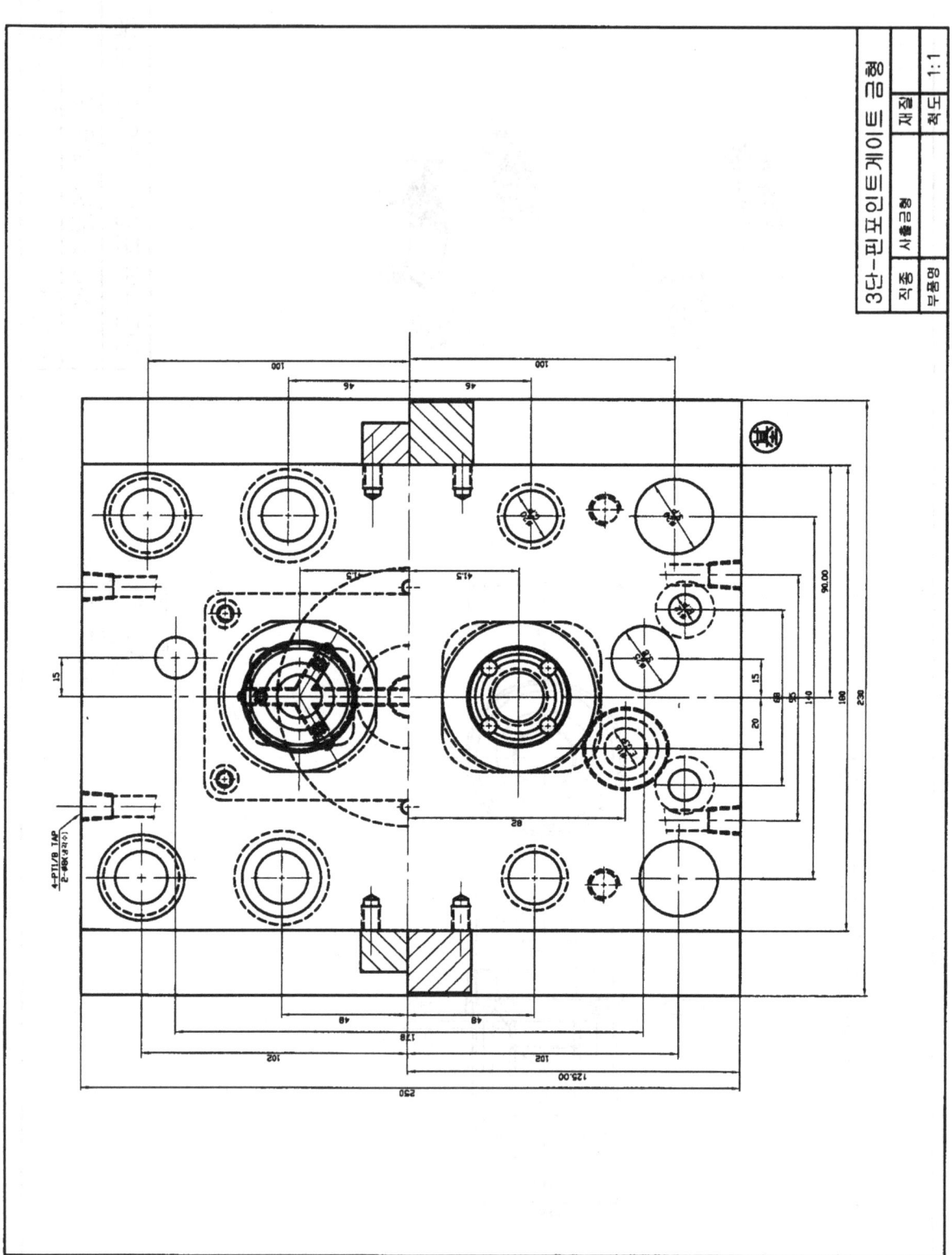

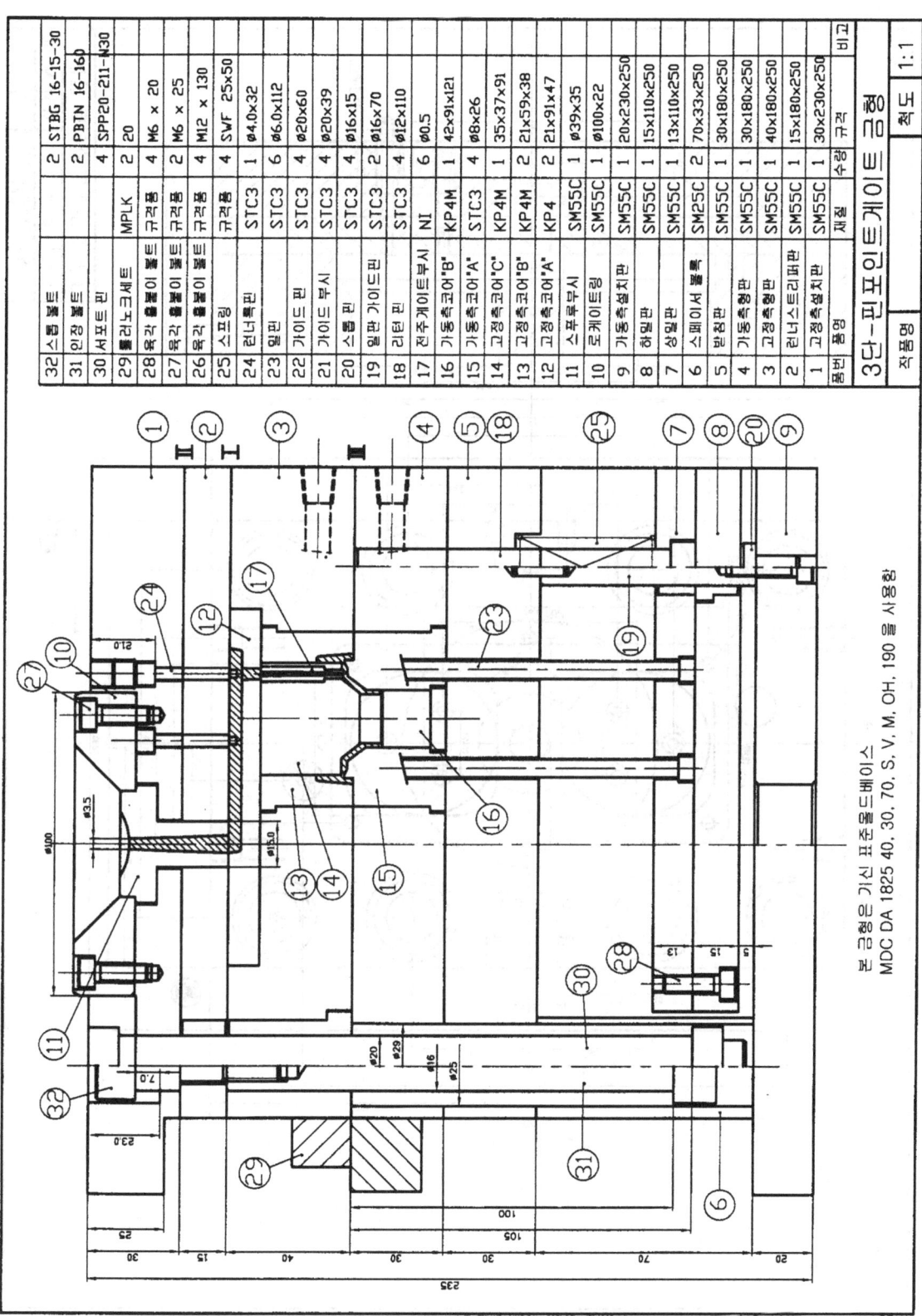

| 품번 | 품명 | 재질 | 수량 | 규격 | 비고 |
|---|---|---|---|---|---|
| 32 | 스톱볼트 | | 2 | STBG 16-15-30 | |
| 31 | 인장볼트 | | 2 | PBTN 16-160 | |
| 30 | 서포트 핀 | | 4 | SPP20-211-N30 | |
| 29 | 풀러낙크세트 | MPLK | 2 | 20 | |
| 28 | 육각 홀더이 볼트 | 규격품 | 4 | M6 x 20 | |
| 27 | 육각 홀더이 볼트 | 규격품 | 2 | M6 x 25 | |
| 26 | 육각 홀더이 볼트 | 규격품 | 4 | M12 x 130 | |
| 25 | 스프링 | 규격품 | 4 | SWF 25x50 | |
| 24 | 런너록핀 | STC3 | 1 | Ø4.0x32 | |
| 23 | 밀판 | STC3 | 6 | Ø6.0x112 | |
| 22 | 가이드 핀 | STC3 | 4 | Ø20x60 | |
| 21 | 가이드 부시 | STC3 | 4 | Ø20x39 | |
| 20 | 스톱핀 | STC3 | 4 | Ø16x15 | |
| 19 | 일판 가이드핀 | STC3 | 4 | Ø16x70 | |
| 18 | 리턴 핀 | STC3 | 4 | Ø12x110 | |
| 17 | 런주게이트부시 | NI | 6 | Ø0.5 | |
| 16 | 가동측코어"B" | KP4M | 1 | 42x91x121 | |
| 15 | 가동측코어"A" | STC3 | 1 | Ø8x26 | |
| 14 | 고정측코어"C" | KP4M | 1 | 35x37x91 | |
| 13 | 고정측코어"B" | KP4M | 2 | 21x59x38 | |
| 12 | 고정측코어"A" | KP4 | 2 | 21x91x47 | |
| 11 | 스푸루부시 | SM55C | 1 | Ø39x35 | |
| 10 | 로케이트링 | SM55C | 1 | Ø100x22 | |
| 9 | 가동측설치판 | SM55C | 1 | 20x230x250 | |
| 8 | 하일판 | SM55C | 1 | 15x110x250 | |
| 7 | 상일판 | SM55C | 1 | 13x110x250 | |
| 6 | 스페이서블록 | SM25C | 2 | 70x33x250 | |
| 5 | 받침판 | SM55C | 1 | 30x180x250 | |
| 4 | 가동측형판 | SM55C | 1 | 30x180x250 | |
| 3 | 고정측형판 | SM55C | 1 | 40x180x250 | |
| 2 | 런너스트리퍼판 | SM55C | 1 | 15x180x250 | |
| 1 | 고정측설치판 | SM55C | 1 | 30x230x250 | |

3단-핀포인트게이트 금형   척도 1:1

작품명

본 금형은 기신 표준몰드베이스
MDC DA 1825 40, 30, 70, S, V, M, OH, 190 을 사용함

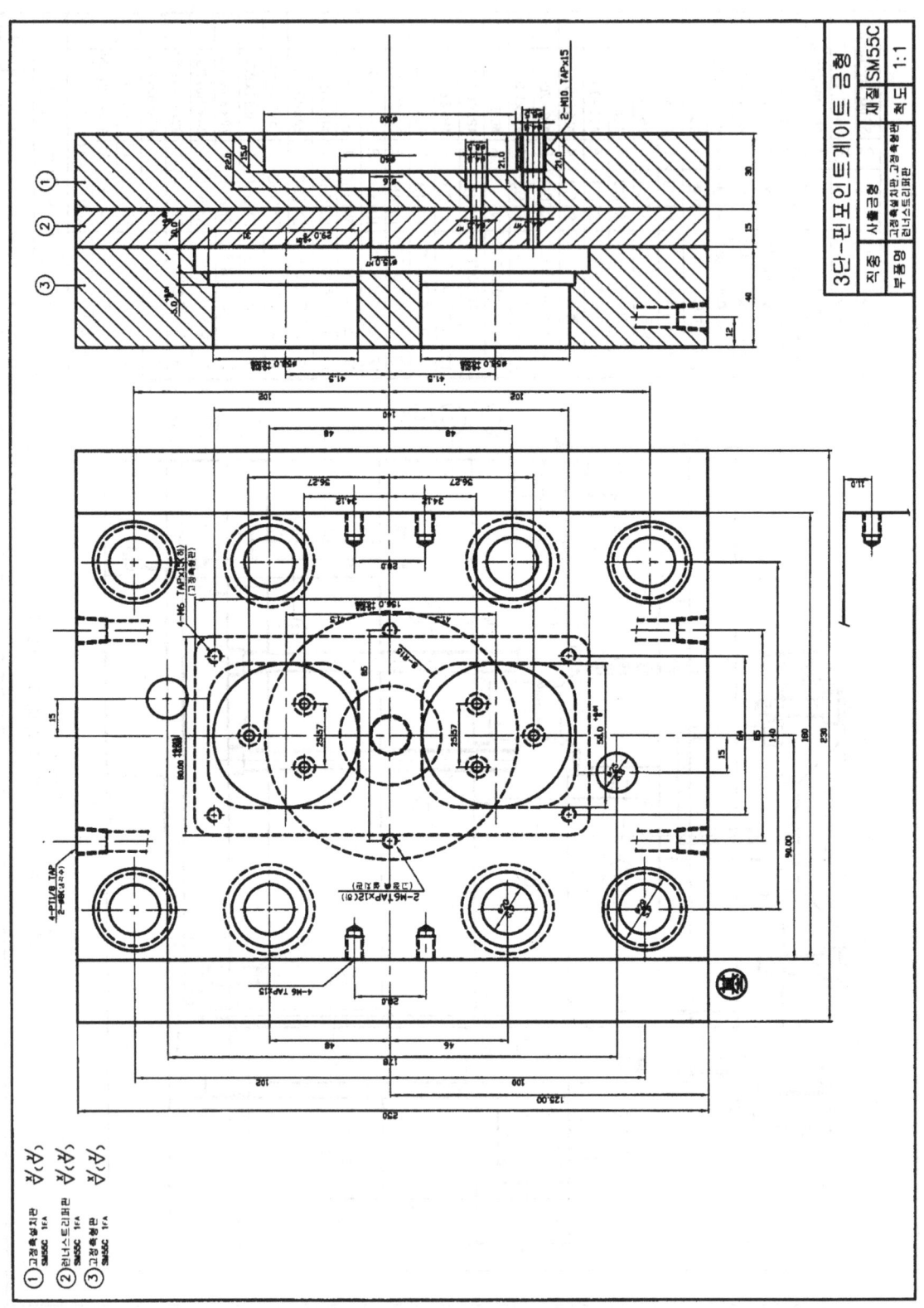

3단-핀포인트게이트 금형

| 직종 | 사출금형 |
|---|---|
| 재질 | SM55C |
| 척도 | 1:1 |

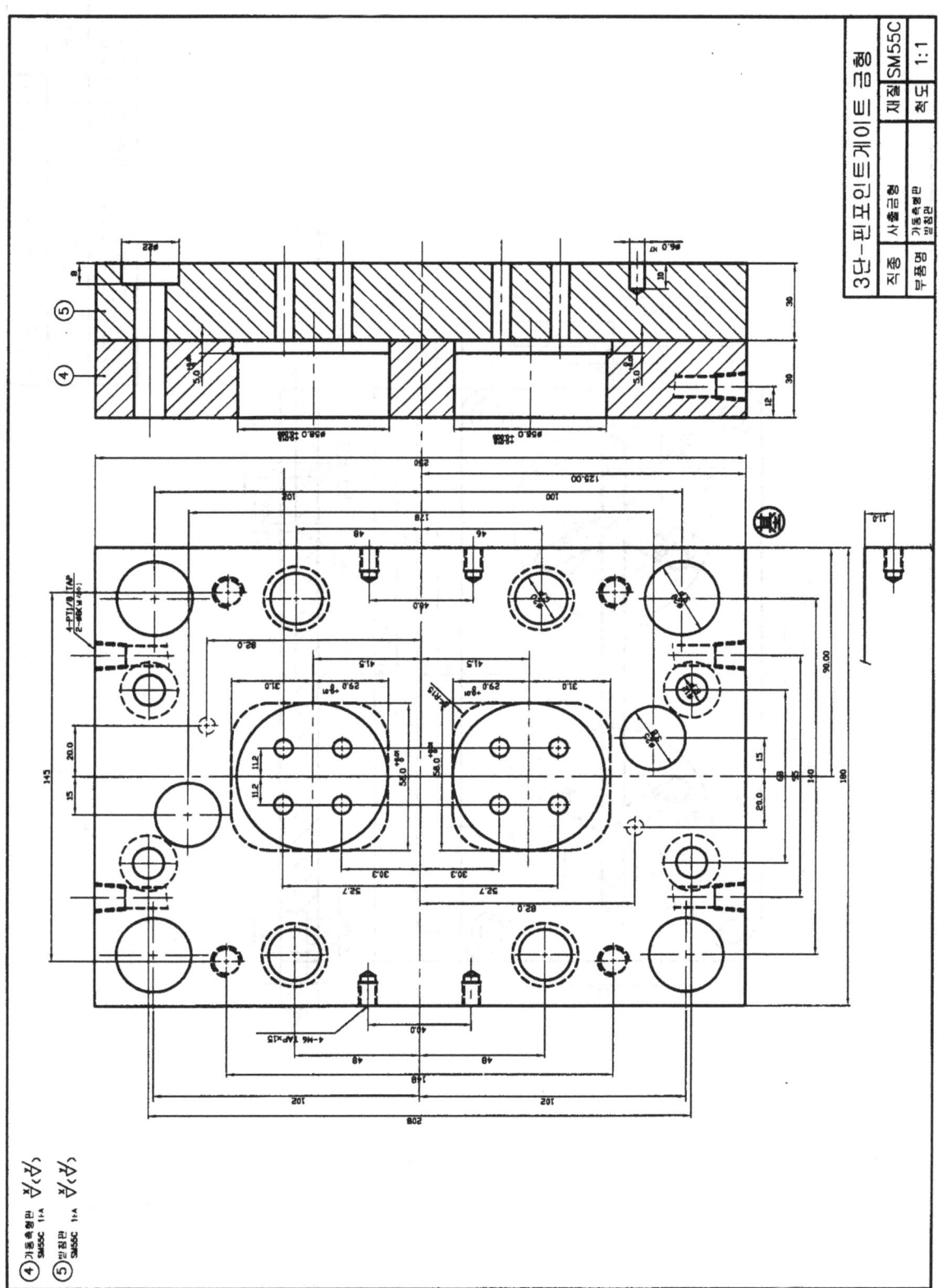

3단-핀포인트게이트 금형

| 직종 | 서울금형 | 재질 | SM55C |
| 부품명 | 가동측형판<br>받침판 | 척도 | 1:1 |

④ 가동측형판<br>SM55C 11A

⑤ 받침판<br>SM55C 11A

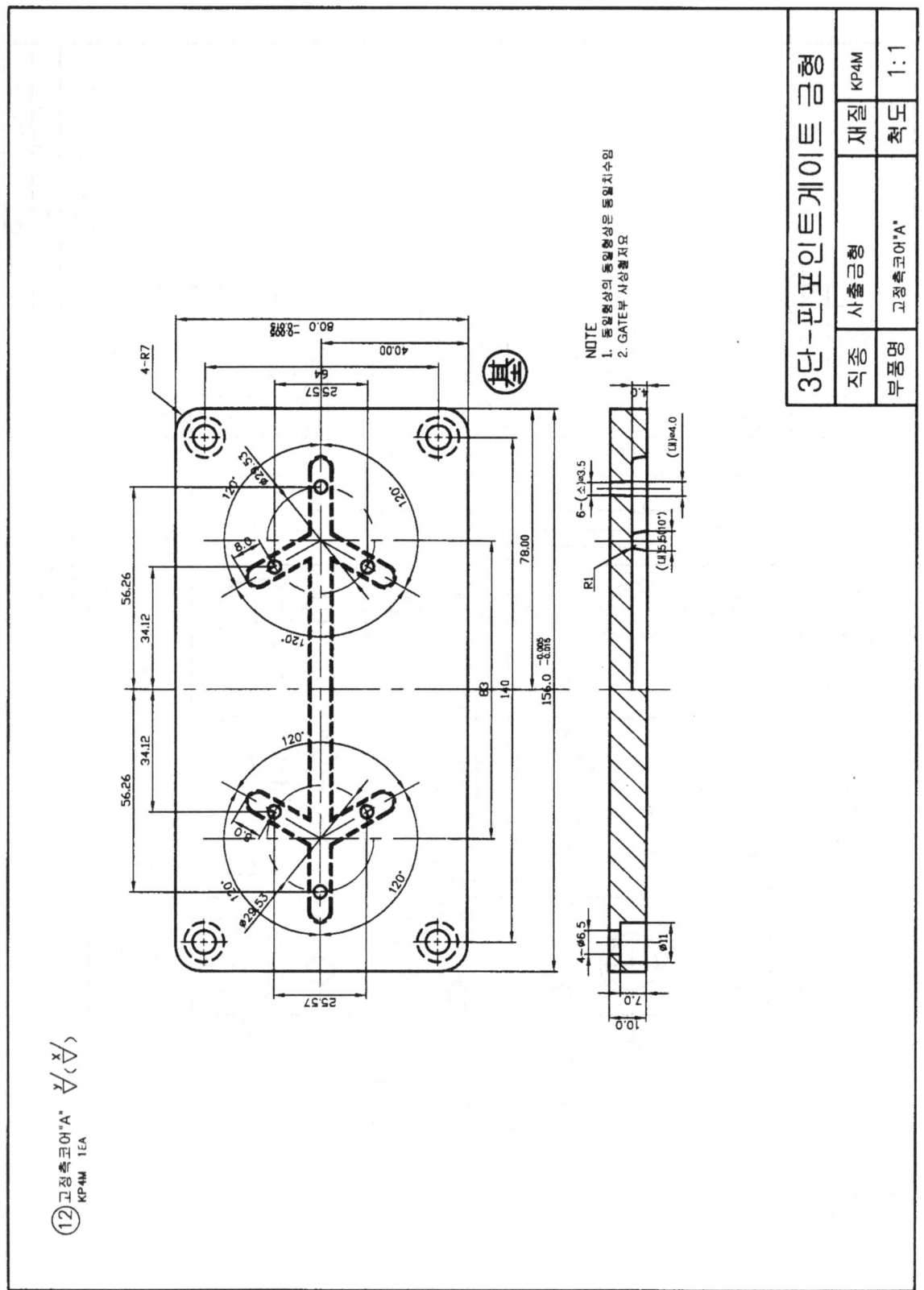

3단-핀포인트게이트 금형

| 직종 | 사출금형 | 재질 | KP4M |
| 부품명 | 고정측코아"A" | 척도 | 1:1 |

NOTE
1. 동일형상의 동활형상은 동일치수임
2. GATE부 사상활자유

⑫ 고정측코아"A"
   KP4M  1EA

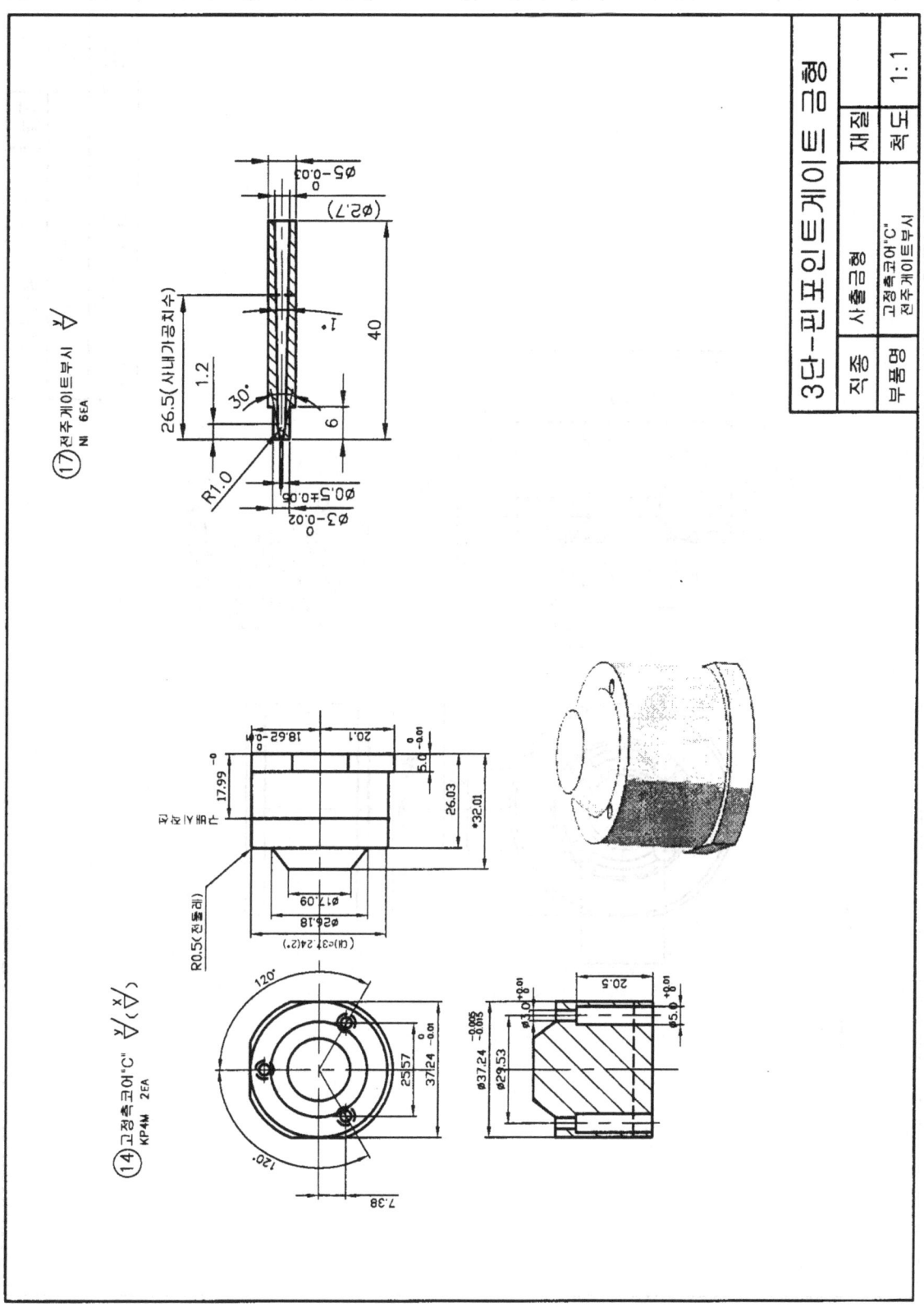

| 3단-핀포인트게이트 금형 | | |
|---|---|---|
| 직종 | 사출금형 | 재질 |
| 부품명 | 고정측코어"C" 전주게이트부시 | 척도 1:1 |

⑰ 전주게이트부시
NI 6EA

⑭ 고정측코어"C"
KP4M 2EA

예제 도면 | 501

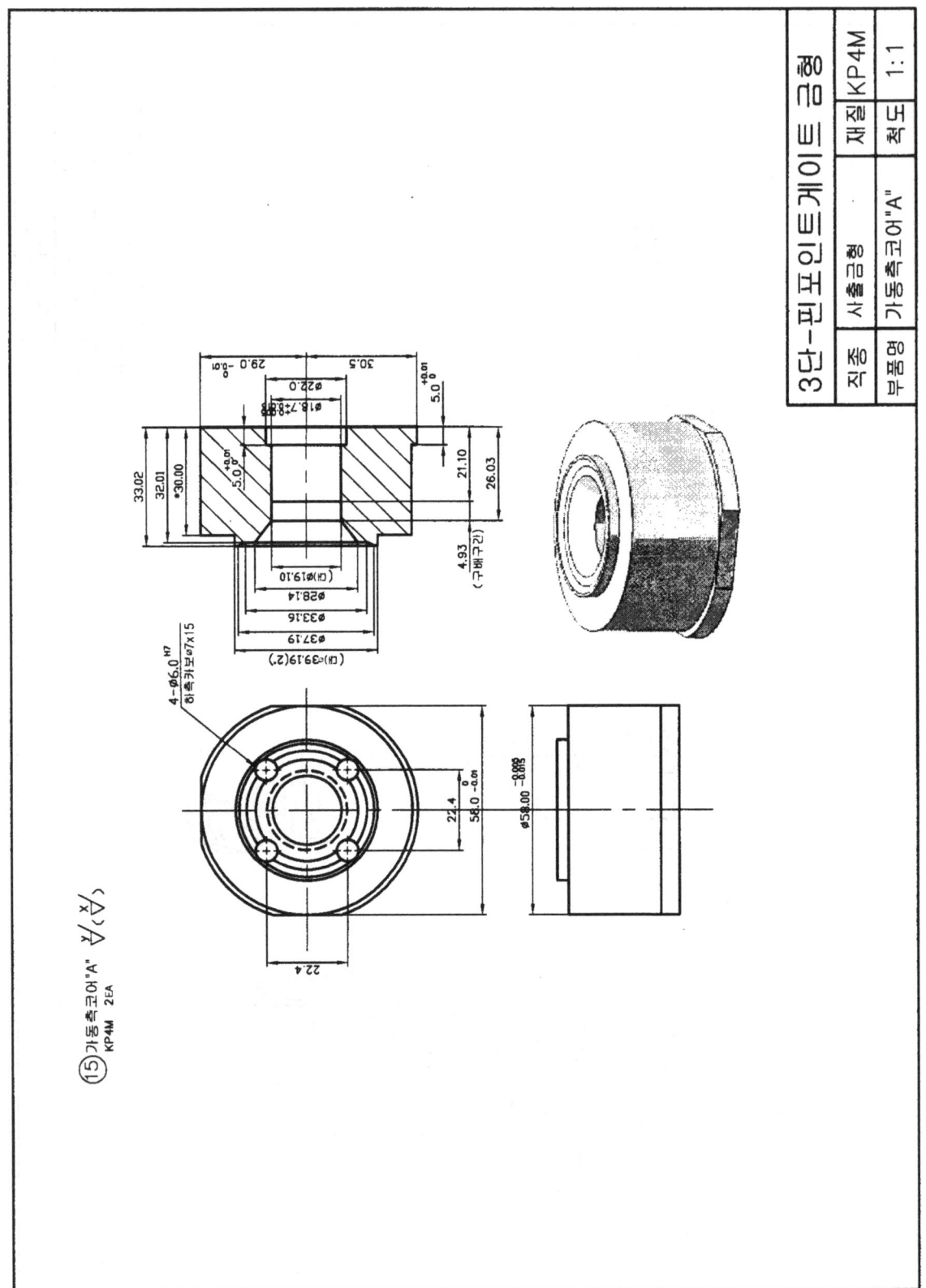

3단-판포인트게이트 금형

| 직종 | 사출금형 | 재질 | KP4M |
|---|---|---|---|
| 부품명 | 가동측코어"A" | 척도 | 1:1 |

⑮ 가동측코어"A"
KP4M  2EA

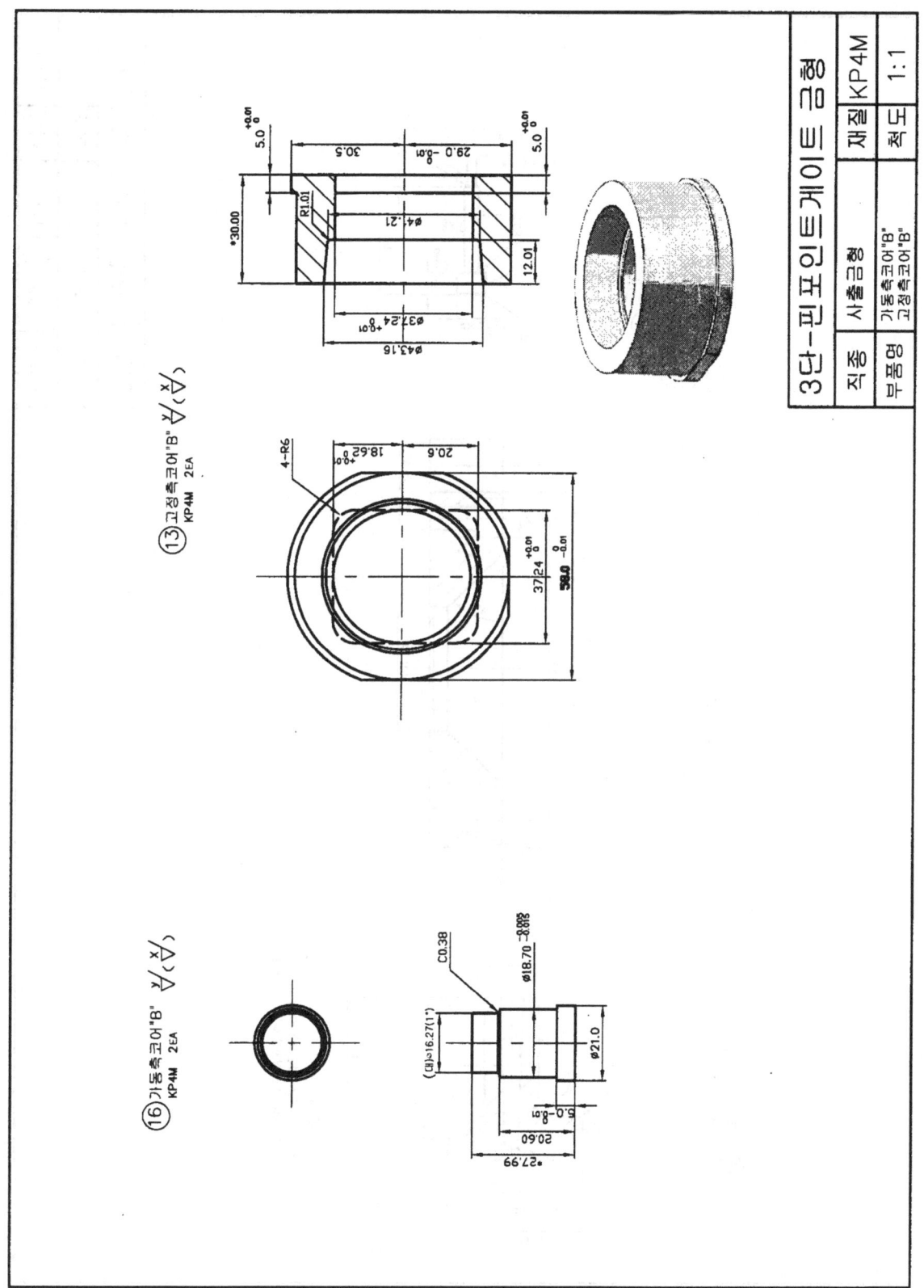

① 고정측코어 "B" 2EA
KP4M

⑯ 가동측코어 "B" 2EA
KP4M

3단-핀포인트게이트 금형

| 직종 | 사출금형 | 재질 | KP4M |
|---|---|---|---|
| 부품명 | 가동측코어 "B"<br>고정측코어 "B" | 척도 | 1:1 |

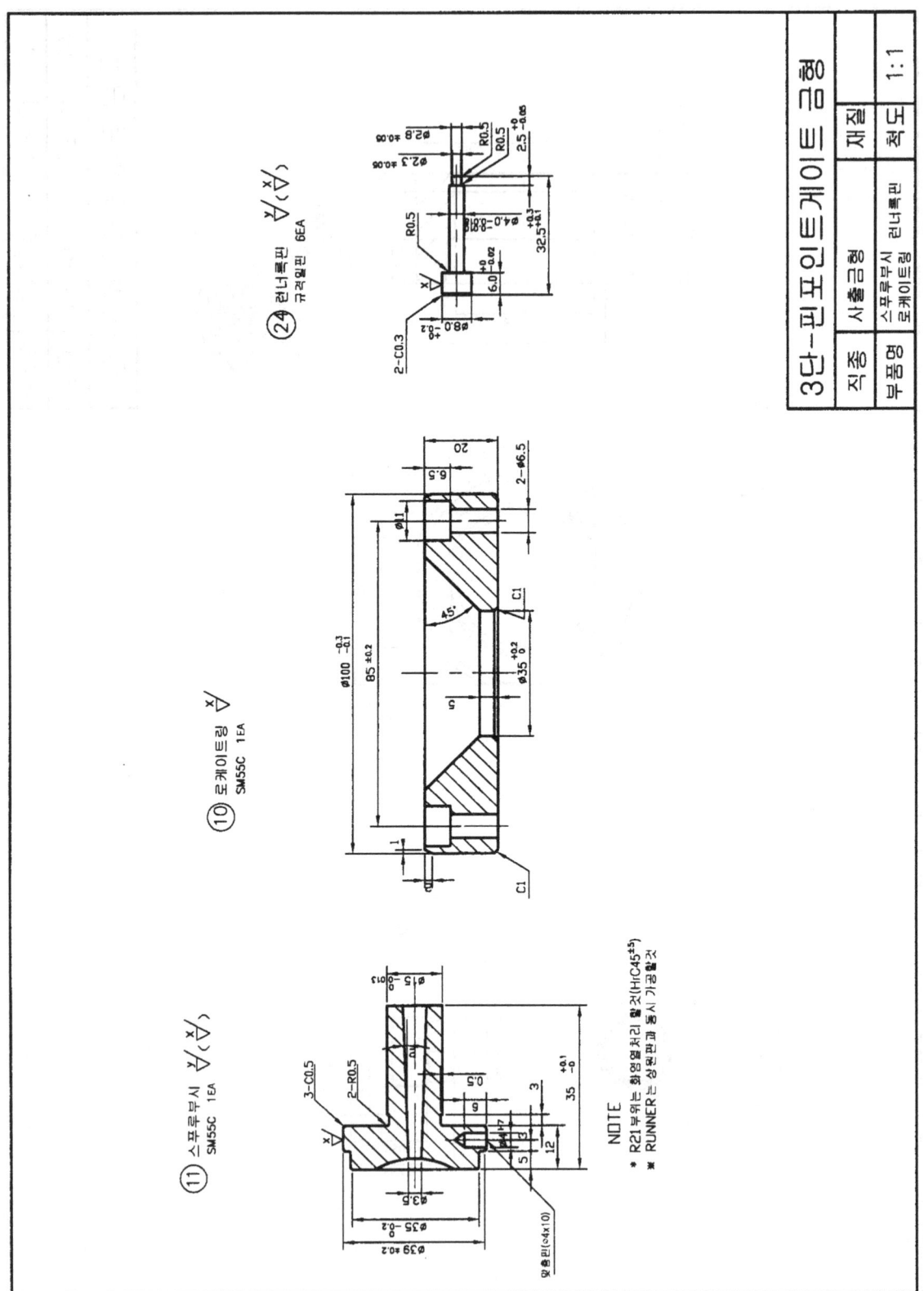

3단-핀포인트게이트 금형

| 재질 | | |
|---|---|---|
| 척도 | | 1:1 |
| 사출금형 | | |
| 스푸루부시 런너록핀 로케이트링 | | |
| 직종 | | |
| 부품명 | | |

② 런너록핀 규격볼편 6EA

⑩ 로케이트링 SM55C 1EA

⑪ 스푸루부시 SM55C 1EA

NOTE

* R21부위는 화염열처리 할것(HrC45±5)
※ RUNNER는 상원판과 동시 가공할것

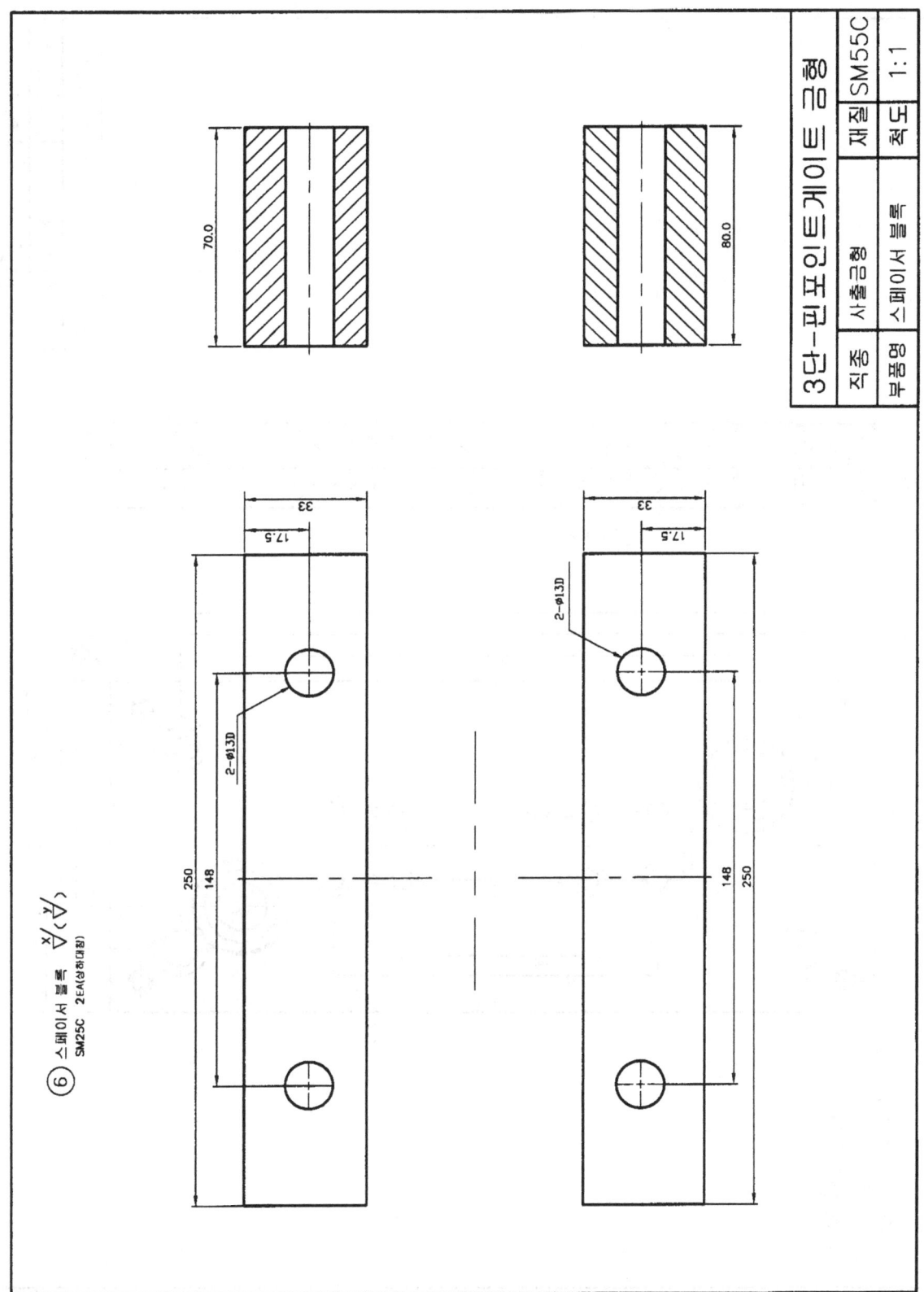

3단-핀포인트게이트 금형

| 직종 | 사출금형 | 재질 | SM55C |
|---|---|---|---|
| 부품명 | 스페이서 블록 | 척도 | 1:1 |

⑥ 스페이서 블록
SM25C   2EA(상하대칭)

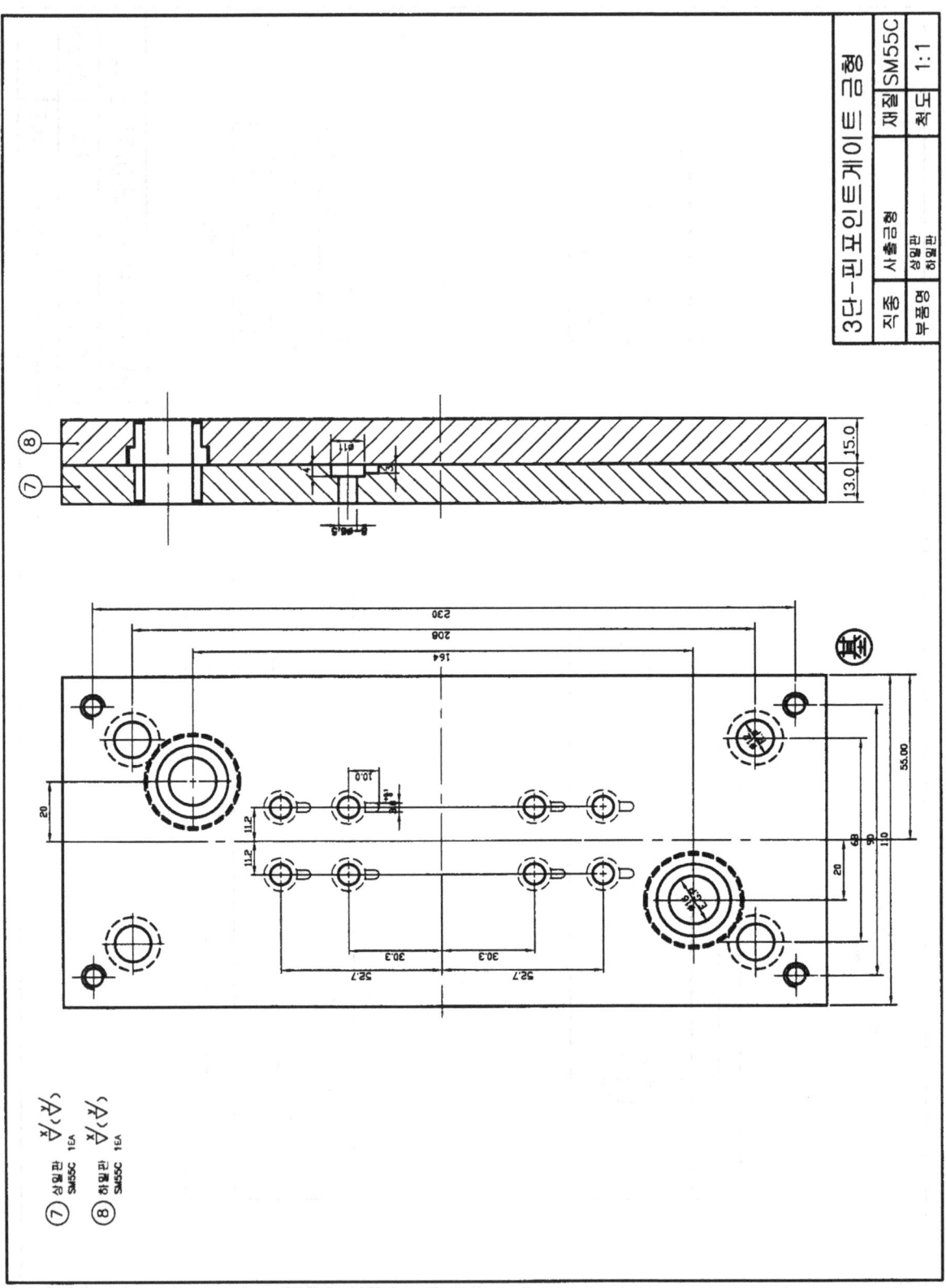

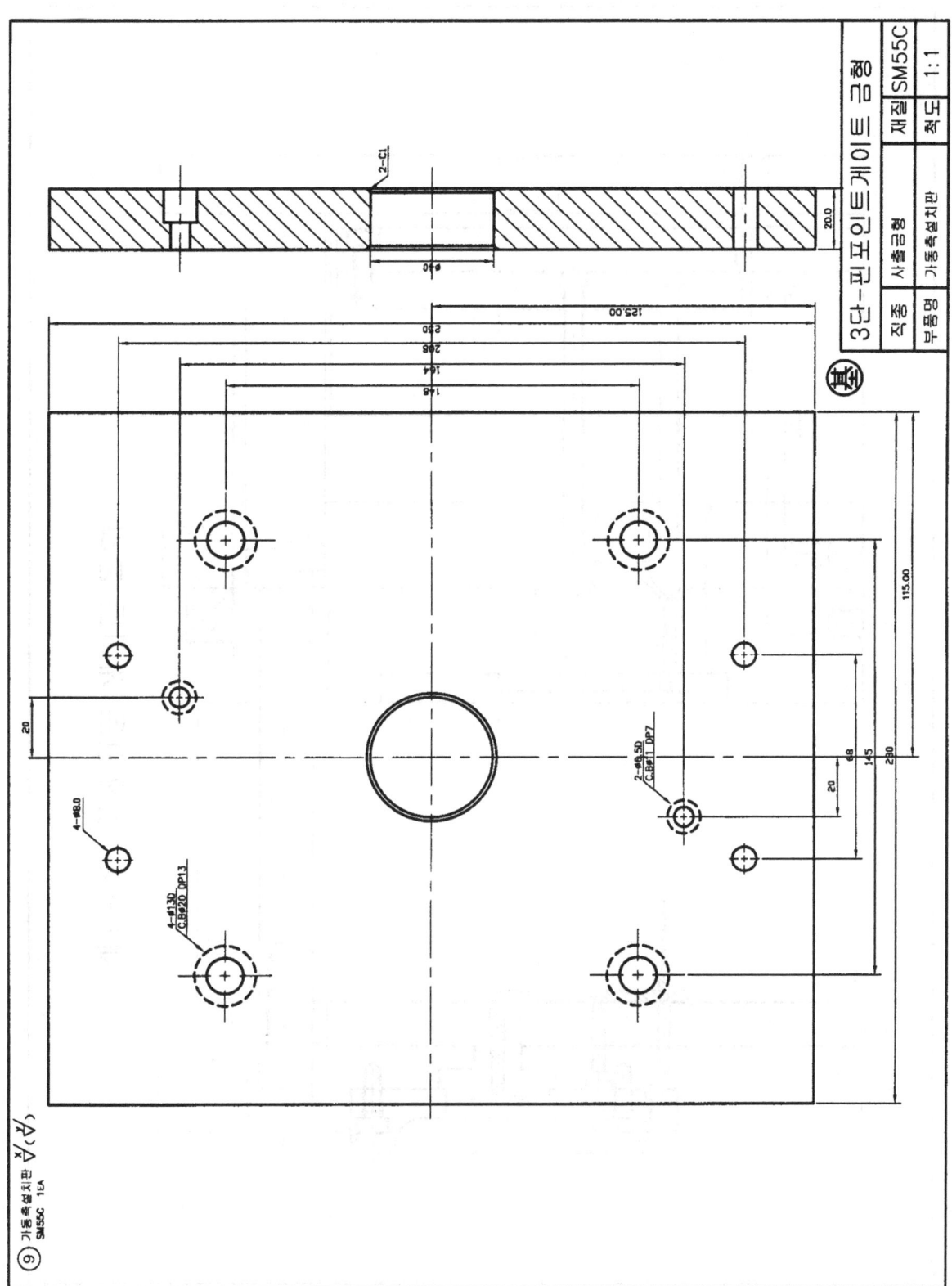

3단-핀포인트게이트 금형

| | | |
|---|---|---|
| 직종 | 사출금형 | 재질 SM55C |
| 부품명 | 가동측설치판 | 척도 1:1 |

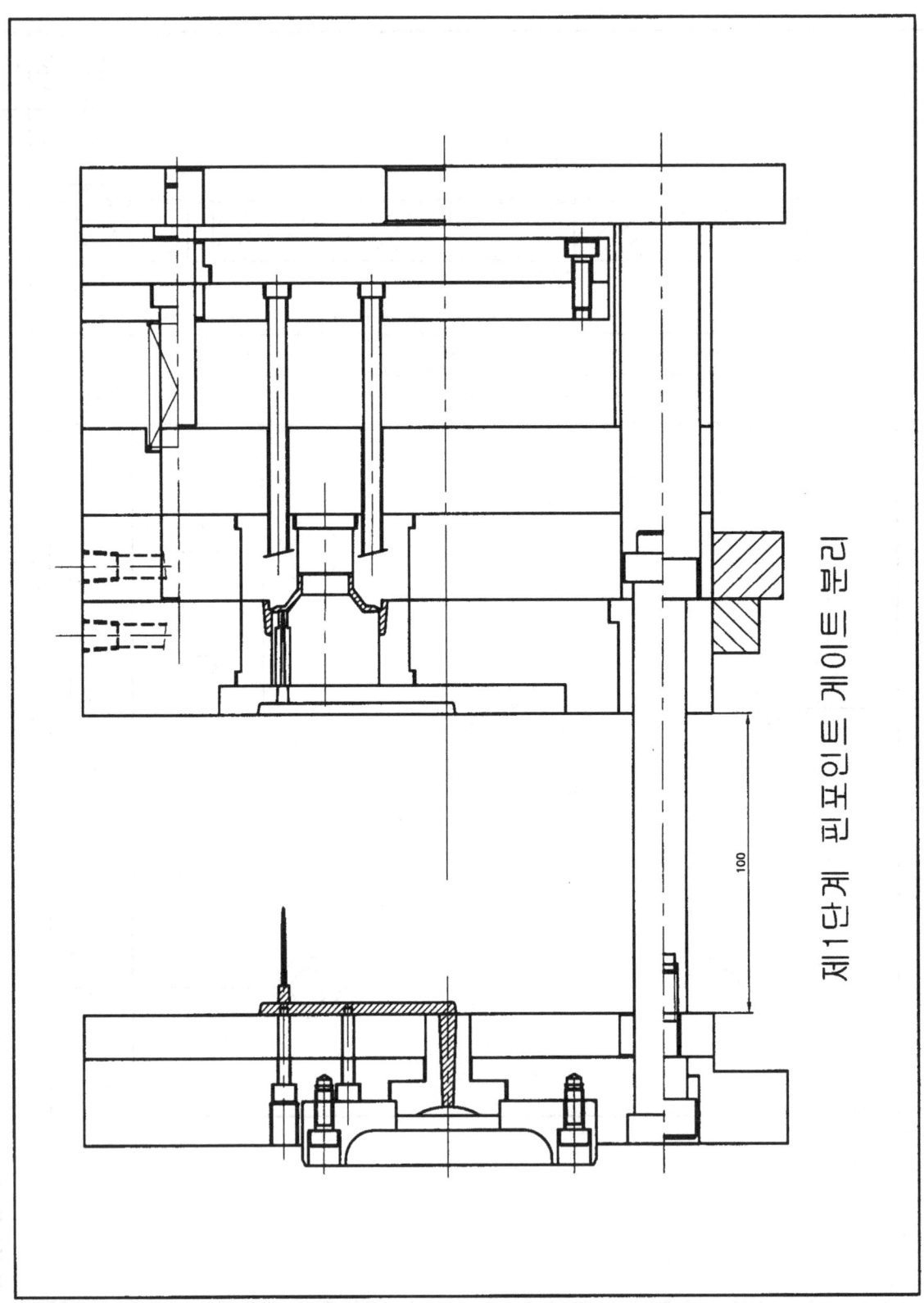

제1단계 핀포인트 게이트 분리

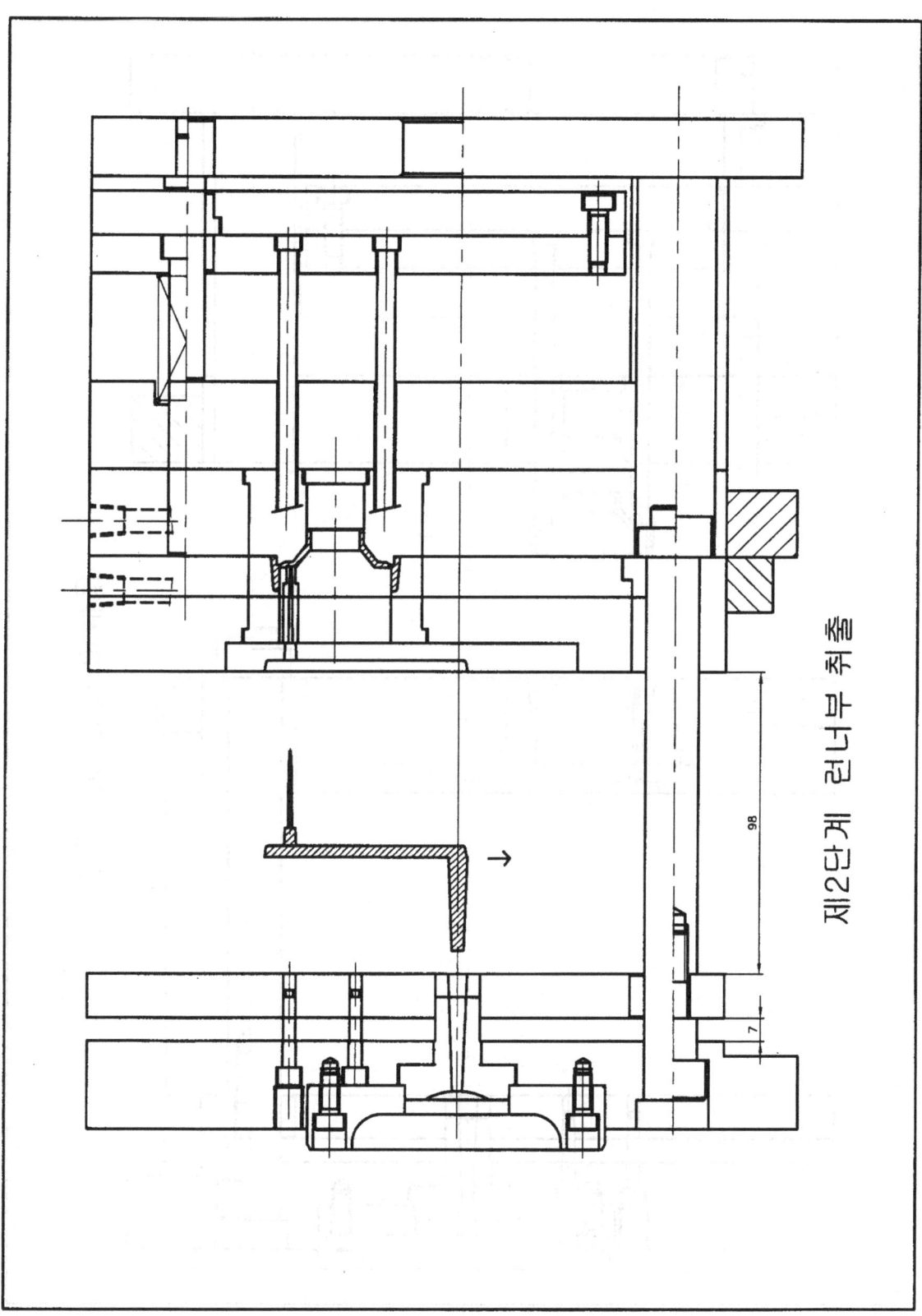

제2단계 런너부 취출

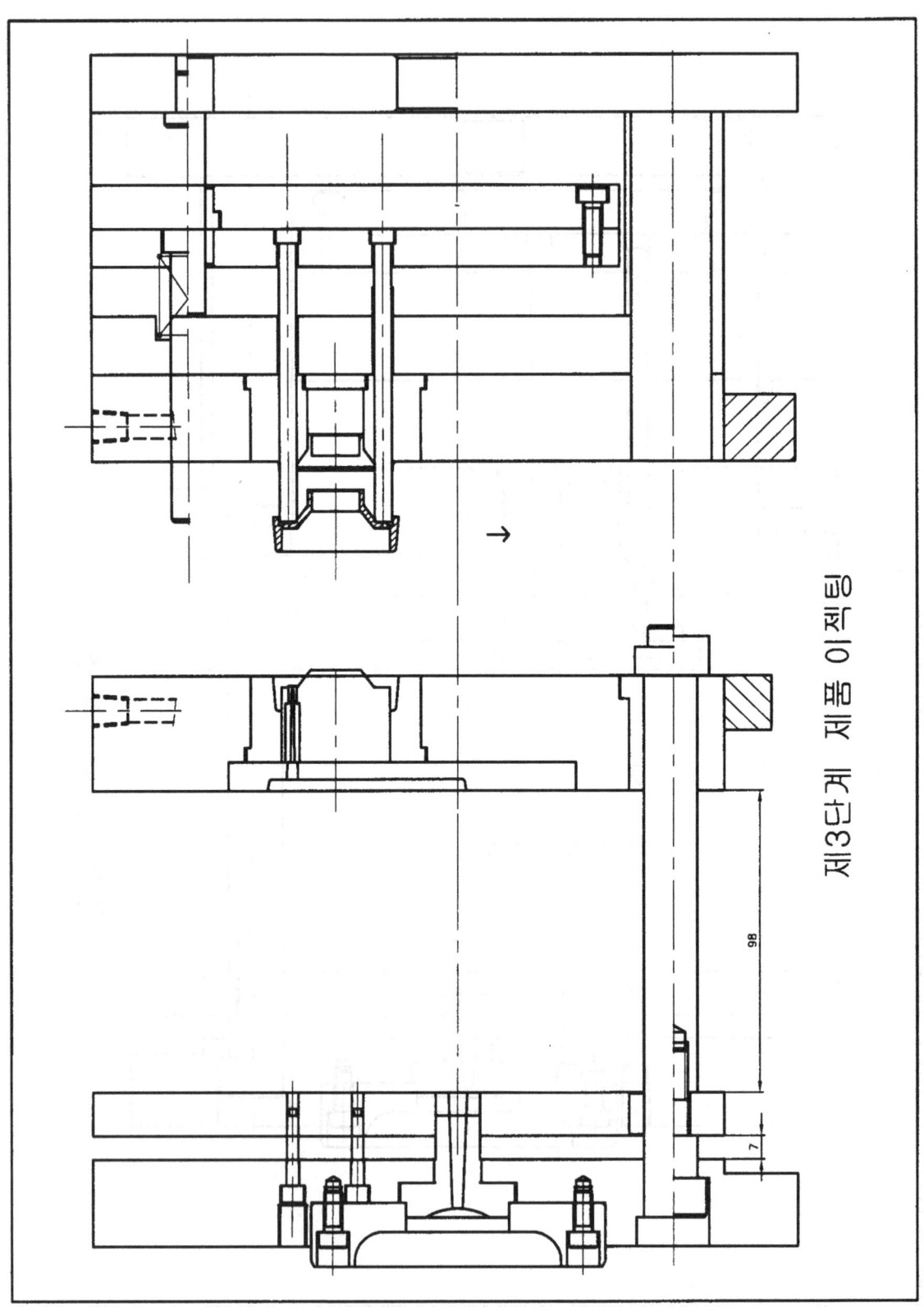

제3단계 제품 이젝팅

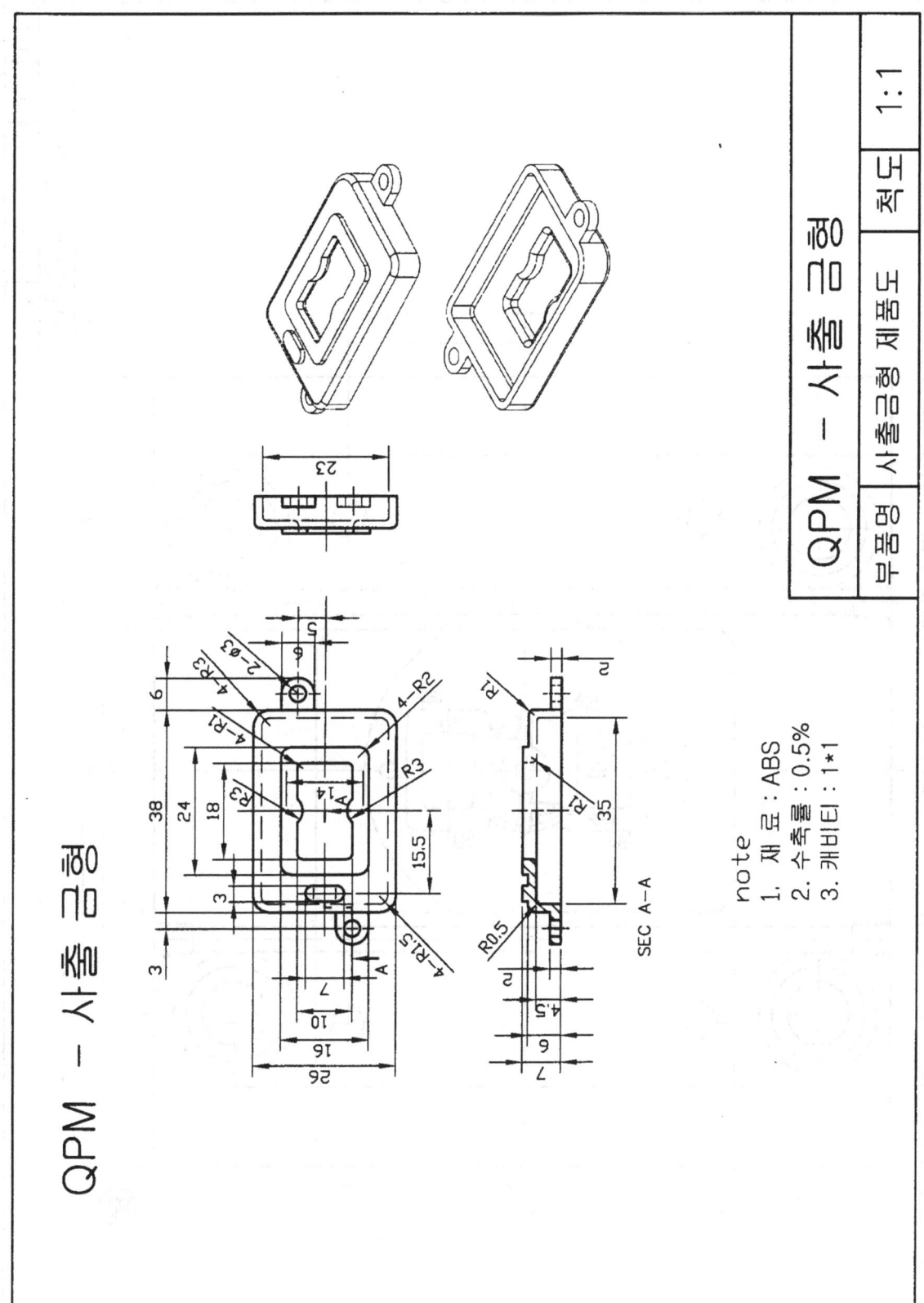

QPM – 사출 금형

note
1. 재 료 : ABS
2. 수축률 : 0.5%
3. 캐비티 : 1*1

SEC A–A

| 부품명 | 사출금형 제품도 | 척도 | 1:1 |

QPM – 사출 금형

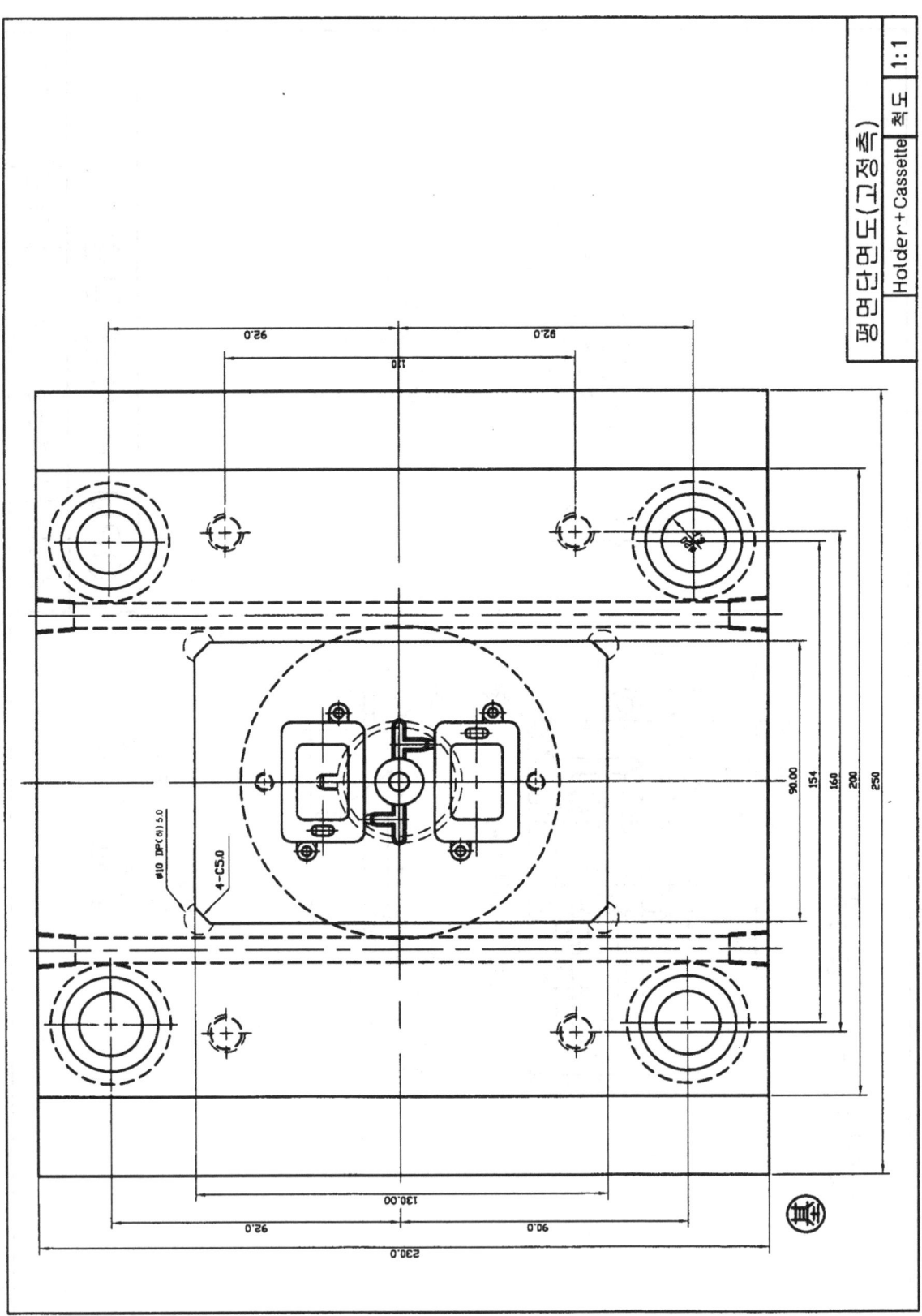

평면단면도(고정측)

Holder+Cassette 척도 1:1

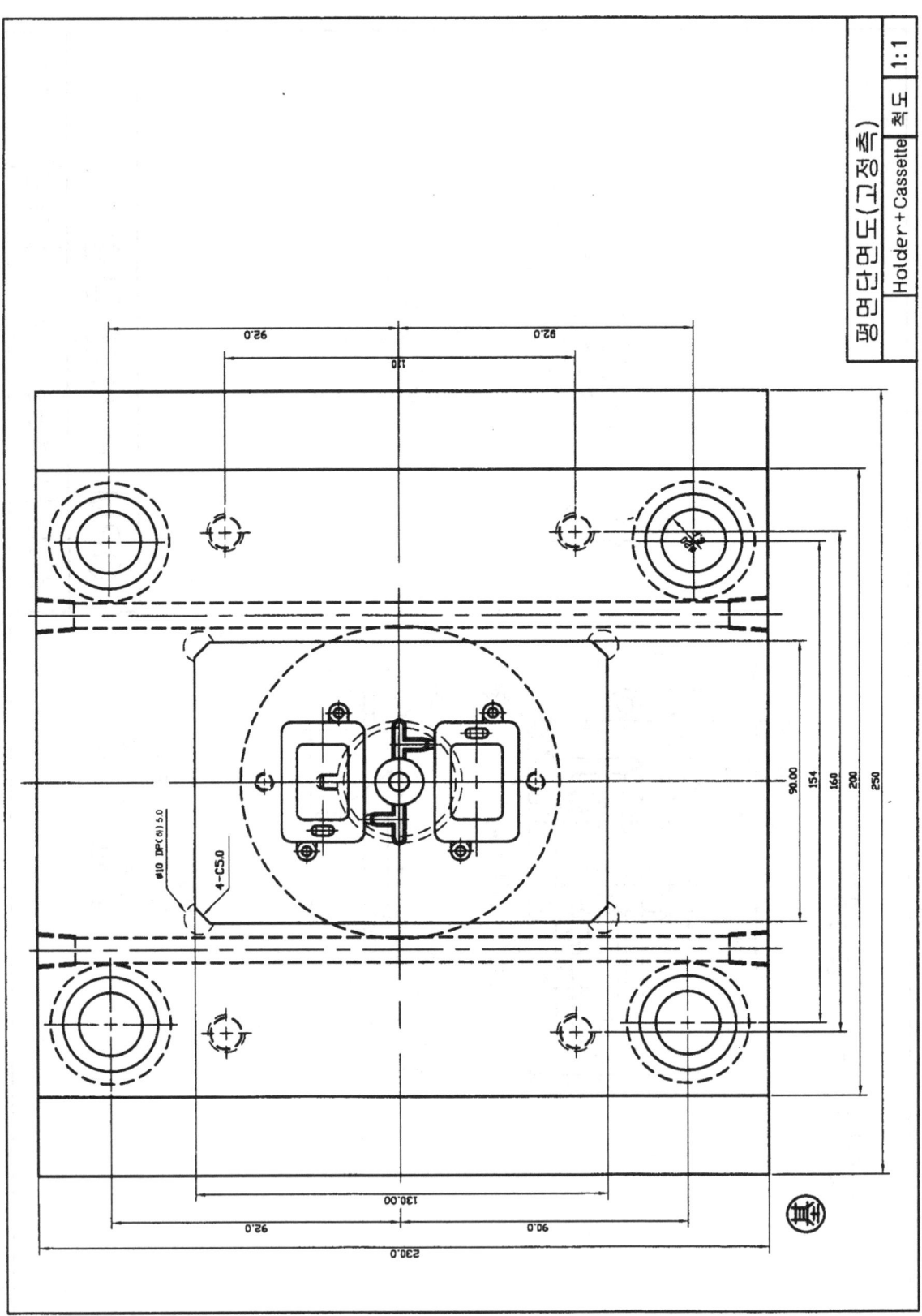

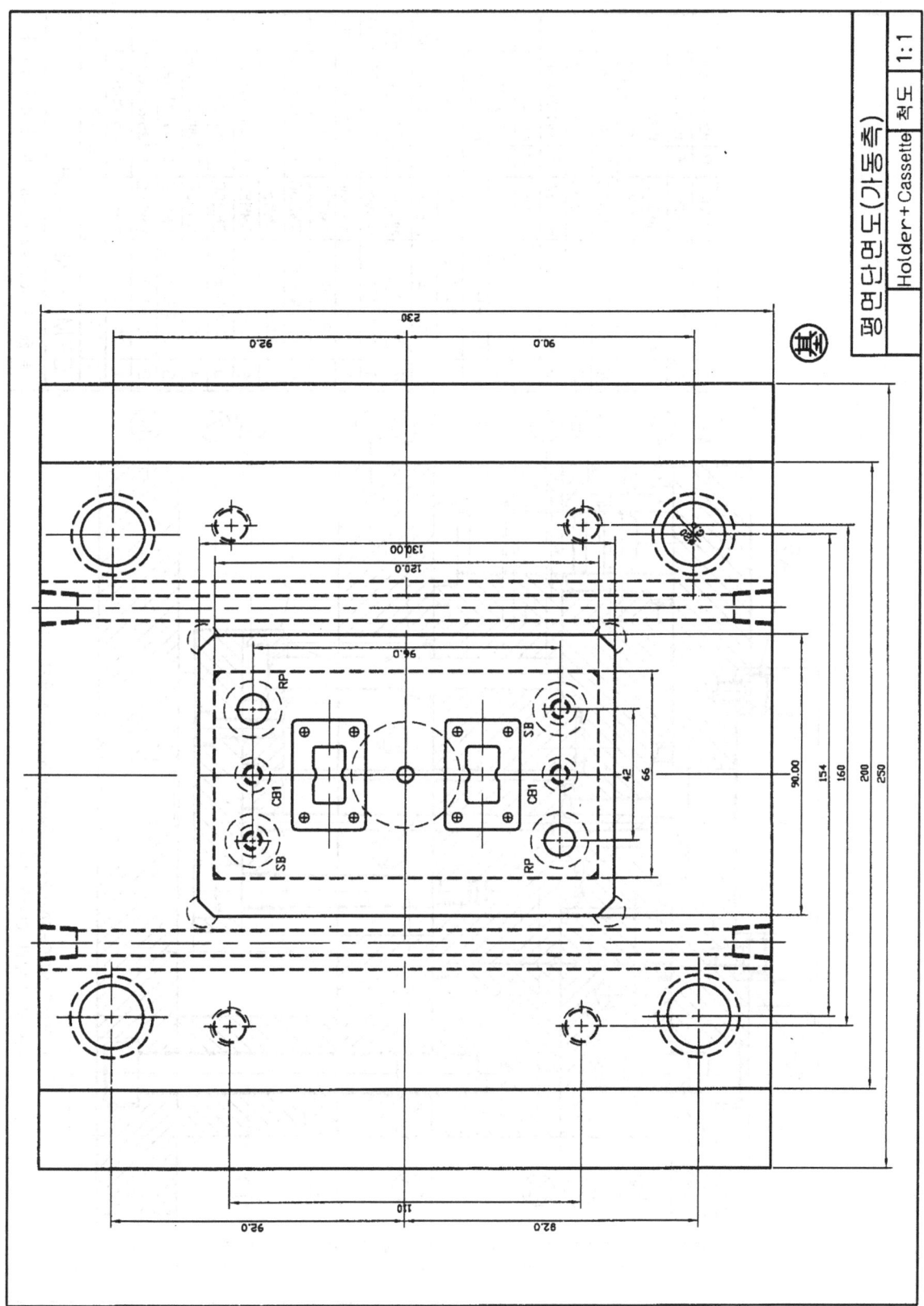

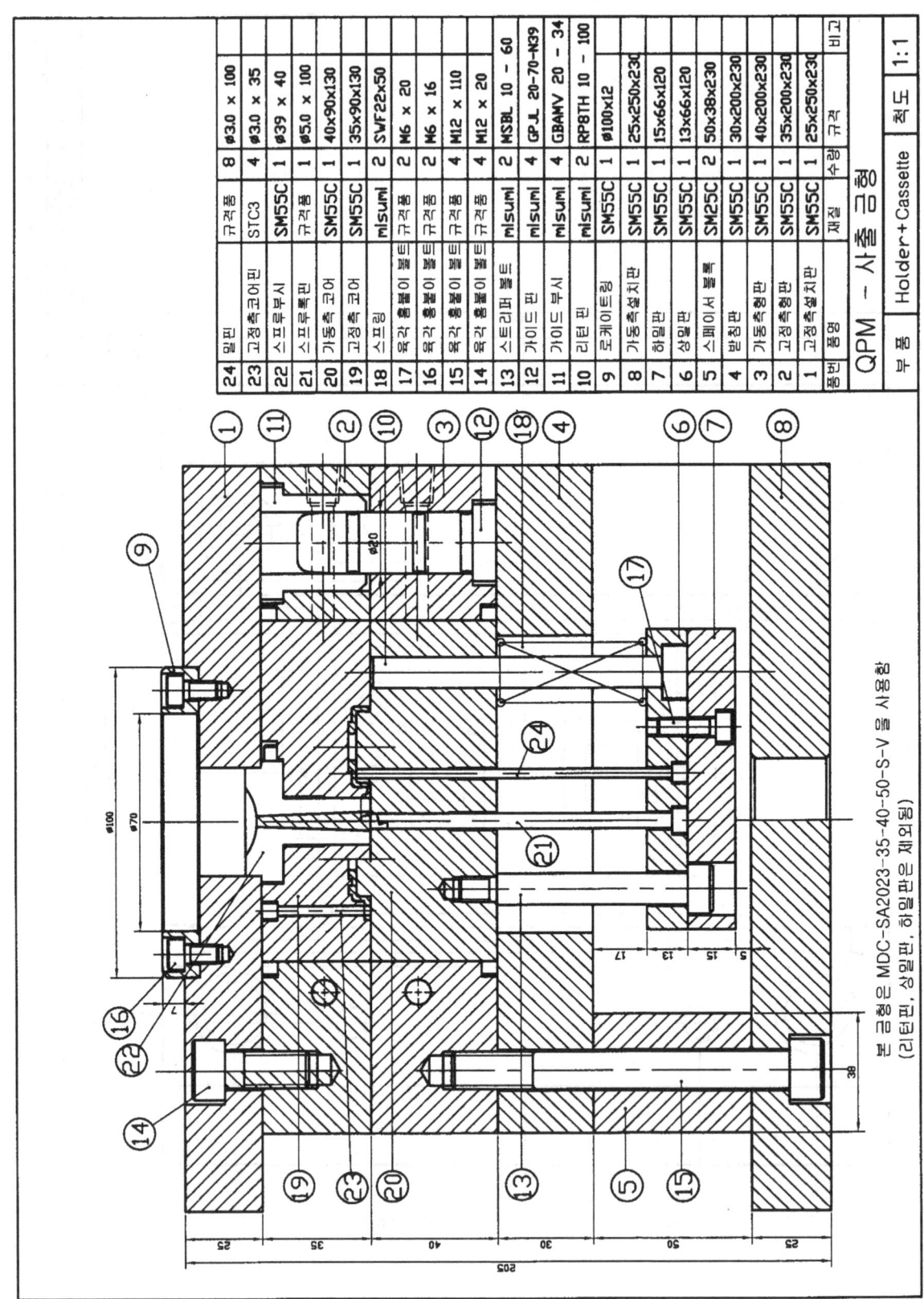

| 품번 | 품명 | 재질 | 수량 | 규격 | 비고 |
|---|---|---|---|---|---|
| 24 | 밀판 | 규격품 | 8 | ø3.0 x 100 | |
| 23 | 고정측고아핀 | STC3 | 4 | ø3.0 x 35 | |
| 22 | 스프루부시 | SM55C | 1 | ø39 x 40 | |
| 21 | 스프루록크핀 | 규격품 | 1 | ø5.0 x 100 | |
| 20 | 가동측코어 | SM55C | 1 | 40x90x130 | |
| 19 | 고정측코어 | SM55C | 1 | 35x90x130 | |
| 18 | 스프링 | misumi | 2 | SWF22x50 | |
| 17 | 육각홀붙이볼트 | 규격품 | 2 | M6 x 20 | |
| 16 | 육각홀붙이볼트 | 규격품 | 2 | M6 x 16 | |
| 15 | 육각홀붙이볼트 | 규격품 | 4 | M12 x 110 | |
| 14 | 육각홀붙이볼트 | 규격품 | 4 | M12 x 20 | |
| 13 | 스트리퍼볼트 | misumi | 2 | MSBL 10 - 60 | |
| 12 | 가이드핀 | misumi | 4 | GPJL 20-70-N39 | |
| 11 | 가이드부시 | misumi | 4 | GBAMV 20 - 34 | |
| 10 | 리턴핀 | misumi | 2 | RP8TH 10 - 100 | |
| 9 | 로케이트링 | SM55C | 1 | ø100x12 | |
| 8 | 가동측설치판 | SM55C | 1 | 25x250x230 | |
| 7 | 하밀판 | SM55C | 1 | 15x66x120 | |
| 6 | 상밀판 | SM55C | 1 | 13x66x120 | |
| 5 | 스페이서볼록 | SM25C | 2 | 50x38x230 | |
| 4 | 받침판 | SM55C | 1 | 30x200x230 | |
| 3 | 가동측형판 | SM55C | 1 | 40x200x230 | |
| 2 | 고정측형판 | SM55C | 1 | 35x200x230 | |
| 1 | 고정측설치판 | SM55C | 1 | 25x250x230 | |

QPM - 사출금형

부품 Holder+Cassette 척도 1:1

본 금형은 MDC-SA2023-35-40-50-S-V 를 사용함
(리턴핀, 상밀판, 하밀판은 재외함)

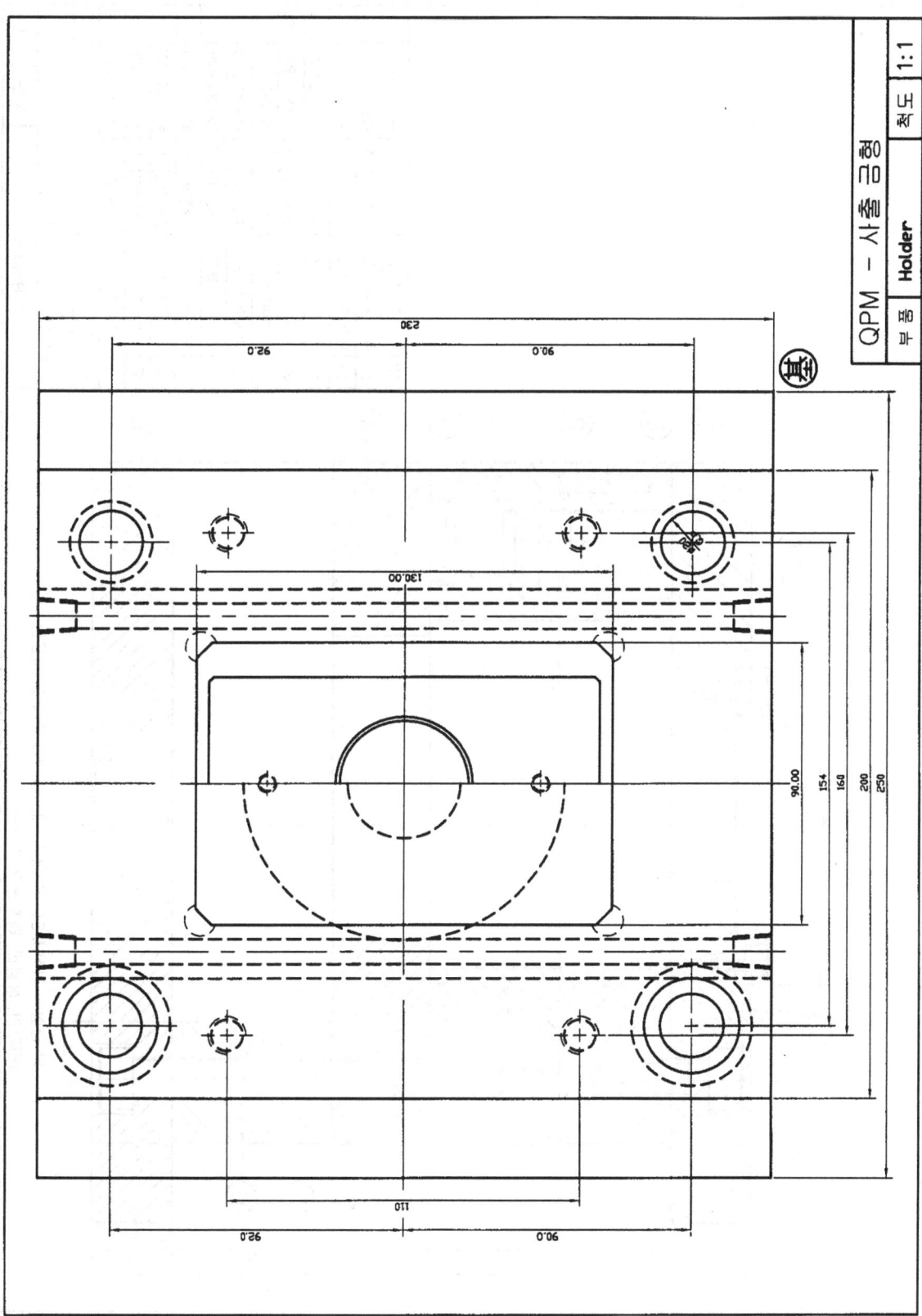

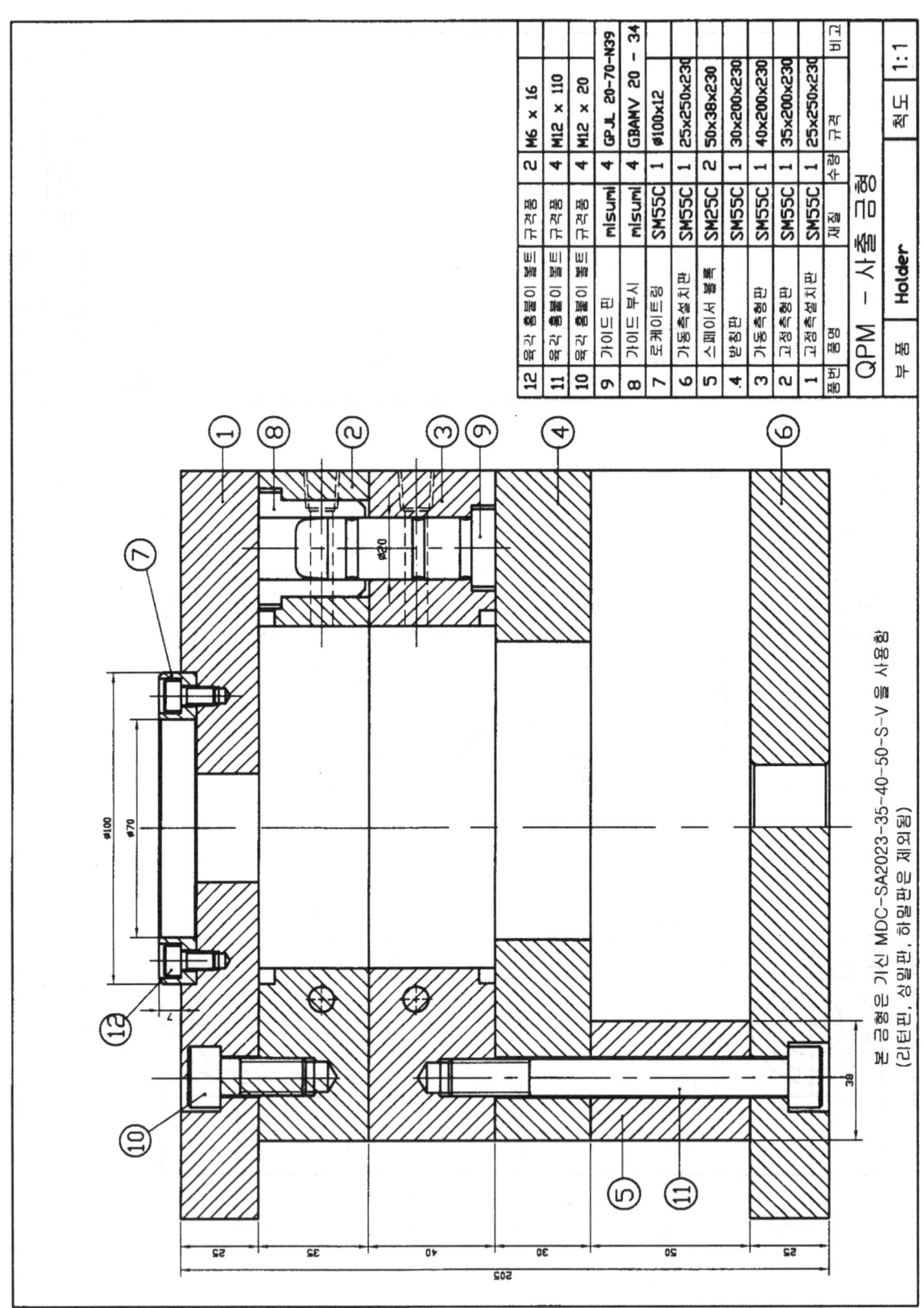

| 부품명 | | | 수량 | 규격 | 비고 |
|---|---|---|---|---|---|
| 12 | 육각 홈붙이 볼트 | 규격품 | 2 | M6 x 16 | |
| 11 | 육각 홈붙이 볼트 | 규격품 | 4 | M12 x 110 | |
| 10 | 육각 홈붙이 볼트 | 규격품 | 4 | M12 x 20 | |
| 9 | 가이드 핀 | misumi | 4 | GPJL 20-70-N39 | |
| 8 | 가이드 부시 | misumi | 4 | GBANV 20 - 34 | |
| 7 | 로케이트링 | SM55C | 1 | Ø100x12 | |
| 6 | 가동측설치판 | SM55C | 1 | 25x250x230 | |
| 5 | 스페이서 블록 | SM25C | 2 | 50x38x230 | |
| 4 | 받침판 | SM55C | 1 | 30x200x230 | |
| 3 | 가동측형판 | SM55C | 1 | 40x200x230 | |
| 2 | 고정측형판 | SM55C | 1 | 35x200x230 | |
| 1 | 고정측설치판 | SM55C | 1 | 25x250x230 | |
| 품번 | 품명 | 재질 | 수량 | 규격 | 비고 |

**QPM - 사출금형**

| 부품 | Holder | 척도 | 1:1 |
|---|---|---|---|

본 금형은 기신 MDC-SA2023-35-40-50-S-V 을 사용함
(리턴판, 상원판, 하원판은 제외됨)

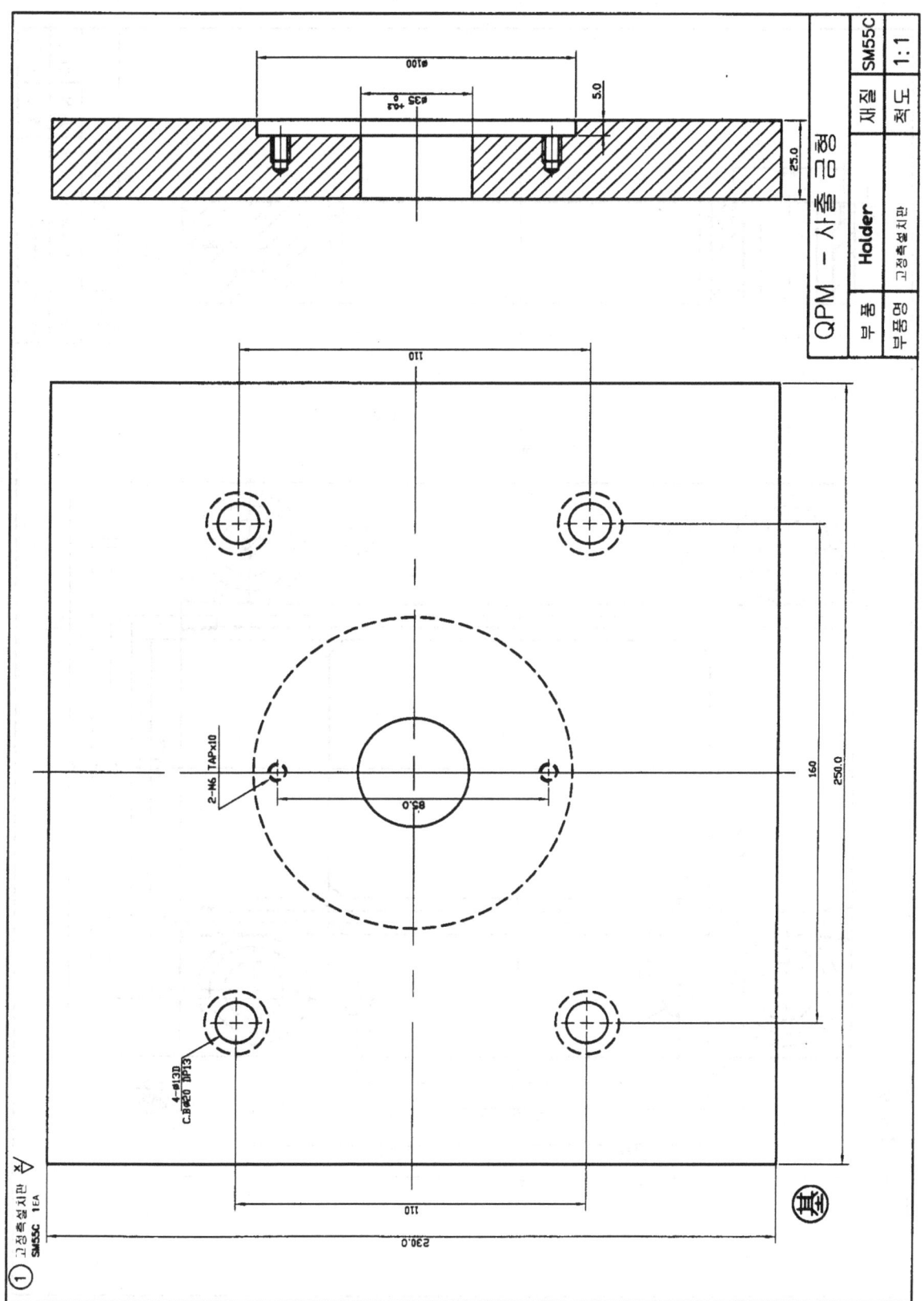

QPM - 사출금형

| 부 품 명 | Holder | 재질 | SM55C |
|---|---|---|---|
| 부 품 명 | 고정측설치판 | 척도 | 1:1 |

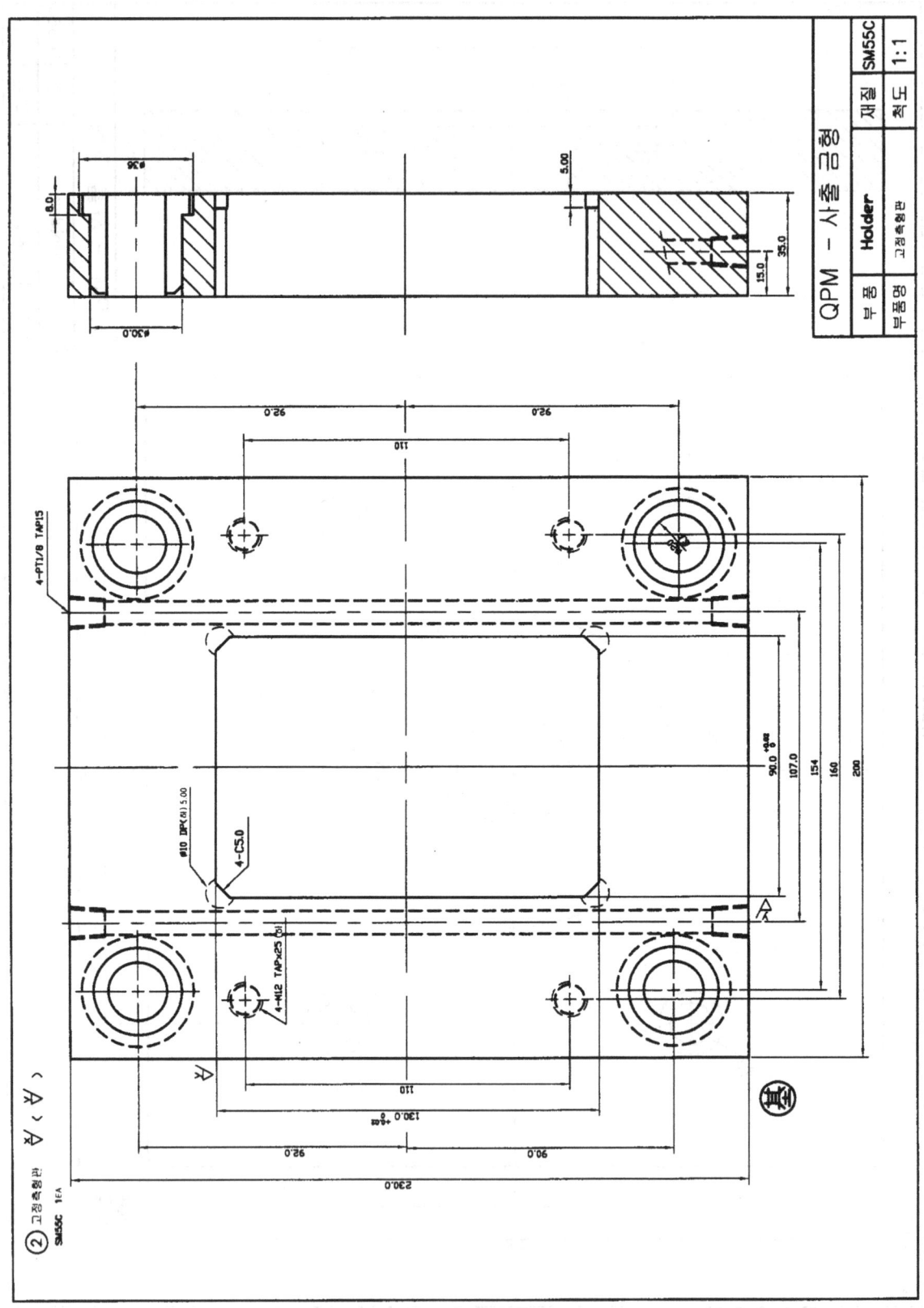

② 고정측형판
SM55C    1EA

QPM – 사출금형

| 부품 | Holder | 재질 | SM55C |
|---|---|---|---|
| 부품명 | 고정측형판 | 척도 | 1:1 |

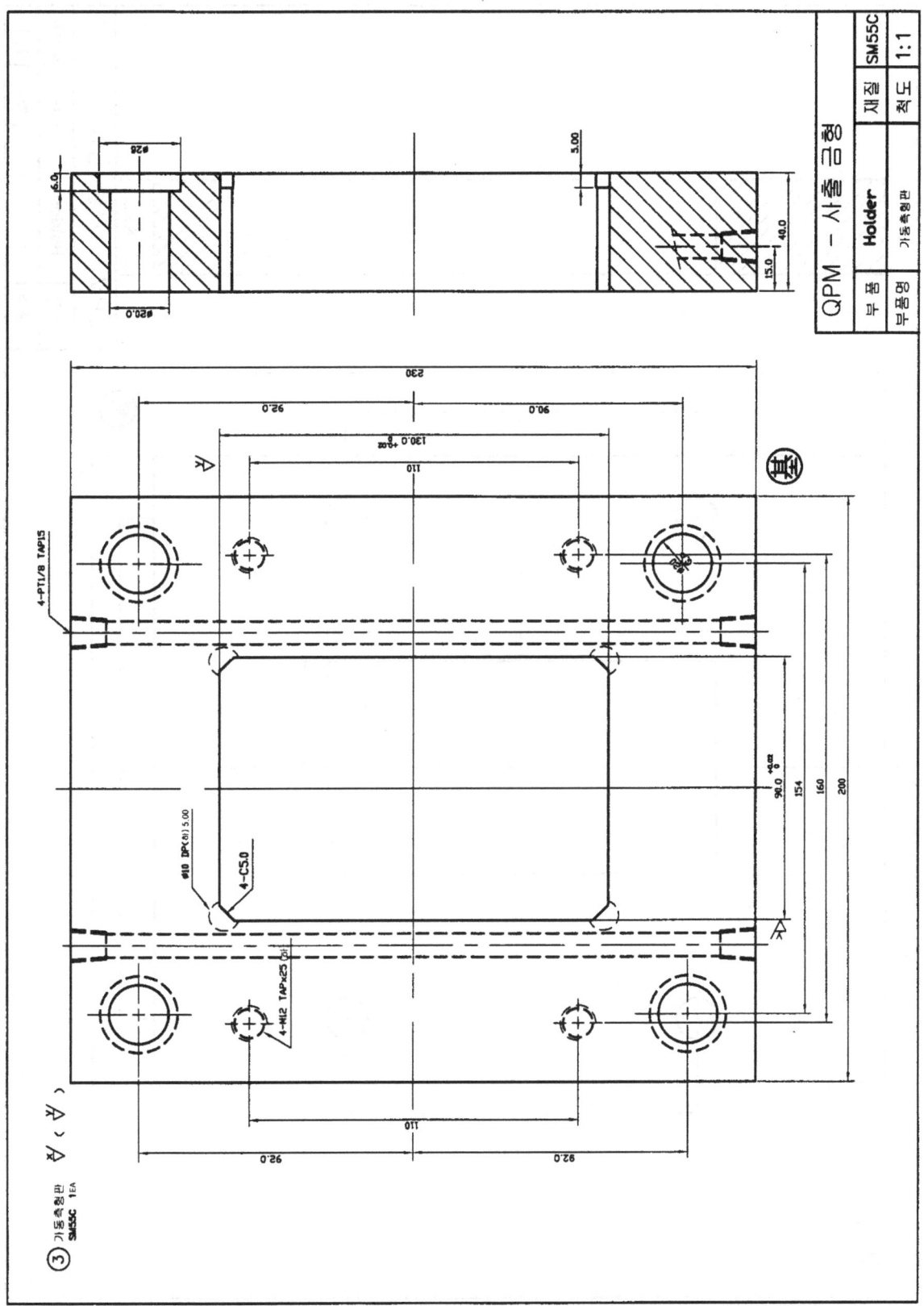

QPM - 사출금형

| 부품 | Holder | 재질 | SM55C |
|---|---|---|---|
| 부품명 | 가동측형판 | 척도 | 1:1 |

③ 가동측형판
SM55C  1EA

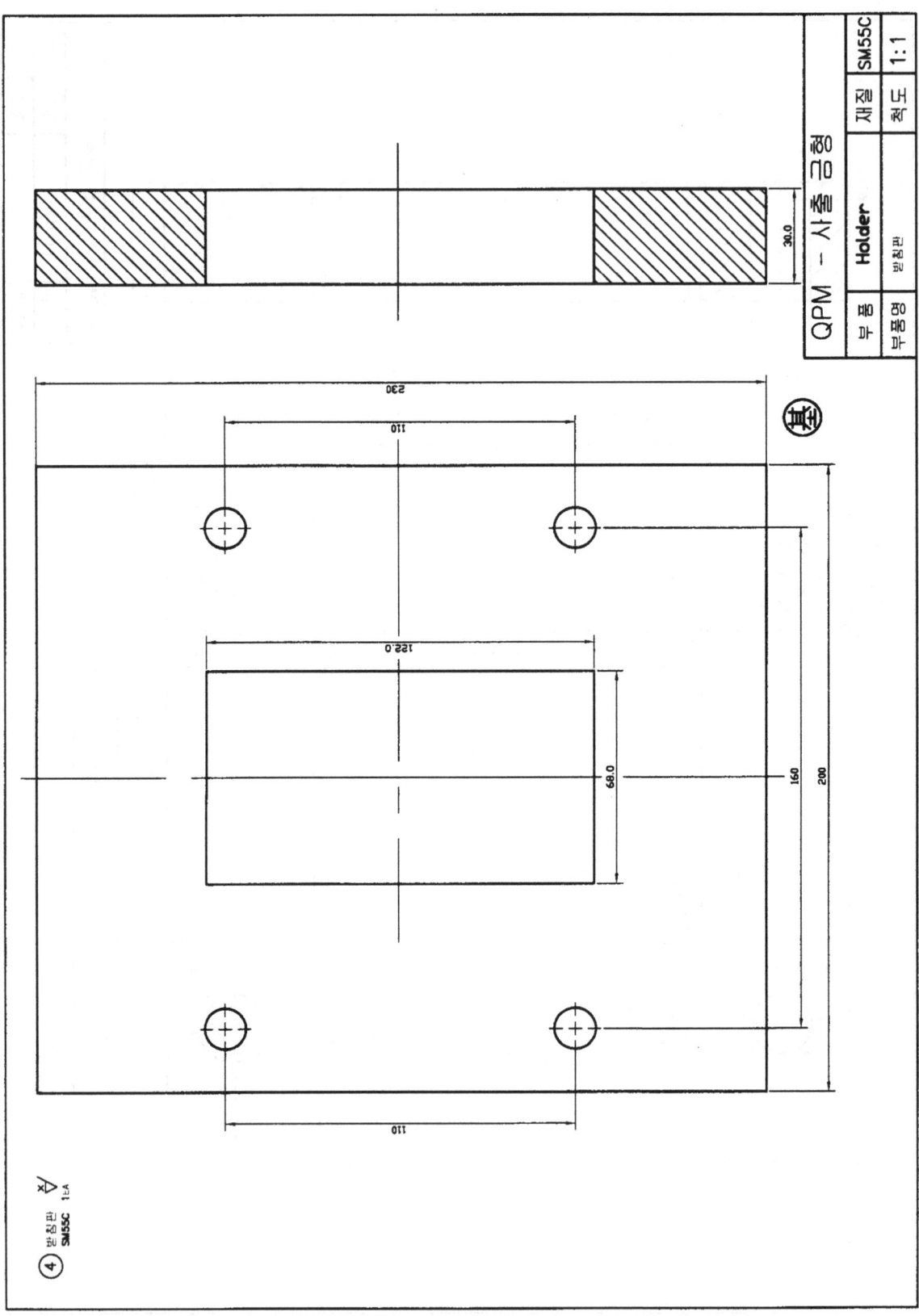

QPM - 사출금형

| 품번 | Holder | 재질 | SM55C |
|---|---|---|---|
| 품명 | 밑홀더판 | 척도 | 1:1 |

④ 밑홀더판
SM55C 1:A

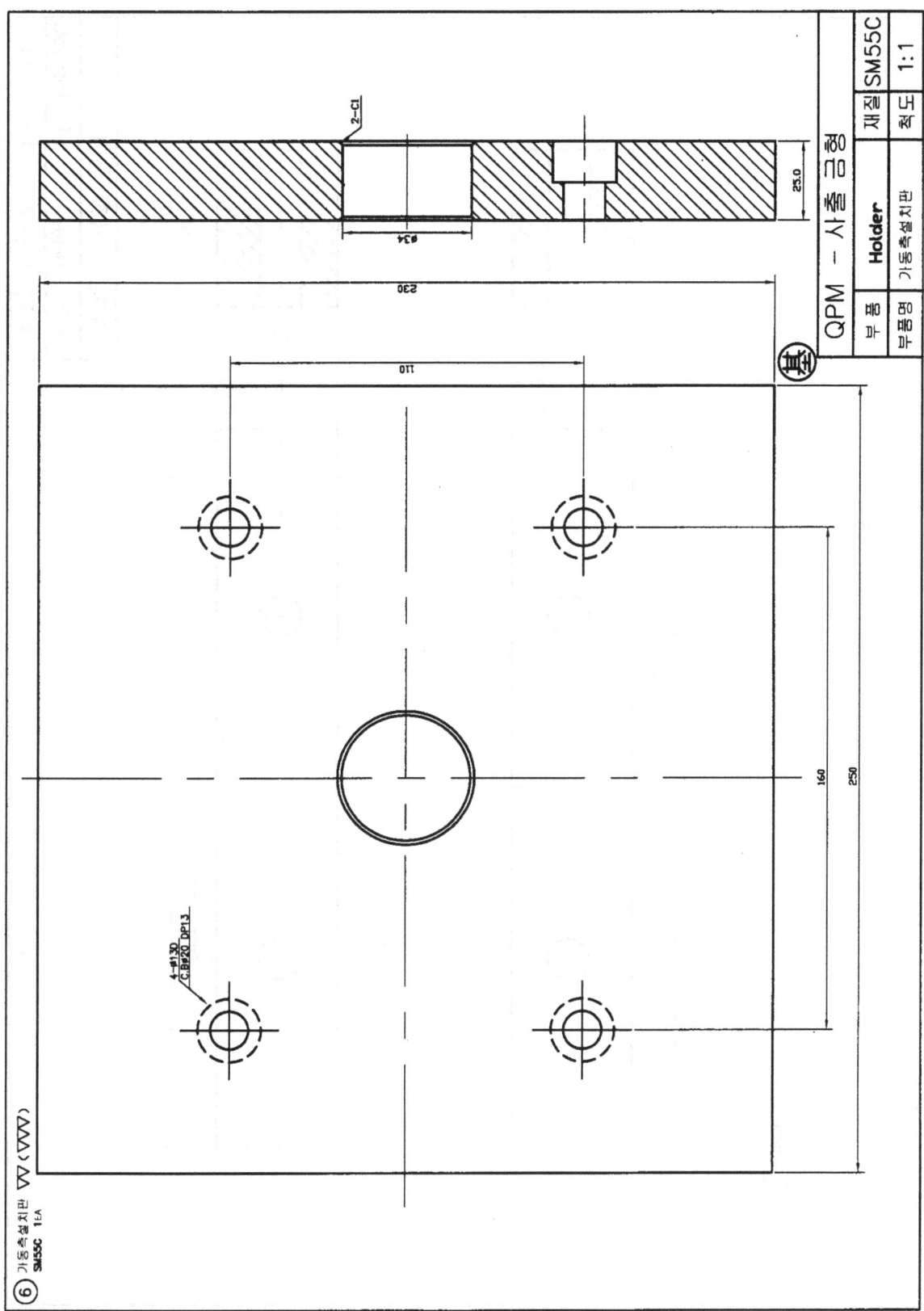

QPM - 사출금형

| | | Holder | | 재질 | SM55C |
|---|---|---|---|---|---|
| | 부 품 번 호 | | | 척도 | 1:1 |
| | 부 품 명 | 가동측설치판 | | | |

2-C1

Ø34

25.0

230

110

160

250

4-Ø13D
C.B Ø20 DP13

⑥ 가동측설치판 ▽ (▽▽▽)
SM55C 1EA

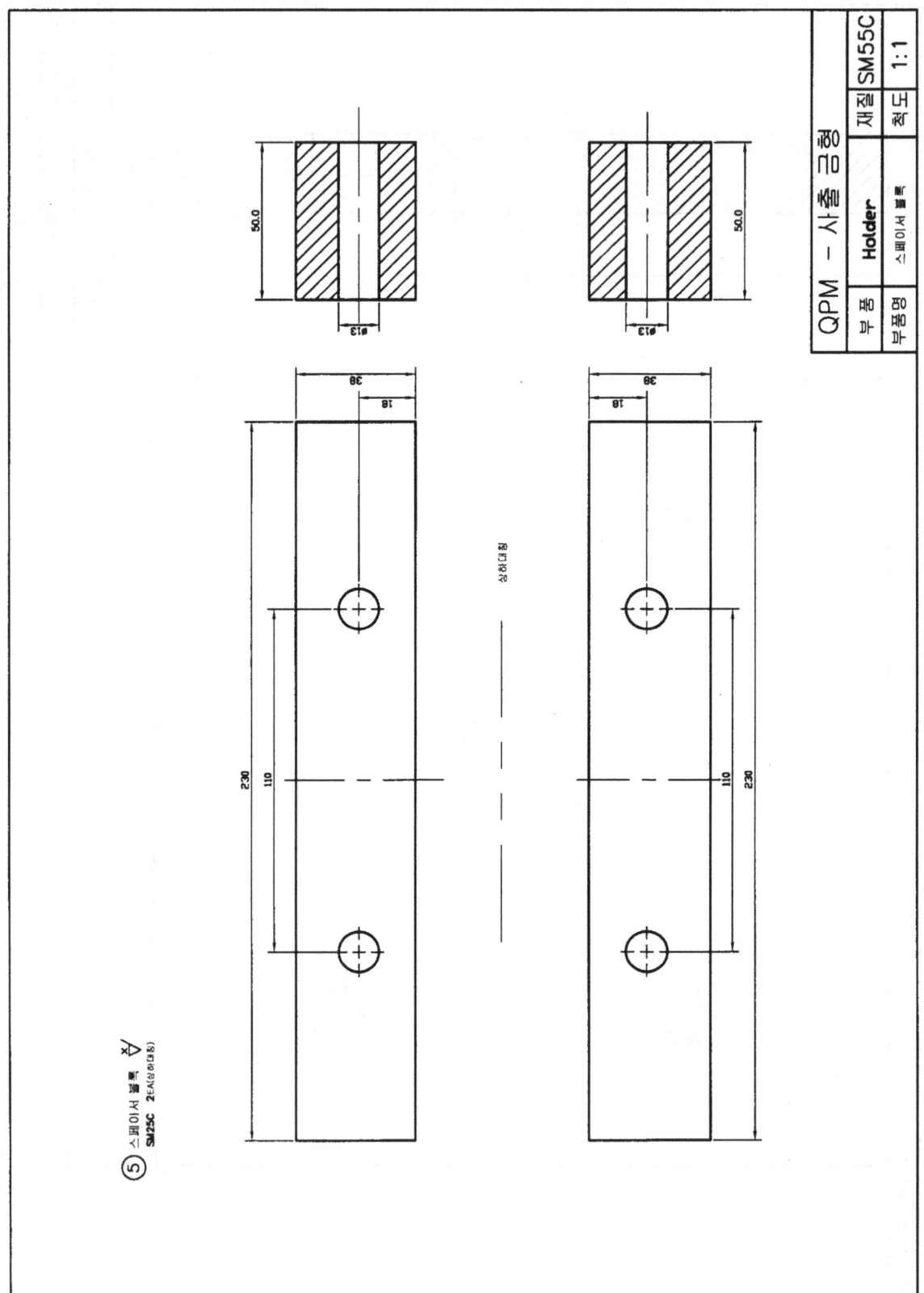

QPM - 사출금형

| 부품 | | 재질 | SM55C |
| --- | --- | --- | --- |
| 부품명 | Holder | 척도 | 1:1 |
| | 스페이서 블록 | | |

| 품번 | 품명 | 재질 | 수량 | 규격 | 비고 |
|---|---|---|---|---|---|
| 12 | 밑판 | 규격품 | 8 | Ø3.0 × 100 | |
| 11 | 고정측코어핀 | STC3 | 4 | Ø3.0 × 35 | |
| 10 | 스프루부싱 | 규격품 | 1 | Ø5.0 × 100 | |
| 9 | 스프루부시 | SM55C | 1 | Ø39 × 40 | |
| 8 | 스프링 | misumi | 2 | SWF22x50 | |
| 7 | 육각홈붙이볼트 | 규격품 | 2 | M6 × 20 | |
| 6 | 스트리퍼볼트 | misumi | 2 | MSBL 10 - 60 | |
| 5 | 리턴핀 | misumi | 2 | RP8TH 10 - 100 | |
| 4 | 하원판 | SM55C | 1 | 15x66x120 | |
| 3 | 상원판 | SM55C | 1 | 13x66x120 | |
| 2 | 가동측코어 | SM55C | 1 | 50x90x130 | |
| 1 | 고정측코어 | SM55C | 1 | 35x90x130 | |

QPM - 사출금형

| 부품 | Cassette | 척도 | 1:1 |
|---|---|---|---|

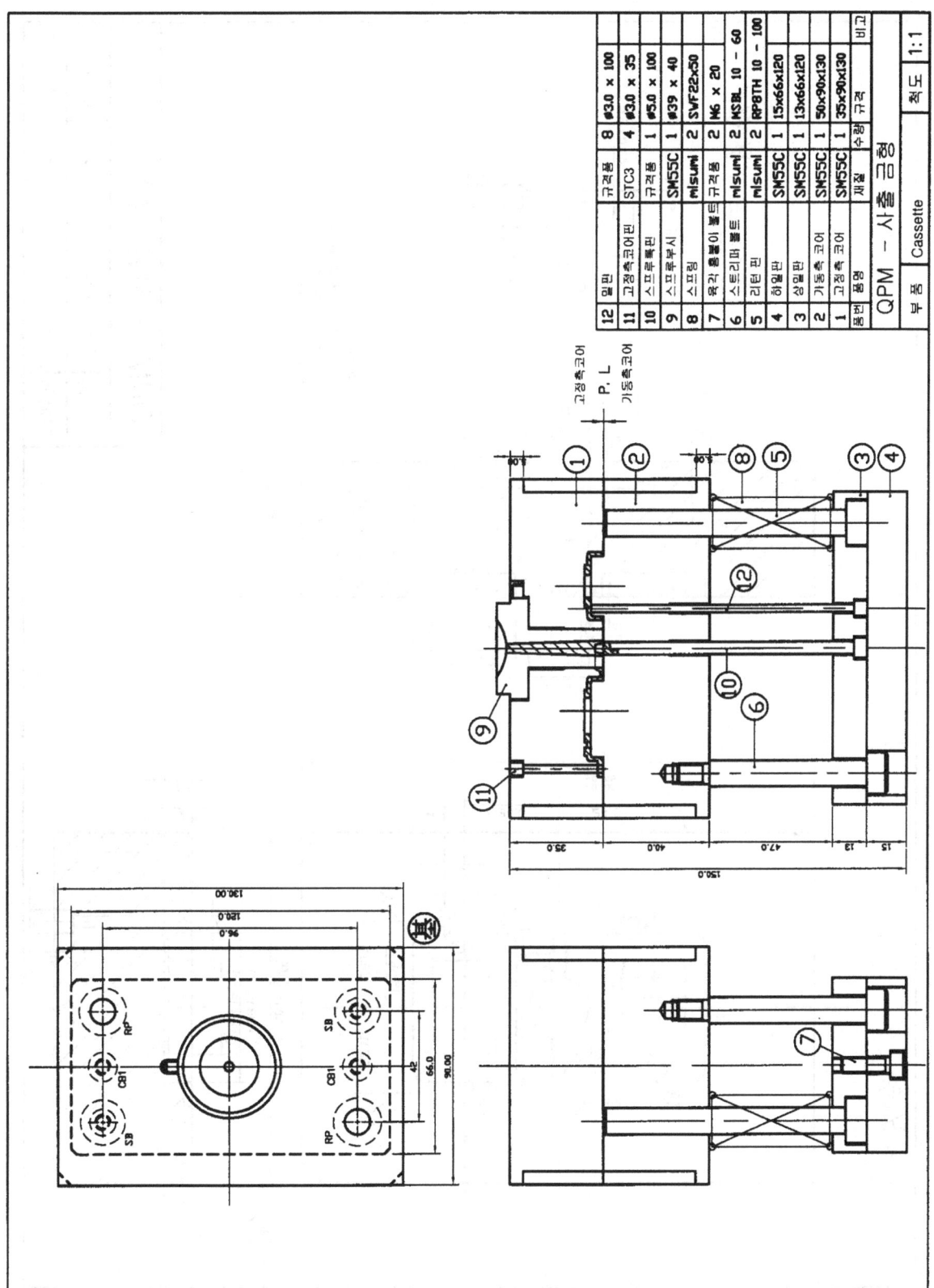

고정측코어
P. L
가동측코어

예제 도면 | 523

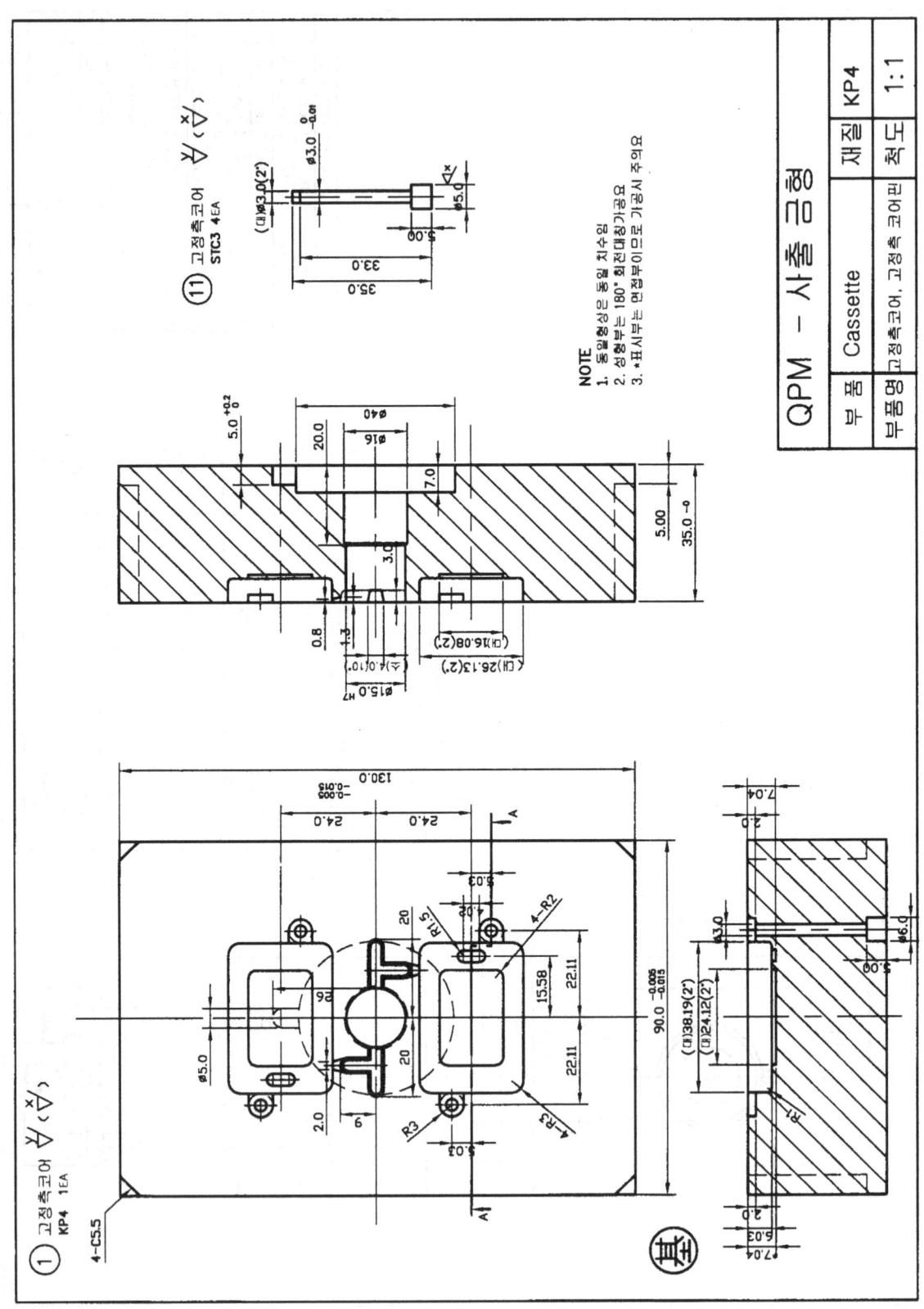

NOTE
1. 동일형상은 동일 치수임
2. 성형부는 180° 회전대칭가공요
3. *표시부는 연결부이므로 가공시 주의요

QPM – 사출금형

| 부 품 | Cassette | 재질 | KP4 |
|---|---|---|---|
| 부품명 | 고정측코어, 고정측 코어핀 | 척도 | 1:1 |

① 고정측코어 KP4 1EA

4-C5.5

⑪ 고정측코어 STC3 4EA

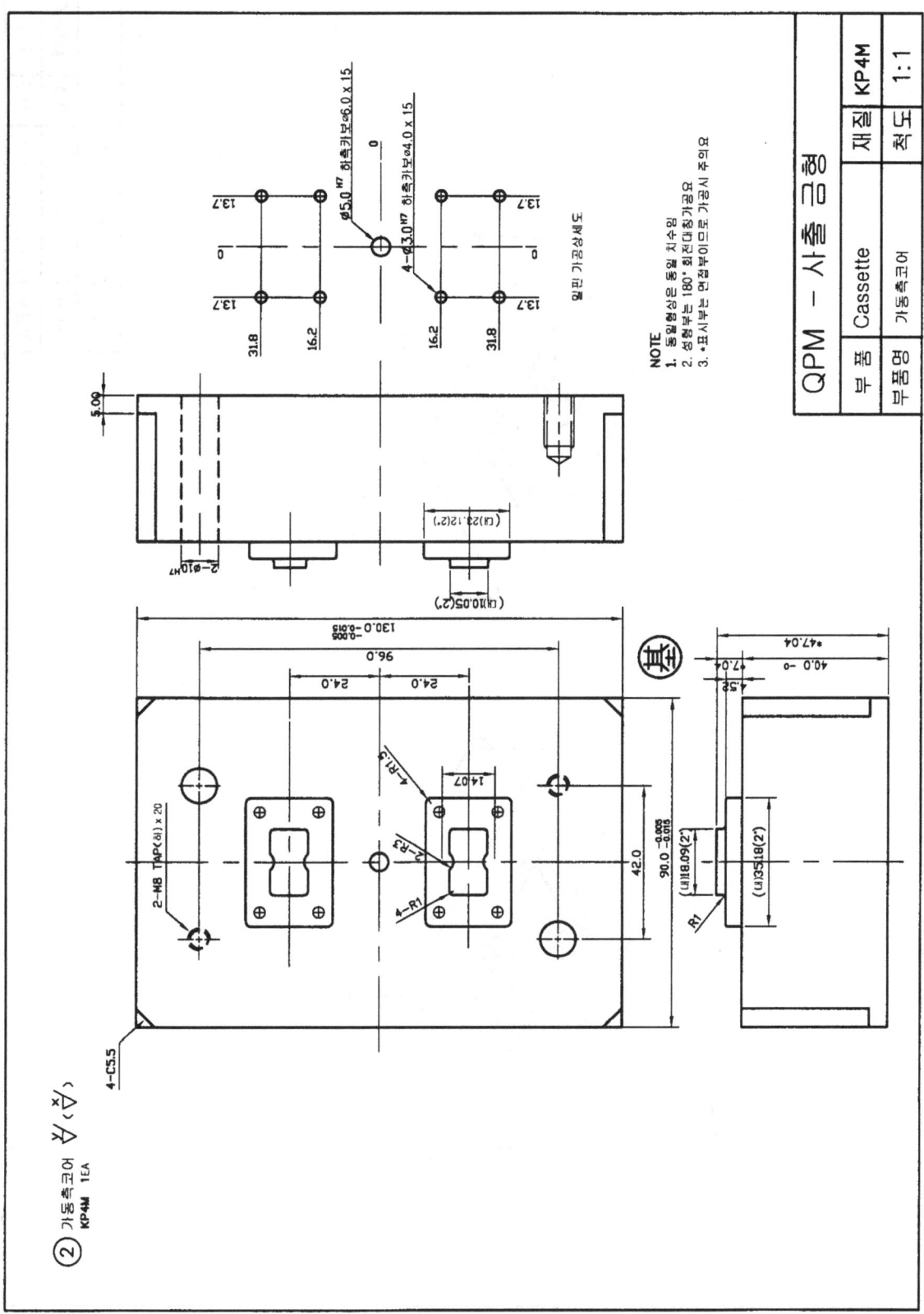

QPM − 사출금형

| 부품 | Cassette | 재질 | KP4M |
|---|---|---|---|
| 부품명 | 가동측코어 | 척도 | 1:1 |

NOTE
1. 동일형상은 동일 치수임
2. 성형부는 180° 회전대칭가공요
3. 표시부는 연결부이므로 가공시 주의요

② 가동측코어 1EA
KP4M

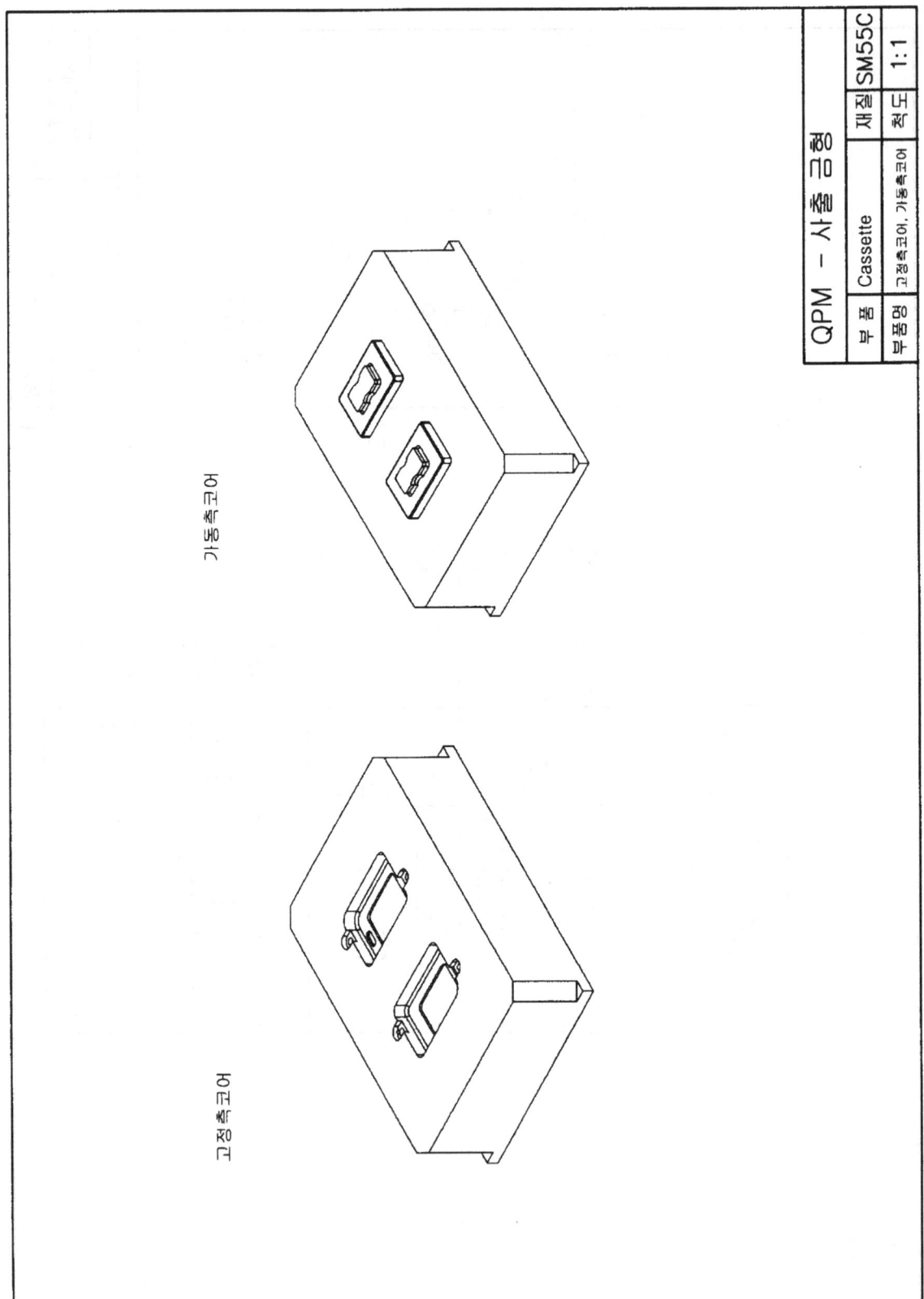

가동측코어

고정측코어

QPM - 사출금형

| 부품 | Cassette | 재질 | SM55C |
| 부품명 | 고정측코어, 가동측코어 | 척도 | 1:1 |

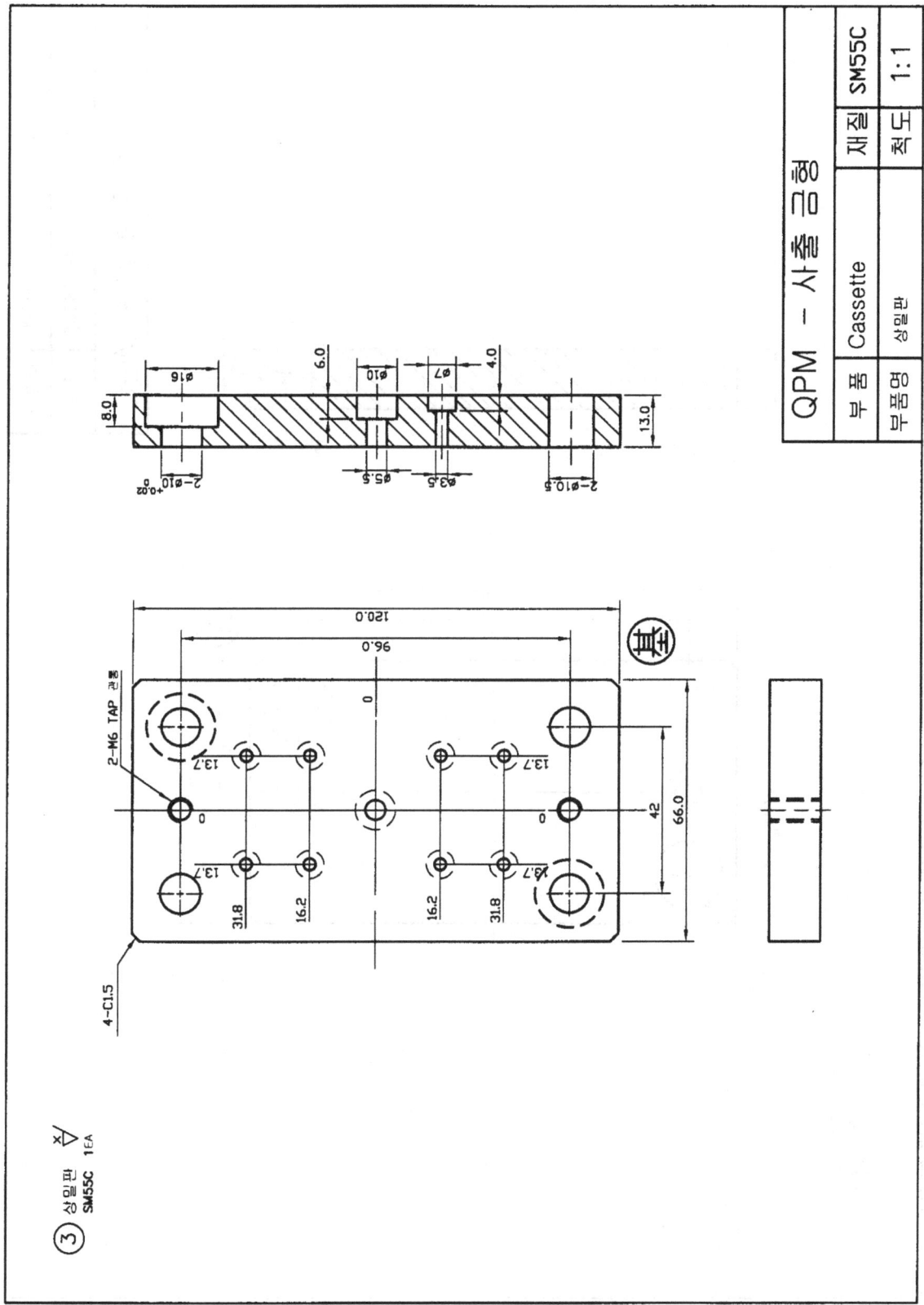

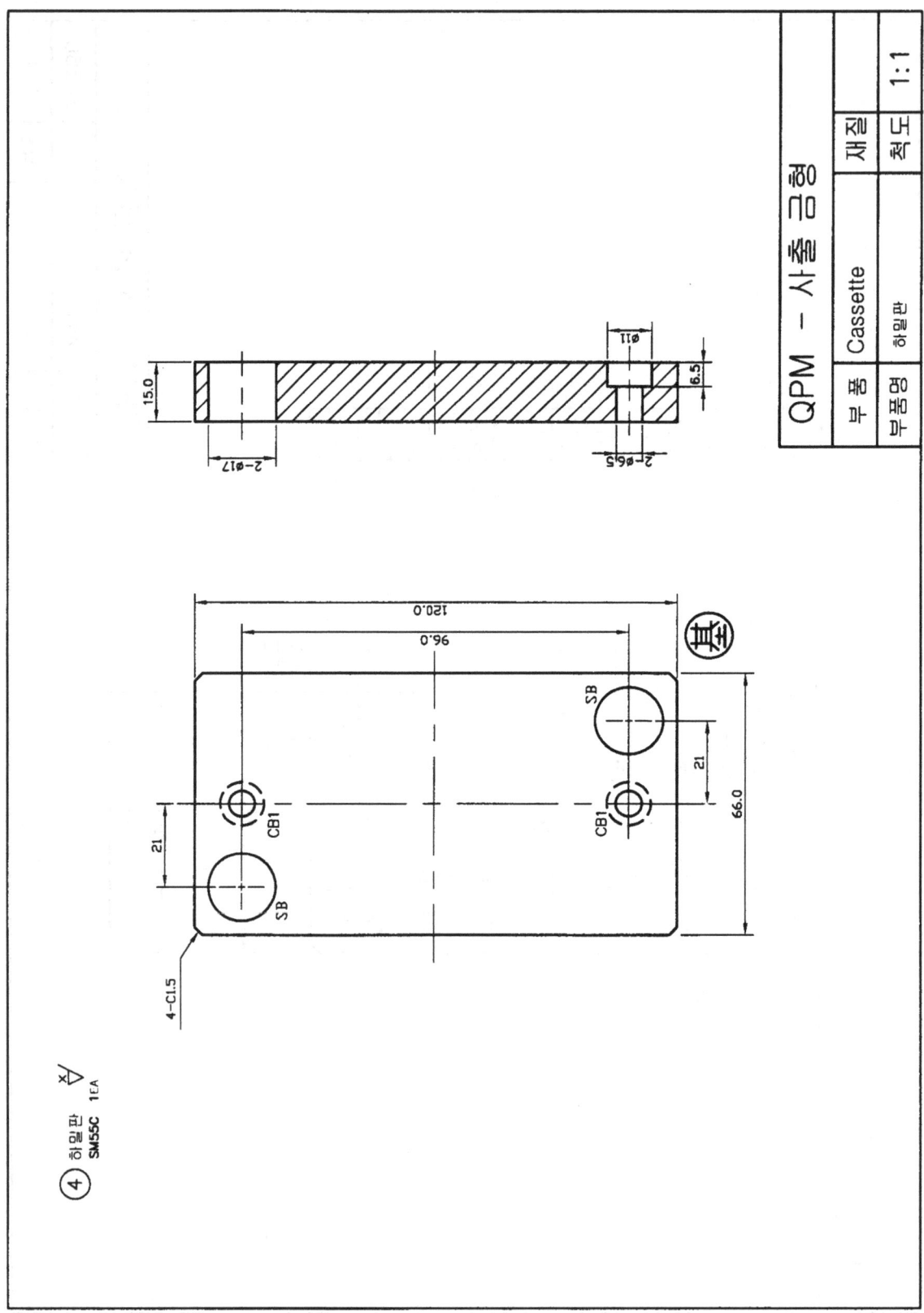

QPM – 사출 금형

부 품 Cassette

부 품 명 하일판

재질

척도 1:1

4 하일판
SM55C 1EA

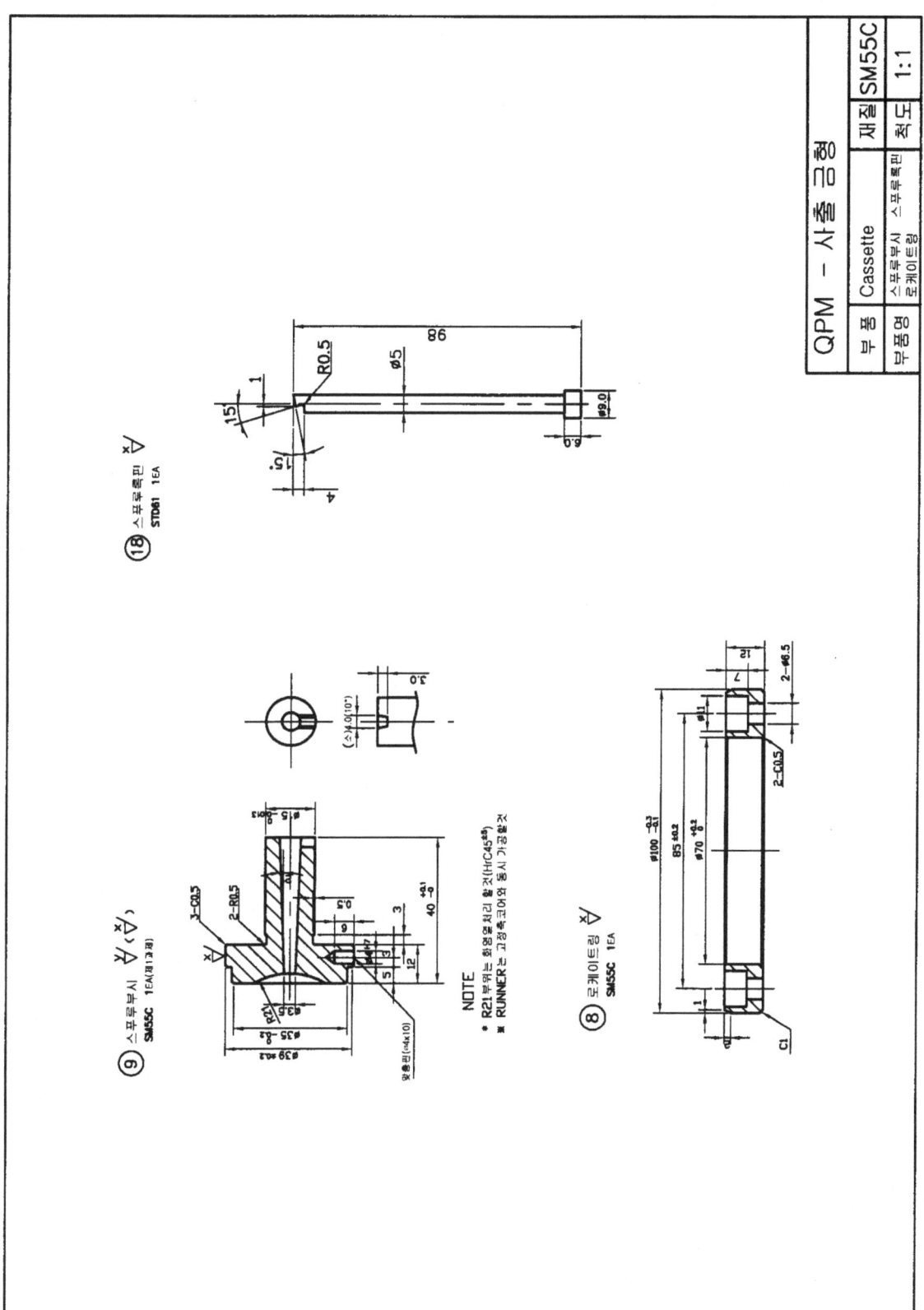

QPM - 사출금형

| 부 품 | Cassette | 재 질 | SM55C |
| 부품명 | 스프루부시 로케이트링 | 스프루록판 | 1:1 |

스프루록판 STD61 1EA ⑱

스프루부시 SM55C 1EA(제1.2개) ⑨

로케이트링 SM55C 1EA ⑧

NOTE
* R21부위는 회전오차처리 할것(HrC45±5)
※ RUNNER는 고정측코어와 동시 가공할것

# 금형설계 프레스 사출

2010년 10월 23일 제1판제1발행
2019년  2월 20일 제1판제5발행

공저자  이상민 · 정태성 · 이영주
발행인  나 영 찬

발행처 **기전연구사**

서울특별시 동대문구 천호대로4길 16(신설동)
전 화 : 2235-0791/2238-7744/2234-9703
FAX : 2252-4559
등 록 : 1974. 5. 13. 제5-12호

정가 23,000원